अज़ीम प्रेमजी विश्वविद्यालय अन्य शैक्षिक संस्थानों के साथ मिल कर 'शिक्षा के सरोकार' सेमिनार श्रृंखला आयोजित कर रहा है। इसी कड़ी में तीसरा सेमिनार शिक्षा संकाय, दिल्ली विश्वविद्यालय, दिल्ली के साथ संयुक्त रूप से आयोजित किया गया, जिसका विषय था *गणित और उसकी शिक्षा*। यह संकलन इसी सेमिनार के चुनिन्दा पर्चों तथा कुछ अन्य लेखों से बना है और गणित शिक्षण से जुड़े कुछ महत्त्वपूर्ण मुद्दों को खँगालता है।

संकलन में चार थीम्स के अन्तर्गत 26 पर्चे हैं। सभी पर्चों के केन्द्र में गणित व उसकी शिक्षा तथा शिक्षण प्रक्रिया से सम्बन्धित मसलों के अनुभव व उनका विवेचन है।

पहली थीम 'गणित की पाठ्यचर्या और कक्षा-कक्ष' में आठ पर्चे हैं। ये पर्चे कक्षा में बच्चों के सीखने व उन्हें सिखाने के अनुभवों के विश्लेषण पर आधारित हैं। दूसरी थीम 'शिक्षकों की समझ और तैयारी' में आठ पर्चे हैं। ये गणित शिक्षण के सन्दर्भ में शिक्षकों की समझ और उनकी तैयारी पर विमर्श करते हैं। तीसरी थीम 'गणित शिक्षा में सामग्री' में पाँच पर्चे हैं। ये गणित शिक्षण में शैक्षिक सामग्री के उपयोग पर चर्चा करते हैं। चौथी थीम 'गणित शिक्षा के सामाजिक पहलू' पर केन्द्रित है, इसमें पाँच पर्चे हैं। ये पर्चे कुछ ऐसे सामाजिक कारकों का विवेचन करते हैं, जो गणित की शिक्षा में बाधा बनकर सामने आते हैं।

गणित शिक्षण पर केन्द्रित सेमिनार व इस संकलन के प्रकाशन का उद्देश्य गणित शिक्षा के क्षेत्र में काम कर रहे लोगों के अनुभव व फील्ड से प्राप्त समझ को व्यापक करना है, जिससे हिन्दी व अन्य भारतीय भाषाओं में इन मसलों पर और अधिक विमर्श हो सके।

अज़ीम प्रेमजी विश्वविद्यालय
सर्वे नम्बर 66, बुरुगुंटे विलेज, बिक्कनाहल्ली मेन रोड,
सरजापुरा, बेंगलूरु, कर्नाटक-562 125
Email : publications@apu.edu.in
Website : www.azimpremjiuniversity.edu.in

गणित और उसकी शिक्षा

सम्पादक

हृदय कान्त दीवान

हनीत गाँधी

ऋचा गोस्वामी

सम्पादन सहयोग

राजेश उत्साही

मृत्युंजय

वाणी प्रकाशन

प्रकाशन के उत्कृष्टतम 61 वर्ष

Azim Premji University

पेपरबैक प्रथम संस्करण : 2024

vaniprakashan.com

वाणी प्रकाशन

4695, 21-ए, दरियागंज, नयी दिल्ली-110 002

फ़ोन : +91 11 23273167, 23275710

शाखाएँ

अशोक राजपथ, पटना-800 004, बिहार

कॉफ़ी हाउस कैम्पस, महात्मा गांधी मार्ग, प्रयागराज-211 001, उत्तर प्रदेश

महात्मा गांधी अन्तरराष्ट्रीय हिन्दी विश्वविद्यालय, वर्धा-442 001, महाराष्ट्र

36/ए, शेक्सपियर सरणी, रानी बिरला गर्ल्स कॉलेज के पास, कोलकाता-700 017, प. बंगाल

sales@vaniprakashan.in
vaniprakashan@gmail.com

Ganit Aur Uski Shiksha

Edited by : Hriday Kant Dewan, Hanit Gandhi, Richa Goswami

Editing Support : Rajesh Utsahi, Mrityunjay

ISBN : 978-93-5775-736-2
Education/Mathematics

मूल्य : ₹ 495

आर. टेक ऑफ़सेट प्रिंटर्स, दिल्ली-110 032 में मुद्रित

वाणी प्रकाशन का लोगो मक़बूल फ़िदा हुसेन की कूची से

अनुक्रम

खण्ड-1

गणित की पाठ्यचर्या और कक्षा-कक्ष

खण्ड-2
शिक्षकों की समझ और तैयारी

खण्ड-3
गणित शिक्षा में सामग्री

शिक्षा के सरोकार : श्रृंखला परिचय

अज़ीम प्रेमजी फ़ाउण्डेशन का व्यापक नज़रिया और उद्देश्य समाज में समतामूलक शिक्षा के लिए किये जाने वाले प्रयासों में पहलक़दमी व सहयोग प्रदान करना है। इस मुहिम में अज़ीम प्रेमजी विश्वविद्यालय का एक मक़सद गुणवत्तापूर्ण उच्च शिक्षा को ज़्यादा-से-ज़्यादा लोगों तक ले जाना है। इस दिशा में विश्वविद्यालय ने कई क़दम उठाए हैं और कई नये प्रयास शुरू करने की योजनाएँ हैं। उनमें से एक विश्वविद्यालय द्वारा संचालित विभिन्न पाठ्यक्रमों को दो भारतीय भाषाओं, हिन्दी और कन्नड़ा, में द्विभाषी ढंग से शुरू करना है। हमारी मान्यता है कि अंग्रेज़ी की कमज़ोरी के कारण इस तरह के कार्यक्रमों से वंचित विद्यार्थियों को धीरे-धीरे अंग्रेज़ी सीखकर आगे बढ़ने का मौक़ा मिलेगा। यह कर पाने के लिए एक काम तो इन पाठ्यक्रमों की उत्कृष्ट पठन सामग्री का अंग्रेज़ी से हिन्दी और कन्नड़ा में अनुवाद करना है। दूसरा काम हिन्दी और कन्नड़ा भाषा की इधर-उधर बिखरी सामग्री को खोजकर पाठकों के लिए सार्थक अध्ययन सामग्री के रूप में संकलित करना है। स्कूली शिक्षा ही नहीं बल्कि उच्च शिक्षा में भी ज्ञान पर विमर्श व मन्थन भारतीय भाषाओं में हो, इसके बारे में बहुत पहले से बात होती रही है। बहुत-से विषयों की पुस्तकों के अंग्रेज़ी से अनुवाद भी होते रहे हैं, किन्तु इनमें अधिकांश साहित्यिक रचनाओं के ही अनुवाद रहे हैं। साहित्य में यह भी हुआ है कि बहुत-सी भारतीय भाषाओं में लिखी सामग्री का अंग्रेज़ी में भी अनुवाद हुआ है। इसके विपरीत अन्य विषयों में न तो अंग्रेज़ी में लिखी गयी अच्छी पुस्तकों के ज़्यादा अनुवाद हुए और न ही भारतीय भाषाओं में पर्याप्त मात्रा में अच्छी पुस्तकें लिखी गयीं।

हालाँकि पिछले कुछ दशकों में स्कूली शिक्षा के सिद्धान्त और व्यवहार पर व्यवस्थित अकादमिक चर्चा के लिए देश के कई विश्वविद्यालयों में कई व्यापक क़दम उठाए गये, जिनमें नये कार्यक्रमों की संरचना और मौजूदा पाठ्यक्रमों का

संशोधन मुख्य हैं। जहाँ हमारा यह विश्वास है कि इस तरह के पाठ्यक्रमों के संचालन से स्कूली शिक्षा से जुड़े मुद्दों पर नागरिक समाज में सजगता आयेगी, वहीं यह भी स्पष्ट है कि इन कार्यक्रमों की गुणवत्ता बढ़ाने तथा इन्हें और अधिक समावेशी बनाने के लिए इनको भारतीय भाषाओं में भी आरम्भ करने का लक्ष्य रखना ज़रूरी है। इसके लिए यह आवश्यक है कि भारतीय भाषाओं में विमर्श व ज्ञान-निर्माण हो तथा साथ ही अकादमिक साहित्य की रचना भी हो। ऐसी संगोष्ठियों का आयोजन, जिनमें प्रस्तुत किये जाने वाले आलेख भारतीय भाषाओं में हों व उन पर विमर्श भी भारतीय भाषाओं में ही हो, इस दिशा में एक छोटी पहलक़दमी है। अज़ीम प्रेमजी विश्वविद्यालय ने अन्य सहयोगियों के साथ मिलकर ऐसी संगोष्ठियों के आयोजन की श्रृंखला आरम्भ की है। इन संगोष्ठियों में अध्येता भारतीय भाषाओं में अपने पर्चे प्रस्तुत करते हैं और उन्हीं भाषाओं में इन पर विचार-विमर्श व मन्थन होता है। इन संवादों में ज़मीनी स्तर पर कार्य कर रहे बहुत-से व्यक्ति व अध्येता, जो भाषा के गतिरोध के कारण अपने विचार प्रस्तुत नहीं कर पाते, वे भी अपने कार्य अनुभव के आधार पर शामिल हो पाते हैं। इन संगोष्ठियों में वे ज़मीनी कार्य के दौरान बने अपने विचार व विश्लेषण अकादमिक मन्थन में रख पाते हैं। इससे सभी के लिए, अवधारणाओं और विचारों के साथ गहरी अन्त:क्रिया की सम्भावनाएँ बनती हैं।

इस श्रृंखला की संगोष्ठियों में तीसरी संगोष्ठी का विषय 'गणित शिक्षण : अपेक्षाएँ और चुनौतियाँ' था। यह संगोष्ठी अज़ीम प्रेमजी विश्वविद्यालय और केन्द्रीय शिक्षा संस्थान, दिल्ली विश्वविद्यालय के संयुक्त तत्वावधान में दिल्ली विश्वविद्यालय में 11 से 13 अक्टूबर, 2019 तक आयोजित की गयी थी।

भारत में गणित शिक्षा कक्षा दस तक अनिवार्य है। हर तरह के काम में इसके उपयोग व इसे सीखने से होने वाले लाभ को अलग-अलग समय पर नीति दस्तावेज़ों में भी रेखांकित किया जाता रहा है। साथ ही यह चिन्ता भी व्यक्त की जाती रही है कि गणित से न सिर्फ़ पढ़ने वाले डरते हैं वरन व्यापक समाज में भी इसके प्रति डर व्याप्त है और यह डर गणित सीखने के बहुतेरे इच्छुकों की राह में द्वारपाल बनकर खड़ा रहता है। इसके साथ-साथ गणित का क्या अर्थ है व इसके महत्त्वपूर्ण तत्व क्या हैं, ये प्रश्न भी उलझे हुए हैं। इन दोनों के बारे में व्यापक समाज में बहुत गहरे तक गुँथी धारणाएँ हैं जो आज के गणित को संकीर्ण रूप में देखती हैं व उसे बहुत सीमित कर देती हैं। गणित क्या है, उसके शिक्षण की विषयवस्तु क्या हो और उसके शिक्षण में कौन-सी अवधारणाएँ शामिल करनी चाहिए, यह सीखा कैसे जाता है–इन सवालों से सम्बन्धित सामान्य धारणाएँ बच्चों के सीखने की राह में अड़चनें ही पैदा करती हैं।

इस तरह के कई और मसलों पर भी इस संगोष्ठी में चर्चा की कल्पना थी। यह संकलन संगोष्ठी में प्रस्तुत किये गये 47 पर्चों में से चुने हुए पर्चों व बाद में प्राप्त हुए अन्य लेखों से मिलकर बना है। इसमें सम्मिलित 6 पर्चों का कन्नड़ा में अनुवाद हुआ है। ये पर्चे गणित विषय पर अज़ीम प्रेमजी विश्वविद्यालय और दावनगेरे विश्वविद्यालय, दावनगेरे, कर्नाटक के संयुक्त तत्वावधान में कन्नड़ा भाषा में हुई संगोष्ठी में प्रस्तुत किये गये हैं।

अज़ीम प्रेमजी विश्वविद्यालय व वाणी प्रकाशन द्वारा संयुक्त रूप से प्रकाशित 'शिक्षा के सरोकार' शृंखला की यह पाँचवीं पुस्तक आपके सामने प्रस्तुत है।

—हृदय कान्त दीवान

अज़ीम प्रेमजी विश्वविद्यालय, बेंगलूरु

प्रस्तावना : गणित और उसकी शिक्षा

गणित अपनी विशेष प्रकृति के कारण चर्चा व चिन्तन में रहता है। पिछले चार दशकों से इसे माध्यमिक स्तर पर अनिवार्य विषय के रूप में पढ़ाया जाता रहा है; किन्तु यह इस स्तर पर अमूर्त हो जाता है और विद्यार्थियों व शिक्षकों दोनों के लिए जटिलताएँ पैदा करता है। यह भी समझा जाता है और प्रखरता से कहा जाता है कि इस अमूर्तन के बावजूद गणित हर किसी के जीवन के अनुभवों का एक महत्त्वपूर्ण हिस्सा है। राष्ट्रीय पाठ्यचर्या की रूपरेखा (एनसीएफ़ 2005), पोजीशन पेपर ऑन टीचिंग ऑफ मैथमेटिक्स (Position Paper on Teaching of Mathematics) और एनसीईआरटी (NCERT) गणित शिक्षण के परिप्रेक्ष्य में कहते हैं कि इसका मूल उद्देश्य बच्चे की विचार प्रक्रियाओं का गणितीयकरण करना है। वे गणित के प्रति व्याप्त डर को भी दूर करने की बात करते हैं। इसके अलावा गणित शिक्षण पर पोजीशन पेपर दो अन्य महत्त्वपूर्ण बिन्दुओं का उल्लेख करता है। पहला, कक्षा में ऐसे गणितीय अनुभवों की आवश्यकता जिनमें सभी बच्चे आनन्द के साथ भाग ले सकें; और दूसरा यह कि, कक्षाओं में गणितीय प्रक्रियाओं के बुनियादी तत्वों जैसे समस्या समाधान, दृश्यता, तार्किक सोच, गणितीय मॉडलिंग इत्यादि, जो कि गणितीयकरण की प्रक्रियाओं के विकास के भी तत्व हैं, को बढ़ावा देने की ज़रूरत है। सभी नीतियों व पाठ्यचर्या दस्तावेज़ों में प्रत्येक बच्चे को गुणवत्तापूर्ण शिक्षा प्रदान करने और गणित पर विशेष ध्यान दिये जाने का आग्रह है।

पिछले तीन-चार दशकों से भारत एवं दुनिया भर में गणित के शिक्षण पर काफ़ी कार्य हुआ है और यह चिन्तन-मनन का विषय भी बना रहा है। हालाँकि, जो गम्भीर प्रयास व शोध हुए हैं उनसे गणित शिक्षण के बारे में समझ का विकास हुआ है, पर ये कक्षाओं तक अभी नहीं पहुँचे हैं। गणित शिक्षण के साहित्य में यह माने जाने लगा है कि गणितीय खोज व उसका सीखने से सम्बन्ध; गणितीयकरण के प्रक्रियात्मक

ज्ञान के स्थान पर अवधारणाओं पर ज़ोर, गणित की समझ की विभिन्न परिस्थितियों में उपयोग की क्षमता का विकास आदि को गणित सीखने-सिखाने में शामिल करने की आवश्कता है। इसके अलावा गणित को रोज़मर्रा की घटनाओं से जोड़ने; उसे समस्या-समाधान, तर्क और अभिव्यक्ति के संक्षिप्त रूप में देखने तथा विद्यार्थियों में अन्वेषण, अनुमान और तर्कसंगतता के गुणों का विकास का प्रयास किया जाना चाहिए।

किन्तु जैसा हम जानते हैं, सामान्य कक्षाओं में परम्परागत गणित प्रक्रियाओं, कम्प्यूटेशनल एल्गोरिदम और प्रतीकों के बारम्बार अभ्यास और स्मरण से भरा हुआ है। स्कूल जाने वाले विद्यार्थियों और अधिकांश वयस्कों के लिए गणित अभी भी भय का विषय बना हुआ है। इसका एक मुख्य कारण तो शायद इसका अनुपयुक्त शिक्षण है जो इसके लिए अन्ततः ज़िम्मेदार तत्व है। किन्तु शिक्षकों की तैयारी, गणित शिक्षा की उचित समझ का अभाव, आकलन पद्धति व कार्यक्रम संरचना, पाठ्यचर्या के इस्तेमाल का ढंग, उसकी समझ और उसके प्रति दृष्टिकोण के अलावा समाज की इस सबकी समझ आदि भी इस समस्या के लिए ज़िम्मेदार हैं।

यह संगोष्ठी

इस संगोष्ठी का प्रयास इन सभी मुद्दों पर शिक्षक-प्रशिक्षकों, शोधकर्ताओं, स्कूल के शिक्षकों व उनके साथ काम कर रहे अन्य लोगों को ऐसा मंच उपलब्ध करवाना था, जहाँ वे इसके सन्दर्भ में अपने प्रयासों, अपने अवलोकनों और अन्तःक्रिया से उभरे अनुभवों पर मनन-चिन्तन व विश्लेषण को बाँट सकें व उन पर चर्चा कर सकें।

संगोष्ठी में प्रस्तुत पर्चे कुछ मुख्य विषय क्षेत्र के अन्तर्गत थे। इनमें पहला विषय था गणित की कक्षा व उसका स्वरूप। इसमें गणित का शिक्षण कैसा होना चाहिए; कक्षा में गणित करने का क्या अर्थ है, और शिक्षार्थियों की पृष्ठभूमि की जानकारी व उसका उपयोग जैसे मुद्दे शामिल थे।

गणित शिक्षण में कक्षा की संरचना एक महत्त्वपूर्ण पहलू है, जिसके कई घटक हैं। इनमें कक्षा के सामाजिक-गणितीय मानदण्ड, विद्यार्थी से अपेक्षित भागीदारी व कार्य, 'गणितीय' अनुभवों की प्रचुरता, गणितीय प्रक्रियाएँ जैसे सिद्ध करना, अनुमान लगाना, सामान्यीकरण, तर्क, गणितीय मॉडलिंग आदि महत्त्वपूर्ण हैं। ज़ाहिर है इनके अलावा इसमें गणित की कक्षा में शिक्षकों की और समावेशी कक्षा के लिए विद्यार्थियों की भूमिका व पृष्ठभूमि की समझ भी शामिल है।

दूसरा विषय गणित के क्षेत्रों का चयन व सन्तुलन था। इसमें गणित शिक्षण में क्या और क्यों शामिल किया जाना चाहिए, पर प्रस्तुति की अपेक्षा थी। गणित में अभी

क्या शामिल है, उसका क्या स्वरूप हो (यथा गणित की प्रकृति, गणित शिक्षण की प्रकृति, गणित व भाषा, गणित बतौर भाषा) जैसे मसलों पर कार्य के अलावा प्राथमिक, माध्यमिक व उच्च-माध्यमिक कक्षाओं में गणित शिक्षण के उद्देश्य और विशिष्ट अवधारणाएँ क्या हों, जैसे प्रश्न शामिल थे। गणित का पाठ्यक्रम व पाठ्यपुस्तकें कैसी हों, इस सन्दर्भ में हुए प्रयासों की व्याख्या, इनमें अन्तर्सम्बन्धों की व्याख्या जैसे पहलुओं पर भी पर्चे प्रस्तुत किये गये। यह भी अपेक्षा थी कि गणित शिक्षा के भाषायी, सांस्कृतिक, सामाजिक और राजनीतिक आयामों पर भी पर्चे होंगे, पर इस क्षेत्र में पर्चे नहीं आये। इसके अलावा एक अन्य महत्त्वपूर्ण मसला है कि क्या सबको गणित पढ़ाया जाना चाहिए? हालाँकि, गणित अभी अनिवार्य विषय माना जाता है फिर भी यह सवाल बार-बार उठता रहता है कि क्या यह सही है और यदि यह सही है तो कैसा गणित सबके लिए हो? क्या आज पढ़ाया गणित सभी के लिए अनिवार्य माना जाना चाहिए? इसके अलावा गणित शिक्षा के सामाजिक और राजनीतिक आयाम क्या हैं, यथा गणित शिक्षा में समानता व न्याय संगतता के मुद्दे; भाषा व संस्कृति से सम्बन्ध; गणित के प्रति मान्यताएँ आदि और ऐसे ही और भी सम्बन्धित मुद्दे। बहुभाषिता, बहुसांस्कृतिक वातावरण, मातृभाषा और गणित, गणित की कक्षा में भाषा और सम्प्रेषण, गणित की भाषा आदि का गणित अधिगम पर प्रभाव व इन सभी का गणित की पाठ्यचर्या से सम्बन्ध भी इस सन्दर्भ में महत्त्वपूर्ण मसले माने गये थे।

तीसरा विषय था गणित अधिगम की प्रक्रियाएँ क्या हैं? इसमें बार-बार याद करने व एक ही तरह के अभ्यास करने के सन्दर्भ में किये गये कार्य व सोच-विचार की प्रमुख बातें शामिल थीं। गणित को सक्रिय ढंग से करने में गणितीय सवाल हल करना, नये सवाल रचकर प्रस्तुत करना, सामान्यीकरण करना, प्रमाण ढूँढ़ना, अनुमान लगाना, विवेचन, दावे बनाना, नियम बनाना आदि प्रक्रियाओं की बात होती रही है। संगोष्ठी में इस पर चर्चा की अपेक्षा थी कि गणित कक्षा में इनकी जगह क्यों हो और इन्हें गणित सीखने में कैसे इस्तेमाल किया जा सकता है? इसके अलावा गणित सीखने में सीखने की सामग्री व तकनीकी की भूमिका क्या है और गणित कक्षाओं के डिजिटलीकरण का क्या अर्थ है, जैसे मसले भी चर्चा के लिए महत्त्वपूर्ण समझे गये थे। इसमें सामग्री के उपयोग द्वारा प्रतीकीकरण और गणित के अमूर्त स्वरूप के बीच तनाव भी एक महत्त्वपूर्ण पहलू समझा गया था। इस विषय में आख़िरी बिन्दु आकलन का था। यानी हमें यह कैसे पता चलेगा कि शिक्षार्थियों ने क्या सीखा है? इसमें अधिगम व आकलन के अन्तर्सम्बन्ध, आकलन के वैकल्पिक तरीक़े,

उनके लाभ और सीमाएँ, वर्तमान मूल्यांकन प्रथाओं में समस्याएँ आदि पर किया कार्य सम्मिलित था।

चौथा विषय था इस सबके सन्दर्भ में गणित के शिक्षक की तैयारी और सेवाकालीन शिक्षा। ज़ाहिर है कि गणित शिक्षा के बारे में हुई बातचीत को कक्षा में सम्भव बनाने में गणित के शिक्षक प्रमुख माध्यम हैं अत: उनकी तैयारी गणित शिक्षण में सुधार का प्रमुख स्तम्भ है। शिक्षकों की तैयारी में गणित सीखने के उद्देश्यों, गणित की प्रकृति, बच्चों की, उनके पूर्व ज्ञान की व उनकी पृष्ठभूमि की समझ, सबके लिए गणित की आवश्यकता, विषयवस्तु की समझ, कैसे सिखाना है आदि को शामिल किये जाने की ज़रूरत है। यह भी प्रश्न है कि इस सबकी समझ के बीच सन्तुलन कैसे हो। कुल मिलाकर चर्चा के विषय थे कि तैयारी में गणित में क्या पढ़ाएँ और कैसे पढ़ाएँ की समझ, बच्चों की पृष्ठभूमि का कितना और कैसे ध्यान रखा जाये; गणित पाठ्यक्रम, पाठ्यपुस्तक और सीखने की सामग्री व इनमें अन्तर्सम्बन्ध की समझ; बच्चों की पृष्ठभूमि व उनकी भाषा व संस्कृति का क्यों, क्या और कैसे इस्तेमाल होना चाहिए; गणित अधिगम के भाषा विकास से अन्तर्सम्बन्ध की समझ और गणित कक्षा में सहकारी अधिगम का महत्त्व जैसे मसले कैसे शामिल हो सकते हैं?

संगोष्ठी में कुल मिला कर 47 पर्चे प्रस्तुत किये गये जो कि उपरोक्त विषयों के इर्द-गिर्द थे। हालाँकि प्रस्तुत पर्चों में सभी अपेक्षित पहलुओं पर गहरी प्रस्तुति व विश्लेषण नहीं आ पाये किन्तु जैसा इस संकलन में शामिल पर्चे दिखाते हैं, बहुत से मसलों पर चर्चा की शुरुआत ज़रूर हो पाई।

संकलन का स्वरूप

संगोष्ठी में व उसके बाद प्राप्त पर्चों की प्रकृति को देखते हुए यह सोचा गया कि उन्हें चार हिस्सों में बाँटा जाये और इस तरह यह संकलन चार खण्डों में है। पहला खण्ड गणित की पाठ्यचर्या और कक्षा-कक्ष पर केन्द्रित है, दूसरा शिक्षकों की समझ और तैयारी पर। तीसरा खण्ड गणित शिक्षण में सामग्री की भूमिका और महत्व के विविध पहलुओं को खोलता है और चौथा खण्ड गणित शिक्षा के विभिन्न सामाजिक पहलुओं को रेखांकित करता है।

पहला खण्ड : गणित की पाठ्यचर्या और कक्षा-कक्ष

इस खण्ड का पहला पर्चा **तान्या सक्सेना** का है। उनका पर्चा *'प्राथमिक स्तर से गणितीय सोच का विकास'*, प्राथमिक कक्षाओं में सिद्ध करने या प्रूफ़्स के शिक्षण

के आधार निर्मित करने के बारे में है। तान्या बताती हैं कि प्राथमिक स्तर पर बच्चों में गणितीय तार्किक क्षमता और निगमनात्मक सोच का विकास करते हुए ही सिद्ध करने या प्रूफ़्स की संक्रिया तक पहुँचना सम्भव है। इसके लिए शिक्षकों को कक्षा में ऐसे मौक़े विकसित करने होंगे, जिनमें बच्चों को गणितीय सोच के इस्तेमाल की खुली क्रियाएँ करने का मौक़ा मिले। उदाहरण के लिए जहाँ विद्यार्थी संख्याओं व आकृतियों आदि के साथ खेल कर सकें, उनके स्वरूप, पैटर्न, आपसी सम्बन्धों को समझ सकें और उनकी परिभाषा की व्याख्या करते हुए उनका उपयोग कर सकें। तान्या यह भी चिन्हित करती हैं कि हालाँकि एनसीईआरटी और छत्तीसगढ़ की पाठ्यपुस्तकों में इस प्रकरण पर अच्छी तरह चर्चा की गयी है पर यह अभी भी अपर्याप्त है। उनके अनुसार पाठ्यपुस्तकों में ये बदलाव आवश्यक हैं, और अभी जितनी जगह इनके लिए है, उसे बढ़ाने की ज़रूरत है। इस बदलाव को सीखने-सिखाने का असरदार हिस्सा बनाने में शिक्षकों की अहम भूमिका है।

इस खण्ड का दूसरा पर्चा **हृदय कान्त दीवान** का है। '*प्राथमिक व उच्च-प्राथमिक कक्षा में गणित की पाठ्यचर्या : सम्भावनाएँ एवं चुनौतियाँ*', शीर्षक का यह पर्चा इस स्तर पर गणित के बदले स्वरूप को इंगित करता है। उच्च-प्राथमिक व माध्यमिक स्तर पर गणित की सामान्य जीवन व सन्दर्भ से जुड़ाव की प्रकृति प्राथमिक स्तर पर सरलता से उपलब्ध सम्भावनाओं जैसी नहीं है। हालाँकि प्राथमिक स्तर पर बहुत-से ऐसे उदाहरण मिल जाते हैं जिनसे वह आसानी से रोज़मर्रा के जीवन में दिखता है और इनमें से अधिकांश मात्रा से सम्बन्धित होते हैं फिर भी प्राथमिक स्तर का गणित मात्र अंकगणित नहीं है। हालाँकि कक्षाओं और समाज में अक्सर उसे ऐसा ही मान लिया जाता है। दीवान कहते हैं कि संख्याओं की समझ के अलावा, स्थानिक क्षमताओं, आँकड़ों को समझना व उनका इस्तेमाल, अमूर्तन व सामान्यीकरण की प्रक्रिया, गणितीय समस्या को पढ़ना व हल करना जैसे कई महत्त्वपूर्ण हिस्सों की शुरुआत इस स्तर पर हो जाती है। वे कहते हैं कि गणित का विकास भाषा के समानान्तर ही होता है। उनके मुताबिक़ प्राथमिक कक्षा में भाषा के उपयोग के पर्याप्त मौक़े मिलने चाहिए और पाठ्यपुस्तक व अन्य गणितीय सामग्री पढ़ने के अभ्यास के मौक़े भी कक्षाओं में मिलने चाहिए। दीवान उच्च-प्राथमिक व माध्यमिक स्तर पर ऐसी गणितीय अवधारणाओं के शामिल होने की बात करते हैं जिनका सामान्य जीवन में आसानी से कोई उदाहरण नहीं मिलता। इनका उदाहरण ढूँढ़कर ठोस प्रतिरूपण करना सम्भव नहीं है। ऋणात्मक संख्याओं, अक्षर संख्याओं, चर संख्याओं, काल्पनिक संख्याओं आदि और बिन्दु, किरण, रेखा आदि के लिए

बनाये मॉडल बहुत आवश्यक हो तो अस्थायी रूप से शुरुआत में ही इस्तेमाल किये जा सकते हैं। यथार्थ में उनका कोई प्रत्यक्ष उदाहरण ढूँढ़ पाना सम्भव नहीं है। जो भी मॉडल बनाये जाते हैं वे कृत्रिम हैं। इस स्तर पर विद्यार्थियों को धीरे-धीरे अमूर्त अवधारणाओं से अन्य अमूर्त अवधारणाओं की रचना कर पाना सीखना होता है। गणितीयकरण का अर्थ ठोस सामग्री का उपयोग नहीं है वरन गणित की अवधारणाओं को जीवन में पहचानने व इस्तेमाल करने का प्रयास है।

गीता नामदेव और अनुराधा जैन का पर्चा *'प्राथमिक कक्षाओं में गणित शिक्षण की प्रक्रियाएँ एवं स्वरूप'* इस खण्ड का तीसरा पर्चा है। यह एक स्कूल में संख्याओं के साथ काम के अनुभव का विवरण है। वे कक्षाओं में बच्चों के अलग-अलग स्तर पर होने के कारण आने वाली परेशानियों के साथ-साथ गिनने की प्रक्रिया में ग़लतियों की प्रकृति के कुछ उदाहरण देती हैं। उनके अनुसार गणित सीखने-सिखाने में खेलों व जीवन के अन्य पहलुओं को गणित की कक्षा से जोड़ने का बहुत महत्त्व है। पर्चे के अनुसार शिक्षक की भूमिका एक सुगमकर्ता की है और गणित सीखने के लिए शिक्षक व सीखने वाले के बीच आपस में संवाद के मौक़े होने चाहिए। वे यह भी कहती हैं कि गणित में एक तरीक़े को मानकीकृत मानना व उसे सब पर थोपना सही नहीं है।

शहनाज़ डीके का पर्चा इस खण्ड का चौथा पर्चा है जो पूर्व माध्यमिक कक्षाओं में गणित पढ़ाने के उनके अनुभव पर आधारित है। सामान्य तौर पर गणित सीखने-सिखाने में इबारती सवालों के महत्त्व व उन्हें हल करने की प्रक्रिया में आने वाली दिक़्क़तों के बारे में काफ़ी बातचीत होती रही है। इसे भाषा व गणित सीखने के अन्तर्सम्बन्ध के रूप में भी देखा जाता है और गणितीय समझ के विकास के हिस्से के रूप में भी। शहनाज़ का पर्चा कक्षा आठ में पढ़ रही छात्राओं के साथ कक्षा सात की पुस्तक में दिये गये सवालों पर किये गये कार्य पर आधारित है। सवाल करवाने के बाद शहनाज़ ने छात्राओं से उनके द्वारा हल किये सवालों पर चर्चा की। शहनाज़ ने यह चर्चाएँ दो-दो या तीन-तीन छात्राओं के अलग-अलग समूह में की, जिससे उन्हें हिचक न हो व उनमें परस्पर बात भी हो सके। शहनाज़ ने पाया कि सवाल करने में सबसे बड़ी अड़चन पढ़कर समझ पाना है। बोलकर सवाल सुना देने पर छात्राओं के लिए सवाल हल करना आसान हो जाता है। शहनाज़ ने यह भी पाया कि छोटे-छोटे समूहों में लिखित इबारती सवाल हल करने को देने से छात्राएँ इबारती सवाल कर पाईं और उनमें सवाल समझने व हल करने का विश्वास भी जगा। इस प्रक्रिया में उन्हें सवाल रचने के कार्य से भी मदद मिली। उनका कहना है कि गणित की कक्षा

में यह दोनों कार्य बार-बार किये जाने चाहिए और इसके साथ ही गणित की पुस्तक को पढ़ने के प्रयास के भी बहुत से मौक़े बच्चों को मिलने चाहिए।

इस खण्ड का पाँचवाँ पर्चा **रुचि गर्ग** का, *'गणित की कक्षा में गणित की खोज' है,* जो इस प्रश्न पर केन्द्रित है कि बच्चों को गणित मुश्किल क्यों लगता है। क्या इसका कारण गणित की प्रकृति है अथवा इसमें कक्षा में पढ़ा रहे शिक्षक-शिक्षिका की गणित व उसके सीखने-सिखाने की समझ का भी योगदान है। पर्चा दिल्ली के एक स्कूल की कक्षा तीन के लम्बे अवलोकन, शिक्षिका से बातचीत व उसके विश्लेषण पर आधारित है। कक्षा अवलोकन में एल्गोरिदम पर, समझने व अपना उत्तर गढ़ने के स्थान पर बताए गये तरीक़े के अनुसरण पर ज़ोर दिया जा रहा था। लगभग सभी सवालों में गणना की विधि को दोहराने व बताए गये ढंग से उत्तर देने पर ज़ोर था। रुचि कहती हैं कि पढ़ाने वाले का नज़रिया गणित की कक्षा में विद्यार्थियों की भागीदारी की प्रकृति व मात्रा, उनके आत्मविश्वास, गणित के प्रति दृष्टि, सीखी गयी अवधारणाएँ आदि सभी को प्रभावित करता है। वे कहती हैं कि इस पहलू पर प्रशिक्षणों में काम करने की आवश्यकता है, हालाँकि वे यह भी कहती हैं कि कक्षा की प्रक्रियाएँ बहुत-से तत्वों का जटिल मिश्रण हैं, अतः गणित की कक्षाएँ सुधारने का कोई सरल ढंग नहीं है।

सरिता पाण्डेय का पर्चा इस खण्ड का छठा पर्चा है जो *गणित कक्षा के दौरान पूछे गये प्रश्नों के प्रकार तथा उनसे कक्षा-कक्ष अधिगम वातावरण पर पड़ने वाले प्रभाव* का अध्ययन है। इसमें शिक्षकों की कक्षाओं का अवलोकन कर व पूरी प्रक्रिया का वॉयस रिकार्ड कर उसके आधार यह देखने का प्रयास किया गया है कि कक्षा में किस तरह के सवालों पर बातचीत होती है। कक्षा के प्रश्नों को श्रेणियों में बाँटकर उनका विश्लेषण किया गया। सरिता ने पाया कि ज़्यादातर सवाल सूचना आधारित हैं। वे कहती हैं कि बच्चों की यही समझ है कि गणित में प्रत्येक प्रश्न का एक ख़ास उत्तर होता है। लेखिका ने अन्त में शिक्षक व भावी शोधकर्ताओं के लिए कुछ सुझाव भी रखे हैं।

प्रज्ञा श्रीवास्तव का पर्चा इस खण्ड का सातवाँ पर्चा है जिसमें शिक्षकों से बातचीत और कक्षाओं के अवलोकन के आधार पर *गणित विषय की प्रकृति, उद्देश्यों और उसे पढ़ाने के तरीकों का* अध्ययन है। वे कहती हैं कि एनसीएफ़ गणित की कक्षा से बहुत अपेक्षा करता है और माँग करता है कि गणित पढ़ते समय विद्यार्थियों को अमूर्त चिन्तन के मौक़े तो मिलें लेकिन गणित को रोज़मर्रा की ज़िन्दगी से भी जोड़ने की आवश्यकता है। पर्चे का ध्येय यह देखना है कि इस तरह के पहलुओं का प्रभाव कक्षा में कैसे दिखता है। शोधकर्ता के अनुसार शिक्षक अमूमन इन बातों

को सिर्फ़ जुमले की तरह इस्तेमाल करते हैं और कक्षा की प्रक्रियाएँ इस बात से निर्धारित होती हैं कि पाठ्यपुस्तक में क्या है। शिक्षक अक्सर कक्षा में बिना किसी पूर्व तैयारी के आते हैं, अत: गणित रोज़मर्रा की ज़िन्दगी से जुड़े, इस पर ज़्यादा कुछ नहीं कर पाते। कक्षा में शिक्षकों द्वारा पूछे गये सवाल हाँ या न तक ही सीमित रहते हैं, उनमें सोचकर जवाब देने की आवश्यकता नहीं लगती। इसके मुताबिक़ प्रज्ञा शिक्षक प्रशिक्षण में ध्यान देने योग्य कुछ सुझाव भी देती हैं।

इस खण्ड का आख़िरी पर्चा **अमित कुलश्रेष्ठ** का है जो गणित के अध्यापन में युक्तियाँ सिखाने को दिये जा रहे महत्त्व पर सवाल उठाता है। वे कहते हैं कि शुरू से ही युक्तियाँ सिखा-सिखाकर बच्चों को उत्तर तक शीघ्रता से पहुँचने और बताने के लिए तैयार किया जाता है। इस प्रक्रिया में ऐसा आभास मिलता है कि सीखने वाला बहुत ही जल्दी काफ़ी कुछ सीख गया और जल्दी-जल्दी सवालों के उत्तर बता पाता है। इसके उदाहरण के रूप में वे प्राथमिक कक्षाओं के शुरू में ही संख्याओं के लिखने के लिए करवाये जाने वाले अभ्यास का जिक्र करते हैं। इसमें वे दिखाते हैं कि इन युक्तियों का इस्तेमाल करके हल करने वाला वह तो लिख देता है, जो जाँचने वाले को सही लगता है, किन्तु यह समझ नहीं पाता कि वह जो कर रहा है वह क्यों कर रहा है। इसीलिए वह अन्तत: इन युक्तियों में ही उलझ जाता है। उच्च-माध्यमिक व स्नातक स्तर पर ये युक्तियाँ बिल्कुल काम नहीं करतीं, सिर्फ़ बाधा बनती हैं। वे यह भी कहते हैं कि कम समय में अधिक अर्जित करने और शॉर्टकट प्रयोग करने की पद्धति के कारण विद्यार्थियों में पुस्तक से पढ़कर समझने का अभ्यास भी नहीं होता और वे स्वयं सोच-समझकर भी आगे नहीं बढ़ पाते। उनमें सवालों को समझने और आगे अपना रास्ता तय करने का आत्मविश्वास भी नहीं आता। लेखक कई तर्कों से यह दिखाते हैं कि हर समय सरलता का आग्रह व मॉडल का आग्रह, ऐसे भ्रम पैदा कर देता है जो स्नातक स्तर पर आगे गणित समझने में बाधा पैदा कर सकते हैं। वे माँग करते है कि गणित सीखने-सिखाने व गणित विषय की समझ पर सामाजिक व मनोवैज्ञानिक चिन्तन किया जाये।

दूसरा खण्ड : शिक्षकों की समझ और तैयारी

इस दूसरे खण्ड का पहला पर्चा **हृदय कान्त दीवान** का है जो मध्य प्रदेश में विकसित हुए *प्राथमिक शिक्षा कार्यक्रम (प्राशिका)* की एकीकृत पाठ्यचर्या में गणित की समझ को प्रस्तुत करता है। पर्चा पूरी पाठ्यचर्या के आलोक में गणित के हिस्से को प्रस्तुत करता है। लेखक बताते हैं कि यह एकीकृत कार्यक्रम मानता था कि सीखने-सिखाने

के परिप्रेक्ष्य, पाठ्यक्रम, पाठ्य-सामग्री, आकलन के अलावा इन सब पर शिक्षक की तैयारी आवश्यक है। इसमें शिक्षकों की स्वायतत्ता, स्वनिर्णय लेने और स्वयं नये रास्ते गढ़ने की क्षमता ही बच्चों व परिस्थितियों के सन्दर्भ में उपयुक्त रास्ते ढूँढ़ पाने के लिए उन्हें तैयार करेगी। यदि शिक्षा से अपेक्षा है कि वह ऐसा करे और स्कूल और कक्षा का माहौल लोकतान्त्रिक हो, तो शिक्षकों की तैयारी में भी इन सबकी झलक मिलनी चाहिए, उसमें वही सिद्धान्त होने चाहिए जो हम स्कूल में प्रतिबिम्बित होते देखना चाहते हैं।

खण्ड का दूसरा पर्चा **यशवेन्द्र सिंह रावत** का है। यह पर्चा गणित पढ़ने के महत्त्वपूर्ण और एनसीएफ़ 2005 के शब्दों में व्यापक व ज़्यादा गहरे माने गये उद्देश्य, शिक्षार्थी की समझ के गणितीयकरण के सन्दर्भ में पढ़ाने वालों की समझ का छोटा अध्ययन है। यह पर्चा कुछ बुनियादी गणितीय अवधारणाओं व उनसे जुड़े सवालों के बारे में शिक्षकों से किये गये साक्षात्कारों से प्राप्त उत्तरों के विश्लेषण पर आधारित है। साक्षात्कार में भिन्नात्मक संख्याओं को विषय के रूप में लिया गया और सवालों के विश्लेषण में पाया कि प्रादर्श के शिक्षकों की समझ सीमित है। ऐसे में बच्चों की समझ में दिखने वाला अभाव सीधे रूप से शिक्षकों और प्रशिक्षकों की समझ से जुड़ा होना सम्भव है। हालाँकि, साक्षात्कार में कक्षा अवलोकन का पुट न होने से कक्षा में यह कर पाने के तरीक़ों व इसके बारे में सीधे-सीधे शिक्षकों की समझ का अध्ययन नहीं है किन्तु उनकी बुनियादी अवधारणाओं की समझ व गणित के प्रति रवैए से इस पहलू का अन्दाज़ा लग सकता है। पर्चे के अन्त में यशवेन्द्र शिक्षकों की समझ के बारे में बनी समझ को बिन्दुवार प्रस्तुत भी करते हैं।

फ़रजाना इरफ़ान और प्रमोद आमेटा का पर्चा इस खण्ड का तीसरा पर्चा है। इस पर्चे में माध्यमिक स्तर पर गणित पढ़ा रहे शिक्षक-शिक्षिकाओं व गणित विषय के शिक्षण को चुनकर बीएड कर रहे छात्र-छात्राओं द्वारा महसूस की जा रही दिक़्क़तों पर चर्चा की गयी है। न्यादर्श के चुनाव का ढंग व उसका आकार इसके निष्कर्षों को व्यापक रूप से स्वीकारने में बाधा है किन्तु फिर भी यह कुछ सामान्य प्रतीत हो रही दिक़्क़तों से हमें रूबरू करवाता है। इनमें से एक समस्या माध्यमिक कक्षाओं में अधिक छात्र-छात्राओं का होना है, जिससे कक्षा में व्यक्तिगत तौर पर उनकी दिक़्क़तों पर कार्य करना सम्भव नहीं है। सर्वेक्षण में शामिल सदस्यों ने परीक्षा केन्द्रित शिक्षण और गणित व गणित शिक्षक के प्रति व्याप्त डर को भी कम करने का सुझाव दिया है। इसके लिए उन्होंने गणित को दैनिक जीवन से जोड़कर प्रस्तुत करने पर बल दिया है।

इस खण्ड का चौथा पर्चा **हनीत गाँधी** का है, जो *पाठ्यपुस्तकों व शिक्षकों की प्रायिकता की समझ* पर केन्द्रित है। इसमें लेखिका प्रायिकता की अपेक्षाकृत ज्यादा प्रचलित धारणाओं का विश्लेषण करती हैं और दिखाती हैं कि पाठ्यपुस्तकों में मुख्यतौर पर इन्हीं का मिश्रण मिलता है। शिक्षिका व शिक्षक भी जाने-अनजाने इन्हीं दो धारणाओं का कक्षा में इस्तेमाल करते हैं। लेखिका यह भी दिखाती हैं कि कई परिस्थितियों में प्रायिकता के बारे में सोचने के यह दोनों ही तरीक़े अपर्याप्त हो सकते हैं। इनके अपर्याप्त होने का कारण है कि जहाँ किसी ख़ास घटना के सन्दर्भ में सोचना हो तो उन परिस्थितियों में यह हमें प्रायिकता की गणना करने में मदद नहीं करते। उदाहरण के लिए किसी ख़ास दिन बारिश होगी या नहीं जैसे सवालों के लिए गणना न तो शास्त्रीय प्रायिकता से की जा सकती है और न ही बारम्बारिता के आँकड़े एकत्रित करके। किसी ख़ास दिन वर्षा होने की सम्भावना क्या है, यह उन परिस्थितियों पर निर्भर है जो उस समय हैं और उनके आधार पर भी बारिश होने की प्रवृत्ति का अध्ययन किया जाना चाहिए। लेखिका कहती हैं कि इस तरह से परिस्थितियों का अध्ययन कर किसी घटना के घटने की प्रवृत्ति को समझना महत्त्वपूर्ण है। वे कार्ल पॉपर के हवाले से कहती हैं कि हमारे अनुभव के कारण प्रायिकता को समझने की यह प्रोपेन्सिटी थ्योरी अन्य दो सिद्धान्तों यथा शास्त्रीय/पारम्परिक व आवृत्ति सिद्धान्त से बहुत पहले हमारे विचारों में गूढ़ रूप से होती है। हम यह जानते हैं कि बारिश होना या न होना ऐसी परिघटनाएँ नहीं हैं जिनके आधार पर उनकी प्रायिकता को आधा-आधा बता दिया जाये। वे कहती हैं, प्रवृत्ति के आधार पर प्रायिकता के बारे में सोचने को गणित के शिक्षणशास्त्र में शामिल करने की आवश्यकता है किन्तु इसके पहले इस पर काफ़ी काम करने की आवश्यकता होगी।

तान्या सक्सेना का पर्चा *शिक्षकों के परिप्रेक्ष्य से प्रूफ़्स : एक साहित्यिक समीक्षा*, इस खण्ड का पाँचवाँ पर्चा है जो गणित में प्रूफ़्स या सिद्ध करने को लेकर शिक्षकों की समझ के बारे में है। वे कहती हैं कि शिक्षक इन्हें अलग-अलग ढंग से देखते हैं। कुछ शिक्षक इन्हें गणित सीखने का साधन मानते हैं और कुछ इसे किसी गणितीय कथन तक तार्किक चरणबद्ध ढंग से पहुँचने का तरीक़ा। कुछ शिक्षक प्रूफ़्स को, गणित को व्यवस्थित रूप से लिखने और नयी ज्ञान संरचना के तरीक़े की तरह भी देखते हैं। इन अवधारणाओं का विश्लेषण करती हुई तान्या शिक्षकों से उम्मीद करती हैं कि वे इन्हें गणितीय सोच के स्वरूप, स्वभाव और विकास के मार्ग के हिस्से के रूप में समझें। इसके लिए वे शिक्षकों को सुझाती हैं कि बच्चों को चिन्तन के मौक़े देने वाले ऐसे गणितीय टास्क दिये जायें जिनमें सही या ग़लत जवाब की

बजाय सम्भव जवाब खोजने की प्रेरणा हो। वे बताती हैं कि इसके लिए ट्रैन्स्पेरेंट सूडो-प्रूफ़ जैसी प्रविधि का इस्तेमाल कारगर हो सकता है।

खण्ड का छठाँ पर्चा **गिरीश शर्मा** का है जो राजस्थान में उदयपुर एवं राजसमन्द जिले के सरकारी विद्यालयों में उच्च-प्राथमिक स्तर पर गणित पढ़ा रहे और पढ़ाने के लिए तैयार हो रहे अध्यापकों के मत, उनकी समझ व दृष्टिकोण का अध्ययन है। अध्यापकों व भावी अध्यापकों के विचारों को साक्षात्कार व समूह चर्चा द्वारा प्राप्त किया गया। अध्ययन में उनके सीखने-सिखाने में आने वाली बाधाओं, विद्यार्थियों की सीखने की इच्छा व क्षमता व उनके नज़रिये को समझने का प्रयास एक छोटे सैम्पल के साथ किया गया है। अध्यापकों के अनुसार विद्यार्थियों का गणित व भाषा का ज्ञान कमज़ोर है। इस वज़ह से उन्हें पुस्तक पढ़ पाने में भी दिक़्क़त होती है। अध्यापकों के लिए पिछली कक्षाओं का काम करवाना मुश्किल होता है क्योंकि कोर्स पूरा करवाना है। पर्चा यह भी बताता है कि शिक्षक तो कक्षा में जाने से पहले तैयारी की बात करते हैं किन्तु शिक्षकों के अनुसार उनका समय बच्चों को कक्षा में बिठाए रखने में ही लग जाता है, तैयारी से कुछ फ़ायदा नहीं है।

रुचि मित्तल व **अल्प्रता आहूजा** का पर्चा *'सेवाकालीन शिक्षक : गणितीय प्रक्रियाओं की समझ'* इस खण्ड का सातवाँ पर्चा है। यह राष्ट्रीय पाठ्यक्रम की रूपरेखा (एनसीएफ़ 2005) में रेखांकित गणित शिक्षण के लक्ष्यों व प्रक्रिया कौशलों का उपयोग करके गणितीय समझ को विकसित करते हुए विद्यार्थी को अपने विचारों का गणितीयकरण करने में सक्षम बनाने के बारे में शिक्षकों की समझ का अध्ययन है। लेखिकाओं ने एनसीएफ़ 2005 में दिये गणित प्रक्रिया कौशलों की व्याख्या करते हुए हरेक को समझाने का प्रयास किया है व एनसीईआरटी की किताबों में से प्रत्येक के लिए उदाहरण दिये हैं। इन कौशलों की शिक्षकों की समझ का अध्ययन एक वर्कशीट व शोधकर्ताओं द्वारा स्वयं विकसित मैनुअल के इस्तेमाल से किया है। अध्ययन के अनुसार, हालाँकि शिक्षक इन प्रक्रिया कौशलों से परिचित हैं किन्तु उनकी इसके बारे में समझ सतही है। वे इन्हें समझा नहीं पाते और उचित उदाहरण भी नहीं ढूँढ़ पाते। लेखिकाओं का मानना है कि शिक्षकों के सेवाकालीन प्रशिक्षणों में इन कौशलों पर काम किये जाने की ज़रूरत है।

इस खण्ड का आख़िरी पर्चा **सुनीता कोहली** और **अनानास कुमार** का है जो गणित शिक्षण के साथ आमतौर पर जुड़े *लैंगिक भेदभाव* पर केन्द्रित है। लेखक कहते हैं कि महिला गणित शिक्षकों की समस्याओं पर अलग से ध्यान देने की ज़रूरत है। अभी प्रशिक्षणों में शिक्षिकाओं के व्यवहारिक और पेशेवर जीवन से जुड़े

उदाहरणों व उनकी दिक़्क़तों के प्रति सचेतता की भी कमी है। पर्चा इस बात की ओर भी ध्यान आकर्षित करता है कि स्कूलों या कक्षाओं में उनके कार्य और चुनौतियों पर भी प्रशिक्षणों में बातचीत कम ही हो पाती है। जिन सामाजिक दृष्टिकोणों और स्कूल के बाहर की ज़िम्मेदारियों के चलते बच्चियाँ गणित सीखने से दूर होती हैं, उनका प्रभाव गणित शिक्षिकाओं पर भी होता है। इसी कारण गणित की कक्षा में शिक्षिकाओं का आत्मविश्वास कम हो गया प्रतीत होता है। पर्चा इस बात पर ज़ोर देता है कि प्रशिक्षणों में इन सभी पहलुओं पर ख़ास ध्यान देने की ज़रूरत है और शिक्षिकाओं के क्षमतावर्धन में उनका आत्मविश्वास बढ़ाना प्रशिक्षणों एक महत्त्वपूर्ण पहलू होना चाहिए।

तीसरा खण्ड : गणित शिक्षा में सामग्री

संकलन के तीसरे खण्ड में पहला पर्चा **शालीन मिश्रा** का है जो गणित की अमूर्त धारणाओं के लिए सीखने-सिखाने में अनुभव-भाषा-चित्र-प्रतीक (ईएलपीएस) सिद्धान्त के उपयोग पर आधारित है। विशेष रूप से रचित अल्जैबरिक टाइल्स का उपयोग करके कक्षा-7 के विद्यार्थियों के साथ शालीन ने बीजीय व्यंजक व उनके गुणा पर कार्य किया। इस प्रयास में उन्होंने अनुभव, भाषा, तस्वीर व प्रतीक चिह्न, चारों का क्रमवार व अन्तर्सम्बन्धित, दोनों रूपों से प्रयोग किया। चर संख्या व सामान्य संख्या के लिए अलग-अलग आकार की टाइल व धनात्मक और ऋणात्मक संख्याओं के लिए अलग-अलग रंग की टाइल लेकर जो कार्य किया गया, उसके अनुभव का विश्लेषण इस लेख में प्रस्तुत है। हालाँकि, उनके द्वारा संचालित कक्षा में विद्यार्थियों की संख्या कम थी फिर भी उनके अनुसार किया काम महत्त्वपूर्ण है। इस तरह का प्रयास ज़्यादा बड़ी कक्षाओं व कम साधनों के साथ भी किया जा सकता है। शालीन अपने पर्चे में कहते हैं कि इस तरह के अभ्यास से सीखने वालों को आगे बढ़ने में मदद मिलती है और इससे वे बीजीय व्यंजकों के उपयोग में सरलता महसूस करते हैं। शालीन के अनुसार उनकी इस कक्षा में बच्चे धीरे-धीरे टाइल्स का उपयोग छोड़कर सीधे प्रतीकों के साथ काम करने लगे व बीजीय व्यंजक सम्बन्धित अन्य सवाल भी हल कर पाये। उन्होंने इस प्रक्रिया में संवाद व भागीदारी को अत्यन्त महत्त्वपूर्ण बताया है।

इस खण्ड का दूसरा पर्चा **हृदय कान्त दीवान** का है जो गणित शिक्षण में इस्तेमाल की जाने वाली सामग्री और सन्दर्भ के बारे में चर्चा करता है। पर्चा इस सवाल पर विमर्श प्रस्तुत करता है कि सामग्री और सन्दर्भ को किस नज़र से देखा जाये, उनके

उपयोग के क्या सिद्धान्त हों और क्या वे गणित से जुड़े भय को कम करने में मदद कर सकते हैं। पर्चा इस पर भी चर्चा करता है कि सामग्री व सन्दर्भ का चुनाव गणित की प्रकृति, अवधारणाओं, प्रक्रियाओं, सीखने की प्रक्रिया, सीखने-सिखाने के ढंग, सीखने वालों की पृष्ठभूमि, अनुभव क्षेत्र व दायरे, समझ, शिक्षक की क्षमता, स्कूल में उपलब्ध चीज़ों आदि पर निर्भर है। पर्चा इस प्रश्न का भी विश्लेषण करता है कि सामग्री और सन्दर्भ को प्राथमिक और उच्च-प्राथमिक स्तरों पर कैसे देखा जाये व कैसे यह इस स्तर के गणित की प्रकृति से निर्धारित होना चाहिए। यह पर्चा सामग्री के इस्तेमाल को ही गणित शिक्षण के लिए आवश्यक मानने की समझ पर सवाल उठाता है और आगाह करता है कि सामग्री साधन है, साध्य नहीं।

मुकेश मालवीय का पर्चा *'गणित सीखने-सिखाने की अच्छी सामग्री : अनुभवजनित उदाहरण'*, इस खण्ड का तीसरा पर्चा है जिसमें गणित सीखने-सिखाने के लिए बनायी गयी तीन अलग-अलग सामग्रियों का विश्लेषण है। मुकेश कहते हैं कि ये सामग्रियाँ सीखने वाले को तर्कशील व सचेत भागीदार मानती हैं और ज्ञान निर्माण की प्रक्रिया में व्यक्तिगत श्रेष्ठता के बजाए सामूहिक प्रयासों के अधिक अवसर उपलब्ध कराने की आवश्यकता पर बल देती हैं। लेखक के अनुसार गणित की कक्षा में संवाद के अवसर नहीं होने से बच्चों के अनुभव संसार से जुड़ाव और अवधारणाओं तथा सवालों को समझने का प्रयास कक्षा में नहीं हो पाता। यह सामग्री शिक्षक को आगे बढ़ने की राह दिखाती है और उनकी समझ का भी विकास करती है। वे कहते हैं कि उन्होंने इस सामग्री से बहुत सीखा, इसके इस्तेमाल से विषयों के बीच की दीवार भी तोड़ पाये और गणित को बच्चों के घर तक भी पहुँचा पाये। उनके अनुसार यह सामग्री गणित के विशेष स्वरूप, इसकी शक्ति, उपयोगिता, महत्त्व एवं इसकी ख़ूबसूरती पर शिक्षकों और बच्चों को बराबरी का हक़ देती है।

इस खण्ड का चौथा लेख **रूही फ़ातिमा** का है। *'गणित में शैक्षणिक सामग्री और कक्षा में उनके उपयोग सम्बन्धी प्राथमिक विद्यालय के शिक्षकों की समझ का अध्ययन'* शीर्षक इस लेख में उन्होंने दिल्ली के 50 शिक्षकों से एनसीईआरटी द्वारा विकसित, कक्षा एक से पाँच तक की गणित पाठ्यपुस्तकों पर आधारित स्वरचित प्रश्नावली भरवाई और इनमें से 15 शिक्षकों, जिन्होंने अनुमति दी, की कक्षाओं का अवलोकन भी किया। अध्ययन का लक्ष्य यह समझना था कि शिक्षक पाठ्यपुस्तकों की भावना को कितना समझते हैं व उसका कितना सार्थक उपयोग कर पाते हैं। अध्येता के अनुसार शिक्षक गणितीय अवधारणाओं को पढ़ाने के लिए एनसीईआरटी पाठ्यपुस्तक को पर्याप्त नहीं पाते हैं; उन्हें अतिरिक्त सहायक सामग्री की ज़रूरत है।

वे कहती हैं कि इस तरह का अध्ययन अन्य विषयों, अन्य तरह के स्कूलों व अलग-अलग कक्षाओं के शिक्षकों के साथ भी किया जाना चाहिए।

आशू थरेजा मल्होत्रा व जसनीत कौर का पर्चा इस खण्ड का आख़िरी पर्चा है जो कक्षा के विद्यार्थियों के साथ गणितीय खेलों के माध्यम से पूर्णांकों का अभ्यास करवाने पर केन्द्रित है। इस कार्य के लिए दो गणितीय खेल अलग-अलग स्रोतों से लिए गये व कक्षा में छात्राओं को छोटे-छोटे समूह में इन्हें खेलने का मौक़ा दिया गया। खेलों के प्रमुख गुणों के रूप में आशू व जसनीत ने स्पष्ट नियम, जीतने का प्रयास, बारी आने पर चलना, पारस्परिक संवाद व सहयोग को पहचाना है। कक्षा में हुए खेलों के विवरण के आधार पर लेखिकाएँ यह दिखाती हैं कि कक्षा में इन खेलों से गणितीय मसलों के इर्द-गिर्द स्वाभाविक बातचीत होती रहती है। इसमें जैसे-जैसे नियमों का स्तर और उनसे सम्बन्धित गणित का स्तर जटिल होता जाता है वैसे-वैसे बातचीत भी उलझती जाती है। नियमों को समझने, उन्हें लागू करने व एक-दूसरे को समझाने में विद्यार्थी अपने-अपने तर्क रचते हैं। वे यह भी कहती हैं कि उनके कुछेक बार इन खेलों को खिलाने से सामान्य तरह के सवालों को हल करने में कोई फ़र्क़ नहीं पड़ा। इस तरह के खेलों का प्रभाव अमूर्त संकेतिक लिखित गणित पर शायद इतनी सहजता से नहीं होता, फिर भी खेल के दौरान हुई बातचीत बढ़ती समझ को दिखाती है। इसके आधार पर हम यह कह सकते हैं कि इस तरह के कार्य लम्बे समय में गणितीय क्षमता के विकास में हर प्रकार से मदद कर सकते हैं।

चौथा खण्ड : गणित शिक्षा के सामाजिक पहलू

इस खण्ड का पहला पर्चा **अरुणा बजंतरी** का है जो गणित शिक्षण के विकास के ऐतिहासिक पहलुओं में से एक पर आधारित है। लेखिका 19वीं सदी में बॉम्बे प्रेसीडेंसी के कुछ प्रान्तों जैसे, मुम्बई शहर, पूना, रत्नागिरी इत्यादि में गणित शिक्षण में किये गये परिवर्तनों एवं सुधारों के प्रयासों की व्याख्या कर रही हैं। वे बताती हैं कि गणित के सीखने-सिखाने के ऐतिहासिक रूप की झलक होना ज़रूरी है, इससे गणित व उसके शिक्षण के बारे में समझ बन सकेगी। यह लेख भारत में गणित शिक्षण के विकास के बारे में दो मान्यताओं की पड़ताल करता है। एक यह कि औपनिवेशिक काल से पूर्व भारत में गणितीय ज्ञान व उसके शिक्षण की एक श्रेष्ठ, समृद्ध व उन्नत परम्परा थी। शिक्षा में औपनिवेशिक आधुनिकता के आक्रामक फैलाव की वज़ह से यह परम्परा हाशिए भर की रह गयी। गणित शिक्षण से जुड़ी समकालीन समस्याओं का मूल औपनिवेशिक काल में आये बदलाव हैं। दूसरी मान्यता यह है कि पाश्चात्य

गणित एवं ज्ञान-विज्ञान का प्रादुर्भाव सरल व एकांगी तरीक़े से 19वीं शताब्दी के बाद से एक अपरिहार्य घटना के रूप में हुआ। लेखिका इन दोनों सरलीकृत मान्यताओं को ऐतिहासिक दृष्टिकोण से देखने की कोशिश करती हैं और इनसे जुड़ी जटिलताओं व उस समय की दुविधाओं को सामने रखती हैं।

हृदय कान्त दीवान और **ऋचा गोस्वामी** का *'गणित में ग़लतियाँ'* शीर्षक पर्चा इस खण्ड का दूसरा पर्चा है। यह बच्चों द्वारा की जाने वाली ग़लतियों के बारे में है। पर्चा बताता है कि शुरुआती सालों में बच्चे जब सीखने के क्रम में ग़लतियाँ करते हैं तो अभिभावकों द्वारा उन्हें सीखने की प्रक्रिया का हिस्सा माना जाता है। उन्हें सही या ग़लत के ख़ाके में नहीं देखा जाता। लेकिन यह समझ स्कूल में नहीं दिखती। स्कूल में सीखने की प्रक्रिया में ग़लतियों को ऐसे अवांछित व प्रताड़ना योग्य माना जाने लगता है। कुछ लोग ग़लतियों को बेध्यानी मानते हैं और कुछ उन्हें सीखने में कमी की तरह देखते हैं। इसके बरक्स इन ग़लतियों के प्रति एक विलग दृष्टि भी ली जा सकती है। यह दृष्टि इन्हें ग़लती न मानकर सीखने वाले के समझने के निजी तरीक़े के तौर पर देखती है और कुछ उन्हें सीखने के चरण के रूप में मानती है। कई गणितीय उदाहरणों के सहारे ग़लतियों का विश्लेषण करता हुआ लेख बताता है कि शिक्षकों को बच्चों द्वारा की जा रही ग़लतियों का अध्ययन करना होगा, उनका विश्लेषण करना होगा, उनमें छुपे हुए पैटर्न को समझना होगा। इस प्रक्रिया से 'ग़लतियों' को सीखने-सिखाने की प्रक्रिया का हिस्सा बनाया जा सकता है, जो कि उनके प्रति सही दृष्टि है।

इस खण्ड का तीसरा पर्चा **के. एन. काण्डपाल** का है जो अपने शोध व विश्लेषण के आधार पर गणित को उससे जुड़े सामाजिक सरोकारों के सन्दर्भ में परखता है। काण्डपाल कहते हैं कि एक ओर तो दसवीं अथवा कम-से-कम आठवीं तक तो सभी जगह गणित अनिवार्य विषय है पर दूसरी ओर माना जाता है कि इसे लड़कियाँ नहीं सीख सकतीं और लड़कों में भी सिर्फ़ होशियार ही इसे सीख सकते हैं। काण्डपाल इस कारण शिक्षा में आगे जाना चाहने वालों के लिए गणित को द्वारपाल वाली भूमिका में देखकर, इस पहलू का विवेचन करते हैं। उनके अनुसार शिक्षक का विद्यार्थियों के प्रति नज़रिया, उनके साथ इस्तेमाल किया गया लहज़ा, विद्यार्थियों के प्रदर्शन पर फ़ीडबैक का तरीक़ा, विद्यार्थियों को अभिप्रेरित करने वाले व्यवहार, बच्चों में गणित के प्रति रुचि या भय बढ़ने/ घटने में योगदान देते हैं।

ऋचा गोस्वामी का पर्चा, *'सीखने और डर का सम्बन्ध - गणित का विशेष मामला'* इस खण्ड का चौथा पर्चा है। यह तीन स्कूलों में पढ़ रहे बच्चों के अभिभावकों

के गहन साक्षात्कार पर आधारित है। इसमें ऋचा टटोलती हैं कि सीखने-सिखाने पर उनके मतों का गणित शिक्षण के लिए क्या निहितार्थ है। अभिभावकों के अनुसार सीख पाने के लिए बच्चों पर स्कूल का दबाव व उनमें शिक्षक के प्रति डर की भावना होनी चाहिए। वे यह भी मानते हैं कि परीक्षा होती रहनी चाहिए जिससे बच्चे पढ़ें। ऋचा कहती हैं कि यह भावना गणित सीखने-सिखाने के लिए उचित नहीं है और परीक्षा का डर उन्हें सबसे ज़्यादा प्रभावित करता है जिन्हें सीखने में मदद चाहिए। उनके अनुसार डर व सिखाने के बँधे तरीक़े की जगह ऐसी परिस्थिति बननी चाहिए जहाँ शिक्षक अपना रास्ता सोच पाये व बच्चों के लिए सीखने के सार्थक मौक़े गढ़ पाये, जिनमें बच्चे बिना डर भागीदार हों व अपने विचार खुले ढंग से रख पायें।

इस खण्ड का आख़िरी पर्चा **कुमार गन्धर्व मिश्र** का है जो स्नातक स्तर पर शिक्षा की माध्यम भाषा से गणित सीखने के सम्बन्ध पर केन्द्रित है। यह उच्च-माध्यमिक स्तर तक हिन्दी में पढ़कर आये दिल्ली विश्वविद्यालय के स्नातक स्तर पर पढ़ रहे विद्यार्थियों के साक्षात्कार पर आधारित है। इस अध्ययन में उन्होंने पाया कि हिन्दी माध्यम से पढ़कर आये विद्यार्थियों ने परेशानियाँ महसूस कीं। कुमार के अनुसार किसी भी विषयवस्तु को समझने में पहली दहलीज़ माध्यम है और विषय की अवधारणाओं को समझ पाने के लिए उनको विद्यार्थियों की समझ की भाषा में होना लाभदायक है, इसीलिए विषयों की पढ़ाई स्थानीय भाषा में कराई जानी चाहिए। चूँकि विश्वविद्यालय स्तर की पढाई आमतौर पर अंग्रेज़ी में ही होती है, ऐसे में विषय की जटिलताओं के साथ ही भाषा की अड़चन हिन्दी में पढ़कर आये विद्यार्थियों के लिए बढ़ जाती है।

—सम्पादक

आभार

'शिक्षा के सरोकार' श्रृंखला की तीसरी संगोष्ठी के आयोजन में अज़ीम प्रेमजी विश्वविद्यालय और शिक्षा संकाय, दिल्ली विश्वविद्यालय, दिल्ली के अनेक साथियों का सक्रिय सहयोग मिला। उनकी मदद के बिना न तो संगोष्ठी का आयोजन हो पाता और न ही यह संकलन तैयार होता। उन सबके हम हृदय से आभारी हैं। हम सभी पर्चा लेखकों के भी आभारी हैं। उनमें से बहुतों ने अपने अनुभवों को लिखा, हमारे साथ साझा किया और फिर दोबारा-तिबारा लिखने की मेहनत की, जिससे कि पर्चे को एक स्वरूप दिया जा सके। लेखकों ने संगोष्ठी में हुई चर्चा के आधार पर अपने पर्चे में परिवर्तन किये, इसके लिए भी हम उनके आभारी हैं।

किसी भी संगोष्ठी की विचारात्मक तैयारी से लेकर, सम्भावित लेखकों से सम्पर्क करना, उनसे पत्र व्यवहार करना भी धैर्य का व लम्बा काम होता है। इसमें संगोष्ठी के लिए आये पर्चों के एब्स्ट्रैक्ट से शुरू करके उनके पर्चे के रूप में आने तक की यात्रा का पूरा रिकार्ड रखना, व उनसे आग्रह करके पर्चे समय पर बुलवाने में राजेश उत्साही का बहुमूल्य योगदान रहा। संगोष्ठी के लिए आये प्रत्येक पर्चे पर सम्पादक टीम की टिप्पणियों के साथ लेखकों को भेजना, कुछ पर्चों के सन्दर्भ में सम्पादक मण्डल के बहुचरणीय फ़ीडबैक व टिप्पणियों को लेखक के साथ साझा करना, लेखकों से संशोधित पर्चा समय पर प्राप्त हो यह सुनिश्चित करना व फिर पर्चों को अन्तिम रूप में प्राप्त कर लेने के बाद उसे ध्यान से एकरूप करके कापी-एडिट करवाना, संगोष्ठी में वितरण के लिए एब्स्ट्रैक्ट बुकलेट तैयार करना आदि कई सारे काम होते हैं। इन कामों में कई लोगों ने मदद की, किन्तु इसकी प्रमुख ज़िम्मेवारी राजेश उत्साही की ही थी।

इस तरह की तीन दिवसीय संगोष्ठी की व्यवस्थागत तैयारी व क्रियान्वयन जटिल प्रक्रिया होती है जिसके कई आयाम हैं। अज़ीम प्रेमज़ी विश्वविद्यालय की अनुवाद

पहल टीम, दिल्ली विश्वविद्यालय के शिक्षा विभाग संकाय के कई प्राध्यापक, तकनीकी कर्मचारियों ने इस आयोजन को सम्भव बनाने में महती भूमिका अदा की है। संकाय के प्राध्यापकों, स्वयंसेवक विद्यार्थियों, तकनीकी व अन्य व्यवस्थाओं में लगे कर्मचारियों के हम हृदय से आभारी हैं। उनके प्रयासों ने ही इस संगोष्ठी को सम्भव और सफल बनाया। संगोष्ठी की व्यवस्था में अनुवाद पहल टीम सदस्य रंजना सिंह ने भी महती भूमिका निभाई। संगोष्ठी में शिक्षा संकाय, दिल्ली विश्वविद्यालय की प्राध्यापिका डॉ. हनीत गाँधी का अकादमिक सहयोग निरन्तर उपलब्ध रहा है। संगोष्ठी के बाद ऋचा गोस्वामी ने इस संकलन को वर्तमान स्वरूप तक पहुँचाने में महत्त्वपूर्ण अकादमिक सहयोग दिया। संकलन को अन्तिम स्वरूप देने में आदेश कुमार सिंह व मृत्युंजय का योगदान भी उल्लेखनीय है।

संगोष्ठी के आयोजन को सफल बनाने और प्रस्तुत चुनिंदा पर्चों को इस संकलन योग्य बनाने में सभी सहभागियों का एक बार पुन: आभार।

सम्पादक परिचय

हृदय कान्त दीवान

अज़ीम प्रेमजी विश्वविद्यालय, बेंगलूरु में प्राध्यापक के पद पर कार्यरत हैं। वे विश्वविद्यालय के 'अनुवाद पहल' कार्यक्रम से जुड़े हुए हैं।

ई-मेल : hardy@azimpremjifoundation.org

हनीत गाँधी

दिल्ली विश्वविद्यालय के शिक्षा संकाय में प्रोफ़ेसर हैं और प्रवेश शाखा की डीन हैं।

ई-मेल : haneetgandhi@gmail.com

ऋचा गोस्वामी

17 सालों से शिक्षा के क्षेत्र में कार्यरत हैं। शोध, सीखने-सिखाने की सामग्री निर्माण और शिक्षकों की क्षमता वर्धन उनका कार्यक्षेत्र रहा है। उन्होंने 'शिक्षा की गुणवत्ता और अभिभावकों की समझ' पर पीएच.डी. की है। वे 'अन्वेषक साथी' के माध्यम से शिक्षा में काम करने वाली संस्थाओं को सहयोग करती हैं।

ई-मेल : goswami84@gmail.com

राजेश उत्साही

अज़ीम प्रेमजी विश्वविद्यालय में 'अनुवाद पहल' कार्यक्रम में वरिष्ठ हिन्दी सम्पादक हैं। पूर्व में कई वर्षों तक बाल साहित्य के सम्पादन में संलग्न रहे हैं।

ई-मेल : utsahi@azimpremjifoundation.org

मृत्युंजय

अज़ीम प्रेमजी विश्वविद्यालय में 'अनुवाद पहल' कार्यक्रम में कार्यरत हैं। विभिन्न संस्थानों में अध्यापन का अनुभव। अनुवाद,आलोचना और कविता के इदारों में सक्रिय हैं।

ई-मेल : mrityunjay@azimpremjifoundation.org

लेखकों की संस्थागत सम्बद्धता

तान्या सक्सेना

पीएच.डी. शोधार्थी, डिपार्टमेंट ऑफ़ मैथेमैटिक्स फैकल्टी ऑफ़ साइंस, यूनिवर्सिटी ऑफ़ ऑकलैंड, न्यूजीलैंड

ई-मेल : tanya.saxena26@gmail.com

हृदय कान्त दीवान

अज़ीम प्रेमजी विश्वविद्यालय, बेंगलूरु

ई-मेल : hardy@azimpremjifoundation.org

गीता नामदेव

सहायक शिक्षक, शासकीय प्राथमिक विद्यालय, मकरोनियाँ सागर, मध्य प्रदेश

अनुराधा जैन

अज़ीम प्रेमजी फ़ाउण्डेशन, सागर, मध्य प्रदेश

ई-मेल : anu20102407@gmail.com

शहनाज़ डीके

अध्यापिका, राजकीय बालिका उच्च प्राथमिक विद्यालय, गोगुन्दा, उदयपुर, राजस्थान

ई-मेल : shehnazakir@gmail.com

रुचि गर्ग

सहायक प्राचार्या, माता सुन्दरी कॉलेज फॉर वूमेन, दिल्ली विश्वविद्यालय, दिल्ली

ई-मेल : ruchigarg00@gmail.com

सरिता पाण्डेय

सहायक शिक्षक (गणित), जिला शिक्षा एवं प्रशिक्षण संस्थान, अल्मोड़ा, उत्तराखण्ड

ई-मेल : sarita.pandey77@gmail.com

प्रज्ञा श्रीवास्तव

दिगन्तर,जयपुर, राजस्थान

ई-मेल : shri.pragya1@gmail.com

अमित कुलश्रेष्ठ

भारतीय विज्ञान शिक्षा एवं अनुसन्धान संस्थान मोहाली, पंजाब

ई-मेल : amitk@iisermohali.ac.in

यशवेन्द्र सिंह रावत

अज़ीम प्रेमजी फ़ाउण्डेशन, देहरादून, उत्तराखण्ड

ई-मेल : yashrawat1@yahoo.co.in

फ़रजाना इरफ़ान

व्याख्याता, विद्याभवन, गोविन्दराम सेकसरिया शिक्षक महाविद्यालय, उदयपुर, राजस्थान

ई-मेल : irfanaliudr@gmail.com

प्रमोद आमेटा

शोधार्थी, विद्याभवन, गोविन्दराम सेकसरिया शिक्षक महाविद्यालय, उदयपुर, राजस्थान

हनीत गाँधी

प्रोफ़ेसर, शिक्षा संकाय, दिल्ली विश्वविद्यालय, दिल्ली
ई-मेल : haneetgandhi@gmail.com

गिरीश शर्मा

विद्या भवन सोसायटी, उदयपुर, राजस्थान
ई-मेल : girish@vidyabhawan.org

रुचि मित्तल

असिस्टेंट प्रोफ़ेसर, इंस्टिट्यूट ऑफ़ होम इकोनॉमिक्स, दिल्ली विश्वविद्यालय, दिल्ली
ई-मेल : rmittal.mittal27@gmail.com

अल्प्रता आहूजा

असिस्टेंट प्रोफ़ेसर, श्यामा प्रसाद मुख़र्जी कॉलेज, दिल्ली विश्वविद्यालय, दिल्ली
ई-मेल : ahuja.alprata@gmail.com

सुनीता कोहली

जिला संस्थान, अज़ीम प्रेमजी फ़ाउण्डेशन, दिनेशपुर, उधमसिंह नगर, उत्तराखण्ड
ई-मेल : sunita1@azimpremjifoundation.org

अनानास कुमार

जिला संस्थान, अज़ीम प्रेमजी फ़ाउण्डेशन, दिनेशपुर, उधमसिंह नगर, उत्तराखण्ड
ई-मेल : ananas.kumar@azimpremjifoundation.org

शालीन मिश्र

अज़ीम प्रेमजी फ़ाउण्डेशन, देहरादून
ई-मेल : shaleen.mishra@azimpremjifoundation.org

मुकेश मालवीय

सहायक शिक्षक, ज्ञानोदय विद्यालय, होशंगाबाद, मध्य प्रदेश
ई-मेल : mukeshmalviya15@gmail.com

रूही फ़ातिमा

सहायक प्रोफ़ेसर, इंस्टीट्यूट ऑफ एडवांस स्टडीज, टी.टी. एंड एन.एफ.ई. विभाग, शिक्षा विभाग, जामिया मिलिया इस्लामिया, नयी दिल्ली
ई-मेल : drroohiazam@yahoo.co.in

आशू थरेजा मल्होत्रा

दिल्ली विश्वविद्यालय, दिल्ली
ई-मेल : threja_ashu@yahoo.co.in

जसनीत कौर

राजकीय कन्या वरिष्ठ माध्यमिक विद्यालय एनआईटी 3, फरीदाबाद, उत्तर प्रदेश
ई-मेल : kaurjasniit@gmail.com

अरुणा बजंतरी

पीएच.डी. शोधार्थी, ज़ाकिर हुसैन सेंटर फॉर एजुकेशनल स्टडीज़, जवाहरलाल नेहरू विश्वविद्यालय, दिल्ली
ई-मेल : arunarabiprakash@gmail.com

केवलानन्द काण्डपाल

राजकीय उच्चतर माध्यमिक विद्यालय पुड्कुनी (कपकोट), जनपद-बागेश्वर (उत्तराखण्ड)
ई-मेल : kandpal_kn@rediffmail.com

ऋचा गोस्वामी

एजुको इंटरनेशनल कोओपरेशन, मुम्बई
ई-मेल : goswami84@gmail.com

कुमार गन्धर्व मिश्र

स्वतन्त्र शोधार्थी, पूर्व स्नातकोत्तर विद्यार्थी (गणित शिक्षण), क्लस्टर इनोवेसन सेंटर, दिल्ली विश्वविद्यालय, दिल्ली
ई-मेल : mishrakumargandharv@gmail.com

खण्ड-1

गणित की पाठ्यचर्या और कक्षा-कक्ष

1

प्राथमिक स्तर से गणितीय सोच का विकास

तान्या सक्सेना

यह पर्चा प्राथमिक कक्षाओं में सिद्ध करने या प्रूफ़्स के शिक्षण के आधार निर्मित करने के बारे में है। लेखिका बताती हैं कि प्राथमिक स्तर पर बच्चों में गणितीय तार्किक क्षमता और निगमनात्मक सोच का विकास करते हुए ही सिद्ध करने या प्रूफ़्स की संक्रिया तक पहुँचना सम्भव है। इसके लिए शिक्षकों को कक्षा में ऐसे मौक़े विकसित करने होंगे, जिनमें बच्चों को गणितीय सोच के इस्तेमाल की खुली क्रियाएँ करने का मौक़ा हो। वे यह भी चिह्नित करती हैं कि पाठ्यपुस्तकों में इस सम्बन्ध में बदलाव आवश्यक हैं, और अभी जितनी जगह इनके लिए है, उसे बढ़ाने की ज़रूरत है। वे बताती हैं कि इस बदलाव को सीखने-सिखाने का असरदार हिस्सा बनाने में शिक्षकों की अहम भूमिका है।

परिचय

बच्चों में तार्किक चिन्तन विकसित करना गणित शिक्षा का एक मुख्य उद्‌देश्य है। यह बात एनसीएफ़-2005 एवं गणित शिक्षा के पोजीशन पेपर-2006 में गणित के लक्ष्यों में शामिल है। भारत में गणित की पाठ्यपुस्तकों में माध्यमिक, उच्च-माध्यमिक स्तर पर विद्यार्थी कथन (प्रमेय) को सिद्ध करने की प्रक्रिया स्वयं करना व समझना आरम्भ करते हैं। किन्तु साथी शिक्षकों के कक्षा अनुभव यह बताते हैं कि तार्किक चिन्तन के उद्‌देश्य से किये गये ये प्रयत्न शायद पर्याप्त नहीं हैं। मैंने भी यह पाया कि अक्सर विद्यार्थी प्रमेय सिद्ध करने या निगमनात्मक तर्क को समझ नहीं पाते या केवल परीक्षा हेतु उसे याद कर लेते हैं।

गणित शिक्षण के द्वारा तार्किक चिन्तन विकसित करने पर भारत के शिक्षाविदों के साथ-साथ दूसरे देशों के गणितज्ञ भी चर्चा कर रहे हैं। सिद्ध करना या तार्किक चिन्तन को गणित शिक्षा का केन्द्र मानते हुए वे इस बात पर चर्चा और शोध कर रहे हैं कि कक्षा में गणित पढ़ने-पढ़ाने के दौरान तार्किक चिन्तन कैसे विकसित करें? यह बड़ा सवाल कुछ मूल सवालों से जुड़ता है—गणित में तार्किक चिन्तन से क्या अर्थ है, किस प्रकार की गणितीय अवधारणाओं या सवालों के द्वारा तार्किक चिन्तन विकसित कर सकते हैं, और कैसे प्राथमिक और उच्च-प्राथमिक स्तर पर ऐसे मौक़े विद्यार्थियों को दिये जा सकते हैं। इस सन्दर्भ में बॉल और उनके साथियों द्वारा लिखा गया पर्चा उल्लेखनीय है।

सन् 2002 में प्रकाशित बॉल और उनके चार साथियों द्वारा लिखित 'टीचिंग ऑफ़ प्रूफ़्स', प्रूफ़्स यानी उपपत्ति पर किये गये शोधों का एक संकलन है, जो कि विभिन्न स्तर पर जैसे प्राथमिक स्तर, उच्च- माध्यमिक या उच्चतर माध्यमिक स्तर के विद्यार्थियों के साथ किये गये हैं। इस पर्चे में लेखक उपपत्ति (प्रूफ़्स) को गणित शिक्षा का एक मुख्य लक्ष्य मानते हुए प्रूफ़्स सीखने के मूल बिन्दु, उन बिन्दुओं को विकसित करने के तरीक़ों एवं उनसे जुड़ी चुनौतियों पर चर्चा करते हैं। साथ ही प्राथमिक कक्षा से ही तार्किक चिन्तन के विकास को प्रोत्साहित करते हैं। प्रस्तुत लेख में हम बॉल एवं उनके साथियों द्वारा किये गये शोध को आधार बनाकर तार्किक चिन्तन के विकास से जुड़े उपरोक्त बिन्दुओं और सवालों पर चर्चा करेंगे। साथ ही एनसीईआरटी और छत्तीसगढ़ की पाठ्यपुस्तकों में किये गये प्रयत्नों का विवेचन भी करेंगे।

गणित में तार्किक चिन्तन से क्या अभिप्राय है?

जैसा कि बॉल व अन्य (2002) कहते हैं, तार्किक चिन्तन कोई एकमात्र कौशल नहीं, अपितु गणित के कुछ मूल कौशलों का संकलन है। गणितीय रीज़निंग, जाँच का एक सम्भव साधन है, जिसके द्वारा विद्यार्थी गणित में नये विचारों/वस्तुओं की खोज और अन्वेषण कर सकते हैं। इसमें अपने अनुसार परिभाषा बनाना या बीजगणित के किसी सवाल को नये तरीक़े से हल करना आदि बातें भी शामिल हैं। इसके अतिरिक्त गणितीय रीज़निंग विद्यार्थियों में गणितीय कथन, गणितीय दावे या किसी गणितीय प्रक्रिया को सिद्ध करने में भी मददगार हो सकती है। पर कैसे?

शोधकर्ता कहते हैं कि प्रूफ़ (या सिद्ध करना) 'दिमाग़ की आदतों' से जुड़ा है एवं विश्वास, सहज-बोध, सामाजिक-नियम, दृढ़ता या किसी प्राधिकारी का परिप्रेक्ष्य

जैसे कारक उसे प्रभावित करते हैं [Clements & Battista (1992); Healy & Hoyles (2000)]। अगर कक्षा में यह सवाल उठता है कि क्या यह कहना सही है कि दो क्रमानुगत विषम संख्याओं का योग 4 से विभाज्य होगा और इसी तरह क्या 3 क्रमानुगत विषम संख्याओं का योग 3 से विभाज्य होगा, तो इस पर कैसे विचार करेंगे? अगर यह कहा जाये कि इन कथनों को सत्य अथवा असत्य सिद्ध करें तो क्या करना होगा? शुरुआत में तो इनके कुछ उदाहरण लेकर जाँचकर देख लेते हैं, अथवा किसी पुस्तक में लिखे या किसी जानकार द्वारा दिये गये कथन के आधार पर इसे स्वीकार कर लेते हैं। जैसे 1 + 3 = 4, 7 + 9 = 16 आदि और 1 + 3 + 5 = 9 और 7 + 9 + 11 = 27 आदि। किन्तु इन्हें व्यापक रूप में सही मानने के लिए और यह सिद्ध करने के लिए कि यह हर उदाहरण में ठीक बैठेगा, हमें विषम संख्या की परिभाषा कथन व उसके गुणों से शुरू करना होगा। यह प्रक्रिया बुनियादी परिभाषाओं व उनके साथ तार्किक उठापटक व मंथन से ही आगे बढ़ेगी।

उपरोक्त चर्चा से हम यह रेखांकित करना चाहते हैं कि गणित में रीज़निंग का विकास या सिद्ध करना एक जटिल प्रक्रिया है जिसे सहजता और क्रमात्मक ढंग से पढ़ाया जाना चाहिए। प्रूफ़्स शिक्षण के प्रयास की शैक्षिक असफलता दर्शाती है कि माध्यमिक और उच्च-माध्यमिक स्तर पर वर्तमान पाठ्यक्रम जिस प्रकार प्रूफ़्स से विद्यार्थियों का परिचय कराता है व उसके विकास को समझता है, वह शायद तार्किक चिन्तन के विकास हेतु पर्याप्त नहीं है। इसके लिए कक्षा में ऐसे मौक़े देने होंगे, जहाँ विद्यार्थी खोज-बीन करें, पैटर्न पर काम करें, कथनों को सिद्ध करने के लिए खुद तर्क ढूँढ़ें और छोटे समूहों में एक-दूसरे के तर्कों पर बात करें, खुद सामान्यीकरण करें, दावे बनायें। ऐसे मौक़ों के लिए पर्याप्त समय और अवसर तभी मिल सकता है जब प्राथमिक स्तर से प्रयत्न किया जाये। अत: यह आवश्यक हो जाता है कि गणित पाठ्यक्रम में तार्किक सोच या मैथमैटिकल रीज़निंग के मौक़े प्राथमिक स्तर से ही सम्मिलित किये जायें।

प्राथमिक स्तर पर तार्किक चिन्तन के विकास हेतु किये गये प्रयत्न

उपरोक्त चर्चा के अनुसार गणितीय तार्किक क्षमता और निगमनात्मक सोच के विकास हेतु प्राथमिक कक्षाओं से प्रयत्न करने होंगे। अत: प्राथमिक स्तर पर ऐसे अधिक-से-अधिक अवसर दिये जा सकते हैं जहाँ विद्यार्थी संख्याओं के साथ खेल करें, उनके स्वरूप, पैटर्न, आपसी सम्बन्धों को समझें और उनकी परिभाषा की व्याख्या करते हुए उनका उपयोग करें। आगे की कक्षाओं में इस समझ का स्थापन धीरे-धीरे

औपचारिक प्रूफ़्स तक किया जा सकता है। ऐसे प्रयत्न एनसीईआरटी और छत्तीसगढ़ की पाठ्यपुस्तकों में देखे जा सकते हैं। यहाँ हम इन पुस्तकों से कुछ बिन्दु एवं उदाहरण प्रस्तुत करेंगे।

एनसीईआरटी कक्षा-6 की पाठ्यपुस्तक में 'संख्याओं के साथ खेलना' पाठ सम्मिलित है, जिसमें मुख्यत: संख्याओं के प्रकार, जैसे भाज्य-अभाज्य, सम-विषम; अथवा संख्याओं के गुण जैसे गुणनखण्ड, गुणन आदि पर बात की गयी है। पहले पैटर्न के आधार पर परिभाषा बनाना, फिर परिभाषा के आधार पर दूसरी बड़ी संख्याओं को जाँचना। महत्त्वपूर्ण बात यह जानना है कि संख्याओं का हर अनन्त पैटर्न/ सेट, किसी नियम से बद्ध है। अंक 2 से विभाजित संख्यायें एक अनन्त सेट बनाती हैं। ज़ाहिर बात है कि यह संख्यायें 2 की गुणज भी हैं और पैटर्न का नियम 2 × 1, 2 × 2, 2 × 3, 2 × 4, ... भी हैं।

सम और विषम संख्यायें

क्या आप संख्याओं 2, 4, 6, 8, 10, 12, 14, ... में कोई प्रतिरूप (pattern) देखते हैं? आप पायेंगे कि इनमें से प्रत्येक 2 का एक गुणज है।

ये संख्यायें ***सम संख्यायें*** **(even numbers)** कहलाती हैं। शेष बची सभी प्राकृत संख्यायें 1, 3, 5, 7, 9, 11,... ***विषम संख्यायें*** **(odd numbers)** कहलाती हैं।

आप आसानी से जाँच कर सकते हैं कि एक 2 या 3 अंकों वाली संख्या सम संख्या है या नहीं। आप यह कैसे ज्ञात करेंगे कि 756482 जैसी बड़ी संख्या एक सम संख्या है या नहीं? क्या 2 से भाग देकर? क्या यह प्रक्रिया जटिल नहीं होगी?

हम कहते हैं कि वह संख्या जिसके इकाई के स्थान पर 0, 2, 4, 6 या 8 अंक हों एक *सम संख्या* होगी। इसलिए संख्यायें 350, 4862 और 59246 सम संख्यायें हैं। संख्यायें 457, 2359 और 8231 विषम संख्यायें हैं। आइये, अब कुछ रोचक तथ्यों को ज्ञात करने का प्रयास करें।

इसके अतिरिक्त इन पाठ्यपुस्तकों में पैटर्न देखकर विभाज्यता के नियम बनाना और फिर उस नियम के आधार पर दी गयी संख्या की विभाज्यता पता करने के अवसर दिये गये हैं।

ऐसे अवसर संख्याओं का अनुमान (conjecture) और उनसे जुड़े तथ्यों पर सोच विकसित करने में विद्यार्थियों की मदद करते हैं। इनके द्वारा ऐसी अनुभूति भी

मिलती है कि गणित में केवल एक ही नहीं, बल्कि एक से अधिक या अनन्त जवाब भी हो सकते हैं। 8 के गुणनखण्ड सीमित हैं, वहीं 8 के गुणज अनन्त हैं जिनमें इतनी बड़ी संखाएँ भी हैं जो शायद उन्होंने कभी पढ़ी, सुनी या देखी नहीं, पर उनका अस्तित्व है। उपरोक्त प्रकार के अनुभव सामान्यीकरण, जो कि गणितीय प्रूफ़्स और तार्किक सोच का एक अहम हिस्सा हैं, की समझ विकसित करने में सहयोगी होंगे। साथ ही पैटर्न को समझते हुए नियम बनाने और फिर नियम की जाँच करने में भी ये मददगार होंगे। क्योंकि अक्सर विद्यार्थी अनुभवजन्य तथ्यों अथवा सत्यापन को प्रूफ़्स मान लेते हैं, इसलिए यह बहुत ज़रूरी है कि वे साक्ष्य एवं सत्यापन के बीच अन्तर को समझें। अतः प्रस्तुत मौक़ों के द्वारा चर्चा करते हुए शिक्षक, कक्षा-कक्ष में गणितीय प्रूफ़्स और तार्किकता के विकास को प्रोत्साहित कर सकते हैं।

कक्षा-6 में संख्याओं और उनके सम्बन्ध पर की गयी चर्चा का विस्तार करते हुए कक्षा-8 में भी 'संख्याओं के साथ खेलना' पाठ लिखा गया है। क्योंकि कक्षा-8 में गणित औपचारिकता की ओर अग्रसर हो रहा है, इसीलिए यहाँ गणितीय भाषा, चिह्न और प्रतीकों के इस्तेमाल के अवसर दिये गये हैं। इस पाठ में संख्या पद्धति और उनके गुणधर्मों को सामान्यीकरण के स्तर तक ले जाया गया है। पहले गणितीय भाषा और चिह्नों की मदद से संख्याओं को व्यापक रूप में लिखने के अवसर और सवाल दिये गये हैं।

व्यापक रूप में संख्यायें

आइये एक संख्या 52 लें और उसे इस रूप में लिखें :

$$52 = 50 + 2 = 10 \times 5 + 2$$

इसी प्रकार, संख्या 37 को इस प्रकार लिखा जा सकता है :

$$37 = 10 \times 3 + 7$$

व्यापक रूप में, अंकों a और b से बनी किसी दो अंकों की संख्या ab को इस रूप में लिखा जा सकता है : $ab = 10 \times a + b = 10a + b$

ba के बारे में क्या कहा जा सकता है? $ba = 10 \times b + a = 10b + a$

आइये, अब संख्या 351 को लें। यह एक तीन अंकों की संख्या है। इस संख्या को भी इस रूप में लिखा जा सकता है :

संख्याओं को व्यापक रूप में लिखते हुए अक्षरों का उपयोग संख्या की तरह किया जाता है। अक्षर संख्याओं का अनुभव न केवल बीजगणित में उपयोगी है, बल्कि गणितीय प्रूफ़्स में भी व्यापकता के कौशल से सहज होना विद्यार्थियों के लिए अति उपयोगी होगा। इसके अलावा प्रस्तुत पाठ में विभाज्यता के नियमों की जाँच (test of divisibility) के औचित्य पर विस्तार है। इस प्रकार ये दोनों पाठ संख्या पद्धति की परिभाषा, गुणों, उनके सम्बन्धों को खोजने और व्यापकता पर समझ बनाने में सहायक हैं, जो कि तार्किक सोच विकसित करने हेतु एक मज़बूत आधार प्रदान करेंगे।

छत्तीसगढ़ की कक्षा-10 की पाठ्यपुस्तक में गणित के तार्किक ढाँचे को समझना और कथनों को गणितीय ढंग से सिद्ध करना गणित सीखने-सिखाने का एक अहम पहलू है। माध्यमिक स्तर पर इस बात पर ज़ोर दिया जाता है कि विद्यार्थी गणितीय कथनों को ऐसे ही न माने, बल्कि उन्हें तर्क के आधार पर सिद्ध करते हुए अपनी एक विस्तृत समझ बनाये। ये कथन संख्या, बीजगणित और ज्यामिति से जुड़े हो सकते हैं। माध्यमिक स्तर पर गणितीय भाषा का उपयोग और गहन तथा और विस्तृत हो जाता है। साथ ही इस बात पर ज़ोर दिया जाता है कि विद्यार्थी स्वयंसिद्ध परिभाषाओं, सिद्ध प्रमेयों और अभिगृहीत के ज्ञान का भरपूर इस्तेमाल करें। इसी समझ एवं लक्ष्य के अनुसार छत्तीसगढ़ की कक्षा-10 की पाठ्यपुस्तक में 'गणितीय कथनों की जाँच' शीर्षक पाठ लिखा गया है। माध्यमिक स्तर पर ख़ास प्रूफ़्स पर केन्द्रित यह पाठ पहली बार गणित के पाठ्यक्रम में सम्मिलित किया गया। चलिए इस पाठ के अहम बिन्दुओं पर विस्तार से चर्चा करते हैं।

पाठ का ढाँचा

इस पाठ में उपपत्तियों को तीन मुख्य पहलुओं में बाँटा गया है, जिससे विद्यार्थी उपपत्ति की समझ तीन छोटे चरणों में सहजता से बना पायें। इसे नीचे प्रस्तुत किया गया है। पहला पहलू है—किसी भी कथन को सिद्ध करने हेतु इस्तेमाल होने वाले स्वयंसिद्ध, सिद्ध प्रमेयों व परिभाषाओं का ज्ञान होना। जैसे परिभाषा के अनुसार सम पूर्णांक 2 का गुणज होता है, इसीलिए उसे $b = 2k$ लिख सकते हैं। दूसरा पहलू निगमनात्मक तार्किकता की बात उठाते हुए कहता है कि किस प्रकार उपपत्ति में दो क्रमात्मक कथन तर्क से जुड़े होते हैं। तीसरा और आख़िरी पहलू उपपत्ति के दौरान प्रतीकों और चिह्नों के इस्तेमाल को प्रोत्साहित करता है जिससे गणितीय कथन संक्षिप्त और सटीक तरीक़े से लिखा जा सके। इन्हीं पहलुओं को उजागर करते हुए सम और विषम संख्याओं के जोड़ पर एक उपपत्ति नीचे दी गयी है—

कथन : एक विषम और एक सम संख्या का जोड़ हमेशा विषम संख्या होती है।

उपपत्ति : किसी भी सम पूर्णांक b को हम $b = 2k$ लिख सकते हैं, जहाँ k कोई पूर्णांक है।

(सम पूर्णांक की परिभाषा से, चूँकि b, 2 से विभाजित है) ...(1)

किसी भी विषम पूर्णांक a को हम $a = 2k_1 + 1$ लिख सकते हैं, जहाँ k_1 भी पूर्णांक है।

(किसी भी सम पूर्णांक में 1 जोड़ने पर विषम संख्या प्राप्त होती है)...(2)

अब (1) व (2) को जोड़ने पर,

$a + b = 2k_1 + 1 + 2k = 2(k + k_1) + 1$

$= 2m + 1$ जहाँ $m = k + k_1$ है और m एक पूर्णांक है। (क्यों)

चूँकि एक सम संख्या है।

अत: $2m + 1$ एक विषम संख्या है।

यानी एक विषम और एक सम संख्या का जोड़ हमेशा विषम संख्या ही होगी।

आपने देखा कि यहाँ हमने सम और विषम पूर्णांक की परिभाषा के आधार पर एक कथन को सिद्ध किया है।

इस तरह, निगमनात्मक तार्किक क्षमता जो कि पेचीदा और अत्यन्त महत्त्वपूर्ण है, के विकास हेतु इस पाठ में अनेक मौक़े देने का प्रयत्न किया गया है, जहाँ सरल एवं जटिल कथनों के उदाहरण एवं सवाल हैं जो ज्यामिति, अंकगणित या बीजगणित हैं। पाठ में ख़ास निगमनात्मकता पर ऐसे उदाहरण भी दिये गये हैं, जहाँ विद्यार्थी परिभाषाएँ, अभिगृहीतों में सही कथन का चुनाव करेंगे और उनके आधार पर तार्किक निष्कर्ष निकालेंगे। किताब में इस प्रकार के केन्द्रित प्रयत्न एवं कक्षा में चर्चा, औपचारिक उपपत्ति लिखने, समझने में मदद कर सकते हैं।

ये सब उदाहरण दिखाते हैं कि कुछ महत्त्वपूर्ण किताबों में तो अब ऐसे मौक़े देने की बात अलग-अलग ढंग से की जा रही है। एनसीईआरटी की कक्षा-1 से लेकर कक्षा-8 तक की सभी किताबों में इनकी झलक मिलती है। पर यह कहना मुश्किल है कि यह कक्षा तक किस रूप में पहुँचा है और विद्यार्थियों की प्रूफ़ करने के बारे में क्या समझ बनी है। शिक्षकों व बच्चों के साथ अन्त:क्रिया के अनुभवों में यह बात दिखती है कि वे एक-दो उदाहरण देने अथवा किसी एक आकृति में मापकर दिखा देने को वे सिद्ध करने के तुल्य मानते हैं। जैसे विद्यार्थी अक्सर त्रिभुज के तीनों कोणों के माप को जोड़कर जाँचने को अथवा उन्हें कोनों को काटकर, उन कोणों को एक साथ जोड़कर रखने को प्रूफ़्स मानते हैं। बहुत-से शिक्षक भी इसे ही सिद्ध करना मानते हैं। हालाँकि एनसीईआरटी की किताब में इस बात की ओर ध्यान भी

दिलाया गया है और प्रूफ़्स से जुड़ी भ्रान्तियों पर उदाहरण सहित बात भी की गयी है। जैसे यदि आपको सिद्ध करना है कि 'त्रिभुज के तीनों कोणों का जोड़ 180 अंश होता है', तो क्या त्रिभुज के तीनों कोणों को काटकर उन्हें एक लकीर में रखना और फिर उसे 180 अंश कहना गणितीय सिद्ध है अथवा त्रिभुज के तीनों कोणों को नापना, फिर जोड़ना और उन्हें 180 अंश कहना, क्या यह गणितीय सिद्ध है? पाठ में एक बार फिर, व्यापकता और गणितीय तर्क की भूमिका को स्थापित करने का प्रयत्न किया गया है।

यह कहना उचित है कि गणितीय तर्क विकसित करने में कक्षा में बच्चों की विविधता एक महत्त्वपूर्ण पहलू है। इस सन्दर्भ में बॉल एवं अन्य (2002) द्वारा अपने लेख में प्राथमिक स्तर पर किये गये शोधों के कुछ अनुभव देखना उचित होगा। विद्यार्थियों में गणितीय रीज़निंग के विकास को समझने हेतु कुछ लम्बवत अध्ययन किये गये, जिसमें कक्षा-3 (उम्र 8 से 9 वर्ष) के विद्यार्थियों की विस्तृत एवं व्यापक जानकारी एकत्रित की गयी—प्रतिदिन पाठ के वीडियो बनाये गये, विद्यार्थियों की नोटबुक्स और टेस्ट का अध्ययन किया गया, विद्यार्थियों के इंटरव्यू लिए गये, शिक्षकों के शैक्षिक नोट्स एवं प्लान भी अभिलिखित किये गये। इस दौरान उपयुक्त गणितीय टास्क/सवाल देते हुए विद्यार्थियों में गणितीय तार्किक क्षमता को बारीक़ी से समझने का प्रयास किया गया।

शिक्षक ने कुछ इस प्रकार के सवाल कक्षा में दिये—'मेरी जेब में एक सेण्ट, पाँच सेण्ट और दस सेण्ट के सिक्के हैं। यदि मैंने बिना देखे दो सिक्के जेब से निकाले तो मेरे हाथ में कितने पैसे हो सकते हैं?' इस पर काम करते हुए विद्यार्थियों ने कुछ जवाब निकाले, जो ये हैं- 2, 6, 10, 11, 15, और 20; जिसके बाद उनको इन जवाबों के इतर सम्भव जवाबों को ढूँढने के लिए प्रोत्साहित किया गया। एक तरफ़ कुछ विद्यार्थियों को सवाल समझ ही नहीं आ रहा था और दूसरी ओर कुछ विद्यार्थियों ने एक सूची बनाकर ये स्पष्ट किया कि उपरोक्त जवाबों के इतर और कोई सम्भावना नहीं होगी एवं नये सिक्के निकालने पर भी इन्हीं छह में से कोई एक जवाब मिलेगा। शायद वे अपने अनुभवजन्य साक्ष्यों से सन्तुष्ट थे। वैसे भी इस स्तर पर विद्यार्थियों से सीमित या अनन्त उत्तर समूह (finite or infinite answer set) की पूर्णता को जाँचने की गणितीय या तार्किक सोच और तरीक़ों की अपेक्षा नहीं की जाती।

उपरोक्त चर्चा के चार महीने बाद कक्षा में शिक्षक द्वारा एक और चर्चा संयोजित की गयी। क्योंकि विद्यार्थियों ने चार महीने सम और विषम संख्याओं के जोड़-घटा

पर बहुत काम किया था, (जैसे 4 + 8 = 12, 6 + 4 = 10 आदि), इसीलिए ऐसा माना गया कि उनके दिमाग़ में इन संख्याओं का अनुमान (conjecture) विकसित हो गया होगा। शिक्षक ने इस प्रकार के कुछ उदाहरण देते हुए इस कथन को सिद्ध करने को कहा- 'किन्ही भी दो विषम संख्याओं का जोड़ एक सम संख्या होती है।' कुछ विद्यार्थी इस बात को समझे नहीं, तो कुछ एक सूची बनाने लगे। इसी बीच शिक्षक ने कक्षा में सम और विषम संख्याओं की परिभाषा और स्वभाव को पुनः दोहराया। प्रयत्न करने के बाद कुछ विद्यार्थियों ने कहा कि 'इसे सिद्ध करना तो सम्भव ही नहीं है क्योंकि हमने कभी इतनी बड़ी संख्या देखी ही नहीं और न ही हमें यह पता है कि इस संख्या का नाम क्या होगा।' कुछ देर और जूझने के बाद विद्यार्थियों ने दो विषम संख्याओं के जोड़ को निम्न प्रकार से निरूपित किया—

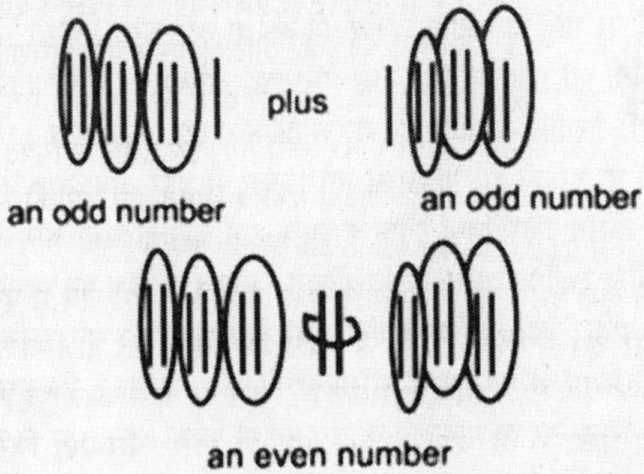

विद्यार्थियों द्वारा उपरोक्त स्पष्टीकरण और प्रयत्न, कक्षा में हो रही चर्चा की सार्थकता को बताता है। भले ही यह एक व्यवस्थित तार्किक प्रूफ़ नहीं है, पर यहाँ एक अनन्त समूह की संख्याओं को सीमित संकेतों व शब्दों में सोचने व लिखने का उपयुक्त एवं सार्थक प्रयत्न दिखता है। इस पर पर्याप्त अभ्यास के पश्चात शिक्षक चर्चा को आगे ले जाते हुए गणितीय तर्क के विकास के नये आयाम खोल सकते हैं।

इससे यह लगता है कि इस क्षमता का विकास धीमी व लम्बी चलने वाली प्रक्रिया है व उसमें शिक्षक को बच्चों द्वारा ईज़ाद किये गये सिद्ध करने के नये तरीक़ों को समझना व परखना होगा व कक्षा में इस तरह के मौक़े कई बार अलग-अलग तरीक़े से देने की आवश्यकता है।

निष्कर्ष

गणितीय तर्क से कथन सिद्ध करना एक तरफ़ अत्यन्त आवश्यक है और उतना ही पेचीदा भी। अत: प्राथमिक कक्षाओं से ही इस दिशा में योजनाबद्ध और केन्द्रित प्रयत्न करने होंगे। पाठ्यपुस्तक व पाठ्यक्रम में किया गया बदलाव आवश्यक है किन्तु पर्याप्त नहीं। इस बदलाव को कक्षा-कक्ष या सीखने-सिखाने का असरदार हिस्सा बनाने में शिक्षकों की अहम भूमिका है।

यह अपेक्षित है कि शिक्षक गणितीय सोच के स्वरूप, स्वभाव और विकास के मार्ग को समझें और ध्यान दें। इसके अलावा शोध के आधार पर गणितीय रीज़निंग के प्रचुर विकास के लिए बॉल व अन्य (2002) शिक्षकों के लिए तीन बिन्दुओं पर सुझाव देते हैं—पहला, ऐसे गणितीय टास्क देना जो तार्किक चिन्तन के मौक़े दे। जैसे ऊपर चर्चित सिक्के वाला टास्क विद्यार्थियों को सम्भव जवाब खोजने के लिए प्रेरित करता है पर सही या सटीक जवाब की अपेक्षा नहीं करता। दूसरा अहम बिन्दु है कि विद्यार्थियों को गणितीय ज्ञान जैसे परिभाषा, अवधारणा व गणितीय भाषा से अवगत कराना और फिर उनकी मदद करना ताकि वे इस गणितीय ज्ञान को सवालों से, हल करने के तरीक़ों से, गणित में नये विचार से और अवधारणाओं से जोड़ सकें। अन्त में तीसरा अहम बिन्दु है कि कक्षा-कक्ष में तार्किक चर्चा और सवालों का एक ऐसा माहौल स्थापित करना जहाँ व्यक्तिगत सुझाव व सोच को सामूहिक चर्चा में जगह मिल सके। जहाँ हर व्यक्ति एक-दूसरे के सुझावों को सुने, रूचि ले, और उस पर प्रतिक्रियाओं के माध्यम से सम्मिलित हो सके। ज़ाहिर है कि इसका असर पाठ्यक्रम की समझ पर व आकलन के ढंग पर भी पड़ेगा। इस तरह के प्रयासों के लिए पर्याप्त समय व महत्त्व आवश्यक होगा।

सन्दर्भ सूची

1. Ball, D. L., Hoyles, C., Jahnke, H. N., & Movshovitz-Hadar, N. (2003). The Teaching of proof. arXiv preprint math/0305021.
2. Clements, D. H. & Battista, M. T. (1992). 'Geometry and Spatial Reasoning'. In D Grouws, (Ed) Handbook od Research on Mathematics Teaching and Learning, 420-464. New York: Macmillan.
3. Healy, L. & Hoyles, C. (2000). 'From Explaning to Proving: A Study of Proof Conceptions in Algebra'. Journal for Research in Mathematics Education, 31, 396–428.

2

प्राथमिक व उच्च-प्राथमिक कक्षा में गणित की पाठ्यचर्या : सम्भावनाएँ एवं चुनौतियाँ

हृदय कान्त दीवान

यह पर्चा बताता है कि उच्च-प्राथमिक व माध्यमिक स्तर पर सामान्य जीवन व सन्दर्भ से गणित के जुड़ाव की प्रकृति प्राथमिक स्तर जैसी नहीं है। उच्च-प्राथमिक व माध्यमिक स्तर पर ऐसी गणितीय अवधारणाएँ कक्षा में शामिल हो जाती हैं, जिनका सामान्य जीवन में आसानी से कोई उदाहरण नहीं मिलता। इनका ठोस प्रतिरूपण करना सम्भव नहीं है। इस स्तर पर विद्यार्थियों को धीरे-धीरे अमूर्त अवधारणाओं से अन्य अमूर्त अवधारणाओं की रचना कर पाना सीखना होता है। लेखक का मानना है कि गणितीयकरण का अर्थ ठोस सामग्री का उपयोग भर नहीं है वरन गणित की अवधारणाओं को जीवन में पहचानने व इस्तेमाल करने का प्रयास है।

पृष्ठभूमि

आज के सन्दर्भ में दसवीं कक्षा तक गणित अनिवार्य है और सभी को एक ही जैसा गणित पढ़ाने का वायदा है, पर यह भी सही है कि प्राथमिक व उच्च-प्राथमिक कक्षाओं में पढ़ाया जाने वाला गणित अत्याधिक महत्त्वपूर्ण है। यह आगे के गणित को ही नहीं, वरन उन सभी पहलुओं को प्रभावित करता है जिनके कारण गणित सीखना अनिवार्य समझा गया है। जैसा कि एनसीएफ़ 2005 में भी कहा गया है, गणित सीखना इसलिए ही आवश्यक नहीं है क्योंकि यह हमारे दैनिक जीवन में उपयोग हो रहे गणित से निपटने के लिए तैयार करता है बल्कि इसलिए कि यह हमें एक नया दृष्टिकोण देता है। इसकी मदद से हम अपने आस-पास की परिस्थिति को, उसमें

हो रही घटनाओं व उसमें शामिल मसलों आदि को बेहतर समझ सकते हैं। यह देखना तो आसान ही है कि प्राथमिक कक्षाओं में पढ़ाया जा रहा बहुत-सा गणित, चाहे-अनचाहे उन मसलों से जूझता है जो किसी-न-किसी तरह बच्चे व उसके समाज के जीवन से जुड़े हैं। इसके लिए उपयोग किये गये उदाहरण रोज़मर्रा के जीवन में मिल जाते हैं। इसमें सीखने वाले की आवश्यकताओं व उसके आस-पास हो रहे लेन-देन, दैनिक व्यवहार, खेल आदि से किसी-न-किसी रूप में प्राथमिक कक्षा के गणित का कोई-न-कोई हिस्सा सीधा जुड़ा होता ही है।

कुल मिलाकर इस समय गणित ठोस परिस्थितियों व सामान्य अनुभवों से सम्बन्धित होता है। इसे सामान्यत: समाज से सीखी गयी गणितीय धारणाओं व सिद्धान्तों की सीमा के तहत रखना सम्भव व उचित हो सकता है, हालाँकि इसका परिप्रेक्ष्य क्या हो, यानी क्या वह सिर्फ़ उन्हीं पहलुओं व उन्हीं मसलों तक केन्द्रित हो, जो इस्तेमाल के हैं या उससे व्यापक हो, इस बात पर विचार किये जाने की ज़रूरत है। एनसीएफ़ 2005 तो यह कहता ही है कि इन कक्षाओं के लिए गणित का स्वरूप उपयोग तक सीमित न रहे, फिर भी इसका काफ़ी बड़ा हिस्सा रोज़मर्रा के गणित से जुड़ा हो सकता है व उसे बार-बार सन्दर्भ की तरह उपयोग किया जा सकता है। इसके साथ-साथ प्राथमिक कक्षाओं में गणित का अन्य विषयों से जुड़ाव व उनके सह-विकास की सम्भावना ज़्यादा स्पष्ट रूप से दिखती है। इस सन्दर्भ में भी रोज़मर्रा के उदाहरणों, ठोस प्रतिमानों, खेलों आदि को महत्त्वपूर्ण माना गया है। इस बात पर काफ़ी मतभेद है कि गणित को कैसे सार्थक व आकर्षक बनाया जाये व कैसे उसे दुरूह, उबाऊ व अरुचिकर बनने से रोका जाये।

उच्च-प्राथमिक शाला में आने से पहले ही बच्चों का ऐसी अवधारणाओं से परिचय शुरू हो जाता है जो आम ज़िन्दगी में इतनी आसानी से नहीं दिखतीं। इनमें एक ऋणात्मक संख्याओं की अवधारणा है। इसके लिए हालाँकि कई तरह के मॉडल बनाने का प्रयास किया गया है किन्तु वे मॉडल हैं, यथार्थ नहीं। चाहे वह किसी तल को शून्य मानकर ऊपर को प्रतीकात्मक रूप में धनात्मक व नीचे जाने को ऋणात्मक मानें या फिर दायें जाने को धन व बायें जाने को ऋण मानें। इनमें ऋणात्मक तापमान, तालाबों व झीलों में सिल से नीचे जल स्तर का मान, ज़मीनी तल से ऊपर की मंजिल व दूसरी ओर बेसमेण्ट तक जाना व इसी तरह के कई और प्रतिरूप बनाये जाते हैं। यह प्रतीकन उस तरह का नहीं होता जैसा कि प्राकृत संख्या व कुछ भिन्नात्मक संख्याओं के लिए हो सकता है। इसी तरह या इससे और जटिल ऋणात्मक भिन्न संख्याओं, अक्षर संख्याओं व चर संख्या आदि का मसला है। हालाँकि वास्तविक

जीवन की परिस्थितियों में भी अज्ञात संख्या का पता करने के लिए तार्किक सोच का उपयोग होता है, जो बीजगणित में अक्षर संख्या का उपयोग करके व गणितीय भाषा का उपयोग करके भी किया जाता है किन्तु इससे औपचारिक गणित तक पहुँचने का रास्ता तय करना उतना सहज नहीं होता। उच्च-प्राथमिक व माध्यमिक गणित का भी जुड़ाव सन्दर्भों से जोड़ा जा सकता है किन्तु यह करना गणित की ज़्यादा गहरी समझ व परिस्थिति के भी ज़्यादा पैने विश्लेषण की माँग करता है।

यह पर्चा स्कूल के इन दोनों हिस्सों की कक्षाओं में गणित की पाठ्यचर्या के स्वरूप, उसे पढ़ाने के तरीक़े, उसे सार्थक व आकर्षक बनाने के प्रयासों के अर्थ, सिद्धान्त, कार्य पद्धति व सीमाओं पर बातचीत करेगा। इसमें उच्च-प्राथमिक स्तर पर गणित की प्रकृति के आधार पर विषयवस्तु, अध्ययन सामग्री, कक्षा की रचना के ढंग व सीखने-सिखाने के ढंग के साथ किये प्रयोग व उनकी सम्भावनाओं के लिए किये गये प्रयासों की तुलना प्राथमिक स्कूल की सम्भावनाओं के साथ की जायेगी।

प्राथमिक कक्षाओं में गणित का पाठ्यक्रम

हाल के वर्षों में प्राथमिक कक्षा के पाठयक्रम व पढ़ाने की विधि में विचार की दृष्टि में बहुत फ़र्क आया है। यह फ़र्क ख़ासतौर पर एनसीएफ़ 2005[1] व उसकी तैयारी की प्रक्रिया में बनाये गये गणित शिक्षण के पोजीशन पेपर[2], शिक्षा के लक्ष्य पर केन्द्रित पोजीशन पेपर व पाठयचर्या, पाठ्यक्रम[3] व पाठ्य पुस्तक[4] को पढ़ने पर समझ में आता है। बहुत से मसलों के अलावा इसने गणित विषय के लक्ष्यों, उसके आम-जीवन के साथ सम्बन्ध, उसे पढ़ाने के ढंग व क्या पढ़ाना चाहिए, इनमें बहुत से नये पहलू जोड़े। एनसीएफ़ 2005 का गणित के शिक्षण लक्ष्यों को दो हिस्सों में देखना और यह ज़ोर देना कि गणित को सिर्फ़ गणना व दैनिक उपयोग में इस्तेमाल करने के लिए सिखाना अधूरा है, एक प्रमुख नयी बात थी। उसका उद्देश्य तो सीखने वाले में गणितीय दृष्टिकोण पैदा करना ही था। हालाँकि उसने इसे अच्छी तरह व्याख्यायित नहीं किया, फिर भी उसमें कही बातों से स्पष्ट है कि प्रयास ऐसा होना चाहिए जिससे गणित के उपयोग से सीखने वाला अपनी परिस्थिति को बदल सके। उसे इसलिए ही नहीं सीखना है कि वह दुनिया के व्यवहार से वाक़िफ़ हो सके और अपने आस-पास व्यवहार में उपयोग हो रहे गणित को समझ पाये बल्कि स्वयं उसका वैसा उपयोग भी देख पाये, जैसा अभी प्रचलित नहीं है। इसे एनसीएफ़ 2005 व उससे जुड़े दस्तावेज़ों ने गणितीयकरण कहा और गणित के अध्ययन का एक प्रमुख पहलू माना।

इसके अलावा इन दस्तावेज़ों ने यह भी कहा कि गणित को अभी तक अंकगणित ही मान लिया गया है व उसके सीखने को भी जल्दी-जल्दी सही गणना कर पाना। एनसीएफ़ 2005 ने इसे सरासर ग़लत बताया और यह भी कहा कि जगह की समझ, स्थानिक सम्बन्ध, आँकड़े व उनका प्रबन्धन बहुत महत्त्वपूर्ण है और उन्हें प्राथमिक कक्षा से पढ़ाया भी जा सकता है। इन दस्तावेज़ों ने हालाँकि गणित व भाषा के सम्बन्ध और गणित सीखने में भाषा की आवश्यकता पर तो बात की है लेकिन उसकी भूमिका व दोनों के अन्तर्सम्बन्ध पर यहाँ पर्याप्त ज़ोर नहीं है। किन्तु इन दस्तावेज़ों ने शुरुआती कक्षाओं से लेकर लगभग प्रारम्भिक शिक्षा तक पुस्तक में सम्मिलित सामग्री में उस समय मौजूद गणनाओं की जटिलता, औपचारिक प्रमेयों को सिद्ध करने के तरीक़े सिखाने के प्रयास, गणितीय तथ्यों व कलनों को याद रखकर उनका त्वरित इस्तेमाल करने आदि पहलुओं को हटाने पर काफ़ी ज़ोर दिया और गणित के कारण पैदा होने वाले डर की भी चर्चा की है। हर प्रकार की अनावश्यक जटिलता दूर करने का लक्ष्य यही है। हालाँकि प्राथमिक कक्षाओं में गणित को लेकर बहुत पहले से बहस चल रही थी, किन्तु इसके केन्द्र में गणित की विषयवस्तु न होकर उसे सीखने का तरीक़ा था। लगभग 1990 के बाद से यह सभी मानने लगे थे कि रटना सीखने का प्रमाण भी नहीं है और सही तरीक़ा भी नहीं। यह भी कहा जाने लगा था कि गणित यान्त्रिक नहीं है व इसमें सिर्फ़ उत्तर ही नहीं, किन्तु सवाल हल करने की राह में लिए गये क़दम भी महत्त्वपूर्ण हैं।

पाठयक्रम की दृष्टि से देखें तो प्राथमिक कक्षाओं में एक प्रमुख कार्य संख्या की समझ विकसित करना, उन्हें अलग-अलग सन्दर्भों में देखते हुए उन सन्दर्भों में उनके महत्त्व व आवश्यक संक्रियाओं को पहचान पाना है। इसी तरह जगहों के बीच की दूरी व गुज़रे समय का अन्दाज़ा लगाने का मसला है। अपने आस-पास घट रही प्रक्रियाओं से समय का अन्दाज़ा लगाने में भी कई तरह के सम्बन्धों व पैटर्नों की पहचानने के प्रयास को ज़्यादा मज़बूत करने व औपचारिक गणित में इन पर किये काम से अपेक्षा रहती है कि ऐसा करने से सामान्य जीवन में इस प्रकार के गणित को बेहतर ढंग से कर पाने में भी कुशलता बढ़ेगी। किन्तु समय व दूरी की अवधारणाएँ व इसी के साथ-साथ सममिति, स्थानिक सम्बन्ध व स्थानिक परिवर्तन और दत्त संकलन जैसे विषय जो कि सामान्य जीवन से परिचय के स्तर पर आसानी से जोड़े जा सकते हैं, प्राथमिक कक्षाओं के गणित में शामिल नहीं थे। हालाँकि वे अब कुछ हद तक शामिल हैं व बहुत-सी पुस्तकों में परिचय के रूप में मिलते हैं, फिर भी शिक्षकों के ज़ेहन में व कक्षा में ये अभी जगह नहीं बना पाये हैं।

इसके अलावा भिन्नात्मक संख्याओं से परिचय प्राथमिक कक्षा में शामिल है। कुल मिलाकर प्राथमिक कक्षा के गणित में बहुत सारा हिस्सा ऐसा है जिसे सामान्य जीवन में आसानी से ढूँढ़कर अभ्यास व विस्तार के लिए इस्तेमाल किया जा सकता है। इसमें जिन हिस्सों पर उसे पक्की पकड़ बढ़ाने की अपेक्षा है, वह है प्राकृत संख्याओं से सम्बन्धित संख्यात्मक समझ, जिसमें उन्हें लिखना व पढ़ना शामिल है। इसके साथ ही संख्याओं के साथ संक्रियाओं की अवधारणात्मक, व्यवहारिक व प्रक्रियात्मक समझ व उसे अपने ढंग से प्रस्तुत करने का प्रयास करना भी शामिल है। उसे इससे सम्बन्धित टेक्स्ट को भी पढ़ना आना चाहिए व टेक्स्ट को समझकर अपने शब्दों में व्यक्त करना भी। यह टेक्स्ट चाहे पुस्तक में दिये गये छोटे-छोटे इबारती सवाल हों, कोई सरल व्याख्या हो, कोई विवरण हो या फिर कोई तार्किक अभिव्यक्ति।

प्राथमिक कक्षा का इतना ही पाठयक्रम है, अत: इसमें जल्दी करने व बच्चों पर अत्याधिक दबाव बनाने की आवश्यकता नहीं है। आवश्यक यह है कि बच्चे धीरे-धीरे गणित की अमूर्तता का अहसास कर पायें व सन्दर्भ में पाये गणितीय ज्ञान को अन्य सन्दर्भों में इस्तेमाल करने में सक्षम हो पायें। वे आम जीवन के पैटर्न पहचानते हुए उन्हें अमूर्त रूप में भी देखना शुरू करें। और इसी तरह सामान्यीकरण करने का व उन्हें जाँचने का भी कुछ अनुभव करें जिससे वे गणितीय भाषा व तर्क समझने की भी शुरुआत कर सकें। यह समझना महत्त्वपूर्ण है कि प्रक्रियात्मक ज्ञान पर अत्याधिक ध्यान व उसे यान्त्रिक अभ्यास अथवा शार्टकट द्वारा कंठस्थ करवाने का प्रयास गणित के प्रति डर व अरुचि पैदा होने का सबसे बड़ा कारण है। सबसे महत्त्वपूर्ण यह है कि कक्षा में बच्चों द्वारा सोचे गये गणित पर चर्चा हो और वे अवधारणाएँ व प्रक्रियाएँ समझने व करने के अपने तरीक़े खोज पायें। इस का अर्थ यह है कि सवाल का हल जानने व हल कर पाने का अर्थ यह नहीं है कि किसी के द्वारा बताए तरीक़े का उपयोग कर सवाल का हल किया जाये बल्कि यह है कि सीखने वाला सवाल को हल करने के अपने तरीक़े सोच पाये व उसे समझा पाये। इसके आगे यह भी अपेक्षा है कि वह सवाल भी बनाये व हल करे। इस सबका गणित कैसे सिखाया जाये, से गहरे रिश्ता है।

गणित कैसे सिखाया जाये

राष्ट्रीय पाठ्यचर्या दस्तावेज़ 2005 यह कहता है कि गणित सभी तक अच्छी शिक्षा पहुँचाने की राह में एक बहुत बड़ी बाधा है। यह भी सामान्य तौर पर स्वीकारा जा रहा है कि गणित मुश्किल न प्रतीत हो, इसके लिए बहुत सारे आयामों पर सोचने

व कुछ करने की ज़रूरत है। कुल मिलाकर प्रश्न यह है कि कैसे गणित की अमूर्त प्रकृति की समझ के अन्तर्गत ही उनके अध्ययन-अध्यापन के ढंग की रचना की जाये।

ऐसा इसलिए क्योंकि अमूर्तता के बावजूद सीखने वालों को लगे कि वे जो सीख रहे हैं, उसका यथार्थ से कुछ लेना-देना भी है। चूँकि गणित का व्यापीकृत व औपचारिक रूप तार्किक क्षमता (reasoning), अमूर्तचिन्तन, कल्पनशीलता (imagination) और मानसिक चित्रण क्षमता (visualization) को भी बढ़ावा देता है, इसलिए वह जीवन व दुनिया को देखने के नज़रिये को ज़्यादा समृद्ध करता है और सोचने के नये आयाम खोलता है। अमूर्त अवधारणाओं व नियमों को सीखने के दौरान इन मसलों से संघर्ष करके सीखने वाले बाक़ी विषयों में अमूर्तताओं से जूझने को तैयार होते हैं और इससे तर्कों को समझने व गढ़ने की ताकत भी उनमें विकसित होती है। गणित का दायरा हमारे जीवन और हमारे आस-पास जो भी है, उससे गहरे रूप में जुड़ा है और इस अन्तर्सम्बन्ध को यथासम्भव उभारने की ज़रूरत है। सवाल यह भी है कि यह किस प्रकार हो कि गणित में संकेतों, अमूर्तताओं, तर्क, स्पेशल परसेप्शन विजुलाइज़ेशन (spatial perception visualization), व्यापीकरण, पैटर्न व नियम से जूझने-सीखने का प्रयास बच्चों को अर्थहीन न लगे। इसी प्रयास के सन्दर्भ में गणित की प्रयोगशाला, गणितीय गतिविधि, खेल-खेल में गणित, गणितीय समझ के विकास का संरचनावादी ढंग आदि विचारों का गणित शिक्षण के विमर्श में प्रादुर्भाव हुआ है। इन सभी पर गहराई से सोचकर कार्य करने की आवश्यकता है अन्यथा इनका उपयोग कक्षा को गणित की मूल प्रकृति व अवधारणाओं से भटका सकता है।

राष्ट्रीय पाठ्यचर्या दस्तावेज़ 2005 व उसके आधार पर बनी एनसीईआरटी व कई अन्य राज्यों की प्राथमिक शालाओं की पुस्तकें इसी तरह से गणित पढ़ाये जाने की अपेक्षा करती हैं। वे अपेक्षा करती हैं कि बच्चे अपने मत व्यक्त करेंगे, नये सवाल बनायेंगे, अपनी समझ को बताने व लिखने का प्रयास करेंगे, गणित की पुस्तक स्वयं पढ़कर समझेंगे व सबसे महत्त्वपूर्ण यह बात कि वे सवालों को हल करने के अपने तरीक़े बनायेंगे। इन पुस्तकों में दिये गये निर्देश, क्रियाकलाप, प्रोजेक्ट चित्र व उदाहरण आदि को इस प्रकार बनाने का प्रयास किया गया है जिससे पढ़ने वाला अपने आस-पास उस गणित को कुछ हद तक ढूँढ़ पाये। एनसीएफ़ 2005 के मुख्य मसौदे से आगे बढ़ते हुए एनसीएफ़ 20007 यह अपेक्षा करता है कि गणित शिक्षण के दौरान सीखी गयी अमूर्त अवधारणाओं का विद्यार्थी सामान्य जीवन में उपयोग करेगा, यह उपयोग साधारण जीवन में गणित के उपयोग की नयी श्रेणियाँ खोलेगा और उसके जीवन के नज़रिये व व्यवहार में कुछ हद तक, अमूर्त गणितीय

अवधारणाओं की जगह बनेगी। वह इसके बाद अवधारणाओं को, विशेषतौर पर इन गणितीय अवधारणाओं को नये ढंग से देख पायेगा।

कुल मिलाकर स्कूल का गणित सामान्य रूप से उपयोग किये जाने वाले गणित व उसके हल करने के तरीक़े से अलग है। उसका लक्ष्य मात्र रोज़मर्रा के गणित के उपयोग से अधिक और अलग है। यही बताने का प्रयास गणित की नयी पुस्तकों में किया गया है। हालाँकि इसमें भी यह मंशा है कि सीखने वाला अपने जीवन को गणितीय अवधारणाओं के चश्मे से देखे और उन्हें अपने नये सन्दर्भों में इस्तेमाल कर पाये। वह आकृतियों व आकारों को इस प्रकार देखना शुरू कर पाये जिससे उनका गणितीय विवेचन हो सके। इनके अलावा सामान्य जीवन में भी गणित उपयोग के उदाहरणों को ढूँढ़ना, उनके उपयोग को समझना व और नये रास्ते की खोज जैसे काम कर पाये। इसके कई उदाहरण हैं, जैसे- किसी परिस्थिति में आवश्यक मात्रा का अनुमान लगा पाना, यह समझना कि किसी आँकड़े के सेट को समझकर उससे क्या निष्कर्ष निकाले जा सकते हैं या फिर उसका इस्तेमाल कैसे करना चाहिए आदि आदि। इसका अर्थ यह है कि सीखने वाले में गणितीय दृष्टि का विकास हो।

हम यह भी जानते हैं कि प्राथमिक शालाओं में अवधारणात्मक विकास का भाषा के विकास से अन्तरंग सम्बन्ध है। इस पर काफ़ी बातचीत हुई है। गणित सीखने के लिए भाषा के समानान्तर ही गणित की भाषा को सीखने की शुरुआत की ज़रूरत है। प्राथमिक शाला के अन्त तक आते-आते सीखने वाले का अमूमन औपचारिक गणितीय शब्दावली से परिचय भी हो जाता है व उसके इस्तेमाल में कुछ हद तक दक्षता की भी अपेक्षा होती है। एक तरह से यह समय इस शब्दावली को ग्रहण करने व गणितीय विचार-ढाँचे से जूझकर उसे हासिल करने का है। इसीलिए इस दौरान गणितीय मसलों पर संवाद, सीखने वालों के विचार व समझ की बार-बार अभिव्यक्ति के लिए कक्षा में जगह होनी चाहिए और गणित को बच्चों के अनुभव, विचार-दायरे व रुचि के मसलों के साथ जोड़कर प्रस्तुत किया जाना चाहिए। हालाँकि गणित का सामान्यीकृत रूप अमूर्त है फिर भी सीखने वाले के लिए गणितीय ऑबजेक्ट्स और उन पर होने वाली संक्रियाओं का ठोस वस्तुओं के साथ अथवा/और तत्कालिक अनुभवों से जोड़ा जाना लाभदायक हो सकता है। चूँकि सीखने वाले बच्चों के पास ज़्यादा अमूर्त अवधारणाओं व उनके बीच के सम्बन्धों की समझ नहीं होती अत: इस समय ठोस प्रतिरूपों के साथ इनको सही समझ और सही ढंग से जोड़कर अमूर्त अवधारणाओं को प्राप्त करने की शुरुआत की जा सकती है। शुरू से ही यह ध्यान रखना ज़रूरी है कि अन्तत: बच्चे को उपयोग किये जा रहे प्रतिरूप के बिना ही

गणित करना है, अतः इन्हें उपयोग करते समय सावधानी बरतने की ज़रूरत है और शीघ्र-से-शीघ्र इनकी मदद के बग़ैर चीज़ें समझने की ज़रूरत है। हालाँकि यह बात अक्सर कही जाती है कि ठोस वस्तुएँ व अनुभव आवश्यक है, किन्तु यह बात छूट जाती है कि प्रतिरूप का उपयोग अस्थायी है और उस पर अनावश्यक समय लगाना और ज़ोर देना गणित की पुख़्ता समझ तक पहुँचने में उपयुक्त मदद नहीं करता।

उच्च-प्राथमिक गणित का स्वरूप व प्राथमिक गणित से अन्तर

एनसीएफ़ 2005 में अपेक्षा है कि उच्च-प्राथमिक स्तर के गणित में भी यह सब किया जायेगा यानी उसमें भी गणित को सन्दर्भ से जोड़कर उपयोग करने के मौक़े होंगे। सीखने वालों को अपने विचार, सवाल हल करने के तरीक़े, अपनी परिभाषाएँ, अपने तर्क आदि विकसित करने होंगे और तभी गणित की अपनी किताब व अन्य स्रोतों में दिये गणित को समझने व उससे जूझने की तैयारी हो पायेगी। कुल मिलाकर उसमें लगभग वे सभी अपेक्षाएँ हैं जो कि प्राथमिक कक्षाओं के कार्यक्रम से हैं। सिर्फ़ मुश्किल यह है कि इन कक्षाओं में गणित विषय का मसौदा बिल्कुल बदल जाता है। एनसीईआरटी द्वारा प्रकाशित इन कक्षाओं की पुस्तकों में शिक्षक के लिए लिखे नोट में इंगित करते हुए यह भी बताया गया है कि इस स्तर पर गणित उस तरह से भी मूर्त नहीं हो सकता जैसी सम्भावना प्राथमिक कक्षा के लिए है। उच्च-प्राथमिक स्तर पर गणित का स्वरूप इस प्रकार बदलता है कि उसमें अवधारणाओं की अमूर्तता का स्तर, तार्किक रचनाओं व अवधारणाओं में अन्तर्सम्बन्धों के जाल की जटिलता, टेक्स्ट का स्तर व लम्बाई, गणितीय भाषा का मय संकेतों के उपयोग जैसे सभी पहलुओं का स्वरूप बदल जाता है। इससे ज़ाहिर है कि सीखने-सिखाने की पद्धति पर भी असर पड़ेगा। इन कुछ पहलुओं को शिक्षकों के लिए नोट 4 और 8 में भी इंगित किया गया है।

नोट में शिक्षकों से यह बात भी की गयी है कि गणित की उच्च प्राथमिक कक्षाओं में क्या किया जा सकता है। नोट में न सिर्फ़ गणित की अवधारणाओं में आये अन्तर की बात की गयी है वरन पढ़ाने के तरीक़े के बारे में भी कई महत्त्वपूर्ण बातें कही गयी हैं। जैसे यह भी कहा गया है कि कक्षा में बच्चे समूहों अथवा टोलियों में काम करें, अपनी टोली में गणित पर बातचीत करें, पुस्तक खुद पढ़ना सीखें आदि। इसमें यह भी कहा गया है कि प्राथमिक कक्षाओं में उपयोग किये गये कुछ तरीक़ों के पुनःनिरीक्षण की ज़रूरत है। पर्चे के अगले भाग में हम उच्च-प्राथमिक कक्षाओं में पाठयक्रम से अपेक्षा व कक्षा में सार्थक गणित की सम्भावनाओं पर चर्चा करेंगे।

उच्च-प्राथमिक गणित शिक्षण

जो बात परेशान करती है, वह यह कि हालाँकि कक्षा को रोचक बनाने के सन्दर्भ में हाल के वर्षों में गणित में सामग्री के उपयोग को और बच्चों की सक्रियता को बहुत ही महत्त्वपूर्ण बताया जाने लगा है फिर भी इस सबके बावजूद कक्षा की संरचना, प्रकृति, ढाँचा और बच्चों के अभ्यासों की प्रकृति वैसी-की-वैसी है। प्राथमिक स्तर पर कम-से-कम क्रियाकलाप व गतिविधि के स्तर पर कुछ सक्रियता की सम्भावनाएँ खोजी जा सकती हैं व ऐसे ठोस अनुभव, परिस्थिति व सामग्री भी खोजी जा सकती है जिसमें अपेक्षित गणित का पुट हो। यह बात उच्च-प्राथमिक स्तर पर बहुत मुश्किल हो जाती है। इस समय, जो सीखे जाने की अपेक्षा है, जितने समय में सीखे जाने की अपेक्षा है, उसे किस प्रकार मापा जायेगा, आदि पहलुओं को अगर देखा जाये तो उसमें सामग्री व सन्दर्भ का सार्थक उपयोग ढूँढ़ पाना आसान नहीं है। सन्दर्भ व सामग्री कक्षाओं में थोपी हुई और अप्रासंगिक लगती है। यानी गणित के मसौदे के प्रस्तुतीकरण और सन्दर्भ के बीच में कोई स्वाभाविक जुड़ाव नहीं है। सन्दर्भ के उपयोग की सार्थकता तभी है, जब कक्षा में पढ़ाये जाने वाले गणित में वह स्वाभाविक रूप से गुँथा हो। अस्वाभाविक संख्याओं, ग़ैरज़रूरी जटिल संख्याओं, उनके क्रम व उनके बीच गणितीय संक्रियाओं को सीखने के शुरू में अभ्यास के सवालों के रूप में अथवा अपेक्षित क्षमताओं के रूप में जोड़ने से, सन्दर्भ का उपयोग बच्चों व शिक्षक के लिए मुश्किल ही पैदा करेगा। रोचक, बाँधने वाली सामग्री व टास्क पर चर्चा तो होती है किन्तु इनका अर्थ क्या है, यह स्पष्ट नहीं हो पाया है।

इस पर आगे बढ़ने से पहले हमें यह भी दोहराना होगा कि प्राथमिक शाला की गणितीय विषयवस्तु, अवधारणाएँ और क्षमताएँ उच्च-प्राथमिक से किस-किस पहलू में अलग हैं। और फिर यह सवाल भी है कि सन्दर्भ के उपयोग एवं ठोस-सामग्री का गणितीयकरण से क्या सम्बन्ध है और गणितीयकरण का प्रयास कैसे हो? इन सब पर उच्च-प्राथमिक कक्षाओं में गणित के पाठ्यक्रम के आलोक में सोचना है। इस प्रश्न पर इसलिए भी चर्चा की ज़रूरत है क्योंकि सामाजिक व जीवन अनुभव के साथ गणित के सम्बन्ध व गणित के विकास की उसके उपयोग से जुड़ी कड़ी का भी विश्लेषण करना होगा। गणित के बारे में विमर्श में उसकी सम्पूर्णतः कृत्रिम रूप से रचित, औपचारिक रूप से गढ़ी औपचारिक (formalist) छवि, गणित के सामान्य उपयोग से उत्पन्न महत्त्व के मुद्दे एवं इस सामान्य उपयोग की दृष्टि से गणित की छवि और उससे जुड़ी समझ में क्या चुनेंगे अथवा उनके बीच सन्तुलन कैसे करेंगे?

अगर अवधारणाओं के सन्दर्भ में सोचें तो चाहे वह नियम-निष्ठ औपचारिक (formalist) समझ हो, यथार्थवादी गणित शिक्षण (Realistic Maths education (आरएमई)) प्रभावित समझ हो या इनका मिश्रण, वे धीरे-धीरे ज़्यादा व्यापक व अमूर्त होती जाती हैं। इसके बारे में भी कई जगह बात हुई है। चाहे हम कुर्सी की अवधारणा लें, चाहे बल की, चाहे समूह की, चाहे संख्या की, ये सभी धीरे-धीरे ज़्यादा व्यापक और अमूर्त होती जाती हैं। इसका अर्थ यह है कि जैसे-जैसे हम आगे बढ़ते हैं, पिछले चरण के अमूर्त विचार अगले चरण के लिए लगभग ठोस होंगे और अब गहराई से समझे गये इन 'ठोस' प्रतीत होने वाले तत्वों से मिलकर नयी अमूर्त अवधारणाएँ सीखी जायेंगी। जैसे कक्षा एक व दो में पचास तक की संख्याओं को ठोस सामग्री से अलग करके देख पाना व प्राकृतिक संख्या के ढाँचे की कार्य पद्धति का अहसास कर पाना एक स्तर की अमूर्तता हासिल करना है। पूर्व माध्यमिक में आते-आते भिन्नात्मक संख्याओं को प्राकृतिक संख्याओं के अनुपात और पूर्ण व हिस्से के ठोस प्रतिरूपों से आगे बढ़कर व्यापक संख्या ढाँचे में देख पाना यह माँग करता है कि प्राथमिक स्तर पर सीखी गयी प्राकृतिक संख्यायें व अनुपात और भाग की समझ अब औपचारिक और अमूर्त गणितीय अवधारणाओं और संक्रियाओं के रूप में बच्चे के पास है। इस पर विस्तार से बात कई अन्य पर्चों में की गयी है, हालाँकि इस पर्चे में भी हम सन्दर्भ व गणित के आगे बढ़ने से आने वाली माँगों के सहसम्बन्ध पर कुछ बातें रखेंगे।

उच्च-प्राथमिक शाला में गणित

उच्च-प्राथमिक स्तर के गणित तक पहुँचते-पहुँचते यह अपेक्षा रहती है कि सीखने वाला अमूर्तता के एक स्तर पर पहुँच गया होगा। यह भी अपेक्षा रहती है कि इस समय तक व इस स्टेज के दौरान वह संख्याओं को वस्तु समूह के ठोस, चित्रात्मक अथवा किसी भी अन्य सन्दर्भ मिश्रित प्रतिरूप के बिना समझ सकेगा व संख्या को एक अमूर्त धारणा के रूप में समझकर उसे ठोस वस्तु से अलग करके देख सकेगा। अभी के गणित, उसके पाठ्यक्रम व पढ़ाने के सुझाए तरीकों के मद्देनज़र व उनके सन्दर्भ में यह एक महत्त्वपूर्ण आवश्यकता है। आज की उच्च-प्राथमिक कक्षाओं में बच्चों से कुछ अपेक्षाएँ इस प्रकार हैं—सीखने-वाले से यह अपेक्षा है कि वह गणनाओं और संक्रियाओं को ज़्यादा जटिल संख्याओं के साथ व कई चरण वाले प्रश्नों के सन्दर्भ में ज़्यादा दक्षता और सरलता से कर पाने से आगे बढ़कर संख्या समूह के गुणों व उनके अन्तर्सम्बन्धों को समझ पायेगा। यानी वह संख्या और उसके विभिन्न

श्रेणियों में विभाजन एवं प्रत्येक श्रेणी के विशिष्ट गुणों व श्रेणी विभाजन के तात्पर्य और आधार को समझ पायेगा। इस समय गणित की उन अवधारणाओं, जिनका जीवन में कोई सीधा प्रतिरूप नहीं है, से भी उसे रूबरू होना होता है। इसके कुछ उदाहरण हैं- ऋणात्मक संख्यायें, अनेक तरह की परिमेय संख्यायें, जिसमें ऋणात्मक व धनात्मक ऐसी अवधारणाएँ हैं जो सामान्य परिस्थितियों में तो होती ही नहीं और उनका कोई वास्तविक उदाहरण उपयोग में नहीं आता। इन सबके लिए प्रतिरूप व मॉडल सोचना और बच्चों का उन्हें अपने सन्दर्भ में समझ पाना उतना आसान नहीं होता, जितना प्राथमिक कक्षाओं में होता है। हालाँकि इनके लिए प्रतिरूप बनाने का प्रयास होता है किन्तु इन्हें समझना और इस्तेमाल करना सरल नहीं है।

इन सबमें ऐसी कृत्रिमता है जिसे दूर करना सम्भव नहीं है। इस तरह के प्रयास चाहे वह ऋणात्मक संख्याओं के लिए हों या फिर किसी और ध्येय के लिए, बहुत सफल नहीं हो पाते। इसी तरह या इससे और जटिल है, ऋणात्मक भिन्नात्मक संख्याओं के लिए कोई सार्थक प्रतिरूप बनाना। हम यह भी देख सकते हैं कि बहुत-सी भिन्नात्मक संख्याओं के लिए ऐसा कोई समझ में आने वाला स्वाभाविक व उपयोगी ठोस प्रतिरूप बनाया ही नहीं जा सकता। अधिकांश भिन्नात्मक संख्याओं, जिनमें मिश्रित भिन्नात्मक संख्यायें शामिल हैं, और दशमलव संख्याओं के लिए प्रतिरूप अत्यन्त अटपटे हो जाते हैं। ठोस वस्तुओं अथवा चित्रों को उस तरह के ज़्यादातर भिन्नात्मक संख्याओं के लिए बराबर टुकड़ों में बाँटना असम्भव तो नहीं, लेकिन बहुत ही कठिन हो जाता है।

इसी तरह से रेखागणित में आकृतियों को बनाने के तत्व, जिनमें बिन्दु, रेखा, किरण, वृत्त, चाप आदि को समझना और उपयोग भी कर पाना शामिल है, आकृतियों के ठोस सन्दर्भों के साथ काम करने से बहुत अलग है। हालाँकि सममिति व ट्रांसफ़ॉर्मेशन (transformation) जैसे पहलू ठोस सन्दर्भों के साथ शुरू किये जा सकते हैं, किन्तु अन्ततः उन्हें भी मन में चित्रित कर पाना (visualize करना) और अमूर्त रूप में उनसे जूझ पाना गणित सीखने के लिए आवश्यक है। आँकड़ा प्रबन्धन में विभिन्न खण्डों में सदस्यों की संख्या को टैली अथवा डिब्बों से प्रतिरूप द्वारा दिखा पाना पर्याप्त नहीं है। इसके आगे आँकड़ों के वितरण का रेखीय चित्रण, दिये चित्रणों को समझकर उसके लिए अंकगणितीय औसत, बहुलक (mode) व माध्यक (median) ही नहीं, फिर उसके आगे स्तम्भालेख, बार-ग्राफ़ व लेखाचित्र आदि के फ़र्क को समझने तक जाने की अपेक्षा रहती है। हालाँकि इन पर विवाद हो सकता है कि यह सब क्यों ज़रूरी है और यह प्रश्न कई प्रकार से पूछा भी जा रहा है किन्तु अभी तो ये गणित की कक्षा का हिस्सा हैं ही।

हमें यह भी समझना होगा कि इसी अन्तराल में सामान्यीकृत गणितीय कथनों को समझना और उन्हें गणितीय प्रतीकों में लिखना होता है। इसके अलावा गणित में कथनों को जाँचने के साथ-साथ उन्हें सिद्ध करने के महत्त्व, अर्थ व उसके लिए सम्भव तरीक़ों से भी परिचय होता है। इन सबमें ठोस प्रतिरूपों के उपयोग की सम्भावना और उसके लाभ पर सोचने की आवश्यकता है। लेकिन साथ ही इस प्रश्न पर भी सोचने की आवश्यकता है कि क्या इस तरह के प्रतिरूपों के उपयोग से गणित व उसकी अवधारणाओं को इस स्तर पर सीखने में मदद मिल सकती है? किन अवधारणाओं और किस स्तर तक इससे कुछ लाभ है और क्या इस तरह के प्रतिरूपों के उपयोग के कुछ नुक़सान भी हैं? यह भी सवाल है कि ठोस सन्दर्भ से क्या अर्थ है और विविध पृष्ठभूमि से आने वाले बच्चों के लिए क्या इनके उदाहरण एक जैसे रह सकते हैं?

अगर हम उच्च प्राथमिक कक्षा के सन्दर्भ में सोचें तो सीखने-सिखाने की विषयवस्तु, ढंग, सामग्री व उसके लिए आवश्यक उपयोगी उदाहरण आदि के लिए क्या-क्या हो, इसके बारे में अलग-अलग मत हैं। जिन पर सहमति है, वे हैं पाठ्यपुस्तक व वर्कशीट जैसी चीज़ें। यह व्यापक तौर पर माना जाता है कि ये उपयोगी हो सकती हैं परन्तु सवाल यह है कि इस स्तर पर ठोस सामग्री का क्या यही उचित स्तर है या अगर इससे अधिक चाहिए तो किस उद्देश्य से हो और उसकी प्रकृति व उपयोग के मौक़ों की मात्रा क्या हो? इसके अलावा यह भी प्रश्न है कि पाठ्यपुस्तक में किस तरह की पेडॉगाजी की सलाह दी जा सकती है और उसे कैसे पुस्तक में डाला जाये।

कुल मिलाकर उच्च-प्राथमिक स्तर पर आते-आते गणित के स्वरूप और उसके रोज़मर्रा के जीवन से स्वाभाविक व प्रत्यक्ष जुड़ाव में गुणात्मक फ़र्क आ जाता है। यह औपचारिक गणित की अवधारणाएँ व तौर-तरीक़े सीखने की शुरुआत है। इस समय उपयोग किये जाने वाले गणितीय आब्जेक्ट्स व अवधारणाएँ विशिष्ट परिस्थितियों से दूर होती दिखती हैं। जहाँ प्राथमिक शाला में सवाल का हल संख्या के रूप में मिलता है, वहीं उच्च-प्राथमिक स्तर पर उसमें अक्षर संख्या के रूप में प्राप्त होने वाले उत्तर जुड़ जाते हैं। इसमें शामिल अधिकांश अवधारणाएँ मूर्त वस्तुओं से प्रदर्शित नहीं की जा सकती हैं, किन्तु कई जगह इसका बहुत लाभदायक इस्तेमाल हो सकता है। आगे बढ़ने से पहले एक बात दोहराना आवश्यक होगा कि गणित सीखने के बुनियादी सिद्धान्त नहीं बदलते। यहाँ भी हमें सीखने वाले को मूर्त धारणाओं पर अभ्यास के द्वारा ही अमूर्तता की तरफ ले जाना है। उदाहरण के लिए, संख्याओं के खेल में इस तरह के सवाल कि कोई संख्या 7 से भाज्य है या नहीं, इसके लिए क्या

नियम बन सकता है जिसमें संख्या को देखकर, बग़ैर भाग किये ही विभाजकता पता चल सके? यानी एक ऐसा नियम बन सके जो हर संख्या पर लागू हो। या फिर ऐसे सवाल जिसमें हर अक्षर किसी अलग अंक को प्रदर्शित करता है व यह पता लगाना है कि कौन-सा अक्षर कौन-से अंक के लिए रखें कि सवाल सही हो जाये। यहाँ हमने माना है कि बच्चे के लिए संख्या एक मूर्त धारणा है जिसे वह परिकल्पित कर सकता है और उसके लिए एक गणितीय सन्दर्भ बना सकता है।

31Q	BA	AB	AB
1Q3	B3	X5	6
501	57A	CAB	BBB

[NCERT Class VIII] Playing With Numbers, 254, Chapter 16

यदि हम जगह की समझ के सन्दर्भ में देंखे तो त्रि-आयामी ज्यामिति को समझने के लिए 3 अक्षों के काग़ज़ पर यानी द्विआयामी पटल पर विश्लेषण करने के लिए गत्ते अथवा काग़ज़ को मोड़कर डिब्बा बनाना, फिर उसे खोलकर देख पाना एवं उसकी कक्षा के कमरे के साथ तुलना कर पाना एक शुरुआत है। लक्ष्य यह है कि धीरे-धीरे बच्चों को न ठोस आकृति की आवश्यकता रहे और न ही चित्र की। वे उस त्रि-आयामी वस्तु को दिमाग़ में चित्रित कर पायें व उस पर बग़ैर प्रतिरूपण के कार्य कर पायें।

ऐसे उदाहरण हर जगह दिये जा सकते हैं और ठोस प्रतिरूपों से शुरू करने से लाभ हो सकता है। अतः शुरुआत में इनका उपयोग किया जाना चाहिए किन्तु यह ध्यान में रखकर कि उनका उपयोग बच्चों के सीखने की राह में एक सार्थक मानसिक चुनौती प्रस्तुत कर रहा हो। ऐसा न हो कि दिया गया उदाहरण अतिसरल और उद्देश्यहीन हो। ऐसे बहुत से कार्य रोचक हो सकते हैं किन्तु ये गणित सीखने में मदद नहीं करते। इसका एक उदाहरण $(a + b)^2 = a^2 + b^2 + 2ab$ को कार्ड शीट द्वारा 'प्रस्तुत' करना है। इसे कटे हुए कार्ड के क्षेत्रफल के रूप में देखना जितनी क्षमता की माँग करता है, उससे कम में इस सर्वसमिका को कोष्ठक खोलने के नियम द्वारा हल कर लिया जा सकता है। गत्ता काट कर क्षेत्रफल बराबर दिखाने वाला तरीक़ा हमें बीजगणितीय पदों पर काम करना सीखने में मदद नहीं करता, वह सिर्फ़ एक तथ्य दिखाता है। इससे सर्वसमिकाओं को समझने अथवा बीजीय व्यंजकों के गुणा को समझने में कोई मदद नहीं मिलती और न ही क्षेत्रफल की समझ का कोई अतिरिक्त विकास होता है। इसी तरह से भिन्नात्मक संख्याओं में अलग-अलग संख्याओं को चित्रों द्वारा प्रदर्शित करना भिन्नात्मक संख्याओं को समझने में शुरुआती मदद के बाद अड़चन देने वाला बन जाता है। उसमें ज़्यादा मेहनत का काम यह

समझना होता है कि ठीक बराबर हिस्से कैसे काटे जायें। यह कार्य मुख्य हो जाता है, बनिस्बत हिस्सों व पूर्ण की समझ के विकास की ओर काम होने के। यानी सिद्धान्त यह है कि ठोस प्रतिरूपों का उपयोग मेहनत से सीखी जाने वाली अवधारणा के सन्दर्भ में हो। ऐसा एक उदाहरण सममिति और स्थानिक परिवर्तनों के समझने की शुरुआत में त्रि-आयामी वस्तुओं को अलग-अलग परिप्रेक्ष्य से देखने और समझने के साथ ही उनके आकार व आकृति को समझने का है। इन सबमें ठोस प्रतिरूपों के उदाहरणों से मदद मिलती है।

इन मसलों पर गहन अभ्यास उच्च-प्राथमिक स्तर पर शुरू होता है अतः इनके लिए ठोस सामग्री व सामान्य जीवन में आने वाले अनुभवों का उपयोग मददगार होता है। हालाँकि सामान्य जीवन से प्रतिरूप लेते समय यह ध्यान में रखना होगा कि सामान्य जीवन में उपलब्ध प्रतिरूप से गणितीय कल्पना पूरा-पूरा मेल नहीं खाती है। इसके साथ ही ठोस प्रतिरूपों के सन्दर्भ में यह भी ध्यान रखना होगा कि इन पर समझ बनाने के बाद इन सबको उन प्रतिरूपों के बग़ैर समझना होगा और उन पर कार्य करना होगा ताकि अमूर्तता के स्तर पर भी इन पर कार्य कर पाना सम्भव हो जाये। अतः बग़ैर प्रतिरूप दिये कल्पना के आधार पर इस तरह के मसलों पर सोचना शुरू करवाना होगा और नये ठोस सन्दर्भों में स्वयं इनका उपयोग पहचान पाने का अभ्यास भी। गणित सिखाने के अर्थ का सिद्धान्त किसी अवधारणा का प्रदर्शन कर उसे सीखने वाले को दिखाना व बताना नहीं है वरन उसे सीखने वालों को स्वयं समझने, उसकी कल्पना करने और व्याख्या करने का रास्ता ढूँढ़ पाने के लिए मौक़े बनाना है। ठोस प्रतिरूपों व सन्दर्भों के गणित शिक्षण का उपयोग कैसा हो, उसके लिए यह अति आवश्यक दूसरा सिद्धान्त है।

गणित के कुछ क्षेत्र ऐसे हैं जिनमें सामान्य सन्दर्भों का उपयोग, उनमें शामिल अवधारणाओं को समझने की शुरुआत में बहुत मदद देता है। ये क्षेत्र हैं दत्त संकलन व ग्राफ़ बनाने के। सन्दर्भों से शुरू कर इनके अध्ययन से इन्हें न सिर्फ़ परिचयात्मक रूप में समझने में मदद मिलती है वरन इनकी राशियों के आपसी सम्बन्धों को समझने में भी मदद मिलती है। उदाहरण के लिए वर्ग की भुजा व परिमिति का ग्राफ़ या फिर उसकी भुजा व क्षेत्रफल के बीच का ग्राफ़, अंकुरित पौधे की प्रतिदिन बदलती लम्बाई के बीच अथवा शुरुआती दिनों में प्रति सप्ताह/प्रति दिन उसमें आयी पत्तियों की संख्या के बढ़ने की दर के ग्राफ़। ये सभी ग्राफ़ इन राशियों में बदलाव को चित्रात्मक रूप में प्रदर्शित करते हैं। ऐसे ही और उदाहरणों पर ग्राफ़ बनाने का कार्य व उन पर चर्चा, राशियों के बीच सम्बन्ध को ग्राफ़िक चित्र से समझने में मदद करते हैं।

ये न सिर्फ़ इन राशियों के बीच सम्बन्ध का चित्रात्मक प्रदर्शन करते हैं वरन बीजगणित व रेखा गणित के सम्बन्ध की एक झलक सीखने वाले को देते जाते हैं। गणित में इन मसलों की समझ की शुरुआत उच्च प्राथमिक स्तर पर की जा सकती है। यह सिर्फ़ इसलिए नहीं कि इनके माध्यम से कुछ अवधारणाओं को प्रदर्शित किया जा सकेगा बल्कि इसलिए भी कि बहुत-सी आगे आने वाली अवधारणाओं की झलक उस कार्य में आ सके और सीखने वाला अपने जीवन में और भी बहुत से सन्दर्भ ढूँढ़ पाये, जिनमें उस अवधारणा का सार्थक उपयोग हो रहा है। यानी ठोस प्रतिरूप का उपयोग अवधारणाओं व उनके अन्तर्सम्बन्धों को गहराई से टटोलने के लिए और अपने जीवन में नए-नए सन्दर्भों में उन्हें उपयोग कर पाने के लिए हो। यही तो गणितीयकरण का आशय है कि अचेतन व स्वाभाविक रूप से ये अवधारणाएँ भी यथार्थ से अन्त:क्रिया का ठीक वैसे ही माध्यम बनें, जैसे संख्या, आकार व आकृति की शुरुआती अवधारणाएँ बन जाती हैं। संख्यात्मक व संरचनात्मक समझ का सामान्य जीवन में उपयोग उतना ही स्वाभाविक है, जितना बाद में आने वाली अवधारणाओं का। राशियों की अन्तर्सम्बन्धता, आँकड़ों के वितरण, संयोग व सम्भाविता, पैटर्न, सममिति आदि अवधारणाओं का उपयोग हमारे जीवन का स्वाभाविक हिस्सा है। जिस प्रकार प्राथमिक स्तर पर और बाद में भी संख्याओं की बढ़ती समझ हमारी मात्रात्मक पकड़ को बेहतर करती है और जगह की समझ के विभिन्न पहलू हमारे जीवन में इन अवधारणाओं के उपयोग को और पैना कर सकते हैं, उसी तरह आँकड़ा प्रबन्धन, ग्राफ़ बनाना, बीजगणित, त्रि-आयामी वस्तुओं का प्रतिरूपण, सममिति, अनुपात-समानुपात व राशियों की तुलना आदि पर ठीक से किया गया कार्य जीवन में इनके उपयोग को ज़्यादा गहरा और सार्थक बना सकता है। यह होगा बशर्ते गणित में प्रतिरूपण का उपयोग सही प्रकार से हो, सरलीकरण के बेतरतीब प्रयास के लिए नहीं। प्रतिरूपों का उपयोग लक्ष्य नहीं है और उनके माध्यम से अवधारणाओं का प्रदर्शन उन्हें स्वत: समझा नहीं देता; उनका उपयोग तब सार्थक है, जब वे एक संवाद का हिस्सा हों और उनके पहले और बाद में सीखने वाले के पास उससे आगे बढ़ने के मौक़े हों। अत: वे सारे प्रयास जो शिक्षक को ठोस सामग्री परोसते हैं, न सिर्फ़ नाकारा हैं, वरन नुकसानदेह भी हैं क्योंकि वे शिक्षक के गणित और उसके शिक्षण पर अधिकार क्षेत्र को बढ़ाते नहीं वरन सामग्री के उपयोग की अनभिज्ञता के कारण अनिश्चितता में उलझाकर संकुचित करते हैं। ठोस सामग्री, सन्दर्भ और उनसे किया गया प्रतिरूपण, तब ही सार्थक है, जब वह शिक्षक के ज़ेहन से कक्षा के सन्दर्भ में निकला हो और प्रदर्शन के लिए नहीं, बल्कि सीखने वालों के लिए सीखी जाने वाली

अवधारणा पर काम करने के लिए हो। उसमें सीखने वाले के लिए नये प्रतिरूपों को ढूँढ़ने, रचने व कल्पना में गढ़ने की सम्भावना एवं आवश्यकता हो। प्रतिरूपों का उपयोग करने में न सिर्फ़ उनकी अवधारणा विकास में अस्थायी भूमिका के बारे में ध्यान रखने की आवश्यकता है बल्कि उसके माध्यम से अन्य अवधारणाओं के साथ उनके सम्बन्ध को खँगालने की भी ज़रूरत है। उच्च-प्राथमिक स्तर पर अवधारणाओं में अन्तर्सम्बन्धों की खोज और संख्याओं, आकृतियों, आकार व उनके परिप्रेक्ष्य के साथ खोजबीन तथा 'खेल' करने के प्रयास सन्दर्भों के साथ जोड़कर किये जाने चाहिए, तभी वे गणित सीखने में मददगार होंगे।

उच्च-प्राथमिक स्तर के गणित पाठ्यक्रम व पेडॉगाजी में प्राथमिक शाला के पाठ्यक्रम के स्वरूप के साथ निरन्तरता भी है और उससे कुछ मामलों में महत्त्वपूर्ण फ़र्क भी। उच्च-प्राथमिक स्तर पर ठोस सन्दर्भ पहले से सीखी अमूर्त अवधारणाएँ भी हो सकती हैं और अब हमें इनको मैनिपुलेटिव के रूप में इस्तेमाल करना है। इसके अलावा अन्तर्सम्बन्धों व तर्कों का जाल ज़्यादा जटिल हो सकता है और गणितीय परिस्थितियों की रचना ज़्यादा पेंचदार। सबसे महत्त्वपूर्ण सावधानी कलनों, शार्टकट व विशेष हलों से बचने की है। गणितीय पाठ्यक्रम में अक्सर महत्त्व जटिल गणनाओं, ख़ास तरह के जटिल तर्कों, अपवादों एवं विचित्रताओं को समझाने का नहीं सिर्फ़ बताने का होता है। '$-1 * -1 = +1$' जैसे उदाहरण सामान्य अवधारणा और सवालों को हल करने के स्वाभाविक तरीक़ों तक सीखने वाले को पहुँचने से रोकते हैं, क्योंकि इनके विशेष विलग हल के ढंग उन्हें सामान्य परिस्थितियों के लिए अपना ख़ुद का तार्किक रास्ता बनाने से भटकाते हैं। ऐसे सवालों को उदाहरणों में और कक्षा में बोर्ड पर हल किया जाता है और प्राथमिकता से आकलन में काम लिया जाता है। ये सवाल एवं इनके हल अपने आप में विलग हैं और ख़ास सूत्र द्वारा हल हो सकते हैं, जिस तक स्वयं पहुँच पाने की अपेक्षा अथवा उसे समझ पाने की तैयारी उस समय विद्यार्थी में नहीं हो सकती। अत: सीखने वालों के लिए उसे स्वयं हल करने का प्रयास करने का विकल्प ही नहीं होता। वे उस ख़ास विधि को किसी अन्य के बताने पर ही पा सकते हैं। चूँकि पहले की बहुत-सी अवधारणाएँ सीख चुकने की अपेक्षा उच्च-प्राथमिक स्तर पर होती है, अत: पाठ्यक्रम, पाठ्यपुस्तक, पढ़ाने की प्रक्रिया व आकलन में यह सोचना महत्त्वपूर्ण हो जाता है कि पूर्व अवधारणाओं के साथ काम की प्रक्रिया आगे कैसे बढ़ेगी? इन अवधारणाओं के ज़्यादा सक्षमता से और उन्नत स्तर पर उपयोग का अर्थ क्या है? सवालों में किस प्रकार की जटिलता हो व संख्याओं, आकृतियों, गणितीय परिस्थितियों आदि में किस प्रकार की जटिलता को

शामिल किया जाये? इनके अलग-अलग तरह से जटिल होने के फ़ायदे व नुक़सान क्या हैं? इस समय जिस तरह से इस मसले पर कार्य होगा, वह सीखने वाले के गणित के साथ रिश्ते को निर्धारित करेगा। गणित या तो अन्य लोगों द्वारा किये गये हल व तर्कों को किसी-न-किसी तरह आकलन के लिए याद रखने वाला विषय बनेगा या फिर ऐसा विषय, जिसका उपयोग सहजता से किया जा सकता है और जिसमें नये सवालों का हल बच्चों के लिए भी सम्भव है।

उच्च-प्राथमिक स्तर पर गणितीय कार्यों का स्तर प्राथमिक कक्षा के कार्यों से अलग होना चाहिए। इस अन्तराल में यह अपेक्षा रहती है कि सीखने वाले प्राथमिक शाला में किये गये कार्य से आगे बढ़ेंगे। किन्तु यह परिवर्तन किस तरह का होगा? क्या यह संख्याओं के मान, आकृतियों के रूप, सवालों की भाषा का ज़्यादा उलझा हुआ होना होगा या फिर कुछ नयी अवधारणाओं के साथ अन्तःक्रिया होगी? क्या इसमें पहले से सीखी गयी अवधारणाओं का नये ढंग से एवं वृहद जाल के रूप में इस्तेमाल करने के मौक़े मिलेंगे, जिनमें अन्तर्सम्बन्धों व तर्क के स्तर पर तो अतिरिक्त मेहनत होगी किन्तु ग़ैर-ज़रूरी जटिलता के स्तर पर नहीं। कई शिक्षक और पाठ्यपुस्तकें भी यह कोशिश करती हैं कि सवाल हल करने के बहुत-से अलग-अलग तरीक़े बता दिये जायें और पूछे गये सवालों में यह आग्रह किया जाये कि बताई गयी विधि, कलन अथवा सूत्र से ही सवाल हल करें, किसी दूसरे तरीक़े से नहीं। इस तरह के पाठ्यक्रम कार्यान्वयन में मूल बात सूत्रों व कलनों को याद करना है। इसमें अवधारणात्मक विकास व गणितीय समस्याओं को समझकर उन्हें स्वयं हल करने के प्रयास का मौक़ा और अभ्यास छूट जाता है।

इसी तरह का एक और आग्रह कुछ पाठ्यपुस्तकों व आकलन की प्रक्रिया में होता है। यह है ऐसे सवालों के हल देने व पूछने का, जिन्हें अपनी समझ से हल करने की अपेक्षा लगभग किसी भी सीखने वाले से नहीं की जा सकती। इनके लिए ख़ास तरह के सूत्र व शार्टकट दिये जाते हैं, जिन्हें बग़ैर समझे याद कर इस्तेमाल करना ही उन्हें हल करने की एकमात्र सम्भावना है। गणित समझने और उसमें रुचि जागृत करने की दृष्टि से बड़ी संख्याओं व आकृतियों की जटिलता में उलझाना जितना नुक़सानदेह है, उतना ही नुक़सानदेह है ऐसे सवाल देना, जिन्हें हल करने का प्रयास बच्चों की क्षमता के दायरे से बाहर हो। बहुत-सी पुस्तकें इस तरह के असामान्य उदाहरणों से भरी रहती हैं। वे सीखने वालों को उदाहरण के तरीक़ों की नक़ल कर सवाल हल करना सिखाती हैं। तात्कालिक रूप से यह शिक्षक और बच्चे को सरल लगता है किन्तु इससे स्वयं हल करने की स्वायत्त क्षमता नहीं विकसित हो पाती।

इसीलिए गणित की पुस्तक व कक्षा में उपयोग की गयी पेडॉगाजी ऐसी होनी चाहिए जिसमें सीखने वाले को अवधारणात्मक समझ (conceptual knowledge) व तरीक़ों की समझ (conceptual knowledge), दोनों मिल पायें।

अगर हम कुछ ऐसे उदाहरणों को देखें जिनमें अवधारणात्मक पहलुओं का उपयोग व अवधारणाओं में अन्तर्सम्बन्ध मिल सकता है और उसे बढ़ाया जा सकता है तो हम इस मसले को बेहतर समझ पायेंगे। उदाहरण के लिए यदि हम एक अज्ञात अक्षर संख्या वाले एक घात के समीकरण को देखें तो हम उसमें ग्राफ़ अथवा लेखाचित्र के अलावा भी बहुत कुछ और देख सकते हैं। यह संख्या के खेल व क्षेत्रमिति आदि से तो जुड़ा है ही परन्तु इसका जुड़ाव राशियों में परिवर्तन के अध्ययन, उसके तार्किक आधार व ग्राफ़ से भी बहुत क़रीब का है। इन सब अन्तर्सम्बन्धों को खँगाल पाने से अवधारणात्मक समझ गहराती है। इसी तरह से राशियों की तुलना के सन्दर्भ में अनुपात-समानुपात को कई तरह के उदाहरणों में देखने की ज़रूरत है और इसकी कई सम्भावनाएँ हैं। उदाहरण के लिए आटा बनाने में आटे व पानी की मात्रा, चावल में पानी की मात्रा, खिचड़ी या इडली-डोसे के बैटर में दाल व चावल की मात्रा में अनुपात जैसे अनेकों उदाहरण मिल सकते हैं। परिवर्तन की दर के भी कई सामान्य उदाहरण, साधारण ब्याज, दूरी-समय, परिमाप आदि सभी समीकरणों के रूप में भी लिखे जा सकते हैं और सीखने वालों को सामान्यीकृत कर गणित की भाषा में लिखने का अभ्यास करने को भी कहा जा सकता है। इन्हें ग्राफ़ के रूप में बनाकर रेखीय समीकरण के रेखीय ग्राफ़ से सम्बन्ध का अहसास करा सकते हैं। इसी तरह से बहुभुज कोणों के पारस्परिक सम्बन्ध से अज्ञात कोणों का पता करना आदि भी समीकरण के उदाहरण हैं। समीकरण पर कार्य करते समय अक्सर ज़ोर इन सब पर नहीं होता और पूरा ध्यान प्रक्रियात्मक ज्ञान पर होता है। अलग-अलग ढंग से समीकरण हल करने के तरीक़े प्रस्तुत किये जाते हैं लेकिन इस बात को पर्याप्त नहीं खँगाला जाता है। और न ही इस बात को खँगाला जाता है कि समीकरण का गणित के अन्य क्षेत्रों से क्या सम्बन्ध है। जीवन में समीकरणों के उदाहरणों से कई जटिल तरीक़े दिये जाते हैं, उनकी इस समय सीखने व इस स्टेज पर कोई आवश्यकता नहीं होती है। ठीक वैसे ही जैसे $-1 \times -1 = +1$ क्यों होता है, को 'सिद्ध' करने का ढंग जानने की असल में सेकंडरी कक्षा में भी कोई ज़रूरत नहीं है। समीकरण व ऋणात्मक संख्याओं में गुणा के स्वरूप से खेलने देने की बजाए यह सिद्ध करने का अर्थ वाला होता है। इस पर कोई काम नहीं होता कि ऐसे ही क्या सिद्ध करते हैं, इसमें क्या मान्यताएँ हैं, इसके अलग-अलग स्टेप के पीछे क्या सोच है,

ऐसा ही क्यों किया गया है आदि। इन मसलों पर कोई चर्चा नहीं होती और न ही यह प्रयास कि सीखने वाला सोचकर स्वयं कुछ प्रूफ़ रचे। इसकी कोई अपेक्षा न तो परीक्षा में होती है, और न शिक्षण में। गणित शिक्षण में जटिल प्रमेय व उपप्रमेय, जिनका गणित सीखने और उपयोग में कोई वास्तविक योगदान नहीं है, को अभी भी महत्त्व दिया जा रहा है। गणित पढ़ने का डर पैदा करने वाले कारणों में यह एक बड़ा कारण है। असल में गणित का महत्त्व तो यह है कि आप अपने जीवन में हो रहे गणितीय उपयोगों में समीकरण, ग्राफ़ जैसी अवधारणाओं की उपयोगिता समझ पायें और यह समझ पायें कि लाटरी में निवेश क्यों लाभदायक नहीं है अथवा बीमा क्यों करवाना चाहिए। ऐसे ही अन्य बहुत-से उदाहरण हैं जिनमें गणित के ज्ञान का उपयोग करने से आप बेहतर निर्णय तक पहुँच सकते हैं।

उच्च-प्राथमिक कक्षाओं में जगह की समझ के विकास के कई ऐसे मौक़े विकसित किये जा सकते हैं जिनमें खोजबीन करने के, नया कुछ सोच पाने के, नयी जमावट करवाने के, नये परिप्रेक्ष्य से देखने के और फिर इन सबकी कल्पना कर पाने के मौक़े हों। आस-पास की वस्तुओं का अलग-अलग दिशा से चित्रण, त्रि-आयामी आकृतियों को उनके फलकों में खोलकर समझने का प्रयास आदि सभी अभ्यास मानसिक चित्रण की क्षमता को विकसित करते हैं। धीरे-धीरे, सीखने वाला दूर रहकर ही किसी त्रि-आयामी वस्तु अथवा दृश्य की कल्पना द्वारा ही अलग-अलग परिप्रेक्ष्य से मानसिक चित्र बना पाता है। त्रि-आयामी प्रतिरूपों पर कार्य का अवधारणात्मक विकास में योगदान यह है कि धीरे-धीरे इनके बग़ैर भी परिप्रेक्ष्य, स्थानिक चित्रण व परिवर्तनों, नये पैटर्न आदि पर काम किया जा सकता है। कुल मिलाकर अपेक्षा यह होनी चाहिए कि सीखने वाले बग़ैर ठोस प्रारूपों की उपस्थिति के कल्पना में ही रचना कर उनका अलग-अलग तरह से मानसिक चित्रण कर पायें और इस चित्रण को उलट-पुलट कर मैनिपुलेट कर पायें।

संक्षेप में उच्च-प्राथमिक स्तर पर ठोस प्रतिरूपों का स्वरूप एवं उनका उपयोग बदल जाता है और जिस ढंग से गणित की अमूर्त अवधारणाओं से सीखने वाला ''खेल'' सकता है, उन्हें सहजता से इस्तेमाल कर सकता है, इन सबकी सम्भावना भी बदल जाती है। प्राथमिक व उच्च-प्राथमिक स्तर पर जहाँ चुनौतियों में अन्तर है, वहीं सम्भावनाओं के दायरे में भी। उच्च-प्राथमिक स्तर पर मूर्तता व प्रतिरूपण का अर्थ बदल जाता है और ज़्यादा व्यापक हो जाता है। इस स्तर पर ठोस प्रतिरूपों के उपयोगी व सार्थक उदाहरण खोजना ज़्यादा मुश्किल हो जाता है किन्तु पाठ्यचर्या में शामिल अवधारणाओं में अन्तर्सम्बन्ध की समझ विकसित करने, ज़्यादा व्यापक

अवधारणात्मक जाल बनाने की सम्भावना एवं आम जीवन में गणितीय अवधारणाओं के नये उपयोग के मौक़े खोजने की सम्भावना बढ़ जाती है। हालाँकि दोनों ही स्तरों पर इनका संकीर्ण व स्थूल अर्थ लेने से और गणित सीखने-सिखाने को बताने और समझाने तक सीमित कर देने से गणित शिक्षण रटने और यान्त्रिक ढंग से नियम व सूत्र का अनुगमन हो जाता है। पाठ्यचर्या के क्रियान्वयन में या उसको अमल में लाने में सबसे महत्त्वपूर्ण सवालों, मसलन गणित क्या है और इसका यथार्थ से क्या रिश्ता है, को समझकर ही गणितीयकरण, प्रतिरूपण, प्रत्यक्षीकरण आदि की बात होनी चाहिए।

सन्दर्भ सूची

1. National Curriculum Framework – 2005, National Council of Educational Research and Training, New Delhi
2. National Focus group- Position Paper on Teaching of Mathematics (2006), National Council of Educational Research and Training, New Delhi
3. Mathematics, Textbooks of Mathematics for classes VI, (2006), (pp ix & x) National Council of Educational Research and Training, New Delhi and for VII and VIII
4. National Curriculum Framework – 2000, National Council of Educational Research and Training, New Delhi
5. Syllabus for Mathematics for Elementary classes, 2006, National Council of Educational Research and Training, New Delhi, http://www.ncert.nic.in/rightside/links/pdf/syllabus/vol1/07Math%20(VI-VIII).pdf and for secondary classes http://www.ncert.nic.in/rightside/links/pdf/syllabus/vol2/05%20Mathmetics%20(class%20IX-XII).pdf
6. Dewan HK (2016) Building a better Mathematics Classroom, Voices of Teachers and Teachers Educators, Volume V Issue 1 December 2016, p6.

3

प्राथमिक कक्षाओं में गणित शिक्षण की प्रक्रियाएँ एवं स्वरूप

गीता नामदेव और अनुराधा जैन

पर्चा बताता है कि गणित सीखने-सिखाने में खेलों व जीवन के अन्य पहलुओं को गणित की कक्षा से जोड़ने का बहुत महत्त्व है। शिक्षक की भूमिका एक सुगमकर्ता की है और गणित सीखने के लिए शिक्षक व शिक्षार्थी के बीच आपस में संवाद के मौक़े होने चाहिए। लेखिकाएँ यह भी बताती हैं कि गणित में एक तरीक़े को मानकीकृत मानना व उसे सब पर थोपना सही नहीं है।

स्कूल में गणित पढ़ाना एक बोझिल प्रक्रिया न हो और अवधारणाओं के बनने का भी काम हो सके, इसके लिए एक शिक्षक को कई तरह से सोचना पड़ता है। अक्सर एक ही कक्षा में सभी बच्चों के सीखने का स्तर एक जैसा नहीं होता। इसलिए एक ही तरह की गतिविधि से सभी बच्चों को जोड़ पाना बहुत चुनौतीपूर्ण होता है। हालाँकि यह नहीं कहा जा सकता कि बच्चों को गणित की समझ नहीं होती। बच्चे भी कई खेलों में, जैसे गिल्ली-डण्डा, कंचे, चका चलाना, झूला डालना, सतोलिया खेलना आदि में अपनी गणितीय समझ का इस्तेमाल करते हैं। विद्यालय स्तर पर गणित पढ़ाने की प्रक्रिया कैसी हो, वह अवलोकनों से ही सुनिश्चित की जा सकती है। कक्षा में अंक कार्ड, इमली के बीज, तीली के बण्डल इत्यादि इस्तेमाल किये जा सकते हैं। किस तरह की प्रक्रिया और टीएलएम का इस्तेमाल कक्षा में किया जाना चाहिए, यह कक्षा के काम के अवलोकनों से तय किया जा सकता है। आगे कक्षा के अनुभव के आधार पर किये गये काम के कुछ अंश दिये जा रहे हैं, जिन्हें कक्षा में काम के दौरान अवलोकित किया गया।

अंक, संख्या और गिनने की शुरुआत तथा बच्चों का आकलन

गणित में अंक, संख्या पहचान, गिनना और संक्रियाओं की समझ पर काम किया गया। कक्षा 2 में शुरुआत में बच्चों के साथ ब्लैकबोर्ड के सहारे ही गणित शिक्षण की शुरुआत की। गतिविधि और बच्चों के आकलन के उद्‌देश्य से कक्षा में गिनमाला लेकर गये। कक्षा में कुछ इस तरह के सवाल बच्चों को दिये—

- 30 को 50 बनाने के लिए क्या करना पड़ेगा?
- 40 में कितना जोड़ेंगे कि 46 हो जाये?

कुछ बच्चे गिनमाला में मोती गिनकर बता पा रहे थे, कुछ बच्चे मन से जोड़कर भी बता पा रहे थे। कुछ बच्चे ऐसे भी थे जो गतिविधि से नहीं जुड़ पा रहे थे, जब उनसे थोड़ी बात हुई तो समझ आया कि कुछ बच्चे अभी अंक नहीं समझ पा रहे हैं। उनकी कॉपी पर वस्तुओं के चित्र बनाये गये, जैसे पाँच पत्तियाँ, चार फूल, तीन गेंदें और बच्चों को कहा गया कि इन्हें गिनकर लिखो, संख्या लिखो, लेकिन उन्हें यह समझ नहीं आया क्योंकि उन्हें चीजें गिनने की समझ नहीं थी। इस कार्य से यह समझ आया कि कक्षा में सिर्फ़ 3 बच्चे 40 से ऊपर की संख्याओं की संक्रियाओं को समझ पा रहे थे। हमने यह महसूस किया कि बच्चों को 1 से 40 तक की संक्रियाओं या उससे कम की संख्याओं की संक्रियाओं पर कार्य करने की आवश्यकता है। कक्षा में कुछ ऐसे बच्चे भी थे जिन्हें अभी गिनने की समझ और तरीक़ा नहीं पता था, उनके साथ अभी 0 से 9 तक गिनने की समझ पर काम करना ज़रूरी था। गिनमाला के साथ भी बच्चे संक्रियाएँ नहीं कर पा रहे थे। कहीं-न-कहीं बच्चों के दैनिक जीवन से जोड़ते हुए कुछ गतिविधि करवाने की ज़रूरत लग रही थी। गतिविधि को उस दिन के लिए वहीं रोककर बच्चों को दैनिक जीवन से जोड़ते हुए एक ही गतिविधि करवाई गयी। कुछ बच्चों को कहा कि तुम्हारे पास 25 रुपये हैं, कुछ के पास 18 रुपये हैं और कुछ के पास 9 रुपये हैं। शर्त यह थी कि सारे रुपये खर्च करने हैं। बच्चों ने अपने-अपने हिसाब से कॉम्बिनेशन बनाये। इस बार बहुत बच्चे कक्षा की प्रक्रिया में शामिल हुए। इस काम को करते समय बच्चे एक-दूसरे से मदद भी ले रहे थे। जैसे एक बच्चे को 18 रुपये दिये, उसने कहा कि वह 5 रुपये की कॉपी लेगा, 4 रुपये की रबर लेगा, 5 रुपये का समोसा लेगा और 4 रुपये की टॉफ़ी खरीदेगा। इस दौरान जिन्हें संख्या की समझ नहीं थी, वे भी दूसरे बच्चों से इस काम को समझने की कोशिश कर रहे थे। यह गतिविधि बच्चों के दैनिक अनुभवों से जुड़ी हुई थी। दुकान पर जाकर सामान खरीदना उनकी आम ज़िन्दगी का हिस्सा है।

इस अनुभव से यह समझ आया कि किसी अवधारणा को बनाने के लिए यह समझना बेहतर हो सकता है कि स्कूल के बाहर की दुनिया में गणित की समझ का इस्तेमाल किया जाये। यदि उस जुड़ाव को कक्षा प्रक्रिया में शामिल किया जाये, तो सीखने में रुचि पैदा की जा सकती है। गणित अमूर्त विषय तो है लेकिन इसका उपयोग भी आम जीवन में किया जाता है।

गिनने की समझ के अनुभव

अप्रैल, 2019 में मध्य प्रदेश में 'जॉयफुल लर्निंग' कार्यक्रम चला। इस कार्यक्रम के दौरान बच्चों को बिना बस्ते के विद्यालय आना था। इस एक महीने में शिक्षकों को हिन्दी और गणित की बुनियादी दक्षताओं पर काम करना था। कार्यक्रम में शिक्षकों को गतिविधियों की सूची दी गयी थी। पहली से पाँचवी तक के सभी बच्चे एक साथ बैठते थे। इस दौरान बच्चों की संख्या काफ़ी कम रही लेकिन इस समय हमें बच्चों के साथ किये जाने वाले काम को थोड़ा बारीक़ी से अवलोकित करने का मौक़ा मिला। बच्चों के साथ दो समूहों में काम किया गया, एक समूह जिनको संख्या की समझ थी और दूसरा समूह था जिन्हें अंक और संख्या की समझ नहीं थी। इसको तय करने के लिए बच्चों के पूर्व के आकलन को आधार लिया। उस दौरान बहुत कम बच्चे स्कूल आ रहे थे। एक समूह में कभी-कभी मुश्किल से 2 या 3 ही बच्चे होते थे। यदि एक समूह में क़रीब 10 बच्चे होते तो एक-दूसरे से सीखने के मौक़े बढ़ सकते थे, क्योंकि बच्चों के आपसी संवाद को मुखरित होने का और मौक़ा मिल सकता था। इसलिए काम को फिर नये सिरे से सोचा और कुछ गतिविधियाँ बनायीं। जैसे जिन्हें अभी संख्या की समझ नहीं थी, उनके लिए खेल से शुरुआत की, ताकि बच्चों में संख्या नाम से साथ-साथ चीज़ों को गिनने की समझ विकसित की जा सके। बच्चों को गोले में बिठाया और उसके अन्दर कई कंकड़ रख दिये। बारी-बारी सब पासा फेंकते और जितने अंक आते, उतने पत्थर बच्चे निकालकर अपने पास रख लेते। तीन-चार बार यह क्रम जारी रहता। जब बच्चों के पास कुछ पत्थर इकट्ठे हो जाते, तब उन्हें अनुमान लगाने को कहा जाता कि किसके पास ज़्यादा पत्थर हैं। फिर उन्हें गिनना और देखना कि बच्चों का अनुमान कितना सही निकला। दूसरी गतिविधि के लिए बच्चों से माचिस के खोखे इकट्ठे करवाये और चाय की दुकान से कुछ खाली माचिस के खोखे ले लिए। अक्सर बच्चे अपने घरों में माचिस के खोखे जोड़कर रखते हैं और उनसे ट्रेन, घर, दीवार इत्यादि आकृतियों का निर्माण करते हैं, इसलिए उनके इस खेल को भी प्रक्रिया में शामिल करने का

विचार आया। बच्चों को पाँच-पाँच खोखे दिये। सभी को अपने तरीक़े से खोखे जमाने को कहा गया, सभी ने अपने-अपने तरीक़े से जमाया। इस दौरान वे खोखों को गिनते और जमाते रहे। अलग-अलग बच्चे ने उन्हें अलग-अलग ढंग से जमाया। किसी ने लम्बे, किसी ने आड़े और किसी ने तिरछे ढंग से जमाया। फिर एक-एक करके जमा करके रखे गये खोखों को गिना गया। सभी बच्चों ने पाँच-पाँच ही खोखे जमाए थे। इससे यह बात समझाने में मदद मिली कि वस्तुओं को किसी भी क्रम में रखा जाये, उनके मान में कोई परिवर्तन नहीं होगा। इसके बाद अंक कार्ड के ऊपर उतने ही पत्थर रखना आदि गतिविधियाँ की गयीं। जैसे किसी ने 5 अंक कार्ड उठाया और उसके ऊपर पाँच पत्थरों को रखा। इसके बाद इस काम को फिर 10 के फ्रेम पर भी ले गये, जहाँ एक-एक की संगतता के साथ बच्चों ने 1 से 10 तक की गिनती की और गिनना सीखा। जिन बच्चों को संख्या की समझ थी, उनके साथ गिनमाला पर काम किया। साथ में साँप-सीढ़ी और लूडो भी था, जिनके साथ वे जोड़-घटाने की संक्रियाएँ कर रहे थे। इस काम को और व्यवस्थित करने के लिए गतिविधि के ख़त्म होने के बाद यह भी देखा गया कि गतिविधि में बच्चों की भागीदारी कैसी रही? बच्चों ने क्या ग़लतियाँ कीं, आज की गतिविधि को कहाँ तक आगे ले जाना है और उसकी योजना क्या होगी? इन गतिविधियों पर विचार करने के लिए रोहित धनकर द्वारा लिखित आलेख 'गिनना माने क्या?' में दर्शाए गये पाँच नियमों को आधार रूप में लिया गया :

1. एक-एक की संगति, एक वस्तु को एक ही बार गिनना।
2. संख्या का क्रम से याद होना।
3. समूह में संख्या का क्रम पता होना।
4. समूह में कहीं से भी चीज़ों को गिना जाये, पर समूह में वस्तुओं की संख्या में कोई परिवर्तन नहीं होगा।
5. अमूर्तीकरण। ठोस वस्तुओं की अनुपस्थिति में गिन सकना, जैसे ताली की संख्या गिन पाना।

कक्षा में एक दिन मज़ेदार वाकया हुआ। हम कक्षा 10 में, 10 के फ्रेम पर काम कर रहे थे। एक बच्चे साहिल का 10 फ्रेम पूरा हो गया, तब उससे पूछा गया कि इस 10 फ्रेम में कितने पत्थर रखे गये हैं? उसने गिना और कहा कि 8, उससे फिर दो-तीन बार कहा गया कि कितने हैं? वह हर बार गिनता और कहता कि 8 हैं। फिर उसकी बहन का 10 के फ्रेम पर काम दिखाया और पूछा कि किसके में ज़्यादा पत्थर हैं? उसने कहा कि दोनों बराबर हैं। फिर उसकी बहन ने अपने

फ्रेम के पत्थर गिने, उसने 10 पत्थर गिने। फिर साहिल ने दोनों फ्रेमों को देखा, दोनों के फ्रेम के सभी खाने भरे हुए थे। अबकी बार उसने एक-एक पत्थर निकालकर गिना। अब उसने 10 पत्थर गिने। फिर वापस पत्थरों को जमाने के समय भी 10 ही गिने। यहाँ समस्या यह थी कि बच्चा एक पत्थर के सापेक्ष दो संख्या नाम बोल रहा था और एक-एक की संगति नहीं बन पा रही थी। यहाँ मसला सिर्फ ठोस वस्तुओं को गिनने तक सीमित नहीं था। गिनने के साथ विमाओं और स्पेस की समझ व सेंसोरी पर्सेप्सन (sensory perception) की ज़रूरत भी होती है। गिनती में वस्तुओं की जमावट की भी भूमिका होती है। पत्थर 10 फ्रेम पर एक व्यवस्था में रखे होने से तुलना करना आसान था। अगर यही काम किसी अव्यवस्थित क्रम में रखे पत्थरों के साथ होता तो वस्तुओं को गिनने के क्रम में यह ग़लती बनी रहने की गुंजाइश बनी रहती। इसे पियाजे के अनुरक्षण (conservation) के सिद्धान्त से समझा जा सकता है।

पैटर्न की समझ

गणित में काम करते वक़्त गिनती के पैटर्न को समझने पर भी काम हुआ। इस पर अलग से काम नहीं हुआ, गिनती के पैटर्न को समझना प्रक्रिया में शामिल था। अंकों पर काम करते समय अंक में एक-एक बढ़ाने का काम किया गया, जैसे 5 में 1 मिला दिया तो क्या बना? इस तरह अंक के मान का पैटर्न पकड़ पाना, इसके बाद 8 पत्थर ज़्यादा हैं या 9 पत्थर, इस तरह के काम करना, इसके लिए 10 फ्रेम की मदद ली। इस दौरान संख्या पट्टी का भी इस्तेमाल किया गया।

बण्डल पर जाने से पहले 1 से 9 तक के जोड़ पर काम किया, उसके बाद दो संख्याओं का जोड़ 10 था। उसका प्रारूप कुछ इस तरह का था—

5 में जोड़ें	5	10
6 में जोड़ें	4	10
7 में जोड़ें	3	10
8 में जोड़ें	2	10
9 में जोड़ें	1	10

इसी तरह 10 के आगे की गिनती में बण्डल पर काम किया। 10 के आगे पहले खुली तीलियों से गिना, उसके बाद 10 का बण्डल बना दिया, फिर 1-1 जोड़ते गये। 10 और 1, 11, इसमें एक गोला 10 के बण्डल का था और एक गोला खुली तीलियों

का। बच्चों को यह पैटर्न समझाना था कि 10 के आगे गिनती कैसे बढ़ती है। 10 के बण्डल को एक गोले में रखा, खुली तीलियों में एक-एक करके संख्या बनती गयी, फिर उसी क्रम में घटाया। दो-तीन बार इस प्रक्रिया को किया, फिर बच्चों को रैंडम (random) तरीक़े से संख्या निरूपित करने को दी। बच्चों ने एक पैटर्न समझा, 10 के बण्डल को अलग रखा और एक-एक तीली को रखते गये। जब उनकी संख्या बन गयी तब वहीं पर रुक गये और संख्या को ज़मीन पर लिखा। 9 से 10 बनने के संक्रमण (transition) को समझना और आगे बण्डल व खुली तीली के माध्यम संख्या बनने की समझ पर काम हुआ ताकि सिर्फ़ गिनती को क्रम से रटा न जाये बल्कि गिनती के क्रम और पैटर्न को भी समझा जा सके।

टीएलएम (गिनमाला) से संक्रिया की समझ

कक्षा में कुछ बच्चों के साथ सीधे गिनमाला पर काम करना शुरू किया। उन्हें उनके स्तर के अनुसार कुछ जोड़-घटाने के सवाल दिये गये। जैसे यह 26 है (गिनमाला पर निरुपित करते हुए), इसे 21 बनाने के लिए क्या करना पड़ेगा। बच्ची ने 6 घटा दिये, तो 20 हो गया, फिर वह संकोच में पड़ गयी। उसे यह समझ आ गया कि उसने कुछ गलती की है। सहेली ने उसकी मदद करने किये लिए कहा कि दुबारा गिनमाला पर 26 मोती सरकाओ और फिर 5 मोती घटा देना। उसने प्रक्रिया को उसी तरह अपनाया, जैसा उसे समझाया गया था और वह 21 तक पहुँच गयी। इस सवाल को हल करने के कई तरीक़े और खोजे जा सकते हैं। गणित में सवाल के सही जबाब तक पहुँचने के कई तरीक़े हो सकते हैं। सवाल हल करने की प्रक्रिया क्या होगी? किसी सवाल को सुनकर या पढ़कर कौन-सी संक्रिया करनी होगी, यह समझ बनाना आवश्यक है। इसके लिए यह ज़रूरी है कि बच्चों को सिर्फ़ मानक तरीक़े के अलावा अन्य तरीक़ों से, जैसे भाषा में पिरोकर सवालों को उनके सामने रखा जाये। इस उदाहरण को देखें तो बच्ची को सवाल सुनने के बाद यह समझ तो आया कि कुछ घटाना है। मामला यहाँ अटका था कि उसे कितना घटाना है। अपनी सहेली की मदद से उसने प्रश्न को हल किया। कक्षा के ढाँचे में यह लचीलापन रखना बेहतर तरीक़ा हो सकता है जिससे बच्चे एक-दूसरे से भी सीख पाते हैं। गिनमाला के इस्तेमाल में 10-10 के बण्डल मूर्त रूप से दिखाई देते हैं, उनमें दहाई और इकाई की अवधारणा पर काम करना सरल हो सकता है। गिनमाला पर संख्या दिखाने पर बच्चे संख्या बता पाये। शुरू में जब बच्चों को गिनमाला दी गयी तो उन्होंने संख्या को एक-एक करके जोड़ा, जैसे 21 दर्शाना है तो 1-1 गोटी सरकाते गये। फिर मैंने

कहा, इस काम को अगर दूसरे तरीक़े से करना हो तो क्या कर सकते हैं। कोई जवाब नहीं आने पर मैंने कहा 10-10 करके भी तो गिन सकते हैं। उसके बाद जब दो बच्चों को बुलाया तो एक ने 10 के बण्डल में संख्या को गिना और दूसरे ने एक-एक करके गिना। उनके उत्तर को हम मानक रूप में ब्लैकबोर्ड पर लिखते भी जा रहे थे। गिनमाला में गिनते समय जब संख्या बोली जाती, जैसे 46, 76, 81, तब बच्चों ने एक-एक करके गिनना शुरू किया, जिसमें काफ़ी वक़्त लगा। लेकिन मुझे इसे गिनने में कम समय क्यों लगा, इस पर बच्चों से बात की तो उन्होंने कहा कि आप 10-10 करके गिन रहे थे। इसके बाद मैंने उन्हें संख्या दी तब बच्चों ने इस पैटर्न को पकड़ा और इसी तरह गिनना शुरू किया। इस दौरान उन्हें स्थानीय मान की भी समझ हुई, इसके साथ ज़मीन पर उन्होंने संख्याओं को लिखा भी।

अपने काम का अवलोकन करना

कक्षा-शिक्षण के शुरुआती कुछ दिनों में, बच्चों को संख्या बोलकर लिखवाई। कुछ बच्चे जुड़ नहीं पाये। जिन बच्चों की पहले से संख्याओं की समझ थी, सिर्फ़ वही इस काम में जुड़ पाये। बाक़ी बच्चे या तो अपने साथी की कॉपी में से उतार रहे थे या ध्यान ही नहीं दे रहे थे। हमने कुछ बच्चों से बात की तो यह समझ आया कि कुछ बच्चों को गिनने की समझ नहीं थी। 0 से 9 तक की संख्याओं में भी बच्चे सरल जोड़ जैसे काम नहीं कर पा रहे थे क्योंकि कुछ दक्षताएँ, जैसे एक बड़े ढेर में से कही गयी संख्या की वस्तु निकालकर दे पाना, संख्या का क्रम याद होना, किसी संख्या के मायने पता होना इत्यादि बच्चे हासिल नहीं कर पाये थे। उन्हें गिनती क्रम से याद थी लेकिन संख्या कैसे बनी है, यह नहीं पता था। एक-दो दिन हमने कक्षा से बच्चों का जुड़ाव बनाने के लिए बिंगो खेल भी खिलाया, जिसमें हमने संख्या के टिकट बनाये थे और बच्चों को कहा कि 1 से 20 तक की गिनती में कोई भी पाँच संख्या चुन लो। हम एक-एक संख्या निकालेंगे, अगर तुम्हारे टिकट में वह संख्या हो तो उसे काट देना। इसमें सभी बच्चे शामिल तो थे, बच्चों को मज़ा भी बहुत आ रहा था लेकिन यह काम भी प्रतीकों की आकृति पर ही ध्यान देने तक ही सीमित था। इस पर हमने बात की और फिर कुछ और खेल भी कराये लेकिन कोई ख़ास अन्तर नहीं दिख रहा था। जैसे 35 का प्रतीक क्या है? वे 35 के निहित मान को नहीं समझ पा रहे थे। 35 संख्या में 30 और 5 यानी 10 के 3 बण्डल और 5 इकाइयाँ आ सकती हैं। दोनों ही तरीक़े बच्चों के अनुभव को स्थान दे पाने में असफल रहे, क्योंकि यह

काम अमूर्त तौर पर चल रहा था। दोबारा अपनी प्रक्रिया पर विचार किया। बच्चों को उनके स्तर के अनुसार काम करने के मौक़े सुनिश्चित कराने थे। कक्षा में सभी बच्चे एक स्तर के नहीं होते हैं, इसलिए काम की योजना का ख़ाका उनके स्तर के अनुरूप बनाया जाना चाहिए था। अवधारणाओं को विकसित करने के चरणों पर भी विचार करना एक बेहतर विकल्प हो सकता था, क्योंकि गणित शिक्षण में एक क्रमबद्धता है। एक अवधारणा और उसे सिखाने का तरीक़ा, दूसरी अवधारणा के लिए आधार का काम करता है।

बच्चों के सीखने के तरीक़ों को समझना

किसी गतिविधि में बच्चों ने किस तरह से भागीदारी की, कहाँ किस बच्चे को समस्या आ रही है, इसको भी दर्ज किया गया। इस प्रक्रिया ने हमें बच्चों के सीखने के तरीक़ों को जानने में मदद की। दो लड़कियों के बीच कलर को बाँटने से उपजी समस्या ने एक उपाय सुझाया। बच्ची के पास 10 रंग थे और उसकी सहेली के पास 7, जब इस बात को लेकर दोनों में झगड़ा हुआ तो उस बच्ची ने अपने रंग में से 3 रंग हटा दिये और कहा, अब हो गया बराबर। उसने पहले अपने रंग और अपनी सहेली के रंग को जमाया, फिर एक-एक करके गिना और फिर तीन रंगों को अलग रख दिया। कक्षा में जब जोड़ या घटाने के सवाल दिये जाते थे तो वह बच्ची नहीं कर पाती थी। हमेशा यही कहती कि बताओ क्या करना है? मैंने कई बार समझाने का भी प्रयास किया। यहाँ उसके पास ठोस वस्तुएँ थीं, जिन्हें वह छू सकती थी, उन्हें देखकर मात्रा की तुलना कर सकती थी। उसके लिए एक दैनिक समस्या थी जो वास्तविक सन्दर्भ में बँधी हुई थी। ठोस वस्तुओं को गिनने का अनुभव अमूर्त अवधारणा तक पहुँचने की प्रक्रिया का पहला क़दम होना चाहिए। बच्चों के साथ हुए छोटे-छोटे अनुभव एक दिशा-सूचक की तरह थे, जिससे हमें बच्चों के सीखने के तरीक़ों और उनके सीखने में आने वाली दिक़्क़तों की समझ हुई। गिनना, जिसे एक यान्त्रिक प्रक्रिया समझा जाता है, उसमें जीवन के अनुभव और ज्ञानेन्द्रियों की भी भूमिका थी। तुलना, समानता, अनुमान, तर्क आदि का समावेश भी गणित सीखने की प्रक्रिया का हिस्सा हो सकता है। इकाई और मात्रात्मक समझ, दोनों में क्या अन्तर है और कहाँ इकाई और मात्रा में अन्तर करके देखना है, भी गणित सीखने की प्रक्रिया का एक हिस्सा हो सकते हैं। जैसे पत्थरों की ढेरी में देखकर ठीक-ठीक यह नहीं बताया जा सकता है कि किस ढेरी में कंकड़ ज़्यादा होंगे, क्योकि कंकड़ अलग-

अलग आकार के हो सकते हैं लेकिन 10 के फ्रेम में यह बताया जा सकता है कि 10 कंकड़ हैं या नहीं।

प्राथमिक कक्षाओं में गणित में संवाद

गणित की कक्षा में कुछ गतिविधियाँ बच्चों को जोड़ने में असफल भी रहीं। जैसे बोलकर गिनती लिखवाना, संख्या पट्टी। असफल होने के बाद उन पर संवाद और प्रक्रियाओं का अवलोकन करके दूसरा तरीक़ा खोजना भी काम का एक ज़रूरी हिस्सा होना चाहिए। बच्चों से संवाद करने और उनमें तर्कसंगत तरीक़े से सोचने को विकसित करने के लिए एकलव्य की पुस्तक 'अप्पूकुट्टन को कैसे तौलें' पर काम किया। अप्पूकुट्टन एक हाथी है, जिस पर बच्चों से बातचीत की गयी। सवाल यह था कि आख़िर अप्पूकुट्टन है कौन, जिसे तौलने में इतनी परेशानी आ रही है। बच्चों ने कहा कि कोई बहुत बड़ी चीज़ होगी। फिर पूछा कि क्या हो सकता है? बच्चों ने कहा कि यह तो पता नहीं। उसके बाद जब हमने किताब में देखा तो वह एक हाथी था। इसके बाद जब इस समस्या पर बात हुई कि आख़िर इस हाथी को तौला कैसे जाये। बच्चे दूसरी कक्षा के ही थे। उन्हें भी समझ नहीं आ रहा था। फिर हमने किताब में देखा। इसके बाद फिर सवाल किया कि कौन-कौन-से जानवर तराजू में तौले जा सकते हैं। बच्चों ने कहा कि चूहा हो सकता है, गिलहरी हो सकती है इत्यादि। फिर एक सवाल पूछा कि क्या गेहूँ भी तौल सकते हैं? एक बच्ची ने कहा कि एक-एक दाना रखकर तौल सकते हैं। फिर सवाल किया कि अच्छा, ऐसा करने में कितना समय लगेगा। बच्ची ने जवाब दिया बहुत समय लगेगा। फिर क्या करना चाहिए? उसने कहा कि कटोरी में भी रख सकते हैं। इस चर्चा के बाद अलग-अलग वस्तुओं को अन्दाज़ से पता किया गया कि कौन-सी भारी है और कौन-सी हलकी। मामला वहाँ अटका, जब दो किताबों को लिया गया। छूने में दोनों ही किताबें समान लग रही थीं। एक बच्चे ने दोनों किताबों को एक के ऊपर एक रखा और मोटाई की तुलना की और कहा कि इस किताब में ज़्यादा पेज हैं, इसलिए यह भारी होगी। यहाँ बच्चों ने समस्याओं का हल जानने का प्रयास किया।

निष्कर्ष यह कि गणित शिक्षण के तरीक़े और विधियाँ, उसके सिर्फ़ मानक स्वरूप के आधार पर तय नहीं की जानी चाहिए। अनुभव के साथ तर्क गढ़ने के मौक़े कक्षा में देने चाहिए ताकि मानकीकरण की प्रक्रिया तक जाना सहज हो सके। इस कार्य में शिक्षक अपने काम को अवलोकित करें तो कक्षा के ढाँचे और बच्चों के सीखने के तरीक़ों को समझा जा सकता है।

सन्दर्भ सूची

1. https://rohitdhankar.com/2018/12/23/is-mathematics-an-experimental-inductive-science/
2. https://ec.europa.eu/programmes/proxy/alfrescowebscripts/api/node/content/workspace/SpacesStore/65deb96e-7b36-4dde-869a 28c180d48b11/Modern_Methods_of_Teaching(2).pdf
3. The Nature of Mathematics : Its role and Its Influence, John A. Dossey, Illinois State University https://www.researchgate.net/publication/243769794
4. On the Psychology of Teaching Mathematics Arash Rastegar Sharif University of Technology, Tehran, Iran, https://www.researchgate.net/publication/267028749
5. गणित क्या सीखें- एनसीईआरटी
6. गणित सीखने के रचनावादी नज़रिये – एनसीईआरटी

4
इबारती सवालों से सम्बन्धित समस्याएँ

शहनाज़ डीके

यह पर्चा पूर्व माध्यमिक कक्षाओं में गणित पढ़ाने के अनुभव पर आधारित है। पर्चा कक्षा अनुभवों के आधार पर बताता है कि इस स्तर पर सवाल करने में सबसे बड़ी अड़चन उसे पढ़कर समझ पाना है। सवाल बोलकर पूछने पर छात्राओं के लिए सवाल हल करना आसान हो जाता है। पर्चा यह भी बताता है कि छोटे-छोटे समूहों में लिखित इबारती सवाल हल करने के लिए देने से छात्राएँ इबारती सवाल कर पाईं और उनमें सवाल समझने व हल करने का विश्वास भी जगा। इस प्रक्रिया में उन्हें सवाल रचने के कार्य से भी मदद मिली। लेखिका गणित शिक्षण में ऐसे कार्यों की उपादेयता को रेखांकित करती हैं।

पृष्ठभूमि

यह पर्चा एक बालिका विद्यालय में पहली से दसवीं तक पढ़ाने के अनुभवों पर आधारित है। सामान्यतया स्कूलों में कक्षा 6 से 8 की बालिकाओं की गणित सीखने-सिखाने की प्रक्रिया में अधिकतर सवालों को बोर्ड पर हल करवाया जाता है जिनमें शिक्षक की भूमिका ही महत्त्वपूर्ण होती है। विद्यार्थी केवल हल लिखने का ही कार्य करते हैं। अपने शिक्षण काल में प्राथमिक और उच्च प्राथमिक कक्षा पढ़ाने वाले साथी शिक्षकों से बात करने पर मैंने पाया कि इबारती सवालों को हल करने में विद्यार्थियों का भी यही प्रयास रहता है कि शिक्षक ही सवाल को पढ़कर समझायें और हल भी करवा दें। इबारती सवालों में लिखी गयी गणित की भाषा को पढ़कर समझना विद्यार्थियों के लिए एक समस्या होती है। शिक्षकों के द्वारा सवाल हल करके दिये

जाने पर छात्राओं को स्वयं सवाल पढ़ने और हल करने के मौक़े नहीं मिल पाते हैं। इसी वजह से सवालों के साथ जूझने और स्वयं सवाल बनाने की जैसी अपेक्षा एनसीएफ़ 2005 में की गयी है, छात्राओं को उस तरह के अवसर नहीं मिल पाते हैं। नतीजतन वे सवाल पढ़कर समझना नहीं सीख पाती हैं और समझकर उसे हल करने का रास्ता सोचने का तो सवाल ही नहीं उठता।

हालाँकि, एनसीएफ़ 2005 में 'पाठ्यचर्या के क्षेत्र में' स्कूल में गणित शिक्षा के बारे में कहा गया है कि—(1) बच्चे गणित से भयभीत होने के बजाय उसका आनन्द उठाएँ। (2) बच्चे सार्थक समस्याएँ उठाएँ और उन्हे हल करें; किन्तु जिस ढंग से सवाल करवाये जाते हैं और उन्हें हल कर पाने की बच्चों से जैसी अपेक्षा होती है, उसके कारण वे इस कार्य से विमुख हो जाते हैं और घबराने लगते हैं। अगर हम कक्षा 7 की गणित की पाठ्यपुस्तक की प्रस्तावना को देखें तो उसमें भी लिखा है कि : "पाठ्यपुस्तक में इस भावना को ज़ारी रखा गया है और ऐसी भाषा का प्रयोग करने का प्रयास किया गया है, जिससे बच्चे स्वयं पढ़ और समझ सकें। यह पढ़ाई समूहों में या व्यक्तिगत रूप से हो सकती है तथा कुछ स्थानों पर इसमें अध्यापक द्वारा सहायता और समर्थन प्रदान करने की आवश्यकता पड़ सकती है। हमने विभिन्न प्रकार के उदाहरणों को सम्मिलित करने तथा बच्चों द्वारा स्वयं अपने प्रश्न बनाने के अवसर प्रदान करने का प्रयत्न भी किया है। अनेक चित्रों को सम्मिलित करके इस पुस्तक के रूप को आकर्षक बनाया गया है।" किन्तु स्कूलों में अक्सर इस तरह के प्रयास नहीं हो पाते और इबारती सवालों को हल करना एक समस्या ही बन जाती है। हर जगह यही प्रयास होता है कि ज़्यादा-से-ज़्यादा सवालों के पहले से किये गये हल उपलब्ध हो जायें या उन सवालों को हल करने का तरीक़ा कोई उनको बता दे। आकलन में भी पहले से करवाये गये सवाल, जिनके हल ज्ञात हों, ही पूछे जाने चाहिए। इन्हीं कारणों ने मेरे इस प्रयास को जन्म दिया। इबारती सवालों को समझने में आने वाली समस्या का पता लगाने के लिए मैंने आठवीं कक्षा में पढ़ रही बालिकाओं के साथ कार्य किया। कक्षा की 25 बालिकाओं को 8 इबारती सवाल हल करने के लिए दिये।

सवालों का चयन

इबारती सवाल उनकी पिछली कक्षा की गणित की पाठ्यपुस्तक से ही लिए गये। इनकी भाषा सरल थी एवं वे दैनिक जीवन की समस्याओं पर आधारित थे। सवालों में एक सूचना दी गयी थी और उसी से सम्बन्धित दूसरी जानकारी ज्ञात करनी थी।

सभी सवालों में दो-दो संख्यायें ही दी गयी थीं और किसी प्रकार की अतिरिक्त या बेमतलब की सूचना नहीं थी। सवाल पूर्णांक, भिन्न व दशमलव, सभी प्रकार की संख्याओं पर आधारित थे।

सवालों के प्रकार

बच्चों को कुल 8 इबारती सवाल दिये गये, जिनमें 2 सवाल घटाव के, 5 गुणा के तथा एक सवाल भाग का था। इबारती सवाल निम्न प्रकार के थे :

1. **तुलना :** घटाव के सवाल तुलना करने वाले थे जिनमें दो समूहों या संख्याओं के बीच अन्तर का पता लगाना था। यानी एक समूह में दूसरे के मुकाबले कितना कम या ज़्यादा है। (प्र.सं. 4 व प्र.सं. 7)
2. **दर :** गुणा के सवाल दर पता करने वाले थे। इनमें एक समूह के बारे में पता होता है और उसी तरह के कई समूहों में कुल मिलाकर कितना होगा, यह पता लगाना था। (प्र.सं. 1, 2, 3, 5, 8)
3. **बराबर बँटवारा :** भाग का सवाल बँटवारे वाला था जिसमें यह पता करना था कि एक निर्धारित राशि के बराबर हिस्से करने हों तो हर हिस्से में कितनी राशि आयेगी। (प्र.सं. 6)

यह सवाल समझ के स्तर पर बहुत मुश्किल नहीं थे। जैसे कोई भी सवाल पूरक जोड़ या घटाव का नहीं था। दी गयी संख्यायें भी अटपटी अथवा जटिल रचना की नहीं थीं। यह प्रश्नावली विवेचन और कुछ बच्चों के साथ परीक्षण के बाद बनायी गयी थी। प्राप्त उत्तरों को व्यवस्थित कर नीचे प्रस्तुत किया गया है।

इबारती सवाल (प्रश्नपत्र जो छात्राओं ने हल किया)।

प्र.1. एक कार 1 लीटर पेट्रोल में 25.17 किलोमीटर चलती है तो 10.5 लीटर में कितनी चल पायेगी?

प्र.2. प्रकाश प्रतिमाह राजू को 2.500 कि.ग्रा. घी बेचता है। 10 माह में प्रकाश राजू को कुल कितना घी बेच चुका होगा?

प्र.3. दीपिका सब्जी मण्डी से 16.50 रु. प्रति किलोग्राम के थोक भाव से टमाटर का एक कैरेट (बक्सा) खरीदती है। यदि इस कैरेट के टमाटरों का वजन 22.5 किलोग्राम निकलता है, तो थोक विक्रेता को दीपिका कितने रुपये चुकाएगी?

प्र.4. लोकसभा चुनाव में विजयी प्रत्याशी को 6,42,312 वोट मिले। उसने अपने निकटतम प्रतिद्वन्दी को 65,318 वोट से हराया। बताइए निकटतम प्रतिद्वन्दी को कितने वोट मिले?

प्र.5. स्व-रोज़गार समूह के सदस्य प्रतिदिन 1385 पापड़ बनाते हैं तो बताइए अगस्त माह में कुल कितने पापड़ बनेंगे?

प्र.6. एक व्यापारी ने 150 टेलीविजन सेट खरीदने के लिए 18,57,750 रुपये का भुगतान किया। बताइए एक टेलीविजन सेट का मूल्य कितना है?

प्र.7. शिव रविवार को $5\frac{7}{8}$ कि.मी. चला और शानू $4\frac{3}{4}$ कि.मी. चला तो कौन अधिक चला और कितने कि.मी.?

प्र.8. एक शर्ट बनाने के लिए टेलर को $1\frac{1}{4}$ मीटर कपड़ा चाहिए। तो ऐसी 12 शर्ट बनाने के लिए कितना कपड़ा लगेगा?

प्रश्नपत्र हल करने वाली छात्राओं को चार समूहों में बाँटा गया

सवाल संख्या	सवाल समझकर सही हल करने वाली छात्राएँ	सवाल समझा परन्तु संक्रिया सही नहीं की	सवाल ग़लत किया	सवाल छोड़ दिया
प्रश्न-1	8	5	10	2
प्रश्न-2	5	6	12	2
प्रश्न-3	2	3	14	6
प्रश्न-4	16	2	4	3
प्रश्न-5	12	2	5	6
प्रश्न-6	7	6	5	7
प्रश्न-7	4	3	10	7
प्रश्न-8	1	3	8	13

बातचीत

सवालों के हल देखने से यह तो स्पष्ट था कि छात्राएँ कक्षा आठवीं में भी इबारती सवालों की भाषा को सही तरह से समझ नहीं पा रही हैं। उन्होंने सवालों को कुछ अटकलें लगाते हुए और कुछ शब्दों को ढूँढ़ते हुए ही हल किया था, जैसा कि अक्सर

पाँचवी-छठीं कक्षा में बच्चे करते हैं। इसलिए मैंने उनसे बातचीत करने का विचार किया ताकि यह समझा जा सके कि सवाल पढ़कर वे क्या समझ पाईं। क्या उन्होंने वास्तविक जीवन से सवाल का कोई सम्बन्ध बनाया? उन्होंने कौन-सी संक्रिया करना ठीक समझा जिससे वे सवाल हल कर सकें। इसके लिए मैंने दो-दो छात्राओं को बुलाकर उनसे उनके द्वारा ग़लत किये गये सवालों पर बातचीत की। मेरा अनुभव है कि छात्राएँ अकेले जवाब देने में संकोच करती हैं, इसलिए दो-तीन छात्राओं से एक साथ बातचीत की। कक्षा की कुल 25 में से 15 बालिकाओं से बात की जिसमें 5 बालिकाओं ने 8 में से 4-5 सवाल सही किये थे। 5 बालिकाएँ वे भी थीं जिन्होंने 3-4 सवालों को सही समझा था, सही संक्रिया सोची थी परन्तु संक्रिया सही नहीं की थी। 5 बालिकाएँ वे थीं जिन्होंने या तो सवाल पूरा ग़लत किया था, यानी समझा भी ग़लत और संक्रिया भी ग़लत की थी या फिर छोड़ दिया था।

बातचीत शुरू करने से पहले उनसे कहा गया कि जिस सवाल पर बात करेंगे, उन्हें वे अच्छी तरह धीरे-धीरे दो बार पढ़ें और यह बताएँ कि सवाल किसके बारे में पूछा गया है। फिर बातचीत को आगे बढ़ाएँगे। छात्राओं से हुई बातचीत की मुख्य बातें कुछ इस प्रकार थीं-

भव्या और दिव्या से बातचीत

शिक्षिका : पहले प्रश्न में क्या लिखा है? तुम्हें पढ़कर समझ में आ रहा है?

दोनों छात्राएँ : हाँ, समझ में आ रहा है।

शिक्षिका : इस सवाल को तुम कैसे हल करोगी?

दोनों छात्राएँ : सवाल घटाने का है।

शिक्षिका : दूसरा प्रश्न पढ़कर बताओ कि इसमें क्या हल करोगी।

दोनों छात्राएँ : इसमें तो गुणा करना पड़ेगा।

शिक्षिका : इसमें गुणा क्यों करेंगे?

दोनों छात्राएँ : क्योंकि इस सवाल में यह स्पष्ट लिखा है कि एक माह में 2.500 किलोग्राम घी बेचता है और 10 माह के लिए पूछा है।

भव्या : क्योंकि एक माह की मात्रा दी गयी है और 10 माह की मात्रा पूछी गयी है तो ज़्यादा के लिए गुणा करना पड़ता है।

शिक्षिका : पहले प्रश्न में भी तो एक लीटर में कितना चली, दिया है और फिर 10.5 लीटर के बारे में पूछा गया है?

दिव्या : दोनों संख्यायें (25.17 किलोमीटर और 10.5 ली) दशमलव में दी होने से समझ नहीं सके।

विद्यार्थी प्रश्न-पत्र में दिये गये सवाल नं. 1 को पढ़कर समझ गये कि एक लीटर पेट्रोल में कार 25.17 किमी की दूरी तय करती है तो 10 लीटर में कितनी दूरी तय करेगी। यह हल करना उनको आता है, परन्तु 10.5 लीटर लिख दिये जाने पर वे दशमलव का गुणा (संक्रिया) सही-सही नहीं कर पाये।

ऐसा लगता है कि दशमलव देखते ही कई बच्चे सवाल की भाषा नहीं समझ पाते हैं, जबकि वे बिना दशमलव वाली संख्याओं के साथ समझ लेते हैं।

लक्ष्मी और हर्षिता से बातचीत

शिक्षिका : प्रश्न-1 और प्रश्न-2 को पढ़कर क्या समझ आता है?

लक्ष्मी : पहली पंक्ति समझ में आती है। आगे क्या पूछा गया है समझ नहीं आता।

हर्षिता : 1 लीटर में गाड़ी कितनी दूर जाती है, यह तो समझ आया परन्तु आगे क्या कहा गया है पता नहीं चला।

लक्ष्मी और हर्षिता को गुणा व घटाव वाले सवाल पढ़ने को दिये गये तो वे दोनों ही पहली पंक्ति का सम्बन्ध दूसरी पंक्ति से नहीं जोड़ पाईं। उनकी पढ़ने की गति इतनी धीमी थी कि वे यह नहीं बता सकीं कि सवाल में क्या लिखा है और क्या पूछा जा रहा है? यानी यहाँ मुख्य समस्या सवाल पढ़कर समझ पाने की थी। अगली बातचीत इस मसले को और स्पष्ट करती है।

ऐश्वर्या और भावना से बातचीत

शिक्षिका : सवाल पढ़कर तुम्हें क्या समझ आया?

दोनों छात्राएँ : हमें इबारती सवाल में समझ नहीं आता कि क्या करना है?

शिक्षिका : यदि सवाल पढ़कर सुनाया जाये तो समझ में आता है?

दोनों छात्राएँ : हाँ, यदि धीरे-धीरे बोला जाये तो समझ जाते हैं।

जब ऐश्वर्या और भावना से सवालों को पढ़कर बताने के लिए कहा गया तो वे यह नहीं समझा पाईं कि पूछा क्या गया है? जब सवाल को बोलकर उन्हें समझाया गया तो उन्होंने हल कर लिया। अधिकांश छात्राओं का जवाब यही था कि जब

बोला जाता है तो समझ में आ जाता है। लेकिन लिखा हुआ जल्दी समझ में नहीं आता। इसलिए वे मौखिक परीक्षा में पूछे जाने वाले सवालों का हिसाब लगा लेती हैं परन्तु लिखित इबारत समझने में मुश्किल आती है। उन्हें पढ़ते देख यह समझ आया कि वे हिज़्ज़े करके पढ़ती हैं, अतः समझ नहीं पातीं। शुरुआती वर्षों में समझकर पढ़ने के स्थान पर डिकोडिंग पर ज़ोर होने से शायद यह समस्या आती है। हिज़्ज़े करके पढ़ने से समझना एक मुश्किल काम हो जाता है और पढ़कर सुना देने पर वे आसानी से समझ जाते हैं।

ललिता, हिमांशी और ख़ुशी से बातचीत

शिक्षिका : सवाल पढ़कर समझ सकते हो? कैसे?

ललिता : जी मैडम, हम बीच-बीच में रुककर पीछे की पंक्ति भी दुबारा से पढ़ते हैं और फिर आगे से जोड़ते हुए समझते हैं।

शिक्षिका : समझ जाते हो तो दशमलव वाले सवाल में हल करते समय क्या समझना ज़रूरी होता है?

छात्राएँ : ये तो नहीं आता हमें।

शिक्षिका : तुम्हारे सवाल में संख्या 2.500 लीटर दी गयी है। उत्तर में भी 2.500 ही लिखा है तो 1 दिन और 10 माह की मात्रा समान रहेगी?

ख़ुशी : नहीं 10 दिन में तो घी ज़्यादा होगा।

शिक्षिका : अच्छा बताओ 2.500 लीटर का क्या मतलब है? घर पर इसे क्या कहते हो?

ललिता : इसे 2 किलोग्राम 500 ग्राम कहते हैं।

ख़ुशी : इसे ढाई किलो कहते हैं।

शिक्षिका : 10 माह तक ढाई-ढाई किलो घी लें तो कुल कितना होगा। अनुमान से बताओ?

ललिता : 20 लीटर से तो ज़्यादा ही होगा।

शिक्षिका : ढाई-ढाई लीटर 10 बार जोड़कर बताओ।

हिमांशी : 10 माह का 2 लीटर तो 20 लीटर हुआ और (आधा) लीटर 10 बार जोड़ा तो 5 लीटर हुआ। यानी कुल 25 लीटर घी होगा।

यह हिसाब लगाने में उन्हें काफ़ी देर लगी। ललिता, हिमांशी और ख़ुशी से बातचीत हमें दिखाती है कि वे सवाल समझ पाईं, और वे पहाड़े भी ठीक से जानती हैं। फिर भी उन्होंने सवाल ग़लत किया और उन्हें इस बात का इल्म भी नहीं था कि उनका उत्तर ग़लत है। उन्होंने दशमलव ग़लत लगाया था, जब पूछा गया तो जवाब दिया कि जहाँ सवाल में लगा है, वहीं उत्तर में भी लगेगा।

यही बातचीत जब तारा और कुसुम के साथ की गयी :

शिक्षिका : 2.500 लीटर और 2.5000 लीटर में क्या फ़र्क़ है?
तारा : 2 किलोग्राम 500 ग्राम और 2 किलोग्राम 5000 ग्राम।
शिक्षिका : 1 किलोग्राम में कितने ग्राम होते है?
कुसुम : 1000 ग्राम।
शिक्षिका : 5000 ग्राम कितने किलोग्राम हुए?
कुसुम : 5 किलोग्राम।
शिक्षिका : कुल घी कितना हुआ?
तारा : 10 माह का कुल 2 लीटर और 5 लीटर तो 7 लीटर ही हुआ।
कुसुम : नहीं यह तो कम है। 10 माह में 20 लीटर से तो ज़्यादा होना चाहिए।
(थोड़ी देर सोचने के बाद तारा बोली।)
तारा : हिसाब लगा लिया। कुल 25 लीटर घी बेचा 10 दिन में।
शिक्षिका : क्या सवाल पढ़कर कुछ अनुमान लगाते हो?
तारा : हाँ लगाते हैं, परन्तु दशमलव संख्या में अन्दाज़ा लगाना नहीं आता।
खुशी और तारा : मैडम अब हमें अनुमान लगाना आ गया है।

ऐसा लगता है कि गणित की कक्षाओं में सवाल हल करने की प्रक्रिया पर ज़ोर है। तार्किक या मात्रात्मक समझ के विकास पर नहीं है।

लिखित पर्चे का विश्लेषण

यदि हम छात्राओं के उत्तरों को एक साथ रखकर देखें तो यह बातें सामने आती हैं :

- 25 में से 13 छात्राओं की यह समझ थी कि यदि एक वस्तु की कीमत सवाल में दी गयी है और उससे अधिक वस्तु की कीमत पूछी गयी है तो

गुणा करते हैं। परन्तु भिन्नात्मक संख्या के सवाल (एक शर्ट के लिए $1\frac{1}{4}$ मीटर यानि $\frac{5}{4}$ मीटर) कपड़ा लगता है तो 12 शर्ट के लिए कितना कपड़ा चाहिए) में 3 छात्राओं ने 12 का गुणा अंश व हर दोनों को अलग-अलग मानते हुए $\frac{5}{4} \times \frac{12}{12}$ कर दिया। 3 छात्राओं ने कोई संक्रिया नही की। और 12 छात्राओं को यह तो समझ आ गया कि इस सवाल का हल गुणा करने से आयेगा परन्तु उन्होंने सवाल छोड़ दिया क्योंकि उन्हें एक भी संख्या भिन्नात्मक हो तो गुणा करना नहीं आता है।

❖ यदि इबारती सवाल 3-4 पंक्तियों में लिखा हुआ है तो क्या समस्या है, इसके जवाब में सभी छात्राओं का कहना लगभग यही था कि इतना बड़ा सवाल पढ़ते-पढ़ते हम भूल जाते हैं कि पहली पंक्ति में क्या बात लिखी थी। तारा कहती है कि हर पंक्ति को दो बार पढ़ना पड़ता है, फिर वापस पीछे वाली बात से जोड़ते हुए पढ़ना पड़ता है तो समझ में आ जाता है।

इबारती सवालों के इस अध्ययन की मुख्य बात है पढ़कर समझना। क्योंकि अधिकतर छात्राएँ पढ़ने की गति नहीं बना पातीं और उनका पढ़ने का अभ्यास ही पर्याप्त नहीं होता है, इसलिए वे यह नहीं समझ पातीं कि सवाल किस बात से सम्बन्धित है। नतीजतन सवालों की तरफ कोई रुचि नहीं दिखा पातीं। इसके अतिरिक्त दशमलव एवं भिन्न संख्याओं की स्पष्ट समझ न होने से वे संक्रियाएँ नहीं कर सकती हैं। परन्तु तारा और कुसुम जैसी छात्राएँ, जिनकी पढ़ने की समझ अच्छी है, वे कहती हैं कि हमें तो इबारती सवाल ज़्यादा अच्छे लगते हैं। क्योंकि इसमें सारी बात समझाई जाती है, हमें ज़्यादा सोचना नहीं पड़ता है, जबकि सीधे हल करो व मान ज्ञात करो वाले सवाल ज़्यादा सोचने वाले और कठिन होते हैं। परन्तु अधिकांश विद्यार्थियों के अनुसार उनके लिए इबारती सवालों को हल करना एक पेचीदा कार्य है।

जिनमें किसी पूर्व जानकारी की आवश्यकता हो, ऐसे सवाल तो उन्हें भी करने में मुश्किल होती है। जैसे प्रश्न सं. 5 में कहा गया कि स्व-रोज़गार समूह ने प्रतिदिन 1385 पापड़ बनाये। अब उन्हें अगस्त माह के पापड़ की गणना करने के लिए यह समझ होनी चाहिए कि अगस्त में 31 दिन होते हैं। उन्हें पता भी हो कि अगस्त में 31 दिन होते हैं तो भी दूसरी संख्या लिखी न होने की वजह से वे सकपका जाते हैं। इसी वजह से वे सवाल हल नहीं कर पाते हैं।

एक और प्रयास

इबारती सवाल करने में छात्राओं का जो डर था, जिसके कारण वे सवाल करने से घबराती थीं, उसे कम करने के लिए और समूह के सहयोग से सीखने का मौक़ा मिल सके, इसलिए समूह में कार्य करवाया गया।

कक्षा सात में पढ़ रही छात्राओं को समूह (4-4 छात्राएँ) में इबारती सवाल करने के लिए दिये गये। कक्षा में ऐसे 7 समूह बनाये गये। सभी समूहों में कम-से-कम एक छात्रा ऐसी थी जिसे सवाल पढ़ना और हल करना आता था। केवल एक समूह ही ऐसा था जिसमें कोई भी छात्रा सवाल पढ़कर समझ नहीं पाती थी। इस तरह सिवाय एक समूह के बाक़ी सभी समूहों ने सारे सवाल सही हल किये, परन्तु वह समूह, जिसमें कोई भी छात्रा सवाल पढ़ नहीं पाती थीं, सवालों को हल नहीं कर पाया।

एक सप्ताह बाद उन्हीं सवालों में से तीन सवाल फिर से उन्हें अलग-अलग स्वयं करने के लिए दिये गये और सवाल स्वयं बनाने के लिए भी कहा गया। 26 में से 15 छात्राओं ने सवाल सही किये तथा एक-एक सवाल बनाया। 11 छात्राओं ने सवाल को समझ लिया पर संक्रिया सही नहीं कर सकीं। यानी समूह में कार्य करने पर उन्हें सवाल समझने में मदद मिली थी पर स्वयं संक्रिया करने में वे पूरी तरह सक्षम नहीं हुईं थीं।

निष्कर्ष

इबारती सवालों पर किये इस अध्ययन से यह स्पष्ट होता है कि कक्षा सातवीं पास कर लेने के बाद भी विद्यार्थियों के लिए सवाल की भाषा को पढ़कर समझना मुख्य समस्या है। सवाल हल करना तभी सम्भव है जब विद्यार्थी पढ़कर सवाल समझ सकें। समझाये जाने पर या मौखिक पूछे जाने पर वे सवाल समझ जाते हैं, परन्तु लिखा हुआ पढ़ना व समझना कि क्या पूछा जा रहा है, यह उनके लिए बाधा बन जाती है। इससे भी अधिक कठिन कार्य गणित की भाषा, जिसमें संकेतों का उपयोग भी हो, को समझना है, क्योंकि इस तरह के सवाल व गणितीय भाषा स्वयं पढ़ने का प्रयास करने के पर्याप्त अवसर बच्चों को नहीं मिलते हैं। दूसरी समस्या गणितीय भाषा को समझकर वास्तविक जीवन से जोड़कर संक्रिया करते हुए सही हल पता करने की है, जिसे केवल 50 प्रतिशत छात्राएँ ही कर पाईं। तीसरी समस्या संख्याओं के स्वरूप की है। यानी धनात्मक पूर्णांक में संख्या को देखकर वे कुछ अन्दाज़ा लगा पाते हैं परन्तु दशमलव एवं भिन्नात्मक संख्या को देखकर वे समझते हुए भी संक्रिया सही नहीं कर पाते। इससे मुझे यह समझ आया कि गणित की भाषा विद्यार्थियों को

धीरे-धीरे ही समझ आती है और इसके लिए उन्हें बहुत अधिक अभ्यास की ज़रूरत होती है। ऐसे अभ्यास जिनमें उन्हें स्वयं अकेले में और समूह में पढ़कर समझने के प्रयास के मौक़े मिलें। शिक्षक उन सवालों और उनके हल को उन्हें सिर्फ़ समझा न दें। साथ ही उन्हें शिक्षक के साथ सवाल बनाने के भी मौक़े मिलने चाहिए ताकि उन्हें गणितीय भाषा को समझने में और अधिक मदद मिल सके।

निहितार्थ

बच्चों के साथ इस शोधनुमा कार्य के अनुभव से मैं निम्न सुझाव प्रस्तावित करना चाहूँगी :

- सवालों की गणितीय भाषा को उच्च प्राथमिक कक्षाओं तक सरल किया जाये जिससे बच्चों की सवाल समझने की कठिनाई को कम किया जा सके। बच्चे किस तरह की भाषा से जूझ सकते हैं, यह उनके द्वारा बताए सवालों में देखा जा सकता है।
- बच्चों को सवाल बनाने के मौक़े बार-बार दिये जायें जिससे उनका सवाल से डर कम हो जाये।
- कक्षा 1 व 2 से ही शिक्षक के साथ मौखिक सवाल हल करने के अभ्यास दिये जायें।
- इबारती सवालों की शुरुआत ऐसी संख्याओं से होनी चाहिए जिनमें धनात्मक पूर्णांक हों। सवाल पढ़ने की क्षमता बनने के बाद भिन्नात्मक और दशमलव भिन्नात्मक संख्यायें दी जायें।

परिशिष्ट I

विद्यार्थियों द्वारा बनाये गये सवाल :

1. एक खिलौना (कार) 750 रुपये की है तो 10 कार कुल कितने रुपये की होंगी?
2. विनोद दूध बेचकर एक दिन के 3110 रुपये कमाता है तो बताइए कि विनोद एक महीने में कुल कितने रुपये कमाएगा?
3. अनिता मार्केट से 15 किताबें लाई और एक किताब की कीमत 12 रुपये है। बताइए अनिता ने कितने रुपये की किताबें खरीदीं?

4. कारीगर ने अगर 10 दिन में 100 जालियाँ लगाई हैं तो बताइए कि उसने 20 दिन में कितनी जालियाँ लगाई होंगी?
5. एक कैरेट में 350 केले हैं तो दो कैरेट में कुल कितने केले होंगे?
6. एक आदमी मेले में से 250 रुपये की गुड़िया खरीदता है और 450 रुपये की एक कार तथा 500 रुपये का गुड्डा खरीदता है तो बताइए कुल कितने रुपये हुए?
7. मुकेश के पास 40 रुपये हैं और सुरेश के पास 40 हैं। मुकेश ने 15 खर्च कर लिए। सुरेश ने 27 रुपये खर्च कर लिए। बताइए दोनों में से किसने अधिक रुपये खर्च किये और खर्च के बाद किसके पास अधिक रुपये बचे?

5
गणित की कक्षा में गणित की खोज

रुचि गर्ग

बच्चों को गणित मुश्किल क्यों लगता है, अपनी प्रकृति के नाते या कक्षा में पढ़ा रहे शिक्षक-शिक्षिका की गणित व उसके सीखने-सिखाने की समझ के नाते? दिल्ली के स्कूल के अवलोकन व शिक्षिका से चर्चा के विश्लेषण के सहारे यह पर्चा इन सवालों के हल खोजने की कोशिश करता है। पर्चा बताता है कि पढ़ाने वाले का नज़रिया गणित की कक्षा में विद्यार्थियों की भागीदारी की प्रकृति, मात्रा, आत्मविश्वास, दृष्टि और अवधारणा आदि सभी तत्वों को प्रभावित करता है। इसे जटिल समस्या मानते हुए पर्चा इन पहलुओं पर प्रशिक्षणों में काम करने की ज़रूरत को भी रेखांकित करता है।

पृष्ठभूमि

गणित एक विषय के रूप में काफ़ी जटिल समझा जाता है और इसका कारण अक्सर बाक़ी विषयों से गणित की अलग प्रकृति को बताया जाता है। इसके उदाहरण के तौर पर अमूर्त संकल्पनाओं, क्रमबद्ध तरीक़ों से पढ़ाई जाने वाली विभिन्न अवधारणाओं और इसमें प्रयोग होने वाले एल्गोरिदम्स आदि की बात की जाती है। लेकिन मेरी उत्सुकता यह समझने में है कि जब हम गणित को कक्षा में सीखते-सिखाते हैं, क्या तब गणित केवल अपनी प्रकृति की वजह से ही जटिल बना रहता है या ऐसे कुछ और भी कारक हैं जो गणित की कक्षा को आकार देते हैं? यदि हाँ, तो वे क्या हैं? जैसे कक्षा में उपस्थित शिक्षक/शिक्षिका के गणित के प्रति नज़रिये से गणित की कक्षा कैसे प्रभावित होती है? या कक्षा में बच्चों को बोलने और जवाब देने की स्वायत्तता की मात्रा से गणित शिक्षण प्रभावित होता है क्या? क्या एक प्रश्न को एक तरीक़े से

हल करने से जो जवाब मिलता है, वही गणित है या उसमें एक से ज़्यादा तरीक़ों, एक से अधिक उत्तरों के लिए भी स्थान है? ऐसे न जाने कितने ही सवाल हो सकते हैं जिनके जवाब ढूँढ़ने से शायद पता लगे कि आख़िर गणित की किसी कक्षा में ऐसी कौन-सी चीज़ें हैं जो सीखने-सिखाने की प्रक्रिया को तय करती हैं। और ये शायद हर कक्षा के लिए एकदम अलग भी हों। परम्परागत कक्षा-शिक्षण, कक्षा के भीतर स्तरों में अत्याधिक विभिन्नता, औसतन 30 बच्चों से अधिक कक्षा-अनुपात, एकल शिक्षिका/शिक्षक कक्षा एवं निम्न गुणवत्ता की मूलभूत सुविधाएँ आदि, भारतीय कक्षाओं की कुछ विशेषताओं के रूप में देखी जा सकती हैं। इन कक्षाओं में किसी भी शिक्षिका/शिक्षक के लिए विषय की प्रकृति को ध्यान में रखकर पाठयोजना का निर्माण करना ख़ासा मुश्किल प्रतीत होता है। ऐसी कक्षाओं में गणित की प्रक्रियाओं को समझाना और उन्हें साथ-साथ रुचिकर बनाना काफ़ी चुनौतीपूर्ण भी साबित होता है।

गणित शिक्षण का पाठ्यक्रम

गणित शिक्षण के पाठ्यक्रम में गणित की समझ के बारे में हम दो प्रकार से सोच सकते हैं। पहले गणित का अर्थ कक्षा की उन प्रक्रियाओं से है जो गणितीय प्रत्ययों, जैसे मूल संक्रियाओं (जमा, घटा, गुणा व भाग), भिन्न, ज्यामिति आदि पर केन्द्रित होती हैं या यूँ कहें कि जिन कक्षाओं का आधार गणितीय प्रत्यय हैं। दूसरे गणित का अर्थ इन्हीं प्रत्ययों पर आधारित प्रक्रियाओं को गहराई से टटोल कर उनमें से गणित के लिए प्रासंगिक पहलुओं जैसे *अनुमान लगाना, सिद्ध करना व तर्क करना* आदि को ढूँढ़ने में है। प्रस्तुत पर्चे में हम गणित की एक कक्षा के कुछ अनुभवों के द्वारा यह जानने का प्रयास करेंगे कि गणित की एक कक्षा में जो भी अन्त:क्रियाएँ चल रही हैं, उनसे असल में किस तरह का गणित उभर रहा है और किन वजहों से ऐसा हो रहा है।

शोध पद्धति

पर्चे में प्रस्तुत अनुभव मेरे एमफिल के तहत किये गये शोध का आधा हिस्सा हैं। यह अध्ययन में शामिल एक कक्षा पर आधारित हैं। यह दिल्ली नगर निगम स्कूल की तीसरी कक्षा थी। अध्ययन के अन्तर्गत मैंने शिक्षिका के गणित व उसके शिक्षण के प्रति नज़रिये, शिक्षिका व बच्चों के बीच और साथ ही बच्चों के बीच अन्तर्सम्बन्ध, बच्चों व शिक्षिका की कक्षा में भूमिका, गणितीय कक्षा की संस्कृति व कक्षा में किये जाने वाले गणितीय लिखित कार्यों को समझने का प्रयास किया था। प्रस्तुत पर्चे में मेरी चर्चा का केन्द्र इन बिन्दुओं के इर्द-गिर्द ही होगा। एमसीडी स्कूल की तीसरी कक्षा का चुनाव शिक्षिका की स्वेच्छा के आधार पर किया गया है।

कक्षा की शिक्षिका सहित कक्षा के सभी बच्चे इस अध्ययन का भाग बने। चूँकि यह एक गुणात्मक अध्ययन है इसलिए केवल एक ही कक्षा को गणितीय प्रक्रियाएँ समझने के लिए चुना गया। आँकड़े एकत्र करने के लिए अवलोकन को मुख्य स्रोत के रूप में चुना गया और सभी कक्षाओं का शिक्षिका की अनुमति से ऑडियो रिकॉर्ड किया गया। आँकड़े के लिए गणित की कक्षा का लगातार 10 दिन तक अवलोकन किया गया। सम्भवत: ऑडियो रिकॉर्डर के प्रयोग के पहले दिन ऐसा लगा कि शिक्षिका कक्षा की रिकार्डिंग के कारण सर्तक हैं परन्तु दूसरे ही दिन शिक्षिका के व्यवहार में सहजता को देखा जा सकता था। अवलोकन के साथ ही शिक्षिका का साक्षात्कार लिया गया जिसमें उनके गणित व गणित शिक्षण के प्रति नज़रिये को और कक्षा की प्रक्रियाओं से सम्बन्धित जानकारी एकत्रित की गयी। प्राप्त किये गये आँकड़े का विश्लेषण करने के लिए सभी रिकॉर्डिंग्स को फील्ड नोट्स की मदद से लिखित रूप में परिवर्तित किया गया। फिर प्राप्त आँकड़े को बार-बार पढ़ा गया और अध्ययन में प्रयोग किये गये सैद्धान्तिक ढाँचे की मदद से विभिन्न थीम्स निर्मित की गयीं। इन्हीं थीम्स का उपयोग करके अध्ययन पर चर्चा की गयी है। बच्चों के कार्य को बेहतर समझने के लिए कुछ बच्चों का साक्षात्कार भी किया गया। प्रस्तुत पर्चे के अन्तर्गत मुख्य रूप से गणितीय क्रियाओं व अन्तर्सम्बन्धों पर ध्यान आकर्षित किया जायेगा जो किसी गणितीय अवधारणा के इर्द-गिर्द बुनी गयी हैं।

कक्षा में गणित शिक्षण

गणित की जिस कक्षा की चर्चा इस पर्चे में की जा रही है, उस कक्षा में कुल 30 बच्चे थे जो निम्न सामाजिक आर्थिक परिवारों से थे। कक्षा में बच्चों के बेंच पर लाइनों में बैठने की व्यवस्था थी। कक्षा सामान्यत: पिछली कक्षा में पढ़ी गयी संक्रिया को दोहराने से शुरू की जाती थी। अवलोकन के दौरान यह देखा गया कि शिक्षिका संक्रिया को पढ़ाने के लिए सबसे पहले उसे ब्लैकबोर्ड पर लिखतीं और फिर उसको करने का तरीक़ा समझातीं। चूँकि कक्षा अवलोकन के समय मुख्य रूप से गुणा की संक्रिया चल रही थी तो शिक्षिका बोर्ड पर दो अंकीय गुणा अथवा तीन अंकीय गुणा आदि शीर्षक के रूप में लिखतीं और फिर उससे सम्बन्धित वर्टिकल (ऊर्ध्व) विधि बच्चों को समझातीं। यह विधि मूल संक्रिया करने की वह कलन (अल्गोरिदम) विधि है जिसमें गुणा (अथवा जमा/घटा/भाग) किये जाने वाले दो अंकों को खड़े रूप में लिखा जाता है और चरण-दर-चरण सवाल को हल करके उत्तर पर पहुँचा जाता है। इसके पश्चात समान प्रकार की समस्याएँ बच्चों को व्यक्तिगत रूप से हल करने के

लिए दी जाती थीं। लगभग आधे घण्टे पश्चात शिक्षिका बच्चों को उनकी कॉपी के साथ बुलाती हैं और उन्हें सवालों पर प्रतिक्रियाएँ देती हैं।

गणित पढ़ाने की समझ

अगले हिस्से में हम कक्षा के अवलोकनों और उससे उभरती गणित व उसे सीखने-सिखाने की समझ के बारे में चर्चा करेंगे। यह शिक्षिका नियमित पढ़ाती हैं व हमारे कक्षा अवलोकन के लिए भी आसानी से तैयार हो गयीं। यह पर्चा उनकी कक्षा के अवलोकन व उनसे चर्चा पर आधारित है।

अल्गोरिदम सबसे महत्त्वपूर्ण

शिक्षिका का मत था कि गणित में सबको हल करने का सही तरीक़ा आना सबसे पहला क़दम है। उसके बाद ही वे कोई सवाल हल कर पायेंगे। उनके अनुसार इस तरीक़े का अर्थ जोड़, घटा, गुणा, भाग के मानक अल्गोरिदम (कलन) हैं। उदाहरण के लिए शिक्षिका से साक्षात्कार में गणित पढ़ाने के तरीक़े के सम्बन्ध में पूछा गया तो उन्होंने कहा कि- *"पहले तो इन्हें नया कॉन्सेप्ट सिखाया जाता है कि प्लस (जमा) करने का यह तरीक़ा है और आपको यह आना चाहिए, माइनस (घटाना) ऐसे होता है। जब वो उसको करना सीख जायें तो वो उसको आराम से यूज (प्रयोग) कर लेंगे। अगर मैंने उनको प्लस (जमा) ही नहीं सिखाया और पहले ही कॉन्सेप्ट देना शुरू कर दिया, तो ये कभी समझेंगे ही नहीं कि ये क्या चीज़ है। अब मैं इन को प्लस (जमा) ही ना सिखाऊँ और ये कहना शुरू कर दूँ कि बेटा तुम मार्केट गये बताओ तुम क्या करोगे... उनको मालूम ही नहीं है कि उसको जमा कहते हैं। पहले उनको इसको करने का तरीक़ा बताया जाये फिर उसको वो यूज (उपयोग) करना सीखें।"*

कक्षा शिक्षण के दौरान जब बच्चे इबारती सवालों से सम्बन्धित सवालों में यह नहीं बता सके कि वहाँ घटा होगा या जमा, तो शिक्षिका ने कहा, *"सारी क्लास बेकार है। अब ऐसा करेंगे, मैं ये तुम्हें बिलकुल नहीं कराऊँगी। कल अपने-अपने घर में जाके मैथ्स की पुरानी कॉपी खोलना और ये देखना कि हमने कितने-कितने पेजों में ये सवाल किये हैं। पूरी कॉपी भरी हुई है फिर भी तुम्हारा ये हाल है। तो मैं तुम्हें रटवा तो सकती नहीं हूँ तो तुम घर जाके मैथ्स की प्रैक्टिस करोगे और कल मुझे आकर तुम्हारी ये सारी चीज़ें क्लियर मिलनी चाहिए कि किसमें हम जमा करेंगे और किसमें घटा करेंगे।"*

इन कथनों से ऐसा लगता है मानो शिक्षिका के लिए बच्चों को सवाल हल करने का व गणनात्मक प्रक्रिया का तरीक़ा लिखा देना, उनके लिए बाक़ी सवालों को स्वयं हल कर पाने के लिए पर्याप्त है।

विश्लेषण

उपरोक्त अनुभवों पर अगर दृष्टि डाली जाये तो हम पाते हैं कि भले ही ये अनुभव केवल एक कक्षा व एक शिक्षक की बातचीत से लिए गये हैं परन्तु ये हमें कक्षा में चल रहे गणित शिक्षण व अधिगम सम्बन्धी सोच के बारे में काफ़ी कुछ बताते हैं। जैसा हमने कहा, यह कक्षा शिक्षिका स्वयं के शिक्षण, विशिष्ट रूप से गणित शिक्षण, को लेकर काफ़ी आत्मविश्वासी हैं और इसलिए वह अपनी कक्षा के अवलोकन के लिए भी तैयार हो गयीं। जैसी कि पहले भी चर्चा की गयी, यह शिक्षिका काफ़ी मेहनत से बच्चों को गणित पढ़ाती हैं व उनकी गणित सम्बन्धी त्रुटियाँ नियमित रूप से सुधारने का प्रयास करती हैं। हालाँकि इस प्रयास की दिशा और इसके मुख्य पहलू की दिशा पर कई तरह के सवाल हैं। जब मैं उपरोक्त अनुभवों को आपस में जोड़कर समझने का प्रयास करती हूँ तो मुझे कई परिणाम मिलते हैं जो शिक्षण की समझ व दिशा को उजागर करते हैं। पहली बात यह कि शिक्षिका बार-बार एक ही प्रकार से सवाल हल करने का प्रयास करती हैं और इसी तरीक़े को गणित का तरीक़ा मानती हैं। वे सवाल को एक तरीक़े से हल करने पर ज़ोर देती हैं। दूसरा, शिक्षिका के अनुसार गणित में सबसे पहले अल्गोरिदम के सवाल को वर्टिकल विधि के माध्यम से हल करना आना चाहिए और उसके पश्चात ही बच्चों को इबारती सवाल में उनका प्रयोग कैसे करना है, यह बताना चाहिए। दोनों ही जवाबों में गणित की प्रकृति व उसके शिक्षण के प्रति शिक्षिका के नज़रिये की झलक दिखाई देती है। शिक्षिका जिस तरीक़े से गणित पढ़ाने की बात करती हैं, हम सबने कहीं-न-कहीं उस तरीक़े से ही गणित सीखा है परन्तु ध्यान देने योग्य सवाल यह है कि क्या इस तरह गणितीय सोच का निर्माण किया जा सकता है? क्या यह गणित बच्चों के लिए पर्याप्त है, क्या बच्चे इस तरह गणित सीखकर गणित करने में खुद के अन्दर आत्मविश्वास महसूस करेंगे, क्या वे गणित के सही स्वरूप को पहचान पायेंगे, क्या वे अपने दैनिक जीवन में मूल संक्रियाओं का बेझिझक प्रयोग कर सकेंगे और क्या इस तरह से वे गणित को समझने व स्वयं सवालों का हल ढूँढ़ने के लिए तैयार हो पायेंगे?

यदि शिक्षिका द्वारा गणित शिक्षण में प्रयोग किये गये वाक्यों को और गहराई से देखा जाये तो हम पाते हैं कि परिच्छेद में शिक्षिका का फोकस

वर्टिकल विधि का अभ्यास करवाने से है। वह उसी विधि से सवाल करवा-करवा कर कॉपी भरवाती हैं और उसी को गणित सीखना बताती हैं। अगर हम समझने की कोशिश करें कि वर्टिकल विधि में क्या होता है, तो उदाहरण के तौर पर यह सवाल देखें :

```
  45          36
 -14   और   + 89
 ----       ----
```

सवाल इस प्रकार से लिखे हैं जहाँ '+' व '-' का चिह्न पहले ही लिखा होता है और यहाँ बच्चे एसोसिएशन (Association) के माध्यम से जमा व जमा के चिह्न (और घटा व घटा के चिन्ह) समझ जाते हैं। वे ऊपर-नीचे वाली संख्याओं के आधार पर भी अनुमान लगा लेते हैं कि दूसरे सवाल में घटाने की अपेक्षा नहीं की जा सकती। वे अन्दाज़े से चिह्न समझ जाते हैं और उसके अनुसार ही वर्टिकल विधि में सवाल हल करते हैं। इसके अलावा चिह्न देखकर तो उनको पता चल ही जाता है कि कौन-सी संक्रिया करनी है। शिक्षिका तो बच्चों से वर्टिकल विधि के अभ्यास के द्वारा यह सीखने पर ज़ोर दे रही हैं कि 'जमा व घटा का प्रयोग कहाँ करना है'। दूसरे शब्दों में, शिक्षिका बच्चों को वर्टिकल विधि के प्रयोग से जमा/घटा करने की प्रक्रिया करके दिखा रही हैं और इसके बदले वे बच्चों से अपेक्षा कर रही हैं कि वे 'जमा' और 'घटा' को कहाँ और कैसे प्रयोग करना है, सीख जायें। इस प्रकार का गणित शिक्षण अधिगम की सम्पूर्ण प्रक्रिया को बहुत प्रभावित करता है। वर्टिकल विधि व ऐसी ही अन्य विधियों को उपयोग करते समय बच्चों को यह मालूम नहीं होता कि जो विधि वे सीख और इस्तेमाल कर रहे हैं, उसका प्रयोग क्या है, वह क्यों काम करती है, और उसका प्रयोग कहाँ-कहाँ और किन संख्याओं के साथ किस क्रम में करना होगा। इस तरह के शिक्षण का एक कारण तो शिक्षिका का गणित के प्रति नज़रिया हो सकता है। दूसरी बात यह लगती है कि शायद शिक्षिका को एकदम सरल दिखने वाली मूल संक्रियाओं की अवधारणाओं को और अधिक गहराई से समझने की ज़रूरत है। इसके अलावा यह भी कहा जा सकता है कि शिक्षिका स्वयं के शिक्षण पर भली-भाँति से रिफ्लेक्ट (चिन्तन) नहीं कर रही हैं जिससे वे स्वयं भी यह नहीं समझ पा रही हैं कि गणित शिक्षण के उद्‌देश्यों को पूरा कैसे करना है? वे बच्चों की सवाल हल न कर पाने की स्थिति को उनके प्रक्रियात्मक ज्ञान की याददाश्त से जोड़ रही हैं और उसमें सन्दर्भ की पढ़ी हुई सामग्री को, और अवधारणात्मक समझ की उपयोगिता को पूर्णतः नकार रही हैं।

बच्चों के साथ अन्तःक्रिया के उदाहरण : अगले भाग में हम बच्चों व शिक्षिका के गणित करने की विधियों व उनके साथ जुड़ी समझ व मान्यताओं पर चर्चा करेंगे। यह चर्चा हम कक्षा के कुछ उदाहरणों के आधार पर करेंगे।

प्रसंग 1

शिक्षिका कक्षा में बच्चों को भली-भाँति गुणा सिखाने के लिए नियमित रूप से पहाड़ों को याद करने व उन्हें कॉपी में उतारकर लिखने पर ज़ोर देती हैं। गुणा की अवधारणा में दो अंकीय संख्याओं के गुणा को समझाते हुए शिक्षिका ने ब्लैकबोर्ड पर नीचे दिया गया सवाल लिखा—

$$\begin{array}{r} 46 \\ \times 15 \\ \hline \end{array}$$

उपरोक्त प्रश्न को एक बच्चे ने निम्न प्रकार हल किया और शिक्षिका को दिखाया।

$$\begin{array}{r} 46 \\ \times 15 \\ \hline 690 \\ \hline \end{array}$$

शिक्षिका ने उसके हल को एक नज़र देखा (जिसमें उनका ध्यान शायद सवाल के ढाँचे पर केन्द्रित था) और पूरी कक्षा को सम्बोधित करते हुए कहा कि इस तरह के सवाल को हल करने का तरीक़ा मैं आपको बताऊँगी। तत्पश्चात शिक्षिका ने सवाल के वर्टिकल तरीक़े के एक-एक चरण को समझाते हुए वही सवाल निम्न प्रकार हल किया—

$$\begin{array}{r} 46 \\ \times 15 \\ \hline 230 \\ 46x \\ 460 \\ \hline 690 \\ \hline \end{array}$$

फिर शिक्षिका ने बच्चों से कहा कि दो अंकों का गुणा इसी प्रकार होगा और सभी बच्चे इसी तरीक़े का प्रयोग करके ही सवाल बनायेंगे।

प्रसंग 2

एक दिन शिक्षिका गुणा की संक्रिया पर आधारित इबारती सवाल बच्चों को समझा रही थीं। निम्न समस्या को बोर्ड पर लिखा गया और बच्चों से पूछा गया—

"यदि एक अलमारी में 20 कुर्ते हैं, तो ऐसी 15 अलमारियों में कितने कुर्ते होंगे?"

कक्षा के सभी बच्चे अपने हिसाब से (कोई अँगुली पर गिनकर, कोई कॉपी पर लिखकर, कोई मौखिक रूप से) समस्या को हल करने लगे और फिर एक बच्चे ने कहा-

"मैम, 300 कुर्ते होंगे।"

शिक्षिका : "कैसे किया?" (जो अपने आप में एक अहम सवाल है।)

बच्चा : "बीस फिर बीस हो गये चालीस, फिर बीस साठ और बीस अस्सी और बीस सौ"

शिक्षिका : "फिर आगे।"

बच्चा : "ऐसे ही सौ, सौ, सौ ...सौ, सौ, दो सौ और सौ, तीन सौ।"

शिक्षिका : "जवाब तो तुम्हारा ठीक है लेकिन तरीक़ा एकदम गलत है।"

फिर शिक्षिका ने सवाल को निम्न तरीक़े से समझाया-

$$\begin{array}{r} 20 \\ \times 15 \\ \hline 100 \\ 20x \\ 200 \\ \hline 300 \\ \hline \end{array}$$

शिक्षिका ने वर्टिकल विधि के प्रत्येक चरण को बच्चों को समझाया परन्तु उस विधि का चुनाव कब और क्यों किया जाये, यह नहीं बताया।

विश्लेषण

यदि कक्षा के पहले उदाहरण को देखा जाये तो हम पाते हैं कि बच्चा जिस विधि का प्रयोग कर रहा है, वह शिक्षिका द्वारा गुणा करने के लिए बताई गयी विधि है। इसे शिक्षिका ने एक अंकीय गुणा करने के लिए बच्चों को समझाया था। इस स्थिति में बच्चे ने उस विधि के प्रयोग से ही दोनों अंकों को गुणा करके 690 उत्तर प्राप्त किया है, फ़र्क़ सिर्फ़ इतना है कि बच्चे ने 15 को एक पूरी संख्या के रूप में प्रयोग किया है। सही उत्तर तक बच्चा पहुँच पाया चूँकि उसने शायद पहाड़े भली-भाँति याद किये थे। इसी कारण शिक्षिका के कहने पर वह 15 के पहाड़े का प्रयोग करने में समर्थ था। यह इंगित करना आवश्यक है कि बच्चों का 15 को एक संख्या रूप में समझना भी सराहनीय है। अक्सर गणित में बच्चों को यह सीखने पर ज़ोर दिया जाता है

कि 15 में जो 1 दहाई के स्थान पर है, वह 1 न होकर 10 को प्रदर्शित करता है। इस प्रकार बच्चे द्वारा प्रयोग की गयी विधि एकदम सटीक साबित होती है। इसके जवाब में यदि शिक्षिका की अनुक्रिया का विश्लेषण किया जाये तो हम पाते हैं कि शिक्षिका द्वारा वर्टिकल विधि द्वारा गुणा करने पर इतना अधिक ज़ोर देने की वज़ह से वह स्वयं बच्चों द्वारा प्रयोग किये गये किसी तरीक़े पर ध्यान नहीं दे पा रही हैं। न ही बच्चों को अपने स्वयं के द्वारा ढूँढ़े गये अथवा चुने गये तरीक़े इस्तेमाल करने के लिए प्रोत्साहित कर रही हैं। छात्राएँ व छात्र, केवल शिक्षिका द्वारा बताए गये तरीक़े को ही दो अंकीय संख्याओं के गुणा पर लागू करते रहते हैं।

दूसरे उदाहरण पर नज़र डाली जाये तो उसमें भी हमें समान प्रकार के परिणाम मिलते हैं। शिक्षिका द्वारा पूछी गयी गुणा की शब्द समस्या का जवाब बच्चे ने मौखिक रूप से बारम्बार जमा विधि का प्रयोग करके दिया। बच्चे ने बड़े ही तर्कपूर्ण रूप से हल करने का अपना तरीक़ा भी बताया। हम अक्सर गणितीय उद्देश्यों में बात करते हैं कि बच्चे इस लायक बन सकें कि वे गणितीय समस्या के हल तक पहुँचने के अपने तरीक़े को दूसरों को बताने में समर्थ हो सकें। इस स्थिति में बच्चा यह कार्य भली-भाँति विश्वास के साथ कर रहा है। इसके जवाब में शिक्षिका केवल बच्चे के जवाब को सही बताती हैं और यह कहकर बच्चे को पूर्णतः हतोत्साहित करती हैं कि उसका सवाल करने का तरीक़ा एकदम ग़लत है।

समझने का प्रयास बनाम बताना— कक्षा में गणित सीखने की प्रक्रिया का स्वरूप ऐसा है जिसमें बच्चों से यही अपेक्षा है कि वह ध्यान से शिक्षिका की बात सुनें व उनके द्वारा कही गयी बात को अपेक्षा अनुसार दोहरा दें। इस पूरी प्रक्रिया में न तो उन्हें यह सोचने की ज़रूरत है कि करना क्या है, कहना क्या है और न ही यह समझने की ज़रूरत है कि क्या कहा जा रहा है।

प्रसंग 3

शिक्षिका बच्चों को गुणा के अन्तर्गत जीरो से गुणा करने का तरीक़ा बताने के लिए बोर्ड पर एक संख्या लिखती है और खड़े रूप में जीरो से गुणा करने के लिए निम्न प्रकार समझाती हैं—

शिक्षिका : "यहाँ अब आठ को जीरो से गुणा करोगे तो क्या आयेगा।"
बच्चे (एक साथ) : "जीरो।"
शिक्षिका : "जीरो को हम चार से गुणा करेंगे तो।"
बच्चे (एक साथ) : "जीरो।"
शिक्षिका : "इस सवाल का उत्तर क्या है?"

बच्चे (एक साथ) : "जीरो।"

शिक्षिका : "जीरो ...मैंने क्यों कराया है ये? मैंने इसलिए कराया है कि कितना ही बड़ा नम्बर हो, कितना ही बड़ा क्यों न हो, उसको भी जब आप जीरो से गुणा करोगे तो उसका भी?"

बच्चे (एक साथ) : "जीरो।"

शिक्षिका : "अब ये नम्बर जैसे हैं 11566 (शिक्षिका यह संख्या बोर्ड पर लिखती हैं) तो इसको जब आप गुणा करोगे जीरो से तो?"

बच्चे (एक साथ) : "जीरो।"

शिक्षिका : "जीरो ही आयेगा... एक जीरो जब किसी भी नम्बर से गुणा होता है तो वो बड़े-से-बड़े नम्बर को भी जीरो कर देता है ...समझ गये?"

बच्चे (एक साथ) : "यस मैम।"

प्रसंग 4

कक्षा में गुणा सम्बन्धी इबारती सवालों पर चर्चा चल रही थी। शिक्षिका ने एक इबारती सवाल बोर्ड पर लिखा, जो इस प्रकार था : 'एक पैकेट में 14 शीट्स हैं तो ऐसे 7 पैकेट्स में कुल कितनी शीट्स होंगी?' तत्पश्चात शिक्षिका ने समस्या को हल करने के लिए उसको खड़े रूप में बोर्ड पर निम्न प्रकार से लिखा और चर्चा शुरू की -

$$\begin{array}{r} 14 \\ \underline{\times 7} \end{array}$$

शिक्षिका : "7 से गुणा करोगे कि एक पैकेट में इतनी हैं और इतने पैकेट में हैं, उनको गुणा कर दो। सारी शीट्स अपने आप निकलकर आ जायेंगी ...आया समझ ...तो जब भी आपको एक के बारे में पता है कि ये एक है तो आप ज़्यादा के बारे में क्या करोगे?"

बच्चे (एक साथ) : "गुणा।"

शिक्षिका : "वो कहता है कि मैं तुम्हें एक पैकेट में 14 शीट्स दे रहा हूँ और 7 पैकेट्स की शीट्स निकालो आप... तो 7 पैकेट्स की शीट्स निकालने के लिए क्या करोगे?"

बच्चे (एक साथ) : "गुणा।"

शिक्षिका : "हमारे पास एक पैकेट की शीट्स पता हैं न हमें?"

बच्चे (एक साथ) : "यस मैम"

शिक्षिका : "वैसे ही हमारे पास 7 पैकेट्स हैं तो उनमें कितनी शीट्स होंगी? क्या करना चाहिए?"

बच्चे (एक साथ) : "गुणा।"

शिक्षिका : "गुणा करना चाहिए ये बात आप अपने दिमाग में बैठा लो... एक पैकेट का दिया है, सात के बारे में पूछ रहा है न, तो एक के बारे में बताकर वो ज़्यादा के बारे में पूछ रहा है तो चीज़ें क्या होंगी?"

बच्चे (एक साथ) : "गुणा।"

शिक्षिका : "गुणा तो होगा पर क्या हो जायेगा? कम या ज़्यादा?"

बच्चे (एक साथ) : "ज़्यादा।"

शिक्षिका : "ज़्यादा ...अरे एक पैकेट का बताया है उसने और वो 7 पैकेट के बारे में पूछ रहा है तो हमारी चीज़ें क्या होती जायेंगी?"

बच्चे (एक साथ) : "ज़्यादा।"

शिक्षिका : "एक पैकेट में कम हैं, सात पैकेट में?"

बच्चे (एक साथ) : "ज़्यादा।"

शिक्षिका : "ज़्यादा है तो इसके लिए हमें क्या करना होगा?"

बच्चे (एक साथ) : "गुणा।"

अनुभवों के आधार पर यह कहा जा सकता है कि शिक्षिका बच्चों को हालाँकि काफ़ी विस्तार से गुणा की संक्रिया से परिचित करा रही हैं, परन्तु यदि हम मोटे तौर पर ही इस वार्तालाप पर दृष्टि डालें तो पाते हैं कि शिक्षिका द्वारा दिया गया लगभग सारा ज्ञान, बच्चों को एक मशीन मान कर दिया जाता हुआ प्रतीत हो रहा है। शिक्षिका बार-बार यही बता रही हैं कि उन्हें इबारती सवाल की किस पंक्ति और शब्द पर ध्यान लगाना है और यह निर्धारित करना है कि वहाँ गुणा की संक्रिया का प्रयोग होगा या नहीं। इसके अलावा शिक्षिका द्वारा पूछे गये प्रश्न बच्चों को जरा भी सोचने के लिए प्रेरित नहीं करते बल्कि यान्त्रिक दोहराव के लिए प्रेरित करते हैं। जैसे शिक्षिका की शब्दावली में शामिल है—'आप क्या करोगे', 'क्या करना पड़ेगा इसके लिए' या 'सात पैकेट में कितनी शीट्स होंगी', 'क्या करना चाहिए?', इन

सभी प्रश्नों के केन्द्र में सिर्फ़ और सिर्फ़ एक शब्द में सही संक्रिया जैसे गुणा या जमा की अनुक्रिया प्राप्त करना है।

पूरे शिक्षण के दौरान बच्चों से यह नहीं पूछा जा रहा कि 'उनको जवाब कैसे मिला', 'कैसे निकालोगे' या 'कितनी शीट्स होंगी?' ये वे प्रश्न हैं जो बच्चों को सोचने के लिए प्रेरित करते हैं और उन्हें स्वयं के तरीक़े खोजने में मदद करते हैं। इस तरीक़े से सिखाने की एक अन्य समस्या यह भी हो सकती है कि जब शिक्षिका बच्चों से पूछती हैं कि गुणा करने पर चीज़ें कम होंगी या ज़्यादा, तो चूँकि शब्द 'कम' व 'ज़्यादा' जमा व घटा की संक्रियाओं के लिए भी प्रयोग होते हैं तो ये शब्द बच्चों में संक्रियाओं को लेकर उलझन भी पैदा कर सकते हैं। इसके अलावा भिन्नात्मक एवं संख्याओं के सन्दर्भ में भी इससे बड़ी समस्या पैदा होती है। ऋणात्मक संख्याओं के सन्दर्भ में तो चीज़ों का प्रश्न ही बेमानी हो जाता है।

बच्चों के जवाबों पर ग़ौर किया जाये तो यह देखा जा सकता है कि बच्चे सिर्फ़ एक शब्द के जवाब तक ही सिमटकर रह गये हैं। वह शब्द भी उन्होंने सोचा नहीं है। यह वही शब्द है जो शिक्षिका उन्हें बता रही हैं। हम दिये गये उदाहरणों को और अधिक गहराई से देखें तो पाते हैं कि शिक्षिका के प्रश्नों का जवाब पूरी कक्षा के बच्चे एक साथ मिलकर एक सुर में दे रहे हैं और कई बार बिना सोचे-समझे वे उसी लय में सही अथवा ग़लत जवाब दे रहे हैं। जैसे पिछली तीन बार अगर बच्चों ने केवल 'गुणा' ही बोला है तो वे शिक्षिका द्वारा कम या ज़्यादा पूछने पर भी गुणा ही कह रहे हैं। इसके आधार पर यह कहा जा सकता है कि बच्चे ध्यानपूर्वक सवालों को सोचकर प्रतिक्रिया नहीं दे रहे हैं बल्कि शिक्षिका के प्रश्नों पर केवल अन्दाज़े से जवाब दे रहे हैं। यह भी स्पष्ट है कि जब गणितीय सवालों पर पूरी कक्षा एक साथ जवाब देती है तो यह बिल्कुल पता नहीं लगाया जा सकता कि कितने बच्चों ने संक्रिया को समझा है और सवाल पर सोचकर या बिना सोचे जवाब दिया है। शिक्षिका का उस सामूहिक जवाब से बच्चों की गुणा की संक्रिया की समझ के बारे में सन्तुष्ट हो जाना भी एक सवाल खड़ा करता है।

तीसरी समस्या है इस समझ में यह है कि जब भी दो संख्याओं को गुणा किया जाता है तो गुणनफल पहले से बड़ा होता है। ज़ाहिर है कि यह समझ सही नहीं है। सामूहिक उत्तर व सरल ढंग से बताना अक्सर इस तरह के भ्रम पैदा करने एवं पनपाने का काम करते हैं।

निष्कर्ष

इस पर्चे का उद्देश्य किसी भी रूप में शिक्षिका की कार्यनिष्ठा पर सन्देह करना नहीं है क्योंकि सम्पूर्ण अध्ययन कार्य में इसका प्रमाण मिलता है कि शिक्षिका पूरे प्रयत्न से बच्चों को गणित समझाने का प्रयास करती हैं। देखा जाये तो साझा किये गये अनुभव एक ही कक्षा से लिए गये थे परन्तु जिस प्रकार की अन्त:क्रिया वहाँ देखी गयी, वह भारत की अधिकांश कक्षाओं में देखी जा सकती है। इसलिए यहाँ यह समझना और भी महत्त्वपूर्ण हो जाता है कि आख़िर गणित की ऐसी कक्षाओं को कौन-से कारक आकार दे रहे थे? इनमें सबसे अहम भूमिका थी, गणित विषय और उसको सिखाने के तरीक़े के प्रति शिक्षिका के नज़रिये की। कोई शिक्षिका किस प्रकार गणित को देखती है, यह कक्षा की रचना व उसके संचालन में महत्त्वपूर्ण हो जाता है। जैसे यहाँ शिक्षिका के अनुसार गणित के चिन्हों (जैसे जमा, घटा, गुणा के चिन्ह) को समझाना ज़रूरी था और उसके बाद ही उसका प्रयोग यानी सम्बन्धित इबारती सवालों को हल करना था। जिसकी वज़ह से कक्षा की प्रक्रियाएँ अधिकतर अल्गोरिदम आधारित थीं। सवाल यह है कि पूरा फ़ोकस सिर्फ़ वर्टिकल विधि के इर्द-गिर्द ही क्यों है, जबकि इबारती सवालों में सबसे महत्त्वपूर्ण पहलू सवाल समझकर हल के रास्ते सोचना है। कक्षा में चल रही प्रक्रियाएँ इस बात की तरफ इशारा करती हैं कि शिक्षिका की 'गणित क्या है और गणित सीखना क्या है' के बारे में समझ का बच्चों के गणित सीखनें पर गहरा प्रभाव पड़ता है। इसके बाद हम देख सकते हैं कि कक्षा में बच्चों की भूमिका भी गणित सीखने को आकार देती है क्योंकि जब बच्चे सक्रिय भूमिका निभाते हैं, स्वयं अपने हल खोजते हैं और नयी विधियों का निर्माण करते हैं, तभी गणित के व्यापक उद्देश्यों के पूरा होने की सम्भावना बनती है। एक कारक कक्षा में शिक्षिका की यह समझ भी है कि वे कक्षा में बच्चों को चर्चा का कितना स्थान दें। प्रस्तुत स्थिति को चुनौती देने के लिए सबसे पहला क़दम गणित की प्रकृति व उसके शिक्षण के प्रति शिक्षिकाओं के नज़रिये पर काम करके उठाया जा सकता है। साथ ही यह कहना भी ग़लत नहीं होगा कि गणितीय कक्षा की प्रक्रियाएँ कई तत्वों का जटिल मिश्रण हैं और प्रत्येक तत्व पर बारी-बारी काम करके ही उसको बेहतर बनाया जा सकता है।

सन्दर्भ सूची

❖ National Curriculum Framework 2005, National Council of Educational Research and Training, New Delhi.

5

प्रश्नों के प्रकार बनाम कक्षा-कक्ष अधिगम वातावरण

सरिता पाण्डेय

यह पर्चा गणित कक्षा के दौरान पूछे गये प्रश्नों के प्रकार तथा उनसे कक्षा-कक्ष अधिगम वातावरण पर पड़ने वाले प्रभाव का अध्ययन है। इस अध्ययन में कक्षाओं के अवलोकन का विश्लेषण करते हुए यह देखने का प्रयास किया गया है कि कक्षाओं में किस तरह के सवालों पर बातचीत होती है। इस प्रश्न का विश्लेषण भी किया गया है कि सवालों की प्रकृति सूचना आधारित है या वे विद्यार्थी को गणितीयकरण की दिशा में बढ़ा पाते हैं? साथ ही यह अध्ययन शिक्षकों व भावी शोधकर्ताओं के लिए कुछ सुझाव भी पेश करता है।

शोध के अन्तर्गत विभिन्न शिक्षकों की कक्षाओं का अवलोकन कर उनके द्वारा पूछे जाने वाले अलग-अलग प्रकार के प्रश्नों का अनुपात तथा दी गयी प्रतिक्रिया (उत्तर/उत्तर देने का प्रयास) के बीच अन्तर्सम्बन्ध को जानकर, अधिगम वातावरण का विश्लेषण किया गया। यह देखा गया कि प्रत्येक शिक्षक सम्बोध को पढ़ाते समय विभिन्न प्रकार के प्रश्नों का समावेश तो करता है परन्तु अधिकांशतः उसके द्वारा पूछे जाने वाले प्रश्न निम्न स्तर के होते हैं तथा प्रक्रियात्मक प्रश्नों को हल करने में मददगार होते हैं। परन्तु यदि शिक्षक द्वारा शिक्षण में विभिन्न प्रश्नों का समावेश, पर्याप्त समयावधि तथा धैर्य का प्रयोग किया जाये तो अधिगम पर इसका सकारात्मक प्रभाव पड़ता है। शिक्षण के स्व-आकलन हेतु आडियो-रिकार्डेड अंशों का प्रयोग, सेवारत/सेवापूर्व प्रशिक्षण कार्यक्रमों में शिक्षकों के साथ प्रश्न पूछने के तौर-तरीक़ों और अधिगम पर प्रभाव की चर्चा बहुत महत्त्वपूर्ण सिद्ध हो सकती है। यदि शोध से प्राप्त अनुभवों/निष्कर्षों को उक्त प्रशिक्षणों में साझा करते हुए शिक्षकों को सटीक एवं स्तरानुकूल प्रश्नों की सहायता से गणित के महत्त्वपूर्ण पक्ष से परिचित कराया

जा सके तो गणित की प्रभावशाली और सृजनवादी (constructivist) कक्षा की संकल्पना साकार हो सकती है।

प्रश्न पूछने से उत्तर देने तक की प्रक्रिया एक क्रमबद्ध प्रक्रिया है। प्रश्न पूछना व्याख्यान देने के पश्चात सबसे ज़्यादा प्रयुक्त की जाने वाली शिक्षण कला है। शोध बताते हैं कि शिक्षकों द्वारा शिक्षण समय का औसतन 35-50% समय प्रश्न पूछने के रूप में व्यय होता है जो कि कुल शिक्षण समय का महत्त्वपूर्ण अंश है। हालाँकि शोध यह भी बताते हैं कि शिक्षकों द्वारा पूछे गये 93% प्रश्न निम्न स्तर के ज्ञानात्मक प्रश्न होते हैं, जिनका मुख्य झुकाव तथ्यों के प्रत्यास्मरण (recall) पर होता है। डेन्ज़ (Denz, 1986) ऐसे सवालों के कुछ उदाहरण देते हैं।

कई प्राथमिक स्तर के शिक्षकों ने भाषा और इतिहास जैसे विषयों में उच्च स्तर के प्रश्नों की दक्षता तो हासिल कर ली है, परन्तु गणित की कक्षा में वे इस दक्षता को हस्तान्तरित नहीं कर पा रहे हैं। हालाँकि शिक्षक सहज मन से इस बात को स्वीकार करते हैं कि उन्हें अपनी गणित की कक्षा में उच्च स्तर के प्रश्नों (Investigatory Mathematics) का प्रयोग करना चाहिए परन्तु जब वे इसका प्रयोग करते हैं, तो निम्न दो कारणों से उन्हें निराशा का सामना करना पड़ता है :

1. बच्चे इस प्रकार की शिक्षण विधा से अपरिचित होते हैं और इस हेतु ज़रूरी अत्याधिक अभ्यास और निर्णय लेने की क्षमता उन्हें थोड़ी कठिन और बोझिल लगती है।
2. शिक्षकों को भी इस विधा हेतु अत्याधिक अभ्यास और पूर्व तैयारी की आवश्यकता पड़ती है।

प्रश्न निर्माण व कक्षा शिक्षण

प्रश्नों के चयन और कक्षा शिक्षण हेतु प्रश्नों का नियोजन एक जटिल प्रक्रिया है जिसमें शिक्षक को विभिन्न प्रकार के प्रश्नों को बनाने की कला में महारत हासिल करनी पड़ती है। अगर हम ऐसे गणितीय कार्यों की बात करें, जिनमें कई तरह के हल सम्भव हैं तो शिक्षक के प्रश्नों को निम्न प्रकार के समूह में बाँटा जा सकता है (Badham, 1994) :

1. पूर्व में पढ़ाये गये सम्बोध का प्रत्यास्मरण जो आकलन की दृष्टि से भी महत्त्वपूर्ण हो सकता है तथा कक्षा को प्रारम्भ करने का सबसे सरल तथा पसन्दीदा तरीक़ा भी है। अमूमन यह शिक्षण कार्य प्रारम्भ करने से पूर्व

प्रयोग में लाया जाता है। बच्चों को पढ़ाये जा रहे सम्बोध से सम्बन्धित जानकारी (गणित की कक्षा में सूत्र/प्रमेय), जो आगामी सम्बोध में भी प्रयुक्त की जानी हो। यह शिक्षण के दौरान प्रक्रियात्मक प्रश्न के रूप में पूछा जाता है।

2. गृहकार्य के आकलन हेतु पूछे जाने वाले प्रश्न।
3. वर्तमान में पढ़ाये जा रहे सम्बोध तथा पूर्व में उनके द्वारा पढ़े गये सम्बोध के मध्य अन्तर्सम्बन्धों की जाँच हेतु प्रश्न।
4. विद्यार्थियों को और अधिक सोचने के लिए प्रेरित कर स्वयं उत्तर खोजने की प्रवृत्ति के विकास हेतु पूछे जाने वाले प्रश्न।
5. विद्यार्थियों में तार्किक चिन्तन और वैज्ञानिक दृष्टिकोण को बढ़ावा देने हेतु पूछे जाने वाले प्रश्न।

प्रश्न पूछना और उस पर दिये उत्तरों का कक्षा में उपयोग एक चक्रीय प्रक्रिया है। कक्षा में पूछे गये सवालों से एक चक्र प्रक्रिया बन जाती है। शिक्षक प्रश्न पूछते हैं, बच्चों के उत्तर के आधार पर उन्हें फीडबैक देते हैं, फिर उन्हें कुछ पढ़ने को देते हैं, कुछ समझाते हैं या फिर कुछ करवाते हैं और इस प्रकार उनके जवाबों के आधार पर कार्य करने व फीडबैक देने के बाद फिर नये प्रश्न अथवा टास्क कक्षा के सामने रखते हैं।

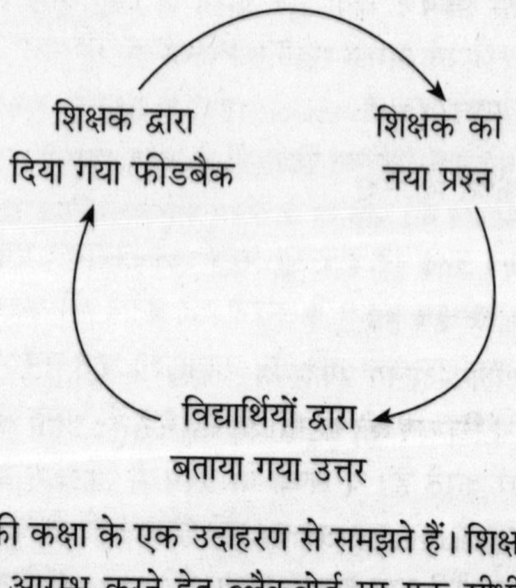

आइए इसे गणित की कक्षा के एक उदाहरण से समझते हैं। शिक्षक द्वारा **'समान्तर रेखा'** प्रकरण को आरम्भ करने हेतु ब्लैकबोर्ड पर एक सीधी रेखा खींची गयी और विद्यार्थियों से पूछा गया, 'यह क्या है?' यह एक शुरुआती प्रश्न है। शिक्षक ने

बोर्ड पर उसी रेखा के सम्मुख, समान दूरी पर एक अन्य रेखा खींची और पूछा, ये कैसी रेखाएँ हैं? बच्चों द्वारा यह बताने पर कि दोनों रेखाएँ एक-दूसरे से समान दूरी पर स्थित रेखाएँ हैं, शिक्षक द्वारा उत्तर को पूरा करते हुए बच्चों को बताया गया कि ऐसी रेखाएँ जो एक-दूसरे से समान दूरी पर स्थित हों, समान्तर रेखाएँ कहलाती हैं। अतः फीडबैक से शिक्षक द्वारा बच्चों से प्राप्त उत्तर को परिभाषा का रूप प्रदान किया गया। इसी प्रकार प्रश्न एवं उसके अनुरूप फीडबैक की चक्रीय प्रक्रिया निरन्तर चलती रहती है और कक्षा-कक्ष में पढ़ाई जा रही अवधारणा को स्पष्ट करने में मददगार होती है।

अतः उपरोक्त चक्रीय प्रक्रिया के क्रियान्वयन हेतु बच्चे के मस्तिष्क द्वारा कुछ नियत चरणों में पूछे गये मौखिक प्रश्नों के उत्तर को जानने/खोजने का प्रयास किया जाता है, जो कि निम्नवत हैं–

1. प्रश्न को ध्यान से सुनना।
2. प्रश्न के अवयवों को अलग-अलग कर अर्थ निकालना।
3. दिमाग़ में उत्तर सोचना।
4. प्रतिक्रिया के रूप में उत्तर देना (बोलना, बताना)।
5. उत्तर में सुधार या बदलाव करना (शिक्षक के फीडबैक देने पर)।

प्रश्नों के प्रकार

1. **शुरुआती प्रश्न :** चर्चा शुरू करने के लिए कुछ सवाल जो बच्चों को सोचने व अपनी समझ रखने को प्रेरित करें।

   ये खुले प्रश्न (Open ended) होते हैं जिनका मुख्य फोकस बच्चों के चिन्तन को एक निश्चित दिशा में ले जाना होता है। यह अवधारणाओं के बारे में सोचने की प्रक्रिया के लिए शुरुआती बिन्दु प्रदान करता है।

   उदाहरण : आप इसे कैसे क्रमबद्ध/वर्गीकृत (Sort) कर पाये :

- ❖ क्या होता है जब हम... ?
- ❖ कितने अलग-अलग प्रकार के... देखे जा सकते हैं?

2. **गणितीय चिन्तन को उद्दीपित करने हेतु :** इसमें बच्चे पैर्टन या सम्बन्धों की जाँच करते हैं। ये बच्चों के प्रश्न में अटकने की स्थिति में उनको सहायता (assistance) प्रदान करते हैं। उदाहरण :

- ❖ क्या समान है? क्या अलग-अलग है? क्या कोई पैर्टन दिखा? यह पैटर्न आपको किस प्रकार से उत्तर प्राप्त करने में मदद कर सकता है?

3. **आकलन प्रश्न :** ऐसे प्रश्न शिक्षक को यह जानने में मदद करते हैं कि बच्चे किस तरह सोच रहे हैं, कितना समझ पाये और कुछ निष्कर्ष/उत्तर ढूँढ़ पाये या नहीं। उदाहरण :

- ❖ आपने क्या खोजा? आपने इसे कैसे प्राप्त किया? आपने कैसे निश्चय किया कि यह उत्तर ऐसे ही निकल सकता है?

4. **अन्तिम चर्चा प्रश्न :** ये प्रश्न अन्त में कक्षा के द्वारा किये गये प्रयासों को एक साथ रखकर देखते हैं तथा आपस में बच्चों द्वारा प्रयोग की गयी विधियों या तरीक़ों पर तुलना/साझा (share) करने के लिए प्रयोग में लिए जाते हैं। उदाहरण :

- ❖ क्या हमने सभी सम्भावनाओं पर बात कर ली है/सम्भावित हल निकाल लिए हैं?
- ❖ क्या आप सोचते हैं कि इसके अलावा कोई और तरीक़ा भी हो सकता है हल निकालने का?
- ❖ क्या आपको लगता है हमने सबसे सही तरीक़ा/हल ढूँढ़ लिया है?

उपरोक्त वर्णित प्रश्नों का क्रम गणित की एक कक्षा का परिदृश्य है जहाँ हर बच्चा महत्त्वपूर्ण है। शिक्षक द्वारा खोजबीन युक्त प्रश्नों की सहायता से गणित की कक्षा को गतिशीलता प्रदान की जा सकती है। कक्षा-कक्ष में कुछ ही विद्यार्थी छाए रहें और दूसरे अपने को अलग-थलग समझें, ऐसी स्थिति पैदा नहीं होनी चाहिए। लोकतान्त्रिक व्यवस्था के अनुरूप हर बच्चा अपने को महत्त्वपूर्ण समझे तथा प्रश्न का उत्तर देने में संकोच न करे। उनकी हर प्रतिक्रिया को शिक्षक द्वारा महत्त्व दिया जाये।

इसी सोच के साथ यह शोध अध्ययन किया गया जिसमें शिक्षकों द्वारा पूछे गये प्रश्न और बच्चों द्वारा दिये गये उत्तरों के विश्लेषण के आधार पर गणित की कक्षा को जानने का प्रयास किया गया। इसका मुख्य उद्देश्य शिक्षक के प्रश्न पूछने के तौर-तरीक़े और बच्चों के अधिगम पर पड़ने वाले प्रभाव को देखना है।

अध्ययन का स्वरूप

मैंने डीएलएड प्रशिक्षुओं के कक्षा-शिक्षण अभ्यास के सुपरविजन के दौरान यह महसूस किया कि जिन प्रशिक्षुओं द्वारा प्रश्नों की सहायता से शिक्षण किया जाता है, वहाँ विद्यार्थी ध्यानपूर्वक शिक्षक को सुनते हैं और उत्तर देने की भी कोशिश करते हैं, बजाय उन प्रशिक्षु शिक्षकों के जो लेक्चर की सहायता से टॉपिक पूरा कर देते हैं। मेरे स्वयं के माध्यमिक स्तर पर भौतिकविज्ञान कक्षा-शिक्षण के अनुभव भी शिक्षण अधिगम प्रक्रिया में प्रश्न पूछने के महत्त्व को बहुत अधिक ज़रूरी समझते हैं।

साथ ही यह जोड़ना भी ज़रूरी है कि विद्यार्थियों की रुचि और उनकी भागीदारी सिर्फ़ प्रश्नों पर आधारित नहीं है। किस तरह के प्रश्न पूछे जा रहे हैं, यह उस पर भी निर्भर करता है।

शिक्षकों द्वारा पूछे गये प्रश्न तथा प्राप्त उत्तरों का विश्लेषण कर, उनके साथ प्रभावशाली प्रश्न पूछने के तरीक़ों पर चर्चा कर, उचित मार्गदर्शन देकर आगामी शिक्षण हेतु कार्ययोजना बनवाई जा सकती है। शिक्षक वॉयस रिकार्डिग अंशों को सुनकर शिक्षण का स्व-आकलन कर सकता है तथा सुधार हेतु अधिक प्रयास कर सकता है।

लक्ष्य

1. शिक्षकों द्वारा गणित शिक्षण में प्रयोग किये जाने वाले अलग-अलग स्तर के प्रश्नों के अनुपात को जानना।
2. अलग-अलग प्रकार के प्रश्नों के उपयोग से अधिगम वातावरण पर पड़ने वाले प्रभाव की जानकारी।

अध्ययन विधि

प्रस्तुत शोध एक वर्णनात्मक अध्ययन है जिसमें कक्षा 6 से 8 (जूनियर) के तीन शिक्षकों की कक्षा का अवलोकन तथा वायस रिकार्डिंग/वीडियो रिकार्डिंग की गयी। इस हेतु विभिन्न कार्यशालाओं के दौरान एवं दूरभाष द्वारा कई शिक्षकों से चर्चा की गयी। अन्य कई शिक्षकों से भी शोधपत्र हेतु सहमति ली गयी। अन्त में अल्मोड़ा जिले के विभिन्न विकासखण्डों में कार्यरत तीन शिक्षकों को स्थान एवं समय की सुगमता के आधार पर चुना गया। कक्षा शिक्षण से पूर्व वॉयस रिकार्डर ऑन कर दिया गया तथा कक्षा शुरू करने के कुछ समय पश्चात स्वयं कक्षा में बैठकर महत्त्वपूर्ण तथ्यों को नोट किया गया। यहाँ यह बताना महत्त्वपूर्ण है कि शिक्षकों को पढ़ाने हेतु मेरे द्वारा कोई सम्बोध नहीं सुझाया गया वरन उनसे यह कह दिया गया कि वे जो सम्बोध पूर्व में ही पढ़ा रहे हैं, उसी को आगे बढ़ाएँ।

तत्पश्चात अवलोकन से प्राप्त प्रमुख बिन्दुओं और आडियो रिर्काडेड अंशों की सहायता से कक्षा शिक्षण का विश्लेषण, अवलोकन प्रपत्र के आधार पर किया गया।

शोध न्यादर्श

शोध अध्ययन जनपद अल्मोड़ा के अलग-अलग विकास खण्डों में स्थित सरकारी विद्यालयों में अध्यापन करने वाले तीन शिक्षकों के गणित कक्षा शिक्षण के अवलोकन

तथा ऑडियो रिर्काडेड अंशों के विश्लेषण के उपरान्त विकसित किया गया है। शोध में अन्तर्निहित नैतिकता के मद्देनज़र शिक्षकों को प्रथम शिक्षक, द्वितीय शिक्षक एवं तृतीय शिक्षक के रूप में सम्बोधित किया गया है। उनका व उनके स्कूल का नाम नहीं बताया गया है। प्रथम शिक्षक की कक्षा 8 है जिसमें वे 'एक पद का एक अन्य पद से विभाजन' नामक सम्बोध पढ़ा रहे हैं। इस कक्षा को विश्लेषण में पहली कक्षा के तौर पर दर्शाया गया है। द्वितीय शिक्षक की कक्षा 6 है जिसमें वे 'भिन्न एवं समतुल्य भिन्न' नामक सम्बोध पढ़ा रहे हैं। शोध विश्लेषण में इसे दूसरी कक्षा के तौर पर उल्लेखित किया गया है। तीसरे शिक्षक की कक्षा 6 में 'समान्तर रेखा' नामक सम्बोध गतिमान है। इसे तीसरी कक्षा के तौर पर उल्लेखित किया गया है।

अध्ययन का परिसीमांकन

- ❖ चूँकि अध्ययन केवल तीन कक्षा शिक्षणों के अवलोकन के आधार पर विकसित किया गया है अत: प्राप्त निष्कर्ष सभी गणित कक्षाओं में समान रूप से लागू नहीं किये जा सकते हैं। इससे प्राप्त आत्म-चिन्तन (सेल्फ रिफलेक्शन) शिक्षकों को अपनी कक्षा-शिक्षण में प्रश्न पूछने के तरीक़ों में सुधार करने हेतु प्रेरित कर सकते हैं।
- ❖ शोध अध्ययन कक्षा 6 से 8 तक की जूनियर कक्षाओं के शिक्षण के आधार पर विकसित किया गया है। अत: अन्य संवर्गो (प्राइमरी, माध्यमिक, उच्चतर माध्यमिक) के शिक्षण हेतु निष्कर्ष समान रूप से लागू नहीं किये जा सकते।
- ❖ शोध में सम्मिलित सभी छात्र/छात्राएँ ग्रामीण परिवेश में स्थित विद्यालयों में अध्ययनरत हैं। इनके पालक पेशे से किसान हैं और वर्तमान में मज़दूरी से घर का भरण-पोषण करते हैं। अत: अध्ययन में शामिल विद्यार्थी निम्न आय वर्ग से सम्बन्ध रखते हैं।

अवलोकन प्रपत्र

डेटा एकत्र करने के लिए कक्षा-शिक्षण अभ्यास का अवलोकन कर महत्त्वपूर्ण बिन्दु नोट किये गये और मोबाइल फ़ोन की सहायता से कक्षा की आडियो रिकार्डिंग भी की गयी। बाद में आडियो रिकार्डेड अंशों को बार-बार सुना गया व अवलोकित नोट्स पूरे किये गये। साथ ही नोट्स तैयार करते समय यह ज़रूरी तौर पर ग़ौर किया गया कि प्रश्न पूछने के कितने समय तक शिक्षक बच्चों के उत्तर की प्रतीक्षा कर रहा है और उनको हिन्ट/संकेत देने का प्रयास कर रहा है। प्रश्न पूछने की हड़बड़ी, सवाल

हल करने की जल्दबाज़ी या ग़लत उत्तर मिलने पर नये सिरे से प्रश्न को सरल भाषा में बोलकर पूछना आदि पहलुओं को नोट किया ताकि अवलोकन प्रपत्र के आधार पर निष्कर्ष निकाले जा सकें।

शिक्षण में पूछे गये प्रश्न और विद्यार्थियों की प्रतिक्रियाओं को निम्नलिखित अवलोकन प्रपत्र के आलोक में देखा गया–

प्रश्नों के विस्तृत स्तर का प्रयोग	उपयुक्त प्रतीक्षा समय	शिक्षण प्रक्रिया
निम्न स्तर के प्रश्नों की संख्या (केवल स्मरण)	सभी प्रश्नों में	शिक्षक विद्यार्थियों के ग़लत उत्तर देने पर उसे अगला प्रश्न और सोचने की मंशा से पूछता है और प्रेरित करता है (Reply Mode)।
मध्य स्तर के प्रश्नों की संख्या (अनुप्रयोग)	कुछ प्रश्नों में	प्रश्न के उत्तर को सिर्फ़ सुनता है और बिना फॉलोअप किये अगला प्रश्न पूछने लगता है।
उच्च स्तर के प्रश्नों की संख्या (संश्लेषण/विश्लेषण)	नहीं दिया गया	ग़लत उत्तर पर बैठा देता है और बिना फीडबैक दिये अन्य विद्यार्थियों से प्रश्न पूछने लगता है।

अवलोकन

इस अवलोकन प्रपत्र को आधार बनाते हुए पूछे गये प्रश्नों को मूल रूप में नोट्स में रखा गया। नोट्स तैयार करते समय पूछे गये प्रश्न का प्रकार, बच्चों को उत्तर देने के लिए प्रदान किया गया समय तथा कितने बच्चों द्वारा प्रतिभाग किया जा रहा है, इस पर ध्यान दिया गया। पहली कक्षा में सम्बोध 'एक पद का एक अन्य पद से विभाजन' (कक्षा-8) में पूर्णतया प्रक्रियात्मक प्रश्नों का प्रयोग किया गया। जैसे जब आधार समान हों तो घातें क्या हो जाती हैं? कुछ बच्चों द्वारा बताया गया कि घातें जुड़ जाती हैं। इसी प्रकार शिक्षिका द्वारा सवाल पूछा गया कि $36y^3 \div 9y^2$ को हल करने के लिए क्या करते हैं? (प्रत्यास्मरण) बच्चों द्वारा बताया गया कि गुणनखण्ड

करते हैं। इसी तरह अन्य पदों जैसे- $5x^2 - 6x \div 3x$ की प्रक्रिया को बोर्ड पर हल कर बताया जाता रहा। कक्षा में उपस्थित 17 बच्चों में से 7-8 बच्चों द्वारा प्रतिभाग किया जा रहा था। कुछ ही बच्चे सवालों के उत्तर बता रहे थे तथा अन्य बच्चों से प्रश्न नहीं पूछे जा रहे थे। बीच-बीच में शिक्षिका द्वारा प्रत्यास्मरण हेतु पूछा गया कि a^6 / a^4 में क्या होगा? बच्चों द्वारा उत्तर नहीं देने पर संकेत (clue) दिया गया कि यदि आधार समान हो तो गुणा में क्या करते हैं? और भाग में क्या करते हैं? दो बच्चों द्वारा उत्तर दिया गया कि घातें घट जायेंगी। इस कक्षा में तीन-चार बच्चे ही उत्तर दे रहे थे। बाक़ी बच्चे शारीरिक रूप से तो कक्षा में ही बैठे थे परन्तु उत्तर देने में दिलचस्पी नहीं ले रहे थे।

दूसरी कक्षा, जहाँ सम्बोध 'भिन्न एवं समतुल्य भिन्न' (कक्षा-6) गतिमान था, वहाँ शिक्षक द्वारा भिन्न चक्रिका की सहायता से शिक्षण कराया जा रहा था। भिन्न क्या है? भिन्न की परिभाषा बताइए, प्रश्नों के साथ कक्षा की शुरुआत की गयी। बच्चों द्वारा उत्तर नहीं दिया गया। शिक्षक द्वारा पूछे गये अन्य प्रश्न, जैसे 1/2 बड़ा है या 1/3, का कक्षा में उपस्थित 19 बच्चों में से सिर्फ़ 6-7 बच्चों ने ही उत्तर दिया। जबकि एक प्रश्न ½ में कितने ¼ हुए, का दो-तीन बच्चों ने भिन्न चक्रिका की सहायता से सही उत्तर दिया। यह एक उच्च स्तरीय प्रश्न है। टीएलएम की सहायता से बच्चे इस मुश्किल प्रश्न का भी उत्तर दे पाये। कह सकते हैं कि यदि प्रश्नों की भाषा को समझाने हेतु टीएलएम की मदद ली जाये तो बच्चे सही उत्तर खोजने की ओर मार्गदर्शित होते हैं।

समतुल्य भिन्न क्या होती है? प्रश्न का सही उत्तर नहीं मिलने पर शिक्षक द्वारा जल्दबाज़ी में उत्तर बताया जा रहा था और कुछ ही बच्चों (6-7) की सहायता से कक्षा बढ़ रही थी। कक्षा के अन्य बच्चे प्रश्नों के उत्तर अपनी कॉपी में उतार रहे थे।

इसी सन्दर्भ में तीसरी कक्षा का अवलोकन कुछ अनूठा साबित हुआ। यहाँ कक्षा 6 हेतु ज्यामिति की कक्षा में 'समान्तर रेखा' प्रकरण पर चर्चा की जा रही थी। कक्षा की शुरुआत निम्न स्तरीय प्रश्न 'समान्तर रेखा किसे कहते हैं?' (परिभाषा) से हुई। हालाँकि कक्षा में कम बच्चे थे परन्तु वे सब शिक्षक की सहायता से प्रश्नों का हल खोजने में जुटे हुए थे और शिक्षक भी बिना कोई जल्दबाज़ी किये धैर्य के साथ बच्चों को प्रश्न समझने में मदद कर रहे थे।

इस कक्षा में कुल 6 बच्चे हैं। सभी प्रतिभाग कर रहे हैं। प्रश्न 'समान्तर रेखाएँ कितने बिन्दु पर मिल सकती हैं?' का एक छात्रा के उत्तर न देने पर शिक्षक द्वारा दो प्रतिच्छेदी रेखाएँ बोर्ड पर बनायी गयीं और छात्रा से उन्हें मिलाने को कहा गया।

इसके पश्चात दो समान्तर रेखाएँ बनायी गयीं और मिलाने को कहा गया। छात्रा द्वारा दोनों परिस्थितियों में अन्तर बताया गया। किसी रेखा में कितने बिन्दु होते हैं, आयत कितनी रेखाओं से मिलकर बना है, क्या वृत्त भी रेखाओं से मिलकर बना है आदि प्रश्नों की सहायता से कक्षा को बढ़ाया जा रहा था। बच्चे बोर्ड पर आकर शिक्षक द्वारा बनाये गये चित्रों में से रेखाओं के नाम, रेखा पर स्थित बिन्दु के नाम आदि प्रश्नों के उत्तर दे रहे थे। शिक्षक द्वारा भी बच्चों को उत्तर देने के लिए समय दिया जा रहा था। कक्षा का समापन एक अन्य उच्च स्तरीय प्रश्न 'कम-से-कम कितने रेखाखण्ड से बन्द आकृति बन सकती है' से किया गया। शिक्षक द्वारा बच्चों से त्रिभुज का चित्र बोर्ड पर बनवाया गया और सभी बच्चों ने सही उत्तर दिया।

परिणाम

1. तीन में से दो शिक्षकों द्वारा कक्षा शिक्षण के दौरान पूछे गये प्रश्नों में से 20-30%** प्रश्न निम्न स्तर (प्रत्यास्मरण) थे तथा 60-50% प्रक्रियात्मक प्रश्न। केवल 20% प्रश्न उच्च स्तरीय संज्ञानात्मक प्रश्न थे।
   **पहली कक्षा-दूसरी कक्षा (पूछे गये प्रश्नों की संख्या %में)
2. तीन में से दो शिक्षकों की कक्षा में पूछे गये उच्च स्तरीय प्रश्नों का बच्चों द्वारा उत्तर नहीं दिया गया और न ही इस हेतु प्रयास किया गया। उत्तर नहीं देने की अवस्था में शिक्षक द्वारा स्वयं प्रश्न को समझाते हुए अगला प्रश्न पूछा गया।
3. तीन में से दो शिक्षकों की कक्षा में पूछे गये प्रत्यास्मरण आधारित प्रश्नों में 30-50% बच्चे उत्तर दे रहे थे।
4. तीन में से दो शिक्षकों के कक्षा शिक्षण में प्रक्रियात्मक प्रश्नों में 30-50% बच्चे प्रतिभाग कर रहे थे। अन्य बच्चे कक्षा में निष्क्रिय थे और प्रश्नों को नोट कर रहे थे।
5. तीन में से दो शिक्षक कक्षा-कक्ष में पूछे गये प्रत्यास्मरण प्रश्न, प्राक्रियात्मक प्रश्नों के उत्तर देने में कुछ बच्चों को मदद कर रहे थे।
6. तीन में से दो शिक्षकों की कक्षा में लगभग 70-50% बच्चों से प्रश्न नहीं पूछा जा रहा था और न ही इस हेतु शिक्षक द्वारा प्रोत्साहन दिया जा रहा था।
7. तीन में से एक शिक्षक के कक्षा-शिक्षण के दौरान 25% निम्न स्तर के, 50% मध्य स्तर के तथा 25% उच्च स्तर के प्रश्न पूछे गये।
8. तीन में से एक शिक्षक के कक्षा शिक्षण के दौरान बच्चों से व्यक्तिगत रूप

से प्रश्न पूछे जा रहे थे तथा बच्चे द्वारा सही उत्तर नहीं देने की स्थिति में शिक्षक द्वारा सरल रूप में समझाने हेतु अगला प्रश्न पूछा जा रहा था।

9. तीन में से एक शिक्षक के कक्षा शिक्षण के दौरान बच्चों को उत्तर देने के लिए पर्याप्त समय दिया जा रहा था। सही उत्तर नहीं मिलने की स्थिति में संकेत प्रश्न (Clue) भी दिये जा रहे थे।

निष्कर्ष

1. परिणामों के आधार पर कहा जा सकता है कि यदि शिक्षक द्वारा विभिन्न प्रकार के प्रश्नों का क्रमिक नियोजन कर शिक्षण किया जाता है, ग़लत उत्तर देने पर बच्चों को धैयपूर्वक पर्याप्त समय देते हुए अगला प्रश्न दिया जाता है तो न केवल उनके मनोबल में वृद्धि होती है वरन वे गणित सीखने की प्रक्रिया में सक्रिय भागीदार बनते हैं, जैसा कि ज्यामिति की कक्षा (तीसरी कक्षा) के शिक्षण में देखा गया। हर बच्चा महत्त्वपूर्ण महसूस कर रहा था और उत्तर देने का प्रयास भी कर रहा था। शिक्षक भी सही हल तक ले जाने के लिए पूर्व ज्ञान के प्रश्नों का भी बख़ूबी प्रयोग कर रहा था। इस कक्षा में शिक्षक तथा विद्यार्थी दोनों ही सक्रिय थे और मज़े-मज़े में बिन्दु एवं रेखाखण्ड की समझ विकसित कर रहे थे।
2. प्रक्रियाओं पर चर्चा मुख्य मुद्दा हो या सवाल हल करना, निम्न स्तर के प्रश्न प्रक्रियात्मक प्रश्नों के साथ पूछे जाते हैं तो कुछ ही बच्चे लाभान्वित होते हैं, जैसा कि पहली दो कक्षाओं में देखा गया। पहली दो कक्षाओं का स्वरूप एक सामान्य-सी गणित कक्षा का है जहाँ शिक्षक ज़्यादा सक्रिय है और कक्षा शिक्षण की गति निर्धारित कर रहा है। यहाँ कुछ ही बच्चे जवाब दे रहे हैं और इस हेतु प्रयास कर रहे हैं। शिक्षक द्वारा जल्दबाज़ी में, सम्बोध को आगे बढ़ाया जा रहा था। कक्षा में कुछ ही बच्चे छाए हुए थे, बाक़ी संकोचवश कुछ प्रयास नहीं कर रहे थे सिवाय कॉपी में हल उतारने के।

सभी बच्चों को कक्षा-कक्ष में महत्त्वपूर्ण स्थान दिलाने के लिए शिक्षक को न केवल प्रश्नों के प्रकारों पर अभ्यास करना होगा बल्कि धैर्य के साथ उत्तर हेतु जल्दबाज़ी न दिखाते हुए बच्चों को अधिक प्रतिक्रिया समय प्रदान करना होगा। अध्ययन यह सिद्ध नहीं कर पाया कि उच्च स्तर के प्रश्न, उच्च स्तर की लब्धि तथा निम्न स्तर के प्रश्न, निम्न स्तर की लब्धि प्रदान करते हैं।

समेकन

यह अध्ययन अलग-अलग कक्षाओं के कक्षा शिक्षण तथा अलग-अलग सम्बोधों के आधार पर विकसित किया गया है। किसी एक कक्षा के समान सम्बोध पर अलग-अलग शिक्षकों के प्रश्न पूछने के तरीक़ों का विश्लेषण किया जा सकता है जो सम्बोध से सम्बन्धित प्रभावशाली प्रश्नों को पहचानने में मददगार साबित हो सकता है। प्राइमरी तथा माध्यमिक स्तर के गणित शिक्षण हेतु भी प्रश्न पूछने के तौर-तरीक़ों पर अध्ययन किया जा सकता है। ऐसा शोध अध्ययन शिक्षकों के व्यावसायिक विकास हेतु महत्त्वपूर्ण कड़ी सिद्ध हो सकता है। सेवापूर्व व सेवारत प्रशिक्षण सत्रों में प्रभावशाली प्रश्नों के चयन तथा विभिन्न सम्बोधों हेतु प्रश्न आधारित पाठ योजना के निर्माण पर अभिमुखीकरण (orientation) किया जा सकता है। यहाँ प्रश्न आधारित पाठ योजना का अर्थ व्याख्यान देने, शिक्षण सहायक सामग्री का प्रयोग और प्रश्न पूछने से उत्तर देने तक की प्रक्रिया को क्रमबद्ध और नियोजित ढंग में पेश करना है। हालाँकि इसमें एक महत्त्वपूर्ण बिन्दु किसी शिक्षक की शिक्षण प्रभावोत्पादकता है, जो उसके शिक्षण के प्रति नज़रिये और शिक्षण अनुभव से भी प्रभावित होती है।

सन्दर्भ सूची

1. Teacher Questioning Strategies in Mathematical classroom Discourse:A case study of two eight grade teachers in Tennesse , U.S.A.. Journal of Education and Practice, vol 7, No. 21, 2016.
2. Classroom Questioning : Kathleen Cotton, https://educationnorthwest.org/sites/default/files/Classroom Questioning.pdf
3. Using Questioning to stimulate Mathematical Thinking , Article by Jemi Way October, 2001
4. Badham, V. (1996). Developing Mathematical Thinking through Investigations. Pamphlet 31.Primary Association for Mathematics (Australia)
5. Dains , D. (1986) Are Teachers asking the Right Questions?, Education 1, 4 p.368-374
6. Blooms taxonomy .pdf www.math.toronto.edu
7. Learning Domains 1.pdf www.msruas.ac.in
8. Classroom Questioning.pdf Learner3.learner.org
9. National Curriculum Framework-2005, National Focus Group on Teaching Mathematics, page no-06

7

गणित की प्रकृति और कक्षा-कक्ष अधिगम : शिक्षकों की समझ

प्रज्ञा श्रीवास्तव

यह पर्चा गणित विषय की प्रकृति, उद्देश्यों और उसे पढ़ाने के तरीक़ों के बारे में शिक्षकों की समझ पर केन्द्रित है। पर्चा गणित सीखने-सिखाने के सन्दर्भ में अमूर्त चिन्तन के साथ जीवन के मूर्त अनुभवों को भी कक्षा में शामिल करने पर बल देता है। पर्चे में एनसीएफ़ के उद्देश्यों से इतर गणित की कक्षा में शिक्षकों द्वारा रोज़मर्रा के जीवन से गणित को नहीं जोड़ पाने की समस्या का विश्लेषण किया गया है।

एनसीएफ़ 2005 के अनुसार अच्छा स्कूली गणित उन परिस्थितियों में होता है जहाँ बच्चे गणित में आनन्द लेना सीखें। बच्चे गणित को इस रूप में देखें कि इसके बारे में वे बात करें, आपस में चर्चा करें और उस पर मिलकर कार्य करें। वे सार्थक समस्याएँ उठाएँ और उन्हें हल करें। वे अमूर्त का प्रयोग सम्बन्धों को समझने, संरचनाओं को देख पाने, चीज़ों का विवेचन करने और कथनों की सत्यता या असत्यता को लेकर तर्क करने में कर पायें और गणित की मूलसंरचना को समझें। एनसीएफ़ 2005 उन कारणों पर भी बात करता है, जिनसे गणित सिखाने के उद्देश्य पूरे होते नहीं दिखाई देते हैं, जैसे असरदार सेवारत शिक्षक प्रशिक्षण की कमी, संसाधनों की कमी, मूल्यांकन की पारम्परिक विधियाँ जो कि सिर्फ़ याददाश्त पर आधारित होती हैं इत्यादि। एनसीएफ़ (पृष्ठ 5) के ही अनुसार कई बच्चों के लिए गणित में उपयोग की गयी भाषा उनकी रोज़मर्रा की भाषा से बहुत अलग होती है और मुख्यत: प्राथमिक स्तर पर अप्रीतिकर होती है। इसलिए गणित अरुचिकर और डरावना बन जाता है और बच्चे इससे दूर होते जाते हैं।

गणित शिक्षण के लक्ष्य हासिल करने और चुनौतियों का सामना करने के लिए सरकार तथा विभिन्न स्वयंसेवी संस्थाओं द्वारा कई स्तर पर प्रयास जारी हैं; जैसे गुणवत्तापूर्ण सेवारत शिक्षक प्रशिक्षण का आयोजन, गणित किट की विद्यालयों (विशेषकर प्राथमिक) में आपूर्ति साथ ही किट के उपयोग पर प्रशिक्षण इत्यादि। इन तमाम प्रयासों के साथ ही इस बात को जानने की भी ज़रूरत है कि शिक्षक, जो गणित पढ़ाते हैं, गणित की प्रकृति के बारे में क्या जानते हैं? वे एनसीएफ़ 2005 में वर्णित गणित विषय के उद्देश्यों, उन उद्देश्यों के अनुसार गणित पढ़ाने के तरीक़ों और गणित की किताबों इत्यादि को कैसे देखते हैं। इसी ज़रूरत को ध्यान में रखते हुए उत्तराखण्ड के अल्मोड़ा जिले के कुछ शिक्षकों के साथ एक शोध किया गया। इसी शोध पर आधारित इस पर्चे के चार हिस्से हैं- *पहले* हिस्से में शिक्षकों के चयन, शोध के चरण, प्रश्नावली इत्यादि के बारे में बताया गया है। *दूसरे* हिस्से में शोध के विभिन्न चरणों के दौरान शिक्षकों की प्रतिक्रियाएँ एवं शोधकर्ता के अवलोकन दिये गये हैं। *तीसरे* हिस्से में शोध के विभिन्न चरणों में मिली जानकारी का विश्लेषण है। *चौथे* हिस्से में इस शोध का निष्कर्ष है।

इस शोध के लिए अल्मोड़ा जिले के धौलादेवी, लमगड़ा, हवालबाग और द्वारहाट ब्लॉक के सरकारी विद्यालयों के उच्च प्राथमिक स्तर के दो और प्राथमिक स्तर के छह गणित शिक्षकों को चुना गया। लमगड़ा से चार शिक्षक (दो प्राथमिक व दो उच्च प्राथमिक), द्वाराहाट से दो (धौलादेवी और हवालबाग प्रत्येक से एक-एक) शिक्षक चुने गये। आठ में से चार महिला शिक्षक थीं और चार पुरुष शिक्षक। प्राथमिक कक्षाओं में गणित के साथ ये शिक्षक अन्य विषय भी पढ़ाते हैं। इन आठों शिक्षकों ने गणित विषय में एक से ज़्यादा बार सेवारत-शिक्षक प्रशिक्षण प्राप्त किया है। आठ में से तीन शिक्षक गणित में और दो शिक्षिकाएँ विज्ञान में स्नातकोत्तर हैं। तीन शिक्षक इतिहास और शिक्षा में स्नातकोत्तर हैं। यहाँ इस बात का ज़िक्र किया जाना महत्त्वपूर्ण है कि उच्च प्राथमिक स्तर पर गणित पढ़ाने वाले एक शिक्षक इतिहास में स्नातकोत्तर हैं।

यह शोध शिक्षकों के अर्ध-संरचित साक्षात्कार और कक्षा अवलोकन के सहारे किया गया। अर्ध-संरचित साक्षात्कार का उद्देश्य यह जानना था कि गणित के शिक्षक गणित की प्रकृति और उद्देश्यों के बारे में क्या और कितना जानते हैं, इन उद्देश्यों की प्राप्ति के लिए गणित पढ़ाने के उनके तरीक़े क्या हैं? एनसीईआरटी की गणित की किताबों के बारे में उनके क्या विचार हैं? इसके लिए कुछ प्रश्न

तैयार किये गये, जो इस प्रकार हैं (बातचीत की शुरुआत गणित की एनसीईआरटी की किताबों से की गयी) :

- पिछले दो सालों यानी 2017 से एनसीईआरटी की किताबें विद्यालयों में हैं। पहले की और अभी की एनसीईआरटी की गणित की किताबों में क्या अन्तर आपको लगता है? शिक्षकों से जवाब कुछ आधारों पर माँगे गये, जैसे किताबों में शामिल विषयवस्तु और अवधारणाएँ, गतिविधियाँ, पढ़ाने में सहूलियत इत्यादि।
- क्या किताबें बदलने से पढ़ाने के तरीक़ों में बदलाव आया है?
- एनसीईआरटी की किताबों से गणित पढ़ाने के अनुभव क्या हैं? (इसका उद्‌देश्य पढ़ाने के दौरान आने वाली कठिनाइयों या सहूलियतों को जानना था, इसके लिए गणित की किताब को सामने रखकर कुछ पाठों को लेकर बातचीत की गयी।)
- आपके अनुसार गणित विषय बच्चों की किस तरह से मदद करता है? या दूसरे शब्दों में गणित पढ़ना क्यों ज़रूरी है- प्राथमिक और उच्च प्राथमिक, दोनों स्तर पर।
- क्या आप एनसीएफ़ 2005 से परिचित हैं?
- एनसीएफ़ 2005 गणित विषय की प्रकृति और पढ़ाने के उद्‌देश्य पर कुछ कहता है। क्या आप इस दस्तावेज़ से ऐसे विचारों/सिद्धान्तों/उद्‌देश्यों को बता सकते हैं जो आपको एक शिक्षक के तौर पर अच्छे लगते हैं और जिन्हें आपने अपनी कक्षा में लागू करने का प्रयत्न किया हो?

दूसरा तरीक़ा कक्षा अवलोकन था। इसमें चुने हुए शिक्षकों की कक्षाओं का गणित शिक्षण के दौरान अवलोकन किया गया। इस अवलोकन में शिक्षकों के पढ़ाने के तौर-तरीक़ों को देखा और समझा गया। इस दौरान विस्तार से नोट्स लिए गये। यह देखने की कोशिश की गयी कि जो उन्होंने स्वयं गणित विषय की प्रकृति और उद्‌देश्यों के बारे में कहा, वे बातें उनके पढ़ाने के तरीक़ों में परिलक्षित होती हैं या नहीं।

शिक्षकों की प्रतिक्रिया एवं शोधकर्ता के अवलोकन

अर्ध-संरचित साक्षात्कार में बातचीत की शुरुआत अनौपचारिक ढंग से हुई। नीचे प्रत्येक सवाल पर शिक्षकों की प्रतिक्रियाएँ उनके ही शब्दों में लिखी गयीं हैं।

सवाल एक और दो के सम्बन्ध में एक शिक्षिका को छोड़कर बाक़ी सारे शिक्षक एनसीईआरटी की किताबों से ख़ुश नहीं लगे। सारे शिक्षकों के अनुसार एससीईआरटी

की तुलना में एनसीईआरटी की किताबें कठिन हैं। इन किताबों में विषयवस्तु और गतिविधियाँ बहुत ही ज़्यादा हैं। दो शिक्षकों के सवाल कुछ इस तरह के थे- क्या प्राथमिक स्तर के बच्चों को इतनी सारी अवधारणाओं की ज़रूरत है? लगता है कि हमारे सन्दर्भ को देखे बिना ही किताबें लिख दी गयीं हैं। जिस जगह से ये बच्चे आते हैं और जिस तरह से हमको बहुत सारे अन्य काम हैं, उसको नहीं देखा गया है। लगता है कि सिर्फ़ गणित ही पढ़ाना है, बाक़ी विषय नहीं। पॉलिसी बनाने वाले कुछ भी करते हैं...सिचुएशन को बिना जाने। दो अन्य शिक्षकों के अनुसार किताबें पूरी देखने के बाद लगा कि जिस तरह से किताबें लिखी गयीं हैं और गतिविधियाँ दी गयीं हैं, उनको देखकर समझ नहीं आता कि कैसे पढ़ायें इन किताबों से। इसलिए हम बस विषय या चैप्टर का नाम देख लेते हैं और पढ़ाते अपनी तरह से हैं, अपने पूर्व अनुभव के आधार पर।

इनमें से एक शिक्षक के अनुसार पहले की किताबें बेहतर थीं। एनसीईआरटी की किताबें ठीक तो हैं लेकिन बहुत लेन्दी (lengthy) हैं। इनको कैसे उपयोग में लाना है, इसकी अच्छी तरह से ट्रेनिंग होनी चाहिए क्योंकि मुझे इनसे योजना बनाने में भी समस्या आती है। एक प्राथमिक शिक्षक ने कहा कि इन किताबों से पढ़ायेंगे तो गणित कब पढ़ायेंगे? इनके अनुसार कक्षा-1 में पाठ-1 को 'आकार और स्थान' (पृष्ठ-1) से शुरू करने का औचित्य समझ नहीं आया। कक्षा-4 में पाठ-5 'दुनिया कैसी दिखती है' (पृष्ठ-52) से क्या सिखाना चाहते हैं बच्चों को, ये समझ नहीं आया। पूछने पर पाया गया कि कक्षा-1 की गणित की किताब के पीछे दी गयी 'शिक्षकों के लिए टिप्पणी' किसी भी शिक्षक ने नहीं पढ़ी है। अगर वह पढ़ी जाती तो शायद कक्षा-1 में पाठों का क्रम जिस तरीक़े से दिया गया है, उसको उस प्रकार रखे जाने का उद्‌देश्य और महत्त्व उन्हें समझ में आता। जैसे 1 से 9 तक की संख्याओं को पहले सीखना, उसके बाद 10 से 20 तक की संख्याओं को सीखना। 'शिक्षकों के लिए टिप्पणी' पढ़ने के बाद वे गतिविधियों के उद्‌देश्य और महत्त्व से भी परिचित होते और इस सबके बारे में अपने विचार भी व्यक्त कर पाते।

सवाल तीन के सन्दर्भ में लगभग सारे ही शिक्षकों के अनुसार किताबों से गणित पढ़ाने के अनुभव बहुत ज़्यादा सुखद नहीं हैं। एक शिक्षक के अनुसार, "इनके उपयोग को लेकर ट्रेनिंग या बातचीत नहीं होगी तो इनके बनाने का जो भी उद्‌देश्य हो, वह पूरा नहीं हो पायेगा क्योंकि हम लोगों को ज़्यादा आइडिया नहीं है कि आगे कैसे ले जाना है।'' उदाहरण के लिए इन्होंने बताया कि, "कक्षा-4 में दिये पाठ 'भोपाल की सैर' (पृष्ठ-23) को किस उद्‌देश्य से लिखा गया है, समझ नहीं आया। या कहें

कि पाठ में जो गतिविधियाँ हैं, उनके द्वारा पाठ बच्चों में कौन-से कौशल विकसित करने की अपेक्षा करता है, मुझे समझ नहीं आया। इसलिए फिर मैंने अपने तरीक़े से ही पढ़ाया। साथ ही यहाँ के बच्चे अपने गाँव से बाहर नहीं निकले हैं तो भोपाल या दिल्ली की सैर और उस पर आधारित गतिविधियाँ मुश्किल हैं बच्चों के लिए। पहले तो भीमबैठका क्या है, यह समझाना होगा। उसके बाद दूरियों की माप इत्यादि पर आयेंगे।'' पाठ-12 'कितना भारी? कितना हल्का?' (पृष्ठ-187) में दो बच्चे पानी में कई चीज़ों को डालकर बातचीत कर रहे हैं कि कौन-सा हल्का है और कौन-सा भारी? यहाँ या इस जैसी और भी गतिविधियों में समझ नहीं आता कि बच्चों को ख़ुद पढ़कर इन्हें करना है या मुझे करवाना चाहिए। अगर सिर्फ़ मुझे ही करवाना है तो फिर सारी गतिविधियाँ करना असम्भव है। और कक्षा-4 के बच्चों से यह अपेक्षा करना भी ठीक नहीं है कि ख़ुद ही पढ़कर करें। कक्षा-5 में पाठ-9 'डब्बे और स्कैच' (पृष्ठ-126) को तो छोड़ ही दिया है क्योंकि यह कठिन होगा बच्चे के लिए। (यह पाठ ठोस आकृतियों के जाल बनाने से सम्बन्धित है।) पाठ-6 'मैं तेरा गुणनखण्ड, गुणज तू मेरा' (पृष्ठ-87) को पढ़ाने के लिए भी मैं सीधा तरीक़ा ही अपनाता हूँ, जो मुझे पता है और जैसा पहले से पढ़ाता आ रहा हूँ।

पाँच शिक्षकों के अनुसार पैटर्न पर बातचीत तीसरी, चौथी और पाँचवीं, तीनों कक्षाओं की किताबों में है लेकिन इसे पढ़ाना और बच्चों को इसे समझाना थोड़ा कठिन हो जाता है। उच्च प्राथमिक स्तर के शिक्षकों के अनुसार पाँचवीं के बाद छठवीं की किताब फिर से मुश्किल खड़ी करती है क्योंकि विषयवस्तु बहुत ज़्यादा है। पुस्तक समझाने की दृष्टि से अच्छी बनी है परन्तु बहुत अधिक समझ बनाने के लिए पुस्तक अनावश्यक रूप से मोटी कर दी गयी है। इसके अलावा प्रश्नों की संख्या कम कर दी गयी है जिससे अभ्यास के प्रश्न कम हो गये हैं। तीनों शिक्षकों के अनुसार किताबों की मोटाई से शायद बच्चे गणित से डरने लगते हैं।

पाँचवीं तक यदि बच्चों के साथ ठीक काम हुआ है तो आगे पढ़ाना आसान होता है। इनके अनुसार इन्हें किताबें देखने की बहुत ज़्यादा ज़रूरत नहीं होती क्योंकि वे पहले से प्राप्त अनुभव के आधार पर पढ़ाते हैं। किताब में सवाल कम हैं और उदाहरण बहुत ज़्यादा। सवाल कुछ बढ़ने चाहिए। कठिनाई यूँ तो सभी विषयों को पढ़ाने में आती है परन्तु गणित के कुछ पाठ, जिनका सीधा सम्बन्ध बच्चे के अनुभव या दैनिक जीवन से न जुड़ा हो, ज़्यादा मुश्किल पैदा करते हैं, जैसे ऋणात्मक संख्याओं का अध्यापन।

यह भी जानने की कोशिश की गयी कि किताबों का आमुख कितने शिक्षकों ने पढ़ा है। मालूम हुआ कि आठ में से केवल एक शिक्षक ने इसे पढ़ा है। इसी शिक्षक ने किताबों को विस्तार से देखने और उन्हें समझने के अपने प्रयत्नों के बारे में बताया था। यह पूछे जाने पर कि गणित को पढ़ाने का तरीक़ा बाक़ी विषयों से भिन्न है या समान। पाँचों प्राथमिक शिक्षकों का मानना था कि इनमें कोई विशेष अन्तर नहीं है। बस ऐसे पढ़ाया जाना चाहिए कि बच्चों को समझ आ जाये। तीन शिक्षकों के अनुसार चूँकि गणित सोचने वाला विषय है इसलिए ऐसे तरीक़े अपनाए जाने चाहिए, जिनसे बच्चों को सोचने का और सवाल करने का मौक़ा मिले। एक शिक्षक जिन्होंने गणित में अमूर्त चिन्तन की बात की थी, के अनुसार बच्चों को ऐसे सवाल या गणितीय पहेलियाँ दी जानी चाहिए, जिसमें वे सोचें। यहीं से अमूर्त चिन्तन विकसित होगा।

सवाल चार के सन्दर्भ में लगभग सभी शिक्षकों का मानना था कि गणित विषय से बच्चे 'सोचना सीखते हैं।' किस तरह से सोचना, इस पर वे ज़्यादा कुछ नहीं कह पाये। सभी के अनुसार गणित रोज़मर्रा की ज़िन्दगी से जुड़ता है, इसलिए भी ज़रूरी है। साथ ही रोज़गार की दृष्टि से भी गणित पढ़ना ज़रूरी है। दोनों उच्च प्राथमिक शिक्षकों के अनुसार इसके अनुप्रयोग बाक़ी सारे विषयों में हैं। और गणित सभी विषयों का आधार है- जैसे विज्ञान पढ़ाने के लिए गणित की ज़रूरत होती ही है वरना नहीं सिखा सकते। वैसे ही अगर गणित की समझ न हो तो भूगोल या इतिहास समझने में भी मुश्किल आयेगी। एक उच्च प्राथमिक स्तर के शिक्षक के अनुसार गणित से बच्चा अमूर्त चिन्तन सीखता है तथा यह उसकी रोज़मर्रा की ज़िन्दगी से भी जुड़ता है। किताबों की विषयवस्तु बारे में, जैसे पैटर्न की पहचान, डब्बे और स्कैच (ठोसों के जाल को समझना) इत्यादि के पीछे का सम्भावित कारण पूछने पर भी कोई प्रतिक्रिया नहीं मिली। प्राथमिक से उच्च प्राथमिक स्तर पर किताबों के अन्तर के बारे में एक शिक्षक का कहना था कि प्राथमिक स्तर तक गतिविधियाँ इस प्रकार की हैं कि बच्चे खेल-खेल में गणित सीखें। उच्च प्राथमिक स्तर पर गणित की विषयवस्तु अमूर्त हो जाती है। गणित में अमूर्तता की बात सिर्फ़ उच्च प्राथमिक स्तर के शिक्षक द्वारा की गयी। उनके अनुसार उदाहरण के लिए संख्यायें और संख्या रेखा अमूर्त हैं। संख्याओं में भी पूर्णांकों में ऋणात्मक संख्यायें और ज़्यादा अमूर्त हैं। इनका रोज़ाना की ज़िन्दगी में प्रयोग दिखता ही नहीं है। प्राथमिक कक्षा की एक शिक्षिका के अनुसार गणित ऐसा विषय है जिसमें रोचकता लाना मुश्किल है। उनके अनुसार, यही कारण है कि ज़्यादातर बच्चे गणित में ठीक नहीं होते। क्योंकि गणित में 'कुछ दिखता' नहीं है। इसलिए ज़रूरी होता है कि बच्चों से बार-बार प्रैक्टिस करवाई जाये सवालों की। इन

शिक्षिका के ही शब्दों में practice makes learning of Mathematics perfect!' (अभ्यास से गणित उत्तम रूप से सीखा जा सकता है!)।

दो शिक्षकों को छोड़कर बाक़ी के छह शिक्षक मानते हैं कि बच्चों के घरों की परिस्थितियाँ भी गणित सीखने में बाधा पैदा करती हैं। बातचीत करने पर पता चला कि इनके अनुसार, घरों की परिस्थितियों का सम्बन्ध बच्चों की गणित सीखने की योग्यता से है। अन्य विषयों के बजाए गणित में ऐसा ज़्यादा दिखता है क्योंकि गणित में इनके अभिभावक भी मदद नहीं कर पाते हैं। जो दो शिक्षक ऐसा नहीं मानते थे, उनके अनुसार योग्यता सारे बच्चों में होती है। अगर स्कूल में पर्याप्त ध्यान दिया जाये और बच्चों को मौक़े दिये जायें तो यही बच्चे बहुत बेहतर कर सकते हैं।

सवाल पाँच और छह के सन्दर्भ में साक्षात्कार से यह निकलकर आया कि लगभग सारे ही शिक्षक एनसीएफ़ 2005 प्रदत्त गणित पढ़ाने के उद्देश्य, दृष्टि और प्रक्रिया से अनभिज्ञता जताते हैं। सारे शिक्षक कहते हैं कि एनसीएफ़ के बारे में सुना तो है, कई सेवारत शिक्षक प्रशिक्षणों में थोड़ा बहुत पढ़ा भी है। उनके अनुसार गणित पढ़ाने का उद्देश्य है—बच्चे सोचना सीख जायें। किस तरह से सोचना और इस उद्देश्य को प्राप्त करने के क्या तरीक़े हों, इसके बारे में बात बहुत आगे नहीं जा पाती। उच्च प्राथमिक के एक शिक्षक बताते हैं कि एनसीएफ़ गणित के उद्देश्यों को संकीर्ण और बड़े उद्देश्यों में बाँटता है। इनके अनुसार संकीर्ण उद्देश्यों के अन्तर्गत बच्चों को रोज़मर्रा में प्रयोग होने वाला गणित सीख जाना चाहिए। और बड़े उद्देश्यों के अनुसार शिक्षक को गणित ऐसे पढ़ाना चाहिए ताकि बच्चा गणित में आनन्द लेना और सोचना सीख जाये। विभिन्न कार्यशालाओं में हम एनसीएफ़ 2005 के अंश या फ़ोकस पेपर्स पढ़ते हैं तो हमें लगता है कि ये दस्तावेज़ गणित के अध्यापन के लिए एक दिशा दिखाते हैं, जैसे कक्षा-8 में गणित क्यों और कैसे पढ़ाना है। इसके बारे में एनसीएफ़ 2005 के फ़ोकस पेपर से कई बातें स्पष्ट होती दिखती हैं।

अर्नेस्ट (1992) कहते हैं कि 'गणितीय ज्ञान अपने आप में एक निश्चित तरह का ज्ञान माना जाता है। इसमें निश्चितता होती है।' और शायद इसलिए गणित पढ़ाने वाले शिक्षकों से गणित विषय की प्रकृति और इस विषय की उपयोगिता पर हुई बातचीत से मालूम पड़ता है कि शिक्षक, गणित को याद करने वाले एक विषय के रूप में देखते हैं। किताबें जिस उद्देश्य को लेकर लिखी गयीं हैं, उनसे शिक्षक अनभिज्ञ लगते हैं। इन्हीं शिक्षकों के विद्यालय भ्रमण के दौरान अक्सर देखा गया है

कि शिक्षक, बच्चों की कॉपियों या बोर्ड में जोड़/भाग/गुणा इत्यादि के सवाल लिख देते हैं और बच्चों को हल करने को कहते हैं। बच्चे एक जगह बैठकर अपनी कॉपी में सवालों को हल करते रहते हैं और काम पूरा हो जाने पर शिक्षक को दिखाते हैं। शिक्षक संख्यायें बदलकर वैसे ही सवाल फिर से देते हैं। कई बार ऐसा काम बच्चों को व्यस्त रखने के लिए भी दे दिया जाता है। शायद ये तरीक़ा भी विषय के बारे में नीरसता पैदा करने में महत्त्वपूर्ण भूमिका अदा करता है! लेकिन सवाल ये उठता है कि क्या यह सारे कारण सही तरीक़े से गणित सिखाने और सीखने में बाधा पैदा करते हैं? शिक्षकों की क्षमता संवर्धन में कमी वाले पक्ष को छोड़ भी दें तो क्या बच्चों के घरों की परिस्थितियों का मतलब ये होना चाहिए कि कुछ बच्चों के लिए शिक्षक प्रयास ही न करें?

कक्षा अवलोकन

सभी शिक्षकों की गणित की दो-तीन कक्षाओं का अवलोकन किया गया। उनके द्वारा पढ़ाई जाने वाली विषयवस्तु और कक्षा का विवरण इस प्रकार है—

शिक्षक एक, कक्षा-1, विषयवस्तु [गिनना (गिनती)]

प्रक्रिया : 1 से 10 तक की गिनती सिखाने के लिए 10-12 बच्चों को एक गोल घेरे में बैठाकर और खुद उनके बीच बैठकर, शिक्षिका द्वारा 1 से 10 तक की गिनती सिखाने के लिए निम्न चरण अपनाए गये-

- शिक्षिका द्वारा 1 से 10 तक की गिनती एक कॉपी में लिखी गयी।
- शिक्षिका द्वारा संख्या नामों को क्रम से बोला गया। बच्चों ने साथ में संख्या नामों को बोला। शिक्षिका ने लिखी गयी संख्याओं पर पेन्सिल रखी ताकि बच्चे संख्या नामों को बोलना और पहचानना साथ में सीख लें।
- दूसरे पेज पर पहले एक सेब बनाया गया और बच्चों से पूछा गया कि कितने सेब हैं। उसके बाद उसके नीचे एक और सेब बनाकर, ऊपर और नीचे बनाये गये सेबों को एक साथ गिनने के लिए कहा गया। इस प्रकार बच्चों ने 10 तक सेब गिने। (यहाँ ऊपर से नीचे तक एक-एक सेब ही बने थे लेकिन हर एक सेब के आगे संख्या नाम अलग-अलग लिखे थे।)
- इसके बाद माचिस की एक तीली पहले नीचे रखी गयी, बच्चों ने उसे 1 गिना। उसके बाद एक और तीली नीचे रखी गयी, बच्चों ने उसे 2 गिना। दसवीं तीली नीचे रखने पर बच्चों ने उसे 10 गिना।

- ❖ कॉपी में एक गेंद बनायी गयी जिसमें बच्चों को बताना था कि कितनी गेंदें हैं। उस गेंद के नीचे एक और गेंद बनायी गयी। चूँकि उस लाइन में एक गेंद थी, बच्चों ने फिर उसे 1 ही गिना। यहाँ शिक्षिका द्वारा उन्हें ऊपर और नीचे बनी गेंदों को मिलाकर गिनने को कहा गया।

शिक्षक दो, कक्षा-2, विषयवस्तु (दो संख्याओं का जोड़)

प्रक्रिया : दो संख्याओं के जोड़ सिखाने के लिए शिक्षक द्वारा बोर्ड पर सवाल लिखे गये और जोड़ की प्रक्रिया समझाई गयी। उदाहरण के लिए, 5 को 3 से जोड़ने के लिए 5 से शुरू करके 3 क़दम और आगे चलने पर 8 मिलता है। बच्चों द्वारा सवाल अपनी कॉपी में लिखे गये।

शिक्षक तीन, कक्षा-3 और 5, विषयवस्तु (1. वर्ग और आयत की अवधारणा, 2. वर्ग और आयत का परिमाप)

प्रक्रिया : पहले वर्ग और आयत की अवधारणा (गुणधर्मों के साथ) समझाई गयी। उसके बाद दोनों के परिमाप निकालने के तरीक़े सिखाए गये। बोर्ड और जीओ बोर्ड का प्रयोग किया गया, जिसमें बच्चों को दी गयी मापों के अनुसार ख़ुद सोचते हुए वर्ग और आयत अपनी कॉपी और जीओ बोर्ड पर बनाने थे। परिमाप को समझाने के लिए कुछ उदाहरण लिए गये जो बच्चों की रोज़मर्रा की ज़िन्दगी से जुड़े थे। शिक्षक द्वारा आयत और वर्गों के सारे सम्भव अभिमुखों (orientations) को भी दिखाया गया।

शिक्षक चार, कक्षा-3 और 4, विषयवस्तु (आकार और परिमाप)

प्रक्रिया : शिक्षिका द्वारा बोर्ड पर एक आयत, एक वर्ग और एक त्रिभुज बनाया गया। इन आकृतियों के नाम बच्चों को बताए गये। बच्चे इसी प्रकार की आकृतियाँ अपनी कॉपी में भी बनाते हैं। गुणधर्मों पर बात नहीं होती। इसके बाद शिक्षिका द्वारा कुछ और आकृतियाँ जैसे पंचभुज, षटभुज, सप्तभुज और अष्टभुज बनाये गये और बच्चों को इनके नाम बताए गये। समेकन के दौरान बच्चों को भुजाओं की संख्या के आधार पर इन आकृतियों में अन्तर और इनका नाम बताया गया। जैसे ऐसा आकार जिसमें तीन भुजाएँ हैं, इसे त्रिभुज कहते हैं। ऐसा आकार जिसमें पाँच भुजाएँ हैं, उसे पंचभुज कहते हैं। इसके बाद इन सब आकृतियों के परिमाप निकालने की प्रक्रिया समझाई गयी- दी गयी भुजाओं की माप को जोड़ने पर परिमाप मिलता है।

शिक्षक पाँच, कक्षा-4 और 5, विषयवस्तु (1. अभाज्य संख्यायें, 2. अभाज्य गुणनखण्ड)

प्रक्रिया : शिक्षक द्वारा निम्न चरण अपनाए गये–

- शिक्षकों और बच्चों द्वारा बोर्ड और कॉपी में 1 से 20 तक की संख्यायें लिखी गयीं।
- हर संख्या के लिए शिक्षक ने बच्चों को यह देखने के लिए कहा कि वह किन संख्याओं के पहाड़े में आती है और उन संख्याओं को उस संख्या के आगे लिखने के लिए कहा गया।
- ऐसी संख्याओं पर गोला लगाया गया जो केवल 1 और ख़ुद के पहाड़ों में आती हैं। इन संख्याओं को अभाज्य संख्यायें कहा गया।

इस पूरी प्रक्रिया के लिए कक्षा के हर एक बच्चे को बोर्ड पर बुलाया गया और उस बच्चे ने अन्य बच्चों की मदद से बोर्ड पर 1 से 20 तक की संख्याओं के बीच अभाज्य संख्यायें निकालीं।

शिक्षक छह, कक्षा-4, विषयवस्तु (गुणा और भाग)

प्रक्रिया : शिक्षक द्वारा निम्न चरण अपनाए गये-

- चार अंकों की कुछ संख्याओं को 2 अंकों की संख्याओं से गुणा करने का सवाल बोर्ड पर लिखा गया। शिक्षक बच्चों से पहाड़े बुलवाते हुए खुद बोर्ड पर गुणा करते गये। किस संख्या को कहाँ लिखना है, दूसरी बार इकाई की संख्या के नीचे जीरो लिखना है, इत्यादि शिक्षक द्वारा बताया गया।
- प्रैक्टिस के लिए गुणा के कुछ और सवाल इसी प्रक्रिया से हल किये गये।
- भाग का सवाल बोर्ड पर लिखकर बच्चों से पहाड़े बुलवाते हुए और भाग की प्रक्रिया को समझाते हुए शिक्षक ने भाग किया। जैसे किसी संख्या का पहाड़ा कब तक पढ़ना है, एक बार भाग देने के बाद, एक संख्या नीचे लिखनी है इत्यादि। जैसे जब ऊपर से नयी संख्या उतारी जाती है और उसमें भाग नहीं जाता है तो लब्धि में शून्य लिखते हैं और तब दूसरी संख्या उतारेंगे।

शिक्षक सात, कक्षा-8, विषयवस्तु (अनुपात और समानुपात)

प्रक्रिया : शिक्षक द्वारा निम्न चरण अपनाए गये–

- बोर्ड पर दो आयत बनाकर प्रत्येक को 10 बराबर हिस्सों में बाँटा गया। और एक अन्य आयत को 5 बराबर हिस्सों में बाँटा गया। इस प्रकार भिन्न को अनुपात का एक रूप बताया गया।

- ❖ अनुपातों को समानुपातों में कैसे बाँटेंगे, इसे बोर्ड पर समझाया गया। यहाँ पर बच्चों से बीच-बीच में सवाल भी किये गये।

शिक्षक आठ, कक्षा-7, विषयवस्तु (त्रिभुज और उसके गुण)

प्रक्रिया : शिक्षिका द्वारा निम्न चरण अपनाए गये–

- ❖ किताब निकालकर, किताब में दिये गये अभ्यास प्रश्न करवाये गये जो कि दिये गये दो कोणों की मदद से त्रिभुज का तीसरा कोण निकालने पर आधारित थे।
- ❖ इसके बाद दी गयी भुजाओं के मापों से त्रिभुज सम्भव है या नहीं, इस पर आधारित अभ्यास प्रश्न बच्चों से करवाये गये।

दोनों ही प्रकार के अभ्यास प्रश्नों को हल करने के लिए पहले शिक्षिका द्वारा प्रक्रिया को बोर्ड पर समझाया गया और उसी प्रक्रिया को अपनाते हुए बच्चों ने अभ्यास हल किया।

कक्षा-कक्ष अवलोकन विश्लेषण

इसके लिए हमने कुछ संकेतक सोचे, जिसके अन्तर्गत यह विश्लेषण किया।

1. **शिक्षण पूर्व योजना**

   अवलोकन : कक्षा अवलोकन से पूर्व हुई बातचीत में सभी शिक्षकों ने यह स्वीकार किया कि वे पहले से कोई योजना या रणनीति लिखित रूप में नहीं बनाते हैं। पहले से जो पढ़ाते आये हैं, उसके अनुसार अब भी पढ़ाना हो जाता है। किस गतिविधि के लिए कौन-से संसाधन उपयोग करने हैं, इसमें कोई विशेष समय नहीं लगाया जाता। तुरन्त ही सोच लेते हैं। जैसे गिनती सिखाने के दौरान, शिक्षिका द्वारा माचिस की तीलियों के उपयोग का ख्याल आना और फिर कक्षा के बीच में स्टाफ रूम जाकर माचिस ढूँढ़ना और न मिलने पर भोजन माता से माचिस लाने के लिए कहना। केवल एक शिक्षक ने यह कहा कि वे किताबें देखते हैं कि उसमें क्या दिया है और किस तरह की गतिविधियाँ हैं। अगर उसमें से कुछ समझ नहीं आता है तो अपने तरीक़े से पढ़ाते हैं।

2. **कक्षा की संस्कृति (शिक्षक केन्द्रित अथवा प्रतिभागीदारी)**

   अवलोकन : कहा जा सकता है कि सारी ही कक्षाएँ शिक्षक केन्द्रित हैं क्योंकि सारे निर्णय, क्या और कैसे पढ़ाना है, शिक्षक द्वारा लिए जाते हैं।

जो भी गतिविधियाँ की गयीं, उनमें शिक्षक ही सक्रिय भूमिका में ज़्यादा दिखाई दिये। ऐसे मौक़े न के बराबर थे, जिनमें बच्चों को अमूर्तता में सोचने के मौक़े दिये जा रहे हों।

3. कक्षा में संवाद की प्रकृति

अवलोकन : कक्षा में संवाद ज़्यादातर एकतरफ़ा था। हालाँकि सभी कक्षाओं में कुछ ही बच्चे ज़्यादा बोलते हैं। बोलने का मतलब है कि सिर्फ़ शिक्षकों द्वारा पूछे गये सवालों का जवाब देना और वह भी ज़्यादातर 'हाँ' या 'ना' में। अधिकांश समय यह देखा गया कि शिक्षक द्वारा कोई सवाल पूछे जाने पर जब बच्चे जवाब देने की कोशिश करते हैं तो ऐसी स्थिति में भी उनका जवाब पूरा होने से पूर्व ही शिक्षक द्वारा अपनी ओर से सही जवाब दे दिया जाता है। ग़लत जवाबों का विश्लेषण करने का प्रयास सिर्फ़ एक ही शिक्षक की कक्षा में देखा गया। गणित में सोचने के अवसर देने की बात तो होती है परन्तु शिक्षक द्वारा जवाब दे दिये जाने के कारण बच्चों को सोचने के अवसर कम ही उपलब्ध हैं।

4. विषय की समझ

अवलोकन : पढ़ाई जाने वाली विषयवस्तु में तथ्यात्मक त्रुटि एक कक्षा में नज़र आयी जहाँ कक्षा-5 में आकार और माप पढ़ाते समय, शिक्षिका द्वारा बोर्ड पर समलम्ब चतुर्भुज बनाया गया और बच्चों से उसका परिचय आयत की तरह कराया गया। साथ ही आयत और वर्ग को हमेशा एक ही प्रकार से बनाया गया। इसी प्रकार गुणा और भाग की कक्षा में शिक्षक द्वारा यह कहना कि 3 एकम 0, 3 दुनी 0, 3 तियाँ 0, मतलब किसी भी संख्या में 0 से गुणा करने पर 0 ही आयेगा। इसी कक्षा में गुणा और भाग की प्रक्रिया तो बताई गयी लेकिन उनके पीछे के कारण को नहीं समझाया गया। कई जगह लगा कि किसी अवधारणा को बच्चों के लिए आसान बनाने के प्रयास में भाषा का प्रयोग सोच-समझकर नहीं किया गया। उदाहरण के लिए त्रिभुज की कक्षा में कहा गया कि समकोण को पहचानने का तरीक़ा यह है कि जहाँ पर भी 90 अंश का कोण होगा, सीधा ही होगा। इसी कक्षा में केवल दो भुजाओं के एक जोड़े को जोड़कर ही यह निष्कर्ष निकाल लिया कि त्रिभुज इन दी गयी भुजाओं से बनाया जा सकता है। गिनने की कक्षा में माचिस की तीलियों का प्रयोग गिनने के लिए करना और 9 के

बाद की संख्याओं को तीलियों के बण्डल से न समझाकर खुली तीलियों से ही गिनते रहना। इसी प्रकार आकार और परिमाप वाली कक्षा में आकृति को पंचभुज के अलावा पतंग कहा जाना। त्रिभुज और अन्य आकृतियों को सिर्फ भुजाओं के आधार पर परिभाषित करना, जैसे ऐसा आकार जिसमें तीन भुजाएँ हों, उसे त्रिभुज कहते हैं। ऐसा आकार जिसमें पाँच भुजाएँ हों, उसे पंचभुज कहते हैं।

5. **कक्षा का वातावरण**

अवलोकन : सारे शिक्षकों की कक्षाओं का वातावरण भयमुक्त ही था। बच्चे आपस में हँस-बोल रहे थे लेकिन किसी भी कक्षा में बच्चों द्वारा ख़ुद से कोई सवाल नहीं पूछा गया।

6. **पढ़ाने के लिए अपनाए गये तरीक़े**

अवलोकन : सभी कक्षाओं को देखकर यह कहा जा सकता है कि गणित पारम्परिक तरीक़े से ही पढ़ाया जा रहा है, उसकी प्रकृति को ध्यान में रखे बिना। तरीक़े ऐसे हैं जिनमें बच्चों से ऐसे सवाल किये जा रहे हैं, जिनके जवाब सिर्फ 'हाँ' या 'ना' में दिये जा सकते हैं। 'अमूर्त चिन्तन' या 'सोचने' की तरफ ले जाना' इस तरह के सवालों से सम्भव नहीं है। दो शिक्षकों की कक्षाओं में थोड़ा प्रयास नज़र आता है, जहाँ बच्चों के 5 सेमी लम्बाई और 8 सेमी चौड़ाई के आयत को जीओ बोर्ड पर बना लेने के बाद शिक्षक द्वारा बच्चों से उसी आयत को वर्ग बनाकर दिखाने को कहा जाता है।

7. **संसाधनों का प्रयोग**

अवलोकन : सिर्फ़ एक कक्षा में सम्पर्क किट के जीओ बोर्ड का प्रयोग आयत और वर्ग बनाने में किया गया। गिनती की कक्षा में गिनने के लिए माचिस की तीलियों और कक्षा में रखी चीज़ों को प्रयोग किया गया। लेकिन माचिस की तीलियाँ शिक्षक के हाथ में रहीं। लगभग सारी ही कक्षाओं में बोर्ड का मुख्य रूप से प्रयोग किया गया। दो कक्षाओं में बच्चों ने बोर्ड पर आकर कहे गये सवाल हल किये।

8. **शिक्षण के दौरान आकलन के तरीक़े**

अवलोकन : आकलन के लिए कोई विशेष रणनीति प्रयोग में नहीं लाई गयी। हर कक्षा में पढ़ाने के दौरान सवाल पूछे गये और बच्चों ने 'हाँ' या

'ना' में जवाब दिये। जवाब के पीछे के कारणों या त्रुटियों का विश्लेषण सिर्फ़ एक कक्षा में देखने मिला। जिस तरीक़े से सवाल पूछे गये और उनका जवाब सुना गया, उससे यह नहीं देखा जा सकता कि किस बच्चे ने कितना सीखा, किसी बच्चे को सीखने में क्या कठिनाई है और उस कठिनाई को किस प्रकार हल किया जा सकता है। कहा जा सकता है कि आकलन अर्थपूर्ण तरीक़े से रणनीतिक प्रयास (जिस पर आगे का पढ़ाना निर्भर हो) न होकर, सिर्फ़ सवाल पूछने तक सीमित था।

निष्कर्ष

शिक्षकों के साथ एनसीएफ़ 2005 में दिये गये गणित पढ़ाने के उद्देश्य, दृष्टि और प्रक्रियाओं पर बातचीत से यह समझ बनती है कि शिक्षक एनसीएफ़ 2005 से परिचित तो हैं लेकिन बहुत सीमित रूप से। वे इन तथ्यों से भी परिचित जान पड़ते हैं कि किसी भी विषय को पढ़ाने के कुछ उदेश्य और प्रक्रियाएँ होती हैं और कई बार इसे जुमले की तरह प्रयुक्त भी किया जाता है। लेकिन वे क्या हैं, सारे ही शिक्षकों ने (एक को छोड़कर) दस्तावेज़ से स्वयं पढ़कर इनके निहितार्थों समझने का प्रयास नहीं किया। इसलिए लगभग सभी के अनुसार गणित का उद्देश्य और प्रकृति इस तरह की है कि बच्चों को 'सोचने' का अवसर मिले। इस जानकारी, जो कि लगता है कि एक 'जुमले' की तरह प्रयोग में लाई जाती है, के अलावा गणित को (प्राथमिक और उच्च प्राथमिक दोनों ही स्तरों पर) 'रोज़मर्रा की ज़िन्दगी' से जोड़ना उन्हें बहुत आवश्यक लगता है (जो कि गणित की प्रकृति से मेल नहीं खाता)। साथ ही यह कहा जा सकता है कि शिक्षकों के लिए विषय की 'प्रकृति' का आशय क्या है, उन्हें इसे समझने में दिक़्क़त है। प्रकृति से जुड़े सवाल के जवाब में 'उद्‌देश्य' और 'प्रक्रिया' से जुड़ी प्रतिक्रियाएँ देखी गयीं हैं और गणित की प्रकृति पर सन्तोषप्रद जवाब नहीं मिले।

कक्षा-कक्ष अवलोकन से यह निष्कर्ष निकाला जा सकता है कि गणित पढ़ाने के उद्‌देश्यों के बारे में उनके विचार, उनके पढ़ाने के तरीक़ों में नज़र नहीं आते। सारी ही गतिविधियाँ और सवाल इस तरह के हैं, जिनके जवाब सिर्फ 'हाँ' या 'ना' में दिये जा सकते हैं। हाँ, गणित को रोज़मर्रा की ज़िन्दगी से जोड़ने के प्रयास दिखे, लेकिन इससे भी गणित पढ़ाने का उदेश्य पूरा होता दिखाई नहीं पड़ता। कक्षा पूर्व तैयारी की ज़रूरत दिखाई नहीं दी है।

निहितार्थ

शिक्षकों से बातचीत और कक्षा-कक्ष के अवलोकन के आधार पर यह बहुत आवश्यक लगता है कि शिक्षक-प्रशिक्षण कार्यक्रमों में विषय की प्रकृति, उद्देश्य और प्रक्रियाओं के निहितार्थों को समझने पर ज़ोर दिया जाये। बहुधा देखा गया है कि सिर्फ़ एनसीएफ़ जैसे दस्तावेज़ को पढ़ने और समूह द्वारा आवश्यक प्रस्तुतीकरण पर ज़्यादा ज़ोर होता है। प्रतिभागी दस्तावेज़ में लिखी बात को कैसे समझ रहे हैं, उसके उदाहरण क्या हो सकते हैं, इस पर ध्यान नहीं दिया जाता।

साथ ही एक शिक्षक को इस सन्दर्भ में ख़ुद भी पहल करनी होगी क्योंकि अतन्त: शिक्षक के स्वयं के विवेक और प्रेरणा से ही ख़ुद का और साथ में बच्चों का सीखना सम्भव हो पाता है।

कुछ कारण, जैसे कि स्कूल में एक ही शिक्षक का होना या विद्यालय से जुड़े अन्य कार्यों में समय जाना, शिक्षकों के हतोत्साहित होने में अपनी भूमिका निभा सकते हैं। इस समस्या को तंत्र की ओर से देखा जाना चाहिए लेकिन तब भी ये तमाम कारण पहल करने, अपने विषय को ठीक से जानने और उसे उपयुक्त तरीक़ों से पढ़ाने में कतई बाधा नहीं डाल सकते। यह बात शिक्षकों को समझनी होगी।

सन्दर्भ सूची

1. National Curriculum Framework, NCERT, 2005, New Delhi
2. National Focus Group on Teaching of Mathematics, NCERT, 2006, New Delhi
3. Hempel, G. C., On the Nature of Mathematical Truth, 1945, https://archive.org/details/OnTheNatureOfMathematicalTruth

8

स्नातक स्तर पर गणित शिक्षण एवं चुनौतियाँ

अमित कुलश्रेष्ठ

यह पर्चा स्नातक स्तर पर गणित सीखने-सिखाने में आने वाली मुश्किलों की पड़ताल करता है। लेखक बताते हैं कि प्राथमिक स्तर पर संक्रियाओं की समझ पर ज़ोर देने की बजाय युक्तियों के इस्तेमाल के कारण उच्च माध्यमिक व स्नातक स्तर पर गणित में विद्यार्थियों के लिए मुश्किलें खड़ी हो जाती हैं। कम समय में अधिक अर्जित करने व शॉर्टकट प्रयोग करने की पद्धति के कारण विद्यार्थी गणितीय भाषा में भी दक्षता अर्जित नहीं कर पाते और गणित उनके लिए दुरूह होता जाता है। लेखक सरलता और मॉडल के आग्रह की बजाय गणित सीखने-सिखाने के लिए समझ के विकास और सामाजिक-मनोवैज्ञानिक चिन्तन की ज़रूरत को उभारते हैं।

गणित और भाषा ऐसे मूल विषय हैं जिनका शिक्षण प्राथमिक कक्षाओं के आरम्भ से ही अनिवार्य माना जाता है। अंकों की पहचान, उनका बोध और उनके माध्यम से संख्याओं के निरूपण से प्रारम्भ होकर एक विद्यार्थी की गणित यात्रा विभिन्न स्वरूपों और पड़ावों को पार कर अन्ततः स्नातक गणित के अमूर्त रूप की ओर चली जाती है। इन पड़ावों के दौरान प्राप्त अनुभव व विषय को रोचक बनाने की शिक्षक की योग्यता आगे की कक्षाओं में विद्यार्थी और गणित के सम्बन्ध का निर्धारण करती है। यह सम्बन्ध या तो मधुर होता है या फिर बेहद कटु। प्राथमिक कक्षाओं में स्थापित मधुर सम्बन्ध के माध्यमिक कक्षाओं में बीजगणित व ज्यामितीय संकल्पनाओं के आगमन के साथ कटु होने की सम्भावना, तथा इसी प्रकार माध्यमिक कक्षाओं में स्थापित मधुर सम्बन्धों के उच्च माध्यमिक कक्षाओं में कैलकुलस व निर्देशांक ज्यामिति के परिचय के साथ कटु होने की सम्भावना, ऐसे पहलू हैं जिनका वृहद अध्ययन किया गया है। विषयों की उत्तरोत्तर क्लिष्टता व दैनिक जीवन में नवीन

गणितीय संकल्पनाओं की उपयोगिता के प्रथमदृष्टया अभाव को स्कूली विद्यार्थियों के गणित से विमुख होने का एक बड़ा कारण माना जाता है। इस तथ्य की पुष्टि करते हुए अनेक अध्ययन उपलब्ध हैं। (Hunter et. al., 1993; Hiebert, 1984 & Premeda and Bhalra, 2013)

स्नातक स्तर पर गणित विषय को लेने का साहस आमतौर पर वही विद्यार्थी करते हैं जो या तो भौतिकी या गणित पर आधारित अन्य विषयों में रुचि रखते हैं, अथवा उनका गणित से सीधा-सीधा लगाव होता है। भौतिकी में रुचि रखने वाले विद्यार्थी गणित की क्लिष्टता और उपयोगिता से भलीभाँति परिचित होते हैं और गणित में रुचि रखने वाले विद्यार्थी ऐसी किसी उपयोगिता पर आश्रित नहीं होते। तथापि स्नातक स्तर पर विद्यार्थियों के एक बड़े हिस्से का गणित से मोहभंग हो जाता है। इस लेख में हम इसके कारणों व इस मोहभंग से जनित शिक्षण सम्बन्धी चुनौतियों की चर्चा करेंगे।

क्रियाविधि बनाम संकल्पना

पाँच वर्ष के एक बालक की गणित की कक्षा की कल्पना कीजिए। शिक्षक ने बच्चों को एक से लेकर पचास तक की संख्याओं को लिखने का कार्य सौंपा है। साथ ही सभी बच्चों को लिखने में सरलता के लिए बता दिया गया है कि ग्यारह से लेकर उन्नीस तक की संख्यायें लिखने के लिए पहले स्तम्भ में 1 लिखना है और दूसरे स्तम्भ में 1 से लेकर 9 तक के अंक लिखने हैं। इसी प्रकार इक्कीस से लेकर उनतीस तक की संख्याओं को लिखने के लिए पहले स्तम्भ में 2 लिखकर व दूसरे स्तम्भ में 1 से लेकर 9 तक लिखने की प्रक्रिया दोहराते हुए, धीरे-धीरे पचास की ओर बढ़ना है। इस संज्ञान में अपने विद्यालय और अभिभावकों के समक्ष यह दर्शाने की बाध्यता भी है कि बच्चा तेज़ी से बहुत कुछ सीख रहा है। इस शिक्षक ने अपनी कक्षा में संख्याओं का एक उपयोगी संकल्पना के रूप में बोध न करवाकर विद्यार्थियों को केवल कुछ चिन्हों को एक सारिणीबद्ध रूप में प्रस्तुत करने की युक्ति मात्र से अवगत करवाया है। आगे की कक्षाओं में जब शिक्षक और उसके शिक्षण की गुणवत्ता को उसके विद्यार्थियों के अंकों के माध्यम से आँका जाने लगता है तब क्रियाविधि और रटे हुए सूत्रों पर आधारित मूल्यांकन द्वारा विद्यार्थियों का उच्च प्रदर्शन दर्शाने की बाध्यता शिक्षण प्रक्रिया पर पूरी तरह हावी हो जाती है। फलतः विद्यार्थी गणित जैसे तार्किक विषय में भी संकल्पनाओं के स्थान पर युक्ति और क्रियाविधि रूप से ही परिचित हो पाते हैं। भिन्नात्मक संख्याओं के जोड़, गुणनखण्ड की विधियों से लेकर त्रिकोणमितीय सर्वसमिकाओं पर आधारित ये युक्तियाँ विद्यार्थी को आगे की कक्षाओं

में धकेलने, उसको अच्छे अंक लाने और यह मिथ्या आभास दिलाने में कि गणित उसका पसन्दीदा विषय है, तो सक्षम होती हैं परन्तु उनकी उपयोगिता बड़ी कक्षाओं में धीरे-धीरे कम होती जाती है और यहीं से विद्यार्थी और गणित के सम्बन्धों में खटास आने लगती है। जब एक विद्यार्थी, जिसे पाइथागोरस प्रमेय का ज्ञान है, $cos^2 (A) + sin^2 (A) = 1$ को पाइथागोरस प्रमेय के समकक्ष न समझकर एक व्यंजक के रूप में लेता है, जिसमें बायें पक्ष को दायें पक्ष से प्रतिस्थापित किया जा सकता है, तब यह स्पष्ट है कि उसमें संकल्पनाओं को एक-दूसरे से जोड़कर देखने की क्षमता का अभाव है। स्नातक स्तर पर ये युक्तियाँ लगभग निरर्थक हो जाती हैं। पूर्व कक्षाओं में विद्यार्थियों को संकल्पनाओं को समझने का अभ्यास व अनुभव नहीं होता। वे एक-दो उदाहरण देखकर ही प्रश्न हल करने के आदी होते हैं, अतएव स्नातक स्तर पर उन्हें कई विषयों व पुस्तकों के साथ तारतम्य स्थापित करने में बहुत कठिनाई होती है। हालाँकि ऐसा नहीं है कि स्कूली पाठ्यक्रम पूरी तरह से उदाहरणों पर ही आधारित हो और विद्यार्थियों को गहन सोच का अवसर न देता हो। परिमेय और अपरिमेय संख्याओं की चर्चा और प्रमाण, ज्यामितीय उपपत्तियाँ, प्रथम सिद्धान्त से अवकलों की गणना इत्यादि ऐसे विषय हैं जिनके पन्ने पलटकर विद्यार्थी आगे बढ़ जाते हैं। विद्यार्थियों को इस प्रवृत्ति का नुकसान स्नातक स्तर पर आकर भुगतना पड़ता है। इस स्तर पर एक-दो उदाहरणों से स्वोपार्जित युक्तियाँ और क्रियाविधियाँ संकल्पना के सटीक निर्माण के लिए पर्याप्त नहीं होतीं और विद्यार्थी आधी-अधूरी समझ के साथ प्रश्नों के हल खोजने के प्रयास में निराश होते हैं।

सरल भाषा में समझाने की अपेक्षा

कम-से-कम समय में अधिक अर्जित करने की शॉर्टकट पद्धति प्रतियोगी परीक्षाओं की तैयारी कराने वाली कोचिंग संस्थाओं के साथ-साथ स्कूली शिक्षा में भी देखी जाती है। परिणामस्वरूप न तो विद्यार्थियों की पठन-प्रवृत्ति विकसित हो पाती है और न ही सीखने की प्रक्रिया के लिए अपेक्षित संयम। स्नातक स्तर के अधिकांश विद्यार्थी गणित की एक अच्छी पुस्तक का एक-आध पृष्ठ पढ़कर उसे समझ पाने में भी सक्षम नहीं होते। किसी भी भाषा में पठन अभ्यास की कमी और एक जटिल संकल्पना को व्यक्त और ग्रहण करने के लिए आवश्यक भाषायी संरचना और वाक्य-विन्यास की समझ के अभाव के कारण विद्यार्थियों को प्रतीत होता है कि पुस्तक के लेखक की भाषा बहुत क्लिष्ट है। अच्छा हो कि शिक्षक उन्हें किसी भारतीय लेखक की

पुस्तक का सन्दर्भ दे। यहाँ अक्सर भारतीय लेखक की पुस्तक से विद्यार्थियों का आशय उस कुंजी-तुल्य पाठ्यपुस्तक से रहता है, जिसमें पूर्व परीक्षाओं में आये हुए प्रश्नों का सविस्तार हल दिया गया हो और बिन्दुवार याद करने योग्य परिभाषाएँ दी गयी हों। ऐसी पुस्तकें पढ़कर कई विद्यार्थी उत्तीर्ण भी हो जाते हैं। शिक्षक से भी यह अपेक्षा की जाती है कि वह सरल भाषा में विद्यार्थियों के सामने अपनी बात रखेगा। सरल भाषा के सन्दर्भ में सतत फलनों की संकल्पना के माध्यम का एक उदाहरण लेते हैं। स्कूली स्तर पर यदि समझाना हो, तो सतत फलन, वे फलन हैं जिनमें चर x के मान में थोड़ा-सा बदलाव करने पर फलन के मान $f(x)$ में भी कम बदलाव ही होता है। अतः इन फलनों को कार्तीय तल में ग्राफ़ के माध्यम से व्यक्त करने के लिए पेन्सिल उठाने की आवश्यकता नहीं होगी। स्कूली स्तर पर विद्यार्थी का काम ऐसी परिभाषाओं से चल भी जाता है। तब न तो विद्यार्थी और न ही शिक्षक इस बात की परवाह करता है कि यह परिभाषा गणितीय नहीं है। 'थोड़ा-सा बदलाव' में 'थोड़ा-सा' का अर्थ वस्तुनिष्ठ न होकर व्यक्तिनिष्ठ है। उसी प्रकार पेन्सिल की नोंक से एक बिन्दु को या पेन्सिल द्वारा एक फलन को ग्राफ़ के रूप में व्यक्त करना और उस ग्राफ़ में 'थोड़े-से' बदलाव को देख पाना गणितीय रूप से सटीक नहीं है। स्नातक स्तर पर गणित की शिक्षा का लक्ष्य ऐसे ही सूक्ष्म प्रश्नों को उठाकर उन्हें व्यक्तिनिष्ठ से वस्तुनिष्ठ स्वरूप में पहुँचाना है। हालाँकि, जिन विद्यार्थियों के लिए गणित के अनुप्रयोग ही पर्याप्त हैं, उनका काम प्रत्यक्ष रूप से ऐसे प्रश्नों में उलझे बिना भी चल सकता है।

अब आते हैं स्नातक स्तर की उस कक्षा में जहाँ पर सतत फलन पर चर्चा चल रही है। शिक्षक अपने विद्यार्थियों को सतत फलन की ϵ-δ परिभाषा के माध्यम से इस प्रकार समझाता है :

- **अनौपचारिक परिभाषा :** चर के पर्याप्त रूप से छोटे अन्तर के फलस्वरूप यदि एक फलन के मान का अन्तर एक पूर्वनिर्धारित यादृच्छिक संख्या से कम हो तो वह फलन, सतत फलन कहलाएगा।
- **औपचारिक परिभाषा :** यदि प्रत्येक $\epsilon > 0$ के लिए एक ऐसा $\delta > 0$ विद्यमान हो कि $|y-x| < \delta$ होने की दशा में आवश्यक रूप से $|f(y)-f(x)| < \epsilon$ होता हो और यह कथन x के प्रत्येक मान के लिए सत्य हो तो ऐसा फलन, सतत फलन कहलाएगा।

इस परिभाषा की भाषा से विद्यार्थी चिन्तित हो जाते हैं और इसे समझने का साहस भी नहीं करते। उन्हें पूर्वज्ञान है कि सतत फलन वे हैं जिनको निरूपित करने

वाले ग्राफ़ को बिना पेन्सिल उठाए बनाया जा सकता है! ऐसा सोचकर वे सन्तुष्ट भी हो जाते हैं। पर अब आगे दो समस्याएँ आती हैं। ग्राफ़-पेन्सिल वाली परिभाषा के माध्यम से प्रश्न हल नहीं किये जा सकते क्योंकि वह परिभाषा गणितीय रूप में व्यक्त नहीं की गयी है। वस्तुत: एक ग्राफ़ पेन्सिल से बनाये जा सकने का आशय भी स्पष्ट नहीं है क्योंकि इसमें बिन्दु का अर्थ पेन्सिल की नोंक की मोटाई से लिया गया है! यह सूक्ष्म अर्थों में सही नहीं है। इस प्रकार ग्राफ़-पेन्सिल वाली व्याख्या स्नातक स्तर के पाठ्यक्रम में सततता की संकल्पना को समाहित करने के उद्देश्य को निरर्थक चुनौती देती है। गणितीय परिभाषा के बिना वाइरस्ट्रास फलन, जो कि सर्वदा सतत है परन्तु जिसका ग्राफ़ एक फ्रैक्टल है, जैसी गूढ़ अवधारणाओं और गणित के विकास के सन्दर्भ में उनके ऐतिहासिक योगदान को समझना असम्भव है। फ्रैक्टल एक ऐसी संरचना है जिसमें स्वयं की आकृति की, परन्तु छोटे आकार की संरचनाएँ पुनरावृत्ति करते हुए पैटर्न में अन्तत: उपस्थित होती हैं।

बिना गणितीय अर्थ की परिभाषाओं को अन्य व्यापक सन्दर्भों में ढालना भी सम्भव नहीं है। ऐसा सरलीकरण, जो अवधारणा के मूल को ही समाप्त कर दे, अर्थहीन है। गणित का मूल स्वरूप है कि इसमें कम-से-कम शब्दों और चिह्नों में सटीक बात कह दी जाती है। अत: शिक्षक से प्रत्येक चर्चा में भाषा के सरलीकरण की अपेक्षा करना गणित के इस स्वरूप को नकारना होगा। यह बात स्नातक स्तर पर विद्यार्थियों को समझ में नहीं आती और शिक्षक-विद्यार्थियों के बीच का यह दायरा शिक्षण प्रक्रिया की एक बड़ी चुनौती के रूप में सामने आता है।

त्वमेव सर्वं

हमारे समाज में गुरु को विशेष स्थान प्राप्त है। प्राथमिक और माध्यमिक कक्षाओं में विद्यार्थी इस बोध के साथ बड़े होते हैं कि शिक्षक ज्ञान का अथाह भण्डार है और उसे सब कुछ ज्ञात है। इसके साथ यह भी अपेक्षा की जाती है कि विद्यार्थियों को शिक्षक ही ज्ञान का मार्ग दिखाएगा और वे उसका पूरे अन्त:करण से अनुसरण करेंगे। इस दृष्टिकोण के दो प्रभाव होते हैं। पहला तो यह कि विद्यार्थी का ध्यान हमेशा उस मार्ग पर रहता है जिसका उसे अनुसरण करना है। इस कारण उसमें प्रश्न पूछने की क्षमता विकसित नहीं होती और न ही वह स्वयं कोई मार्ग खोजने का साहस करता है। इस दृष्टिकोण का दूसरा प्रभाव यह है कि इससे विद्यार्थी को सिखाने का पूरा दायित्व शिक्षक के हिस्से आ जाता है। गणित ऐसा विषय है जिसमें अभ्यास की आवश्यकता होती है, फ़ारसी भाषा में तो गणित के लिए रियाज़ शब्द का ही प्रयोग

होता है। मूक दर्शक की भाँति गणित नहीं सीखी जा सकती। स्नातक स्तर पर शिक्षक का स्वरूप बदल जाता है। वह एक व्याख्याता होता है। पाठ्यपुस्तकों, अन्य पठन सामग्री, इंटरनेट, सॉफ्टवेयर्स इत्यादि के साथ वह ज्ञानार्जन की प्रक्रिया का एक अवयव होता है, समूचे ज्ञान का स्रोत नहीं। अत: विद्यार्थियों को पूरी तरह शिक्षक पर आश्रित न होकर अपनी क्षमतानुसार ज्ञानार्जन के इन अवयवों का प्रयोग करना चाहिए। कोई विद्यार्थी किसी संकल्पना को किसी कम्प्यूटर प्रोग्राम के माध्यम से, तो कोई एक से अधिक पुस्तकों से अर्जित ज्ञान व अपने प्रतिमानों और उदाहरणों के माध्यम से और कुछ विद्यार्थी विषय-चर्चा समूह बनाकर अपने-अपने तरीकों से विषय को सीखने का प्रयास कर सकते हैं।

कुछ विद्यार्थी तो स्नातक स्तर पर शिक्षक के इस बदले स्वरूप और भूमिका को समझ पाते हैं, परन्तु कुछ स्वभाववश पूर्णत: शिक्षक पर आश्रित रहते हैं। इन विद्यार्थियों की अपेक्षाओं को पूरा करने और उन्हें आत्म-निर्भर बनाने के बीच का सन्तुलन शिक्षक के लिए एक बड़ी चुनौती होता है। जहाँ कई शिक्षक इस सन्तुलन की आवश्यकता को नहीं समझ पाते, वहीं कई विद्यार्थियों में इससे जूझते हुए गणित के प्रति अरुचि पैदा होने की सम्भावना बनी रहती है।

स्कूली पृष्ठभूमि में विविधता

स्नातक कक्षाओं के विद्यार्थियों की शैक्षणिक पृष्ठभूमि में अत्यधिक विविधता रहती है। इसके कई कारण हैं, जैसे विद्यार्थियों के विभिन्न स्कूल बोर्ड और शिक्षण का भाषायी माध्यम, पृष्ठभूमि में आर्थिक, सामाजिक और भौगोलिक विविधता। स्कूली दिनों में विद्यार्थी ने कोचिंग और ट्यूशन का सहारा लिया या नहीं, यह भी उसकी सोच को प्रभावित करता है। इतनी भिन्नता वाले समूह को एक स्तर पर आकर पढ़ाना कठिन कार्य है। गणित के उपविषयों की पारस्परिक निर्भरता इस कार्य को और भी कठिन बनाती है। उदाहरण के लिए, आव्यूह व सारणिक के सिद्धान्तों का प्रयोग कर एक से अधिक रैखिक समीकरणों के उभयनिष्ठ हलों का अध्ययन स्नातक के कुछ विद्यार्थियों के लिए स्कूली स्तर का विषय होता है क्योंकि उन्होंने ऐसे प्रश्न पहले से ही हल किये होते हैं। वहीं कुछ विद्यार्थी ऐसे प्रश्नों से जूझते हैं क्योंकि वे न तो आव्यूह सिद्धान्त के अवयवों को अमूर्त रूप में समझ पाते हैं और न ही रैखिक समीकरणों के साथ उनका सम्बन्ध। ऐसे में कक्षा का एक बड़ा वर्ग कक्ष-शिक्षण को उपयोगी नहीं पाता। कई बार शब्दावली अथवा भाषा के अन्तर के कारण भी कक्षा का एक वर्ग कक्ष-शि.क्षण के लाभ से वंचित रह जाता है।

गणितीय भाषा के प्रति अपरिपक्वता

गणित की अपनी एक भाषा है, जो गणित के विभिन्न क्षेत्रों में सर्वव्याप्त है। कुछ सर्वमान्य प्रतीकों के अलावा प्राकृतिक भाषाओं के कुछ शब्दों जैसे यदि, अथवा, प्रत्येक, सर्वथा, चूँकि, अतः, अद्वितीय इत्यादि का गणितीय अवधारणाओं के सटीक सम्प्रेषण में अहम योगदान है। अक्सर विद्यार्थी ऐसे विशिष्ट शब्दों की उपेक्षा कर गणितीय चिन्हों को किसी क्रम में अपनी समझ के अनुसार जोड़कर अर्थ निकालने का प्रयास करते हैं। यह भाषायी अपरिपक्वता विशेषकर गणित के अमूर्त और तर्कप्रधान रूप में विद्यार्थियों पर भारी पड़ती है। उदाहरणार्थ, ये दो वाक्य लीजिए। पहला, "सभी समकोण त्रिभुज, पाइथागोरस प्रमेय के प्रतिबन्ध को सन्तुष्ट करते हैं", और दूसरा, "पाइथागोरस प्रमेय के प्रतिबन्ध को सन्तुष्ट करने वाले सभी त्रिभुज समकोण त्रिभुज होते हैं।" हालाँकि, दोनों वाक्य समकोण त्रिभुजों की बात करते हैं, परन्तु एक-दूसरे से भिन्न बात कहते हैं। दोनों वाक्यों की गणितीय उपपत्ति एक-दूसरे से अलग है। विद्यार्थी इस बात को समझने के प्रयास में उलझ जाते हैं। कौन-से गणितीय तर्क पहले वाक्य को सिद्ध करेंगे और कौन-से दूसरे वाक्य को, यह बात उन्हें और भी उलझा जाती है। एक और उदाहरण लेते हैं।

- **पहला कथन :** यदि ABC एक समबाहु त्रिभुज हो तो उसमें कोण A का मान 60° होगा।
- **दूसरा कथन :** यदि त्रिभुज ABC में कोण A का मान 60° हो तो वह एक समबाहु त्रिभुज होगा।

दोनों ही कथन लगभग एक जैसी शब्दावली से मिलकर बने हैं, परन्तु एक-दूसरे के विलोम हैं क्योंकि पहले कथन की परिकल्पना (ABC एक समबाहु त्रिभुज है), दूसरे का निष्कर्ष है, और इसी प्रकार दूसरे की परिकल्पना (कोण A का मान 60° है) पहले कथन का निष्कर्ष है। गणितीय रूप से पहला कथन सत्य है और दूसरा असत्य। परिकल्पना से निष्कर्ष तक पहुँचने की यात्रा गणितीय तर्क के मार्ग से होकर गुज़रती है और इस प्रक्रिया में क्या परिकल्पना है और क्या निष्कर्ष, इस बात में कई विद्यार्थी भटक जाते हैं। वहीं कुछ विद्यार्थियों के लिए गणितीय तर्क के ऐसे मौलिक मुद्दे बहुत सरल और सुस्पष्ट होते हैं। कक्षा में इनकी चर्चा करने पर उन्हें कुछ नया प्राप्त नहीं होता। गणितीय भाषा की अपरिपक्वता से उपजी इस चुनौती के बीच शिक्षक वह मार्ग नहीं पकड़ पाता जो सभी विद्यार्थियों को सन्तुष्ट करे। इसके चलते विद्यार्थी परिभाषाओं और संकल्पनाओं, जो गणित के किसी भी सिद्धान्त और चर्चा

का आधार हैं, से भी वंचित रह जाते हैं। यह आधारभूत कमी आगे जाकर विद्यार्थियों के गणित से मोहभंग के रूप में दिखती है।

समझ के मानदण्डों में विविधता

कुछ समय पहले एक महाविद्यालय के विद्यार्थियों के साथ गणित की चर्चा के समय एक विद्यार्थी ने उच्च स्तर पर गणित सीखने की प्रक्रिया में आने वाली एक और कठिनाई मेरे सामने रखी। उसकी समस्या थी कि उसे कक्षा में तो सब कुछ समझ में आता था परन्तु जब वह अभ्यास-प्रश्न हल करने बैठता, तब वह यह नहीं समझ पाता था कि शुरू कहाँ से करना है और कितना कार्य करने पर अध्यापक उसके कार्य को प्रश्न के हल के रूप में स्वीकार कर लेगा। समस्या यहीं से आरम्भ होती है। कक्षा-कक्ष में यदि प्रत्येक चरण पर बिना परेशानी के एक विद्यार्थी शिक्षक द्वारा बताई गयी बात का अनुसरण कर पाता है, तब वह यह मान लेता है कि उसे सब कुछ समझ में आ रहा है। असल में एक श्रोता की भाँति कक्षा-कक्ष में बैठा हुआ यह विद्यार्थी शिक्षक की बात का अनुसरण तो कर पाता है, परन्तु उसका विश्लेषण नहीं। गणित की मूल प्रकृति विश्लेषणात्मक है, तथ्यात्मक नहीं। अधिकांश विद्यार्थियों की समझ के मानदण्ड बहुत उथले होते हैं। उन्हें लगता है कि यदि वे किसी परिभाषा अथवा प्रमेय के कथन को अक्षरशः लिख पाने में समर्थ हैं तो वे विषय की समझ रखते हैं। कुछ विद्यार्थी ऐसे भी होते हैं जो किसी भी निष्पत्ति के प्रत्येक चरण का सत्यापन कर पाने में तो सक्षम होते हैं, परन्तु स्वयं ऐसे तर्क दे पाने में असमर्थ होते हैं जिनसे निष्पत्ति में सहायता मिले। वहीं दूसरी ओर कुछ विद्यार्थी ऐसे भी होते हैं जो विषय का मूल जाने बिना समझ का दावा करने में असहज होते हैं। किसी मूल्यांकन प्रक्रिया से पहले एक शिक्षक के लिए यह पता लगाना कि किस विद्यार्थी की समझ के मायने क्या हैं, बेहद कठिन है। ऐसे में शिक्षक के लिए कक्षा के साथ ऐसा संवाद स्थापित करना कठिन हो जाता है जो सभी विद्यार्थियों को समझ का गहरा अर्थ प्रदान करे। इस प्रकार स्कूली वर्षों के दौरान पनपी यह समस्या स्नातक स्तर पर ही उभरकर आ पाती है।

एक सर्वमान्य पाठ्यक्रम का अभाव

हमारे देश में क़रीब तीस के आस-पास स्कूली शिक्षा बोर्ड हैं। इनमें से कई बोर्ड स्वयं अपना पाठ्यक्रम व पुस्तकें निर्धारित करते हैं। इसके बावजूद यह मान्यता कि गणित विषय में एक निश्चित कक्षा में क्या पढ़ाया जाना चाहिए, लगभग एक जैसी है। एनसीईआरटी द्वारा सृजित पाठ्यपुस्तकों का मानकीकरण इस मान्यता को सुस्थापित करता है। उदाहरणार्थ, यह सर्वमान्य है कि कक्षा 12 का एक विद्यार्थी कैलकुलस,

निर्देशांक ज्यामिति, त्रिकोणमिति व बीजगणित के मूल सिद्धान्तों और क्रियाविधियों से परिचित होगा। स्नातक स्तर पर पाठ्यक्रम के सन्दर्भ में यह सहमति कहीं बनती हुई दिखाई नहीं देती। प्रत्येक संस्थान व विश्वविद्यालय अपने बोर्ड ऑफ स्टडीज़ या एकेडमिक सेनेट के माध्यम से स्वयं अपना पाठ्यक्रम तय करता है और राष्ट्रीय स्तर पर इस पाठ्यक्रम के मानकीकरण की कोई संस्था उपलब्ध नहीं है। साथ ही, कई विश्वविद्यालयों में पाठ्यक्रम के बदलाव की प्रक्रिया उतनी सुगम भी नहीं है। कई बार देखा जाता है कि शिक्षक समुदाय का एक बड़ा वर्ग भी ऐसे बदलाव के पक्ष में नहीं रहता। परिणामस्वरूप पाठ्यक्रम विषयवस्तु में भिन्न होने के साथ-साथ अपनी प्रासंगिकता के सन्दर्भ में भी अलग-अलग स्तरों पर होते हैं। उदाहरण के लिए देश के अलग-अलग कोने में स्नातक स्तर गणित के विषयों के रूप में कहीं पर यान्त्रिकी, कहीं पर ऑब्जेक्ट ऑरिएण्टेड प्रोग्रामिंग और कहीं पर आर्टिफिशियल इंटेलिजेंस पढ़ाई जाती है। ये तीनों विषय किस बड़ी रूपरेखा में एक साथ ख़रे उतरते हैं, यह स्पष्ट नहीं है। अधिकांश स्थितियों में ये विषय किसी गम्भीर चर्चा के फलस्वरूप एक बड़े उद्देश्य को केन्द्र में न रखकर सिर्फ़ इसीलिए पाठ्यक्रम का हिस्सा होते हैं क्योंकि कुछ शिक्षक और समितियों के सदस्य 'अपने विषय' को पाठ्यक्रम में देखना चाहते हैं। दूसरे विश्वविद्यालयों में प्रशिक्षित कई शिक्षक ऐसे में इन पाठ्यक्रमों को सहजता के साथ स्वीकार नहीं कर पाते। इन पाठ्यक्रमों के सफल संचालन के लिए अनुसंशित पुस्तकें या तो विद्यार्थी की पठन क्षमता के स्तर से बहुत ऊपर होती हैं, या फिर विद्यार्थी से यह अपेक्षित होता है कि वह अनेक सन्दर्भ पुस्तकों का अध्ययन कर विषय के प्रति अपनी समझ बनाये। इस प्रक्रिया में विद्यार्थी के कुंजी और प्रश्नोत्तरी आधारित पुस्तिकाओं पर आश्रित होने की सम्भावना रहती है। स्नातक स्तर पर एनसीईआरटी के समकक्ष एक राष्ट्रव्यापी संस्था इस समस्या को कुछ सीमा तक सम्बोधित कर सकती है। ऐसी संस्था का उद्देश्य पूरे देश में एक पाठ्यक्रम न थोपकर स्नातक स्तर पर पाठ्यक्रम चर्चा का सूत्रपात करना हो सकता है। ऐसी चर्चाओं के फलस्वरूप पाठ्यक्रमों के कई ख़ाके तैयार किये जा सकते हैं। इस प्रकार यह संस्था स्नातक स्तर पर पाठ्यक्रम निर्धारित करने वाली स्थानीय समितियों को पाठ्यक्रम तैयार करने में सहायता कर सकती है।

उपसंहार

स्नातक कक्षाओं में गणित के बदले स्वरूप, स्कूली शिक्षा के दौरान गणित के अधूरे बोध व इस लेख में वर्णित अन्य कारणों से स्नातक स्तर पर विद्यार्थियों में गणित से मोहभंग की बहुत सम्भावना होती है। देश के प्रतिष्ठित विज्ञान और तकनीकी संस्थानों

व विश्वविद्यालयों में जहाँ अधिकांश विद्यार्थी अपने गणितीय कौशल के बल पर प्रवेश पाते हैं, उनमें से बहुत ही कम विद्यार्थी आगे की पढ़ाई में गणित का चुनाव मुख्य विषय के रूप में करते हैं। इस चयन के कारण में भी दो भिन्न दृष्टिकोण निहित होते हैं। पहला, गणित का एक विषयवस्तु के रूप में अध्ययन, और दूसरा, गणित का अन्य विषयों के साधन के रूप में अध्ययन। इन पृथक अपेक्षाओं को समाहित करते हुए पाठ्यक्रमों की रूपरेखाएँ भी उपलब्ध नहीं हैं। हमारे देश में स्नातक स्तर पर गणित शिक्षण के बारे में चिन्तन और शोध भी नगण्य है। कुछ देशों जैसे अमेरिका और कनाडा में कई संस्थाओं जैसे मैथेमेटिकल एसोसिएशन ऑफ़ अमेरिका और कैनेडियन मैथेमेटिकल सोसायटी ने इस दिशा में प्रयास अवश्य किये हैं। वहाँ इन बिन्दुओं पर चर्चा के लिए अनेक उत्कृष्ट पत्रिकाएँ भी उपलब्ध हैं। भारत में स्नातक स्तर पर गणित शिक्षण के मानकों को स्थापित करने के लिए एक-आध प्रयास अवश्य हुए हैं। उदाहरण के लिए प्रो. एस. कुमारेसन के दिशा-निर्देशन में संचालित एमटीटीएस कार्यक्रम, जिसने अनेक विद्यार्थियों को उच्च स्तर पर गणित अध्ययन के लिए प्रेरित किया है। अभी हाल ही में एक नया प्रयास मैथेमेटिक्स टीचर्स एसोसिएशन ऑफ़ इंडिया के नाम से आरम्भ हुआ है। हालाँकि, इसके निर्दिष्ट उद्देश्यों में स्नातक स्तर की बात स्पष्टतः नहीं कही गयी है, परन्तु इसके व्यापक प्रयासों में स्नातक गणित से जुड़े मुद्दे भी सम्मिलित हैं। अभी इसमें स्कूली और स्नातक स्तर के शिक्षकों की सक्रिय भागीदारी की और भी आवश्यकता है।

स्नातक स्तर पर गणित शिक्षण से जुड़ी चुनौतियाँ केवल चिन्तन और शिक्षकों द्वारा शिक्षण प्रक्रिया में इस चिन्तन के निष्कर्ष के क्रियान्वयन मात्र से ही हल नहीं हो सकतीं। इन्हें स्कूली शिक्षा से पृथक कर नहीं देखा जा सकता। ये चुनौतियाँ वृहद समाज में सीखने के अर्थ, उद्देश्य और उसकी प्रक्रिया के साथ गुँथी हुई हैं। अतः इनके समाधान के लिए गणित की पेचीदगियों पर केन्द्रित अध्ययन से अधिक सामाजिक और मनोवैज्ञानिक चिन्तन और शोध की आवश्यकता है।

सन्दर्भ सूची

1. Eklavya (1994) Khushi-Khushi syllabus and textbooks class I to V, Eklavya, Bhopal.
2. Hughes Martin (1986) Children and number. Differences in learning Mathematics block well, Oxford, New York 1986.
3. Indira Gandhi National Open University (1996) Certificate in Teaching Primary Mathematics, Blocks I to V IGNOU, New Delhi.
4. NCERT (2008) Math Magic textbooks for primary mathematics, NCERT, New Delhi.

खण्ड–2

शिक्षकों की समझ और तैयारी

9

प्राथमिक शिक्षा कार्यक्रम (प्राशिका) में गणित

_हृदय कान्त दीवान_

यह पर्चा मध्य प्रदेश में विकसित हुए प्राथमिक शिक्षा कार्यक्रम (प्राशिका) की एकीकृत पाठ्यचर्या में गणित की समझ को प्रस्तुत करता है। गणित और भाषा के सम्बन्धों के अलावा यह पर्चा सीखने-सिखाने के परिप्रेक्ष्य, पाठ्यक्रम, पाठ्यसामग्री, आकलन और शिक्षक की तैयारी की ज़रूरत को रेखांकित करता है। पर्चा उदाहरणों के माध्यम से विस्तार से स्कूल और कक्षा के लोकतांत्रीकरण, बच्चों की समझ, गणितीय भाषा, मूर्त और अमूर्तन आदि पहलुओं पर विचार करता है।

पृष्ठभूमि

प्राशिका यानी प्राथमिक शिक्षा कार्यक्रम अस्सी-नब्बे के दशक में मध्य प्रदेश के होशंगाबाद और बैतूल जिले के दो संकुलों, क्रमशः हरदा (यह अब हरदा ज़िले में है) और शाहपुर में विकसित हुआ और चला। यह राज्य शैक्षिक शोध एवं प्रशिक्षण संस्थान व एकलव्य फ़ाउण्डेशन, मध्य प्रदेश का साझा प्रयास था। इस पर्चे में हम इस कार्यक्रम की गणित सम्बन्धी समझ के बारे में बात करेंगे। गणित सीखने-सिखाने की यह समझ प्राशिका की सम्पूर्ण दृष्टि का हिस्सा है। यह समझ प्राथमिक व पूर्व माध्यमिक, दोनों कक्षाओं में अवलोकनों व अनुभवों के आधार पर रची गयी थी। इसमें समझ यह थी कि सीखने-सिखाने की प्रक्रिया में शामिल पैकेज में पाठ्यक्रम के अलावा शिक्षक की तैयारी, पाठ्यसामग्री, आकलन, शैक्षिक सामग्री, सभी के बारे में सोचना महत्त्वपूर्ण है। अध्ययन-अध्यापन में सुधार की प्रक्रिया स्कूलों, शिक्षकों, बच्चों व परिस्थितियों के सन्दर्भ में ही सोची जा सकती है। इसके साथ-साथ पैडॉगाजिकल सिद्धान्तों- जैसे गणित सीखने के सिद्धान्तों, गणित की प्रकृति व गुण, गणित सीखने

में क्या महत्त्वपूर्ण है आदि के आधार पर ही तय होगा कि कक्षा में क्या होगा। इसमें अनुभव से उत्पन्न यह समझ भी शामिल है कि भाषण व प्रवचन देकर शिक्षकों को गतिविधि आधारित शिक्षा, सीखने वालों की सक्रिय व संजीदा भागीदारी, स्वयं अवधारणा रचना और लोकतान्त्रिक कक्षायी माहौल आदि नहीं समझाये जा सकते। इससे वे इस्तेमाल करने योग्य सिद्धान्त नहीं बनते। यदि शिक्षकों को इनको समझना व उपयोग करना है तो उनके साथ अन्त:क्रिया में इनकी झलक मिलनी चाहिए। गणित शिक्षण के कार्यक्रम में क्या होना चाहिए, उस तरह के कार्यक्रमों तक कैसे पहुँचा जा सकता है, इसका अहसास व समझ प्राशिका कार्यक्रम में गणित की कक्षाओं के अवलोकन तथा शिक्षकों व बच्चों से बातचीत से बनी। चूँकि प्राशिका की सीखने-सिखाने की संकल्पना में निहित था कि इस क़वायद का सबसे महत्त्वपूर्ण पहलू कक्षा की अन्त:क्रिया और बच्चों के लिए गणित से जूझने के मौक़ों की उपलब्धता थी, अत: शिक्षकों की समझ कार्यक्रम की एक अहम कड़ी थी। इसी कारण इस लेख में पाठ्यचर्या के स्वरूप की खोज की चर्चा शिक्षकों की समझ व उससे अन्त:क्रिया से गुँथी हुई है। कार्यक्रम की यह मान्यता है कि पाठ्यचर्या व पाठ्यसामग्री का विकास, शिक्षकों की समझ, उनके विकास और कक्षा प्रक्रिया के दौरान शिक्षक के अपने स्वत्व व स्वायत्तता के उपयोग की क्षमता व सम्भावना से गहरे रूप से अन्तर्सम्बन्धित है। प्राशिका के कार्य की शुरुआत कक्षाओं के अवलोकन व शिक्षक और बच्चों से अनौपचारिक चर्चाओं से हुई।

अनुभव से प्राप्त समझ

इन अवलोकनों के कुछ उदाहरण देखने से यह समझने में मदद मिलेगी कि प्राथमिक कक्षाओं में गणित शिक्षण के आयामों के बारे में प्राशिका की समझ कैसे बनी। साथ ही यह भी कि प्राशिका में गणित की जगह, उसमें शामिल अवधारणाओं व संक्रियाओं और उनका स्तर, उसे पढ़ाने के बारे में सुझाव व अन्य हिस्सों से सम्बन्ध के बारे में उसकी क्या समझ थी। इससे यह समझने में भी मदद मिलेगी कि शिक्षकों की तैयारी व पाठ्यपुस्तक के बारे में किस तरह के मत बने और उसके आधार किस प्रकार के थे। यह अवलोकन यहाँ समेकित समझ के रूप में प्रस्तुत किये जा रहे हैं जिससे उनके निहितार्थों की बात भी साथ-साथ हो सके।

हमने देखा कि कक्षा-4 में बच्चे 1 से 100 तक संख्याओं का नाम क्रम में बोल सकते थे किन्तु बीच में से किसी संख्या से शुरू कर आगे की संख्या का नाम नहीं बोल पाते थे। यानी किसी संख्या के बाद अगली संख्या कौन-सी होगी, यह नहीं

बता पाते थे। ऐसे ही अवलोकन पढ़ने के बारे में थे। ऐसा प्रतीत होता था कि उन्होंने अपनी पुस्तकों के पाठ याद किये हुए थे। पढ़ते समय अथवा पढ़कर सुनाते समय पुस्तक उलटी हो या सीधी, उसकी एक झलक देखकर वे पूरा पाठ सुना सकते थे। कोई नया पाठ दिये जाने पर वे अक्षर-अक्षर करके पढ़ते थे और इससे पूरे एक शब्द को ही समझ पाना मुश्किल हो जाता था। वाक्य पढ़ना व पाठ के मज़मून को समझना तो बहुत ही मुश्किल था। इसी वजह से कक्षा आठ तक भी वे सरल इबारती सवाल हल नहीं कर पाते थे। गुणा व भाग करते समय और भिन्नात्मक संख्याओं व उन पर संक्रियाओं से जूझते समय बच्चे बताए गये कलनों व शार्टकट में उलझ जाते थे व गड्ड-मड्ड कर देते थे। यहाँ तक कि एक ही स्कूल के कक्षा-5 और कक्षा-8 के बच्चों द्वारा किये गये भिन्नात्मक संख्या सम्बन्धित सवालों में कक्षा-5 के बच्चों ने ज़्यादा बेहतर प्रदर्शन किया। इसका कारण यह समझ में आया कि कक्षा-5 में भिन्नात्मक संख्याओं व उनके सवालों पर उस समय कार्य किया जा रहा था, अत: प्रक्रियात्मक ज्ञान से सम्बन्धित सवाल बच्चे हल कर पाये जबकि कक्षा-8 के बच्चे वे सब काफ़ी हद तक भूल गये थे और उनके लिए सारे कलन व शार्टकट आपस में गड्ड-मड्ड हो गये थे। ऐसा प्रतीत होता था कि उन्हें स्वयं प्रश्न पढ़कर समझने व हल करने की आदत नहीं है। हालाँकि, ये बच्चे जटिल संख्याओं वाले बहुत-से सवालों को हल कर सकते थे किन्तु नये सवाल को कैसे हल करना है, सोच नहीं पाते थे। नये सवाल का अर्थ है कि सवाल उदाहरणों जैसे ही फार्मेट में न हों व सीधे-सीधे शार्टकट व बताए गये कलन के इस्तेमाल से हल न होते हों। बच्चों का भरसक प्रयास यही होता था कि वे किसी तरह से अगल-बगल देखकर सही उत्तर तक पहुँचकर उसे लिख दें।

इसी तरह सीखने-सिखाने की प्रक्रिया के बारे में यह दिखा कि अधिकांशत: तो शिक्षक ही बोर्ड पर सवाल हल कर देते थे और जहाँ बच्चों से जवाब देने की या सवाल हल करने की अपेक्षा होती भी थी, उसमें भी उन्हीं बच्चों को मौक़ा मिलता था जो शिक्षक की नज़र में होशियार थे और सही से सवाल हल कर सकते थे। उनके द्वारा किये हल को फिर सभी बच्चे कॉपी कर लेते थे। यदि कक्षा में दो या तीन बच्चे समझ गये प्रतीत होते (यानी सवाल का हल बता देते) तो शिक्षक यह मान लेते थे कि कक्षा समझ गयी है और आगे बढ़ जाते। यह जानने की कोशिश नहीं होती थी कि सवाल हल करने की प्रक्रिया व कलन बच्चों को किस हद तक समझ आया है, अवधारणा व आधार के अहसास की तो कल्पना भी नहीं की जाती थी। यह भी प्रयास नहीं होता था कि सामान्य तौर पर जिस तरह की ग़लतियाँ बच्चे करते हैं, उन्हें कक्षा

में उभरने का मौक़ा मिले। इससे बच्चों की समझ व धारणाएँ व्यक्त नहीं हो पाती थीं व शिक्षक यह नहीं जान पाते थे कि बच्चों को क्या समझ आया है और क्या वे नयी परिस्थिति में सही तरह से आगे बढ़ सकते हैं? इसमें यह समझना महत्त्वपूर्ण है कि ऐसा न कर पाना क्या सिर्फ़ इस कारण से है कि वे यह नहीं समझते कि ऐसा करने से सीखने में फ़ायदा होगा अथवा इसे कर पाने के लिए जिस तरह की समझ और गणितीय खोजबीन करने की क्षमता व रवैया चाहिए, वहाँ तक पहुँचना ज़रूरी है।

कक्षा प्रक्रिया की झलक

एक और महत्त्वपूर्ण समझ जो इन कक्षाओं के अनुभव से मिली, वह बच्चों द्वारा पूछे गये सवालों पर शिक्षकों के प्रत्युत्तरों व बाद की कक्षा प्रक्रिया के बारे में है। बच्चों का सवाल पूछना व अन्य किसी तरह से कक्षा में हस्तक्षेप कर उसकी प्रक्रिया में अपनी रुचि अथवा जिज्ञासा के मसले जोड़ने की सम्भावना के बारे में सोचना तो असम्भव था। पढ़ाई जा रही विषयवस्तु के बारे में बच्चों को जो समझ नहीं आता था, उसके बारे में पूछने का मौक़ा कहीं-कहीं ही दिखता था। लेकिन इस तरह के प्रकरणों में भी बच्चों के प्रश्नों के जवाब में जो पहले बताया गया था और जिस तरह से बताया गया था, उसे जस-का-तस दोहराया ही जाता था। बच्चों के लिए एक या दो बार दोहराए गये वक्तव्य के बाद समझ न आने पर भी मान लेने के अलावा विकल्प नहीं था। उन्हें मजबूरन बैठ ही जाना पड़ता था।

बच्चों द्वारा किये गये सवाल जाँचते समय शिक्षक यह नहीं सोचते थे कि बच्चे अपने उत्तरों तक कैसे पहुँचे हैं और उनके उत्तर अलग क्यों हैं। यह सरलता से देखा जा सकता है कि बग़ैर यह सब समझे, सीखने में बच्चों की मदद कर पाना मुश्किल था। शिक्षकों का सिर्फ़ सही व ग़लत का निशान लगाकर, उनमें से कुछ सवालों को दोबारा बोर्ड पर समझाकर, कुछ और वैसे ही सवाल हल करने को दे देना पर्याप्त नहीं है। और न ही इसके बाद कक्षा में होशियार बच्चों से कलनों के आधार पर कुछ सवालों के हल बोर्ड पर करवाकर यह मान लेना पर्याप्त है कि अब बच्चों को समझ आ गया है। शिक्षकों के साथ काम करते-करते यह भी समझ आया कि अवधारणाओं की उनकी समझ भी बहुत गहरी नहीं थी। उनमें से बहुत-से कलनों को बिना ठीक से समझे ही इस्तेमाल करते थे। उनके लिए नयी गतिविधि बनाना तो बहुत मुश्किल था ही, परन्तु उनके लिए दी गयी गतिविधियों के लक्ष्य व उद्देश्य समझना भी मुश्किल था। इसलिए बच्चों को होने वाली समस्याएँ समझना व उनके हल करने के रास्तों को देखकर, उनमें ग़लतियों के पैटर्न पहचान कर, इस सबमें

समझने के रोड़ों को पहचानने की क्षमता उनमें बहुत कम थी। यह भी लगा कि शिक्षकों की इन गणितीय अवधारणाओं की समझ व इनकी संक्रियाओं में इस्तेमाल होने वाले कलनों में आत्मविश्वास कम था व वे इनमें सहज नहीं थे।

गणित सीखना क्या है?

प्राशिका की कल्पना एक समेकित शिक्षण कार्यक्रम के रूप में की गयी थी। इसमें यह माना गया था कि हालाँकि कुछ विशेष क्षमताएँ किसी विषय के साथ ज़्यादा गहरे रूप में जुड़ी हुई कही जा सकती हैं, पर इन सभी विषयों को सीखने के लिए सीखने वाले को बहुत-सी साझी क्षमताएँ हासिल करनी होती हैं जो इन सब विषयों को सीखने की बुनियाद में हैं। उदाहरण के लिए अन्तर व समानता पहचानने की क्षमता, सन्दर्भ समझने की क्षमता, चित्र व आकृति समझने की क्षमता, क्रम समझने की क्षमता, गुण पहचानने की व समूह में रखने की क्षमता, पैटर्न समझने व बनाने की क्षमता, समझकर पढ़ने की क्षमता, अपने तर्क रचने व व्यक्त करने की क्षमता आदि। इसके अलावा विषयों में बँटी क्षमताओं का विकास भी एक-दूसरे को प्रभावित करता है और इन्हें हासिल करने में परस्पर मदद होती है। इसका अर्थ यह नहीं कि सभी विषय एक जैसे हैं और किसी विषय के न तो कोई ख़ास गुण ही हैं और न ही उसकी कुछ विशेष अवधारणाएँ। शुरुआती समय में विषयों में समेकित अन्तःक्रिया की स्वाभाविकता के बावजूद प्रत्येक विषय की अपनी कार्यपद्धति, अभ्यास व अपेक्षित क्षमताओं की विशिष्ट उपसूची होती है। इस प्रकार कक्षा प्रक्रिया व सीखने का मॉडल एकीकृत होने के बावजूद प्रत्येक विषय की झलक कार्यक्रम में अलग भी दिखती है।

प्राशिका की यह भी समझ थी कि शुरू में सीखने वाले को ठोस यथार्थ से शुरू करने से मदद मिलती है और इस तरह के ठोस यथार्थ आधारित अनुभव विषयों और अवधारणाओं में बँटे नहीं होते। ऐसा भी नहीं होता कि किसी एक अन्तःक्रिया में सिर्फ़ एक अवधारणा ही प्रमुख हो यानी किसी अन्तःक्रिया अथवा गतिविधि को किसी एक अवधारणा या एक आयाम के विकास के लिए रचा जा सके। अतः प्राशिका में अवधारणाओं व विषयों को साथ-साथ विकसित होते हुए देखा जाता था। यानी कुल मिलाकर नतीजा यह कि प्राशिका में गणित व अन्य विषयों को अलग-अलग देखने व प्रस्तुत करने की कल्पना नहीं थी और टुकड़े-टुकड़े में बाँटकर दक्षताओं के विकास की कल्पना भी नहीं थी। जैसी कि ऊपर बात हुई थी, इसका अर्थ यह नहीं कि गणित सीखने की अलग से कोई विशेष अपेक्षाएँ नहीं थीं।

इनकी एक सूची तो थी लेकिन इस सूची के अन्दर भाषा की समझ का गहरा हस्तक्षेप था व इसे सन्दर्भ के साथ जोड़कर देखा जाता था।

गणित कैसे नहीं सीखा जाता

गणित सीखने की समझ में प्राशिका द्वारा किया गया एक और बड़ा परिवर्तन गिनती, पहाड़े आदि को रटकर याद करने की आवश्यकता को ख़त्म करना था। शिक्षकों में, पूरी शिक्षा व्यवस्था में और यहाँ तक कि समाज में भी मान्यता थी कि गणित का अर्थ इन्हें ही जानना और जल्दी से दोहराना है। इस पर हर स्तर पर संघर्ष हुआ और यह संघर्ष अभी भी गणित सीखने-सिखाने की प्रक्रिया के सन्दर्भ में जारी है। ये सवाल कि पहाड़े व अन्य अंकगणितीय तथ्य याद होना कितना ज़रूरी है और इन्हें याद करने का तरीक़ा क्या हो, प्राशिका में बहस का सबब थे। प्राशिका का जोर रटकर याद करने की प्रक्रिया को पूरी तरह ख़त्म करने पर था। इसी तरह से प्राशिका ने दो, तीन अंकीय व और बड़ी संख्याओं को स्तम्भों में लिखकर स्तम्भवार ही जोड़ने व घटाने की प्रक्रिया को ग़लत माना। जब तक विद्यार्थियों में संख्याओं के मान का अहसास नहीं होता, तब तक यह प्रक्रिया कुछ भी सीखकर आत्मविश्वास पाने में उनकी मदद नहीं करती। इसके साथ-साथ और इसके पहले से संख्याओं को पूरे रूप में पढ़ने, जोड़ने और घटाने का अभ्यास अनिवार्य है। इससे ही संख्याओं को जोड़ने व घटाने की समझ व अपेक्षित और सम्भव उत्तर का अनुमान लगाने की क्षमता पैदा होती है। यह क्षमता जोड़ व घटाने की सही समझ बनाने के लिए आवश्यक है। इसके अलावा प्राशिका ने गणित सीखने में क्रमबद्ध ढंग से प्रक्रियात्मक ज्ञान तक पहुँचने को गणित सिखाने का गैर-ज़रूरी मक़सद माना और उसके महत्त्व को द्वितीयक स्तर का बना दिया। प्राशिका के अनुसार प्रमुख मक़सद अवधारणाएँ समझना है। प्राशिका ने यह भी माना कि जटिल प्रश्न, चाहे वह बड़ी संख्याओं पर संक्रियाओं के हों अथवा जटिल व अस्वाभाविक भिन्नात्मक संख्याओं के, निरर्थक हैं। इसलिए अधिकांश भिन्नात्मक संख्याओं के सवाल, जो तब की पुस्तकों में शामिल किये जा रहे थे, उपयोगी नहीं थे। सवाल कैसे हों, यह गणित के अर्थ व हमारी सीखने-सिखाने की समझ पर आधारित है और यह बहस अभी भी ज़ारी है। ख़ास ढंग से हल होने वाले व जटिल संख्याओं और संक्रियाओं वाले प्रश्नों को अभी भी महत्त्वपूर्ण माना जाता है। शिक्षकों की समझ का यह पहलू बच्चों के लिए गणित को कठिन व अग्राह्य बना देता है।

बच्चों का पूर्व ज्ञान व कक्षायी गणित

प्राशिका ने कक्षा प्रक्रिया में एक और बड़ा परिवर्तन किया। यह परिवर्तन इस समझ पर आधारित था कि बच्चे पहले से काफ़ी कुछ जानते हैं। यह ज्ञान सिर्फ़ भाषा जानने व संख्या, नाम अथवा गिनती जानने का नहीं है बल्कि उनमें मात्रा की शुरुआती समझ भी होती है, जो कि संख्यात्मक भी है और आकार व अन्य स्थानिक क्षमताओं से सम्बन्धित भी है। स्वाभाविक तौर पर सीखा गया यह ज्ञान, चाहे वह गणित में हो या भाषा में, बिना औपचारिक सचेत प्रयास के सीखा जाता है। सामान्य परिस्थितियों में अन्त:क्रिया से यह अर्जित किया जाता है। इसके कुछ सामान्य तत्व हैं जिन्हें व्यापक भाषायी क्षमता के रूप में देखा जा सकता है। इसमें न सिर्फ़ सामान्य समझ व अभिव्यक्ति शामिल है वरन तार्किक क्षमता, अनुमान व पूर्वानुमान (extrapolate/interpolate) लगाना, मात्रा का संख्यात्मक व आकारात्मक अहसास, क्रम, समूहीकरण व श्रेणियों के लिए परिभाषाएँ गढ़ना आदि सभी शामिल हैं। चार साल के बच्चे की भाषायी क्षमता व्यवस्थित विमर्श व नया ज्ञान हासिल करने, गढ़ने व व्यक्त करने में पूर्णत: सक्षम है। अनुभव व संवाद के आधार पर वह इसमें नये पहलू जोड़ता जा सकता है। वह वही भाषा सीख पाता है जो उसके सन्दर्भ में है। स्वाभाविक ढंग से गणित सीखने की यह सीमा भी है, हालाँकि उसमें गणितीय तर्क व अन्तर्सम्बन्धों का अहसास सम्मलित है। वह उस ढंग से व्यापक व सन्दर्भ निरपेक्ष नहीं है जैसे कि औपचारिक गणित है। भाषा की तुलना में गणित के स्वाभाविक उपयोग के विविध मौक़े बहुत ही कम मिलते हैं। हासिल किया गया गणितीय ज्ञान कुछ हद तक सन्दर्भिक तो है किन्तु उसमें भी अमूर्तता के पर्याप्त पहलू सम्मिलित होते हैं और बच्चे इसे नये सन्दर्भों में भी इस्तेमाल कर सकते हैं। हालाँकि इस व्यापक उपयोग का दायरा भी सीमित है क्योंकि भाषायी खोज व सृजन के नियमों की तुलना में गणित के व्यापक नियमों के उपयोग की स्वाभाविक समझ हासिल नहीं होती। ऐसा प्रतीत होता है कि भाषा की तुलना में गणित के लिए बुनियादी संरचनात्मक नियमों व सिद्धान्तों का सचेत ज्ञान बहुत अधिक आवश्यक है। इसका तात्पर्य यह है कि गणित का बुनियादी व्याकरण, भाषा के स्वाभाविक व्याकरण की तरह हासिल नहीं किया जा सकता।

यह भी स्पष्ट है कि स्कूल का औपचारिक पाठ्यक्रम भाषा के सन्दर्भ में भी बच्चे के लिए सरल नहीं है। अधिकांश बच्चे स्कूल की अपेक्षाओं से पिछड़ जाते हैं। यह भाषा के सन्दर्भ में भी होता है हालाँकि गणित में यह और भी ज़्यादा होता है।

इस समझ ने प्राशिका में स्कूली प्रयास की रचना को प्रभावित किया। प्रयास यह था कि कक्षाओं को ज़्यादा खुला, खोज-बीन युक्त व बच्चे के लिए सहज व स्वाभाविक मौक़ों वाली बनाया जाये। इस ढंग से आगे बढ़ने के कई निहितार्थ थे। उनमें से एक था बच्चों की समझ व उनके सीखने के दायरे के अहसास पर ही आगे बढ़ना व यह कोशिश करना कि कक्षा कार्य जटिल न बने बल्कि उनके लिए ग्रहणशील और अर्थपूर्ण रहे। इसका अर्थ यह नहीं कि सिर्फ़ जिनमें उनकी वर्तमान में रुचि है, वही किया जाये, उसे तो व्यापक करना आवश्यक है ही जिससे उनकी रुचि, समझ व क्षमता का दायरा विस्तृत हो किन्तु यह दायरा ऐसा हो जिससे बच्चे जूझ सकें व उससे अन्त:क्रिया में सहज रह पायें। इसलिए, चूँकि बच्चों की इस सन्दर्भ में समझ वैसी नहीं है जैसी औपचारिक गणित पर कार्य कर रहे सक्षम वयस्कों की हो सकती है, अत: उनसे बड़ी संख्याओं, जटिल आकृतियों अथवा परिस्थितियों के सन्दर्भ के इस्तेमाल की अपेक्षा नहीं की जानी चाहिए। उनकी समझ, अनुभव व गणित की उपयोग क्षमता को स्कूल के गणित के दायरे में लाने का प्रयास करना होगा। कक्षा में गणित पढ़ाने की प्रक्रिया का संचालन इस समझ से हो कि बच्चों को उनके ज्ञान समेत कक्षा में भागीदार बनाना है। अध्ययन-अध्यापन की प्रक्रिया की कल्पना में यह सम्मिलित था कि बच्चे हर विषय में कुछ-न-कुछ जानते हैं। उस ज्ञान को कक्षा में अभिव्यक्त होने का मौक़ा मिलना चाहिए व उसके आधार पर ही आगे बढ़ा जा सकता है। अमूर्तीकरण की प्रक्रिया बच्चे के स्वाभाविक विकास का हिस्सा है और वह शुरू हो चुकी है। उसे आगे बढ़ाना व ज़्यादा व्यापक करना है। शिक्षकों के साथ ये चर्चाएँ अक्सर यहाँ से शुरू होकर कि बच्चों को कुछ भी नहीं आता, बच्चों के ज्ञान को टटोलकर उनके अपरिमित ज्ञान के रेखांकन तक पहुँचती थीं। ऐसे सवाल उभर आते थे कि अगर बच्चे को यह सब आता है तो यह आता कैसे है और फिर बच्चों के साथ स्कूल में आगे कैसे बढ़ें। किन्तु ग़रीब व अलग सांस्कृतिक-सामाजिक पृष्ठभूमि से आने वाले बच्चों के ज्ञान व क्षमता में विश्वास फिर भी नहीं बनता था और इस पर चर्चाएँ बार-बार होती रहीं।

प्राशिका में भाषा और गणित का सम्बन्ध

प्राशिका में भाषा व गणित का गहरा रिश्ता था। यह न सिर्फ़ इस वज़ह से था कि गणित से अन्त:क्रिया के लिए भाषा की आवश्यकता है या दोनों का विकास साथ-साथ होता है बल्कि इसलिए भी था कि दोनों के सीखे जाने में कुछ साझी क्षमताएँ शामिल हैं। समझ व अभिव्यक्ति, तर्क समझना व रचना करना, पूर्वानुमान लगाना, पैटर्न

पहचानना व गढ़ना, सामान्यीकरण करना, कार्य-कारण सम्बन्ध बनाना, सन्दर्भ के हटने के बाद भी अनुभव के आधार पर आगे सोच पाना व उसे याद कर उसके बारे में बात कर पाना, जो कभी नहीं देखा-सुना, उसकी कल्पना करना, अमूर्त धारणाओं का उपयोग कर पाना व सन्दर्भ से अमूर्त समझ निचोड़ पाना आदि क्षमताएँ भाषायी अथवा गणितीय, दोनों सन्दर्भों में चाहिए। उदाहरण व विषय अलग-अलग होते हुए भी इनमें कई बातें एक जैसी हैं। इसके अलावा गणित की समझ को साझा करने व समझने-समझाने में भी भाषा मदद करती ही है। गणित में उपयोग हो रही भाषा में गणित की शब्दावली के अलावा भी विशेषताएँ हैं। इसमें सटीक वाक्य व उनके क्रम की रचना की आवश्यकता होती है। गणित के टेक्स्ट ज़्यादा सुगठित व संक्षिप्त होते हैं और उनमें शब्द अतिरेक अथवा दोहराना न होने के कारण उन्हें समझने में ज़्यादा धैर्य व एकाग्रता चाहिए। गणित में टेक्स्ट का अधिकांश भाग अमूर्त आब्जेक्ट्स, उनके गुणों व उनसे कुछ नया करने के बारे में होता है, इसलिए इसके टेक्स्ट, विज्ञान के टेक्स्ट से भी ज़्यादा मुश्किल बन जाते हैं। प्राशिका की मान्यता थी कि गणित सीख पाने में गणित सम्बन्धी टेक्स्ट पढ़कर उनका उपयोग कर पाना अनिवार्य क़दम है। इसका अभ्यास न सिर्फ़ बच्चों के लिए ज़रूरी है वरन शिक्षकों व अन्य वयस्कों के लिए भी। अक्सर यह गणित की कक्षा का हिस्सा नहीं माना जाता और न ही इसको पर्याप्त महत्त्व दिया जाता है कि गणित स्वयं भी एक भाषा है और इस भाषा को भी गणित की कक्षा में ही सीखा जाना है।

इसका अर्थ यह है कि सीखने वालों के लिए गणितीय भाषा को समझने व उपयोग करने की तैयारी आवश्यक है। इसमें गणित में उपयोग की जा रही भाषा के स्वरूप के साथ-साथ गणित को भाषा के रूप में भी समझ पाना व उसमें किसी तरह का संवाद करने का अभ्यास कर पाना उपयुक्त ढंग से गणित सीखना है। अतः इस भाषा के विकास के लिए बार-बार ऐसी अन्तःक्रिया होना आवश्यक है जिसमें गणितीय भाषा के कथनों को समझना व समझी गयी बात को गणितीय भाषा में लिखने का प्रयास सम्मिलित है। इसके लिए यह आवश्यक है कि शिक्षक कक्षा में आने वाली अड़चनों को समझें व उसके अनुसार कार्य कर विद्यार्थी में समझने की क्षमता विकसित कर पायें। शिक्षक यह करने के लिए तभी तैयार होंगे जब यह शिक्षा ढाँचे के हर स्तर पर मान्य होगी। गणित सीखने में भाषा के अलग-अलग स्वरूप के अभ्यास का महत्त्व समझा जायेगा। यह समझ होगी कि भाषा व गणित की अन्तःक्रिया में और गणितीय भाषा के उपयोग में महारत हासिल करने में जहाँ-जहाँ समस्या होती है, उन पर चर्चा का मौक़ा हो। बच्चों के लिए ऐसे अनुभव व अभ्यास

बनते रहें जिनमें गणितीय मसलों को स्वाभाविक तौर पर प्रस्तुत करने की अपेक्षा हो और सीखने वालों को भाषा के इस्तेमाल व उनमें अभिव्यक्ति के मौक़े मिलते रहें। जाहिर है कि यह हर बार पूरी कक्षा की अन्त:क्रिया नहीं हो सकती। इसमें बच्चों के बीच छोटे-छोटे समूहों में बातचीत व अन्त:क्रिया बहुत लाभदायक है। इसके लिए एक-दूसरे को अपने तर्क व सवाल हल करने के तरीक़े समझाना, उनमें अन्तर व समानता पहचानना, गुण परखना, उन पर बहस करना, साथियों द्वारा किये गये कार्य पर उनसे बातचीत करना, उस कार्य की विवेचना करना व सोचना कि उसे कैसे बेहतर बना सकते हैं, ज़रूरी हैं। मसला सही उत्तर तक यदा-कदा पहुँचना नहीं है बल्कि गणित के आधार को समझकर सार्थक प्रयास करना है और अपने उत्तर को जाँच पाना है। यह समझना भी महत्त्वपूर्ण है कि सीखने वाले को सार्थक मदद व सीखने के मौक़े मिलने चाहिए। इस तरह के मौक़ों का एक उदाहरण है गणित सीखते समय किये जा रहे अभ्यासों में दूसरे साथियों द्वारा किये गये हल, हल करने के तरीक़े, व्याख्या, सामान्यीकरण, रची गयी परिभाषा आदि को समझने का प्रयास करना व उससे अपने तरीक़े और हल को जोड़कर समझना। यानी यह अपेक्षा हो कि बच्चे इन सबके बारे में सोचेंगे और पुस्तक में दिये गये व शिक्षक द्वारा बताए गये नुस्ख़ों को बिना समझे रटकर इस्तेमाल नहीं करेंगे। सीखने का सही तरीक़ा दी गयी व्याख्या अथवा हल को बिना चर्चा के स्वीकारना नहीं वरन अपना तरीक़ा, अपने शब्दों में परिभाषा व व्याख्या विकसित करने की मेहनत है।

गणित सीखने में क्या महत्त्वपूर्ण है

प्राशिका में गणित को संख्याओं, अंकों व उन पर कलनों का प्रयोग कर उत्तर ढूँढ़ने के जंजाल से अलग माना गया था। इसमें संख्याओं व संक्रियाओं की समझ के साथ-साथ उन्हें अलग-अलग परिस्थितियों में उपयोग कर पाना महत्त्वपूर्ण था। गणितीय नियमों के उपयोग के साथ-साथ उनकी समझ का विकास और उनके आधार को व्यक्त करना प्राशिका का आवश्यक हिस्सा था। गणित सीखने में उसकी भाषा सीखने के साथ-साथ उसे एक भाषा के रूप में व तर्क करने के तरीक़े के रूप में समझना भी विषय सीखने का हिस्सा था। प्राशिका का यह मानना था कि गणित में सवाल हल करने के अपने तरीक़े ढूँढ़ना, नये सवाल बनाने के साथ-साथ उन्हें अपने शब्दों में व्यक्त कर पाना ज़रूरी है। यह उतना ही ज़रूरी है जितना इबारती सवाल, गणितीय विवरण, गणितीय समस्याएँ समझकर उन्हें हल करने के लिए आवश्यक तथ्य व संख्यायें अलग कर पाना। विभिन्न वस्तुओं में, परिस्थितियों में,

संख्या समूहों, आकृतियों आदि में समानताएँ व अन्तर पहचान पाना और उन्हें व्यक्त कर पाना गणितीय क्षमता का आवश्यक हिस्सा है। इसी प्रकार सामान्यीकरण व पैटर्न पहचानना, उन्हें ढूँढ़कर व्यक्त करना तथा तार्किक रूप से व्यक्त गणितीय कथनों को समझना भी भाषायी क्षमता के विकास को गणित सीखने का महत्त्वपूर्ण हिस्सा बना देता है। हम आगे के हिस्से में इसे गणित के क्षेत्र में उदाहरण सहित समझने का प्रयास करेंगे।

गणित क्या है, उसमें क्या सीखना महत्त्वपूर्ण है, जैसे मसलों पर शिक्षकों की समझ का दायरा सवालों के हाल के शॉर्टकट में ही उलझा था। गणित विषय के दायरे को खोलने का अर्थ यह अहसास कर पाना था कि गणित, अंकगणितीय गणनाओं का पुलिन्दा नहीं है। उसमें सिर्फ़ संख्याओं और गणनाओं के साथ वैकल्पिक अन्त:क्रिया नहीं है वरन गणित के अन्य हिस्सों की जगह पहचान पाना भी है। प्राशिका की पाठ्यचर्या व उसकी पुस्तकों में दिये गये टास्क इन सभी पहलुओं के प्रति सजगता व समझ पैदा करने के प्रयास हैं। इनकी रचना व विकास में शिक्षकों व उनके कक्षा अनुभवों का महत्त्वपूर्ण योगदान है।

संख्या की समझ व उसका उपयोग

प्राशिका की कक्षाओं में एक महत्त्वपूर्ण प्रयास यह था कि बच्चों को संख्या की समझ व उसके अलग-अलग प्रकार के इस्तेमाल में आत्मविश्वास हासिल करने के मौक़े कई तरह से मिलते रहें। इन मौक़ों के स्तर पर हालाँकि एक क्रमबद्धता देखी जा सकती है किन्तु यह रेखीय क्रमबद्धता नहीं है। संख्या की समझ के सभी पहलुओं यथा गिनने वाली संख्याओं को, उनके मान को वस्तु समूह के साथ जोड़ना, संख्यांक को संख्या के मान के साथ जोड़ना और उसका अन्य संख्याओं के साथ सम्बन्ध बना पाना, संख्यांकों को सही लिखना व उन्हें लिखने के तरीक़े को समझकर इस्तेमाल कर पाना आदि कार्य सीखने वालों को बार-बार करने हैं। इसका अर्थ यह है कि संख्या की समझ बनाने के, जैसे संक्रियाओं के बाद प्राप्त होने वाली संख्या का अनुमान लगाने के अभ्यास के साथ-साथ संख्यांक लिखने के आधार का एहसास व कुछ हद तक समझ बढ़ाने का प्रयास लगातार होता है। इस प्रक्रिया को कुछ उदाहरणों से समझा जा सकता है।

पुस्तक में दिये टास्क के कुछ उदाहरण

संख्या की समझ के अहसास को और उसकी इस्तेमाल क्षमता बढ़ाने की शुरुआत कक्षा एक और दो में मौखिक सवालों पर बातचीत से, चित्रों को पढ़ने व उनके

गणितीय हिस्से व निहितार्थ को समझकर दिये गये टास्क को हल कर कक्षा में प्रस्तुत करने के साथ आगे बढ़ती है। इसके कुछ उदाहरण हैं; एक चित्र लेकर (फूल, पत्ती, तितली या फिर घर, पक्षी, कोई पशु आदि) यह देखना कि कौन-कौन-सी चीज़ें कितनी-कितनी हैं। फिर यह देखना कि लम्बी कौन-सी है, बड़ी कौन-सी है, कितनी बड़ी चीज़ें हैं आदि। कुछ पन्नों पर अभ्यास कार्य में बच्चों को गिनने के अलावा कुछ सरल चीज़ों के चित्र पन्ने पर दी गयी संख्या में बनाने हैं। कुछ अभ्यास निम्नांकित हैं; गिनने से पहले अनुमान लगाना है कि कौन कितनी है, हाथी कितने, बिल्ली कितनी आदि के बाद ही गिनना और जाँचना। इस तरह के सवाल कि इतने करने के लिए कितने बनाने हैं आदि-आदि। इस तरह के सभी पन्नों पर शिक्षक को और भी ऐसे टास्क सोचने हैं जिनमें संख्या व संक्रियाओं की समझ के अभ्यास हों। ये टास्क उनके बदले स्वरूप भी हो सकते हैं जो अन्य पन्नों पर हैं या फिर नयी तरह के टास्क भी हो सकते हैं जिन्हें शिक्षक महत्त्वपूर्ण समझता है।

कक्षा-1 की पुस्तक में एक पन्ने पर रेलें बनी हैं। यह रेलें अलग-अलग संख्या वाली हैं। यानी हर रेल की एक संख्या है और उसके हर डिब्बे पर उसके बराबर चित्र बने हैं। यह चित्र किसी भी चीज़ के हो सकते हैं पर ऐसे जो आसानी से बन जायें। जैसे एक में 6 फूल, दूसरे में 6 छाते, तीसरे में 6 तितली आदि। कुछ जगह खाली हैं जहाँ डिब्बे जोड़े जा सकते हैं। कुछ डिब्बों पर चित्र नहीं बने हैं, वहाँ अपनी मर्जी से गिनकर कोई भी चीज़ें बनायी जा सकती हैं। यह भी अपेक्षा है कि बच्चे अपने मन से स्लेट अथवा कापी पर और रेल बनायेंगे और उसमें अपनी पसन्द की संख्या चुनकर उस पर अलग-अलग चित्र बनायेंगे।

एक और टास्क में दिये चित्र में बताई गयी संख्या अनुसार चित्र बनाने हैं। इनमें कुछ उदाहरण नीचे हैं, पर यह सम्भव है कि बच्चे कुछ और चित्र बनायें।

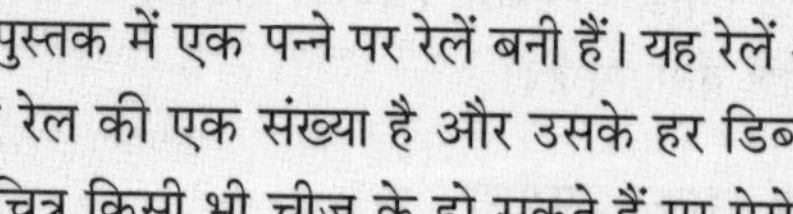

इस तरह के अभ्यास उस समय भी किये जाते हैं जब बच्चे पढ़ नहीं पाते ओर पढ़ना सीख रहे होते हैं।

सरल सार्थक चित्र अथवा उनके लिए छोटे-छोटे प्रतीक चिह्न और फिर धीरे-धीरे अमूर्त चीज़ें गिनकर बनाना। जैसे इस तरह की आकृतियाँ :

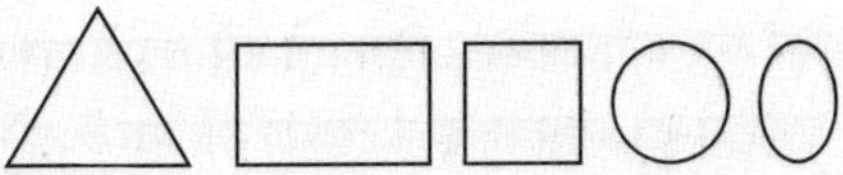

आदि।

इसके बाद छोटी संख्याओं वाले इबारती सवालों को पढ़कर समझने के अभ्यास, ऐसे नये सवाल बनाने का अभ्यास। ऐसे सवाल जिसमें यह पता करना हो कि कौन-सी संक्रियाओं का उपयोग करना है और किन संख्याओं पर। संख्या व संक्रियाओं की समझ व अभ्यास करने के ऐसे मौक़े, जिनमें हर स्तर पर भाषा व तर्क के उपयोग की आवश्यकता हो। इसकी शुरुआत बहुत सरल वाक्यों से होती है, जिनमें अनावश्यक शब्द नहीं होते। जैसे जोड़-घटाने के लिए यह वाक्य—दो गेंद और तीन गेंद = ... गेंद आदि और फिर इनको संख्याओं में लिखना।

इस तरह के बहुत से अभ्यास, जिनमें ज़्यादा उलझी समस्या हो, मौखिक अभ्यासों के रूप में किये जा सकते हैं। इसी तरह से जोड़-घटा में श्रेणियों का अहसास, यानी यह समझ की 3 हाथी व 3 चूहे जोड़े जा सकते हैं किन्तु यदि उन्हें जानवर माना जाये। इसका अर्थ यह है कि यह 3 जानवर और 3 जानवर यानी 6 जानवर होगा। इसी तरह 7 आदमी और 8 औरतें = 15 इन्सान होंगे।

इसी तरह अन्य तरह की श्रेणियों में भी गिनना जैसे रबर अथवा प्लास्टिक की गेंद गिनना या फिर दोनों को जोड़कर बताना कि कितनी गेंदें हैं। इस तरह से जोड़, घटाने के अलग-अलग तरह के सवाल जिनमें श्रेणियों को इकट्ठा करना अथवा अलग-अलग करना शामिल है। कक्षा तीन के बाद से ऐसे गणितीय कथनों को समझकर जाँचना, जो सही भी हो सकते हैं और ग़लत भी। यह कथन संख्याओं की तुलना के, उनके बीच सम्बन्धों के या फिर संक्रियाओं के हो सकते हैं। इनमें यह अपेक्षा है कि कथन की जाँच के बाद उसे सही या ग़लत बताने के आधार भी प्रस्तुत किये जायें और इस दौरान कक्षा के छोटे-छोटे समूहों में पारस्परिक चर्चा भी हो जिसमें अलग-अलग तर्क रखे जा सकें व समूह उनमें से सही तर्क चुनने का प्रयास करें।

समझना, ग़लतियाँ व खोजबीन

गणित सिखाते समय यह अक्सर महसूस होता है कि संख्याओं की समझ व उनके साथ अन्त:क्रिया में ग़लतियों के कुछ पैटर्न होते हैं। यह पैटर्न बच्चों के काम में अक्सर देखे जा सकते हैं। इस तरह की ग़लतियों से जूझने का आम तरीक़ा यही है कि सीखने वालों को उनसे बचने के कलन बता दिये जायें व उनसे एक ही तरह

के टास्क को कई बार करवाया जाये। प्राशिका ने इसे बढ़ती समझ का हिस्सा माना और सीखने वाले इन्हें समझे, इसके कुछ वैकल्पिक रास्ते खोजे। इसमें एक था सवालों के कई अलग-अलग हल देना। उनमें से कुछ में इन पैटर्न का भी इस्तेमाल था और उन्हें यह तय करना था कि उनमें वे किसे ठीक मानते हैं और क्यों। समूह में इस पर कार्य होने से काफ़ी बहस व चर्चा से धीरे-धीरे संख्याओं की व उनके तरीक़ों की बेहतर समझ बनती है। इस तरह के टास्क गणितीय टेक्स्ट व गणित की भाषा समझने का भी अभ्यास हैं। दिये गये सवालों में ग़लती पहचाने के प्रयास से यह भी समझ बनती है कि ग़लती कहाँ है और इससे संख्या की समझ भी पुख़्ता होती है। गणित व भाषा के सम्बन्ध व तार्किक समझ के विकास के लिए, जो आगे शुरुआती बीजगणितीय समझ बन सकती है, खोजबीन के और भी कई अभ्यास हैं। इसके उदाहरण हम अगले हिस्से में देंगे। नीचे संख्या समझ के विकास के कुछ और ऐसे उदाहरण हैं जिनमें खोजबीन करनी है।

कुल मिलाकर संक्रियाओं के बारे में सोचना, उनसे सम्बन्धित सवालों को बार-बार करना आवश्यक तो है किन्तु यह इस ढंग से होना चाहिए कि अभ्यास यान्त्रिक न हों व अभ्यास करने वाले को सोचना और मन में ही तर्क करना पड़े।

संख्याओं से खेल व खोजबीन

इसमें पहला उदाहरण है संख्या समझ के विकास लिए इकाई-दहाई आदि से खोजबीन। जैसे 5, 3, 9 से कौन-कौन-सी 3 अंक की संख्या बन सकती हैं? सबसे बड़ी व सबसे छोटी में कितना अन्तर है? सबसे बड़ी अथवा छोटी बनाने के लिए कैसे आगे बढ़ेंगे। एक और टास्क यह हो सकता है; दो अंक की संख्या है, जो 62 से छोटी है और 40 से बड़ी। इसमें इकाई का अंक दहाई से दोगुना है, संख्या क्या है? इसे हल करने के कई तरीक़े हैं और इस तरह के कई सवाल बनाये जा सकते हैं। इसी तरह की खोजबीन का एक और उदाहरण नीचे है।

यहाँ पर कुछ संख्यायें दी गई हैं :

123 99 115 151 247 273 255

इसमें से हर संख्या क्रम में आने वाली दो संख्याओं के जोड़ के रूप में रखी जा सकती है। नस्सों ने पहले 50 और 50 जोड़ा। उत्तर 100 आया। उसने सोचा 123 तो 100 से ज़्यादा है। उसने 55 और 56 जोड़ा, जोड़ 111 आया। अब 65 और 66 को जोड़ा तो 131 आया। यह 123 से अधिक है यानी 56 और 65 के बीच संख्या लो। उसने 61 और 62 को जोड़ा तो 123 आया।

बाक़ी की संख्यायें किन-किन संख्याओं का जोड़ हैं? पता करो। क्या संख्यायें पता करने का तुम्हें कोई और तरीक़ा सूझता है? यह तरीक़ा सभी साथियों को बताओ।

इसके लिए एक खेल भी बना सकते हो। दो टीम बना लो। एक टीम संख्या देगी, दूसरी टीम को बताना है कि संख्या किन दो क्रम में आने वाली संख्याओं का जोड़ है।

अब हम क्रम संख्याओं का गुणा देखेंगे। नीचे कुछ संख्यायें दी हैं। पता करो ये किन दो क्रम संख्याओं का गुणनफल हैं। (संख्या के बगल में मदद के लिए कुछ संकेत दिये हैं)

- 182 (11 X 12 = 132; 15 X 16 = 240)
  (यानी क्रम संख्यायें, 12 और 16 के बीच होंगी।)
- 420 (16 X17 = 272; 22 X23 = 506)
- 552 (29 X30 = 870)
- 1122 (34 X35 = 1190)
- तुम जोड़ वाला खेल गुणा के साथ भी खेल सकते हो।

इसके साथ ऐसे सवाल भी दिये हैं जो इस खोजबीन का इस्तेमाल करेंगे :

मेरी बहन मुझसे एक साल बड़ी है। यदि मेरी और उसकी उम्र जोड़ो तो उत्तर आयेगा 25; और दोनों की उम्र का गुणा करो तो उत्तर आयेगा 156; बताओ हम दोनों की उम्र?

इसी तरह संख्या चार्ट पर अलग-अलग पैटर्न में लिखे संख्यांकों से ऐसे खेल लिए जा सकते हैं जो संख्याओं के अहसास में, उन्हें पढ़ने व उनके गुण समझने में मदद करें। इनमें से कुछ उन पर संक्रियाओं से सम्बन्धित हैं और इनमें से अधिकांश में पैटर्न ढूँढ़ने का काम भी हो सकता है। यह शुरुआती स्तर से लेकर काफ़ी देर तक बीच-बीच में होता रहता है। एक ही सामग्री का कई तरह से उपयोग इस बात को रेखांकित करता है कि महत्त्व इस बात का है कि शिक्षक यह जाने कि विशिष्ट सामग्री का उपयोग करने की बजाय किस पहलू का अभ्यास करने की ज़रूरत है।

उदाहरण के लिए, यदि क्रम में लिखी संख्याओं का एक बोर्ड है तो उस डाइस पर संख्या क्रम में आगे बढ़ना व जहाँ पहुँचे, उसे पढ़ना। चार्ट में जहाँ तक पहुँचना है, वह संख्या शुरुआत में 20 से धीरे-धीरे 100 तक जायेगी। खेल के लिए बच्चे अपने कुछ नियम बना सकते हैं। उदाहरण—दो डाइस फेंकने पर दोनों पर एक ही संख्या आये तो बारी गुल या फिर जहाँ पहुँचे, यदि वह संख्या नहीं पढ़ पाये तो अगली चाल छोड़ो। ऐसे कोई भी नियम बनाकर भी खेल सकते हैं जिसमें निर्देशों का पालन

हो। इसमें शुरू में कुछ नियम बनाने में शिक्षक मदद करें। ये पुस्तक के उदाहरणों से अलग हों, या उन्हें देखकर और उनके ही आधार पर बने हों। किसी भी खेल में एक साथ बहुत सारे नियम नहीं हों और जो हों, वे सरल भी हों। उदाहरण—बोर्ड पर चलते हुए ऐसी संख्या पर आने पर जहाँ इकाई का अंक 1 है, 2 आगे बढ़ो। इकाई पर 0 होने पर 2 पर वापस आओ आदि। इसी चार्ट में फिर अलग-अलग संख्या छोड़कर चौकोरों को भरना। जैसे हर दूसरी संख्या को एक रंग से रंगना और फिर किसी और संख्या में चौकोर छोड़कर अगले चौकोर को रंगना। इसी तरह से इस बोर्ड पर बहुत-से कार्य करवाये जा सकते हैं।

इसी तरह से दिये गये चित्र में फूलों में पँखुड़ी की संख्या और पत्ती के झुण्ड में पत्तियों की संख्या गिनना। यह भी टास्क दे सकते हैं कि इसमें वे सभी ढूँढ़ो जिनमें एक निश्चित संख्या पँखुड़ी या पत्तियों की है। इस तरह के और भी अलग-अलग संख्या से बने कई समूहों के उदाहरणों में संख्या गिनना। यह धीरे-धीरे मुश्किल होते जा सकते हैं। शुरू में 2, 5, 10 से शुरू करके धीरे-धीरे 3, 4, 7, 9, 11, 12 आदि वाले समूह लेकर और उनमें जोड़-जोड़ के, गुणा से उसका सम्बन्ध समझना व आवश्यकतानुसार टेबल भी बना पाना।

इसके अलावा संक्रियाओं के अलग-अलग तरीक़े व अन्य तरह के अभ्यास किये जा सकते हैं जिनमें संख्या की समझ शामिल हो। इसमें चौख़ाने काग़ज़ में प्रत्येक खाने में क्रम में लिखी संख्याओं में से बीच में लिखी कोई एक संख्या चुनकर उसके सीधे ऊपर और नीचे की संख्याओं को देखना और दायें-बायें देखना, फिर विकर्ण में संख्याओं को देखना व उनमें पैटर्न को समझना।

गिनती चार्ट

	1	2	3	4		6	7	8	
1	1	1	1		1	1	1	1	1
0	1	2	3		5	6	7	8	9
2	2		2	2	2		2	2	2
0	1		3	4	5		7	8	9
	3	3	3		3	3	3		3
	1	2	3		5	6	7		9
4		4	4	4	4	4	4	4	4
0		2	3	4	5	6	7	8	9

	5	5	5	5	5	5	5	5	5
	1	2	3	4	5	6	7	8	9
6	6	6	6		6	6	6	6	6
0	1	2	3		5	6	7	8	9
7	7		7	7	7	7	7	7	7
0	1		3	4	5	6	7	8	9
8	8	8	8	8	8	8	8	8	
0	1	2	3	4	5	6	7	8	
9		9	9	9		9	9	9	9
0		2	3	4		6	7	8	9

इसमें सीधे ऊपर, नीचे, दायें व बायें चलने पर कई तरह के पैटर्न व उनके आधार समझने का कार्य बच्चे कर सकते हैं। वे इसके लिए अपने उदाहरण सोच सकते हैं व उनके लिए तर्क भी सोचने का प्रयास कर सकते हैं। वे चाहें तो इस पर साथियों के साथ खेलने के अपने कुछ खेल भी बना सकते हैं।

पुस्तक में से दिये टास्क में से एक यहाँ जस-का-तस प्रस्तुत है

- *चार्ट पर मैंने 4 खानों वाली एक खिड़की बनाई है। उसे ध्यान से देखो। तिरछी लिखी संख्याओं को जोड़ो। ऐसे*  *दोनों और ऐसे*  *दोनों। क्या पाया?*
- *ऐसी और भी खिड़कियाँ बनाकर तिरछी लिखी संख्याओं को जोड़ो। क्या पाया?*
- *मेरा दावा है कि दोनों जोड़ बराबर आयेंगे।*
- *अब मैंने एक अंक चुना- 47 उसके चारों ओर एक चौरस्ता बनाया है, गहरी लाइन से।*
- *47 के ऊपर और नीचे की संख्याओं को जोड़ो। दायें और बायें की संख्याओं को जोड़ो। क्या पाया?*

संख्या चार्ट का एक और उदाहरण

नीचे के चार्ट में हर पंक्ति में और हर स्तम्भ में भी लिखी संख्यायें पहली संख्या के गुणज हैं। इस पैटर्न में जमी संख्याओं से हम कई रोचक खोजबीन कर सकते हैं और कई तरह के अभ्यास भी कर सकते हैं। नीचे इस चार्ट पर कार्य के निर्देश

जस-के-तस दिये हैं।

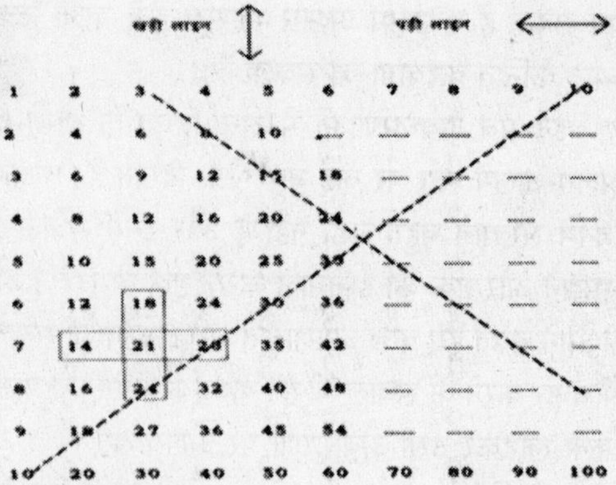

तिरछी टूटी लाइन की संख्याओं को देखो। ऐसी एक लाइन पर ऊपर से नीचे और नीचे से ऊपर जाने पर एक जैसी संख्यायें मिलती हैं ,10 30 ,28 ,24 ,18, ... । जाँच कर देखो।

क्या ऐसी और भी लाइनें ढूँढ़ सकते हो जिन पर दोनों तरफ कोई क्रम हो? इन सब लाइनों की संख्याओं को क्रम से पट्टी व कॉपी पर उतारो। ऐसी और भी अलग-अलग लाइनें बनाओ।

एक और मज़ेदार बात : *10, 20, 30, ... 100 वाली पंक्ति (यानी 10 के गुणज) की संख्यायें 2 से, 5 से और 10 से तीनों से भाज्य हैं। जाँचकर देख लो।*

- *ऐसी कौन-सी खड़ी लाइन है जिसकी संख्यायें 2, 3 और 6 तीनों से भाज्य है? इसी तरह 2, 4 और 8 से भाज्य संख्याओं वाली लाइन कौन-सी है?*
- *मेरा दावा है कि तुम तीन ऐसी संख्यायें नहीं ढूँढ़ सकते जो क्रम में भी हों और जिनका जोड़ 25 हो।*
- *मेरा दूसरा दावा है कि क्रम में ऐसी दो संख्यायें नहीं हो सकतीं जिनके जोड़ में दो का भाग जाता हो।*

इनमें दिये दावे सही भी हैं और ग़लत भी, अतः हर बार बच्चों को उन्हें समझना पड़ेगा व सही अथवा ग़लत के लिए तर्क ढूँढ़ना होगा। यह भी प्रयास है कि बच्चे भी कुछ सामान्यीकरण सोचकर उन्हें जाँचें। इस चार्ट और ऐसे अन्य चार्ट पर भी ऐसे कई और दावे बनाकर जाँचे जा सकते हैं।

इसके अलावा इसी चार्ट पर कुछ ऐसे सवाल भी बन सकते हैं :

- *दो संख्यायें ऐसी हैं जो क्रम से नहीं हैं और जिनका जोड़ 16 है और गुणनफल 63 है। ये संख्यायें कौन-सी हैं।*
- *गुणज चार्ट से ऐसे और सवाल बनाओ और दोस्तों को करने को दो।*

हम देख सकते हैं कि इसी एक चार्ट पर अलग-अलग स्तर पर और अलग-अलग तरह की संख्या के पहलुओं व संक्रियाओं की समझ के अभ्यास के टास्क

बन सकते हैं व उसमें अक्सर महसूस होने वाली दिक़्क़तों पर व्यवस्थित रूप से ध्यान केन्द्रित करवाया जा सकता है।

इन सब अवधारणाओं से अन्त:क्रिया के थोड़ी-थोड़ी देर बाद बार-बार और अलग-अलग स्तर पर कई बार मौक़े दिखते हैं। कक्षा-5 में भी जोड़ के सवाल हैं जिनमें संख्यायें बहुत बड़ी नहीं हैं और इनमें सवाल ऐसी भाषा में हैं जिसमें उसे समझने और तर्क का इस्तेमाल करके हल करने की आवश्यकता है। इनमें कक्षा-3 से आगे बढ़ते हुए कुछ अपेक्षाकृत सरल टास्क व सवाल मिलते हैं और कुछ ज़्यादा सोचकर करने के सवाल भी हैं। यह एक स्प्रिंगनुमा पाठ्य व्यवस्था है जिसमें सीखने वाला लौटकर उसी अवधारणा पर अलग ढंग से व अलग स्तर पर आता है। इस तरह की स्प्रिंगनुमा व्यवस्था के बहुत से मौक़े दिखते हैं और इसी तरह भाषा के साथ गणित के अन्तर्सम्बन्ध व तार्किक समझ के इस्तेमाल के भी बहुत-से उदाहरण हैं। यह सिर्फ़ ऐसे सवाल हल करने की अपेक्षा के रूप में नहीं हैं वरन यह अपेक्षा भी है कि शिक्षक और बच्चे भी ऐसे और सवाल बनायेंगे। सवाल बनाने के टास्क में गणित के साथ गहरी अन्त:क्रिया का मौक़ा मिलता है।

ख़ुशी-ख़ुशी में दिये सवालों के कुछेक और उदाहरण नीचे हैं-

- लालू के पास 7 बकरी हैं। सेर्वती के पास इससे दुगनी हैं। सेर्वती को 8 और मिल गयीं। अब उसके पास लालू से कितनी अधिक बकरी हैं।

इसी तरह एक कुम्हार परिवार द्वारा रोज बनाये गये मटके व हफ़्ते और महीने में बनाये मटके पता करने का सवाल हो सकता है। इसमें जोड़-जोड़कर देखना व उसे गुणा से जोड़ना होगा। इसी में परिवार में दो कुम्हारों, चार कुम्हारों द्वारा बनायी संख्या की गणना करना और उससे सम संख्याओं की पहचान के सवाल हो सकते हैं। इसमें ऐसे सवाल बना सकते हैं जिनमें संख्याओं के दो बराबर समूह बनाने हों और उन पर गोले लगाने हों। कुछ और उदाहरण लिए जा सकते हैं जिनमें टेक्स्ट को समझकर सवाल करना हैं। इसमें यह तय करना है कि कौन-सी संख्यायें महत्त्वपूर्ण हैं और उनका कहाँ और कैसे उपयोग करना होगा।

- हमारे घर से नानी के घर तक बस में अकेले जाने पर मुझे 2 रुपये 50 पैसे देने पड़ते हैं। इस बार मेरे साथ कमली और लालू भी थे। हमें नानी जी के घर तक कितने पैसे देने पड़े होंगे।
- लाली के पास 3 रु. थे। उसने 1 रु. के आम और 50 पैसे के चने लिए। घर पर आने पर माँ ने कहा जा 2 रु. की दाल ले आ। लाली ने बचे पैसे

गिने और बोली माँ मेरे पास तो पैसे कम हैं। लाली को और कितने पैसे की ज़रूरत है?

इसी तरह से जोड़ व गुणा की प्रक्रिया पर समझ बनाने की खोजबीन व संक्रियाओं का प्रक्रियात्मक अभ्यास भी है, इसके यहाँ दिये उदाहरण कक्षा-4 की ख़ुशी-ख़ुशी पाठ्यपुस्तक से हैं।

मज़ेदार बात : जोड़ में संख्याओं का क्रम आगे-पीछे कर देने से जोड़ नहीं बदलता। 18 + 11 में हम चाहें तो 18 पहले लिखें और चाहें तो 11, चाहें तो 18 ऊपर लिखें और चाहें तो 11, पर 18 और 11 का जोड़ नहीं बदलता।

18 + 11 = 11 + 18

घटाने में ऐसा नहीं होता। संख्याओं का क्रम उलटने से गड़बड़ हो जाती है। उलटकर घटाने की कोशिश करके देखो।

गुणा में क्या होता है? चलो देखें।

$$\begin{array}{r} 12 \\ \underline{\times 14} \end{array} \quad \text{और} \quad \begin{array}{r} 14 \\ \underline{\times 12} \end{array}$$

ऐसे और भी सवाल करके पता करो कि क्या हमेशा ऐसा ही होता है?

जैसे— 5 × 4 = और 4 × 5 =

या फिर 18 × 34 = और 34 × 18 =

क्या दोनों उत्तर बराबर आये?

इसी तरह भाग की प्रक्रिया पर कार्य करने के लिए बनाये टास्क व सवालों में भाग के अर्थ का ध्यान रखकर प्रक्रिया पर भी कार्य हो सकता है। ऐसे कार्य जिनमें अलग-अलग तरह से भाग का अभ्यास हो और ऐसे सवाल, जिनमें तय करना पड़े कि भाग करना है और यह भी कि किस संख्या में किस संख्या से। इसमें संख्याओं के मान का ध्यान रखने की ज़रूरत होगी व भागफल और शेष दोनों पर ध्यान देने का आग्रह। शुरू में भाजक के लिए सरल संख्याओं 2, 5, 10 आदि का चुनाव करें परन्तु इस तरह के उपयोग हों जिनमें उत्तर की पड़ताल व पड़ताल के तरीक़े भी गुँथे हुए हों व ग़लतियों के प्रति सचेतता के अभ्यास भी। वे सवाल, जिनमें भाग व अन्य संक्रियाएँ भी शामिल हैं, में उत्तर के मान का अन्दाज़ पहले से लगाना हो। यह संख्याओं की समझ विकसित करने में मदद करता है व सवाल को ग़लत होने से बचाता है।

मान्य कलन को ठीक से इस्तेमाल करने के लिए उत्तर की जाँच की आदत व अन्दाज़ा लगाकर शुरू करने की अपेक्षा दोनों का अभ्यास करवाना महत्त्वपूर्ण है अत: इनकी आदत बनाने की कोशिश प्राशिका की सामग्री में है।

भिन्नात्मक संख्याओं की समझ

भिन्नात्मक संख्या को समझने व उन पर कार्य करने में बच्चों को अक्सर दिक़्क़त होती है। बहुत-से बच्चे इनके कारण गणित से डरने लग जाते हैं और यह मानने लगते हैं कि गणित समझा नहीं जा सकता और उसे रटना ही पड़ता है। शिक्षकों को लगता है कि बच्चों को प्रश्नावलियाँ समझाकर करवा दीं और उनसे सूत्रों व शॉर्टकट के इस्तेमाल के ज़रिए सवाल हल करवा लिए तो बच्चों ने सीख लिया। अक्सर वे लौटकर उस क़िस्म के सवालों पर नहीं आते, जिन्हें वे करवा चुके हैं। उदाहरण के लिए हम एक स्कूल की कक्षा-5 में गये जहाँ एक ज़िम्मेदार व गम्भीर शिक्षक ने बच्चों को हाल ही में भिन्नात्मक संख्यायें करवाई थीं। मेरे यह पूछने पर कि क्या बच्चों से कुछ सरल सवाल करवाकर देख सकते हैं, उन्होंने सहर्ष हामी भरी। सवाल देखकर उन्होंने कहा कि यह तो बहुत आसान हैं, कुछ मुश्किल सवाल भी दें। जब बच्चों ने सवाल करके दिखाए तो शिक्षक हतप्रभ रह गये और कहने लगे कि मैंने तो सोचा था कि इन्हें यह सब अच्छे से समझ में आ गया है और वे स्वयं ऐसे सवाल कर सकते हैं। उन्होंने इसका विकल्प रचने में बहुत मदद की। प्राशिका में इस 'सवाल हल करना समझ गये' से बचने का बहुत प्रयास किया गया है व अलग-अलग ढंग से इनके अर्थ को समझने के प्रयास के मौक़े दिये गये हैं। इनमें इस बात का भी ध्यान रखा गया है कि अक्सर होने वाले इस भ्रम से बचा जाये कि भिन्नात्मक संख्या एक वस्तु के हिस्से के बारे में है यानी वह एक से कम ही होती हैं। या उनका चित्रांकन एक ही गोले या एक ही आयत के बराबर हिस्से द्वारा किया जा सकता है। इस समझ के चलते सामान्यतया को प्रदर्शित करते समय या अथवा कुछ और दिखा दिया जाता है। इसको देखते हुए प्राशिका में एक से बड़ी भिन्नात्मक संख्याओं को उचित भिन्नात्मक संख्याओं के साथ-साथ ही शामिल किया है। यह भी ध्यान रखा गया है कि आधा, पौन, सवा, डेढ़, ढाई, तिहाई जैसे शब्दों का उपयोग बार-बार स्वाभाविक सन्दर्भों में दिखे और उनका वस्तुओं व समूहों पर इस्तेमाल हो जिससे इन भिन्नात्मक संख्याओं में पारस्परिक अन्तर्सम्बन्ध खोजने के अभ्यास हों व यह स्पष्ट हो जाये कि ढाई में दो पूर्ण वस्तु और आधी वस्तु और होगी।

इन सब पहलुओं के बीच भिन्नात्मक संख्याओं से परिचय में प्राशिका (ख़ुशी-ख़ुशी व अन्य सामग्री) में एक महत्त्वपूर्ण कमज़ोरी चित्र में बराबर हिस्से करने व पहचानने पर दिया अनावश्यक ज़ोर और उस पर लगा अत्याधिक समय है।

इस सबके बावजूद यह देखा जा सकता है कि इसकी सामग्री में भिन्नात्मक संख्याओं को सामान्य जीवन से जोड़ने व ग्राह्य बनाने के बहुत प्रयास किये गये हैं। इसके लिए सामान्य तौर पर उपलब्ध सरल भिन्न जैसे $\frac{1}{3}, \frac{1}{2}, \frac{1}{4}$ आदि के साथ कार्य के बार-बार अलग-अलग मौक़े दिये गये हैं और इसके साथ ही $\frac{3}{2}, \frac{5}{3}$ आदि के लिए भी। लेकिन यह कार्य ऐसे होने चाहिए जिनमें कुछ प्रयोजन हो, जो बच्चों को सार्थक लगे। इनमें जोड़ व घटा व बाद में अन्य संक्रियाओं का उपयोग भिन्नात्मक संख्या को समझने व किसी रोचक परिस्थितियों को हल करने के लिए हो। इसी तरह तुल्य भिन्न का अर्थ क्या है, यह क्यों ज़रूरी है व जोड़ने में इनके हर बराबर क्यों करते हैं, इन सब पहलुओं को उकेरने का प्रयास प्राशिका ने आवश्यक माना है।

भिन्नात्मक संख्या के अर्थ को भाग व अनुपात से जोड़ने के अलावा इन संख्याओं के भाग व गुणा के सवालों में यान्त्रिक ढंग से फलन के इस्तेमाल की जगह भिन्नात्मक संख्याओं को अनुपात व आपरेटर की तरह उपयोग करने से इनके अर्थ व फलन के रूप समझने के मौक़े बनाने का भी प्रयास है। हालाँकि इस तरह के प्रयास और अधिक होने चाहिए थे किन्तु फिर भी भाग, भिन्नात्मक संख्या, अनुपात आदि इसमें शामिल थे। उदाहरण के लिए 18 पेन्सिल को 6 समूहों में बाँटें तो हरेक को कितनी-कितनी मिलेंगी। जाहिर है यह 18 का हिस्सा होंगी? और फिर ऐसे सवाल भी कि 35 का क्या होगा? इसके अलावा भिन्नात्मक संख्याओं व उन पर संक्रियाओं के अर्थ को स्पष्ट करने के लिए ऐसे सवाल दिये गये हैं जिनमें भाषा का कई तरह से उपयोग संक्रियाओं के चुनाव के अभ्यास के मौक़े देता है। इसमें भाषा का संगत उपयोग करने से भिन्नात्मक संख्याओं में भी संक्रियाओं के अर्थ को समझने में मदद मिलती है। उदाहरण के लिए गुणा का अर्थ समझने के लिए यह समझना कि किसी संख्या का किसी संख्या से गुणा करने का अर्थ है उस संख्या का उतने गुणा जितनी दूसरी संख्या है। यानी उस संख्या को दूसरी संख्या के बराबर बार लेना। यानी 12 को तीन बार या फिर 7 बार लें तो वह 12×3 और 12×7 हो जाता है। इसी तरह $\frac{1}{2}$ अथवा $\frac{5}{4}$ को तीन बार लेने से वह और आदि होगा। इस तरह

5 का $\frac{1}{2}$ होगा $5 \times \frac{1}{2}$ और $\frac{3}{4}$ का $\frac{1}{2}$ होगा $\frac{3}{4} \times \frac{1}{2}$ यानी भिन्नात्मक संख्या के गुणा व प्राकृत संख्याओं के गुणा में अर्थ एक ही है। इस समानता के साथ-साथ इस बात की ओर भी ध्यान दिया गया कि प्राकृत संख्याओं से विलग भिन्नात्मक संख्याओं में गुणनफल गुणकों से छोटा भी हो सकता है। भिन्नात्मक संख्याओं पर संक्रियाओं से अन्त:क्रिया कक्षा तीन से शुरू होकर पाँच तक ज़ारी रहती है और वह हर कक्षा में कई-कई बार अलग-अलग जगह पर अलग-अलग तरह से है। इनमें सवालों की प्रकृति व भाषा का उपयोग निरन्तर बदलता रहता है।

समीकरण और पैटर्न

गणित में तार्किक सम्बन्धों का विकास, संख्याओं में अन्तर्सम्बन्धों को समझना व नये सम्बन्ध खोजना गणितीय क्षमता के विकास का अनिवार्य हिस्सा है। प्राशिका में इसका प्रयास कई जगह किया गया है। समीकरण की शुरुआत संक्रियाओं में आत्मविश्वास हासिल करने के मौक़ों के साथ-साथ हो जाती है। उनमें संक्रियाओं को करने के साथ-साथ पैटर्न ढूँढ़ना और उन्हें समीकरण के रूप में लिखना शामिल है ताकि धीरे-धीरे अमूर्त अक्षर संख्याओं के सन्दर्भ में समीकरण को समझा जा सके। कक्षा-2 में शुरू हुए वाक्यों के बाद कक्षा-3 में इस तरह के उदाहरण हैं—

$28 - 18 = 10$ $29 - 18 =$

$26 - 18 =$

इसके बाद गुणा का अर्थ समझाना व उसके पैटर्न इस्तेमाल करने का अभ्यास जैसे :

$29 \times 3 = 87$ तो फिर $31 \times 3 =$ तक कैसे पहुँचेंगे।

इस तरह के सम्बन्ध के अहसास कि $13 \times 7 = 15 \times 7 - 2 \times 7$ और इस तरह से बाद में समीकरण हल करने में उनमें किये जाने वाले परिवर्तनों से परिचय होता है, जो धीरे-धीरे गहराता है।

इस समझ को पुख़्ता करने के लिए इस तरह के अभ्यास जैसे :

यहाँ दिये गये समीकरण सही हैं या ग़लत—

(क) $4 + 10 = 3 + 11$ (ख) $3 + 13 = 6 + 14$

(ग) $55 + 44 = 33 + 77$ (घ) $76 + 13 = 45 - 7$

ऐसे और भी समीकरण बनाकर या दोस्तों से लेकर सही और ग़लत समीकरण

पहचानो। अपने मन से ऐसे समीकरण बनाओ जिनमें जोड़, घटाना और गुणा सभी का उपयोग हो।

❖ इन सवालों को भी हल करके देखो। इनसे भी इबारती सवाल बनाने की कोशिश करो।

$35 \times 5 =$ $18 \times 3 =$ $24 \times 4 =$ $56 \times 7 =$

$142 \times 2 =$ $78 \times 3 =$ $16 \times 8 =$ $189 \times 7 =$

इन उदाहरणों में बीजगणित की शुरुआत व गणितीय भाषा हर जगह गुँथी है, यह ऊपर देख सकते हैं। इबारती सवाल हल करना व सोचना, गुणों अथवा सम्बन्धों को बताना, समीकरण बनाना व हल करना, उन्हें धीरे-धीरे बढ़ाना आदि इसमें शामिल हैं। अज्ञात संख्या व अक्षर संख्याओं से परिचय के लिए $4 \times X = 8$, जैसे सवाल हो सकते हैं। यह सवाल धीरे-धीरे और ज़्यादा पहलुओं को शामिल करने वाले बनते जाते हैं। इसी तरह से भिन्नात्मक संख्याओं की संक्रियाओं के अर्थ को वाक्यों और साथ-साथ गणितीय वाक्यों में लिखने के अभ्यास के उदाहरण निम्नांकित हैं :

आधी रोटी + पाव रोटी = पौन रोटी

$\frac{1}{2}$ रोटी + $\frac{1}{4}$ रोटी = $\frac{3}{4}$ रोटी

$$\frac{1}{2} + \frac{1}{4} = \frac{3}{4}$$

इस तरह धीरे-धीरे अमूर्तता की तरफ बढ़ना होता है, जिसमें समीकरण के अर्थ की समझ व दोनों तरफ की बराबरी के तर्क की समझ शामिल है।

आगे चलकर इनमें अधूरे सवालों में संख्या और कई बार संक्रियाओं को चुनना होता है। इस तरह के सवाल कक्षा तीन में सरल उदाहरणों से शुरू हो जाते हैं और फिर कक्षा आठ तक और उसके आगे भी जा सकते हैं। प्राशिका की पुस्तक में इसके कई उदाहरण हैं किन्तु यहाँ हम जो उदाहरण दे रहे हैं, वह कक्षा आठ की पुस्तक के अध्याय 'संख्याओं के खेल' से है।

31क	एक और	क	ख क
+ 1क3	उदाहरण	+ क	× ख 3
501		+ क	57क
		खक	

इस सभी में क और ख का मान बताना है। यह सभी सवाल ऐसे हैं जो पाँचवीं में शुरू कर सकते हैं। इसका एक ज़्यादा मुश्किल उदाहरण यह है :

निम्नलिखित सवालों के हल को देखिए :

(D) $\dfrac{AB}{ACC}$ ——————— AB

(E) $\dfrac{AB}{BC}$ ——————— AB

यहाँ A, B, C, 0 से 9 तक के 3 अलग-अलग अंकों को निरूपित करते हैं और (D) तथा (C) दो अलग अंक गणितीय संक्रियाओं को निरूपित करते हैं।

(i) (D) और (E) कौन-सी सम्भावित संक्रियाएँ हो सकती हैं? क्यों?

(ii) कारणों सहित A और B का एक सम्भावित विकल्प बताइए।

यह सब इस बात के उदाहरण हैं कि प्राथमिक कक्षाओं में गणित को उसके व्यापक रूप में देखा जा सकता है। उसे गिनती व संख्या संक्रियाओं तक सीमित नहीं मानना चाहिए। प्राशिका के कार्यक्रम में जगह की समझ व आँकड़ों के प्रबन्धन को भी उस समय शामिल किया गया, जब इसकी बात अन्य भारतीय कार्यक्रमों अथवा विचारात्मक समझों में भी नहीं थी। प्राशिका में जगह की समझ को बच्चे की स्वाभाविक रूप से विकसित हो रही क्षमता से आगे बढ़ाना समझा गया है। इसमें रेखागणितीय आकृतियों व आकारों की समझ को अनुभव के साथ व तार्किक फ्लो चार्ट, प्रक्रिया चित्र आदि के साथ भी जोड़कर इन्हें अन्य तरह के विषयों के सन्दर्भ में भी देखा गया है। क्षेत्रफल व आयतन को आयताकार व घनाकार आकृतियों व आकारों और इसी तरह के कुछ मानक सन्दर्भों व कलनों द्वारा इनकी गणना तक सीमित न मानकर इनके अर्थ को समझने के मौक़े गढ़े गये हैं। कई तरह से बच्चों को सन्दर्भ से जोड़कर व फिर सन्दर्भ से हटी परिस्थितियों व सवालों में रखकर इन अवधारणाओं में सक्षमता बनाने के मौक़े दिये गये हैं। इनमें से कुछ को ही बाद में एनसीएफ़ 2005 ने गणितीयकरण कहा है। इन धारणाओं से जूझने की स्वाभाविक परिस्थितियों के अलावा कई औपचारिक मौक़े बनाये गये हैं, जिनके आधार पर शिक्षक को और भी मौक़े बनाने हैं। इसके लिए सक्रिय अभ्यास के मौक़ों में दो-तीन अन्य विषयों का भी रियाज़ होता चलता है। हम जगह की समझ के कुछ उदाहरण आगे देखेंगे।

जगह की समझ

इसमें कई तरह के अभ्यास हैं। एक जैसी आकृति पहचानने से लेकर, आकृतियों को जमाकर कुछ वस्तुएँ बनाना, आकृतियों को पैटर्न में जमाना, उनके साइज़ की

तुलना, मान का अनुमान, उसका मापन, जगह का चित्रण व नक़्शे, प्रक्रिया चित्र, एक जैसी आकृति की पहचान, सममिति आदि। यहाँ हम सममिति पर अभ्यास के कुछ उदाहरण दे रहे हैं। इनमें सामग्री का उपयोग है किन्तु यह बच्चे के हाथ में है और उसे अपने ढंग से खोजबीन कर कुछ समझने में मदद करने के लिए है। ये उदाहरण सामग्री के प्रति प्राशिका की समझ और ख़ासतौर पर गणित के प्रति उसकी समझ को दर्शाते हैं। ये उदाहरण गणित व विज्ञान, दोनों विषयों के सन्दर्भ में उपयोगी हैं।

नीचे कुछ चित्र दिये हैं- इनमें एक चौकोर अलग ऊपर बना है। दर्पण के एक टुकड़े को बाक़ी ----------- आकृतियों पर रखकर चौकोर (a) में बने पैटर्न जैसा ही पैटर्न बनाने की कोशिश करो। किन चित्रों से यह पैटर्न बन पाया। ----------- (a)

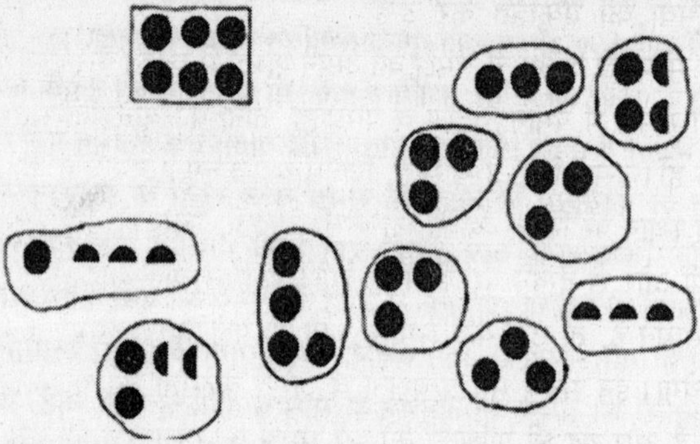

इसे करने में तुम्हें किन-किन बातों का ध्यान रखना पड़ा। क्या तुम कुछ और ऐसे बना सकते हो जिनसे (a) जैसी व्यवस्था बन जाये।

एक और काम :

नीचे वाले चित्र की टूटी रेखा पर दर्पण रखो। क्या तुम्हें साथ बनी पत्ती जैसी आकृति दिखती है?

आस-पास से पत्तियाँ, फूल आदि कुछ भी ले आओ। इनके दो बराबर भाग करने हैं। लेकिन ये दो भाग ऐसे हों जिनमें से किसी एक पर भी दर्पण रखकर पूरी वस्तु का आभास हो।

क्या तुम ऐसा कर पाये? क्या यह हर पत्ती (या अन्य लाई गयी चीज़) के लिए भी किया जा सकता है?

यह दोनों उदाहरण प्रतिबिम्ब सममिति पर आधारित हैं। ऐसे ही कुछ उदाहरण अन्य सममितियों पर भी हैं। प्राशिका में अन्य गणितीय क्षेत्रों की तरह ही स्थानिक समझ के क्षेत्र में भी औपचारिक ज्यामितीय परिभाषाओं व उस जैसे अन्य पहलुओं को शामिल नहीं किया गया है। इसका अर्थ यह नहीं है कि गणित को मात्र अनुभव आधारित व मूर्त स्तर पर समझा गया है वरन् प्रयास यह है कि सीखने वाले अपने अनुभवों को एकत्रित कर उन्हें सामान्यीकृत रूप में समझें व अपनी समझ को अपने शब्दों में व्यक्त करें। नक़्शे को पढ़ने व रचने की समझ में पैमाना, दिशा व परिप्रेक्ष्य, तीनों की बुनियादी समझ के अभ्यास के मौक़े हों। उसमें ऐसे अभ्यास हैं, जिनमें यह कल्पना करनी है कि कोई वस्तु किसी अन्य स्थान पर स्थित व्यक्ति को कैसी दिखेगी, ऊपर से कैसी दिखेगी, दायीं अथवा बायीं ओर से देखने पर कैसी दिखेगी। या फिर यदि कोई वस्तु (जैसे डाइस) आपके सामने है, तो उसे यदि घुमाया जाये या पलटाया जाये तो कौन-सा पटल सामने आयेगा। इन सबमें मूर्त प्रत्यक्षता व अमूर्त कल्पना के बीच लगातार अन्त:क्रिया होती है और यह भी प्राशिका की इस समझ को दर्शाता है कि मूर्त और अमूर्त को दो विपरीत सिरों के रूप में नहीं देखना चाहिए। अवधारणाओं के विकास के सन्दर्भ में उनमें गहरा अन्तर्सम्बन्ध और अन्तर्व्याप्ता है।

> कुल मिलाकर ऐसे मौके उपलब्ध कराना, जिनमें स्थानिक समझ का उपयोग ऐसे करना हो जिसमें क्षमता को बढ़ाने का मौक़ा हो, और उसे मूर्त अनुभवों के साथ-साथ अमूर्त अवधारणा के स्तर पर समझा जा सके।

आँकड़ों से अन्त:क्रिया

एनसीएफ़ 2005 से जुड़े गणित के स्थिति पत्र में जहाँ एक ओर स्थानिक समझ को महत्त्व देने की बात है, वहीं दूसरी ओर यह भी कहा गया है कि आँकड़ों का अध्ययन व प्रबन्धन प्राथमिक शाला के शुरू में लाया जाना चाहिए। प्राशिका में बहुत पहले ही इसे शुरू कर दिया गया था। हालाँकि इस पर बहुत अधिक कार्य नहीं किया गया किन्तु आँकड़ों के चित्रात्मक प्रस्तुतीकरण व उनके शुरुआती विश्लेषण, जिसमें औसत, बहुलक, संयोग जैसी अवधारणाओं से परिचय शामिल है,ख़ुशी-ख़ुशी में दिखते हैं। इनमें ज़ोर गणना पर नहीं वरन इनके निहितार्थों पर है और यह समझने पर है कि किस सन्दर्भ में आँकड़ा-वितरण के कौन-से मान को उसका प्रतिनिधि माना जाये। वह मान जो प्राप्त आँकड़ों को सबसे बेहतर प्रस्तुत कर सकता है।

समेकन

भारत में प्राथमिक कक्षाओं में गणित सिखाने के सन्दर्भ में प्राशिका के कार्यक्रम को एक मील का पत्थर माना जा सकता है। इसने कई ऐसे मसलों को उठाया व उनके साथ पाठ्यचर्या रचने का प्रयास किया जो महत्त्वपूर्ण थे और उस समय के विमर्श में नहीं थे। कार्यक्रम ने गणित में क्या शामिल होना चाहिए, के प्रश्न का जवाब देने के साथ-साथ इस पर भी महत्त्वपूर्ण नयी दृष्टि रखी कि स्कूली गणित को कैसे देखा जाना चाहिए और गणित सीखने के सार्थक लक्ष्य क्या माने जाने चाहिए। प्राशिका ने गणित व भाषा की अन्तर्सम्बद्धता को व अन्य विषयों के साथ इनके जुड़ाव को भी टटोलकर कुछ ऐसे ठोस उदाहरण प्रस्तुत किये जो इसे कक्षा में सम्भव बनाते थे। प्राशिका ने ठोस वस्तुओं व सन्दर्भ से सीखने, बच्चे के अनुभव का इस्तेमाल करने पर ज़ोर दिया, जिसके कई उदाहरण हमने ऊपर देखे भी हैं। किन्तु प्राशिका ने यह बार-बार दोहराया व अपनी सामग्री में दिखाया कि उसके लिए सन्दर्भ का उपयोग और ठोस वस्तु का उपयोग एक अस्थाई क़दम है। चित्रों व ठोस प्रतिरूपों का उपयोग करते समय उन पर निर्भरता नहीं बननी चाहिए और यह भी ध्यान रहना चाहिए कि यह चित्र अथवा ठोस उदाहरण अमूर्त गणितीय अवधारणाओं के प्रतिरूप तो हैं किन्तु यह उन्हें सम्पूर्णता व व्यापकता में प्रस्तुत नहीं कर सकते। सीखने वाले को उनके अमूर्त रूप तक ही पहुँचना होगा। इसके अलावा प्राशिका ने यह भी माना कि बच्चे के लिए क्या मूर्त है और क्या अमूर्त, यह लगातार बदलता है। जैसे-जैसे वह सीखता है, उसके लिए जो अवधारणाएँ, पैटर्न अथवा अन्तर्सम्बन्ध, जो पहले अमूर्त थे, धीरे-धीरे मूर्त व स्वाभाविक होते जाते हैं। इनके आधार पर अब वह और अमूर्त विचारों से अन्तःक्रिया कर सकता है। प्राशिका ने यह भी माना कि सन्दर्भ रचने में यह ध्यान रखना होगा कि जिस पहलू का अध्ययन होना है, बच्चे सन्दर्भ से उसका सम्बन्ध देख पायें, वे सन्दर्भ में ही उलझकर न रह जायें। असल में सन्दर्भ को समझना व उसमें गणित का अहसास करना ही गणितीयकरण का अभ्यास है। यानी प्राशिका की समझ यह है कि सन्दर्भ व अनुभव गणित समझने में मदद करता है और बाद में सन्दर्भ व अनुभव को समझने एवं विश्लेषण करने में गणित मदद करता है। वह उन्हें देखने व समझने की एक नयी दृष्टि देता है।

प्राशिका ने इस बात पर भी सोचा कि गणित सीखने का अर्थ क्या है, गणित में किन चीज़ों का सीखा जाना सार्थक होगा और कैसे पता करें कि बच्चे ने वह सीखा है या नहीं। प्राशिका की समझ के अनुसार आकलन और सीखने के लिए किये गये

अभ्यास में एक निरन्तरता है। जब बच्ची किसी अवधारणात्मक गतिविधि पर काम कर रही हो, तभी शिक्षक अवलोकन और बातचीत के द्वारा सीखने का आकलन कर सकते हैं। इसीलिए इसमें याद करने के लिए विशेष प्रयास नहीं करवाये गये हैं वरन पैटर्न समझकर उन्हें इस्तेमाल करने की क्षमता पैदा करने की बात है। अभ्यास का अर्थ सवाल हल करने के तरीक़े दोहराना नहीं वरन सवालों को समझकर हल करने के लिए कैसे आगे बढ़ना है, यह सोचने की क्षमता पैदा करना है। सीखने वालों के लिए इस तरह के टास्क बनाने के कई नये तरीक़े प्राशिका की सामग्री में मिलते हैं। इसके साथ-साथ शिक्षक की भूमिका, कक्षा का स्वरूप, सीखने वालों की सक्रिय भागीदारी का अर्थ जैसे मसलों पर भी स्पष्टता है। इसमें अभ्यास के द्वारा समझ बनाने के मौक़े समय-समय पर दोहराए गये हैं और स्प्रिंगनुमा कार्यक्रम की झलक इनमें दिखती है।

प्राशिका की रचना में कमज़ोरियाँ भी थीं। कुछ तो उस समय भारतीय सन्दर्भ में गणित शिक्षण पर चल रहे विमर्श की अपरिपक्वता के कारण थीं। भाषा व गणित के बीच सम्बन्ध व ठोस वस्तु, मूर्त-अमूर्त पर भी प्राशिका की समझ आगे बढ़ती रही है। शुरुआत में जो समझ दिखती थी, वह आगे आते-आते ज़्यादा सटीक होती गयी। इनमें भिन्नात्मक संख्याओं में चित्रों में प्रारूप का अत्याधिक उपयोग, माला-मोती जैसे अभ्यासों पर ज़्यादा ज़ोर, पहाड़ों आदि का पूर्ण बहिष्करण जैसे अकादमिक पहलू उदाहरण हैं। दूसरी ओर पालकों व शिक्षकों की गणित के बारे में समझ व उसमें जल्दी-जल्दी याद करने व उगलने की अहमियत, सिखाने में समझाने व बताने को सबसे महत्त्वपूर्ण मानना आदि मसलों के अलावा यह भी समस्या थी कि शिक्षकों में स्वयं गणित के प्रति उतना आत्मविश्वास नहीं है कि वे बच्चों को अलग-अलग तरीक़े खोजने दें और उनके द्वारा इस्तेमाल किये गये तरीक़े में ग़लती पता कर उन्हें आगे बढ़ने के लिए नये टास्क दे पायें। यह समस्याएँ उन सभी कार्यक्रमों के रास्ते में आयेंगी जो गणित को उसके व्यापक अर्थों में व समझकर उपयोग करने वाले ऐसे विषय के रूप में देखते हैं जो हमें एक नया नज़रिया भी देता है। शिक्षा नीति 2020 के क्रियान्वयन के मसौदे पर काम करते समय भी इस पर ध्यान देना होगा। यह नीति स्वयं ही शिक्षक की भावना, क्षमता, बच्चों को समझने की तैयारी व शिक्षण के प्रति लगाव के महत्त्व को रेखांकित करती है। प्राशिका, इसके बारे में व बुनियादी गणित तथा साक्षरता को एकीकृत रूप से समझने की क्षमता के दायरे के विकास के रूप में देखने में मदद करेगी।

सन्दर्भ सूची

1. शिक्षा विभाग, भारत सरकार, शिक्षा नीति 2020, https://www.education.gov.in/sites/upload_files/mhrd/files/NEP_Final_English_0.pdf
2. एनसीएफ़ 2005, https://ncert.nic.in/pdf/nc-framework/nf2005-english.pdf
3. गणित का पोजीशन पेपर (2006), https://ncert.nic.in/pdf/focus-group/math.pdf
4. ख़ुशी-ख़ुशी, कक्षा-3, 4, 5, एकलव्य, भोपाल, 1991
5. एनसीईआरटी, गणित पाठ्यपुस्तक, कक्षा-8, पृष्ठ 264-66
6. जगह की समझ, हृदय कान्त दीवान, https://www.eklavya.in/pdfs/archives/vigyan_bulletin/Hoshangabad_Vigyan_Bulletin_issue_33.pdf
7. दीवान हृदय कान्त, बच्चे की क्षमता, लर्निंग कर्व, https://anuvadasampada.azimpremjiuniversity.edu.in/1948/

10

प्रारम्भिक स्तर पर गणित शिक्षण और विचारों का गणितीयकरण

यशवेन्द्र सिंह रावत

यह पर्चा बच्चों की समझ के गणितीयकरण के सन्दर्भ में पढ़ाने वालों की गणित सम्बन्धी समझ का अध्ययन है। पर्चे में प्रश्नावली के सहारे शिक्षकों की गणित की समझ, विशेषकर भिन्न की समझ पर चर्चा की गयी है। बुनियादी गणितीय अवधारणाओं पर शिक्षकों की समझ को प्रश्नांकित करता हुआ यह पर्चा गणित सम्बन्धी बुनियादी अवधारणाओं की समझ व गणित के प्रति रवैए को नाकाफ़ी मानता है और इस पर काम करने को रेखांकित करता है।

गणित विषय को लेकर, प्रारम्भिक स्तर के कक्षा-कक्ष शिक्षण में अधिकतर विद्यार्थियों एवं शिक्षकों में एक प्रकार का तनाव महसूस किया जाता है। इस पर बात करने पर निम्न कारणों/मान्यताओं का पता चलता है—

- ❖ विषय में जटिलता या अमूर्तता होना।
- ❖ अवधारणात्मक समझ के स्थान पर प्रक्रियागत ज्ञान को प्राथमिकता देना।
- ❖ मूल्यांकन का सही या ग़लत के भाव में होना।
- ❖ विषय की प्रकृति, उद्देश्यों एवं शिक्षण उपागमों में तालमेल व गुँथेपन की समझ न होना।

इन सभी के साथ-साथ गणित सीखने-सिखाने के उद्देश्यों को नहीं समझना भी बड़ा कारण होता है। अपने प्रयास में हमने गणित विषय के लक्ष्य यानी 'विचारों का गणितीयकरण' को समझने के साथ-साथ उसकी ज़मीनी सत्यता को भी जानने का प्रयास किया।

राष्ट्रीय पाठ्यचर्या की रूपरेखा 2005 गणित सीखने-सिखाने के उद्देश्यों को कुछ इस प्रकार प्रतिपादित करती है, "एक मुख्य लक्ष्य है बच्चे की विचार प्रक्रिया का गणितीयकरण। डेविड व्हीलर के शब्दों में 'बहुत सारा गणित जानने के बजाय यह जानना अधिक उपयोगी है कि गणितीयकरण कैसे किया जाये। बच्चे के आन्तरिक संसाधनों के विकास में जो भूमिका गणित निभा सकता है, वह है सोच (चिन्तन) का विकास करना। गणितीय उपक्रम में विचारों की स्पष्टता और तार्किक निष्कर्षों तक पहुँचने में पूर्वानुमानों पर कार्य करना मुख्य है। सोचने के कई तरीक़े हैं, और जिस तरह की योग्यता कोई गणित में सीखता है, वह है अमूर्त विचारों के साथ काम करना'।"

गणित विषय में कार्य करने वाले हर व्यक्ति के लिए यह जानना बहुत आवश्यक है कि आख़िर गणितीयकरण के मायने क्या हैं? यह किस प्रकार की प्रक्रियाओं का परिणाम होता है? क्या किसी बच्चे के विचारों के गणितीयकरण से पहले हमारे ख़ुद के विचारों का गणितीयकरण होना ज़रूरी नहीं है?

अध्ययन का विषय

इस फोकस्ड कार्य में गणितीयकरण की प्रक्रिया का विद्यालय स्तर पर क्रियान्वयन होने से पहले शिक्षकों व उससे भी पहले शिक्षक-प्रशिक्षकों के विचारों के गणितीयकरण को समझने का प्रयास किया गया। उद्देश्य यह था कि उनके साथ किये गये कार्यों के आधार पर विचारों के गणितीयकरण को समझने का प्रयास किया जाये। यह भी समझने की कोशिश की जाये कि कैसे इस उद्देश्य को विद्यालयी शिक्षा में गूँथा जा सकता है। मसलन किसी भी गणितीय अवधारणा को समझने में प्रारम्भिक स्तर पर ठोस अनुभवों की ज़रूरत क्यों होती है और अवधारणा बनाने के साथ-साथ गणित के उद्देश्यों की प्राप्ति कैसे की जाये?

विभिन्न कार्यशालाओं के ज़रिए शिक्षकों एवं शिक्षक-प्रशिक्षकों के साथ इस विचार पर कार्य करने के लिए प्रश्नावलियों का प्रयोग किया गया। शिक्षकों व शिक्षक-प्रशिक्षकों का चुनाव सजहता (Convenient sampling) के आधार पर किया गया। इसमें 18 शिक्षक-प्रशिक्षकों व 58 शिक्षकों को लिया गया। चूँकि शिक्षक-प्रशिक्षकों से यह अपेक्षा रहती है कि वे शिक्षकों से अधिक, बड़े फलक पर विषय, शिक्षा के उद्देश्यों एवं प्रक्रियाओं को समझते हैं, इसलिए उनकी प्रश्नावली का निर्माण थोड़ा अधिक गहरा रखा गया। शिक्षकों की संख्या को अधिक रखने का कारण यह था कि वे सीधे बच्चों के साथ कार्य करते हैं, जिसका असर बच्चों की समझ पर पड़ता है। गणित विषय और गणितीयकरण की प्रक्रिया, दोनों वृहद विषय हैं और ऐसे में गणितीयकरण जैसे उद्देश्य को समझना व उसका अध्ययन थोड़ा मुश्किल है। इसलिए

गणित की प्रारम्भिक स्तर की एक अवधारणा को चुना गया व उस पर प्रश्नावलियों का निर्माण किया गया। प्रश्नावली मानकीकृत (Standardized items selection) नहीं थी बल्कि विभिन्न स्त्रोतों से बनी समझ के आधार पर प्रश्नों को चुना गया। अवधारणा के लिए, 'भिन्नात्मक संख्याओं' को चुना गया, जिसके पीछे दो आधार थे : एक, यह अधिकतर बच्चों को समझ में नहीं आने वाली संख्यायें मानी जाती हैं और दो, इन संख्याओं का दृश्यीकरण करना प्राकृतिक व पूर्ण संख्याओं से भिन्न होता है। इसके अलावा यह दो पूर्ण संख्याओं से मिलकर बनी हैं, जिसमें उन्हें अंश व हर के रूप में रखा जाता है। प्रश्नावली में कुल मिलाकर 12 प्रश्न थे। 2 प्रश्न भिन्नात्मक संख्याओं की अवधारणात्मक समझ पर, 7 भिन्नात्मक संख्याओं की तुलना पर, 1 समतुल्यता पर और 4 भिन्नात्मक संख्याओं की संक्रियाओं पर केन्द्रित थे। पर्चे में आधे प्रश्न समझ के स्तर और बाक़ी आधे इस समझ के इस्तेमाल के स्तर पर थे।

ऐतिहासिक रूप से देखा जाये तो भिन्नात्मक संख्याओं का मूल विचार मापन की सटीकता बढ़ाने व बराबर बँटवारे की समस्याओं के हल से आया है। किसी एक मापन इकाई के बराबर हिस्से करके छोटी इकाईयों का निर्माण करना या बराबर व बँटवारा कर प्रत्येक को कितना हिस्सा मिला, इस बात का पता लगाने के लिए भी भिन्नात्मक संख्याओं का उपयोग किया जाता है।

इसके व्यवहारिक उपयोग की सम्भावनाओं व गणित की अमूर्तता के स्तर में परिवर्तन के कारण भिन्नात्मक संख्यायें गणित सीखने में पहला द्वारपाल बन जाती हैं। अधिकांश बच्चे सरल सवालों को हल कर पाने के बावजूद इनके गणितीय अर्थ व महत्त्व को नहीं समझते। इसी कारण इस अध्ययन में शिक्षकों को इस तरह के सवाल पर्चे में दिये गये ताकि टीम का क्षमतावर्धन भी किया जा सके।

शिक्षकों व शिक्षक-प्रशिक्षकों के साथ किये गये कार्य से कुछ उदाहरण व उनका विश्लेषण

शिक्षकों की समझ : प्रश्नावली के आधार पर शिक्षकों की अवधारणात्मक व शैक्षणिक समझ पर कार्य हुआ। पहले सवाल, 'किसी पूर्ण के कितने हिस्से किये जा सकते हैं व क्यों?' का कारण सहित अपेक्षित उत्तर मात्र 3.5% शिक्षकों द्वारा ही दिया गया। 69% शिक्षकों द्वारा केवल यह लिखा गया कि कितने भी या अनन्त, परन्तु उसके पीछे के कारण नहीं बताए गये। 24% शिक्षकों के उत्तर ग़लत पाये गये और 3.5% शिक्षकों ने इस प्रश्न को किया ही नहीं। ग़लत उत्तर में ज़्यादातर ने कोई विशेष संख्या ही लिखी। जैसे यदि वर्गाकार है तो 4, यदि आयताकार है तो 2 और यदि वृत्ताकार है तो 3 या 4 हिस्से किये जा सकते हैं।

'पूर्ण में केवल एक ही वस्तु हो सकती है या वस्तुओं का समूह भी हो सकता है? उदाहरण सहित लिखिए।' इस प्रश्न का उदाहरण सहित पूर्ण अपेक्षित उत्तर मात्र 3.5% शिक्षकों द्वारा दिया गया। 59.5% शिक्षकों ने उदाहरण नहीं बताए। 34.5% शिक्षकों के उत्तर ग़लत पाये गये और 3.5% शिक्षकों ने इस प्रश्न को किया ही नहीं। ग़लत उत्तर देने वालों का मानना था कि केवल एक वस्तु ही पूर्ण को प्रदर्शित कर सकती है, जैसे एक आयत या एक वृत्त या एक वर्ग। एक और प्रश्न था कि $\frac{2}{5}$ व $\frac{5}{2}$ में क्या अन्तर होता है?' इस प्रश्न का कारण सहित अपेक्षित उत्तर किसी भी शिक्षक ने नहीं दिया। 29.5% शिक्षकों द्वारा आंशिक अपेक्षित उत्तर दिया गया। आंशिक उत्तरों में ज़्यादातर का मानना था कि 2 वस्तुओं को 5 लोगों में बाँटना $\frac{2}{5}$ होगा और 5 वस्तुओं को 2 लोगों में बाँटना $\frac{5}{2}$ होगा। 67% शिक्षकों के उत्तर ग़लत पाये गये और 3.5% शिक्षकों ने इस प्रश्न को किया ही नहीं। ग़लत उत्तर देने वालों द्वारा $\frac{5}{2}$ को भी $\frac{2}{5}$ जैसा ही बताया गया, जैसे पाँच टुकड़ों में से 2 टुकड़ों को लेने पर इसे $\frac{2}{5}$ लिखा जाता है।

ज़्यादातर शिक्षकों में इस बात की समझ का अभाव देखा गया कि भिन्नात्मक संख्याओं में पूर्ण को वस्तुओं के समूह (Discrete objects) के रूप में भी देखा जा सकता है और वस्तुओं के समूह को बराबर हिस्सों में बाँटा जा सकता है। वे भिन्न की समझ को पूर्ण और हिस्से (Part and whole) की समझ से परे नहीं देख पा रहे थे। उनमें मापन (Measurement), अनुपात (Ratio) व प्रचालक (Operator) के तौर पर इन्हें देखने का कोई प्रयास नहीं था।

शिक्षक-प्रशिक्षकों को कुछ और प्रश्न दिये गये थे। पूछे गये सवाल व दिये गये उत्तरों का विश्लेषण इस प्रकार है-

- 'दी गयी तीन संख्या रेखाओं में 1 कहाँ पर आयेगा?'

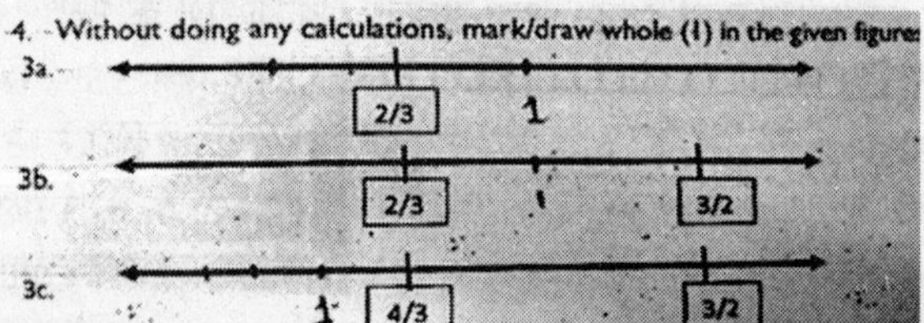

पहला भाग

इस प्रश्न का अपेक्षित उत्तर मात्र 22.5% द्वारा दिया गया। 55.5% के उत्तर ग़लत पाये गये और 16.5% शिक्षकों ने इस प्रश्न को किया ही नहीं। 5.5% द्वारा 0 को दिखाकर 1 को प्रदर्शित किया गया।

दूसरा भाग

इस प्रश्न का अपेक्षित उत्तर मात्र 5.5% द्वारा दिया गया। 72% के उत्तर गलत पाये गये और 22.5% शिक्षकों ने इस प्रश्न को किया ही नहीं।

तीसरा भाग

इस प्रश्न का अपेक्षित उत्तर किसी के भी द्वारा नहीं दिया गया। 77.5% के उत्तर गलत थे और 22.5% शिक्षकों ने इस प्रश्न को किया ही नहीं।

'क्या $\frac{1}{5}$ की पूर्ववर्ती संख्या $\frac{1}{4}$ है ?' इस प्रश्न के उत्तर में 22.22% अपेक्षित उत्तर पाये गये जबकि 28% के जवाब गलत आये। 16.5% ने इस प्रश्न का उत्तर लिखा ही नहीं। भिन्न पर आधारित संक्रियाओं को लेकर दो-दो इबारती सवाल बनाने के प्रश्नों पर 18% के उत्तर अपेक्षित पाये गये जबकि लगभग 40% ने केवल इस प्रकार के प्रश्न बनाये, $\frac{1}{2}$ में $\frac{3}{2}$ को जोड़ने/घटाने/गुणा/भाग करने पर क्या प्राप्त होगा? बाक़ी के 42% ने इस प्रश्न को किया ही नहीं।

निहितार्थ

इस प्रकार विश्लेषण के आधार पर निम्न बातें निकलकर आती हैं :

- भिन्नात्मक संख्याओं को केवल पूर्ण व हिस्से के तौर पर ही देखा जाता है जबकि बाक़ी के सन्दर्भों पर सोचा भी नहीं जाता।
- भिन्नात्मक संख्याओं को इबारत में बाँटने की बातें होती हैं पर लिखा व समझा केवल पूर्ण व हिस्से के तौर पर जाता है।
- सिर्फ़ पूर्ण व हिस्से के तौर पर कार्य करने के कारण विषम भिन्नात्मक संख्याओं को लेकर उलझाव दिखता है।
- भिन्नात्मक संख्याओं को निरन्तरता (continuous) व पृथक (discrete) के रूप में नहीं देख पाते अर्थात भिन्न की समझ को केवल चित्रों व पेपर फोल्डिंग तक ही सीमित रखते हैं।

- ❖ भिन्नात्मक संख्याओं के हिस्से को लेकर पेपर फोल्डिंग से कार्य करने पर अनन्त हिस्सों तक की अमूर्तता तक कैसे पहुँचें, पर कार्य नहीं किया जाता है।
- ❖ पूर्ण से हिस्सों पर कार्य किया जाता है पर हिस्सों से पूर्ण पर कार्य का अभाव दिखता है।
- ❖ भिन्नात्मक संख्याओं के दृश्यीकरण व पूर्ण संख्याओं के दृश्यीकरण के अन्तर पर कार्य नहीं किया जाता, जिस कारण से भिन्नों की तुलना बिना लघुत्तम समावर्तक के करने में समस्या आती है व कई बार तुलना करने में पूर्ण संख्या का तरीक़ा ही हावी हो जाता है।
- ❖ भिन्नात्मक संख्याओं की संक्रियाओं को लेकर सन्दर्भों पर कार्य नहीं किया जाता जिस कारण संक्रियाओं को केवल अंकों में ही देखा जाता है।

इन सब बातों के निहितार्थ कक्षा-कक्ष से लेकर शिक्षक-प्रशिक्षकों की तैयारी तक में देखने को मिलते हैं। जैसे भिन्नात्मक संख्याओं की समझ का अभाव बच्चों के स्तर पर दिखने वाले कारणों में से एक कारण शिक्षकों व शिक्षक-प्रशिक्षकों की ख़ुद की तैयारी या समझ का न होना भी हो सकता है। साथ ही किसी भी गणितीय अवधारणा को समझने के लिए उसकी पूर्व अवधारणाओं, उसके सीखने के प्रतिफल, शैक्षिक व विषयों के उद्देश्यों से जुड़ाव की समझ का अभाव देखने को मिलता है। शिक्षकों के सेवारत प्रशिक्षणों में भी यह अभाव महसूस किया जाता है, जिसका परिणाम बच्चों की वैकल्पिक अथवा त्रुटिपूर्ण समझ के रूप में दिखता है।

11

माध्यमिक स्तर पर गणित शिक्षण की चुनौतियाँ

फ़रजाना इरफ़ान और प्रमोद आमेटा

यह पर्चा माध्यमिक स्तर पर गणित पढ़ाने की मुश्किलों पर चर्चा करता है और साथ ही विद्यार्थियों में गणित के प्रति डर को भी चिन्हित करता है। पर्चा माध्यमिक कक्षाओं में शिक्षक-विद्यार्थी अनुपात, विद्यार्थियों में आधारभूत संक्रियाओं की समझ, परिणाम का दबाव आदि समस्याओं को उभारता है और इन्हें हल करने के लिए कक्षा में विद्यार्थी शिक्षक अनुपात ठीक करने, रोज़मर्रा से जुड़ी गतिविधियाँ करवाने व विद्यार्थियों के परस्पर सीखने पर ज़ोर जैसे कुछ सुझाव भी देता है।

विद्यालय शिक्षा के प्रत्येक स्तर पर पढ़ाये जाने वाले विषयों में अधिकतर विद्यार्थियों को गणित विषय अधिक कठिन लगता है। गणित पढ़ने के लिए ट्यूशन व कोचिंग जाने वाले विद्यार्थियों की संख्या सबसे ज़्यादा है। विद्यालयों में भी माध्यमिक स्तर पर गणित की अतिरिक्त कक्षाएँ लगाई जाती हैं। संस्था प्रधान व अध्यापक, गणित को परीक्षा परिणाम को निर्धारित करने वाला विषय मानते हैं। हमने अपने महाविद्यालय में केन्द्र प्रवर्तित योजनान्तर्गत सेवारत प्रशिक्षण के दौरान महसूस किया कि गणित विषय के सेवारत वरिष्ठ अध्यापकों के प्रशिक्षण में अध्यापक उपस्थित होने में असमर्थता व्यक्त करते हैं। इसका कारण वे यह बताते हैं कि गणित विषय की 7 दिन तक कक्षाएँ न होने पर विद्यार्थियों का नुकसान होगा, परीक्षा परिणाम ख़राब रहेगा।

एनसीएफ़ 2005 का गणित शिक्षण आधार-पत्र भी इस बात की पुष्टि करता है कि ज़्यादातर बच्चों में गणित को लेकर डर का भाव है। अधिकांश विद्यार्थी गणित विषय का नाम सुनते ही असहज महसूस करते हैं।

एनसीएफ़ 2005 में इसका कारण शिक्षण का पाठ्यपुस्तक व परीक्षा केन्द्रित होना, परीक्षा में आने वाले सम्भावित सवालों के अभ्यास पर ही ज़ोर तथा सीखने के रुचिकर संसाधनों व आन्तरिक प्रेरणा का अभाव बताया गया है।

उपरोक्त अवलोकन के आधार पर हमने एक लघुशोध करके जानने का प्रयास किया कि माध्यमिक स्तर पर गणित अध्यापकों को शिक्षण में किन चुनौतियों का सामना करना पड़ता है तथा वे इनको किस तरह से नियंत्रित या हल करने का प्रयास करते हैं। इस हेतु गणित टीचर एज्यूकेटर्स की सहायता से संरचित इंटरव्यू शेड्यूल बनाया गया। पहले हमने 10 प्रश्न बनाये थे। 3 प्रश्न, उत्तरों की पुनरावृत्ति अथवा उनके अधूरे होने के कारण हटा दिये गये तथा 2 प्रश्नों को परिवर्तित किया गया। ये 5 प्रश्न व एक नया प्रश्न, जो जोड़ा गया, इस प्रकार थे-

1. माध्यमिक स्तर पर गणित क्यों पढ़ाया जाता है?
2. विद्यार्थी गणित में कमज़ोर क्यों होते हैं?
3. गणित की कक्षा कैसी होनी चाहिए?
4. माध्यमिक स्तर (कक्षा 9 व 10) में ऐसी कौन-सी विषयवस्तु है जिसमें विद्यार्थियों को सीखने में ज़्यादा कठिनाई आती है? ऐसी विषयवस्तु के अधिगम के लिए क्या उपाय करते हैं?
5. गणित विषय की शिक्षण अधिगम स्थिति को कैसे सुधार सकते हैं? आप वर्तमान में माध्यमिक स्तर पर चल रही पाठ्यपुस्तक से सन्तुष्ट हैं?
   (i) कोविड के दौर में शिक्षण व्यूह रचना में क्या परिवर्तन किया?

उपरोक्त प्रश्नों का उत्तर प्राप्त करने के लिए 20 राजकीय विद्यालयों के गणित विषय के वरिष्ठ अध्यापकों का चयन सोद्देश्य विधि से किया गया। इन सभी वरिष्ठ अध्यापकों को गणित विषय का अध्यापन करते हुए पाँच वर्ष से ज़्यादा हो चुके हैं। इसमें से 10 अध्यापकों द्वारा प्रश्नों के उत्तर अधूरे दिये गये। अतः हमने गणित विषय के बीएड के 10 छात्राध्यापकों को भी न्यादर्श में शामिल किया। यह वे छात्राध्यापक थे, जिन्हें माध्यमिक स्तर पर 4-5 साल का गणित पढ़ाने का अनुभव था। इस शोध में सभी को अध्यापक माना गया और उत्तरों के विश्लेषण में कोई अन्तर नहीं किया गया।

प्रश्नवार विश्लेषण

माध्यमिक स्तर पर गणित क्यों पढ़ाया जाना चाहिए, के सन्दर्भ में 16 अध्यापक मानते हैं कि गणित हमारे जीवन का अभिन्न अंग है। गणित हमारे जीवन में गणनाओं से सम्बन्धित समस्याओं के हल से जुड़ा हुआ है। मकान बनाने, कोई व्यवसाय करने, घर में बजट का प्रावधान करने के लिए गणित तो आना ही चाहिए। 3 अध्यापकों के अनुसार गणित सभी विषयों का मूल आधार है। अगर भूगोल में तापमान या आँकड़ों को दर्शाना है, इतिहास में समय सारणी बनाना है तो गणित को समझना

ज़रूरी है। एक अध्यापक का मानना है कि गणित तार्किक सोच का विकास करने के साथ ही उच्च कक्षाओं में विज्ञान, कॉमर्स, अर्थशास्त्र, गृह विज्ञान, कृषि विज्ञान को समझने में ज़रूरी है। 2 अध्यापकों का मानना है कि प्रतियोगी परीक्षा के लिए गणित पढ़ना ज़रूरी है।

बच्चे गणित में कमज़ोर क्यों होते है, के जवाब में 18 शिक्षकों का मत है कि इस स्तर पर 50 प्रतिशत विद्यार्थियों में आधारभूत संक्रियाओं में दक्षता की कमी होती है। कक्षा में जो सवाल करवा दिया, उसे ज्यों-का-त्यों कॉपी में उतार लेते हैं। शिक्षक भी श्यामपट्ट पर सवाल हल करके तुरन्त कॉपी में लिखने का निर्देश देते हैं। वे इसका कारण पाठ्यक्रम का विस्तृत होना तथा कक्षा में विद्यार्थियों की संख्या (60-70) को मानते हैं। इतनी बड़ी कक्षा में व्यक्तिगत तौर पर विद्यार्थियों का निदान व उपचार करना सम्भव नहीं है। एक शिक्षिका ने बताया कि उनकी नौवीं कक्षा में 135 बच्चे हैं। इतनी बड़ी कक्षा में गणित सिखाने की प्रक्रिया में वे न्याय कैसे कर सकती हैं। 16 शिक्षकों का मत है कि बच्चे घर पर पासबुक या कुंजी से नकल करके होमवर्क ले आते हैं जिससे उनको सवालों को हल करना आता ही नहीं है। अभ्यास की कमी गणित में कमज़ोरी का सबसे बड़ा कारण माना जाता है। वे बच्चे, जिनको सवाल हल करना समझ में आ गया, वे आज तो हल करके बता देंगे किन्तु एक सप्ताह बाद भूल जाते हैं। उन्हें फिर से हल करने के लिए कहा जाये तो नहीं कर पाते। 8 शिक्षकों के अनुसार कक्षा 8 तक तो विद्यार्थी किताब में दिये हल सवालों को रटकर परीक्षा पास कर लेते हैं। फिर कक्षा 9 व 10 में उन्हें बहुत कठिनाई होती है। फिर ऐसे विद्यार्थियों को माध्यमिक स्तर के गणित के अध्यापक, परीक्षा के लिहाज़ से महत्त्वपूर्ण प्रश्नों/सवालों को रटने के लिए कह देते हैं। 2 शिक्षकों का मत है कि बच्चे गणित के शिक्षक से डरते हैं। इसका कारण शिक्षक द्वारा कक्षा में उन्हें सवाल नहीं आने पर उनका मज़ाक उड़ाना, डाँटना आदि बताया। 2 शिक्षकों का मत है कि हिन्दी भाषा की कमज़ोरी भी गणित सीखने को प्रभावित करती है क्योंकि विद्यार्थी यह नहीं समझ पाते हैं कि सवालों में क्या दिया हुआ है, क्या ज्ञात करना है।

हम ऐसा क्या करें कि विद्यार्थियों की गणित सम्बन्धी कमज़ोरी दूर हो, के जवाब में सभी शिक्षकों का मानना है कि गणित को दैनिक जीवन से जोड़कर पढ़ायें। उन्हें आधारभूत संक्रियाओं की कमज़ोरी दूर करने के लिए समूह बनाकर सीखने का अवसर दें। इससे विद्यार्थी एक-दूसरे से बिना झिझक के सीखेंगे भी तथा अभ्यास भी होगा। विद्यार्थियों को गणित के सवालों को अभ्यास करने का समय देकर भी ऐसा कर सकते हैं। ज़्यादा-से-ज़्यादा उदाहरण/सवाल कक्षा में बच्चों से हल कराये जायें।

गणित को प्रेम व धैर्यपूर्वक पढ़ाया जाना चाहिए। शिक्षक ऐसा नहीं कर पाते हैं क्योंकि उनकी कक्षा में बहुत ज़्यादा विद्यार्थी होते हैं। दूसरे, उनके पास समय अवधि 40 से 45 मिनट की ही होती है। शिक्षकों का मानना है कि कम समय और बड़ी कक्षा सीखने-सिखाने में बाधक है। साथ ही उनके ऊपर पाठ्यक्रम को पूरा करने तथा अच्छे से अच्छा परिणाम देने का दबाव होता है। इसलिए वे अपने विद्यार्थियों को केवल उन सवालों को हल करके अभ्यास के द्वारा रटा देते हैं जिनके आने की परीक्षा में सम्भावना ज़्यादा होती है। 10 शिक्षकों का कहना है कि तुलनात्मक रूप से गणित के शिक्षक को शिक्षण के अलावा विद्यालय के अन्य कार्य भी दूसरे शिक्षकों से ज़्यादा दिये जाते हैं। वे अगर न दिये जायें तो शिक्षक प्रतिदिन उपचारात्मक कक्षा लें। इन कक्षाओं में विद्यार्थियों की सीखने से सम्बन्धित कठिनाइयों को पहचाना जाये और फिर उनकी इन कठिनाइयों को दूर करने में मदद की जाये। इस तरह की कक्षाओं का समय-सारणी में समन्वय नहीं होता है। इस तरह की कक्षाएँ शिक्षक द्वारा विद्यालय के प्रार्थना काल में, उससे पूर्व या फिर अवकाश वाले दिन ही रखी जा सकती हैं। एक शिक्षक का कहना है कि विद्यार्थियों को गणित सम्बन्धी कमज़ोरी दूर करने के लिए बाल साहित्य पढ़ने का कालांश होना चाहिए जिससे उनकी भाषा सम्बन्धी कमज़ोरी, गणित सीखने में बाधक न बने।

माध्यमिक स्तर पर विद्यार्थियों को कौन-सी विषय वस्तु कठिन लगती है, पर शिक्षकों का कहना है कि त्रिकोणमिति, सर्वांगसमता, चक्रवृद्धि ब्याज, वैदिक गणित, समीकरण में पक्षान्तर, प्रमेय में सिद्ध करने वाले सवालों में कठिनाई आती है। त्रिकोणमिति के सवाल कक्षा 9 से ही पाठ्यक्रम में शुरू होते हैं, अत: विद्यार्थियों को समझने में कठिनाई होती है। दूसरा RHS=LHS सिद्ध करते समय अमूर्त चिन्तन की आवश्यकता होती है। जब सभी फॉर्मूले याद न हों, उनको सवाल में रखकर हल करने का अभ्यास न हो, सवाल हल करने में कठिनाई आती है। बच्चे समीकरण में पक्षान्तर करते समय गलतियाँ करते हैं— जैसे $2x + 3y = 4$ तो $3y = 4 - 2x$ की जगह $3y = 4 \times 2x$ कर देते है। घातकों के प्रश्न हल करते समय $2^3 \times 3^2$, $2 + 2 + 2 \times 3 + 3$ करना या $2^{3+2} = 25$ भी कर देते हैं। बीज गणित में + – की समझ में काफी त्रुटियाँ करते हैं। विद्यार्थी क्षेत्रफल तो फिर भी निकाल लेते हैं लेकिन आयतन निकालने में कठिनाई आती है। वैदिक गणित में तो अध्यापक व विद्यार्थियों को समान रूप से कठिनाई होती है क्योंकि उसका रोज़मर्रा की ज़िन्दगी में प्रयोग नहीं है। दूसरा वैदिक गणित के सूत्र विशेष परिस्थितियों में लागू होते हैं, अलग-अलग परिस्थिति में अलग-अलग सूत्र लगते हैं। इसलिए अध्यापकों

की वैदिक गणित पर पकड़ तथा रुचि कम है। तो वह विद्यार्थियों को तो कठिन लगेगी ही। प्रमेय प्रश्नों को हल करने में भी कठिनाई आती है क्योंकि उसके लिए उन्हें रेखा, कोणों, त्रिभुजों के प्रकार, चर्तुभुजों और आकृतियों का आधारभूत ज्ञान, सम्प्रत्यय स्पष्ट होना आवश्यक होता है।

ऐसी विषयवस्तु के अधिगम के लिए क्या उपाय करते हैं, के बारे में 8 अध्यापकों का मानना है कि वे परीक्षा में आने वाले प्रश्नों का अभ्यास ज़्यादा करवाते हैं तथा कुछ सवाल तो बच्चे रट लेते हैं। कक्षा के अत्यधिक कमज़ोर विद्यार्थियों को सवाल के सूत्र, उसके मान को रखना आदि सिखाकर कह दिया जाता है कि सभी सवालों में कम-से-कम इतना तो कर ही दिया जाये। अध्यापक परीक्षा में केन्द्रित सीखने-सिखाने को ही महत्त्वपूर्ण मानते हैं क्योंकि उनका मानना है कि राजकीय विद्यालयों में परिणाम को गणित विषय ही सबसे ज़्यादा प्रभावित करता है। 8 अध्यापक अपने बच्चों को गणित में रुचि उत्पन्न करने व नीरसता दूर करने के लिए कभी-कभी गणितीय पजल या गतिविधि जैसे टेबल, स्टूल, श्यामपट्ट का परिमाप निकलवाना, चॉक, माचिस, ज्योमेट्री बॉक्स, टिफिन का आयतन निकलवाना आदि करवाते हैं। इस सन्दर्भ में 16 अध्यापकों का कहना है कि कोर्स पूरा करने का इतना ज़्यादा दबाव होता है कि इन सबके लिए समय निकालना मुश्किल है। एक अध्यापक ने बताया कि वह मूल संक्रियाओं को तुकबन्दी के माध्यम से याद करवा देते हैं जिससे विद्यार्थियों को सवाल हल करने में आसानी रहती है, जैसे बीजगणित की +, – की समझ के लिए प्लस (+) प्लस (+) को जोड़ के प्लस (+); माइनस (–) माइनस (–) को जोड़े के प्लस (+); एक प्लस (+) की एक माइनस (–) की घटाव के सवाल में, बड़ी संख्या का साइन लगाओ। गुणा में समान चिन्ह हो तो (+) का साइन लगाओ। गुणा में असमान चिन्ह हो तो (–) का साइन लगाओ।

वे LCM (लघुतम समापवर्तक) निकालने के लिए निम्न तरीक़ा बताते हैं–

$$\frac{1}{2} + \frac{3}{5}$$

$$\frac{(5)(1) + (2)(3)}{10}$$

$$\frac{5 + 6}{10} = \frac{11}{10}$$

इन विद्यार्थियों को कहाँ भाग लगना है और कहाँ गुणा करना है, आदि में कठिनाई नहीं होती है।

क्या आप वर्तमान में माध्यमिक स्तर पर चल रही पाठ्यपुस्तक से सन्तुष्ट हैं, के सन्दर्भ में 8 अध्यापक कक्षा 9 व 10 की पाठ्यपुस्तक से सन्तुष्ट हैं। उनका मानना है कि उसमें पाठ्यक्रम के अनुरूप हल उदाहरणों व अभ्यास प्रश्नों की संख्या पर्याप्त है। जबकि 12 अध्यापक इस पाठ्यपुस्तक से असन्तुष्ट हैं। अध्यापकों का मत है कि पाठ्यपुस्तक को गतिविधि किताब (एक्टिविटी बुक) की तरह लिखा जाना चाहिए। पाठ्यक्रम के भार को कम करना चाहिए। 9 अध्यापकों ने वैदिक गणित को पाठ्यक्रम से हटाने की बात की। एक अध्यापक का मत है कि कक्षा 9 का चतुर्भुज पाठ बहुत लम्बा है। उसमें सारा थ्योरम है। इन प्रमेयों को विद्यार्थी रटकर परीक्षा में हल करके आते हैं, अतः इस पाठ को विद्यार्थियों की आवश्यकतानुसार परिवर्तित करना चाहिए।

कोविड-19 के दौर में गणित शिक्षण किस प्रकार रहा, पर बात करते समय सेवारत राजकीय अध्यापकों ने कहा कि उन्होंने गणित शिक्षण कार्यपत्रक (worksheet) के माध्यम से काम किया। उन्हें इसका परिणाम ज़्यादा फ़ायदेमन्द नहीं लगा क्योंकि कार्यपत्रक के सवालों को हल करने के लिए विद्यार्थियों को नियमित रूप से अध्यापकों की सहायता की आवश्यकता रही। इससे उनकी गणित की पढ़ाई बाधित हुई। 5 अध्यापक किसी कोचिंग से जुड़े हुए थे। इनकी कोचिंग में सरकारी व प्राइवेट, दोनों प्रकार के स्कूलों के बच्चे आते हैं। उन्होंने अपनी विभिन्न प्रश्नावलियों की वीडियो बनाकर यू-ट्यूब पर अपलोड की जिसमें विभिन्न विद्यार्थियों ने लाइव चैटिंग भी की और अपनी समस्याओं का निराकरण किया। कुछ ने बाद में व्हाट्सएप के ज़रिए भी शिक्षकों से प्रश्न पूछे। इन अध्यापकों का मानना है कि इस प्रक्रिया ने काफ़ी हद तक ऑफलाइन कक्षाओं की क्षतिपूर्ति का प्रयास किया। विद्यार्थियों ने बार-बार वीडियो देखकर अपनी कठिनाई स्वयं दूर करने का प्रयास किया। अध्यापकों को स्वयं भी यह लाभ हुआ कि एक बार तैयार वीडियो का उपयोग वे कई बार कर सकते हैं तथा इन वीडियोज को विद्यार्थियों के फ़ीडबैक के आधार पर सुधार तथा अपडेट कर सकते हैं।

प्रदत्तों के विश्लेषण से प्राप्त निष्कर्ष

गणित हमारे जीवन में गणनाओं से सम्बन्धित समस्याओं को हल करने से जुड़ा है तथा यह इतिहास, भूगोल, अर्थशास्त्र, गृहविज्ञान, भौतिकशास्त्र, रसायनशास्त्र, सभी विषयों को समझने में सहायक है। इसीलिए यह दसवीं तक एक अनिवार्य विषय है। आधारभूत संक्रियाओं में दक्षता की कमी के कारण विद्यार्थी गणित में कमज़ोर होते हैं

और यही उनके डर का भी मूल कारण है। कक्षा का आकार बड़ा होना, पाठ्यक्रम को पूरा करने के लिए अपर्याप्त समय तथा गणित की मूलभूत संक्रियाओं की समझ में कमज़ोरी प्रमुख चुनौतियाँ है। शिक्षण की प्रक्रिया पूरी तरह परीक्षा केन्द्रित है क्योंकि परिणाम अच्छा देने का दबाव अध्यापकों पर ज़्यादा है। आधारभूत संक्रियाओं की कमज़ोरी दूर करने के लिए समूह अधिगम के अवसर उपलब्ध कराये जाने चाहिए तथा विद्यार्थी एक-दूसरे से बिना झिझक के सीखें और उन्हें अभ्यास के अवसर भी मिलें। विद्यार्थियों को फार्मूले याद करवाने और उनमें कुछ संक्रियाओं की समझ पैदा करने के लिए ट्रिक्स, गणितीय पहेलियों एवं गतिविधियों का उपयोग भी करना चाहिए। गणित शिक्षण के दौरान पाठ्यपुस्तकों के साथ कार्यपुस्तिकाओं की भी अहम भूमिका होती है। यह विद्यार्थियों के स्वयं अधिगम को भी प्रोत्साहित करता है।

माध्यमिक स्तर पर गणित शिक्षण को सुधारने के लिए सुझाव

कक्षा का आकार प्राथमिक कक्षाओं से ही छोटा रखा जाये ताकि विद्यार्थी-अध्यापक अनुपात ज़्यादा न हो और विद्यार्थियों को समूह में कार्य करने का मौक़ा मिले, जिससे विद्यार्थी एक-दूसरे से सीखते हुए अपनी कमज़ोरी दूर करें। प्राथमिक स्तर से ही गणित पढ़ाने का कार्य, गणित के अध्यापक ही करें, दूसरे विषय के अध्यापक नहीं। कक्षा का आकार बड़ा न हो और पाठ्यक्रम को पूरा करने के लिए पर्याप्त समय मिले, यह आवश्यक है। इससे गणित की मूलभूत संक्रियाओं की समझ में कमज़ोरी नहीं होगी। शिक्षण की प्रक्रिया पूरी तरह परीक्षा केन्द्रित न हो और परिणाम अच्छा देने का दबाव अध्यापकों पर न डाला जाये। ज़ोर इस पर हो कि वे बच्चों को सिखाएँ। इसके लिए परीक्षा व आकलन का ढंग भी बदल सकते हैं। (दीवान, सतत और समग्र मूल्यांकन) गणित में रुचि उत्पन्न करने के लिए इसके प्रश्न विद्यार्थियों के दैनिक जीवन से जुड़े होने चाहिए। अक्सर यह देखा जाता है कि गणित के अध्यापक गम्भीर होते हैं और विद्यार्थी उनके साथ बहुत सहज नहीं हो पाते।

गणित के अध्यापक को धैर्यवान व हँसमुख होना अति आवश्यक है। अन्यथा विद्यार्थियों का डर और झिझक दूर नहीं होगी। गणित शिक्षण के दौरान विद्यार्थियों से अन्त:क्रिया की जाये, उनसे धैर्यपूर्वक व्यवहार किया जाये। संगी-साथी से सीखने (Peer group learning) के अवसर दिये जायें। अलग-अलग मेथड से सवाल को हल करके बताया जाना चाहिए। प्रमेय को आसान बनाने के लिए प्रमेय में जो दिया है, जो सिद्ध करना है, उसको स्टेप वाइज लिखते हुए एक-एक क़दम बढ़ते हुए सिद्ध करना चाहिए। जो पढ़ा रहे हैं, उसका जीवन में महत्त्व भी बताना चाहिए।

कक्षा में बच्चों से ब्लैकबोर्ड पर सवाल हल करवाये जायें जिससे विद्यार्थी ज़्यादा सक्रिय होकर सीखने की प्रक्रिया में आ जायें। सवाल हल करने पर विद्यार्थी का उत्साहवर्धन होगा तथा आत्मविश्वास में वृद्धि होगी।

शैक्षिक निहितार्थ

उपरोक्त लघुशोध यह बताता है कि कक्षा का बड़ा आकार, शिक्षक-विद्यार्थी अन्त:क्रिया को सीमित करता है। शिक्षक, विद्यार्थी की कमज़ोरियों को नहीं पहचान पाता क्योंकि शिक्षण पद्धति व्यक्तिगत रूप से ध्यान देने का कोई मौक़ा ही नहीं देती। वह एक ही तरीक़े से सारे विद्यार्थियों को पढ़ाता है क्योंकि उसे किसी भी तरह से अपना परीक्षा परिणाम सुधारना है। अत: संगी-साथी से सीखने (Peer group learnining) को बढ़ावा देना चाहिए। छोटे-छोटे समूह बनाने चाहिए, जिसमें सभी प्रकार के विद्यार्थी हों। इन समूहों को छोटे-छोटे अलग-अलग टास्क देने चाहिए। जैसे विद्यालय में लगे विभिन्न प्रकार के पेड़-पौधों की संख्या व प्रकार को ग्राफ़ के माध्यम से दर्शाने के लिए कहना। जैसे विद्यालय में पढ़ने वाले विद्यार्थियों की कक्षा व लिंग का सारणीय कर अलग-अलग तरीक़े से प्रस्तुतीकरण करवाना। जैसे खेत का मापन करवाकर नक़्शा बनवाना। इस प्रकार हम बच्चों को एक-दूसरे के साथ मिलकर सीखने के जीवन्त मौक़े उपलब्ध करवा सकते हैं। इससे बच्चे न केवल गणित के साथ भाषा, सूचनाएँ संग्रह करना, व्यवस्थित करना सीखेंगे बल्कि कई सामाजिक मूल्य, जैसे साथ काम करना, एक-दूसरे को समझना और मदद करना भी सीखेंगे।

परीक्षा परिणाम हमारी शिक्षा का एक पहलू हो सकता है किन्तु सब कुछ वही हो, ऐसा नहीं है। विद्यार्थी गणित की संक्रियाओं की समझ बनायें। उसका अपने जीवन में उपयोग करने लायक बनें, यह महत्त्वपूर्ण है, इसे हम शिक्षकों को समझना होगा। सीखने को आसान बनाने में अभ्यास, सीखने की सामग्री का प्रस्तुतीकरण भी महत्त्वपूर्ण है। इस सन्दर्भ में जगदीश शशिधर, लर्निंग कर्व 3, मार्च 2010 में लिखते हैं कि, "माध्यमिक स्तर पर गणित सीखने की सामग्री में पाठ्यपुस्तक है किन्तु कार्यपुस्तिका गायब है। कार्यपुस्तिका विद्यार्थी को दिये गये हल सवाल को देखकर उसी के अनुसार दूसरे सवालों को हल करने की योग्यता विकसित करती है।" हृदयकान्त दीवान, लर्निंग कर्व 4, मार्च 2010 में लिखते हैं कि, "अध्यापन कला में सीखने की सामग्री का प्रस्तुतीकरण भी महत्त्वपूर्ण है। सामग्री के निर्माण में यह स्पष्ट होना चाहिए कि वह किसके लिए है, उसमें क्या-क्या शामिल है तथा वह अनुकूल चित्र, उपयुक्त भाषा तथा छोटे-छोटे भागों में बाँटकर अभ्यास के अवसर

देने वाली होनी चाहिए। वर्कबुक तथा गणित प्रयोगशाला भी तैयार करनी चाहिए। माध्यमिक स्तर पर भी शिक्षण के दौरान मूलभूत संक्रियाओं का पुनः स्मरण करवाते रहना चाहिए।"

सन्दर्भ सूची

1. राष्ट्रीय पाठ्यचर्चा की रूपरेखा 2005: राष्ट्रीय शैक्षिक अनुसन्धान और प्रशिक्षण परिषद, नयी दिल्ली
2. गणित की कक्षा 9 एवं 10 की पाठ्यपुस्तकें, राजस्थान पुस्तक ग्रन्थ अकादमी
3. जगदीश शशिधर, गणित में आनन्द की संस्कृति, https://anuvadasampada.azimpremjiuniversity.edu.in/2886/
4. दीवान हृदय कान्त, गणित की अध्यापन कला https://anuvadasampada.azimpremjiuniversity.edu.in/2880/
5. दीवान हृदय कान्त, सतत और समग्र मूल्यांकन : एक आलोचनात्मक छानबीन, https://anuvadasampada.azimpremjiuniversity.edu.in/2131/

12

पाठ्यपुस्तकों व शिक्षकों के विचारों में प्रायिकता-शिक्षण सम्बन्धित विभिन्न सिद्धान्त

हनीत गाँधी

यह पर्चा पाठ्यपुस्तकों व शिक्षकों की प्रायिकता की समझ पर केन्द्रित है। लेखिका दिखाती हैं कि कई परिस्थितियों में प्रायिकता के बारे में सोचने में दोनों प्रचलित तरीक़े, शास्त्रीय/पारम्परिक व आवृत्ति सिद्धान्त, अपर्याप्त हो सकते हैं। वे कार्ल पॉपर के हवाले से कहती हैं कि हमारे अनुभव के कारण प्रायिकता को समझने की प्रोपेन्सिटी थ्योरी बहुत पहले हमारे विचारों में गूढ़ रूप से होती है। उनके अनुसार प्रवृत्ति के आधार पर प्रायिकता के बारे में सोचने को गणित के शिक्षणशास्त्र में शामिल करने की आवश्यकता है किन्तु इसके पहले इस पर काफ़ी काम करने की आवश्यकता होगी।

प्रायिकता गणित का एक ऐसा क्षेत्र है जिसमें किसी घटना के भविष्य में घटित होने की सम्भावना को निर्धारित किया जाता है। हम गणना कर यह अनुमान लगाते हैं कि भविष्य में किसी घटना के घटने की सम्भावना क्या हो सकती है? प्रायिकता-शिक्षण में सम्भाव्यता की दो व्याख्याएँ प्रचलित हैं : पारम्परिक सिद्धान्त (Classical Theory) और आवृत्ति सिद्धान्त (Frequentist Theory)। यह माना जा सकता है कि प्रायिकता पढ़ाते समय हम इनमें से किसी एक दृष्टिकोण का, जाने-अनजाने, अनुसरण करते हैं। इन सिद्धान्तों पर हम पर्चे में आगे और चर्चा करेंगे और यह भी जानेंगे कि इनके अलावा भी क्या कोई सिद्धान्त हैं जिसका ज़िक्र प्रायिकता-शिक्षण में होना चाहिए? यदि हाँ, तो वे क्या हैं और उनका क्या योगदान है। प्रायिकता की अवधारणाओं को समझने में हम यह भी समझने का प्रयास करेंगे कि इन अवधारणाओं को जब यादृच्छिक घटनाओं की सहायता से पढ़ाया जाता है तो शिक्षण प्रक्रिया में उपर्युक्त

में से कौन-सा सिद्धान्त ज़्यादा हावी रहता है व इसके क्या कारण हो सकते हैं? इस पर्चे का मूल उद्देश्य उपर्युक्त विचारों को साझा करना है।

पर्चा तीन भागों में विभाजित है। पहले भाग में प्रायिकता की दो प्रचलित व्याख्याओं, शास्त्रीय और आवृत्ति सिद्धान्त की व्याख्या की गयी है। इसी भाग में एक और सिद्धान्त, कार्ल पॉपर की प्रोपेन्सिटी थ्योरी (Propensity theory) की व्याख्या भी है, जिसका योगदान हाल ही में प्रायिकता पढ़ाने में देखा जा रहा है। दूसरे भाग में हम उच्च-माध्यमिक स्तर की पाठ्यपुस्तकों का विश्लेषण साझा करेंगे। पुस्तकों में कौन-सी व्याख्या प्रचलित है, जानेंगे। तीसरे भाग में यादृच्छिकता की वस्तुओं के द्वारा प्रायिकता की अवधारणाओं का निर्माण करते समय शिक्षकों के प्रचलित विचारों का विश्लेषण है।

प्रायिकता शिक्षण के सिद्धान्त

प्रायिकता का पारम्परिक या शास्त्रीय सिद्धान्त

प्रायिकता का पारम्परिक या शास्त्रीय सिद्धान्त लाप्लास (Laplace) की परिभाषा से उभरता है। लाप्लास के अनुसार, प्रायिकता आनुपातिकता के विचार के समान है। उनका मानना था कि किसी 'अनुकूल' घटना के घटित होने या न होने की सम्भावना उन सभी परिणामों के संयोजन पर निर्भर करती है जो समान रूप से घटित होते हैं। यह धारणा भिन्न की 'हिस्सा-पूर्ण' (Part-whole) परिभाषा के समान मानी जा सकती है। सीधे शब्दों में कहें तो यह एक भिन्न की तरह है जिसका अंश 'अनुकूल' घटनाओं की संख्या है और जिसका भाजक 'सभी सम्भावित' घटनाएँ हैं। नतीजतन, एक घटना की प्रायिकता को जानने के लिए, सभी सम्भव संयोजनों की गणना कीजिए, फिर वांछित घटना और सभी प्रगणित सम्भावनाओं के बीच अनुपात ज्ञात कीजिए। यह पूरी तरह से एक नियतात्मक प्रणाली है।

सम्भाव्यता का शास्त्रीय सिद्धान्त समान रूप से सम्भावित घटनाओं पर लागू होता है, जैसे कि अनभिनत (unbiased) सिक्का उछालने या पासा फेंकने के परिणाम ।

प्रायिकता = अनुकूल समान सम्भावनाओं की संख्या/प्रासंगिक समान सम्भावनाओं की कुल संख्या

यदि किसी प्रयोग में 'n' सरल व सम परिणाम हैं, तो यह विधि प्रत्येक परिणाम को $1/n$ की सम्भावना देगा। यानी, दूसरे शब्दों में, सम परिणाम के लिए प्रत्येक परिणाम के घटने की सम्भावना को समान माना जाता है। मान लें कि किसी अन्य

स्थिति में तीन सम्भावित परिणाम हैं, A, B या C और इनमें से किसी एक (कहिए, A) के होने की प्रायिकता ज्ञात करनी है। इस स्थिति में, जहाँ कुछ भी अधिक ज्ञात नहीं है, लाप्लास इन तीनों घटनाओं को समान रूप से सम्भव मानते हैं और P(A) को 1/3 निर्धारित करते हैं। पारम्परिक सिद्धान्त के आधार पर सम्भावनाओं की गणना उन सभी स्थितियों में लागू होगी जहाँ हमारे पास समान रूप से सम्भव मामले होते हैं। प्रायिकता ज्ञात करने का यह तरीक़ा समान रूप से सम्भव स्थितियों पर आधारित है।

पारम्परिक दृष्टिकोण के अनुसार किसी घटना की सम्भाव्यता की गणना करते समय, उस घटना की सम्भावना पूर्व निर्धारित (a priori) मान ली जाती है। इस दृष्टिकोण के अनुसार किसी घटना की सम्भावना की गणना उसके परीक्षण किये जाने से पहले भी की जा सकती है। उदाहरण के लिए, हम जानते हैं कि एक अनभिनत (unbiased) सिक्के के दो पहलू होते हैं : चित और पट। अब जब हम कहते हैं कि किसी एक पहलू की प्रायिकता ½ है तो यह निष्कर्ष हमने इस आधार पर लिया है कि सिक्का निष्पक्ष है। इसके दो पहलू हैं, दोनों पहलू समान हैं, दो ही परिणाम आने की सम-सम्भावना है। बिना कोई प्रयोग किये हमें मालूम है कि P(चित) = P(पट) = ½ (अनभिनत सिक्के लिए कुछ अन्य शब्द भी मिल सकते हैं यथा— न्याय्य और समसर्वय)।

आइए, अब चर्चा को आगे बढ़ाते हैं कि ठोस संसाधनों (जैसे कि आमतौर पर इस्तेमाल होने वाली यादृच्छिक वस्तुओं) का उपयोग करते समय प्रायिकता शिक्षण में यह परिप्रेक्ष्य कैसे सामने आता है। पारम्परिक दृष्टिकोण की एक अन्तर्निहित धारणा घटनाओं की समान सम्भावना है। यादृच्छिकता सम्मत वस्तुओं का उपयोग करते समय कुछ मूलभूत पहलुओं का पालन करना आवश्यक है। यह स्पष्ट है कि जिन वस्तुओं का उपयोग सम्भाव्यता को सिखाने के लिए किया जाता है, उन्हें ज्यामितीय रूप से सममित होना चाहिए। आकार में समरूपता सभी फलकों की सम-समानता सुनिश्चित करती है। सिक्कों का उपयोग करते समय, दोनों फलकों की निष्पक्षता उनकी सम-सम्भावना सुनिश्चित करती है। निष्पक्ष घन-रूपी पासे के मामले में भी ऐसा ही कहा जा सकता है। चूँकि एक अनभिनत (fair or unbiased) घनीय पासे के सभी छह फलक सममित होते हैं, इसलिए किसी भी फलक की आने की सम्भावना बराबर होती है। कहने का अर्थ यह है कि पारम्परिक दृष्टिकोण में सम्भावना की गणना करते समय, आकार का ज्यामितीय रूप में सममित होना एक पूर्व शर्त बन जाता है। जब आप एक घनीय पासे के किसी फलक की सम्भावना 1/6 बताते हैं,

तो आपने इन बातों का पूर्ण संज्ञान कर लिया होता है कि : क) घन ज्यामितीय आकार का था, ख) सभी फलक हर प्रकार से समान थे, ग) घन निष्पक्ष या अनभिनत था, घ) सम-सतह के कारण सभी फलकों के आने की सम्भावना बराबर थी। यानी, प्रायिकता के पारम्परिक दृष्टिकोण को यादृच्छिक वस्तुओं के द्वारा समझते समय वस्तुओं का सममित होना एक अनिवार्य शर्त होती है।

प्रायिकता का यह दृष्टिकोण जो लगभग एक सदी से ज़्यादा समय तक प्रमुख दृष्टिकोण माना जाता रहा, वॉन मिसेस (Von Mises) के एक सरल से सवाल का जवाब देने में विफल हो गया। सवाल यह था कि "एक पक्षपाती या अभिनत पासे की समस्या से कैसे निपटा जाये। यह सिद्धान्त तो हमें सिर्फ़ उन स्थितियों में प्रायिकता ज्ञात करने का तरीक़ा बताता है जहाँ स्थितियाँ समान रूप से सम्भावित होती हैं?" (अभिनत पासे याने पक्षपाती पासे के लिए अन्य शब्द है विषम सर्वय)।

यक़ीनन, प्रायिकता का पारम्परिक दृष्टिकोण एक अभिनत पासे (biased dice) के मामले में असक्षम है। चूँकि पारम्परिक प्रायिकता की धारणा स्थितियों की सम-सम्भावना या समप्रायिकता (equilikeliness) पर आधारित है, यह दृष्टिकोण अभिनत पासे के मामले में प्रायिकता ज्ञात करने में विफल रहा।

इस विफलता को और ध्यान से समझिए : मान लें आपके पास एक साधारण सिक्का है। प्रायिकता दृष्टिकोण को मानें तो P (चित) 1/2 होगी। सिक्के को आपने दस बार उछाला और दस में से 3 बार चित आया। अब P (चित) क्या मानेंगे? यह भी हो सकता है कि सिक्का पक्षपाती या अभिनत था, या यह भी कि पर्याप्त बार सिक्का उछाला नहीं गया है। इस पैराडॉक्स का पारम्परिक दृष्टिकोण जवाब नहीं दे पायेगा।

प्रायिकता का बारम्बारित दृष्टिकोण

प्रायिकता का बारम्बारित या आवृत्तिय सिद्धान्त कई नामों से जाना जाता है। इसे आप प्रयोगात्मक शैली के रूप में भी मान सकते हैं। इस दृष्टिकोण में किसी परिणाम की प्रायिकता उसकी आवृत्ति के आधार पर ज्ञात की जाती है।

प्रायिकता के मापन में एक ही परीक्षण को कई-कई बार किया जाता है। घटनाओं के लम्बे-लम्बे क्रमों का निरीक्षण करने पर, विभिन्न परिणामों की सापेक्ष आवृत्ति की गणना की जाती है। लम्बे क्रम के निरीक्षण के बाद यह देखा जाता है कि—

$$\text{ये अनुपात} = \frac{\text{चाहे मौक़े}}{\text{कुल मौक़े}}$$

स्थिर हो जाता है और इस स्थिर अनुपात को उस परिणाम की प्रायिकता कहेंगे। इसी प्रायिकता या किसी घटना की बारम्बारता के आधार पर उस घटना का भविष्य में होने या न होने की सम्भावना को निर्धारित किया जाता है। यानी, परीक्षण से प्राप्त विभिन्न घटनाओं के लम्बे क्रम तक अध्ययन के बाद देखा जाता है कि अपेक्षित घटना कितनी बार घटी और उसके होने का क्या पैटर्न था। इसी के आधार पर उस घटना के भविष्य में होने की सम्भावना का अनुमान लगाया जाता है।

आइए, इस दृष्टिकोण को थोड़ा और टटोलें। प्रायिकता की प्रयोगात्मक शैली के अनुसार हम एक परीक्षण को लम्बे समय तक करते हैं, जैसे सिक्का उछालना। सिक्के को कई बार उछालिए और परिणाम की तालिका बनाइए। उदाहरण के लिए, एक निष्पक्ष सिक्का 10 बार उछाला गया और हर बार यह नोट किया कि चित आया या पट। फिर, सिक्का दस और बार उछाला गया, और फिर तालिका में नोट किया गया। ऐसा करते रहने व आँकड़े लिखने से नीचे वाली तालिका बनी। इसमें सिक्के को उछालने के परिणाम लिखे हैं। अब प्रयोग के परिणामों को देखकर तय करें कि इस सिक्के के चित या पट आने की भविष्य में क्या सम्भावना है।

तालिका

परीक्षणों की संख्या	चित	पट
10	6	4
20	13	7
30	16	14
40	18	22
50	26	24

इच्छुक घटना की सम्भावना = घटना की घटनाओं की संख्या / परीक्षणों की कुल संख्या

$$P(H) = 26/50$$
$$= 0.52$$

इसी प्रकार, यदि एक पासा 6000 बार फेंका जाता है और '5' संख्या 990 बार आती है, तो '5' आने की प्रयोगात्मक सम्भावना 990/6000 = 0.165 है।

प्रायिकता के आवृत्तिय सिद्धान्त के साथ भ्रमात्मक धारणाएँ जुड़ी हुई हैं। किसी अनभिनत सिक्के को कई बार उछालने पर मान लीजिए कि यह पैटर्न आया :

HHHTTHTHTHHHH तो अगले परिणाम का अनुमान लगाते समय अक्सर लोग इन दो में से कोई एक तर्क लगते हैं। पहला, अतीत में कई बार H आया है, तो अगली बार भी H ही आयेगा। दूसरा तर्क, चूँकि H बहुत बार आ गया है, अगली बार T आयेगा। ये दोनों तर्क मिथ्या धारणाएँ हैं। किसी घटना के अतीत के दौरान अधिक बार आने से उसकी भविष्य में होने की सम्भावना कम होगी या ज़्यादा, यह तय नहीं किया जा सकता। किन्तु यह धारणा बहुत से लोगों में रहती है। जैसे पासा उछालने के मामले में भी, कई बार यह मान लिया जाता है कि पासे को अगली बार रोल करने पर छह आने की सम्भावना है क्योंकि हाल ही में छह संख्या सामान्य से कम आयी है। इस तरह के अनुमान वास्तविक दैनिक जीवन में भी लगाए जाते हैं। यहाँ ये अंकित करना ज़रूरी है कि स्वतन्त्र घटनाओं की सम्भावना की गणना इस बात पर निर्भर नहीं करती कि अतीत में क्या हुआ है। यह मान लेना कि अगली घटना, पहले हुई घटना की जगह दूसरे विकल्प देगी। यानी अभी जो विकल्प सामने आया, उसका अगली घटना पर प्रभाव होता है, यह इंगित करना है कि आप यह मान रहे हैं कि भूतकाल की घटना भविष्य की घटना के परिणाम को प्रभावित करेगी, परन्तु यह घटनाएँ तो स्वतन्त्र हैं।

अब आगे बढ़ते हैं, प्रायिकता के बारम्बारता दृष्टिकोण के माध्यम से हम किसी घटना की सम्भाव्यता की गणना तो कर सकते हैं लेकिन वह पारम्परिक प्रायिकता की तरह पूर्णत: तय नहीं होगी। प्रयोगात्मक होने के नाते यह सवाल बना रहेगा कि परीक्षण कितनी बार करें। कौन-सी आवृत्ति पर रुकना एक सही मान होगा? घटना की बारम्बारता का वास्तविक मान क्या है? इन सवालों के सटीक उत्तर नहीं हो सकते। एक और भी बात है, यह गणना वास्तविक परीक्षणों के बाद बनी एकीकृत सूचना पर आधारित है और इससे हम आगे का अनुमान लगाना चाहते हैं। इससे ऐसा प्रतीत होता है मानो किसी घटना के अतीत में घटित पैटर्न को देखकर उसके भविष्य में घटने की सम्भावना का अनुमान लगाया जा रहा है जो कि थोड़ा असंगत प्रतीत होता है। पर वास्तव में ऐसा नहीं किया जा रहा। इस ढंग से गणना का आधार परीक्षणों का कई बार दोहराए जाने पर आवृत्तियों का स्थिरीकरण है, जो एक तरह से अमूर्त तरीक़ा है। इससे यह नहीं पता चलता कि अगली बार क्या होगा किन्तु अगर बहुत बार वही क्रिया दोहराई जाये तो कुल आँकड़ों को इकट्ठा कर कमोबेश यही वितरण मिलेगा।

यदि कोई शिक्षिका प्रायिकता सिखाने के लिए बारम्बारता दृष्टिकोण अपनाती है, तो वह प्रयोग को कई बार करने का आग्रह करेगी। अनुकूल घटना की आवृत्ति की

गणना की जायेगी, और घटना की सापेक्ष आवृत्ति के आधार पर सम्भावना का वर्णन होगा। विशिष्ट तौर पर पासे के मामले में, पासे को कई बार फेंकने की प्रक्रिया की जायेगी, प्रत्येक अंक की सापेक्ष आवृत्ति पायेंगे और सापेक्ष आवृत्तियों को देखकर, एक अनभिनत पासे के प्रत्येक फलक की सम्भावना 1/6 होगी, तक पहुँचने में हम सक्षम होंगे। यह इसलिए क्योंकि जैसे-जैसे पासे के प्रयोग को अधिक बार दोहराया जायेगा वैसे-वैसे अनुपात 1/6 तक जायेगा।

बारम्बारता दृष्टिकोण के माध्यम से सम्भाव्यता सिखाने में कई चुनौतियाँ हैं। सबसे बड़ी यह कि इसमें संचलन का एक तत्व शामिल होता है, अर्थात, एक ही प्रयोग का कई बार समान परिस्थितियों में दोहराया जाना। परीक्षणों (trials) की संख्या को सीमित करने की भी कठिनाई है, परीक्षणों का कितनी बार होना पर्याप्त होगा? एक स्थिर परिणाम तक पहुँचने के लिए परीक्षणों की इष्टतम संख्या क्या है? प्रयोग का कितनी बार करना उचित ठहराया जायेगा? संक्षेप में, कहें तो, बारम्बारता दृष्टिकोण के द्वारा सम्भाव्यता की गणना करने में तीन मुख्य चुनौतियाँ हैं। पहला यह कि बारम्बारता दृष्टिकोण के माध्यम से किसी घटना की भविष्यवाणी करके उसकी सटीक प्रायिकता की गणना करना मुश्किल है। दूसरा, हम नहीं जानते कि आवृत्ति सम्भावनाएँ वास्तव में मौजूद हैं या नहीं। तीसरा, क्योंकि घटनाओं की पुनरावृत्ति मुख्यता अनिवार्य होती है, हम इसके द्वारा एकल घटनाओं या वे घटनाएँ जो पहले नहीं घटीं, की प्रायिकता निकालने में विफल रहेंगे।

पूर्वकथित दोनों दृष्टिकोण (पारम्परिक सिद्धान्त, आवृत्तिय सिद्धान्त) प्रायिकता की गणना करने में सबसे अधिक प्रचलित हैं। किसी घटना की सम्भावना का पता लगाने के दौरान इन दोनों दृष्टिकोणों का ही अक्सर उपयोग किया जाता है। ख़ासतौर से स्कूल स्तर पर इन्हीं दृष्टिकोणों से पढ़ाया जाता है। यह एक प्रकार से सही भी है क्योंकि अगर आप प्रायिकता के ऐतिहासिक दौर को देखेंगे तो सम्भावना का अर्थ इन्हीं दोनों दृष्टिकोणों से विकसित हुआ है। प्रायिकता की परिचयात्मक कक्षाओं में पारम्परिक दृष्टिकोण से अवधारणाओं का निर्माण करना और फिर प्रयोगात्मक दृष्टिकोण पर आगे बढ़ना महत्त्वपूर्ण ही नहीं, लाभदायक भी है। परन्तु इससे यह निष्कर्ष नहीं निकाला जा सकता कि प्रायिकता-शिक्षण में किसी और दृष्टिकोण को सम्मिलित करने की ज़रूरत नहीं है। एक और सिद्धान्त है, जो कम जाना जाता है, पर उल्लेखनीय है। वह है प्रायिकता का प्रवृत्तिय सिद्धान्त या प्रोपेन्सिटी थ्योरी (Propensity Theory)।

प्रायिकता का प्रवृत्तिय या प्रोपेन्सिटी सिद्धान्त (Propensity Theory)

सम्भावना-शिक्षण से जुड़ा जो तीसरा दृष्टिकोण है कार्ल पॉपर (Karl Popper) का प्रोपेन्सिटी या प्रवृत्ति सिद्धान्त। हालाँकि यह बहुत ज़्यादा प्रचलित नहीं है। मैं इस दृष्टिकोण को विस्तार से समझाने का प्रयत्न करूँगी।

प्रायिकता की इस धारणा को समझने के लिए प्रायिकता के मूल भाव को एक बार फिर से देखें। प्रायिकता किसी घटना के भविष्य में घटने का एक गणितीय माप है। इस परिभाषा के अनुसार ज़ाहिर है कि प्रायिकता सिखाते समय हम जो भी मॉडल अपनाएँ, वे लोगों के लिए भविष्य में होने वाली घटना की प्रायिकता का क़रीब-क़रीब सही अनुमान लगाने में सक्षम हो। इस समझ के साथ, आइए अब हम प्रायिकता की प्रवृत्तिय धारणा को टटोलते और समझते हैं।

प्रायिकता के प्रवृत्ति सिद्धान्त की कई व्याख्याएँ हैं। कई दार्शनिकों ने इस सिद्धान्त पर टिप्पणियाँ की हैं, शायद इसलिए प्रायिकता के इस दृष्टिकोण को सभी दृष्टिकोणों के आलोक में समझना और समझाना थोड़ा कठिन कार्य है। यहाँ हम सिर्फ़ कार्ल पॉपर (Karl Popper) के द्वारा दी गयी टिप्पणी की चर्चा करेंगे। यहाँ सिद्धान्तकार सम्भावना को एक भौतिक प्रवृत्ति या स्वभाव, या किसी प्रकार की भौतिक स्थिति की प्रवृत्ति के रूप में एक निश्चित प्रकार के परिणाम प्राप्त करने के लिए, या इस तरह के एक परिणाम के लम्बे समय तक सापेक्ष आवृत्ति प्राप्त करने का माध्यम मानते हैं। पॉपर ने उल्लेख किया कि एक भौतिक प्रयोग का परिणाम उसकी 'उत्पादक परिस्थितियों (generating conditions)' के एक निश्चित सेट से उत्पन्न होता है। जब हम एक प्रयोग को दोहराते हैं तो वास्तव में उन परिस्थितियों को दोहराते हैं जिनके कारण वह प्रयोग उत्पन्न हुआ। अब जब एक प्रयोग की "उत्पादक परिस्थितियाँ" दुबारा दोहराने पर बिल्कुल रूबरू तालमेल बैठा लें तो हम जान सकेंगे कि उस स्थिति की प्रायिकता क्या होगी। आपने एक बार एक निष्पक्ष सिक्का उछाला। प्रयोग करते समय कई तरह की परिस्थितियों का योगदान रहा। जैसे सिक्का कैसे उछाला गया, कितना बल लगा, हवा की दिशा क्या थी, सिक्के की बनावट कैसी थी, सिक्का कहाँ जाकर गिरा, कैसे गिरा, घर्षण बल का रोल क्या था, गिरते समय कोई रुकावट तो नहीं थी इत्यादि। इन सब परिस्थितियों में मान लीजिए पट प्राप्त हुआ। हम कह सकते हैं कि पट के आने में उपरोक्त सभी परिस्थितियाँ उसकी उत्पादन परिस्थितियाँ बनीं। इस सभी उत्पादन परिस्थितियाँ का योगदान था और अगली बार यदि ये सब उत्पादन परिस्थितियाँ रूबरू मेल रखें तो पट आने की सम्भावना अच्छी-ख़ासी होगी।

पॉपर ने पारम्परिक और बारम्बारता सिद्धान्त की कमियों पर भी टिप्पणी की। पॉपर के अनुसार, बारम्बारता सिद्धान्त की मुख्य कमी निष्पक्षीय तरीक़े से एकल घटनाओं की प्रायिकता ज्ञात करने में विफलता है। पॉपर के प्रवृत्ति सिद्धान्त के अनुसार हर स्थिति का एक तरह का झुकाव या यह प्रवृत्ति होती है जो आवृत्तियों के उत्पादन का कारण बनती है। किसी घटना की प्रायिकता उस स्थिति में ही निहित है जिसमें वह प्राप्त होती है। यदि स्थितियों को ठीक वैसे ही दोहराया जाता है तो हम किसी घटना की सम्भावना का अनुमान लगा सकते हैं। इस प्रकार, जब हम कहते हैं कि किसी विशेष परिणाम की सम्भावना P है, तो हमारा मतलब है कि परिस्थितियों के दोहराए जाने पर, परिणाम की आवृत्ति P के करीब पहुँच जायेंगी। चूँकि सम्भावनाएँ प्रायोगिक व्यवस्था पर निर्भर होती हैं, इन्हें व्यवस्था की विशेषताओं के रूप में देखा जा सकता है।

आइए, पॉपर के तर्क को दो दिलचस्प उदाहरणाँ से समझते हैं। पहला उदाहरण, मान लीजिए हमारे पास एक अभिनत (biased) सिक्का है, जिसका झुकाव वज़न के कारण चित की ओर है। अगर हम इसे एक बहुत कम गुरुत्वाकर्षण क्षेत्र (जैसे चन्द्रमा) पर उछालें तो सिक्के का अभिनत होना या न होना बहुत कम अथवा कोई मायने नहीं रखेगा। चन्द्रमा पर इस सिक्के के चित या पट दोनों के आने की सम्भावनाएँ लगभग बराबर होंगी, जैसे वह अभिनत हो ही नहीं। इसका मतलब यह है कि चन्द्रमा पर सिक्का अभिनत नहीं रहेगा। यह एक अनभिनत (unbiased) या उचित सिक्के के रूप में व्यवहार करेगा और इस प्रकार चित आने की सम्भावना पट के समान होगी।

दूसरे उदाहरण के लिए हम एक साधारण सिक्के का उपयोग करेंगे। लेकिन इस बार, इसे एक सपाट सतह पर गिराने के बजाय एक ऐसे टेबल टॉप पर गिरने देंगें जिसमें कुछ स्लॉट (slot) काट दिये गये हैं। अब हमारे पास दो की जगह तीन परिणाम हो सकते हैं, 'चित', 'पट' और तीसरा यह है कि सिक्का किसी स्लॉट्स में सीधा अपनी धार पर गिर जाये। यह उदाहरण दिखाता है कि परिणामों की सम्भावनाएँ न केवल टॉस करने के तरीक़े पर निर्धारित होती हैं (उत्पादन परिस्थितियाँ), बल्कि खुद परिणामों की प्रकृति भी भिन्न हो सकती हैं।

पाठ्यपुस्तकों का विश्लेषण

इस अध्ययन की शुरुआत हमने गणित की पाठ्यपुस्तकों को टटोलने से शुरू की। हमने एनसीईआरटी की 2005 के बाद प्रकाशित पुस्तकों का अध्ययन किया। हमने देखा कि एनसीईआरटी की पुस्तकों में प्रायिकता की अवधारणाओं का औपचारिक

परिचय कक्षा 7 की पाठ्यपुस्तकों से शुरू होता है। हालाँकि आँकड़ा प्रबन्धन का कुछ कार्य व सिक्का उछालकर परिणामों का आकलन करने का प्रभाव कुछ पुस्तकों जैसे ख़ुशी-ख़ुशी की कक्षा 3 की पुस्तक में है। एक औपचारिक रूप में पुनः इसका परिचय कक्षा 7 की किताबों में देखा गया। एनसीईआरटी (2005) की कक्षा 7 की पुस्तक में अध्याय 5, शीर्षक 'आँकड़ों का प्रबन्धन' (पृष्ठ 73-93), में सबसे पहले प्रायिकता के विचार प्रस्तुत किये गये हैं। यह अध्याय मुख्यतः सांख्यिकी अवधारणाओं पर केन्द्रित है। इसमें सूचनाओं की खोज, आँकड़ों का वर्गीकरण जिसमें अलग-अलग तरह से दण्डालेख और वृत्त आलेख या पाई चार्ट पढ़ाने और बनाने के बारे में बात की गयी है। लगभग 21 पृष्ठों के इस खण्ड में 16वें पृष्ठ से संयोग और प्रायिकता से जुड़ी संकल्पनाओं की चर्चा शुरू होती है (पृष्ठ 83-93)। चूँकि, संयोग और प्रायिकता सांख्यिकी खण्ड का हिस्सा हैं, ऐसा माना जाना स्वाभाविक है कि लेखकों ने प्रायिकता को आवृत्ति या बारम्बारता दृष्टिकोण से समझाने का प्रयत्न किया है। खण्ड की ऐसी संरचना से हमारा त्वरित निष्कर्ष यह बना कि प्रायिकता की आवृत्ति पद्धति लेखकों की पसन्दीदा विधि रही होगी। ऐसा होना काफ़ी हद तक उचित भी है क्यूँकि प्रयोगात्मक शैली से पढ़ाने से बच्चों का गणित के साथ एक जुड़ाव बनता है। बच्चे प्रयोग करते हैं, अवलोकन एकत्रित करते हैं, पैटर्न देखते हैं और निष्कर्ष निकालते हैं। पूरी प्रक्रिया में जुड़ जाते हैं। विषय नीरस नहीं होता और प्रायिकता की समझ भी बन जाती है। प्रयोगात्मक शिक्षण शैली पढ़ने-पढ़ाने में मदद भी करती है और प्रायिकता सिखाने में भी इसका उपयोग अक्सर किया भी जाता है।

आइए, अब प्रायिकता के इस अनुभाग का विस्तार से अध्ययन करें। एनसीईआरटी कक्षा 8 (2005) की पाठ्यपुस्तक के निम्नलिखित उदाहरणों (1a और 1b) पर ग़ौर करें :

क्या एक सम संख्या प्राप्त करना एक घटना है? क्योंकि एक सम संख्या 2, 4 या 6 हो सकती है, इसलिए एक सम संख्या प्राप्त करना भी एक घटना है। एक सम संख्या प्राप्त करने की प्रायिकता क्या होगी?

यह है : $\frac{3}{5}$ ← उन परिणामों की संख्या जो घटना बनाते हैं (अंश); ← प्रयोग के परिणामों की कुल संख्या (हर)

उदाहरण 3 : एक थैले में 4 लाल गेंदे और 2 पीली गेंदें हैं। (ये गेंदे रंग के अतिरिक्त सभी प्रकार से एक जैसी, अर्थात् सर्वसम (identical) हैं।) थैले के अन्दर से बिना देखे एक गेंद निकाली जाती है। एक लाल गेंद प्राप्त करने की क्या प्रायिकता है? क्या यह एक पीली गेंद प्राप्त करने की प्रायिकता से अधिक है या कम?

हल : यहाँ घटना के कुल (4 + 2) = 6 परिणाम हैं। लाल गेंद प्राप्त करने के लिए 4 परिणाम हैं। (क्यों?)

अत: लाल गेंद प्राप्त करने की प्रायिकता $\frac{4}{6} = \frac{2}{3}$ है।

इसी प्रकार, पीली गेंद प्राप्त करने की प्रायिकता $\frac{2}{6} = \frac{1}{3}$ है। (क्यों?)

अत:, लाल गेंद प्राप्त करने की प्रायिकता पीली गेंद प्राप्त करने की प्रायिकता से अधिक है।

उपर्युक्त उदाहरण किसी घटना की प्रायिकता ज्ञात करने के पारम्परिक दृष्टिकोण को दर्शाते हैं। कार्य स्पष्ट रूप से सभी सम्भावित घटनाओं की गणना करके अनुकूल घटना और सभी सम्भावित घटनाओं के बीच अनुपात निकालने के सूत्र के बारे में है। एनसीईआरटी (2005) की किताबों में हमें इस प्रकार के कई उदाहरण मिलते हैं जिनमें प्रायिकता निकालने के लिए पारम्परिक दृष्टिकोण और प्रायोगिक ढंग, दोनों का उपयोग किया जाता है। जैसे निम्न उदाहरण, जो अध्याय 5, कक्षा 8 (पृष्ठ 89) में है :

उदाहरण 2: एक सिक्के को अनेक बार उछाला जाता है तथा जितनी बार चित या पट आते हैं उन्हें लिख लिया जाता है। आइए अपनी परिणाम शीट (तालिका) को देखें, जहाँ हम उछालों की संख्या में वृद्धि करते जा रहे हैं:

उछालों की संख्या	मिलान चिह्न (H)	चितों की संख्या	मिलान चिह्न (T)	पटों की संख्या
50	𝍸 𝍸 𝍸 𝍸 𝍸 II	27	𝍸 𝍸 𝍸 𝍸 III	23
60	𝍸 𝍸 𝍸 𝍸 𝍸 III	28	𝍸 𝍸 𝍸 𝍸 𝍸 𝍸 II	32
70	...	33	...	37
80	...	38	...	42
90	...	44	...	46
100	...	48	...	52

ध्यान दीजिए कि जब आप उछालों की संख्या अधिकाधिक बढ़ाते जाते हैं, तब चितों की संख्या और पटों की संख्या परस्पर अधिकाधिक निकट आते जाते हैं।

उपर्युक्त उदाहरण में आपको बारम्बारता के सिद्धान्त की झलक मिल रही होगी। इस कार्य में पाठकों को एक प्रयोग करने, अवलोकन करने और किसी घटना के होने की आवृत्तियों को सारणीबद्ध करने के लिए कहा जा रहा है।

आवृत्तियों के स्थिरीकरण के आधार पर घटना की आवृत्ति की गणना की जा रही है। हमें पाठ्यपुस्तक में बहुत कम उदाहरण मिले जिनमें इस तरह के दृष्टिकोण का उपयोग किसी घटना की सम्भावना को खोजने के लिए दर्शाया गया हो।

अब इन उदाहरणों पर ग़ौर करें।

उदाहरण 3 :

3a. अध्याय 5, कक्षा 7, एनसीईआरटी (2005), पृष्ठ 92

मौसम विभाग बीते हुए अनेक वर्षों के आँकड़ों की प्रवृत्तियों को देखकर मौसम के बारे में भविष्यवाणी (प्रागुक्तियाँ) करता है।

3b. अध्याय 5, कक्षा 7, एनसीईआरटी (2005), पृष्ठ 88

एक रेलगाड़ी के समय पर आने या न आने के संयोग बराबर नहीं है। जब आप कोई टिकट खरीदते हैं और यदि वह प्रतीक्षा सूची में है, तो आप निश्चय ही संयोग का सहारा लेते हैं। आप यह आशा करते हैं कि जब आप यात्रा करेंगे तब सम्भवत: इस टिकट पर आपकी सीट आरक्षित हो जायेगी। परन्तु यहाँ हम कुछ ऐसे प्रयोगों (experiments) पर विचार करेंगे जिनमें परिणामों के घटित होने के संयोग बराबर हैं।

3c. अध्याय 5, कक्षा 8 , एनसीईआरटी (2005), पृष्ठ 90

उपर्युक्त उदाहरण (3a, 3b, 3c) में किसी घटना के घटित होने में अन्तर्निहित सहायक स्थितियों के बारे में बातचीत की गयी है। उदाहरण 3a और 3b में घटना की प्रायिकता का आधार उस घटना से पूर्व में घटित कारणों को जानने और पहचानने की बात की गयी है। यदि पूर्व कारण, वर्तमान स्थिति से मेल खाते हैं तो घटना के होने की सम्भावना बढ़ जाती है।

उदाहरण 3c कुछ हट के है। हालाँकि इस उदाहरण में प्रायिकता निकालने की बात नहीं है, यहाँ परिणामों की विभिन्न प्रकृति की एक झलक मिलती है। जैसा कि

पॉपर कहते हैं, परिस्थितियों की भौतिक प्रवृत्ति का किसी निश्चित प्रकार के परिणाम प्राप्त करने में योगदान होता है। उपरोक्त उदाहरण 3a, 3b और 3c कार्ल पॉपर के प्रस्तावित प्रोपेन्सिटी थ्योरी को कुछ हद तक अपनाते हैं। किसी अनुकूल घटना के घटने में जिन परिस्थितियों का योगदान होता है, उन्हें पहचानिए, उत्पन्न परिस्थितियों का आकलन करिए, ताल-मेल बैठाइए और अनुमान निकालिए।

पाठ्यपुस्तकों का अध्ययन करने के पश्चात हमें लगा कि क्यों न इन मसलों पर शिक्षकों के दृष्टिकोण को भी देखा जाये। आख़िरकार, शिक्षक की धारणाएँ उसके शिक्षार्थियों की सोच को प्रभावित करती हैं। वह शिक्षक ही है जो पाठ्यक्रम में निर्धारित उद्देश्यों को विद्यार्थियों के सामने रखता है। हमने सोचा, क्यों न शिक्षकों की प्रायिकता की समझ को भी समझा जाये। पर्चे का अगला और आख़िरी भाग इसी बारे में है।

इस भाग में हम एक शोध के बारे में चर्चा करेंगे जिसमें हमने उच्च-माध्यमिक स्तर पर पढ़ाने वाले शिक्षकों की प्रायिकता पढ़ाते समय हावी होने वाली धारणा को जानने का प्रयत्न किया। हमारी रुचि यह जानने में थी कि प्रायिकता के उपरोक्त दृष्टिकोणों में से कौन-सा दृष्टिकोण, जाने-अनजाने, शिक्षकों के शिक्षणशास्त्र में अधिक हावी हो जाता है।

शिक्षकों की प्रायिकता से सम्बन्धित धारणाएँ

हमने 42 शिक्षकों का साक्षात्कार किया। उनसे पूछा कि वे सातवीं के विद्यार्थियों के समक्ष सम्भावना या प्रायिकता के विचार कैसे रखते हैं? अधिकांश शिक्षकों (लगभग 30) ने निम्नलिखित स्थितियों में से एक की विवेचना की :

1. किसी विशेष दिन बारिश की सम्भावना के बारे में बात करना
2. सीलिंग फैन के गिरने की सम्भावना

ये दो स्थितियाँ वास्तव में इतनी साधारण या सामान्य हैं कि अक्सर इन्हें सम्भावना के परिचयात्मक पाठ में पेश किया जाता है। शिक्षक इन परिस्थितियों को प्रायिकता की शुरुआती कक्षाओं में सरल उदाहरण के रूप में प्रस्तुत करते हैं। आइए, इन उदाहरणों का गहन विश्लेषण करें और इनके द्वारा शिक्षकों की अन्तर्निहित धारणाएँ, जिनका शिक्षक अनुसरण करते हैं, समझने का प्रयास करें।

उपर्युक्त दोनों उदाहरण प्रायिकता अथवा सम्भाव्यता के प्रवृत्ति दृष्टिकोण की दिशा में शिक्षकों के झुकाव को चित्रित करते हैं। कार्य स्पष्ट रूप से उन स्थितियों का उल्लेख करते हैं जो बारिश और पंखे के गिरने के लिए ज़िम्मेदार हैं। बारिश की घटना कई परिस्थितियों पर निर्भर करती है जैसे कि एक निश्चित स्तर की आर्द्रता,

तापमान, हवाओं की दशा आदि। हम इन स्थितियों के संयोजन का जायज़ा लेते हैं जिसके तहत बारिश की सम्भावनाएँ अधिक हो सकती हैं। पिछले अनुभवों के अनुसार हम जानते हैं कि जब-जब इन परिस्थितियों में मेल होता है, बारिश की सम्भावना प्रबल होती है। इसलिए, भविष्य में बारिश होने की सम्भावना का अनुमान लगाने के लिए पिछली बार बारिश उत्पन्न करने वाली परिस्थितियों से मेल बिठाना पर्याप्त होगा।

इसी तरह, एक छत के पंखे के गिरने की भविष्यवाणी करना न तो शास्त्रीय धारणा पर आधारित हो सकता है और न ही आवृत्ति दृष्टिकोण पर। यदि पंखे के छत से गिरने का विश्लेषण पूरी तरह से शास्त्रीय सिद्धान्त के आधार पर किया जाता है, तो स्पष्टीकरण इस प्रकार होगा : दो घटनाएँ हैं, या तो पंखा छत पर टँगा रहेगा या गिर जायेगा। इन दो घटनाओं को देखते हुए किसी एक घटना की सम्भावना 1/2 होगी। इस तर्क के आधार पर यक़ीनन आप पंखे के नीचे नहीं बैठेंगे। दूसरी ओर, यदि बारम्बारता सिद्धान्त के आधार पर निष्कर्ष निकालना चाहें तो अतीत की सभी घटनाओं को देखें। अतीत में पंखे के गिरने की आवृत्ति को सारणीबद्ध करें और फिर आँकड़ों के आधार पर भविष्य में इसके गिरने की सम्भावना का अनुमान लगाएँगे। मुझे यक़ीन है कि यह धारणा भी उचित नहीं है। तो हम मान सकते है कि पंखे के गिरने की भविष्यवाणी निश्चित रूप से प्रवृत्ति सिद्धान्त पर आधारित है। पंखे के गिरने की सम्भावनाओं की भविष्यवाणी करते समय हम उन परिस्थितियों का आकलन करते हैं जिनके तहत पंखा छत पर स्थित है। पंखे की स्थिरता में हमारा विश्वास पंखे को छत पर स्थित रखने वाले नट और बोल्ट पर, सीमेण्ट की गुणवत्ता पर, पंखे के अन्य हिस्सों इत्यादि पर जो पंखे को अपनी स्थिति में टिकाए हुए हैं, पर है। जब तक ये हालात स्थिर हैं, चाहे पंखा रुका हो या घूम रहा हो, तब तक हमें यकीन है कि पंखा हम पर नहीं गिरेगा।

अभी हमने जाना कि शिक्षक जो उदाहरण देते हैं, वे सम्भाव्यता के प्रोपेन्सिटी सिद्धान्त से मेल खाते हैं। भले ही शिक्षक सम्भाव्यता के इस सिद्धान्त से अनजान हों, उनके द्वारा साझा किये गये उदाहरण कई बार इसी सिद्धान्त पर आधारित होते हैं। यहाँ हम यह कह सकते हैं कि हालाँकि स्पष्ट रूप से पाठ्यपुस्तकों या पाठ्यक्रम में सम्भाव्यता के प्रोपेन्सिटी सिद्धान्त का उल्लेख नहीं है, पर इस सिद्धान्त से सम्बन्धित पहलुओं का अनजाने में आन्तरिकीकरण (internalization) हो गया है। अगर हम यह जानने का प्रयास करें कि क्या यादृच्छिक घटनाओं के बारे में चर्चा करते समय भी शिक्षक जाने-अनजाने प्रवृत्ति सिद्धान्त को इस्तेमाल कर रहे होते हैं, तो हम यह भी देख सकेंगे कि यादृच्छिक घटनाओं पर बच्चों के साथ काम करते

समय शिक्षक आमतौर पर इस्तेमाल की जाने वाली वस्तुओं के साथ धारणाएँ कैसे स्थापित करते हैं।

हम एक अनभिनत (unbiased) पासे का उदाहरण लेते हैं, जिसमें हम यह प्रस्तुत करेंगे कि शिक्षक यदि पारम्परिक, बारम्बारता अथवा प्रवृत्ति सिद्धान्त अपनाती है तो उसकी प्रायिकता पढ़ाने की प्रकृति किस-किस प्रकार की होगी। यदि शिक्षक पारम्परिक दृष्टिकोण अपनाती है तो वह विद्यार्थियों को पासे के सभी समान तल गिनने को कहेगी। चूँकि घन के छह सम-तल होते हैं, किसी तल के आने की प्रायिकता 1/6 होगी। यदि शिक्षक आवृत्ति दृष्टिकोण का अनुसरण करती, तो वह अपने विद्यार्थियों को पासे के साथ एक या कई प्रयोग करने के लिए कहेगी और फिर परिणामों के सापेक्ष आवृत्तियों का एक ग्राफ़ तैयार करवाएगी। बहुत से परीक्षणों के बाद हर सम-तल की सापेक्ष आवृत्ति करीब-करीब 1/6 तक पहुँच जायेगी।

हमने शिक्षकों से कहा कि वे हमें विस्तार से बताएँ कि पासे का इस्तेमाल करते समय वे बच्चों से क्या बातचीत करती हैं? एक अनभिनत (unbiased) घनाकार पासे का वे अपनी कक्षा में कैसे उपयोग करती हैं?

यहाँ कुछ महत्वपूर्ण जवाब साझा हैं :

उत्तर 1 : मैं विद्यार्थियों से आकृति को देखने के लिए कहता हूँ। चूँकि यह एक सममित आकार है, इसलिए सभी फलकों के आने का मौक़ा समान है। इस प्रकार हर फलक की सम्भावना समान होती है।

उत्तर 2 : किसी भी वस्तु के साथ प्रयोग करने में, अपनी कक्षाएँ शुरू करने से पहले, मैं यह हमेशा करने के लिए कहती हूँ। मेज़ से एक निश्चित स्थान पर पासा पकड़ो और इसे ऊपर की तरफ फेंको। मैं बच्चों को 10 बार पासा फेंकने के लिए कहती हूँ। इस तरह के अनुभव विश्वास दिलाते हैं कि सब कुछ उचित है।

उत्तर 3 : कभी-कभी बच्चों को पता होता है कि पासे में हेरफेर किया जा सकता है। कुशल हाथ इस तरह से पासा पकड़ते हैं कि प्रतिक्रियाएँ असमान आ जायें।

उत्तर 4 : अगर मैं इसे एक विशेष तरह से फेंकता हूँ, तो मुझे मालूम है कि यह किस तरह गिरेगा। कुछ लोग पास फेंकने में इतने निपुण होते हैं कि वे आसानी से इच्छानुसार नम्बर ले आते हैं।

उपर्युक्त साझा प्रतिक्रियायों से यह स्पष्ट है कि एक ओर तो शिक्षक पासों का उपयोग करके प्रायिकता पढ़ाते समय वस्तु के भौतिक आकार पर ज़ोर देते हैं। चूँकि

पासे का आकार सममित है, यह सुनिश्चित करता है कि घनात्मक पासा किसी भी फलक पर गिर सकता है। घन के हर फलक पर गिरने की सम्भावना समान है। इन प्रतिक्रियाओं से पता चलता है कि शिक्षकों का मानना था कि वस्तुओं की भौतिक विशेषताएँ इसकी यादृच्छिकता सुनिश्चित करती हैं। किन्तु दूसरी ओर फेंकने के ढंग व उसमें निपुणता की बात भी की गयी है।

शिक्षकों द्वारा साझा शिक्षण प्रतिक्रियायों पर ग़ौर करें तो उनके अनुसार वस्तुविशेष के संरचनात्मक गुण जैसे कि पासे का भौतिक स्वरूप, इसका सममित आकार, लैण्डिंग में स्थिरता, फलकों की संख्या, पासा उछालने का तरीक़ा, कुशल हाथों का नियंत्रण आदि सब आने वाले परिणाम को प्रभावित करते हैं। यानी, यदि हम इन परिस्थितियों पर नियंत्रण कर लें तो हम पासे के परिणाम को जान सकते हैं। शिक्षकों के और भी बहुत से जवाब इसी प्रकार के थे।

शिक्षकों के साथ काम करते हुए हमने यह निष्कर्ष निकाला कि यादृच्छिक की वस्तुओं की सहायता से प्रायिकता सिखाते समय शिक्षक न तो पूर्णत: शास्त्रीय दृष्टिकोण से संचालित होते हैं और न ही उनकी सोच बार-बार होने वाले, यानी आवृत्ति, दृष्टिकोण से पूर्णत: निर्धारित होती है। बल्कि, हमने पाया कि शिक्षकों के विचार प्रायिकता की तीसरी व्याख्या, जिसका उल्लेख साहित्य में कम है, जिसे हम प्रोपेन्सिटी थ्योरी (Propensity Theory) से जानते हैं, से भी काफ़ी हद तक प्रभावित है। यादृच्छिक की वस्तुओं के साथ प्रायिकता की अवधारणाओं का निर्माण करते हुए शिक्षकों के विचार उन अन्तर्निहित स्थितियों पर केन्द्रित होते हैं जिनके तहत प्रायिकता के प्रयोगों की रचना गढ़ी गयी।

निष्कर्ष

शिक्षकों के साथ हुए अनुभवों ने हमें यह समझने में मदद की कि शिक्षकों के लिए वस्तुओं की संरचनात्मक संरचना, बाहरी प्रयोगात्मक व्यवस्था, जिसके तहत प्रयोग होता है, वस्तु की भौतिक संरचना और प्रयोग की परिस्थितियों की जानकारी अनुकूल घटना की सम्भाव्यता सुनिश्चित करने में पूर्व-शर्त के रूप में काम करती हैं। यानी न जानते हुए भी हमारी सहज सोच प्रायिकता के प्रोपेन्सिटी सिद्धान्त से प्रभावित होती है। कहने को तो हम पारम्परिक दृष्टिकोण या आवृत्ति सिद्धान्त की बात करते हैं, पर न जानते हुए भी हम परिस्थितियों की संरचना से प्रभावित हो जाते हैं। पॉपर का भी मानना यही था कि प्रायिकता की प्रोपेन्सिटी थ्योरी पारम्परिक और आवृत्ति सिद्धान्त से पहले हमारे विचारों में गूढ़ रूप में होती है।

हम मानते हैं कि प्रोपेन्सिटी थ्योरी की समझ के आलोक में प्रायिकता के सिद्धान्तों की रचना करना और बच्चों को पढ़ाना अभी एक चुनौती है। जब तक हम कार्ल पॉपर के सिद्धान्तों को पूरी तरह से समझ न लें, कुछ भी कहना उचित नहीं होगा। गणित शिक्षणशास्त्र का यह क्षेत्र अभी अनछुआ है। इस दृष्टिकोण को अभी पूरी तरह से समझा नहीं गया है। अभी काफ़ी शोध होना बाक़ी है। इस पर्चे का एक उद्देश्य पाठकों को इस पहलू से परिचित कराना भी था।

13

शिक्षकों के परिप्रेक्ष्य से प्रूफ़्स : एक साहित्यिक समीक्षा

तान्या सक्सेना

यह पर्चा गणित में प्रूफ़्स या सिद्ध करने को लेकर शिक्षकों की समझ के बारे में है। लेखिका कहती हैं कि शिक्षक इन्हें अलग-अलग ढंग से देखते हैं। कुछ शिक्षक इन्हें गणित सीखने का साधन मानते हैं और कुछ इसे किसी गणितीय कथन तक तार्किक चरणबद्ध ढंग से पहुँचने का तरीक़ा। कुछ शिक्षक प्रूफ़्स को, गणित को व्यवस्थित रूप से लिखने और नयी ज्ञान संरचना के तरीक़े की तरह भी देखते हैं। लेखिका शिक्षकों से उम्मीद करती हैं कि वे इन्हें गणितीय सोच के स्वरूप, स्वभाव और विकास के मार्ग के हिस्से के रूप में समझें। वे सुझाती हैं कि बच्चों को चिन्तन के मौक़े देने वाले ऐसे गणितीय टास्क दिये जायें जिनमें सही या ग़लत जवाब की बजाय सम्भव जवाब खोजने की प्रेरणा हो।

परिचय

गणित में प्रूफ़्स सीखना या प्रमेय सिद्ध करना गणितीय तर्क को समझने की ऐसी महत्त्वपूर्ण प्रक्रियाओं में से है जिन्हें भारत में माध्यमिक और उच्च-माध्यमिक स्तर पर गणित के पाठ्यक्रम में सम्मिलित किया गया है। पाठ्यक्रम में इन्हें सम्मिलित करने का आधार राष्ट्रीय पाठ्यचर्या की रूपरेखा, 2005 एवं गणित शिक्षा का आधार पत्र, 2006 है जो कि विद्यार्थियों में तार्किक चिन्तन के विकास को गणित शिक्षा का एक मुख्य लक्ष्य मानते हैं। मोटेतौर पर शिक्षकों एवं शिक्षाविदों के अनुभव यह बताते हैं कि विद्यार्थी अक्सर गणितीय प्रूफ़्स नहीं समझ पाते या गणित में प्रमेय सिद्ध करना उनके लिए एक चुनौतीपूर्ण कार्य होता है। अन्य दूसरी अवधारणाओं के समान प्रूफ़्स

की शैक्षणिक स्थिति भी शिक्षकों की ख़ुद की समझ से सम्बन्धित है। अत: यह अनिवार्य हो जाता है कि हम गणितीय प्रूफ़्स के प्रति शिक्षकों का परिप्रेक्ष्य पता करें, जिससे गणितीय तर्क के शिक्षण को बेहतर बनाया जा सके। इसके इतर भारतीय सन्दर्भ में ऐसे लेख बहुत कम हैं जो शिक्षकों की समझ, उनके अनुभव या परिप्रेक्ष्य का उल्लेख करते हों। यह पर्चा उपरोक्त चर्चा के आधार पर प्रूफ़्स पर किये गये शोधपत्रों की समीक्षा करता है तथा कुछ अन्य देशों के सन्दर्भ में किये गये शोधपत्रों को जाँचते हुए निम्न प्रश्नों के उत्तर ढूँढ़ने का प्रयत्न करता है :

1. गणित के शिक्षक प्रूफ़्स को किस प्रकार समझते हैं?
2. शोधपत्रों में प्रूफ़्स, गणितीय तर्क और उसे सीखने-सिखाने के विषय में किन बातों का उल्लेख किया गया है?

प्रस्तुत शोधपत्र का औचित्य

प्रूफ़्स शिक्षण का वर्तमान हमारी शैक्षिक असफलता को दर्शाता है। माध्यमिक और उच्च-माध्यमिक स्तर पर वर्तमान पाठ्यक्रम विद्यार्थियों से जिस प्रकार प्रूफ़्स से परिचय कराता है व़ उसके विकास को समझाता है, वह शायद तार्किक चिन्तन के विकास हेतु पर्याप्त नहीं है। जैसे यह धारणा कि 'गणितीय तर्क और प्रूफ़्स की समझ प्रमेय लिखते हुए विकसित हो सकती है' या फिर 'शिक्षण की ऐसी प्रक्रिया जिसमें शुरुआत से ही प्रमेय को एक ख़ास ढंग से लिखने पर ज़ोर दिया जाता है', आदि सीखने-सिखाने की प्रक्रिया को बहुत सीमित कर देती है। सम्भवत: इसके कारण ही विद्यार्थी अक्सर प्रमेय लिखने के मुख्य अवयवों जैसे निगमनात्मक तर्क अथवा उसके ढाँचे को समझे बिना ही केवल परीक्षा हेतु प्रमेयों को याद कर लेते हैं।

शोधकर्ता Stylianides (2007) इसके विपरीत बात कहते हैं। उनके अनुसार गणितीय प्रूफ़्स सीखने की प्रक्रिया वास्तव में ऐसे मौक़ों से परिपूर्ण होनी चाहिए जहाँ विद्यार्थी विभिन्न कथनों में तर्क ढूँढ़ें। फिर अपनी सहमति या असहमति के पीछे के गणितीय कारण प्रदान करें। ऐसी प्रक्रियाएँ उन्हें गणितीय अवधारणात्मक ज्ञान और समझ का एक तटस्थ आधार प्रदान कर सकेंगी। ऐसे कुछ उदाहरणों का उल्लेख हमने अपने एक अन्य पर्चे 'प्राथमिक स्तर से गणितीय सोच का विकास' में किया है। इसमें उल्लेख किया गया है कि यदि शिक्षक गतिविधि की मदद से प्राथमिक स्तर के विद्यार्थियों के साथ संख्याओं के अनन्त समूह की सोच और अनुमान (conjecture) लिखने पर काम करें तो यह उच्च-माध्यमिक स्तर पर व्यवस्थित प्रूफ़ लिखते समय उनके लिए लाभदायक सिद्ध होगा। तर्कों और अनुभवों से यह समझ बनती है कि

गणित में रीज़निंग का विकास या सिद्ध करना एक जटिल प्रक्रिया है जिसे सहज और व्यवस्थित क्रम से पढ़ाने की ज़रूरत है। ज़ाहिर है कि प्रूफ़्स पढ़ने और पढ़ाने की प्रक्रिया में शिक्षक की अपनी सोच-समझ और उसके पढ़ाने के तरीक़ों की एक बड़ी भूमिका होती है, जिसको जानना और समझना आवश्यक है। इस समझ के आधार पर गणित में प्रूफ़्स शिक्षण को बेहतर बनाने हेतु काम किया जा सकता है। शिक्षकों की समझ को जानने हेतु प्रकाशित शोधों एवं लेखों को जाँचने पर यह पता चलता है कि शिक्षकों की प्रूफ़्स की समझ या उनके प्रूफ़्स पढ़ाने के शैक्षिक अनुभवों पर बहुत ही कम शोध किये गये हैं, भारतीय सन्दर्भ में तो इस विषय पर शोध शायद किये ही नहीं गये।

Knuth (2002) कहते हैं कि अन्तर्राष्ट्रीय तौर पर देखने पर भी, विशेष रूप से माध्यमिक और उच्च-माध्यमिक स्तर पर कार्यरत शिक्षकों की समझ और विचारों की व्याख्या और उन पर शोध कम हैं। इस कमी को पूर्ण करने हेतु प्रस्तुत पर्चा निम्नलिखित बातों की व्याख्या करता है–

- कक्षा-कक्ष में गणित पढ़ाने वाले शिक्षक प्रूफ़्स से क्या समझते हैं?
- कक्षा में तार्किक चिन्तन का विकास, इससे जुड़े शैक्षिक बिन्दुओं तथा प्रूफ़्स पढ़ने-पढ़ाने के तरीक़ों की स्थिति क्या है?

क्या है गणितीय तर्क या सिद्ध करना?

शिक्षकों के परिप्रेक्ष्य से

प्रूफ़्स या गणितीय तर्क पर किये गये शोधों में मूलतः शिक्षकों के विचार एकत्रित करने हेतु साक्षात्कार लिए गये। उन्हें कुछ टास्क करने को दिये गये और उनके जवाबों के आधार पर आगे निष्कर्ष निकाले गये। यह निष्कर्ष इंगित करते हैं कि शिक्षकों में प्रूफ़्स पढ़ने-पढ़ाने के उद्‌देश्यों की एक सीमित समझ है (Knuth, 2002; Dunham, 1994)।

Knuth (2002) ने अपने शोध में माध्यमिक शालाओं के 16 गणित शिक्षकों का साक्षात्कार लिया। यह सभी शिक्षक गणित शिक्षण में सुधार को लेकर एकमत थे एवं कम-से-कम डिग्री स्तर तक गणित पढ़े हुए थे। Knuth पाते हैं कि मोटेतौर पर शिक्षक प्रूफ़्स की एक सीमित समझ रखते हैं। उनके अनुसार, कुछ शिक्षक प्रूफ़्स को गणित सीखने का एक साधन मानते हैं और कुछ प्रूफ़्स को किसी गणितीय कथन (conjecture) तक स्टेप-बाई-स्टेप तार्किक ढंग से पहुँचने का तरीक़ा बताते हैं।

कुछ शिक्षक प्रूफ़्स को, गणित को व्यवस्थित रूप से लिखने और नयी ज्ञान संरचना के तरीक़े की तरह देखते हैं। निष्कर्ष के रूप में कुछ इसी प्रकार के विविध परिप्रेक्ष्य सामने आते हैं।

शोध के दौरान Knuth गणित में प्रूफ़्स की सत्यता (validity) पर शिक्षकों के विचार पता करने पर यह पाते हैं कि 16 में से अधिकतर शिक्षक प्रूफ़्स की सत्यता से सहमत हैं। उनमें से 6 शिक्षक प्रूफ़ को स्वयंसिद्ध प्रणाली (axiomatic system) पर आधारित मानते हैं जिसके अनुसार 'अभिगृहीतों या अभिधारणाओं का कोई भी समुच्चय जिसमें से कुछ या सभी अभिगृहीतों या अभिधारणाओं का तार्किक रूप से प्राप्त प्रमेयों के संयोजन के रूप में उपयोग किया जा सकता है, एक स्वयंसिद्ध प्रणाली के रूप में जाना जाता है।' दूसरे शब्दों में उनके अनुसार प्रूफ़ अभिगृहीतों पर आधारित होता है। उदाहरणस्वरूप जो कथन यूक्लीडियन ज्यामिति में सत्य है, उसकी सत्यता नॉन-यूक्लीडियन ज्यामिति में सत्य अथवा असत्य हो सकती है क्योंकि वहाँ अभिगृहीत (axiom) अलग होंगे। जैसे यूक्लीडियन ज्यामिति के अनुसार दो समान्तर रेखाएँ कभी एक-दूसरे से नहीं मिलतीं। हालाँकि इन दो रेखाओं को यदि वृत्ताकार सतह पर देखें तो यह मिल सकती हैं। निष्कर्ष यह है कि शिक्षकों की प्रूफ़्स पर गहरी समझ परिलिक्षित होती है, जब वे इसे स्वयंसिद्ध प्रणाली (axiomatic system) पर आधारित देखते हैं।

इसके अलावा Knuth के शोध में दूसरे 6 शिक्षक प्रूफ़्स की सत्यता पर विश्वास तो करते हैं पर साथ ही यह भी मानते हैं कि गणित में प्रूफ़ का प्रति-उदाहरण (counter example) शायद सम्भव है। यानी शिक्षक गणितीय प्रूफ़ को गणितीय कथन या दावे को सिद्ध करने का एक व्यापक तरीक़ा तो मानते हैं, एक फ़ेलेबल कंस्ट्रक्ट (fallible construct) भी मानते हैं, यानी ऐसा ढाँचा जिसके विरोधाभासी उदाहरण का भी अस्तित्व हो सकता है और जिसे एक प्रति-उदाहरण द्वारा ग़लत सिद्ध किया जा सकता है। शोध के दौरान इस विचार पर पड़ताल करने हेतु शोधकर्ता शिक्षकों के समक्ष न्यून कोण त्रिभुज की मदद से मध्य बिन्दु प्रमेय (त्रिभुज की दो भुजाओं के मध्य बिन्दुओं को जोड़ने वाला रेखाखण्ड उसकी तीसरी भुजा के समान्तर होता है तथा तीसरी भुजा की आधी लम्बाई के बराबर होता है) दिखाते हुए पूछते हैं कि क्या यह कथन सभी त्रिभुजों के लिए सत्य होगा, अथवा क्या इसका कोई प्रति-उदाहरण अस्तित्व में है? इस सवाल पर कुछ शिक्षकों ने तुरन्त जवाब देने की बजाय चार-पाँच त्रिभुज बनाकर देखा कि कहीं कोई ऐसा त्रिभुज न हो, जिस पर दिया गया प्रमेय असत्य होता हो। शिक्षकों का यह शोध अवलोकन न केवल प्रूफ़्स

या प्रमेय की सार्थकता की उनकी समझ पर प्रश्न-चिह्न लगाता है बल्कि व्यापकता या सामान्यीकरण, जो बीजगणित के मूल हैं, से सम्बन्धित उनके अवधारणात्मक ज्ञान की चिन्ताजनक स्थिति को दर्शाता है।

शोध पत्रों की जाँच में अगला बिन्दु अनुभवजन्य साक्ष्यों को प्रूफ़्स के समान समझ लेने पर है। अध्ययन के अनुसार शिक्षक अनुभवजन्य साक्ष्यों द्वारा कथन को जाँचकर ही किये गये प्रूफ़ पर दृढ़-विश्वास कर पाते हैं (Dunham, 1994)। शोधकर्ता पाते हैं कि कुछ शिक्षक तो अनुभवजन्य साक्ष्यों को ही प्रूफ़ मानते हैं, क्योंकि उनके अनुसार गणितीय तर्कों की अपेक्षा व्यक्तिगत तर्कों पर सहमति अधिक विश्वसनीय है। शोध का अवलोकन यह इंगित करता है कि शिक्षक प्रमेय के व्यापक कथनों में निहित अमूर्तीकरण की अपेक्षा प्रत्यक्ष अनुभवजन्य साक्ष्यों के मूर्त स्वरूप को बेहतर मानते या समझते हैं। कह सकते हैं कि उन्हें गणितीय तर्क के मायनों को समझने में चुनौती का अनुभव होता है।

Roles of Proof in Mathematics Identified by Teachers

Roles of proof	Number of teachers
Establishment of truth	
Q: Do proofs ever become 'invalid'?	
proof not subject to contradictory evidence	4
proof dependent on axiomatic system	6
contradictory evidence possible	6
Q: Counterexample possible for a given proof (see Figure 2)?	
conclusion tested empirically prior to responding	4
hesitancy in responding	5
atypical case needs to be tested	5
Explanation	
Promoting understanding	0
Answering why	3
Communication of mathematics	12
Creation of knowledge/Systematization of results	8

चित्र-1

कथन : यदि किसी संख्या के सभी अंकों का जोड़ 3 से विभाजित होता है, तो वह संख्या भी 3 से विभाजित होगी।

प्रूफ़ : मान लें कि संख्या 756 है। 756 को निम्न रूप में लिखा जा सकता है–

$$756 = 7 \times 100 + 5 \times 10 + 6$$

क्रम विनिमेय और साहचर्य गुणों (Commutative and Associative Properties) के आधार पर उपरोक्त कथन होगा–

$$
\begin{aligned}
756 &= (7 \times 99 + 7) + (5 \times 9 + 5) + 6 \\
&= (7 \times 99 + 5 \times 9) + (7 + 5 + 6) \\
&= (7 \times 11 + 5) \times 9 + (7 + 5 + 6)
\end{aligned}
$$

चूँकि $(7 \times 11 + 5) \times 9$, तीन से पूर्णतया विभाज्य है इसलिए उपरोक्त गणितीय कथन के आधार पर यह सिद्ध होता है कि यदि $(7 + 5 + 6)$, 3 से विभाजित होगा तो योग गुण (sum property) के आधार पर हम कह सकते हैं कि 756 ऐसी संख्या है जो 3 से पूर्णतया विभाजित होती है। और क्योंकि हर संख्या को इसी प्रकार लिखा जा सकता है, अत: किसी भी पूर्ण संख्या (whole number) के लिए कहा जा सकता है कि यदि उसके अंकों का जोड़ 3 से विभाजित होगा तो वह संख्या खुद भी 3 से पूरी तरह विभाजित होगी।

शिक्षकों के उपरोक्त **(चित्र-1)** परिप्रेक्ष्यों के अतिरिक्त शोधपत्रों में मिलता है कि सामने दिखाए जाने पर लगभग सभी शिक्षक प्रूफ़्स तो पहचान लेते हैं पर झूठे प्रूफ़्स (non-proofs) को पहचानने में उन्हें दिक़्क़त होती हैं। Knuth पाते हैं कि कुछ शिक्षकों ने शोध के दौरान दिखाए गये अनुभवजन्य उदाहरणों को प्रूफ़ की श्रेणी में रखा। इस पर शिक्षाविद, शिक्षकों की प्रूफ़्स को लेकर बारीक़ियों की समझ पर शंका व्यक्त करते हैं।

Stylianides & Ball, (2008); Reid & Knipping, (2010) कहते हैं कि सम्भवत: शिक्षक दो क्रमिक गणितीय कथनों (consecutive mathematical statements) के तार्किक जुड़ाव को पहचानने में भी कठिनाई का अनुभव करते हैं।

Fischbein (1982) कहते हैं कि गणितीय प्रूफ़ को उदाहरणों द्वारा जाँचने की व्यक्तिगत ज़रूरत, मूलत: जाँचने के दो अलग तरीक़ों में अन्तर को प्रदर्शित करती है। पहला अनुभवजन्य साक्ष्य आधारित (empirical examples) तरीक़ा, जो शायद दैनिक जीवन से अधिक जुड़ाव रखता है और दूसरा गणितीय तार्किक (logical) तरीक़ा जो गणित के अपने मूलों पर आधारित होता है।

Fischbein (1982), ऊपर चर्चित अनुभवजन्य साक्ष्यों पर आधारित प्रचलित भ्रान्ति के सम्भव कारण पर कहते हैं कि :

> *"औपचारिक प्रूफ़ की अवधारणा पूर्णत: दैनिक जीवन के व्यवहार से परे है। एक औपचारिक प्रूफ़ किसी गणितीय कथन को सम्पूर्ण*

सत्य या असत्य सिद्ध करने की क्षमता रखता है और उसे एक भी उदाहरण से जाँचना निरर्थक होगा। इस तरह की सोच, ज्ञान और सिद्ध करने का तरीक़ा उन व्यावहारिक तरीक़ों का प्रतिकार करता है जो हमेशा किसी अतिरिक्त पुष्टि की खोज में रहते हैं।" (पृ.17)

अत: शिक्षकों की उपरोक्त समझ और परिप्रेक्ष्य उनकी गणित विषय और उसके ढाँचे की समझ तथा गणितीय व्यापकता और प्रूफ़ की औपचारिकता के बारे में उनकी समझ की गम्भीर स्थिति को परिलक्षित करती है। भले ही इस विषय पर सीमित शोधपत्र मिले और जाँचे गये पर शिक्षकों के जवाबों में प्रूफ़्स के मुख्य अवयव जैसे सामान्यीकरण और निगमनात्मकता के ठोस और व्यापक उल्लेख कम मिलते हैं।

सैद्धान्तिक परिप्रेक्ष्य

सैद्धान्तिक रूप से प्रूफ़्स को गणित का एक अत्यन्त महत्त्वपूर्ण अंग माना जाता रहा है। Ross (1998) कहते हैं कि 'गणित का सार प्रूफ़्स में है।'

Wu (1996) कहते हैं कि हमारे पाठ्यक्रम में ज्यामिति से बाहर प्रूफ़्स कम व्याप्त है, जिसकी वजह से प्रूफ़्स के ज्ञान की समग्रता पर असर पड़ता है। इसी के साथ प्रूफ़्स गणित और गणित के ढाँचे को समझने-समझाने, अभिलेख तैयार करने का एक महत्त्वपूर्ण अवयव है। प्रूफ़्स को गणितीय तर्क विकसित करने का एक तरीक़ा भी माना जा सकता है। बॉल व अन्य (2002) के अनुसार तार्किक चिन्तन कुछ कौशलों का संकलन है या जाँच का एक सम्भव साधन है जिसके द्वारा विद्यार्थी गणित में नये विचारों या वस्तुओं की खोज और अन्वेषण कर सकते हैं। मैथमेटिकल रीज़निंग के अवसरों पर विद्यार्थी अपने अनुसार परिभाषाएँ बना सकते हैं या बीजगणित के किसी सवाल को नये तरीक़े से हल कर सकते हैं। इसके अतिरिक्त मैथमेटिकल रीज़निंग विद्यार्थियों में गणितीय कथन, गणितीय दावे या किसी गणितीय प्रक्रिया को सिद्ध करने में भी मददगार हो सकती है।

कक्षा में किये गये कुछ प्रयत्न

शिक्षाविदों द्वारा प्रूफ़ सीखने-सिखाने के सिद्धान्तों पर आधारित कुछ अध्ययन किये गये। अध्ययन के दौरान विद्यार्थियों और शिक्षकों के साथ काम किया गया।

एक लम्बवत अध्ययन, जो बॉल एवं अन्य (2002) द्वारा किया गया, प्राथमिक स्तर पर कक्षा में सम्भव चर्चा की सार्थकता को बताता है। यहाँ बच्चे तर्क के आधार पर यह अनुमान लगा पाये कि दो विषम संख्याओं का जोड़ एक सम संख्या होगा।

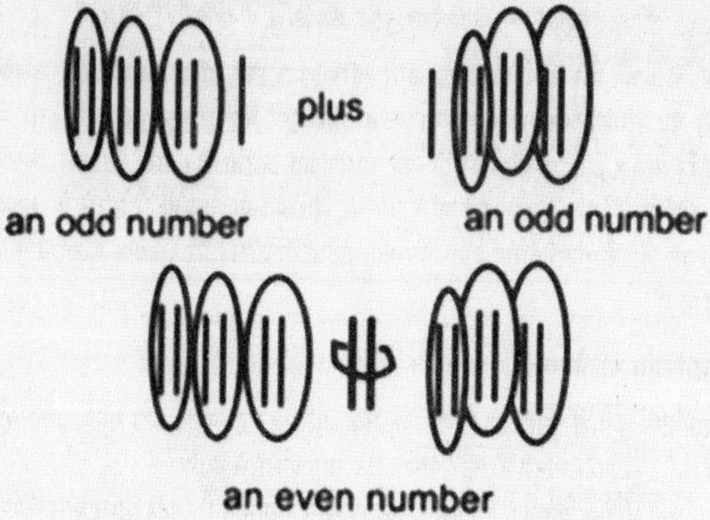

चित्र-2

अक्सर जब किसी विद्यार्थी से कक्षा में यह सवाल पूछा जाता है कि 'क्या आप कथन P को सत्य सिद्ध कर सकते हैं', तो यह सवाल असल में दो सवालों को जोड़कर बना है— पहला, क्या आप कथन P पर विश्वास करते हैं, और अगर हाँ, तो दूसरा सवाल, आप कथन P पर क्यों विश्वास करते हैं?

यहाँ पर विद्यार्थी अपने सहज-बोध, पुराने अनुभवजन्य साक्ष्य, उदाहरण या परिभाषा को टटोलते हुए कथन P को जाँचते हैं, अथवा कई बार वे बाह्य जानकार के कहे को मानते हुए आगे बढ़ जाते हैं। उदाहरण स्वरूप यह गणितीय कथन लें कि 'किन्हीं दो विषम संख्याओं का जोड़ एक सम संख्या होता है।' इसकी सत्यता या असत्यता को जाँचने हेतु अथवा अपने विश्वास या सहज-बोध को तार्किक तथ्यों से जोड़ने हेतु शायद वे कुछ अनुभवजन्य साक्ष्य जैसे 5 + 3 = 8 का उपयोग करेंगे फिर सम संख्या की परिभाषा के आधार पर उसके गुणों को जाँचेंगे आदि।

उपरोक्त चर्चा को आगे चित्र के रूप में दर्शाने का प्रयत्न किया गया है :

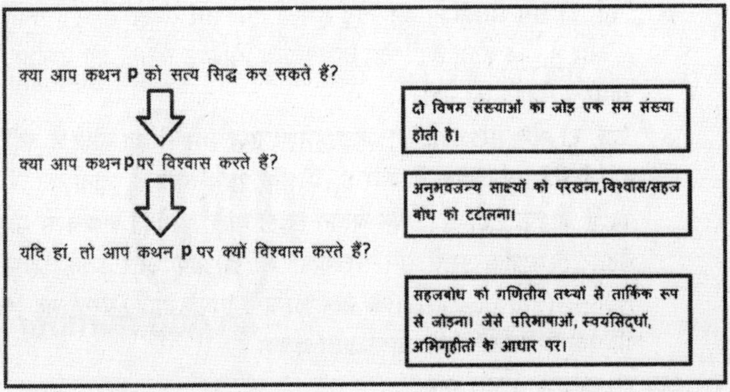

कक्षा में किया गया यह प्रयत्न इस बात की भी पुष्टि करता है कि प्राथमिक स्तर से ही गणितीय तर्क विकसित करना लाभदायक होगा। विद्यार्थियों से यह अपेक्षा कि वे आकस्मिक रूप से माध्यमिक-उच्च माध्यमिक स्तर पर प्रमेय सीख लेंगे या लिखने लगेंगे, शायद ठीक नहीं है।

प्रकाशित शोधों में ऐसे कुछ और शिक्षाशास्त्रीय तरीक़े भी पढ़ने को मिलते हैं, जो प्रूफ़्स के सिद्धान्तों पर आधारित हैं अथवा जो गणितीय तार्किक क्षमता को बेहतर बनाने के उद्द्देश्य से प्रयोग में लाए गये हैं। ऐसा ही एक प्रयोग है ट्रैन्स्पेरेंट सूडो-प्रूफ़ (Transparent Pseudo-Proofs) है। आइए अगले भाग में इसको समझें।

क्या है ट्रैन्स्पेरेंट सूडो-प्रूफ़ शिक्षाशास्त्र?
(Transparent Pseudo-Proofs Pedagogy)

प्रूफ़्स पर किये गये शोध की चर्चा को आगे बढ़ाते हुए पर्चे के प्रस्तुत भाग में हम ट्रैन्स्पेरेंट सूडो-प्रूफ़ नामक शिक्षाशास्त्र को प्रस्तुत करेंगे। बॉल और अन्य (2002) के अनुसार यह शिक्षाशास्त्रीय नीति प्रूफ़्स सीखना शुरू करने और व्यवस्थित प्रूफ़्स लिखने के बीच एक लाभदायक और मददगार कड़ी हो सकती है। आइए, एक उदाहरण की मदद से समझते हैं कि Transparent P-Proofs है क्या?

सामान्यीकरण, सिद्ध करने और लिखने का एक और अहम बिन्दु है, जो विद्यार्थियों को अक्सर कठिन लगता है। जैसे "दो सम संख्याओं का जोड़ हमेशा एक सम संख्या होता है।" इस कथन को सिद्ध करते हुए विद्यार्थियों से अक्सर इस प्रकार के जवाब मिलते हैं—

- "हाँ, दो सम संख्याओं का जोड़ हमेशा एक सम संख्या होता है क्योंकि 6 और 8, 14 होता है।" यह कथन एक विशिष्ट स्थिति को दर्शाता है, सामान्य स्थिति को नहीं।
- "हाँ, दो सम संख्याओं का जोड़ हमेशा एक सम संख्या होता है क्यूँकि 6, जो कि 2X3 होता है और 8, जो कि 2X4 होता है, दोनों का जोड़ 14 है जो कि 2X7 है।" यह जवाब पहले वाले उपरोक्त जवाब से थोड़ा बेहतर है क्योंकि इसमें सम संख्याओं की परिभाषा और उनके स्वभाव (property of evenness) के ज्ञान का उपयोग किया है। परन्तु यह फिर भी एक विशिष्ट-स्थिति को उजागर करता है।

अब इस जवाब पर ग़ौर करें-

- "हाँ, दो सम संख्याओं का जोड़ हमेशा एक सम संख्या होता है क्योंकि 6, जो कि 2X3 होता है और 8, जो कि 2X4 होता है, का जोड़ 2X(3+4) है, जो स्वयं 2 का गुणज है, इसलिए जोड़ एक सम संख्या है।"

ध्यान दें तो पायेंगे कि तीसरे जवाब में दिया गया तर्क, एक विशिष्ट-स्थिति में ही नहीं, बल्कि सभी स्थितियों में लागू होता है, अतः इस तर्क का सामान्यीकरण किया जा सकता है। पर चूँकि यह सुव्यवस्थित रूप से लिखा गया प्रूफ़ नहीं है, इसलिए शोधकर्ताओं ने इसे ट्रैन्स्पेरेंट-सूडो प्रूफ़ नाम दिया है। कुछ शोधकर्ताओं द्वारा ट्रैन्स्पेरेंट-सूडो प्रूफ़ (transparent-pseudo proof) नीति का उपयोग रैखिक बीजगणित की शुरुआत में भी किया गया।

अन्त में जहाँ लेखक उपरोक्त अभ्यास को सामान्यीकरण की ओर ले जाने और उसकी समझ बनाने का एक असरदार तरीक़ा बताते हैं, वहीं दूसरी तरफ़ वे इसके अति उपयोग में अत्यन्त सावधानी बरतने के सुझाव भी देते हैं क्योंकि वे मानते हैं कि उद्देश्य गणितीयकरण है।

इससे यह लगता है कि इस क्षमता का विकास धीमी व लम्बी चलने वाली प्रक्रिया है। उसमें शिक्षक को बच्चों द्वारा ईजाद किये गये सिद्ध करने के नये तरीक़ों को समझना व परखना होगा साथ ही कक्षा में इस तरह के मौक़े कई बार अलग-अलग तरीक़ों से बनाने की आवश्यकता होगी।

प्रस्तुत शोधपत्र के आधार पर शिक्षकों एवं शिक्षाविदों के लिए सम्भावनाएँ

प्रस्तुत पर्चे में लिखित विचारों और प्रूफ़्स सीखने-सिखाने के सिद्धान्तों के आधार पर शोधकर्ताओं, शिक्षकों और शिक्षाविदों के लिए निम्नलिखित सुझाव अनुशंसित हैं :

1. गणितीय तर्क से कथन सिद्ध करना जितना आवश्यक है उतना ही पेचीदा भी। अत: प्रत्येक स्तर पर सुगठित प्रयत्न करने होंगे। पाठ्यपुस्तकों व पाठ्यक्रम में किया गया बदलाव आवश्यक तो है किन्तु पर्याप्त नहीं। इस बदलाव को कक्षा-कक्ष या सीखने-सिखाने का असरदार हिस्सा बनाने हेतु शिक्षकों की भूमिका बहुत अहम दिखती है। इसलिए यह जानना अति लाभदायक हो सकता है कि गणित के शिक्षक प्रूफ़्स और गणितीय तर्क के विषय में क्या अवधारणा रखते हैं, वे कक्षा में इसे कैसे पढ़ाते हैं, एवं क्या अनुभव करते हैं? भारतीय सन्दर्भ में ऐसे शोध, प्रूफ़्स और तार्किक चिन्तन के विकास हेतु मददगार हो सकते हैं।
2. दूसरा सुझाव यह है कि शिक्षाविद (teacher educators), शिक्षकों के लिए ट्रेनिंग, कोर्स, वर्कशाप, प्लान आदि में प्रूफ़्स के कुछ ऐसे अहम बिन्दु सम्मिलित कर सकते हैं, जिन्हें अक्सर शिक्षक कठिन महसूस करते हैं। यह भी अपेक्षित है कि शिक्षक गणितीय सोच के स्वरूप, स्वभाव और विकास के मार्ग को समझें और ध्यान दें। इसके अलावा शोध के आधार पर गणितीय रीज़निंग के प्रचुर विकास के लिए ऐसे गणितीय टास्क देना जो तार्किक चिन्तन के मौक़े देते हैं और जो विद्यार्थियों को सम्भव जवाब खोजने के लिए प्रेरित तो करते हैं पर सही या सटीक जवाब की अपेक्षा नहीं करते। शिक्षकों के लिए यह भी लाभदायक होगा कि दिये गये पाठ्यक्रम और पाठ्यपुस्तक में से तार्किक चिन्तन के बिन्दुओं पता करें और फिर उन्हें ठीक तरह से कक्षा में विद्यार्थियों के साथ साझा करें।

सारांश

विभिन्न शोधपर्चों की समीक्षा करते हुए हमने पाया कि एक तरफ़ अधिकतर शिक्षक प्रूफ़्स को, गणितीय कथन को सही या ग़लत सिद्ध करने का साधन मानते हैं, पर तब भी वे अनुभवजन्य साक्ष्यों से जाँचना अधिक विश्वसनीय समझते हैं। जाँच पर प्रूफ़्स के मूल बिन्दुओं, जैसे व्यापकता व निगमनात्मकता आदि की समझ काफ़ी सीमित लगी। इसके पश्चात पर्चे में हमने कुछ अध्ययनों के आधार पर बच्चों में तार्किक चिन्तन के विकास के पहलुओं को रखा और पाया कि कक्षा में प्राथमिक कक्षाओं से ही तार्किक चिन्तन के मौक़े देने होंगे। यह मौक़े 'ट्रैन्स्पेरेंट सूडो-प्रूफ़' शिक्षाशास्त्र की तरह विद्यार्थियों की समझ और अनुभव को औपचारिक प्रूफ़्स तक एक बेहतर कड़ी प्रदान कर सकते हैं।

गणित शिक्षा का एक अहम उद्देश्य है विद्यार्थियों में तार्किक चिन्तन का विकास। और इस विकास के लिए विद्यार्थियों को गणितीय ढाँचे जैसे परिभाषा, स्वयं सिद्ध,

अवधारणा, गणितीय भाषा आदि से अवगत कराना होगा और फिर उनकी मदद करनी होगी ताकि वे इस गणितीय ज्ञान को सवालों से, हल करने के तरीक़ों से, गणित में नये विचारों और अवधारणाओं से जोड़ सकें। जिससे कक्षा-कक्ष में तार्किक चर्चा और सवालों का एक ऐसा माहौल स्थापित हो सके जहाँ व्यक्तिगत सुझाव और सोच को सामूहिक चर्चा में जगह मिल सके एवं जहाँ हर व्यक्ति एक-दूसरे के सुझावों को सुने, रुचि ले, और उस पर प्रतिक्रियाओं के माध्यम से सम्मिलित हो सके।

सन्दर्भ सूची

1. Stylianides, A.L. (2007). Proof and proving in school mathematics. Journal for research in Mathematics Education, 38(3), 289-321.
2. Knuth, E. J. (2002). Secondary school mathematics teachers' conceptions of proof. Journal for research in mathematics education, 33(5), 379-405.
3. Dunham, J. (1994). A Framework of Teachers' Coping Strategies for a Whole School Stress Management Policy. Educational Management & Administration, 22(3), 168–174. https://doi.org/10.1177/0263211X9402200304
4. Stylianides, A. J., & Ball, D. L. (2008). Understanding and describing mathematical knowledge for teaching: Knowledge about proof for engaging students in the activity of proving. Journal of mathematics teacher education, 11, 307-332.
5. Reid, D. A., & Knipping, C. (2010). Proof in mathematics education: Research, learning and teaching. Brill.
6. Fischbein, E. (1982). Intuition and proof. For the learning of mathematics, 3(2), 9-24.
7. Ross, K.A. (1998). Doing and proving: The place of algorithms and proofs in school mathematics. The American mathematical monthly, 105(3), 252-255.
8. Wu, F., Varaiya, P., Spiller, P., & Oren, S. (1996). Proofs and Counterexamples. Journal of Regulatory Economics, 10, 5-23.
9. Ball, D. L., Hoyles, C., Jahnke, H. N., & Movshovitz-Hadar, N. (2003). The teaching of proof. arXiv preprint math/0305021.

14

गणित सीखने की प्रक्रिया के बारे में समझ

गिरीश शर्मा

यह पर्चा अध्यापकों व भावी अध्यापकों के विचारों से साक्षात्कार व समूह चर्चा द्वारा उनके सीखने-सिखाने में आने वाली बाधाओं, विद्यार्थियों की सीखने की इच्छा-क्षमता व उनके नज़रिये को समझने का प्रयास करता है। विद्यार्थियों की गणित व भाषा ज्ञान में कमज़ोरी और इस वजह से पुस्तक पढ़ पाने में दिक़्क़त को रेखांकित करता हुआ यह पर्चा बताता है कि कोर्स पूरा करने के दबाव के चलते अध्यापक पिछली कक्षाओं के काम नहीं करवा पाते। पर्चा सुझाता है कि शिक्षक को गणित के साथ भाषा सीखने-सिखाने को जोड़ना होगा और लगातार पढ़ाने में नवाचार करना होगा।

पृष्ठभूमि

यह पर्चा मुख्य रूप से उच्च प्राथमिक स्तर पर बच्चों के गणित सीखने की प्रक्रिया को समझने से सम्बन्धित है। वास्तव में गणित शुरू से ही अध्यापक, विद्यार्थियों और कुछ हद तक अभिभावकों के लिए दिक़्क़त पैदा करने वाला विषय रहा है। गणित को सीखना जितना मुश्किल लगता है, उससे भी मुश्किल गणित को सिखाना है। लेकिन गणित सीखने-सिखाने से भी महत्त्वपूर्ण मुद्दा गणित व उसकी प्रकृति को समझना है। सिखाने वाले को यह भी समझना होगा कि विद्यार्थी का गणित से कैसा रिश्ता है।

बच्चों को कुछ सिखाने के लिए दो चीज़ें महत्त्वपूर्ण लगती हैं—एक तो बच्चों में उस विषय के प्रति रुचि जगाई जाये तथा दूसरी, बच्चे को सीखते समय ग़लती करने दी जाये। इसी प्रकार, स्कूल में भी सीखने की परिस्थिति पैदा करने के

लिए आवश्यक है कि सीखने वाले में विषय के प्रति ऐसी भावनाओं को जगाया जाये जिनसे उनमें रुचि व आत्मविश्वास पैदा हो। इसे करने में उन्हें ख़ुद अपने तरीक़े विकसित करने देना मददगार होगा। यह तभी होगा जब विद्यार्थी को ज़्यादा-से-ज़्यादा ख़ुद से करने के मौक़े दिये जायें। यह गणित विषय के लिए तो और भी ज़रूरी हो जाता है।

यदि हम चाहते हैं कि विद्यार्थी गणित में रुचि दिखाए, गणित पर ध्यान दे, अपने तरीक़े खोजे तो हमें विद्यार्थी के गणित सीखने पर अधिकाधिक विचार करने की आवश्यकता है। साथ ही यदि एक अध्यापक को विद्यार्थी को गणित सिखाना है तो उसे स्वयं भी गणित के बारे में समझ बनाना ज़रूरी है। उसे यह जानना ज़रूरी है कि वह स्वयं गणित को किस प्रकार देख रहा है, गणित की प्रकृति को कैसे समझ रहा है, गणित पढ़ाने से पहले और गणित पढ़ाते समय बच्चों के बारे में क्या सोच रहा है? वह सीखने-सिखाने की प्रक्रिया में किताब का किस तरह से इस्तेमाल कर रहा है? इस पर्चे में मुख्य रूप से इन्हीं कुछ बातों को जानने का प्रयास किया गया है।

किन पहलुओं पर अध्ययन किया गया और क्यों?

क्योंकि इस शोध का मुख्य उद्देश्य उच्च प्राथमिक स्तर पर गणित सीखने की प्रक्रिया के बारे में अध्यापकों का मत जानना था, अतः विद्यार्थी, अध्यापक, कक्षा और गणित विषय और उसकी प्रकृति को आधार बनाया गया।

अन्य विषयों की भाँति ही यह महसूस किया जाता है कि गणित पढ़ाते समय अध्यापक गणित से सम्बन्धित आवश्यक बातों और धारणाओं से परिचित हों। जैसे वे स्वयं गणित के बारे में क्या सोचते हैं? उनकी गणित के बारे में क्या समझ है? क्या यह एक कठिन विषय है जिसमें बहुत-से फार्मूले याद करने होते हैं या इसका एक दूसरा पक्ष भी हो सकता है? क्या वे इस विषय को एक दिलचस्प विषय मानते हैं और सोचते हैं कि इस विषय को कोई भी सीख सकता है?

दूसरा, जब कोई अध्यापक कक्षा में गणित पढ़ने और पढ़ाने पर बात करता है तो उसके सामने क्या सवाल उभरकर आते हैं? वह गणित के बारे में सोचने की शुरुआत कैसे करता होगा? क्या वह गणित पढ़ाने की शुरुआत करने से पूर्व विद्यार्थी के स्तर, पृष्ठभूमि और सन्दर्भ बारे में सोचता है?

तीसरा, एक अन्य मुद्दा यह है कि जब अध्यापक कक्षा में पढ़ाने जा रहा है तो गणित पढ़ने वाले बच्चों के बारे में उसकी क्या समझ या क्या नज़रिया है? क्या यह

विषय कुछ विशेष बच्चों के लिए ही है? क्या इसे केवल लड़के पढ़ सकते हैं और लड़कियों के लिए तो यह कतई नहीं है?

इस प्रकार मुख्य रूप से निम्न चार पहलुओं को शोध का आधार बनाया गया-

1. गणित की अवधारणा
2. गणित की प्रकृति
3. विद्यार्थियों के बारे में सोच और
4. कक्षा-कक्ष प्रक्रिया

गणित की अवधारणा एवं प्रकृति

गणित की अवधारणा के बारे में बात करें तो यह एक अमूर्त विषय है जिसमें संख्याओं, आकारों, तार्किक सत्यों और पैटर्न आदि के बारे में सीखते हैं। गणित में तार्किक सम्बन्ध एवं पैटर्न अमूर्त होते हैं। संख्यायें, बीज गणित, रेखा गणित आदि गणितीय अवधारणाएँ हैं और ये सभी अमूर्त हैं। दूसरे इन सभी गणितीय अवधारणाओं में क्रमबद्धता होती है। गणित में हम किसी भी अवधारणा को तभी समझ सकते हैं, जब हम उससे जुड़ी हुई पूर्व अवधारणाओं को समझ लें। इस प्रकार गणित की अवधारणाओं का आपस में तार्किक सम्बन्ध होता है। उच्च प्राथमिक स्तर पर मुख्य रूप से गणितीय अवधारणाओं में संख्यायें, आकृतियाँ, पैटर्न, मापन एवं आँकड़े आदि शामिल होते हैं।

फिर गणित मात्र संख्यायें नहीं है। न ही संख्याओं पर की जाने वाली संक्रियाएँ एवं गणनाएँ गणित हैं। वास्तव में गणित का काम एक ख़ास तरीक़े का विकास करना होता है जिससे विद्यार्थी अपने दैनिक जीवन की परिस्थितियों का तार्किक आधार पर विश्लेषण कर पाये तथा परिस्थितियों को समझकर समाधान खोज पाये। इसे हम गणितीयकरण की प्रक्रिया भी कह सकते हैं, जिसका सीधा और सरल अर्थ होता है- विद्यार्थी द्वारा अपने अनुभवों को गणित के साथ जोड़ना।

विषय तथा विद्यार्थी के बारे में समझ

जहाँ तक गणित सीखने-सिखाने की बात है, विद्यार्थी को गणित सीखने की प्रक्रिया में पूरा भागीदार मानना और बनाया जाना चाहिए। विद्यार्थियों के स्कूली जीवन का बाहर के जीवन से सम्बन्ध होना चाहिए। अध्यापकों द्वारा विद्यार्थियों को सीखने-सिखाने के दौरान अपने अनुभव पर विचार करने का अवसर देना चाहिए। इसके लिए ऐसे कक्षा-कक्ष हों, जहाँ विद्यार्थी सवालों पर चर्चा कर सकें, अपनी समस्याओं का

समाधान स्वयं खोज सकें, नयी समस्याएँ बना सकें, इन समस्याओं का हल अपने तरीक़े से ढूँढ़ सकें और स्वयं अपनी परिभाषाएँ गढ़ सकें।

अध्यापक को भी अपने विषय को गहराई से समझना होता है। कक्षा में विद्यार्थियों के सामने आने वाली समस्याओं को ठीक से पहचाने की क्षमता विकसित करनी होती है जिससे कि वह विद्यार्थी को स्वयं गणितीय सवालों के हल ढूँढ़ सकने में मदद कर सके। उसे इस बात का भी ध्यान रखना होता है कि कक्षा में सभी विद्यार्थी एक जैसे नहीं होते। सभी के सीखने की गति अलग होती है, सीखने का तरीक़ा अलग होता है तथा उनकी रुचियाँ भी अलग होती हैं।

पाठ्यपुस्तकों की भूमिका

अध्यापकों को गणित की किताबों के बारे में भी नज़रिया बदलने की ज़रूरत है। उन्हें मात्र परीक्षा पास करने के आधार के रूप में नहीं देखा जाना चाहिए। आमतौर पर गणित की कक्षाओं में ज़्यादा ज़ोर सवाल हल करने पर दिया जाता है। कक्षा में चर्चाओं को भी स्थान मिले, इसके लिए विद्यार्थी तथा अध्यापक, दोनों को सन्दर्भ पुस्तकें उपलब्ध कराई जानी चाहिए। गम्भीर चर्चाओं के लिए शिक्षक के पास सामग्री होनी चाहिए और उसे पढ़ना भी चाहिए। उच्च प्राथमिक स्तर पर विद्यार्थी को ऐसी विषयवस्तु पढ़ने के अवसर देने चाहिए जिनमें संकेतों सहित भाषा का उपयोग किया गया हो। साथ ही यह सभी उद्‌देश्य पूरे करने हैं तो हमें विद्यालय की समय-सारणी को भी लचीला बनाने का प्रयास करने की आवश्यकता है।

उपरोक्त पहलुओं को ध्यान में रखकर इस शोध में यह जानने का प्रयास किया गया है कि वास्तव में गणित क्या है? विद्यार्थी और अध्यापक गणित से क्या समझ रहे हैं? गणित की विषयवस्तु और पद्धति क्या है? अध्यापक कक्षा में पढ़ाने के दौरान विद्यार्थियों से अन्तःक्रिया करते हैं तो वे गणित के बारे में क्या सोचते हैं? उनका विषय, विद्यार्थी तथा पाठ्यपुस्तक के प्रति दृष्टिकोण क्या है तथा वे क्या सोच रखकर विद्यार्थियों को गणित शिक्षण करवा रहे हैं?

यह सवाल क्यों उठा?

उपरोक्त पहलुओं के बारे में एनसीएफ़ में भी बात की गयी है। उच्च प्राथमिक स्तर की जो पाठ्यपुस्तकें हैं, उनमें भी इन बातों को शामिल किया गया है। इन्हीं बातों को ध्यान में रखकर अध्यापकों को प्रशिक्षण भी दिये जा रहे हैं लेकिन फिर भी आज

उच्च प्राथमिक एवं उसके बाद के स्तर पर अध्यापकों के सामने सबसे बड़ी समस्या यह है कि इस स्तर के बच्चों को गणित की बुनियादी बातें नहीं आतीं।

यह समस्या क्यों है? इसके पीछे क्या कारण हैं? अध्यापक क्या करते हैं? क्यों विद्यार्थी गणित नहीं सीख पा रहे हैं और क्यों अध्यापक नहीं सिखा पा रहे हैं? इन्हीं सवालों को जानने का प्रयास इस शोध में किया गया है।

उद्देश्य

यह शोध मुख्यत: गणित सीखने और सिखाने के बारे में अध्यापकों के मतों का अध्ययन करने से सम्बन्धित है। ये मत किस पहलू के बारे में हैं, उसे इस शोध में जानने का प्रयास किया गया है। इस आधार पर शोध के निम्न उद्देश्य निर्धारित किये गये-

1. विद्यार्थी द्वारा गणित नहीं सीख पाने के सम्बन्ध में अध्यापकों का मत जानना।
2. अध्यापकों द्वारा विद्यार्थियों को गणित नहीं सिखा पाने के सम्बन्ध में अध्यापकों का मत जानना।
3. विद्यार्थियों के बारे में अध्यापकों का नज़रिया जानना।
4. पाठ्यपुस्तकों के बारे में अध्यापकों का नज़रिया जानना।

परिसीमन एवं न्यादर्श

अध्ययन उदयपुर एवं राजसमन्द ज़िले के केवल सरकारी विद्यालयों में पढ़ाने वाले अध्यापकों तक सीमित रखा गया। उपरोक्त पहलुओं पर अध्ययन करने के लिए गणित पढ़ाने वाले अध्यापकों एवं बीएड के विद्यार्थियों का मत जाना गया।

हम चाहते थे कि इस मसले पर गम्भीरता से बात कर सकें, इसलिए साक्षात्कार के लिए 10 अध्यापकों को न्यादर्श के रूप में चुना। इन्होंने अलग-अलग कार्यक्षेत्रों में काम किया है और शिक्षक-प्रशिक्षण से भी जुड़े रहे हैं। इनमें से चार अध्यापक उसी महाविद्यालय के विद्यार्थी रहे हैं, जहाँ मैं पढ़ाता हूँ। इनका आरपीएससी से द्वितीय श्रेणी अध्यापक के पद पर चयन हुआ है और ये पिछले एक वर्ष (2018) से गणित पढ़ा रहे हैं। इनमें से दो राजसमन्द ज़िले में, एक बाँसवाड़ा व एक उदयपुर ज़िले में अध्यापक है। तीन अध्यापक ऐसे थे जिन्होंने विद्या भवन शिक्षा सन्दर्भ केन्द्र में लम्बे समय तक गणित विषय पर प्रशिक्षण, पाठ्यपुस्तक लेखन एवं सामग्री निर्माण पर काम किया था। बाद में इनका भी चयन सरकारी विद्यालय में हो गया। ये भी पिछले 3 से 7 वर्षों से गणित पढ़ा रहे हैं। इनसे सम्पर्क कर साक्षात्कार लिया गया।

3 अध्यापक लगभग 25 वर्षों से गणित पढ़ा रहे हैं। इनके बारे में उपरोक्त अध्यापकों द्वारा बताया गया और उनसे सम्पर्क कर साक्षात्कार लिया गया।

फ़ोकस ग्रुप डिस्कसन (एफ़जीडी) के लिए उदयपुर शहर के दो बीएड महाविद्यालयों के गणित के छात्राध्यापक का भी चयन किया गया (विद्या भवन गोविन्दराम सेकसरिया शिक्षक महाविद्यालय से 9 छात्राध्यापक व लोकमान्य तिलक शिक्षक प्रशिक्षण महाविद्यालय, डबोक, उदयपुर से 16 छात्राध्यापक)। इन छात्राध्यापकों से फ़ोकस ग्रुप डिस्कसन (एफ़जीडी) किया गया। इन छात्राध्यापकों ने हाल ही में 40-40 दिन की इंटर्नशिप पूर्ण की थी। ये छात्राध्यापक राजस्थान के विभिन्न ज़िलों का प्रतिनिधित्व करते हैं तथा इंटर्नशिप के लिए भी अपने गृह ज़िले में ही गये थे। विद्यार्थियों से चर्चा के पूर्व इनके साथ शोध के उद्देश्यों के बारे में बात की गयी। फिर जो प्रश्न साक्षात्कार के दौरान अध्यापकों से पूछे गये, उन्हीं प्रश्नों को छात्राध्यापकों से पूछा गया तथा उनके जवाबों को नोट किया गया।

शोध विधि, उपकरण प्रविधि

इन छात्राध्यापकों तथा अध्यापकों से गणित एवं गणित पढ़ने वाले बच्चों के बारे में समझ जानने के लिए अर्ध संरचित स्वनिर्मित प्रश्नावली तैयार की गयी। अध्यापकों से साक्षात्कार लिया गया जबकि बीएड विद्यार्थियों से एफ़जीडी किया गया।

दत्त संकलन, सारणीयन, विश्लेषण, निर्वचन

गणित सीखने की प्रक्रिया को समझने के लिए अध्यापकों से लिए गये साक्षात्कार एवं बीएड छात्राध्यापकों से की गयी एफ़जीडी से निम्नलिखित बातें निकलकर आयीं—

विद्यार्थी गणित क्यों नहीं सीख पाते

साक्षात्कार के दौरान अध्यापकों का कहना था कि बच्चे तब तक सीखते रहते हैं, जब तक उन्हें समझ आता है। जहाँ उन्हें समझ नहीं आता, सीखना बन्द हो जाता है। जिस सवाल को हल कर लिया वह सरल, जो नहीं कर पाये वह कठिन हो जाता है। उच्च प्राथमिक स्तर पर विद्यार्थी गणित क्यों नहीं सीख पाते, इस सम्बन्ध में तीन बातें निकलकर आयीं।

पहली यह कि विद्यार्थियों का गणित का बुनियादी ज्ञान कमज़ोर है। इससे विद्यार्थियों में सीखने की प्रेरणा ख़त्म हो रही है। प्राथमिक स्तर पर गणित की बुनियादी चीज़ों को नहीं सीखने पर बाद की कक्षाओं में वे रुचि नहीं लेते। शुरू से

ही गणित को रुचिकर नहीं बनाया जाता। बुनियादी बातें नहीं आने पर विद्यार्थियों को अध्यापक एवं साथियों के बीच अपमानित होना पड़ता है तो वे चाहकर भी नहीं सीख पाते। इधर, अध्यापक द्वारा बुनियादी बातों को बार-बार दोहरान कराने पर अन्य विद्यार्थी बोरियत महसूस करते हैं।

दूसरी यह कि कक्षा-8 तक के विद्यार्थियों की हिन्दी भी बहुत कमज़ोर है। विद्यार्थियों को भाषा की समझ भी नहीं है। इससे वे पढ़ ही नहीं पाते तो सवाल कैसे करें?

तीसरी यह कि अध्यापकों के सामने समस्या आती है कि वे इस स्तर पर गणित की बुनियादी अवधारणाओं को सिखाएँ या कोर्स पूरा करवाएँ। रिजल्ट सुधारने के लिए अध्यापक विद्यार्थियों को 'टारगेटेड' पढ़ाना शुरू कर देते हैं। अध्यापक को परीक्षा का पैटर्न मालूम होता है। वे पिछले वर्ष का पेपर देख लेते हैं, उसी तरीक़े के 20-25 सवालों की तैयारी करवा देते हैं और विद्यार्थी उन्हें रट लेते हैं। ऐसे में विद्यार्थी पास तो हो जाता है लेकिन उसकी बुनियादी गणितीय समझ नहीं बन पाती।

इस सम्बन्ध में बीएड के छात्राध्यापकों का भी यही कहना था कि विद्यार्थियों को गणित के बारे में बुनियादी बातें स्पष्ट नहीं हैं। प्रत्येक नयी चीज़ पहले वाली से जुड़ी होती है। पुरानी चीज़ स्पष्ट नहीं होगी तो वे नयी नहीं सीख सकते। विद्यार्थियों को जोड़-बाकी (शेष) ही नहीं आता तो उच्च स्तर तक जाने और सीखने में दिक़्क़त आयेगी ही।

कक्षा में जाने से पूर्व की तैयारी

चूँकि इस स्तर पर विद्यार्थियों की गणित की बुनियाद कमज़ोर होती है, इसलिए गणित के प्रति उनकी रुचि भी कम होती है। उन्हें कक्षा में बैठाना ही मुश्किल होता है। इसीलिए शिक्षक जब कक्षा में आते हैं तो बस यही सोचते रहते हैं कि कौन-सा सरल तरीक़ा अपनाएँ। साथ ही गणित की जिस अवधारणा को वे पढ़ाने वाले हैं, उससे सम्बन्धित कौन-सी बुनियादी बातें विद्यार्थियों को आती हैं और कौन-सी नहीं, के बारे में सोचते हैं।

बीएड छात्राध्यापकों का कहना था कि कक्षा में जाने से पूर्व उन्हें अवधारणाओं से सम्बन्धित बुनियादी बातों की सूची बनानी पड़ती है। कहाँ-कहाँ और कैसे-कैसे पूरक सवाल बनाने पड़ेंगे, इस बारे में सोचना पड़ता है। यह भी देखना पड़ता है कि उस अवधारणा से सम्बन्धित किताब में जो दिया गया है, वह पर्याप्त है अथवा नहीं। विद्यार्थियों को छोटी-छोटी चीजें आयेंगी, तभी वे सवाल हल कर पायेंगे। कई बार

ऐसा भी होता है कि कुछ नया सिखाने की तैयारी करके जाते हैं लेकिन पुराना ही रिविजन करवाना पड़ता है।

गणित पढ़ाने में कठिनता का आभास

इस सम्बन्ध में अध्यापकों का कहना था कि किसी अवधारणा या सवाल में प्रवेश करने में दिक़्क़त आती है, क्योंकि पिछला ज्ञान पढ़ाना पड़ता है। बुनियादी चीज़ें पढ़ाने के बाद ही सवालों में प्रवेश कर पाते हैं। ब्लैकबोर्ड की साइड में गणितीय संक्रियाएँ लिखनी पड़ती हैं। सामने नहीं लिखें तो विद्यार्थियों को सवाल हल करने में दिक़्क़त रहती है। कक्षा में 20 प्रतिशत बच्चे ऐसे होते हैं जो जल्दी जवाब दे देते हैं। ऐसे बच्चे बीच-बीच में भी ज़्यादा बोलते हैं तो बाक़ी 80 प्रतिशत बच्चों के साथ अन्याय होता है। गणित पढ़ाने के लिए पर्याप्त समय भी नहीं मिलता। गणित अभ्यास का विषय है, अमूर्तीकरण होने पर दिक़्क़त आती है। ऐसे में विद्यार्थी गणित में आनन्द नहीं ले पाते और उन्हें गणित कठिन लगने लगता है।

बीएड छात्राध्यापकों का कहना था कि बच्चों ने मान लिया होता है कि गणित कठिन है क्योंकि इसमें बहुत फार्मूले और गणनाएँ होती हैं। गणित में पिछली कक्षा या अध्याय से सम्बन्ध होता है, पूर्व ज्ञान होगा, तभी आगे पढ़ पायेंगे, पहाड़े याद होंगे तभी सवाल हल कर पायेंगे। विद्यार्थी नियमित स्कूल भी नहीं आते तो लिंक टूट जाता है (ऐसा अन्य विषयों के साथ नहीं होता)। ऐसे में गणित मुश्किल लगता है। अध्यापकों का इस बात में पूर्ण विश्वास है कि जो बच्चे नियमित स्कूल आते हैं, जिनका लिंक नहीं टूटता, जो सिस्टेमेटिक रहते हैं, उनके लिए गणित कठिन नहीं होता।

बीएड छात्राध्यापकों का कहना था कि इस स्तर पर विद्यार्थियों की बुनियाद कमज़ोर है। विद्यार्थियों को आधारभूत संक्रियाएँ भी नहीं आतीं। उन्हें गणित की बुनियादी अवधारणाएँ स्पष्ट नहीं होती हैं। विद्यार्थी पहले ही मन में ठान लेते हैं कि गणित तो कठिन विषय है। वे इतने फार्मूले याद नहीं कर सकते। क्योंकि गणित का प्रत्येक चरण उसके पूर्व के चरण से जुड़ा होता है, गणित की सारी चीज़ें अनुप्रयोग आधारित होती हैं, इसलिए उन्हें गणित कठिन लगने लगता है। दूसरे विषय में तो रट सकते हैं लेकिन गणित में ऐसा नहीं कर सकते।

विद्यार्थियों की गणित सीखने में मुश्किलें

विद्यार्थियों को गणित सीखने में क्या और कहाँ मुश्किल आती है, इस सम्बन्ध में अध्यापकों का कहना था कि सरल-कठिन कुछ नहीं होता। यह तो विषयगत बात है।

जो चीज़ बच्चों को समझ आ गयी वह सरल, जो नहीं आयी वह कठिन। प्रत्येक विद्यार्थी की अपनी-अपनी कठिनाई है। इसको जनरलाइज करना सम्भव नहीं। फिर भी जहाँ तक गणित का सवाल है, विद्यार्थी को कल्पना करने में दिक़्क़त आती है। माइनस में नम्बर कैसे हो सकते हैं, इसको समझने में बहुत दिक़्क़त आती है। उन्हें अंक ज्ञान नहीं, पूर्व कक्षाओं का ज्ञान नहीं। यह मुश्किल सभी विद्यार्थियों के सामने है कि वे इबारती सवाल देखते ही घबरा जाते हैं।

ब्लैकबोर्ड 2-D होता है लेकिन गणित में कई चीजें 3-D होती है, उसको समझाने के लिए अध्यापकों के पास उपकरण नहीं होते हैं।

सभी अध्यापकों का यह मानना है कि सभी बच्चे गणित सीख सकते हैं। वे बच्चे बेहतर गणित सीख सकते हैं, जिन्होंने बचपन से गणित की छोटी-छोटी बातें सीखीं हैं, गणित की बुनियादी बातों में रुचि दिखाई है, गणित की संक्रियाओं को अच्छी तरह से सीखा है। उच्च प्राथमिक स्तर पर विद्यार्थियों को ये चीज़ें नहीं सिखा सकते। इस स्तर पर ये चीज़ें सिखाने पर उनमें अरुचि होती है क्योंकि विद्यार्थियों में यह डर रहता है कि अध्यापक ने मुझसे पूछ लिया और इतनी छोटी चीज़ नहीं आयी तो मेरा अपमान होगा। यदि विद्यार्थी को प्रेरित किया जाये, अपमानित न किया जाये, उन्हें ग़लत उत्तर सुधारने के मौक़े मिलें, सकारात्मक माहौल मिले तो ऐसे बच्चे भी बेहतर गणित सीख सकते हैं।

जहाँ तक गणित सीखने-सिखाने में जेंडर का सवाल है, अध्यापकों का कहना था इससे कोई फ़र्क़ नहीं पड़ता कि विद्यार्थी लड़का है अथवा लड़की। जो विद्यार्थी निरन्तर अभ्यास करते हैं, नियमित स्कूल और कक्षा में आते हैं, गणित में रुचि दिखाते हैं, जिनमें इच्छा शक्ति होती है, वे बेहतर गणित सीख सकते हैं। क्योंकि लड़कियों में इस तरह के गुण होते हैं इसलिए वे आसानी से गणित सीख लेती हैं। उन्हें गणित सीखने में परेशानी नहीं आती। हालाँकि कई बार वे अध्यापकों के दबाव में आकर विषय बदल लेती हैं।

क्या सिखाना महत्त्वपूर्ण है और कैसे

बीएड विद्यार्थियों का मत था कि सभी बच्चे गणित सीख सकते हैं बशर्ते विद्यार्थियों को गणित की बुनियादी अवधारणाएँ स्पष्ट करवा दी जायें। अमूमन गणित नहीं आने पर विद्यार्थियों को ही दोष दिया जाता है जबकि पढ़ाने वाले की भी गणित सम्बन्धी अवधारणाएँ स्पष्ट होनी चाहिए। अध्यापक को अपने पढ़ाने के तरीक़े में बदलाव करना चाहिए। यदि वे बच्चों को पहले पूर्व अवधारणाएँ स्पष्ट करके फिर पढ़ाएँ तो सभी बच्चे सीख सकते हैं।

गणित सीखने के बारे में अध्यापकों का मानना था कि इस बारे में विषयवस्तु को दोष देना ग़लत है। सही तकनीक का प्रयोग नहीं किया तो विषयवस्तु कठिन लगती है। गणित की विषयवस्तु हर काल में अलग रही है। यह पढ़ाने वाले पर निर्भर करता है। आज अनुप्रयोग वाला गणित है। इसको पढ़ाने में ज़्यादा समय देना पड़ता है और अध्यापकों के पास समय का अभाव है। विद्यार्थियों को एक सवाल समझाने में 40 मिनट का समय लगता है। उसमें भी वह मुश्किल से समझ पाता है। फिर कोर्स भी पूरा करवाना पड़ता है।

सभी अध्यापक यह मानते हैं कि किताब का इस्तेमाल केवल सवाल पढ़ने और प्रश्नावली हल करवाने के लिए है। किताबों से विद्यार्थियों को कोई मदद नहीं मिलती। अध्यापक को मदद करनी ही पड़ती है। अध्यापक पढ़ाने के लिए कभी किताब नहीं देखते। अध्यापकों का कहना है कि किताब में तो किताबी भाषा है। अध्यापक को तो गाँव की भाषा में गणित समझाना पड़ता है। सवाल भले ही कम हों, अध्यापक सवाल बना सकते हैं। एक ही प्रश्नावली में 15-20 एक जैसे सवाल होने से विद्यार्थी भ्रमित होते हैं और बोरियत महसूस करते हैं। उच्च प्राथमिक स्तर पर किताबों में चित्र पर्याप्त हैं और आगे की कक्षाओं में ज़्यादा ज़रूरत महसूस नहीं करते हैं। विद्यार्थी थ्योरी पढ़कर नहीं समझ सकते। थ्योरी तो अध्यापकों के लिए ठीक है। किताब में तरीक़े नहीं बताए जाते, बस उदाहरण दिये जाते हैं। विद्यार्थियों के साथ किताब के तरीक़े काम नहीं आते। अध्यापक को स्वयं अपने तरीक़े खोजने होते हैं।

अध्यापकों की ओर से यह सुझाव भी आया था कि इस स्तर पर दो किताबें होनी चाहिए। एक अध्यापकों के लिए, दूसरी विद्यार्थियों के लिए। अध्यापकों की किताब में शिक्षण विधि होनी चाहिए। गणित की किताबों में छोटी-छोटी कहानियाँ शामिल करने की ज़रूरत है। इससे उनकी भाषा भी सुधरेगी और रोचकता बनी रहेगी।

बीएड विद्यार्थियों का मत था कि अभी किताबें बहुत सरल हो गयी हैं। किताबों में व्यावहारिक गणित कम कर दिया गया है, जैसे- औसत, लाभ-हानि, बट्टा (भिन्न) आदि। किताबों का इस्तेमाल केवल प्रश्न देखने के लिए किया जाता है। कई बार किताबों में उनके स्तर के प्रश्न नहीं होते तो अपनी मर्ज़ी से प्रश्न बनाने होते हैं। टॉपिक, फार्मूला एवं परिभाषा देखने के लिए किताबों का उपयोग किया जाता है। किताबों में चित्र दिये हों तो बच्चे कल्पना कर सकते हैं, तुलना कर सकते हैं, घर जाकर पुनः याद कर सकते हैं। किताबों में सवाल कम तथा उदाहरण बढ़ाए जाने चाहिए। प्रश्न नये तरीक़े के होने चाहिए जिनमें बच्चे कुछ सोच सकें तथा जिनका परीक्षा से कोई सम्बन्ध न हो। किताब की भाषा सरल है हालाँकि वह किताबी ही लगती है।

एनसीएफ़ के अनुसार गणित पढ़ाने के क्या लक्ष्य हैं, अध्यापकों को पता नहीं है। इस सम्बन्ध में उनका कहना था कि कहीं लिखे हैं, देखेंगे तो पता चल जायेगा। जब अध्यापकों से पूछा गया कि उनके अनुसार गणित पढ़ाने के क्या लक्ष्य होने चाहिए तो उनका कहना था कि गणित अनुशासित और क्रमबद्ध ढंग से सोचने का तरीक़ा है और यह किसी भी कार्य को करने का सटीक आकलन करना सिखाता है। यह जीवन में कार्य करने का तरीक़ा, दूसरे विषय को सही क्रम में पढ़ने, सोचने, सीखने, चलने में क्रमबद्धता सिखाता है। चूँकि गणित दैनिक जीवन में काम आता है, इसलिए इसकी पढ़ाई की जानी चाहिए।

बीएड छात्राध्यापकों के अनुसार एनसीएफ़ 2005 के अनुसार गणित का लक्ष्य बच्चे की सोच का गणितीयकरण करना, सवालों को रटने न देना, योजना बनाना, दैनिक जीवन से जोड़ना, केवल किताबों तक ही सीमित न रहना, करके सीखना, गणित का फोबिया दूर करना आदि हैं। गणित का अन्य विषयों से भी सम्बन्ध है। गणितीयकरण का वास्तव में क्या अर्थ होता है, इसका वे स्पष्ट जवाब नहीं दे पाये।

गणित के अध्यापक व छात्राध्यापक कैसे हैं

बीएड छात्राध्यापकों से एफ़जीडी के दौरान जब स्कूल में गणित पढ़ाने वाले अध्यापकों के बारे में राय जानी गयी तो छात्राध्यापकों ने कहा कि गणित के अध्यापक अच्छा नहीं पढ़ाते। सरकारी स्कूलों में तो हालत और भी ख़राब है। वे स्टेप-बाई-स्टेप नहीं बताते। समझाते ही नहीं है। बच्चे बस प्रश्न-उत्तर उतार लेते हैं। अध्यापकों में धीरज की बहुत कमी है। वे डरा देते हैं। वे गणित को प्यार से नहीं, डण्डे से पढ़ाते हैं। वे स्वयं नया कुछ नहीं सीखना चाहते, पढ़ना भी छोड़ देते हैं। अध्यापक स्वयं भी अनुशासित नहीं रहते हैं। जब हम स्कूल से कॉलेज में जाते हैं तो उसमें बहुत गैप आ जाता है। कॉलेज में प्राध्यापकों का स्तर बहुत ऊँचा होता है। वे सोचते हैं कि इन विद्यार्थियों को सब कुछ आता होगा लेकिन वास्तव में ऐसा नहीं होता। अध्यापकों को विद्यार्थियों में आत्मविश्वास जगाना चाहिए कि वे भी कुछ कर सकते हैं।

गणित पढ़ाने वाले अध्यापकों से भी गणित विषय के छात्राध्यापकों के बारे में राय जानी गयी। अध्यापकों का कहना था कि यदि इन छात्राध्यापकों को गणित नहीं आता है तो इसमें इनकी कोई ग़लती नहीं है। उन्हें या तो अवसर नहीं मिला, या गणित सिखाने वाला उपयुक्त व्यक्ति नहीं मिला। सीखने के स्तर में पूर्व में कोई कमी रह गयी और उस कमी का कोई-न-कोई कारण रहा होगा, जिस वजह से वे

गणित नहीं सीख पा रहे हैं। महाविद्यालय के अध्यापकों को इस कमी को दूर करने के प्रयास करने चाहिए।

संक्षेप में

इस प्रकार अध्यापकों से लिए गये साक्षात्कार एवं बीएड विद्यार्थियों के साथ की गयी समूह चर्चा से निम्नलिखित मुख्य बातें उभरकर आईं-

1. उच्च प्राथमिक स्तर के विद्यार्थियों को गणित की बुनियादी अवधारणाएँ नहीं आतीं। क्योंकि गणित की नयी अवधारणाएँ उसकी पुरानी अवधारणाओं से जुड़ी होती हैं तो जब तक पुरानी अवधारणाएँ स्पष्ट नहीं होंगी, विद्यार्थी नयी नहीं सीख सकता।
2. गणित और भाषा का सीधा सम्बन्ध है। उच्च प्राथमिक स्तर पर विद्यार्थियों की भाषा ठीक नहीं होने से वे किताब और गणित के सवाल पढ़कर समझ नहीं पाते।
3. सरल-कठिन कुछ नहीं होता। यह तो विषयगत बातें हैं। जो चीज़ विद्यार्थियों को समझ आ जायें वे सरल, जो नहीं आयें वे कठिन। प्रत्येक विद्यार्थी की अपनी-अपनी कठिनाईयाँ होती है। उसे जनरलाइज करना सम्भव नहीं है।
4. गणित का ज़िन्दगी से पूरी तरह जुड़ाव है। लेकिन सिलेबस में जो गणित है, वह अलग तरीक़े का है।
5. सभी विद्यार्थी गणित सीख सकते हैं बशर्ते वे निरन्तर अभ्यास करते हों, नियमित स्कूल आते हों, रुचि दिखाते हों।
6. विद्यार्थी को दोष देना ग़लत है। अध्यापक को भी अपने तरीक़े में बदलाव करते रहना चाहिए।
7. विषयवस्तु को भी दोष देना ग़लत है। सही तकनीक का प्रयोग नहीं किया तो विषयवस्तु कठिन लगेगी। वर्तमान में अनुप्रयोग वाला गणित है इसके लिए विद्यार्थी को ज़्यादा समय देने की आवश्यकता है।
8. किताबें बहुत सरल हो गयी हैं। किताबों का इस्तेमाल केवल प्रश्नावली हल करवाने के लिए होता है। किताबों से विद्यार्थी को कोई मदद नहीं मिलती। किताबों की भाषा और गाँव की भाषा में फ़र्क़ है। किताब की मोटाई भी ज़्यादा है जिसे देखकर विद्यार्थी डर जाते हैं। किताब के तरीक़े विद्यार्थी के साथ काम नहीं आते।

9. अध्यापकों को एनसीएफ़ 2005 द्वारा निर्धारित लक्ष्यों का ज्ञान नहीं है। उन्होंने अपने हिसाब से गणित पढ़ाने के लक्ष्य निर्धारित किये हुए हैं।

निष्कर्ष

गणित कठिन विषय नहीं है बल्कि हमने इसे कठिन बना दिया है। यदि एक विद्यार्थी को गणित सिखाना है तो स्वयं भी गणित की समझ बनाना ज़रूरी है। अध्यापक को गणित ही नहीं, भाषा पर भी काम करना होगा ताकि विद्यार्थी ख़ुद से सवाल पढ़कर समझ सकें। गणित सिखाने से पूर्व हमें यह बात अपने दिमाग़ में ठीक से बैठा लेनी होगी कि प्रत्येक बच्चा गणित सीख सकता है। हमें इस बात का भी ध्यान रखना होगा कि प्रत्येक बच्चे की कठिनाई अलग हो सकती है, केवल विद्यार्थी या विषयवस्तु को दोष दे देने से काम नहीं चलेगा। स्वयं अध्यापक को भी अपने पढ़ाने के तरीक़े में निरन्तर बदलाव लाते रहना होगा। जहाँ तक गणित की किताबों का सवाल है, वे पहले से ज़्यादा सरल हो गयी हैं लेकिन अभी भी उनमें इस बात की गुंजाइश है कि वे किस तरह से अध्यापकों एवं विद्यार्थियों की मदद कर सकती हैं।

सन्दर्भ सूची

1. राष्ट्रीय पाठ्यचर्या की रूपरेखा (2005): राष्ट्रीय शैक्षिक अनुसन्धान और प्रशिक्षण परिषद, नयी दिल्ली।
2. दीवान, एच. के. (2001): गणित शिक्षण का प्रतिबिम्ब प्राथमिक शिक्षा के मुद्दे, https://www.eklavya.in/pdfs/resources/Prathamik_shiksha_ke_mudde-prathmik_shiksha_par_lekh(bhag-2,ank-1,may-june,2001)ganit_kya.pdf
3. अग्निहोत्री, रमा कान्त, ग़लतियाँ या सीखने की सीढ़ियाँ, प्राथमिक शिक्षा के मुद्दे, डीपीईपी
4. गणित शिक्षण, दिगन्तर सन्दर्भ सामग्री, संवाद, अध्ययन सामग्री, 2008, दिगन्तर, जयपुर, विद्या भवन सोसायटी, उदयपुर।
5. गणित की पाठ्यपुस्तक, कक्षा-8, एनसीईआरटी, नयी दिल्ली

15

सेवाकालीन शिक्षक : गणितीय प्रक्रियाओं की समझ

रुचि मित्तल और अल्प्रता आहूजा

यह पर्चा विद्यार्थी को अपने विचारों का गणितीयकरण करने में सक्षम बनाने के बारे में शिक्षकों की समझ का अध्ययन है। लेखिकाओं ने एनसीएफ़ 2005 में दिये गणित प्रक्रिया कौशलों की व्याख्या करते हुए हरेक को समझाने का प्रयास किया है व एनसीईआरटी की किताबों में से प्रत्येक के लिए उदाहरण दिये हैं। पर्चा इन प्रक्रिया कौशलों से शिक्षकों के परिचय और इनके बारे में उनकी समझ के बीच अन्तर को रेखांकित करता है। शिक्षक इन कौशलों को बच्चों तक कैसे ले जाते हैं, इस प्रश्न का उत्तर तलाशता हुआ यह पर्चा शिक्षकों के सेवाकालीन प्रशिक्षणों में इन कौशलों पर काम किये जाने की ज़रूरत को चिह्नित करता है।

परिचय

गणित ने हमेशा से ही समाज में एक पहरेदार की भूमिका निभाई है (स्टीनसन, 2004)। कुछ समय पहले तक केवल ग़ैर-श्रम नौकरी या व्यवसाय पाने के लिए गणित में प्रवीणता अनिवार्य मानी जाती थी किन्तु आज व्यक्ति को सक्षम बनाने और समाज में सहभागिता कर पाने के लिए गणित का ज्ञान महत्त्वपूर्ण माना जाता है। आज गणित प्रत्येक व्यक्ति के जीवन का एक महत्त्वपूर्ण हिस्सा बन गया है। यह व्यक्ति को रोज़मर्रा की जिन्दगी में गणितीय रूप से सोचने व अवधारणाओं को लागू करने की तैयारी पर बल देता है (फ़ातिमा, 2012)। गणितीय रूप से सोचने के लिए हमें समस्या के बारे में तार्किक विचार करना, अनुमान लगाना और परीक्षण करना आना चाहिए। तभी हम वस्तु की समझ बनाकर, तर्क कर पाते हैं और समस्या का

सही निष्कर्ष तैयार कर पाते हैं। जब व्यक्ति समस्या के पैटर्न को पहचानकर उसका वर्णन करता है, समस्या के मूर्त व संज्ञानात्मक मॉडल का निर्माण करता है, प्रतीक प्रणाली बनाकर समस्या को दर्शाता है, परिणाम के लिए विचारों में जोड़-तोड़ करता है, प्रतिबिम्ब बनाता है व समस्या को हल करने के लिए एक प्रक्रिया का आविष्कार करता है, तब उसकी गणितीय सोच का प्रदर्शन होता है (बॉटिस्टा, 1999)।

विद्यालयी शिक्षण का सबसे महत्त्वपूर्ण लक्ष्य विद्यार्थियों को विचार करना सिखाना है। जिस प्रकार प्रत्येक विषय विद्यार्थी को विचार करना सिखाता है, गणित भी उसके विचारों का गणितीयकरण करने का लक्ष्य पूरा करता है। विद्यार्थी की बौद्धिक क्षमताओं का विकास करते हुए उसे विकासमान विचारक व प्रभावी समस्या निवारक बनाना ही गणित सिखाने का उद्‌देश्य है।

कुछ दशक पहले गणित को केवल दिमाग़ी कसरत करने का साधन माना जाता था, लेकिन आज गणित के सीखने-सिखाने में बहुत बदलाव आया है जो एनसीएफ़ 2005 में चिह्नित है। आज गणित का लक्ष्य प्रक्रिया कौशल का उपयोग करके गणितीय समझ को विकसित करते हुए विद्यार्थी को अपने विचारों का गणितीयकरण करने में सक्षम बनाना भी है। इसके अलावा विचारों की स्पष्टता के साथ-साथ पूर्वानुमान करते हुए तार्किक निष्कर्ष तक पहुँचना भी गणितीय उद्यम का केन्द्र है। विचारों का गणितीयकरण करने में प्रक्रिया कौशल महत्त्वपूर्ण भूमिका निभाते हैं।

गणित-शिक्षण कैसे किया जाये, शिक्षार्थी के ज्ञानार्जन को कैसे प्रोत्साहित किया जाये आदि प्रश्नों के लिए प्रक्रिया कौशल हमारा मार्गदर्शन करते हैं। प्रक्रिया कौशल गणित को हल करने की क्रियाओं का वर्णन करते हैं तथा शिक्षार्थियों द्वारा गणितीय समझ को विकसित व प्रदर्शित करने के लिए भी उपयोग किये जाते है। गणितीय प्रक्रियात्मक कौशल विषय-वस्तु विकसित करने की पृष्ठभूमि तैयार करते हैं जिससे हमारी गणितीय समझ विकसित होती है। ये प्रक्रिया कौशल शिक्षार्थियों के गणितीय विचारों को स्पष्ट करने में मदद करते हैं और गणितीय अवधारणाओं का इस प्रकार रुपान्तरण करते हैं कि शिक्षार्थी मूर्त व अमूर्त रूप से उनको जोड़-तोड़कर अपनी समझ बना सके। इन प्रक्रियाओं से शिक्षार्थी के मस्तिष्क से गणित के भय को दूर करने में मदद मिलती है। हल करने की नियम प्रणाली प्रयोग करके केवल एक ही उत्तर प्राप्त करने के अंकुश से स्कूली गणित को मुक्त करने के लिए भी यह प्रक्रियाएँ अत्यधिक महत्त्वपूर्ण हैं। एनसीटीएम 2000, अपने दस्तावेज़ 'विद्यालयी गणित के सिद्धान्त और मानक' के द्वारा प्रक्रियाओं के महत्त्व की पुनः पुष्टि

करता है। महत्त्वपूर्ण गणितीय विषयों पर बल देते हुए दस्तावेज़ ऐसे पाठ्यक्रम के निर्माण का सुझाव देता है जिसमें सम्प्रेषण, तर्क संयोजन, प्रतिनिधित्त्व और समस्या समाधान के विभिन्न तरीक़ों के द्वारा शिक्षार्थी को गणित के प्रति स्पष्ट, संयुक्त व उन्नतिशील विचार करने वाला बनाया जा सकता है।

विभिन्न देशों में शोधकर्ताओं ने गणितीय कौशलों को विकसित करने पर बल दिया है जिससे कक्षा-कक्ष में भी महत्त्वपूर्ण बदलाव आये हैं। जहाँ पहले शिक्षक प्रभुत्व वाले कक्षा-कक्ष होते थे, जिनका उद्देश्य केवल गणित की विषयवस्तु एवं कार्यप्रणाली की समझ विकसित करना था, वहीं आज कक्षा-कक्ष विद्यार्थी केन्द्रित होते हैं, जिनका उद्देश्य विद्यार्थियों की सोच का गणितीयकरण करना है। (एसआईएमएस, 1982; टीआईएमएसएस, 1995)

गणितीय प्रक्रिया कौशल

राष्ट्रीय फ़ोकस समूह, गणित शिक्षण का आधार पत्र (एनसीएफ़, 2005) गणितीयकरण के उद्देश्य को पूर्ण करने के लिए सभी को गुणवत्तापूर्ण गणित शिक्षा उपलब्ध कराने पर बल देता है। इस नीति दस्तावेज़ में दी गयी गणितीय प्रक्रियाओं द्वारा गणितीयकरण के सैद्धान्तिक विचार को समझा जा सकता है। विभिन्न शोध व नीति दस्तावेज़ बताते हैं कि गणित के सम्प्रत्य एवं प्रक्रियाएँ आपस में बद्ध हैं। सम्प्रत्य (Concept) एवं प्रक्रियाओं को एक-दूसरे से अलग नहीं किया जा सकता।

परन्तु वास्तविक कक्षा शिक्षण के दौरान अध्यापक इस तथ्य को नज़रअन्दाज़ कर देते हैं। राष्ट्रीय फ़ोकस समूह, गणित शिक्षण का आधार पत्र (एनसीएफ़, 2005), गणित सीखने के वातावरण में प्रक्रियाओं को संलग्नित करने के बदलाव को प्रस्तावित करता है। इस तरह का अधिगम वातावरण, बच्चों को कक्षा से जोड़ेगा, भागीदारी को बढ़ावा देगा और बच्चों को सफलता का एहसास भी देगा। इस बदलाव का एक महत्त्वपूर्ण निहितार्थ विद्यार्थियों को विविध प्रकार के उपागम, विधि और समाधान प्रस्तावित करना होगा। सभी विद्यार्थियों को इस प्रकार से सीखने के लिए समाहित किया जाये जिससे उनमें गणितीय अवधारणाओं की समझ बढ़े व उनमें गणितीय तार्किकता की क्षमता विकसित हो। वैसे तो विचार करने के विभिन्न तरीक़े हैं परन्तु गणित से हासिल किये तरीक़ों के द्वारा विद्यार्थी अमूर्त विचारों के साथ कार्य करना एवं समस्या समाधान करने के तरीक़ों को सीखता है।

एनसीएफ़ 2005 में बताए गये विभिन्न गणितीय प्रक्रिया कौशल निम्नांकित हैं- समस्या समाधान (problem solving), ह्युरिस्टिक्स (heuristics), अनुमान और

सन्निकटन (estimation and approximation), इष्टतमीकरण (optimisation), दृष्यीकरण (visualisation), निरूपण (representation), सम्बन्ध स्थापित करना (making connections), व्यवस्थित तर्कण (systematic reasoning) और गणितीय सम्प्रेषण (mathematical communication)। इस शोधपत्र में इन्हीं गणितीय कौशलों की संक्षिप्त चर्चा है।

'गणितीय निरूपण' एक अमूर्त गणितीय अवधारणा या सम्बन्ध को बनाने के लिए विभिन्न प्रकार के तरीक़ों को सन्दर्भित करता है (लेश, पोस्ट, और बहर, 1987)। गणितीय निरूपण न केवल गणितीय अवधारणा को देखने और सोचने का प्रत्यक्ष तरीक़ा हो सकता है, जैसे किसी डाटा को ग्राफ़ से दर्शाना बल्कि ये किसी अवधारणा को सोचने का एक अप्रत्यक्ष तरीक़ा भी हो सकता है।

गणितीय सम्प्रत्य को विभिन्न रूपों में दर्शाया जा सकता है। इस बात पर ध्यान दिये बिना कि यह निरूपण किस रूप या संरचना के हैं, यह बच्चों के सम्प्रेषण, तर्कशक्ति और समस्या समाधान क्षमताओं को बढ़ाते हैं। यह निरूपण बच्चों के विचारों से सम्बन्ध स्थापित करते हैं तथा नये सम्प्रत्यों व प्रक्रियाओं को सीखने में सहायता करते हैं। निरूपण गणित के सभी क्षेत्रों में उपयोगी हैं क्योंकि यह हमारे गणितीय विचारों का वर्णन करने, उन्हें साझा करने व उनका संयोजन करने में हमारी मदद करते हैं। यह आवश्यक विशेषताओं पर ध्यान केन्द्रित करते हुए गणितीय विचारों को चित्रित, स्पष्ट या विस्तारित करने में मदद करते हैं।

उदाहरण :

गणित की एनसीईआरटी की कक्षा-3 की पाठ्यपुस्तक का पाठ-9 है—*बोलो भई कितने गुणा?* विद्यार्थियों को गुणा से अवगत कराने हेतु पुस्तक में पृष्ठ 122-123 पर गुणा का अर्थ एक समान समूह को दोहराते हुए दिया गया है। हर चित्र के साथ गुणा को एक समान समूह को बार-बार जमा करते हुए और फिर उसके चिह्न के साथ दर्शाया गया है। इस उदाहरण में विद्यार्थी गुणा के सम्प्रत्य को जमा व गुणा से जुड़ी भाषा एवं उनके चिह्न को चित्र की सहायता से समझ रहे हैं। इस प्रकार निरूपण एवं दृश्यीकरण की मदद से गुणा के सम्प्रत्य की समझ बन रही है।

गणित के अधिगम के लिए समस्या समाधान अग्रणी प्रक्रिया है। सरल व कठिन समस्याओं का हल खोजने का प्रयास करते-करते व अपनी बाधा से निकलकर हम भाँति-भाँति की अज्ञात समस्याओं का समाधान ढूँढ़ पाते हैं। समस्या सुलझाने और बनाने में विद्यार्थी, समस्या समाधान की विभिन्न रणनीतियों, चयन, प्रयोग और तुलना

का प्रयोग करते हैं तथा आवश्यक हो तो इनका विकास भी करते हैं। वे समस्या सुलझाते हुए इन रणनीतियों की जाँच भी करते हैं जिससे उनकी गणितीय समझ मज़बूत होती है। इस प्रकार समस्या समाधान प्रक्रिया प्रभावी गणितीय योजना का आधार बनती है। यही विभिन्न गणितीय शिक्षण प्रक्रियाओं का भी आधार होना चाहिए।

निम्नलिखित दिशा-निर्देश द्वारा हम विभिन्न समस्या समाधान रणनीतियों की पहचान कर सकते हैं (फैन और झू, 2000; फैन और झू, 2007) :

- करके देखना : समस्या का भौतिक वर्णन करने के लिए लोगों और वस्तुओं का उपयोग करना
- अपना दृष्टिकोण बदलना : समस्या को एक अलग दृष्टिकोण से देखना
- चित्र पढ़ना और बनाना : चित्रों या आरेखों का उपयोग करके किसी समस्या का दृश्यीकरण और निरूपण करना
- अन्दाज़ा लगाना और जाँच करना : अन्दाज़ा लगाना और बाद में उसकी पुष्टि करना
- तार्किककरण : किसी कथन को दूसरे कथन की सत्यता के आधार पर स्वीकार या अस्वीकार करना
- सामान्य विशेषताओं को देखना : सामान्य विशेषताओं के आधार पर पैटर्न तलाशना
- व्यवस्थित सूची बनाना : सभी समाधानों वाली एक व्यवस्थित सूची बनाना और उनमें से स्वीकार्य विकल्प को चुनना
- तालिका (चार्ट) पढ़ना और बनाना : दी गयी जानकारी का तालिका (चार्ट) के रूप में संयोजन और समाधान खोजने के लिए तालिका (चार्ट) की प्रविष्टियों का उपयोग करना
- परिकल्पना बनाना : परिकल्पना बनाना और परिकल्पना के आधार पर अन्य कथनों को स्वीकार या अस्वीकार करना
- समस्या को अलग तरीक़े से लिखना : समस्या को बदलकर लिखना और शिक्षार्थी के लिए अधिक सुलभ बनाना
- समस्या को सरल बनाना : गणितीय रूप से समस्या को बदले बिना जटिल समस्या को सरल रूप में बदलना
- समस्या को हिस्सों में बाँटकर हल करना : अन्तिम समाधान तक पहुँचने के लिए समस्या को भागों में बाँटना और अलग-अलग हल करना

- ❖ एक सम्बन्धित समस्या के बारे में सोचना : दिये गये समाधान का पता लगाने के लिए उसी तरह की अन्य समस्या का वर्णन करना
- ❖ मॉडल का उपयोग करना : समस्या के विभिन्न तत्वों के बीच सम्बन्धों का एक साँचा बनाना या राशियों की जानकारी के लिए मॉडलिंग करना, जिससे समस्या को अधिक सुलभ बनाया जा सके
- ❖ समीकरण का उपयोग करना : समस्या का वर्णन करने और समाधान तक पहुँचने के लिए चर का उपयोग करना
- ❖ सम्प्रत्य से जुड़े पिछले और अगले सम्प्रत्य का उपयोग करना : गणितीय समस्या के पहले और बाद की जानकारी को सूचीबद्ध करना और उत्तर देने के लिए इसका परिवर्तन देखना
- ❖ नीचे से ऊपर की ओर कार्य करना : समस्याओं को अन्तिम परिणाम से लेकर उसके तत्वों तक पहुँचा पाना।

उदाहरण :
कक्षा 4 की एनसीईआरटी की गणित की पाठ्यपुस्तक के पाठ-10 में पैटर्न के साथ खेलें, पृष्ठ 108-110 में दिये गये प्रश्न आकार, संख्या, अक्षर पर आधारित नये पैटर्न बनाने एवं पैटर्न पूरे करने से जुड़े हैं। अत: यहाँ पैटर्न की खोज तकनीक का प्रयोग हो रहा है जो समस्या समाधान कौशल का एक अंश है।

'स्वत:शोधन' एक ऐसी प्रक्रिया है जिसमें आत्म-खोज के लिए या समस्या को हल करने में, किसी भी दृष्टिकोण का उपयोग किया जाता है। वह दृष्टिकोण एक व्यावहारिक पद्धति की रचना करता है, जिसका इष्टतम, पूर्ण या तर्कसंगत होना निश्चित नहीं है, लेकिन यह तत्कालिक लक्ष्य तक पहुँचने के लिए पर्याप्त है। जहाँ इष्टतम समाधान खोजना असम्भव या अव्यवहारिक है, वहाँ सन्तोषजनक समाधान खोजने की प्रक्रिया को गति देने के लिए व्यावहारिक तरीक़ों का उपयोग किया जा सकता है। स्वत:शोधन विधि ऐसी मानसिक शॉर्टकट हो सकती है जो निर्णय लेने के संज्ञानात्मक भार को कम करती है। ह्युरिस्टिक्स को लागू करने वाले उदाहरणों में अँगूठे के नियम का उपयोग करना शामिल है। इसके अलावा संजीदा अनुमान, सहज ज्ञानयुक्त निर्णय, मार्गदर्शक रूपरेखा या सामान्य ज्ञान का भी इस्तेमाल किया जा सकता है।

'अनुमान और सन्निकटन' वे प्रक्रियाएँ हैं जिन्हें हर बच्चे में विकसित करने की आवश्यकता होती है। एक सटीक गणितीय प्रक्रिया द्वारा मात्रा का पता लगाने

के विपरीत, अनुमान में एक बहुत ही सहज सोच-विचार के आधार पर निर्णय लेना शामिल है। इसे एक शिष्ट अथवा संजीदा अनुमान के रूप में भी वर्णित किया जा सकता है। सन्निकटन एक नियोजित मूल्य के निकट आने का प्रयास है जिसमें हम इच्छानुसार निकटतम मूल्य तक पहुँच सकते हैं। यह एक ऐसा परिणाम है जो लगभग ठीक होता है लेकिन पूरा सही नहीं होता है, फिर भी विशिष्ट उद्देश्य के लिए पर्याप्त होता है।

उदाहरण :
कक्षा 4 की एनसीईआरटी की गणित की पाठ्यपुस्तक के पाठ-13, पृष्ठ 153 पर दी गयी गतिविधि में विद्यार्थियों को दी गयी आकृति का क्षेत्रफल निकालना है जिसके लिए उन्हें अनुमान लगाना होगा। क्योंकि हर आकृति पूरे खाने नहीं भर पा रही है इसलिए उन्हें सन्निकटन की मदद से उत्तर तक पहुँचना होगा।

'इष्टतमीकरण' उपलब्ध जानकारी के सर्वोत्तम उपयोग के आधार पर बुद्धि युक्त विकल्प बनाने का कौशल है। सही समाधान तक पहुँचने के लिए कई तरीक़े हो सकते हैं और सबसे उपयुक्त का चयन करना ही इष्टतमीकरण है।

उदाहरण :
कक्षा-4 की एनसीईआरटी की गणित की पाठ्यपुस्तक के पाठ-3, पृष्ठ 23 में इष्टतमीकरण कौशल का प्रयोग होता हुआ दिखता है। यहाँ विद्यार्थियों को बच्चों की संख्या के आधार पर बस की संख्या बतानी है जिसके लिए वे कोई भी तरीक़ा अपना सकते है और सबसे उपयुक्त विकल्प का चयन कर सकते हैं।

'दृश्यीकरण' गणित का महत्त्वपूर्ण कौशल है जो निरूपण कौशल विकसित करने में सहायता करता है। यह आवश्यक पहलू को स्पष्ट करने और अप्रासंगिक जानकारी को त्यागने में मदद करता है। यह निरूपण की विभिन्नताओं को दिखाने में भी मदद करता है।

'सम्बन्ध स्थापित करना' वह कौशल है जो सीखने वाले को यह पहचानने में मदद करता है कि गणित अन्य विषयों में भी एक प्रभावी साधन है। यह अधिगम स्थानान्तरण को सीखने में मदद करता है और उपयोगिता के आधार पर विचार सीखने के महत्त्व का आभास कराता है।

'व्यवस्थित तर्कण' कौशल का गणित में विशेष महत्त्व है। तर्कों का एक व्यवस्थित तरीक़ा हमें प्रमाण और सबूत की ओर ले जाता है। यह कौशल तर्क विकसित करने में मदद करता है, तर्कों का मूल्यांकन करता है, उन्हें संयोजित करता है और जाँचता है। यह इस बात की भी समझ विकसित करता है कि गणित में तर्क के विभिन्न तरीक़े होते हैं।

उदाहरण :
कक्षा-4 की एनसीईआरटी की गणित की पाठ्यपुस्तक के पाठ-8 में विद्यार्थियों से 'व्यवस्थित तर्कण' अपेक्षित है। पृष्ठ 83 पर विद्यार्थियों से यह पूछा गया है कि किसी भी खेल में गोला ही क्यों बनाया जाता है। इसके लिए विद्यार्थियों को अपने निरीक्षण पर विचार करते हुए इस निष्कर्ष पर पहुँचना होगा कि गोले में केन्द्र से हर वस्तु बराबर दूरी पर होती है। ऐसा किसी और आकार में नहीं होता।

'गणितीय सम्प्रेषण' सटीक और स्पष्ट भाषा का उपयोग करने का एक कौशल है, जो गणितीय विचारों को व्यक्त करने के लिए एक अच्छी संकेत चिह्न प्रणाली का उपयोग करता है।

उदाहरण :
कक्षा-5 की एनसीईआरटी की गणित की पाठ्यपुस्तक के पाठ-12, पृष्ठ 161 में विद्यार्थियों को अपने आस-पास के वातावरण जैसे कि पौधों की लम्बाई, जानवरों की बढ़ोत्तरी को गणित से जोड़ते हुए एवं गणितीय चिह्न प्रणाली का उपयोग करते हुए अपनी बात व्यक्त करने का मौक़ा दिया गया है। यह गणितीय सम्प्रेषण का उदाहरण है।

राष्ट्रीय फ़ोकस समूह, गणित शिक्षण का आधार पत्र, 2005 के अनुसार कक्षा में अध्यापकों द्वारा गणितीय प्रक्रिया कौशलों को महत्त्व न देने का मूल कारण उनके गणित पढ़ाने के तरीक़े हैं। गणित पाठ्यक्रम के स्वरूप और शिक्षाशास्त्र की विफलता को भी गणितीय प्रक्रियाओं को महत्त्व न देने का एक कारण माना गया है। यह दस्तावेज़ प्रक्रिया कौशल के महत्त्व को दर्शाता है तथा गणित से घबराने व गणित को व्यवहार में लाने, गणित के नियमों को रटने व गणितीय समझ बनाने के साथ महत्त्वपूर्ण गणित व साधारण गणित के बीच के अन्तर पर भी प्रकाश डालता है। अतः

गणितीयकरण के लक्ष्य को प्राप्त करने के लिए यह महत्त्वपूर्ण है कि विद्यार्थी इन प्रक्रियाओं का उपयोग करना सीखें और उनमें इन कौशलों को विकसित किया जाये। ऐसा होने के लिए यह आवश्यक है कि गणित के अध्यापक स्वयं इन प्रक्रियाओं में कुशल हों। वे विद्यार्थियों में इन प्रक्रियाओं का विकास करने व उनकी गणितीय सोच विकसित करने के लिए प्रक्रियाओं का व्यापक उपयोग करने में स्वयं भी सक्षम हों।

इस अध्ययन के माध्यम से शोधकर्ताओं का उद्देश्य अध्यापकों द्वारा गणितीय प्रक्रिया कौशलों का कक्षा-कक्ष में प्रयोग करने व उनकी कार्यान्वयन क्षमता देखना है। इस शोध के लिए राष्ट्रीय फ़ोकस समूह, गणित शिक्षण का आधार पत्र, 2005 में दिये गये गणित कौशलों में से दो ही कौशलों को चुना गया है जो कि समस्या समाधान कौशल एवं निरूपण कौशल हैं। इन दो गणितीय कौशलों का चुनाव साहित्यिक समीक्षाओं में स्थापित महत्त्व के आधार पर (ग्रीनो व हॉल, 1997; फेनेल व रोवाण, 2001; लेश, बेहर व पोस्ट, 1987; पपे व तशोणोव, 2001; लेश, 1985; शोनफेल्ड, 1992) गणित की पाठ्यपुस्तकों को देखते हुए और शोधकर्ताओं के अपने शिक्षण के अनुभवों के आधार पर किया गया है। अध्यापक अलग-अलग शिक्षक-शिक्षण कार्यक्रमों से हो सकते हैं, इसलिए यह सम्भव है कि सबने गणित कौशल के बारे में पढ़ा न हो या उन्हें उसकी अपेक्षित समझ न हो। इसलिए, शोध प्रक्रिया को एक प्रारम्भिक बिन्दु से आरम्भ करने के लिए शोधकर्ताओं द्वारा एक मैन्युअल विकसित कर उसके माध्यम से चुने हुए कौशलों के बारे में शिक्षकों को अवगत करने की योजना बनायी गयी।

मैन्युअल बनाने की प्रक्रिया

सेवाकालीन शिक्षकों के लिए प्रक्रिया कौशलों की व्याख्या करने एवं उनकी गणितीय प्रक्रिया कौशलों की समझ का मूल्यांकन करने के उद्देश्य से शोधकर्ताओं द्वारा एक मैन्युअल विकसित किया गया। समस्या समाधान एवं निरूपण प्रक्रिया कौशलों को सैद्धान्तिक रूप से व एनसीईआरटी पाठ्यपुस्तक से प्रासंगिक उदाहरणों की मदद से विस्तृत किया गया। प्रतिभागी एनसीईआरटी पाठ्यपुस्तक से परिचित थे, इसलिए उदाहरणों को वहाँ से लिया गया। गणितीय प्रक्रिया कौशलों के उचित उदाहरण देने के लिए आहूजा (2018) के शोध को सन्दर्भित किया गया। इस प्रकार दो कारकों को ध्यान में रखकर मैन्युअल के लिए उदाहरण चुने गये—पहला प्रतिभागी का पाठ्यपुस्तक से परिचित होना और दूसरा, उचित प्रक्रिया कौशल से जोड़ने का तर्क।

मैन्युअल को तीन खण्डों में संगठित किया गया। हर खण्ड का विवरण शोधपत्र में आगे दिया गया है। मैन्युअल की विश्वसनीयता परखने के लिए उसे कुछ पूर्व सेवाकालीन शिक्षकों को दिया गया। उनकी प्रतिपुष्टि को ध्यान में रखते हुए मैन्युअल में कुछ बदलाव किये गये।

मैन्युअल की व्याख्या

मैन्युअल में तीन खण्ड थे। पहले खण्ड का उद्देश्य गणितीय प्रक्रिया कौशल से प्रतिभागियों को परिचित कराना था और गणित को समझने के लिए उनकी सार्थकता उभारना था। प्रक्रिया कौशलों में से दो कौशल, जो आमतौर पर गणित की कक्षाओं में देखे जाते हैं- समस्या समाधान और निरूपण की वैचारिक और परिचालन समझ की चर्चा की गयी। उनकी परिभाषा व एनसीईआरटी गणित की पाठ्यपुस्तकों से उनका साक्ष्य दिया गया। (अपेंडिक्स-ए देखें।)

दूसरे खण्ड में प्रतिभागियों को प्राथमिक कक्षाओं के लिए एनसीईआरटी गणित की पाठ्यपुस्तक से लिए गये पाँच अंशों में गणित की प्रक्रिया कौशल की पहचान करना था। प्रतिभागियों से अपेक्षा की गयी थी कि वे प्रत्येक अंश में सम्मिलित प्रक्रिया कौशल की अपनी पसन्द बताएँ व उसके लिए तर्क दें। एनसीईआरटी से लिए गये स्निपेट्स में कोई बदलाव नहीं किया गया था। स्निपेट्स को इसलिए चुना गया ताकि उनमें एक अथवा कई प्रक्रिया कौशल पहचानने की पर्याप्त गुंजाइश हो। प्रतिभागियों की इनके इस्तेमाल की समझ (operational understanding) या परिचालन समझ जानने के लिए इस खण्ड का विश्लेषण किया गया। यहाँ परिचालन समझ से अभिप्राय यही रखा गया कि यदि अध्यापक प्रक्रिया कौशल को पहचानकर उसका नाम बता पाते हैं तो उन्हें इसमें सक्षम माना जायेगा। (अपेंडिक्स-बी देखें।)

तीसरे खण्ड में प्रतिभागियों को प्राथमिक कक्षाओं के लिए पहले खण्ड में चुने गये, एक या दोनों प्रक्रिया कौशलों पर ध्यान केन्द्रित कर एक गणितीय कार्य की रचना करनी थी। प्रतिभागियों से कार्य का नाम, ग्रेड (जिसके लिए इसे तैयार किया गया है), कार्य का विवरण और कार्य में गणितीय प्रक्रिया कौशल का विवरण देने की अपेक्षा की गयी थी। उनसे यह भी कहा गया था कि अपने चुने हुए प्रक्रिया कौशल का औचित्य लिखें। प्रतिभागियों की वैचारिक समझ जानने के लिए इस खण्ड का विश्लेषण किया गया। (अपेंडिक्स-सी देखें।)

शोध कार्यप्रणाली

आँकड़ों को वर्कशीट समेत गणित प्रक्रिया कौशल मैन्युअल के जरिए इकट्ठा किया गया था। यह अध्ययन वर्णनात्मक अनुसन्धान डिज़ाइन का अनुसरण करता है। अध्ययन में निजी और सरकारी, दोनों स्कूलों के प्राथमिक स्तर पर गणित पढ़ाने वाले 15 इन-सर्विस शिक्षक शामिल थे। ये शिक्षक विभिन्न शिक्षक-शिक्षा कार्यक्रमों से स्नातक थे।

प्रतिभागियों के शिक्षण अनुभव भी विभिन्न थे। शोध न्यादर्श का चयन सुविधा के अनुसार था। शिक्षकों से पहले फोन के माध्यम से सम्पर्क किया गया और उन्हें अध्ययन का उद्देश्य समझाया गया। फिर शोधकर्ता उनसे अध्ययन के विचार पर चर्चा करने के लिए व्यक्तिगत रूप से मिले और उन्हें तैयार किये गये मैन्युअल से परिचित कराया। उन्हें मैन्युअल भरने के लिए 15 दिनों का समय दिया गया था। एक या दो अध्यापकों के साथ बैठकर, उनसे पढ़वाकर ये सुनिश्चित किया गया कि मैन्युअल पढ़ने में उन्हें कोई परेशानी न हो। इन 15 दिनों के बीच में, यह जानने के लिए कि मैन्युअल भरते हुए क्या वे किसी भी समस्या का सामना कर रहे हैं, दो बार उनसे सम्पर्क किया गया। दो प्रतिभागियों ने काम बीच में छोड़ दिया, इसलिए उन्हें नहीं गिना गया। अन्त में 13 प्रतिभागियों की प्रतिक्रियाओं का विश्लेषण किया गया। तालिका-1 प्रतिभागियों की प्रोफ़ाइल दिखाती है।

तालिका-1 : प्रतिभागियों की प्रोफ़ाइल

योग्यता	8 (सिर्फ़ स्नातक)	5 (स्नातकोत्तर)	
पूर्व-सेवा स्तर पर गणित का अध्ययन	सबने किया		
शिक्षण अनुभव	4 (1-2 साल)	5 (3-5 साल)	4 (6 साल व ज़्यादा)
पढाई गयी कक्षा	11 (प्राथमिक)	1 (एलीमेन्ट्री)	1 (माध्यमिक)
पढ़ाए गये विषय	12 (सारे विषय)	1 (सिर्फ़ गणित)	
स्कूल	6 (निजी स्कूल)	7 (सरकारी स्कूल)	

आँकड़ा विश्लेषण

गणित प्रक्रिया कौशल की समझ के विश्लेषण के उद्देश्य से इसे दो घटकों में विभाजित किया गया था–परिचालन समझ और वैचारिक समझ।

मैन्युअल के दूसरे भाग में प्रक्रिया कौशल की परिचालन समझ को देखा गया था। यहाँ उत्तरदाताओं को गणितीय प्रक्रियाओं की पहचान करनी थी। इसके लिए यह देखा गया कि क्या वे प्रक्रियाओं का नाम बताने में सक्षम हैं। यह प्रक्रियाएँ समस्या समाधान और निरूपण की थीं। यदि उत्तरदाताओं ने इन प्रक्रियाओं से सम्बन्धित अन्य शर्तों या किसी अन्य प्रक्रिया को भी बताया तो उसे भी माना गया। इन सब स्थितियों में माना गया कि उन्हें कौशल के परिचालन की समझ है। इसके साथ ही मैन्युअल के दूसरे भाग में प्रत्येक सम्बन्धित अंश के साथ दिये गये स्पष्टीकरण की प्रासंगिकता से प्रक्रिया कौशल की वैचारिक समझ को देखा गया।

मैन्युअल के तीसरे भाग में, जहाँ उत्तरदाताओं को एक कार्य की रचना करने के साथ-साथ एक या अधिक गणितीय प्रक्रियाओं के अस्तित्व के लिए तर्क देना था, वहाँ उनकी वैचारिक समझ (conceptual understanding) को समझने के लिए उनके स्पष्टीकरण में सुसंगतता को मापदण्ड के रूप में लिया गया। उत्तरदाताओं की प्रत्येक घटक के संचालन की एवं वैचारिक समझ (conceptual understanding) को देखने के लिए, उत्तरों को तीन श्रेणियों में वर्गीकृत किया गया था- पूर्ण, आंशिक और कोई भी नहीं।

उत्तरदाताओं की प्रतिक्रियाएँ जो प्रत्येक अंश में मुख्य/स्पष्ट प्रक्रिया कौशल की पहचान कर सकती हैं, उनको कौशल के परिचालन की समझ की पूर्ण श्रेणी में रखा गया। वे प्रतिक्रियाएँ जो कुछ स्निपेट्स में प्रभावी/स्पष्ट प्रक्रिया कौशल की पहचान कर सकती थीं, उन्हें परिचालन की समझ की आंशिक श्रेणी में रखा गया और वे प्रतिक्रियाएँ जो किसी भी अंश में किसी भी प्रक्रिया कौशल को नहीं पहचान सकती थीं, उन्हें परिचालन की समझ की किसी भी श्रेणी में नहीं रखा गया। वैचारिक समझ भी इसी तरह तीन श्रेणियों में देखी गयी।

परिणाम

गणितीय प्रक्रिया कौशलों की परिचालन की समझ

13 उत्तरदाताओं में से 7 के पास प्रक्रिया कौशलों की परिचालन की पूर्ण समझ है क्योंकि वे एक या दोनों गणितीय प्रक्रियाओं अर्थात समस्या समाधान और निरूपण को प्रत्येक अंश में पहचानने में सक्षम थे। अन्य उत्तरदाताओं, अर्थात् 13 में से 6 ने प्रक्रिया कौशलों की आंशिक परिचालन समझ दिखाई थी क्योंकि वे कुछ अंशों में एक अथवा दोनों प्रक्रिया कौशलों की पहचान करने में सक्षम थे।

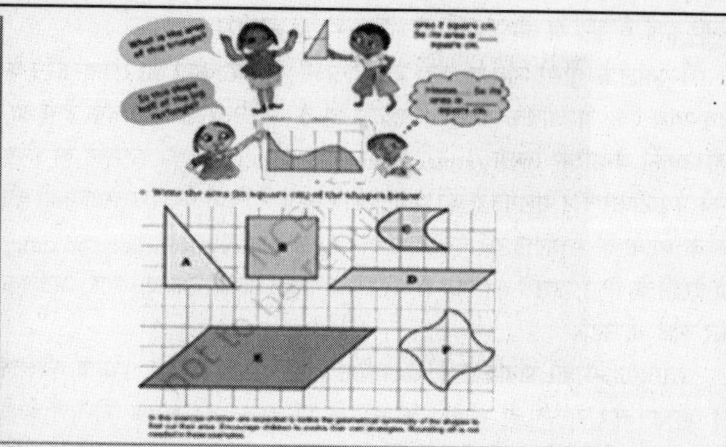

Answer with justification

It involves visualization as how one can notice the geometrical symmetry of the shapes and simplify the problem such as for A one can make generalization that half of a box, i.e. triangle means one half of a square and then count as-total number of full squares + 1/2 squares One may approach the problem through multiple perspectives, such as one may just rotate the paper or the image in order to count the squares. It also involves intuitively reflecting upon observations, making multiple representations, understanding the concept of Area.

प्रक्रिया कौशलों की परिचालन की पूर्ण समझ का उदाहरण

Snippet E

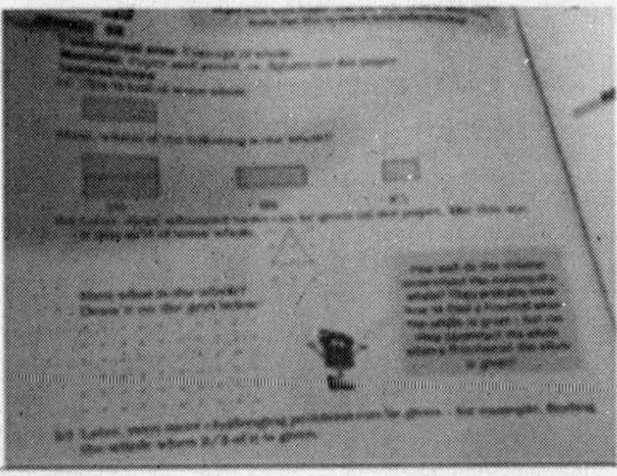

Answer with justification

Fractions have always been a difficult topic for teachers to teach and students to understand
This problem involves the concept of whole and parts, portraying the idea of constructing a whole. Any concept becomes easy to understand when it is represented well through diagram or in a concrete manner using blocks or paper cuttings
Children probably know how to find a fraction when the whole is given but it becomes difficult or rather challenging for them to solve a problem that requires the construction of the whole when a fraction of that whole is given
The problem is first analyzed and then multiple solutions would come across one's mind. Then it involves the trying out process as what fits in best
It may involve solving parts or working backwards in order to get through it

प्रक्रिया कौशलों की आंशिक परिचालन समझ का उदाहरण

गणितीय प्रक्रिया कौशल की अवधारणात्मक वैचारिक समझ

मैन्युअल के भाग बी और भाग सी के परिणामों ने दर्शाया कि 13 में से 6 उत्तरदाताओं में गणितीय प्रक्रियाओं की पूर्ण अवधारणात्मक वैचारिक समझ है, क्योंकि वे सभी स्निपेट्स में चुने गये चिह्नित गणितीय प्रक्रियाओं के प्रासंगिक तर्क देने में सक्षम थे एवं अपने द्वारा चुने गये प्रक्रिया कौशल के कार्य की तर्गसंगतता बताने में भी सक्षम थे। 13 में से 3 उत्तरदाताओं ने आंशिक वैचारिक समझ दिखाई क्योंकि इन उत्तरदाताओं ने स्निपेट्स में पहचाने गये गणितीय प्रक्रिया कौशलों का प्रासंगिक विवरण नहीं दिया था या सभी अंशों के लिए नहीं दिया था अथवा चयनित प्रक्रिया कौशल के लिए उनके द्वारा रचे गये कार्य की तर्कसंगतता अप्रासंगिक थी। शेष 4 उत्तरदाताओं में से किसी ने कोई वैचारिक समझ नहीं दिखाई क्योंकि उन्होंने किसी भी स्निपेट्स के लिए प्रासंगिक तर्कसंगतता नहीं दी और उन्होंने रचे गये कार्य में चयनित प्रक्रिया कौशल के लिए भी कोई तर्कसंगतता नहीं दी। उनका कार्य केवल रची गयी गतिविधि का विवरण था।

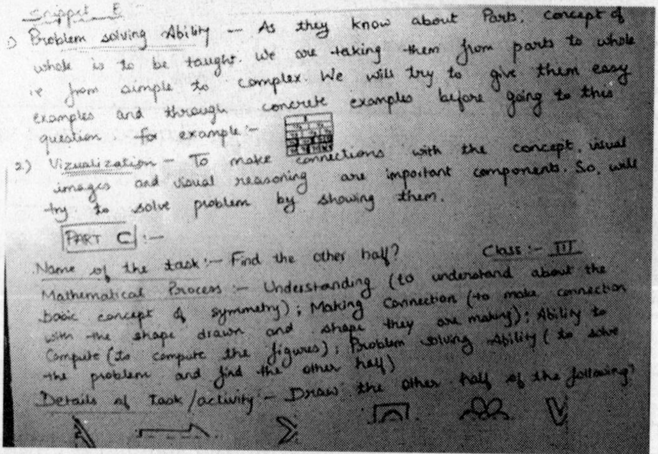
Snippet E
1) Problem solving Ability — As they know about Parts, concept of whole is to be taught. We are taking them from parts to whole i.e from simple to complex. We will try to give them easy examples and through concrete examples before going to this question. for example:-
2) Vizualization — To make connections with the concept, visual images and visual reasoning are important components. So, will try to solve problem by showing them.

PART C :-
Name of the task:- Find the other half? Class:- III
Mathematical Process :- Understanding (to understand about the basic concept of symmetry); Making Connection (to make connection with the shape drawn and shape they are making); Ability to Compute (to compute the figures); Problem solving Ability (to solve the problem and find the other half)
Details of Task/activity — Draw the other half of the following?

स्निपेट्स के लिए प्रासंगिक तर्कसंगतता न देने का एवं रचे गये कार्य में चयनित प्रक्रिया कौशल के लिए भी कोई तर्कसंगतता न देने का उदाहरण।

गणितीय प्रक्रिया कौशल के संचालन और वैचारिक समझ से सम्बन्धित अन्य चर्चा बिन्दु :

❖ कुछ उत्तरदाताओं द्वारा प्रक्रिया कौशलों की पहचान उनके द्वारा दिये गये

स्पष्टीकरण या औचित्यपूर्ण विवरण में निहित थी। उन्होंने पहचाने गये प्रक्रिया कौशल को स्पष्ट रूप से नहीं लिखा था अपितु अपने विवरण में ही उसकी बात की थी। नीचे इसका उदाहरण दिया गया है।

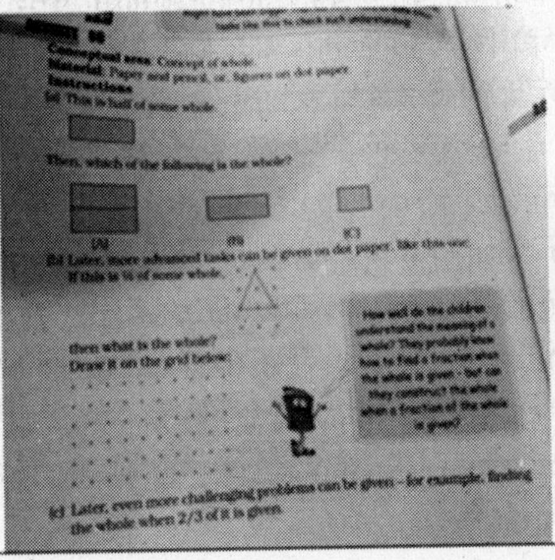

Answer with justification:

Here, children are required to change their perspective while answering. They have to draw the whole from a given part for which they have to see the problem from a different point of view. Relating parts of fraction and how they come together to form a whole is required here.

- ❖ उत्तरदाताओं ने दिये गये अधिकांश स्निपेट्स में समस्या समाधान प्रक्रिया कौशल की पहचान करने पर अधिक बल दिया।
- ❖ उत्तरदाताओं ने समस्या समाधान और निरूपण के अलावा कुछ अन्य प्रक्रिया कौशलों की पहचान भी की, जो दृश्यीकरण, सामान्यीकरण, व्यवस्थित तर्क, अनुमान, सम्प्रेषण, सम्बन्ध स्थापित करना थे।
- ❖ कुछ उत्तरदाताओं ने दिये गये दो गणितीय प्रक्रिया कौशलों के अलावा अन्य प्रक्रिया कौशल भी बताए जैसे कि तार्किक विचार, अनुमान, सन्निकटन और दृश्यीकरण।
- ❖ मैन्युअल के भाग सी में उत्तरदाताओं का ध्यान प्रक्रिया कौशल की पहचान करने की बजाय कार्य रचना पर अधिक था।

निष्कर्ष

गणितीय प्रक्रिया कौशलों में समस्या समाधान को एक मुख्य प्रक्रिया कौशल के रूप में देखा गया क्योंकि अधिकतर स्निपेट्स में उत्तरदाताओं ने इसी कौशल को पहचानने पर अधिक झुकाव दिखाया। शिक्षकों द्वारा स्वरचित अधिकतर क्रियाकलाप

भी समस्या समाधान प्रक्रिया कौशल पर ही आधारित थे। उपरोक्त तथ्य दर्शाता है कि शिक्षक गणित को समस्या समाधान क्रियाकलाप के समतुल्य मानते हैं एवं बाक़ी प्रक्रिया कौशलों को समस्या समाधान कौशल में सम्मिलित मानते हैं। इसके अलावा वे यह समझते हैं कि समस्या समाधान प्रक्रिया कौशल अन्य प्रक्रिया कौशलों को पृष्ठभूमि प्रदान कर सकता है। शिक्षकों द्वारा प्रक्रिया कौशल की पहचान दर्शाती है कि गणितीय प्रक्रिया कौशलों का उन्हें पूर्व ज्ञान है, परन्तु अन्य गणितीय प्रक्रिया कौशलों को पूर्ण रूप से समायोजित न कर पाना दर्शाता है कि उनकी इन कौशलों के प्रति समझ सतही है।

ऊपर दी गयी चर्चा से प्रक्रिया कौशलों की परिचालन और वैचारिक समझ के बीच का अन्तर स्पष्ट होता है। उत्तरदाताओं द्वारा दी गयी प्रतिक्रियाओं में गणितीय प्रक्रिया कौशलों से सम्बन्धित मुख्य सूचक शब्द शामिल थे परन्तु उनके द्वारा दिये गये स्पष्टीकरण अस्पष्ट थे व औचित्यपूर्ण नहीं थे। इससे यह निष्कर्ष निकाला जा सकता है कि अध्यापकों की गणितीय प्रक्रिया कौशलों की स्थायी समझ को और सुदृढ़ किया जा सकता है।

शोधपत्र का योगदान

शोधकर्ता गणितीय प्रक्रिया कौशल से सम्बन्धित शिक्षकों की समझ से जुड़ाव रखने वाले कोई और अनुसन्धान नहीं खोज पाये। बड़े नमूनों के साथ इस तरह के और अध्ययन किये जा सकते हैं। यह शोधपत्र इस कारण महत्त्वपूर्ण है कि जब शिक्षक, दिये गये अंश में प्रक्रिया कौशल को पहचानने में असमर्थ थे, तब भी वे एक प्रक्रिया कौशल के लिए कार्य की रचना करने में सक्षम थे। इस शोध के माध्यम से गणित शिक्षकों में प्रक्रिया कौशलों की समझ की कमी परिलक्षित होती है जिससे गणित शिक्षक-शिक्षा पर शोध करने की आवश्यकता महसूस होती है। इससे सिद्धान्त-व्यवहार के बीच अन्तर (थ्योरी-प्रैक्टिस गैप) को भी कम करने में मदद मिलेगी।

सन्दर्भ सूची

1. Ahuja, A. (2018). Positioning Mathematical Processes in Mathematics Textbooks (Unpublished M. Phil. Dissertation). University of Delhi.
2. Battista, M. (February 1999). "The Mathematical Miseducation of America's Youth" Phi Delta Kappan, 80 (6).
3. Fatima, R. (2012). The role of mathematics in the development of society. National meeting on celebration of National Year of

Mathematics. Organized by NCERT, New Delhi.

4. Fan, L., & Ju, Y. (2010). (2000). Problem Solving in Singaporean Secondary Mathematics Textbooks. The Mathematics Educator, 5 (1/2), 117-141.
5. Fan, L., & Ju, Y. (2010). (2007). Representation of problem-solving procedures: A comparative look at China, Singapore, and the US mathematics textbooks. Educational Studies in Mathematics, 66(1), 61-75.
6. Fennel, F., Rowan, T. (2001). Representation: An Important Process for Teaching and Learning Mathematics. Teaching Children Mathematics, 7(5), 288-292.
7. Greeno, J., - Hall, R. (1997). Practicing Representation: Learning With and About Representational Forms. The Phi Delta Kappan, 78(5), 361-367.
8. Harel, G. (2008). What is Mathematics? A Pedagogical Answer to a Philosophical Question. In R.B.Gold and R.K. Simsons (ed.), Current issues in GEM philosophy of mathematics from GEM perspective of mathematicians: Mathematical Association of America.
9. Lesh, R. (1985). Processes, skills and abilities needed to use mathematics in everyday situations. Education and Urban Society, 17 (4), 439-446.
10. Lesh, R., Post, T., & Behr, M. (1987). Representation and translation among representations in mathematics learning and problem solving. In C.Janiver, (ed.), Problems of representations in teaching and learning of mathematics (33-40). Hillsdale, NJ: Lawrence Erlbaum.
11. NCERT (2005). Position Paper on Teaching of Mathematics.
12. NCTM (2000). Principles and Standards for School Mathematics.
13. Pape, S., - Tchoshanov, M. (2001). The role of representation in developing mathematical understanding. Theory Into Practice, 40(2), 118-127.
14. Sonnfeld, A. H. (1992). Learning to think mathematically: Problem solving, metacognition, and sense making in mathematics. In D. Groves (Ed.), Handbook for research on mathematics teaching and learning (334 - 370). New York: Macmillan.

15. Stinson, D. W. (2004). Mathematics as a 'gate-keeper' (?): Three theoretical approaches that aim to empower all children by giving them the key to the gate, 14 (1), 8-18.

अपेंडिक्स-ए

Examples of representation:

Example 1: In Chapter 9 (Class III, NCERT Mathematics Textbook) – How Many Times?, learners are introduced to multiplication on pp. 122 and 123 (Title: Leggy animals) and its meaning through pictures shown in repeated groups of same size and adjoining to each picture the multiplication is first shown as repeated addition of same sized groups and then related to the use of its sign. Such relation of multiplication where learners are able to relate phrases, symbols of addition and multiplication and use reference of pictures will help learners connect multiple representation of multiplication and may call for deeper understanding.

अपेंडिक्स-बी

Identify process skills (one or more, with reference to the discussion presented above) in the following snippets taken from the textbooks of primary classes and justify your answer with suitable explanation:

Answer with justification:

अपेंडिक्स-सी

Design a task or an activity focusing on any mathematical process(s) discussed above which you can try out with your students in any of the primary classes.

Name of the task/ activity: Class:
Justification for Mathematical Process(s) focused in the activity/ task:
Details of task/ activity:

16

गणित शिक्षिकाओं की सामाजिक व पेशेवर चुनौतियाँ

सुनीता कोहली और अनानास कुमार

गणित शिक्षण के साथ आमतौर पर जुड़े लैंगिक भेदभाव पर चर्चा करता हुआ यह पर्चा महिला गणित शिक्षकों की समस्याओं पर केन्द्रित है। शोध के आधार पर पर्चा बताता है कि तमाम सामाजिक धारणाओं के कारण लड़कियों को गणित से दूर धकेला जाता है। इनमें से कुछ लड़कियाँ जब गणित की शिक्षक बन जाती हैं, तो भी ये धारणाएँ और संकट उनका पीछा नहीं छोड़ते। इसे ध्यान में रखते हुए पर्चा सुझाता है कि गणित की महिला शिक्षकों के क्षमतावर्धन को शिक्षक-प्रशिक्षणों में केन्द्रीयता दी जानी चाहिए।

अमूर्त प्रकृति वाला विषय होने की वज़ह से गणित को कक्षा में समझना और समझाना दोनों ही अधिक तैयारी की माँग करता है। सैद्धान्तिक समझ के साथ-साथ करके सीखने के संसाधन, मौक़े और अन्य स्थितियाँ मिलकर इस विषय की अवधारणाओं (क्षेत्रफल, आयतन, रेखागणित और बीजगणित आदि) को पुख़्तगी से समझने में मदद करती हैं। गणित विषय के सेवारत शिक्षकों के लिए समय-समय पर विभाग व अन्य सहयोगी संस्थाओं के द्वारा ज़िले, संकुल और विकास खण्ड स्तर पर आयोजित विभिन्न प्रकार के प्रशिक्षणों में शिक्षकों के नज़रिये से तो बातचीत होती है, किन्तु शिक्षिकाओं के नज़रिये से गणित शिक्षण की चुनौतियों को लेकर कम ही हो पाती है। 10-12 प्रशिक्षणों में प्रतिभागिता का मेरा अनुभव यह रहा है कि वहाँ शिक्षिकाओं के व्यावहारिक और पेशेवर जीवन से जुड़े उदाहरणों की कमी, गणित के सत्र संचालन में महिला सुगमकर्ताओं की कमी, स्कूलों या कक्षाओं में उनके द्वारा किये गये कार्य और उसके दौरान आने वाली चुनौतियों से सम्बन्धित बातचीत

कम हो पाती है। शिक्षक प्रशिक्षण के दौरान की यह परिस्थिति महिला शिक्षकों को गणित विषय और उनके कक्षा-शिक्षण से कम ही जोड़ पाती है।

लड़कियाँ और गणित का रिश्ता

इस पर्चे में शिक्षिकाओं की गणित की कक्षा का अवलोकन, औपचारिक व अनौपचारिक मंचों पर महिला शिक्षकों के समूह में चर्चा-परिचर्चा, बच्चों से कक्षा में बातचीत और अभिभावकों के विचार को बारीक़ी से समझने की कोशिश की गयी है। प्रमुख बात यह सामने आयी कि वैसे तो प्राय: सभी वर्गों, किन्तु विशेष रूप से कम जागरूक, अपवंचित और अधिक सदस्य संख्या वाले परिवारों में लड़कियों को गणित की पढ़ाई करने में काफ़ी चुनौतियाँ आती हैं। घर पर रहकर छोटे भाई-बहनों की देख-भाल, माता-पिता की संकीर्ण सोच और घर के काम की ज़िम्मेदारी आदि कारक भी इसमें शामिल हैं। इनके कारण उन्हें स्कूल जाने में अनियमितता आदि का सामना करना पड़ता है। यह अनियमितता वैसे तो सभी विषयों में, किन्तु गणित में ज़्यादा मुश्किल पैदा कर देती है। इन बातों के अलावा उन्हें प्राय: घर में भी ऐसे काम कम ही मिलते हैं जिसमें मानक नाप, तौल, गुणा, भाग, तर्क आदि की ज़्यादा आवश्यकता हो। उन्हें घर का सामान (जैसे राशन) लाने के लिए भी ख़रीददारी करने के मौक़े काफ़ी कम मिलते हैं।

हालाँकि, लड़कियों द्वारा किये जाने वाले घर के बहुत सारे कार्यों में व्यावहरिक गणित शामिल होता है। जैसे कि तीन लोगों के लिए रोटी बनानी है तो कितना आटा लगेगा? बीस लोगों के लिए खाना बनाना है तो कौन-कौन-सी सामग्री, कितनी मात्रा में लगेगी आदि-आदि; किन्तु लड़कियों के इन अनुभवों को जब गणित की भाषा और कक्षा में शामिल नहीं किया जाता है, तब उन्हें इस अनुभव से कोई मदद नहीं मिलती।

गणित शिक्षण की प्रक्रियाओं पर नज़र डालें तो सामान्यत: यही देखेंगे कि कक्षाओं में बार-बार गिनती लिखवाने, संख्या को पढ़ने, पहाड़ा रटने आदि जैसी रटन्त विधियाँ प्रमुख रहती हैं। प्राथमिक कक्षा में गणित की यह शिक्षण पद्धति बच्चों में गणित के प्रति नीरसता को बढ़ावा देती है। इतना ही नहीं, इन तरीक़ों से गणित न सीख पाने पर बच्चों को इन्हीं तरीक़ों पर आधारित विभिन्न प्रकार की सज़ाएँ, जैसे किसी संख्या को पचास बार लिखना, पहाड़ा या गिनती विशेष को बार-बार लिखना और कक्षा के सामने ज़ोर-ज़ोर से गिनती गाना आदि भुगतनी पड़ती हैं। कक्षा में इस प्रक्रिया का सामना लड़के और लड़कियाँ समान रूप से करते हैं। गणित के प्रति यही नज़रिया है कि वह एक कठिन विषय है और लड़कियों के बस का नहीं है। इसके

अलावा जैसा हमने पहले भी कहा, लड़कियों का घरेलू काम की ज़िम्मेदारी के कारण विद्यालय में नियमित रूप से न आ पाना, कक्षा में सभी बच्चों के सामने प्रताड़ित होना, स्कूली कक्षा की इन चुनौतियों का परिवार में महत्त्व न होना, जैसे कारणों की वज़ह से परिस्थिति इस क़दर उलझ जाती है कि जहाँ भी विकल्प मिलता है, वहीं से वे गणित को आसानी से छोड़कर दूसरे विकल्प का चुनाव कर लेती हैं। हालाँकि वर्तमान समय में इस नज़रिये में धीरे-धीरे बदलाव आ रहा है कि लड़कियाँ गणित विषय में कमज़ोर होती हैं, लेकिन ज़मीनी स्तर पर अभी भी यही नज़रिया व्याप्त है।

1986 की राष्ट्रीय शिक्षा नीति (पृष्ठ संख्या 18, पैरा 8.16) में भी गणित को तर्क करने, सोचने, बोलने और विश्लेषण करने के साधन व दूसरे विषयों के सहगामी विषय के रूप में देखे जाने की वकालत की गयी थी। इसके बावजूद विद्यालयी स्तर पर कई ऐसी परिस्थितियाँ और प्रक्रियाएँ होती हैं जो विशेष रूप से लड़कियों के मन में इस विषय के प्रति असहजता पैदा कर सकती हैं।

हमारा अध्ययन

यह उत्तराखण्ड के उधम सिंह नगर ज़िले में गदरपुर विकास खण्ड के नगर संकुल क्षेत्र में आने वाले सभी प्राथमिक विद्यालयों में गणित पढ़ाने वाली शिक्षिकाओं की चुनौतियों का अध्ययन है। यह इसके अलावा इस बात को समझने का प्रयास है कि विद्यालयी स्तर पर कक्षा-कक्ष की कौन-सी परिस्थितियाँ और प्रक्रियाएँ लड़कियों के मन में असहजता पैदा करती हैं। इस अध्ययन में गदरपुर विकास खण्ड के नगर संकुल क्षेत्र के तहत सभी 6 प्राथमिक विद्यालयों में गणित पढ़ाने वाली सभी 11 महिला शिक्षिकाओं को चुना गया। चयनित सैम्पल में से कुल 8 प्रतिभागियों से बातचीत हो पाई, 3 प्रतिभागियों से बात नहीं हो सकी। इन शिक्षिकाओं का अर्द्ध-संरचित साक्षात्कार लिया गया। साक्षात्कार में गणित विषय को लेकर स्वयं, समाज व परिवार की मान्यताएँ, गणित की कक्षा में आकलन, गणित पढ़ने और पढ़ाने में आने वाली चुनौतियों के निस्तारण हेतु प्रयास और ख़ुद के क्षमता संवर्द्धन हेतु किये गये प्रयास आदि मुद्दे प्रमुख रूप से शामिल थे।

विचार-विमर्श और आँकड़ों का विश्लेषण

प्रस्तुत अध्ययन में साक्षात्कारों के दौरान सुने गये अनुभवों व आँकड़ों को समझने के पश्चात बनी समझ के अनुसार शिक्षिकाओं के गणित पढ़ते समय और स्कूलों में गणित पढ़ाने के दौरान महसूस किये गये मुद्दों का विश्लेषण है।

1. साक्षात्कार के दौरान यह निकलकर आया कि सभी शिक्षिकाएँ जिन कक्षाओं को पढ़ा रही हैं, उनमें गणित भी पढ़ा ही रही हैं। वे उसी पारम्परिक तरीक़े (पहाड़ा रटना, गिनती लिखना, संख्या पढ़ना) से सिखा रही हैं, जैसा उन्होंने ख़ुद पढ़ा था। उनके द्वारा अनुभव की गयी प्रमुख चुनौतियाँ इस प्रकार हैं : परिवार में छोटे बच्चों का होना, अन्य सदस्यों के प्रति उनकी ज़िम्मेदारी या घर से स्कूल के अलावा कहीं आने-जाने की ज़्यादा अनुमति का अभाव आदि। इन सभी कारणों की वज़ह से वे अपने विषय को बेहतर बनाने के लिए किसी मंच पर भी नहीं जा पाती हैं। इसकी वज़ह से उन्हें गणित पढ़ाने के नये और रोचक तरीक़ों की कम जानकारी हो पाती है।
2. इन शिक्षिकाओं ने कहा कि कक्षागत चुनौतियों को ध्यान में रखते हुए एक सुदृढ़ प्रशिक्षण योजना, गणित की कक्षा में बच्चों के सीखने की गति को बढ़ाने में महत्त्वपूर्ण भूमिका निभा सकती है। यह शिक्षिकाओं व शिक्षकों को अपने विषय में गहरे ज्ञान की ओर बढ़ते रहने में भी मदद कर सकती है। ऐसे प्रशिक्षण, जिनमें कक्षा की चुनौतियों के समाधान पर बातचीत ठीक से नहीं होती, के ख़त्म होने के कुछ समय बाद ही कक्षा शिक्षक पुनः अपनी पुरानी शिक्षण शैली में लौट आता है। मसलन, जब एक शिक्षक प्रशिक्षण प्राप्त कर अपने विद्यालय में आता है तो वह कुछ नवाचारी प्रयासों, जैसे कि बच्चों द्वारा स्वयं पहाड़े बनाना, गिनती में पैटर्न ढूँढ़ना, इबारती सवाल बनाना आदि के अलावा कम लागत वाली शिक्षण सहायक सामग्री का निर्माण और विद्यालय में आसानी से उपलब्ध संसाधनों की सहायता से गणित शिक्षण का प्रयास करता है। किन्तु जब उनके नवाचारी प्रयासों की अनदेखी होती है, उसे प्रोत्साहन नहीं मिलता, अनुभव साझा करने के लिए उचित मंच आदि नहीं होते तो वह शिक्षक पुनः परम्परागत शिक्षण प्रणाली जैसे पहाड़ा रटाना, केवल कॉपी, बोर्ड आदि के द्वारा गणितीय संक्रिया को समझाना, किताबी अभ्यास करवाना आदि तक ही सीमित रह जाता है। चयनित विद्यालयों के अवलोकन से यह भी पता चला कि जिन विद्यालयों में पुरुष और महिला शिक्षक दोनों उपलब्ध हैं, वहाँ गणित विषय अधिकांशतः पुरुष शिक्षक ही पढ़ाते हैं।
3. **संसाधनों और पढ़ने के मौक़ों का अभाव :** प्रतिभागी शिक्षिकाओं से गणित विषय की पाठ्यपुस्तक के सम्बन्ध में बातचीत की गयी। यह पाया

गया कि केवल 2 को छोड़कर किसी के पास पढ़ाये जाने वाली कक्षा की न तो पाठ्यपुस्तक थी और न ही कोई सहायक पुस्तक। शेष 6 शिक्षिकाओं ने बताया कि वे या तो बच्चों से पुस्तक लेकर ही कक्षा में पढ़ाती हैं या फिर अपने अनुभवों का प्रयोग करके व गणित के मूलभूत कौशलों को ध्यान में रखकर, पारम्परिक तरीक़े से पढ़ाती हैं। जिन 2 शिक्षिकाओं के पास उनके द्वारा पढ़ाई जाने वाली कक्षाओं की पुस्तकें थीं, उनमें से एक ने यह बताया कि उन्हें गणित में काफ़ी रुचि है, जिस वज़ह से वह किताबें अपने पास रखती हैं। इसके कारण उन्हें पढ़ाने में आसानी होती है। दूसरी शिक्षिका ने अपने अनुभव साझा करते हुए कहा कि चूँकि मेरे पति शिक्षक हैं, इसलिए वे मुझे इस काम में मदद करते हैं। मैं उनकी मदद से अपनी गणित की किताबें मँगा लेती हूँ और चुनौती को कम कर लेती हूँ।

4. **रूढ़िवादी मानसिकता व सामाजिक जटिलता :** परिवार की पृष्ठभूमि और सोच बच्चों की पढ़ाई की दिशा और दशा को तय करती है। केवल इतना ही नहीं, यह बच्चों के ऊपर किसी विषय को थोपने का काम भी करती है। बातचीत के दौरान एक शिक्षिका ने कहा कि उनके परिवार में केवल लड़कियाँ होने के कारण पिता को पसन्द नहीं था कि हम ऐसे विद्यालय में जायें, जहाँ लड़के भी पढ़ते हैं। हालाँकि उन्होंने अपने स्तर से कोशिश की लेकिन परिवार में पिता के निर्णय के आगे उनकी नहीं चली और उन्हें गणित छोड़ना पड़ा।

ग्रामीण परिवेश में अपनी पढ़ाई के दौरान पारिवारिक चुनौतियों से सम्बन्धित अनुभवों को साझा करते हुए एक शिक्षिका ने बताया कि मेरी गणित पढ़ने की तो बहुत इच्छा थी और मेरे पिता भी लगभग राज़ी हो गये थे किन्तु मेरे चाचाओं, आस-पास के लोगों और रिश्तेदारों ने जब यह कहा कि, "बेटी है, इसे तो घर का काम ही करना है, ज़्यादा पढ़ा-लिखा कर क्या होगा?" तो यह बात उनके मन में बैठ गयी और उन्होंने मुझे भी आगे पढ़ने और गणित जैसे कठिन विषय चुनने से मना कर दिया। इसके बाद भी मैंने अपनी तरफ से पिताजी को समझाने का प्रयास किया लेकिन वे इस बात के लिए तैयार नहीं हुए। उसके बाद से मैं अब न तो उन लोगों (जिन लोगों ने मेरे पिता को मना किया था) के घर और न ही अपने किसी रिश्तेदार के घर जाती हूँ। यह बात इशारा करती है कि लड़के और लड़कियों की शिक्षा में भेद-भाव है और यह भेद-भाव उनमें कुछ विषयों के प्रति लगाव को

ख़त्म कर देता है। अपने बचपन के अनुभव का उदाहरण देते हुए एक शिक्षिका ने यह बताया कि उनके घर के आस-पास लड़कियों के लिए अलग से स्कूल नहीं होने के कारण वह गणित नहीं पढ़ पाईं। उनके पिता ने उन्हें सह-शिक्षा वाले स्कूल में लड़कों के साथ पढ़ने की इज़ाज़त नहीं दी। पिता और परिवार के इस निर्णय से उनका गणित से सम्पर्क समाप्त हो गया और वे आज भी स्कूल (जहाँ वे पढ़ा रही हैं) और गणित की कक्षा में असहजता का अनुभव करती हैं।

5. **व्यावहारिक गणित के सीमित अवसर :** किसी भी विषय में सीखी हुई बात का सीखने वाले के दैनिक व व्यावहारिक जीवन से जुड़ना बहुत ज़रूरी है। गणित विषय के सन्दर्भ में शिक्षिकाओं के साथ जब इस विषय पर बातचीत की गयी तो सभी ने इसके मौक़े न मिलने की बात कही। उनमें से एक ने अपने अनुभव साझा करते हुए कहा कि मुझे बचपन में कभी दुकान तक भी जाने की इज़ाज़त नहीं मिलती थी। रुपए-पैसे का हिसाब-किताब भी मेरे घर के पुरुष सदस्य, चाहे पिताज़ी या फिर भाई लोग ही किया करते थे। यह भी एक वज़ह थी कि व्यावहारिक रूप से गणित से मेरा जुड़ना नहीं हुआ। कक्षा में गणित बहुत भारी लगता था और पढ़ने में मज़ा भी नहीं आता था।

6. **गणित के प्रति रुचि को बढ़ावा न मिल पाना :** समाज में मौजूद स्कूली व्यवस्था की संरचना व स्कूल के विषयों के सम्बन्ध में समाज की राय भी पढ़ने वाले विद्यार्थियों में रोचकता उत्पन्न करने, बढ़ाने और उसे जारी रखने में मदद करती है। वह इसे कम करने व ख़त्म करने में भी मदद कर सकती है। इस सम्बन्ध में एक शिक्षिका ने अपने बचपन से सम्बन्धित अनुभव साझा करते हुए यह कहा कि, "जब मैं पढ़ रही थी तब उस समय तक मेरे विद्यालय में गणित के शिक्षक नहीं थे, इस कारण मैं केवल आठवीं तक ही गणित पढ़ पाई। गणित के बाद मेरी व्यक्तिगत रुचि वाणिज्य में थी लेकिन मुझे गृहविज्ञान पढ़ना पड़ा। मेरी यह पढ़ाई मेरे व्यवसाय करने के शौक़ को पूरा नहीं कर पाई।" लड़कियों के गणित सीखने की राह में चुनौतियों को बढ़ाने के कारकों के उदाहरण देते हुए एक शिक्षिका ने कहा कि मेरी शिक्षा बिजनौर में हुई। वहाँ उस समय तक लड़कियों को पढ़ाने का माहौल ही नहीं था। तो घर वालों ने आठवीं के बाद स्कूल जाने पर रोक लगा दी थी। पिता सरकारी नौकरी में थे तो उन्होंने स्कूल में दाख़िला

करा दिया पर हम केवल परीक्षा देने ही स्कूल जाया करते थे। इसलिए हमने मजबूरी में कला वर्ग के ही विषय चुने, जिनकी पढ़ाई घर पर स्वयं आसानी से हो सके। बाद में जब पिताजी का तबादला गदरपुर हुआ, तो पढ़ाई फिर से ठीक तरह से हो पाई जिसके चलते गणित में पुनः रुचि बन पाई, लेकिन चुनौतियाँ बरकरार रहीं।

7. **रुढ़िवादी मूल्यांकन प्रणाली :** स्कूली शिक्षा में नियमों की रुढ़िवादिता, पास-फ़ेल की परम्परा और किसी विषय को पढ़ने के लिए तय किया गया निश्चित प्रतिशत वाला नियम भी विषय से जुड़ने की इच्छा में बाधा बन जाता है। इसका उदाहरण एक शिक्षिका से बातचीत में दौरान निकलकर आया। उन्होंने यह बताया कि जब वे दसवीं में पढ़ रही थीं, उस दौरान पारिवारिक समस्याओं के चलते पढ़ाई ठीक से नहीं हो पाई और उनके गणित में 34 ही नम्बर आये। आगे की कक्षा में गणित पढ़ने के लिए 35 नम्बर चाहिए थे। गणित पढ़ने की उत्कट इच्छा होने के कारण वे बहुत बार बोर्ड ऑफ़िस भी गयीं, पर कुछ फ़ायदा नहीं हुआ। इसके बाद उनकी आगे की जो भी पढ़ाई हुई, बेमन से हुई। उन्होंने बताया कि स्वयं दसवीं तक गणित विषय होने के बावजूद उन्होंने अपने छोटे भाई-बहनों को बारहवीं तक की गणित स्वयं पढ़ाई और उन्हें बाहर प्राईवेट ट्यूशन नहीं लेने दी। आज भी लगता है कि काश एक नम्बर और मिल जाता तो ज़िन्दगी कुछ और ही होती। शिक्षिका का यह अनुभव संकेत देता है कि परीक्षा प्रणाली भी कई बार बाधा बन जाती है। दरअसल, किसी ख़ास समय एक विषय में बच्चों का कमज़ोर या मज़बूत प्रतीत होना उक्त विषय के साथ उनके प्रारम्भिक परिचय, सीखने के मौक़े, शिक्षण पद्धति और शिक्षकों के व्यवहार आदि से जुड़ा होता है।

अन्ततः यह समझ बनी कि गणित विषय को पढ़ाने वाली शिक्षिकाओं की चुनौतियाँ उनके ख़ुद के पढ़ने के दौरान हुए अनुभव से शुरू होती हैं, जो बाद में उनके पढ़ाने में शामिल हो जाती हैं। विषय को सीखने की शुरुआती अवस्था में हुए अनुभव प्रायः उनके पेशेवर जीवन और कक्षा के बच्चों के गणित के सम्बोध सीखने तक में भी झलकते हैं। पढ़ने के दौरान प्रतिकूल सामाजिक और पारिवारिक परिस्थितियाँ और पढ़ाने के दौरान समुचित संसाधन और प्रोत्साहन के अभाव के कारण पहले जहाँ उन्हें पढ़ने में डर लगता था, वहीं आज पढ़ाने में असहजता होती है।

निष्कर्ष

कुल मिलाकर गणित पढ़ाने वाली शिक्षिकाओं की चुनौतियों को वर्तमान परिदृश्य में नज़रअन्दाज़ नहीं किया जा सकता है। हालाँकि यह सैम्पल बहुत-ही छोटा है, इसके आधार पर बड़े निष्कर्षों पर पहुँचना कितना सही होगा, कहा नहीं जा सकता है। ऐसी प्रक्रिया का विस्तृत प्रभाव एक और दिलचस्प अध्ययन हो सकता है। परन्तु, बच्चों के गणित सीखने में गणित की कक्षा में शिक्षिकाओं के आत्मविश्वास और विषय विशेष के प्रति उनकी असहजता महत्त्वपूर्ण है। अगर कक्षा की चुनौतियों को शामिल करते हुए नवाचारी तरीक़े से उन्हें प्रशिक्षित किया जाये और उनकी स्कूल आधारित मदद की जाये तो उनका पेशेवर विकास बेहतर हो सकता है।

खण्ड–3

गणित शिक्षा में सामग्री

17

उच्च प्राथमिक स्तर पर व्यजंकों के गुणा पर समझ बनाने में अनुभव-भाषा-चित्र-प्रतीक (ELPS) सिव्द्वान्त में अल्ज़ेब्रा टाइल्स की भूमिका

शालीन मिश्रा

यह पर्चा अल्जैबरिक टाइल्स का उपयोग करके कक्षा 7 के विद्यार्थियों के साथ बीजीय व्यंजक व उनके गुणा पर कार्य का सार-संक्षेप है। सिखाने के इस प्रयास में अनुभव, भाषा, तस्वीर, प्रतीक और चिह्न, सबका क्रमवार व अन्तर्सम्बन्धित, दोनों रूपों से प्रयोग किया। चर संख्या व सामान्य संख्या के लिए अलग-अलग आकार की टाइलें तथा धनात्मक और ऋणात्मक संख्याओं के लिए अलग-अलग रंग की टाइलें लेकर बच्चों के साथ जो काम किया गया, उस अनुभव का विश्लेषण इस पर्चे में पेश किया गया है। लेखक बताते हैं कि इस तरह के अभ्यास से सीखने वालों को आगे बढ़ने में मदद मिलती है और इससे वे बीजीय व्यंजकों के उपयोग में सरलता महसूस करते हैं। इस प्रक्रिया में संवाद व भागीदारी अत्यन्त महत्त्वपूर्ण होती है।

गणित शिक्षण के उद्देश्य

पोजीशन पेपर ऑन टीचिंग ऑफ़ मैथमेटिक्स 2005 (NCERT) के अनुसार बच्चों के विचारों का गणितीयकरण, गणित शिक्षण का मुख्य उद्देश्य है। 'सोच के कई तरीक़े हैं और जिस तरह की सोच कोई गणित में हासिल करता है, वह अमूर्त विचारों के साथ कार्य करना और समस्या समाधान कर उपाय ढूँढ़ना है।' जिस बदलाव का प्रस्ताव यह दस्तावेज़ रखता है, वह गणित की विषयवस्तु से गणित सीखने के

वातावरण की ओर जाना है। ऐसा वातावरण, जिसमें प्रक्रियाओं के पूरे विस्तार को महत्त्व दिया जाये। इस प्रकार की प्रक्रियाएँ बच्चों के मस्तिष्क से गणित का भय निकालने में सहायक हो सकेंगी। इसमें एक महत्त्वपूर्ण पहलू यह है कि विद्यार्थी यह समझ पायें कि एक ही सवाल को हल करने के कई अलग-अलग तरीक़े हो सकते हैं।

उदाहरण के लिए यदि यह सवाल है कि "गायों का एक झुण्ड जा रहा था। उनके पैरों व सिर की संख्याओं को जोड़कर गिना गया तो 35 पाया। बताओ झुण्ड में कितनी गायें थीं?" इस सवाल को हल करने के अलग-अलग तरीक़े हो सकते हैं। जैसे, कोई बच्चा कह सकता है कि हमने 35 में 5 से भाग दे दिया क्योंकि एक गाय के चार पैर होते हैं और एक सिर होता है। जिसे क्षैतिज गणितीयकरण की तरह देखा जाता है। पर कोई बच्चा इसे बीजगणितीय रूप में लिखकर सूत्र निकाल सकता है कि $5 \times x =$ सिर व पैरों की संख्या का योग, जहाँ x गायों की संख्या है। अब इस सूत्र का प्रयोग वह इस प्रकार की अन्य समस्याओं के लिए भी कर सकता है। इसे ऊर्ध्वाधर गणितीयकरण की तरह देखा जाता है जिसमें बच्चा एक नियम निकालकर उसे उन समस्याओं को हल करने में भी इस्तेमाल कर सकता है जिसमें सन्दर्भ की आवश्यकता भी नहीं रह जाती।

गणित विषय की प्रकृति

गणितीय अवधारणाएँ व उसके बुनियादी तत्व भी अमूर्त होते हैं। उदाहरण के लिए, किसी को पाँच के मायने समझना है तो पाँच का मूर्त रूप में कोई अस्तित्व नहीं होता, पर हम इसे चीज़ों से जोड़कर देखते हैं—जैसे 5 गेंद, 5 लोग या 5 बोतल आदि। इन सबमें एक सामान्य गुण है पाँचपन का, जो कि अपने आप में अमूर्तता लिए हुए है। हालाँकि बाक़ी विषयों में भी प्रतीकों के साथ काम करने की अमूर्तता तो होती ही है पर भाषा में 'पेड़' की अमूर्तता गणित में '5' की अमूर्तता से काफ़ी भिन्न है। गणित में एक अवधारणा, दूसरी अवधारणा पर तार्किक रूप से विकसित होती है और हमें तर्क करने व विश्लेषण करने में मदद करती है। उदाहरण के लिए, त्रिभुज के तीनों अन्त:कोणों का योग 180° होता है क्योंकि त्रिभुज के तीनों कोणों को काटकर एक बिन्दु पर रखकर मिलाने पर वह एक सीधी रेखा बनाते हैं। चूँकि सीधी रेखा पर बनने वाला कोण 180° होता है इसलिए त्रिभुज के तीनों अन्त:कोणों का योग भी 180° होगा।

अमूर्त प्रकृति व तार्किकता के कारण गणित को सीखने-सिखाने के परम्परागत तरीक़े, जिसमें रटना एवं प्रक्रियागत ज्ञान केन्द्र में रहता है, इसे एक जटिल विषय

भी बनाते हैं। जिसमें कुछ विद्यार्थी तो पारंगत हो सकते हैं। परन्तु प्रारम्भिक शिक्षा के सर्वव्यापीकरण के सन्दर्भ में इस तरह के सीखने-सिखाने के तरीक़ों का कोई अर्थ नहीं है। सभी बच्चों को प्रारम्भिक शिक्षा प्रदान करने हेतु हमारी सबसे बड़ी प्राथमिकता शिक्षण की बाल-केन्द्रित विधियों के उपयोग की है जिसमें राष्ट्रीय पाठ्यचर्या की रूपरेखा 2005 के मूलभूत सिद्धान्त शामिल हैं।

अनुभव-भाषा-चित्र-प्रतीक (अभाचिप्र-ELPS) सिद्धान्त व अल्ज़ेब्रा टाइल्स (Algebra Tiles)

इस विषय पर कई शोध हुए। पामेला लीबेक ने अपने शोध के दौरान महसूस किये हुए अनुभवों का जिक्र अपनी किताब 'How Children Learn Mathematic' में किया है। इस किताब में प्रारम्भिक स्तर पर ईएलपीएस सिद्धान्त की बात की गयी है जो इस विषय की अमूर्तता को समझने में मदद करता है (Pamela Leebak as quoted in AMO 01 chapter 3)। इस सिद्धान्त की समझ को इग्नू (IGNOU) के एएमटी (AMT) के अध्याय 3 में विस्तृत रूप से समझाया गया है, जिसके अनुसार प्राथमिक स्तर पर सीखने के अनुभवों का क्रम निम्नवत होना चाहिए-

- अनुभव (E)—ठोस वस्तुओं जैसे कंकड़, लकड़ियाँ आदि के साथ अनुभव।
- भाषा (L)—बोलकर अपने अनुभवों के बारे में बताना यानी भाषा का उपयोग।
- चित्र (P)—अनुभव को चित्रों द्वारा दिखाना।
- प्रतीक (S)—अनुभवों का लिखित प्रतीकों द्वारा व्यापकीकरण।

मेरा विषय बच्चों को अभाचिप्र सिद्धान्त के अन्तर्गत व्यजंकों के गुणा को समझाने पर था। इस कार्य को देहरादून जिले के विकासनगर ब्लॉक के रूद्रपुर संकुल के जूनियर हाई स्कूल, बड़वा में किया गया। यह कार्य इस विद्यालय के कक्षा आठ के बच्चों के साथ किया गया। इनमें 4 लड़कियाँ व 3 लड़के थे। इसके लिए मूर्त अनुभव हेतु अल्ज़ेब्रा टाइल्स (Algebra Tiles) का प्रयोग किया गया। अल्ज़ेब्रा टाइल्स एक प्रकार का टीएलएम है जो बच्चों को बीजगणितीय चिन्तन की ओर ले जाने में मदद करता है। इसके द्वारा बीजगणितीय अवधारणाओं को बीजगणितीय व ज्यामितीय रूप में समझने में मदद मिलती है। इसमें तीन साइज़ की टाइल्स होती हैं—

- वर्ग टाइल जो 1 units × 1 units की होती है, जिसे 1 (इकाई) की टाइल कहते हैं।

- वर्ग टाइल जो 4 units × 4 units या 5 units × 5 units की हो सकती है जिसे X की टाइल कहते हैं। यानी 3, 4, 5, 6 कितनी ही लम्बाई के भुजाओं वाले वर्ग। X की टाइल की लम्बाई के समतुल्य हो।
- आयताकार टाइल जो 4 units × 1 unit या 5 units × 1 unit की हो सकती है जिसे X की टाइल कहते हैं। यानी 3, 4, 5, 6 इकाई लम्बी और 1 इकाई चौड़ी टाइल।

यहाँ टाइल्स का नाप मैंने अपने अनुसार लिया था ताकि बच्चों को उस पर काम करने के दौरान किसी प्रकार की समस्या न हो यानी टाइल्स बहुत बड़ी या छोटी न हो। क्षमता संवर्धन की कार्यशाला के दौरान टाइल्स से रूबरू होने का मौक़ा मिला और फिर गूगल पर इसके उपयोग के कई सारे वीडियोज़ देखकर अल्ज़ेब्रा टाइल्स पर समझ बनी।

अगर बीजगणित के रूप में अभाचिप्र सिद्धान्त की बात की जाये तो इसका स्वरूप क्या होगा? किस प्रकार के अनुभवों की ज़रूरत होगी? ठोस इस्तेमाल करने के स्तर क्या होंगे? भाषा किस प्रकार की होगी? चित्र कैसे होंगे? बीजगणित के सन्दर्भ में बात की जाये तो अल्ज़ेब्रा टाइल्स की काफ़ी भूमिका है। इस पर काम करने को अभाचिप्र सिद्धान्त के तौर पर समझने का प्रयास इस प्रकार किया जा सकता है-

- **अनुभव :** ठोस वस्तुओं के रूप में अल्ज़ेब्रा टाइल्स का उपयोग, जिसे किसी कार्डबोर्ड से बनाया गया हो, जो देखने व समझने में मदद करे।
- **भाषा :** बोलकर अपने अनुभवों के बारे में बताना यानी भाषा का उपयोग करके बता पाना, जैसे कि एक जैसे रंग वाली टाइल का गुणा करने पर सफ़ेद टाइल प्राप्त हो रही है आदि।
- **चित्र :** अनुभव को चित्रों द्वारा दिखाने से बीजगणित में आशय है कि ठोस रूप में उपलब्ध टाइल्स को हटाकर उसे चित्र में निरूपित करना।
- **प्रतीक :** अनुभवों का लिखित प्रतीकों द्वारा व्यापकीकरण करना, जिसमें टाइल्स के चित्रों को छोड़कर उनके प्रतीकों पर काम करना और सूत्र निकालना होता है। इससे ऐसी समस्याओं को हल करने में मदद मिलती है और विचारों का गणितीयकरण होता है।

कक्षा-कक्ष के अनुभव :

टाइल का निर्माण

सबसे पहले बच्चों के साथ ठोस अुनभव के लिए अल्ज़ेब्रा टाइल्स का प्रयोग किया गया। इसे बाद में चित्रों और फिर प्रतीकों के साथ भी निरूपित किया गया। इसके लिए तीन सप्ताह की योजना थी जिसके अन्तर्गत प्रति सप्ताह एक घण्टे का शिक्षण कार्य किया गया। उस दौरान शिक्षक कक्षा में अवलोकनकर्ता की भूमिका में थे। यह कार्य एक-एक घण्टे के चार पीरियड में किया गया जो कि तीन सप्ताह में बँटे थे।

बच्चों से बातचीत के बाद मैंने प्रत्येक बच्चे को एक-एक स्केल, कैंची व पुराना प्रमाणपत्र दिया। पुराने प्रमाणपत्र का एक हिस्सा रंगीन व दूसरा हिस्सा सफ़ेद था। इसका माप 21.3 × 27.7 से. मी. वर्ग था। सभी बच्चों को एक निश्चित माप के अनुसार मार्किंग करने को कहा गया। इसमें उन्हें 4 × 4 से.मी. वर्ग के वर्ग, 4 × 1 से.मी. वर्ग के आयत व 1 × 1 से.मी. के वर्ग बनाने को कहा गया। सभी बच्चों ने पहले 4 × 4 के 25 वर्गों की मार्किंग की और उसे काटा। इस दौरान मैं यह देखने में व्यस्त था कि बच्चे कैसे माप रहे हैं। कक्षा के शिक्षक एक बच्चे के साथ बैठकर यह काम करवा रहे थे। उन्होंने बताया कि इस बच्चे को देखने में दिक़्क़त होती है, इसलिए मैं इसकी मदद कर रहा हूँ। उसके बाद बच्चों ने 4 × 1 से.मी. वर्ग के करीब 30 आयतों की मार्किंग की और उन्हें काटा। यह क्रम जारी रहा और बच्चों ने 1 × 1 से.मी. के करीब 47 वर्ग काटे। इस साइज़ को चुनने का कारण यह था कि कार्ड का अधिकतम उपयोग करके अधिक संख्या में टाइल्स प्राप्त की जा सकें और उनका साइज़ काम करने में सहज हो।

बच्चे काम करने में व्यस्त और टाइल्स बनाने में मस्त थे। अच्छी बात यह थी कि बच्चों को मापना आ रहा था। उनकी मदद करने के लिए मैंने उन्हें दो तरफ़ मार्क लगवाया ताकि वे सीधी रेखा खींच सकें। दो बच्चों ने अपना काम ख़त्म कर लिया तो मैंने उन्हें बाक़ी बच्चों की मदद करने को कहा। वे दोनों बच्चे जिस आत्मविश्वास से बाक़ी बच्चों की मदद कर रहे थे, वह देखने लायक था। बच्चे व शिक्षक काम करने में इतना खो गये थे कि छुट्टी का समय हो जाने के बावजूद काम में लगे रहे। इस कारण से उस दिन छुट्टी 10 मिनट लेट हुई। शिक्षक का उत्साह भी देखने लायक था। इस बीच वे कुछ देर के लिए बाहर गये और मिठाई के 7 खाली डिब्बे व कुछ रबर बैन्ड लेकर लौटे। उन्होंने प्रत्येक बच्चे को एक डिब्बा व कुछ रबर बैन्ड दिये और

बच्चों से अपने टीएलएम को रबर बैन्ड लगाकर क़ायदे से डिब्बे में रखने को कहा। बच्चों ने उन्हें डिब्बे में रखा और अपना-अपना नाम लिखा। सभी बच्चे उसे लैबरूम में रख आये। पुनः मिलने के वादे के साथ बच्चों से मैंने विदा ली। स्टाफ रूम में जाकर मैंने कक्षा शिक्षक से कहा कि वे इसको लेकर कुछ काम करने का प्रयास करें और अगले सप्ताह मिलकर इस काम को आगे बढ़ाएँगे।

जल्दबाज़ी की समस्या

अगले हफ़्ते विद्यालय पहुँचते ही पहले मैं शिक्षकों से मुलाक़ात करने स्टाफ रूम गया। आज तीनों शिक्षक उपस्थित थे। पिछले शिक्षण के कार्य के बारे में जानना चाहा तो उन्होंने बताया कि बच्चों को यह गतिविधि काफ़ी रुचिकर लगी। फिर मैंने 15 मिनट कक्षा के शिक्षक के साथ चर्चा की। मैं उनसे उनके द्वारा किये गये काम पर जानना चाह रहा था। उन्होंने बताया कि अल्ज़ेब्रा टाइल्स को लेकर बच्चों के साथ कुछ काम किया है पर ज़्यादा नहीं कर पाये क्योंकि वे खुद फँस गये थे। पूछने पर पता चला कि उन्होंने घात 3 वाले व्यंजकों को भी ले लिया था। उसे कैसे दिखाएँ, यह समझ नहीं आया। मैंने उन्हें बताया कि यह द्विआयमी है, इसलिए इसका उपयोग घात 3 वाले व्यंजकों पर नहीं किया जा सकता। उसके बाद हम कक्षा में गये, जहाँ कक्षा 8 में 7 बच्चे बैठे थे जिसमें 4 बालिकाएँ व 3 बालक थे।

मैंने बच्चों से पूछा कि पिछली बार हमने जो बनाया था, उसमें उन्होंने क्या-क्या किया? सबसे आगे बैठे एक बच्चे ने बताया कि हम इससे व्यंजकों का गुणा कर सकते हैं व वर्गमूल निकाल सकते हैं। बच्चे के इस जवाब से ऐसा लगा जैसे कि उनके शिक्षक ने एक सप्ताह में इन्हें सब पढ़ा दिया है। पर वे उसे कितना समझे हैं, यह पता नहीं। मैंने सोचा, अभी के लिए जैसे मैंने सोचा था, वैसे ही आगे बढ़ता हूँ।

मैंने बोर्ड पर $x \times x$ लिखा और पूछा कितना आयेगा?

बच्चों का जवाब आया- $2x$

मैंने बोर्ड पर $x + x$ लिखा और पूछा कितना आयेगा?

बच्चों का जवाब आया- $2x$

मैंने पूछा क्या दो संख्याओं को जोड़ने व गुणा करने पर एक ही उत्तर आता है?

अब बच्चों के चेहरे पर शिकन दिखनी शुरू हुई और कक्षा में सन्नाटा छा गया। मैंने कहा, डरने की कोई ज़रूरत नहीं है, जो पता हो बताओ। कक्षा शिक्षक भी

परेशान हो रहे थे और कह रहे थे डरो मत, बोलो, जो बताया है वह बताओ। मैंने चर्चा आगे बढ़ाई और बच्चों को सहज करने के लिए कुछ सवाल रखे।

मैंने बोर्ड पर 3×3 लिखा और पूछा कितना आयेगा?

बच्चों ने एक साथ कहा- 9

मैंने पूछा और $3 + 3$ कितना होगा?

जवाब मिला- 6

ऐसे कुछ और उदाहरण लेकर मैंने बातचीत की तो बच्चों को स्पष्ट होने लगा कि दोनों में फ़र्क़ है। जिसके बाद मैंने बच्चों को बताया कि हम 3×3 को घात के रूप में इस प्रकार से लिख सकते हैं–3^2। इसी प्रकार से अन्य को भी लिखकर बताया और कहा कि 3^2 को हम 3 का वर्ग भी कह सकते हैं। इसी तरह 4×4, 5×5... को 4^2, 5^2... आदि लिख सकते हैं।

मैंने फिर से बोर्ड पर $x + x$ लिखा और पूछा अब बताओ कितना आयेगा?

बच्चों का जवाब मिला सर जी- $2x$

मैंने बोर्ड पर $y \times y$ लिखा और पूछा बताओ कितना आयेगा?

बच्चों का जवाब मिला सर जी y^2 । ऐसा लगा कि अब $x + x$ और $x \times x$ में फ़र्क़ के कारण परिणाम में अन्तर बच्चे समझ पा रहे थे।

बीजीय पदों का टाइल्स से प्रदर्शन

अब बच्चे उसे लिख पा रहे थे, सो मैं आगे बढ़ गया और सब बच्चों से उनका टीएलएम बॉक्स लाने को कहा। उसके बाद मैंने उन्हें 4×4 वाली टाइल उठाकर दिखाई और कहा कि इसे हम $x \times x$ यानी x^2 वाली टाइल कहेंगे, 4×1 वाली टाइल को हम $x + 1$ यानी x वाली टाइल कहेंगे और सबसे छोटी वाली टाइल 1×1 यानी 1 की टाइल रहेगी। यहाँ हमने 4 को x मान लिया है। हमने चित्र की सहायता से बातचीत करते हुए प्रतीक की ओर बढ़ना शुरू कर दिया था। हमने यह भी चर्चा की कि x का मान 4 ही नहीं 5, 6... आदि कुछ भी हो सकता है। उसी हिसाब से टाइल का साइज़ भी बदल जायेगा। उसके बाद मैंने बच्चों को यह भी बताया कि प्रत्येक टाइल के सफ़ेद वाले हिस्से को धनात्मक व रंगीन वाले हिस्से को हम ऋणात्मक मानेंगे। मैंने अपने सेट को निकाला और एकपदीय व्यंजक पर बात करने के लिए बोर्ड पर लिखा—

$2 \times x =$ मैंने इसे उन्हें टीएलएम से करके दिखाया और कुछ इस प्रकार जमाया और बताया कि $2x$ कैसे होगा—

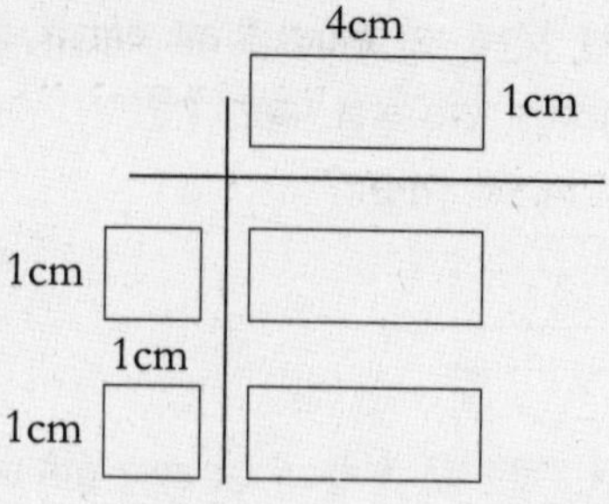

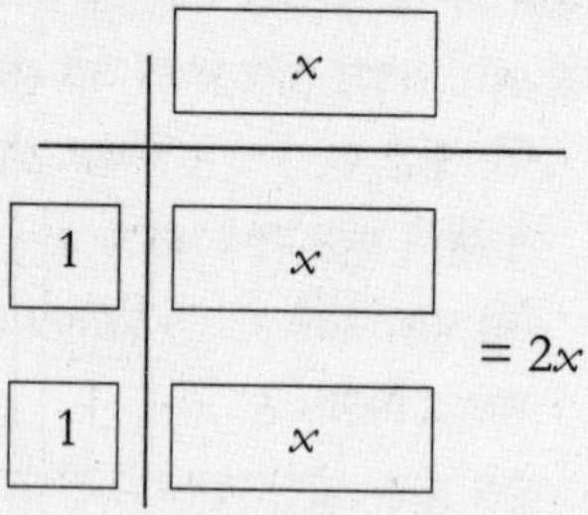

मैं साथ-साथ इस पर भी बात कर रहा था कि किसी भी संख्या में एक से गुणा करने पर वह संख्या ही वापस मिलती है इसलिए x वाली टाइल का 1 वाली टाइल से गुणा करने पर x वाली टाइल ही मिलेगी। इसी प्रकार मैंने अगला सवाल लिखा और बच्चों से ही पूछा कि कौन-सी टाइल कहाँ रखूँ?

सवाल- $x \times x =$

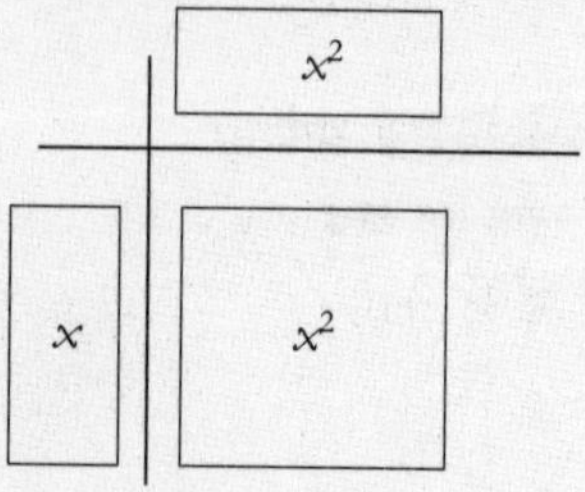

मैंने बच्चों से ही पूछा कि अगर हम $x \times x$ करेंगे तो कौन-सी टाइल आयेगी?

एक बालिका द्वारा जवाब मिला–सर x^2 वाली टाइल

कारण पूछने पर उसने शुरुआत में हुई चर्चा के आधार पर बताया कि x^2 वाली टाइल आयेगी।

इतनी चर्चा के बाद मैंने बच्चों को कुछ धनात्मक संख्याओं वाले सवाल हल करने के लिए दिये।

ऋणात्मक संख्याओं वाले पद

उसके बाद मैंने ऋणात्मक संख्याओं वाले सवाल भी बोर्ड पर लिखे और बच्चों से हल करने को कहा-

$2 \times (-x) =$

बच्चों को समस्या हुई और होनी भी थी क्योंकि मैंने सारे सवाल धन वाले ही कराये थे। मैंने इसे उन्हें टीएलएम से करके दिखाया, कुछ इस प्रकार जमाया और

बताया कि उत्तर $-2x$ कैसे होगा—

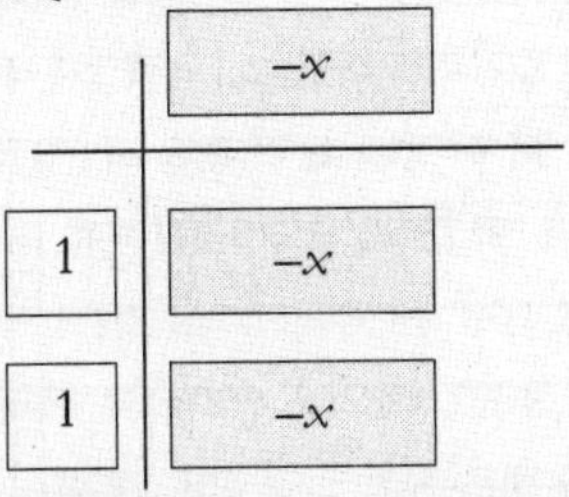

मैं साथ-साथ इस पर भी बात कर रहा था कि किसी भी संख्या में एक से गुणा करने पर वह संख्या ही वापस मिलती है इसलिए $-x$ वाली टाइल का 1 वाली टाइल से गुणा करने पर $-x$ वाली टाइल ही मिलेगी। इसी प्रकार मैंने अगला सवाल लिखा और बच्चों से ही पूछा कि कौन-सी टाइल कहाँ रखूँ?

$x \times (-x) =$

$-x^2$

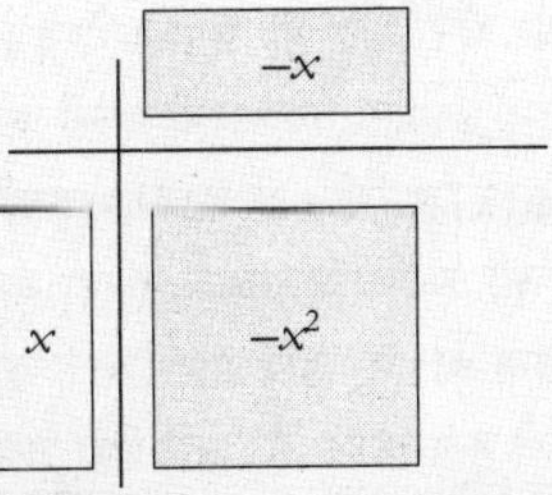

मैंने बच्चों से ही पूछा कि अगर हम $x \times (-x)$ करेंगे तो कौन-सी टाइल आयेगी?

एक बालक द्वारा जवाब मिला- सर x^2 वाली टाइल

कारण पूछने पर उसने बताया कि जैसे पहले वाले सवाल में आया था कि $x \times x = x^2$ होगा।

मैंने पूछा क्या पहले सवाल और इस सवाल में कोई अन्तर नहीं है?

जवाब आया—है सर जी।

मैंने पूछा—क्या?

एक बालक ने जवाब दिया कि पिछले सवाल में दोनों टाइल सफ़ेद थीं, पर इसमें एक टाइल सफ़ेद व दूसरी रंगीन।

मैंने उसकी बात को जोड़ते हुए कहा कि इस प्रकार जब टाइल अलग-अलग रंग की होंगी यानी एक सफ़ेद और एक रंगीन, तो गुणा करने पर रंगीन टाइल ही मिलेगी। जैसे पूर्णांकों में धन व ऋण संख्या का गुणा करने पर ऋण संख्या ही

मिलती है। इतनी चर्चा के बाद मैंने बच्चों को कुछ सवाल हल करने के लिए दिये जिसमें रंगीन टाइल का भी इस्तेमाल होना था। बच्चे इसे कर पा रहे थे। पर एकपदीय व्यंजकों में से केवल एक ही व्यंजक ऋणात्मक था। चर्चा को आगे बढ़ाते हुए मैंने बोर्ड पर एकपदीय व्यंजकों को द्विपद व्यंजकों से गुणा करने के सवाल लिखने शुरू किये। निर्देश स्पष्ट था कि उन्हें इन सवालों को टाइल से ही करना है। इन सवालों को देने का क्रम भी उसी प्रकार था जैसे एकपदीय व्यंजकों के गुणा के लिए था। सबसे पहले मैंने धनात्मक वाले सवालों से शुरू किया-

$2(x+1) =$ $\quad$ $2(x+2) =$

$2(2x+1) =$ $\quad$ $2(3x+2) =$

उसके बाद मैंने उन्हीं सवालों में ऋण का चिह्न लगाकर सवाल देना शुरू किया, जो इस प्रकार थे–

$2(x-1) =$ $\quad$ $2(x-2) =$

$2(2x-1) =$ $\quad$ $2(3x-2) =$

यह क्रम जारी था पर मैंने कोई भी सवाल ऐसा नहीं दिया जिसमें रंगीन का रंगीन से गुणा होना था। ऐसा इसलिए कि अभी बच्चों को एक नियम बताया था कि सफ़ेद का गुणा रंगीन से करने पर रंगीन ही आयेगा। इसलिए सारे सवाल इसी नियम पर आधारित थे। मैं बच्चों को एक-एक सवाल दे रहा था और उन्हें टेबल पर करके दिखाना था और उत्तर बताना था। मैंने इसे और रोचक बनाने के लिए कहा कि चलो देखते हैं, कौन सबसे पहले हल करता है। बस फिर क्या था। बच्चों में सवालों को हल करने की होड़-सी मच गयी। जैसे ही मैं सवाल लिखने के लिए चाक उठाकर बोर्ड के पास जाता, सब बच्चों की आँख बोर्ड की तरफ़ इस प्रकार जम जातीं जैसे कोई निशाना चूक न जाये। एक-दो सवालों में एक बालक बार-बार गड़बड़ भी कर रहा था जिस कारण मुझे कहना पड़ा कि जोश में होश नहीं खोना चाहिए। शिक्षक से बातचीत के दौरान पता चला कि यह बालक अक्सर जल्दबाज़ी करता है और ग़लत कर देता है, वैसे बहुत होशियार है। जिस दौरान बच्चे सवाल हल कर रहे थे, मैं उनके पास जाकर उनका मूल्यांकन करने की कोशिश कर रहा था। कहीं-कहीं किसी बच्चे को ज़रूरत पड़ने पर मैं उसे हिंट भी दे रहा था। इतनी बातचीत में कब 1 घण्टा निकल गया, पता ही नहीं चला। बच्चों से मैंने पुनः मिलने के वादे के साथ विदा ली और उन्हें खुद 5-5 सवालों को बनाकर टीएलएम से हल करने को कहा। स्टाफ रूम में जाकर मैंने कक्षा शिक्षक से कहा कि वे इसको लेकर दोहरान का काम करें व कुछ आगे का काम करने का प्रयास करें।

मेरी अगली अन्त:क्रिया तीन सप्ताह के बाद हुई। इसमें मैंने सोचा कि पिछले काम को आगे बढ़ाते हुए मैं द्विपद व्यंजक के द्विपद व्यंजक से गुणा पर काम करूँगा और साथ दूसरे नियम, यानी रंगीन का रंगीन से गुणा करने पर सफ़ेद होता है, पर भी काम करूँगा।

मैंने पहले 10 मिनट कक्षा शिक्षक से उनके द्वारा किये काम को जाना। उन्होंने अल्ज़ेब्रा टाइल्स को लेकर बच्चों के साथ दोहरान का काम किया था और कुछ आगे का काम करने का प्रयास भी किया था। उन्होंने द्विपद व्यंजक के गुणा पर काम किया था।

कक्षा में जाने पर सबसे पहले बच्चों से पिछली बातचीत में दिये गये सवालों पर बात हुई। सभी बच्चों ने उस काम को किया था। उनकी कॉपी पर एक-आध सवाल ग़लत भी था जिसे शिक्षक साथी ठीक नहीं कर पाये थे। शिक्षक के साथ हुई बातचीत के अनुसार आकलन के लिए मैंने बच्चों से पुन: कुछ सवाल हल करने को कहा। मैंने द्विपद व्यंजक को द्विपद व्यंजक से गुणा करने के लिए एक-एक करके कुछ सवाल लिखे, इन सवालों में कहीं भी ऋणात्मक संख्या नहीं थी। उदाहरण के लिए-

$(x + 1)(x + 2) = ?$ आदि।

ऐसे सवाल बच्चे अब कर पा रहे थे। उसके बाद मैंने ऋणात्मक संख्या वाले सवाल भी देना शुरू कर दिये जिनमें -1×-1 न हो। वे इस प्रकार के थे–

$(x + 1)(x - 2) =$

इसे बच्चों द्वारा इस प्रकार से जमाया गया था–

$(x - 2)(x + 1) = x^2 + x - x - x - 1 - 1$

$= x^2 - x - 2$

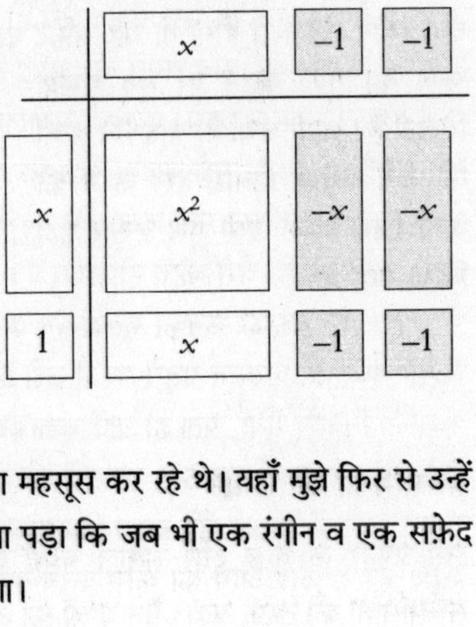

मैंने बच्चों से सवाल किया कि उत्तर क्या आयेगा? बच्चों के जवाबों में थोड़ा अन्तर था। वे दो रंगीन व एक सफ़ेद वाली टाइल को जोड़ने में समस्या महसूस कर रहे थे। यहाँ मुझे फिर से उन्हें पूर्णांकों पर वापस ले जाकर याद दिलाना पड़ा कि जब भी एक रंगीन व एक सफ़ेद टाइल को जोड़ेंगे तो वह शून्य हो जायेगा।

ऋणात्मक से ऋणात्मक का गुणा

अब बीच में मैंने जानबूझकर एक सवाल ऐसा भी दिया जिसमें दोनों द्विपद में ऋणात्मक का चिन्ह था। सवाल इस प्रकार था—

$(x-1)\ (x-2) =$

इसे बच्चों द्वारा इस प्रकार से जमाया गया था—

$(x-1)\ (x-2) = x^2 - x - x - x - 1 - 1$

$= x^2 - 3x - 2$

(नोट : यह सवाल बच्चों को ग़लती निकालने के लिए दर्शाया गया था।)

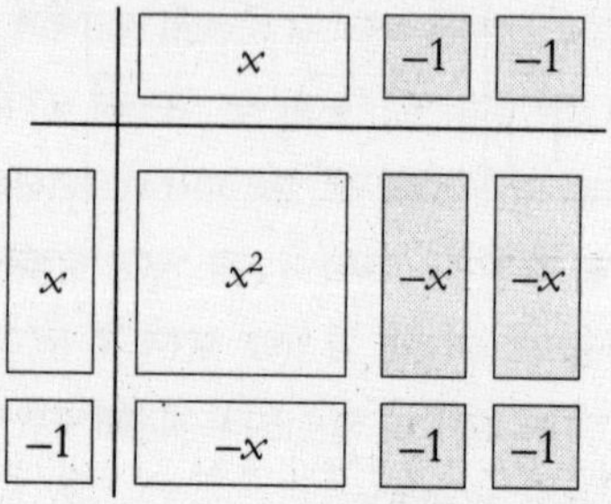

मैंने बच्चों से सवाल किया कि क्या यह सही है? कक्षा में चुप्पी थी। मुझे लगा कि शायद बच्चों को कुछ कठिनाई महसूस हो रही थी। मैंने स्थिति को भाँपते हुए फिर से उन्हें पूर्णांकों पर वापस ले जाकर याद दिलाया कि जब भी एक रंगीन का गुणा एक रंगीन टाइल से होगा तो वह सफ़ेद टाइल हो जायेगी। जैसे पूर्णांकों में ऋण व ऋण का गुणा करने पर धन संख्या मिलती है। इतनी चर्चा के बाद मैंने बच्चों को यही सवाल दोबारा हल करने को कहा जिसे बच्चों द्वारा इस प्रकार हल किया गया था–

$(x-1)\ (x-2) = x^2 - x - x - x + 1 + 1$

$= x^2 - 3x + 2$

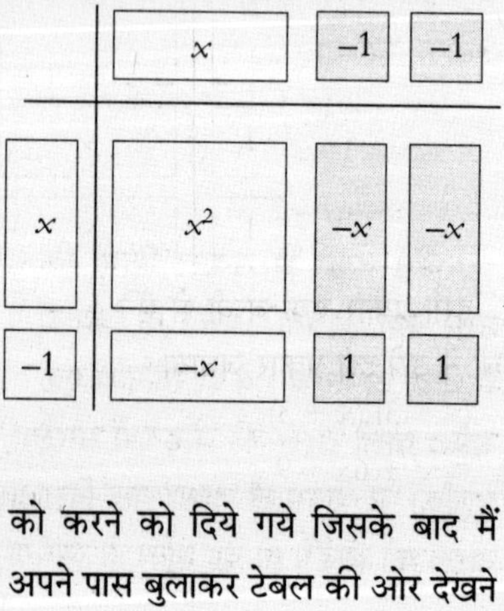

सर्वसमिका की समझ

इसी प्रकार के कुछ और सवाल बच्चों को करने को दिये गये जिसके बाद मैं सर्वसमिका की तरफ़ बढ़ा। मैंने बच्चों को अपने पास बुलाकर टेबल की ओर देखने

को कहा। एक बच्चे से मैंने कहा कि अगर हमें $(x + 1)(x + 1) =$ करना हो तो कैसे जमाएँगे? उस बच्चे ने उसे इस प्रकार जमाया—

$(x + 1)(x + 1) = x^2 + x + x + 1$

$= x^2 + 2x + 1$

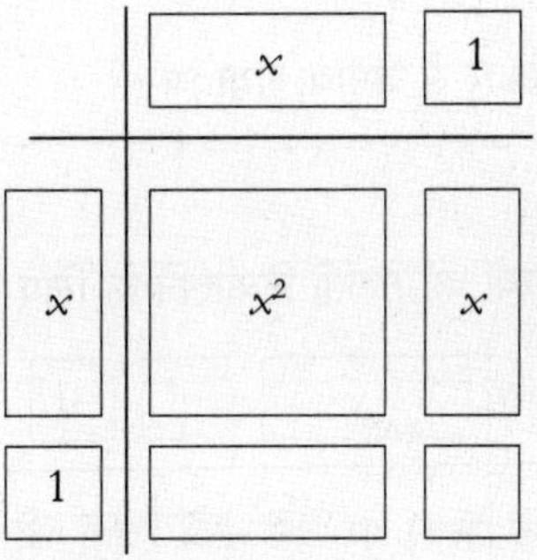

इसी प्रकार दूसरे बच्चे से मैंने $(x + 2)(x + 2) =$ करने को कहा। उस बच्चे ने उसे इस प्रकार जमाया—

$(x + 2)(x + 2)$
$= x^2 + x + x + x + x + 1 + 1 + 1 + 1$
$= x^2 + 4x + 4$

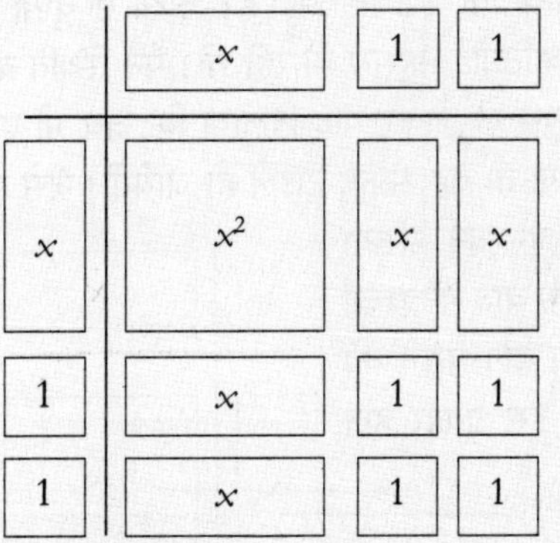

इसी प्रकार एक बच्ची से मैंने $(x + 3)(x + 3) =$ को करने को कहा? उस बच्ची ने उसे इस प्रकार जमाया—

$(x + 3)(x + 3)$

$= x^2 + 6x + 9$

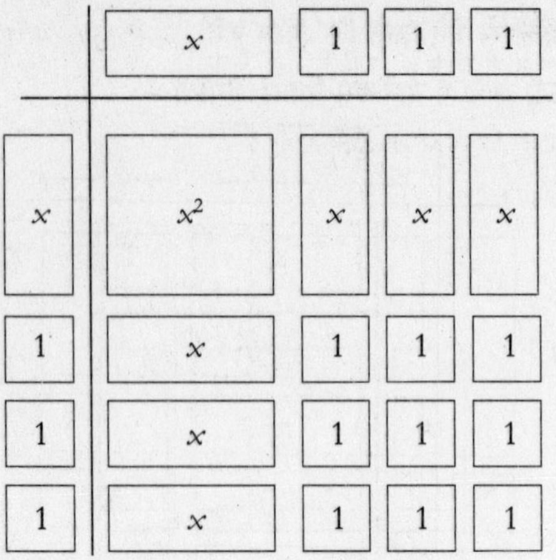

इसके बाद मैंने उन्हें टेबल पर बने तीनों चित्रों को एक साथ रखकर उनमें पैटर्न ढूँढ़ने को कहा–

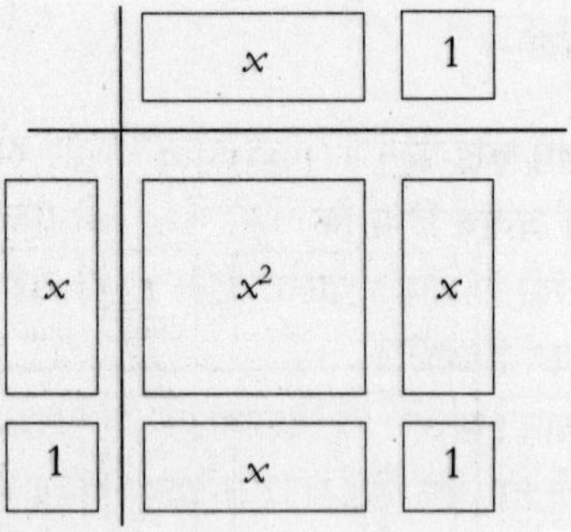

$(x + 1)\ (x + 1)$
$= x^2 + x + x + 1$
$= x^2 + 2x + 1$

$(x + 2)(x + 2)$
$= x^2 + x + x + x + x + 1 + 1 + 1 + 1$
$= x^2 + 4x + 4$

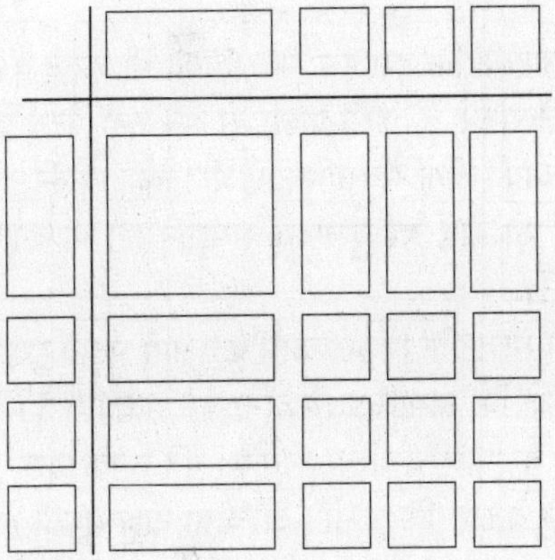

$(x + 3)(x + 3)$
$= x^2 + x + x + x + x + x + x + 1 + 1 + 1 + 1 + 1 + 1$
$= x^2 + 6x + 9$

मैंने पूछा क्या इसमें कोई पैटर्न है? एक बच्चे ने कहा–हाँ सर जी। मैंने पूछा–क्या पैटर्न है? उस बच्चे ने जवाब दिया कि तीनों में x^2 की एक टाइल है, x की टाइल दो-दो कर बढ़ती जा रही है और 1 वाली टाइल 1, 4, 9 है यानी यह 1 का वर्ग हैं, 2 का वर्ग है, 3 का वर्ग हैं आदि।

मैंने बच्चों का ध्यान इस ओर भी दिलाया कि यह देखने में भी एक वर्ग है। इसी जवाब को आगे बढ़ाते हुए मैंने बोर्ड पर इस प्रकार बच्चों से पूछ-पूछ कर लिखा–

$(x + 1)^2 = (x + 1)(x + 1) = x^2 + 2x + 1$
$(x + 2)^2 = (x + 2)(x + 2) = x^2 + 4x + 1$
$(x + 3)^2 = (x + 3)(x + 3) = x^2 + 6x + 1$

मैंने सवाल किया इसी प्रकार आगे बढ़ते जायेंगे और 1, 2, 3 करते-करते हुए अगर 1 वाली टाइल y हो जायें तो क्या आयेगा? जवाब मिला x वाली टाइल्स $2xy$ हो जायेंगी। एक में y टाइल्स एक तरफ़ और दूसरे में y टाइल्स दूसरी तरफ़। और इसी तरफ़ 1 वाली टाइल्स y^2 होंगी।

मैंने तर्क जानने के लिए फिर सवाल किया, कैसे पता?

उस बच्चे ने जवाब दिया–जैसे पहले वाले में 1 था तो x वाली टाइल्स 2 बार आयी, दूसरी में 2 था तो x वाली टाइल्स 4 बार आयी और तीसरी में 3 था तो x वाली टाइल्स 6 बार आयी, इसी प्रकार y होने पर x वाली टाइल्स $2y$ बार आयेगी।

उसके तर्क पर मैंने भी सभी बच्चों का ध्यान दिलाया और फिर उसे बोर्ड पर इस प्रकार लिख दिया–

$$(x + y)^2 = (x + y)\ (x + y) = x^2 + 2yx + y^2$$

मैंने बच्चों को बताया कि इसे हम सर्वसमिका भी कहते हैं। यहाँ हम x और y की कोई भी वैल्यू ले सकते हैं। इसी प्रकार से मैंने उन्हें पैटर्न के ज़रिए टाइलों का इस्तेमाल करते हुए बाक़ी दोनों सर्वसमिकाएँ भी निकालने को कहा, जिसे बच्चे कर पा रहे थे। दो बच्चों को बोर्ड पर बुलाकर समझाने को भी कहा ताकि बाक़ी बच्चे उससे मिलान कर लें।

अगली बार मैंने सोचा कि पिछले काम को आगे बढ़ाते हुए मैं चित्रों से होते हुए प्रतीकों पर जाऊँगा जो कि अभाचिप्र सिद्धान्त पर आधारित है। इस बार भी मैंने 15 मिनट कक्षा शिक्षक के साथ चर्चा पर लगाए। मैंने उनके द्वारा किये गये काम को जानना चाहा। उन्होंने बताया कि उन्होंने अल्ज़ेब्रा टाइल्स को लेकर बच्चों के साथ दोहराव का काम किया है। उनका कहना था कि बच्चे बिना टीएलएम के नहीं कर पा रहे हैं। सवाल देने पर वे टीएलएम से तो हल कर लेते हैं पर बिना उसके नहीं कर पाते। उसके बाद मुझे लगा कि शायद मेरा काम आसान हो गया क्योंकि अब मैं चित्रों से होते हुए प्रतीकों पर जा सकता था। उसके बाद हम कक्षा 8 में चले गये।

पिछले कक्षा शिक्षण का दोहरान करते हुए मैंने बोर्ड पर एक सवाल लिखा—

$(x - 1)\ (x - 2) =$

बच्चों ने उसे फटाफट करके दिखा दिया। जिसके बाद मैंने एक बच्चे को बोर्ड पर बुलाया और उसी सवाल का चित्र बनाने को कहा और साथ ही उसका उत्तर भी लिखने को कहा। बच्चे द्वारा बनाया गया चित्र कुछ इस प्रकार था—

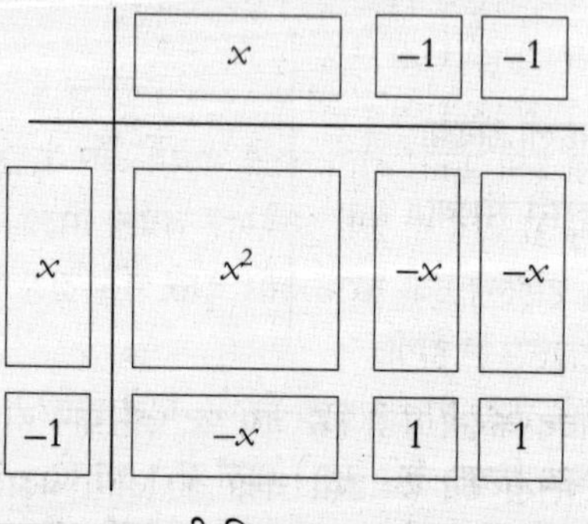

साथ ही उसने इसका उत्तर भी लिखा $x^2 - 3x + 2$

उसके बाद मैंने बच्चों से कहा कि अब सवाल भी तुम्हारे और उत्तर भी।

अब एक बच्चा सवाल देता था और जिस बच्चे को मैं कहता था, वह बोर्ड पर आकर उसका चित्र बनाता था। किसी-किसी बच्चे को कहीं-कहीं पर दिक़्क़त होती तो मैं उसे याद दिला देता कि टाइल्स से कैसे करते थे। थोड़ी देर में सारे बच्चे टाइल्स छोड़ केवल चित्रों पर आ गये। अब एक बच्चा सवाल देता था और दूसरा उसे बोर्ड पर हल करता था और बाक़ी बच्चे अपनी कापी पर उतार लेते। अन्त में सब लोग उत्तर का मिलान कर लेते थे। इसी प्रक्रिया में मैंने उनसे चित्रों की जगह उनके प्रतीकों का इस्तेमाल करने को कहा जिसे एक बच्चे द्वारा इस प्रकार हल किया गया-

		$2x + 1$
पहली संख्या	$3x$	$6x^2 \quad + 3x$
दूसरी संख्या	$+1$	$2x \quad +1$
		$= 6x^2 + 5x + 1$

अब मैं किसी बच्चे को चित्र बनाकर हल करने को कहता तो किसी को प्रतीकों से। बच्चे कर पा रहे थे। इस बीच मैंने सर्वसमिका के चित्रों व प्रतीकों को लेकर भी बातचीत की जिसे बच्चे पिछले शिक्षण में हुई चर्चा के आधार पर बता पा रहे थे। इस चर्चा के दौरान मैं धीरे से बच्चों को केवल प्रतीकों पर ले आया क्योंकि अब मेरे सवाल केवल प्रतीक आधारित थे चित्र पीछे छूट चुके थे। इसी क्रम में एक बच्ची द्वारा एक बच्चे को सवाल हल करने को दिया गया जिसे उसने इस प्रकार हल किया—

$$(x - 1)\ (y - 2) =$$

		$y + 1$
पहली संख्या	x	$xy \quad -2x$
दूसरी संख्या	-1	$-y \quad +2$
		$= xy - 2x - y + 2$

यहाँ मुझे भी मदद करनी पड़ी कि जब पद असमान हों तो जोड़/घटाव नहीं होता, उन्हें ऐसे ही लिख देते हैं। इसी चर्चा को आगे बढ़ाते हुए मैं एल्गोरिदम की तरफ़ बढ़ गया। मैंने एक सवाल उठाया और उसे बोर्ड पर इस प्रकार लिखा $(3x + 1)\ (2x + 1)$

उसे इस प्रकार हल किया-

$$(3x + 1)(2x + 1) =$$
$$3x(2x + 1) + 1(2x + 1)$$
$$= 6x^2 + 3x + 2x + 1$$
$$= 6x^2 + 5x + 1$$

इसे इस प्रकार लिखने पर भी बातचीत की गयी जिसे गुणा टेबल से जोड़कर समझाया गया। इस बात को आगे बढ़ाते हुए बातचीत की गयी की इस एल्गोरिदम के ज़रिए हम कोई भी सवाल हल कर सकते हैं। उसके बाद उन्हें उनकी पाठ्यपुस्तक के पाठ-9 से कुछ सवाल हल करने को दिये गये। साथ ही उन्हें बाक़ी सवाल हल करने को भी कहा गया। इतनी बातचीत में घण्टा निकल गया। स्टाफ रूम में जाकर मैंने सर से कहा कि सर आपका पाठ-9 पूरा हो गया। अब आप दोहराव कराके बाक़ी सवाल देख सकते हैं। सर भी खुश थे कि कुछ नया मिला और साथ में एक पाठ भी पूरा हो गया। मैंने उन्हें इन टाइल्स के जरिए पाठ-14, जो कि गुणनखण्ड का पाठ है, पर भी काम करने का सुझाव दिया।

निहितार्थ

अगर इस पूरे काम के निहितार्थ की बात की जाये तो यह समझ में आता है कि अल्ज़ेब्रा टाइल्स व्यंजकों के गुणा को समझने में काफ़ी मदद करता है। बच्चों को बीजगणितीय चिन्तन करने व सवालों को ज्यामितीय रूप में सोचने में मदद मिलती है कि $x \times x$ मायने क्या होता है? अभाचिप्र सिद्धान्त के चरणों से गुज़रकर जानने-समझने से अवधारणाएँ पुख़्ता हो जाती हैं और लम्बे समय तक बनी रहती हैं, जो बच्चे के अनुभवों में शामिल हो जाती हैं। इसे अन्य अवधारणाओं के लिए भी इस्तेमाल किया जाना चाहिए ताकि अवधारणाएँ पुख़्ता हों। इसका सीधा लाभ विचारों का गणितीयकरण करने में मिलेगा। इससे बच्चा वास्तविक दुनिया की समस्याओं को अपनी भाषा, अपने तरीक़ों और प्रतीकों के उपयोग से हल करने की कोशिश करेगा। इसके साथ-साथ गणितीय अवधारणाओं को औपचारिक बनाने की भी कोशिश करेगा जिसमें बच्चे, समस्याओं के हल के लिए एक सामान्य प्रक्रिया निकालने का प्रयास करेंगे जो उसी प्रकार की अन्य समस्याओं के हल खोजने में भी मदद करेगी।

इस सारी प्रक्रिया में बच्चों में बीजगणित में व्यंजकों के गुणा करने की समझ बनी जो जिसमें आगे चलकर उन्हें पैटर्न पहचानकर सर्वसमिकाओं तक जाने के मौक़े तक ले गयी। इन सर्वसमिकाओं की समझ उन्हें आगे अन्य अवधारणाओं को बेहतर तरीक़े से समझने का मौक़ा प्रदान करेगी।

18

गणित शिक्षण में सामग्री और सन्दर्भ : सम्भावनाएँ व चुनौतियाँ

हृदय कान्त दीवान

यह पर्चा सवाल उठाता है कि क्या सामग्री और सन्दर्भ, गणित से जुड़े भय को कम करने में मदद कर सकते हैं, उन्हें किस दृष्टि से देखा जाये और उनके उपयोग के सिद्धान्त क्या हों? पर्चा बताता है कि सामग्री व सन्दर्भ का चुनाव गणित की प्रकृति, अवधारणाओं, प्रक्रियाओं, सीखने की प्रक्रिया, सीखने-सिखाने के ढंग के साथ-साथ सीखने वालों की पृष्ठभूमि, अनुभव क्षेत्र, दायरे, समझ, शिक्षक की क्षमता व स्कूल में उपलब्ध चीज़ों आदि पर निर्भर है। यह पर्चा सामग्री के इस्तेमाल को ही गणित शिक्षण के लिए आवश्यक मानने की समझ पर सवाल उठाता है और आगाह करता है कि सामग्री साधन मात्र है, साध्य नहीं।

पृष्ठभूमि

गणित सीखने के महत्त्व, सीखने-सिखाने में आ रही अड़चनों और इसी के चलते बहुसंख्या में बच्चों के गणित न सीख पाने व उससे भयभीत रहने के बारे में पहली शिक्षा नीति (1968) से ही चिन्ताएँ व्यक्त की जाती रही हैं व इस दिशा में जल्दी कुछ करने के आग्रह किये जाते रहे हैं। इनमें से एक प्रमुख क़दम स्कूल में सामग्री उपलब्ध करवाने का रहा है। अस्सी के दशक तक गणित को विज्ञान के साथ जोड़कर देखा जाता रहा और गणित को विज्ञान सीखने की अनिवार्य सीढ़ी के रूप में ही समझा जाता रहा। गणित शिक्षण में सुधार व परिवर्तन के छुट-पुट प्रयास ही हुए जो विज्ञान शिक्षण के सन्दर्भ में हुए सोच-विचार व प्रयोगों के सामने नगण्य हैं। हालाँकि गणित शिक्षण को भी भारत में विज्ञान की तरह 1975 के बाद माध्यमिक

कक्षाओं तक एक अनिवार्य विषय बना दिया गया। प्राथमिक व उच्च-प्राथमिक कक्षाओं में वह बहुत पहले से अनिवार्य था। इसके बावजूद गणित शिक्षण के मूल आधारों, उसमें सम्मिलित मसलों के विश्लेषण व नये रास्ते ढूँढ़ने पर बहुत ज़ोर नहीं दिया गया। उदाहरण के लिए विज्ञान शिक्षण में प्रयोग करने, प्रयोगों द्वारा अनुभव हासिल करने, उसे चिन्तन के साथ जोड़ने, उसमें शामिल प्रक्रियात्मक पहलुओं को रेखांकित करने, अवधारणात्मक समझ को परिभाषित करने व इस सबके लिए प्रयास कर वैकल्पिक रास्तों के निर्माण व इस्तेमाल पर काफ़ी काम हुआ है। (यहाँ हम 1990 तक गणित शिक्षण सम्बन्धी प्रयासों पर ज़्यादा बात नहीं करेंगे परन्तु ये तुलनात्मक दृष्टि से सीमित थे। वैसे यह मसला अलग अध्ययन व विश्लेषण का है।)

नब्बे के दशक से प्राथमिक शालाओं में गुणवत्तापूर्ण शिक्षा व सभी नामांकित बच्चों के गणित सीखने को सुनिश्चित करने पर ध्यान दिया जाने लगा। इसका एक मुख्य पहलू गणित का हौवा दूर करना व इसे बच्चों के लिए सरल, आकर्षक और मज़ेदार बनाने का प्रयास करना था। सामग्री, खेल, सन्दर्भ जैसी शब्दावली का प्रयोग इसका प्रमुख हिस्सा था। इस दिशा में कई तरह के प्रयास हुए। हालाँकि, उनके फ़ोकस व अप्रोच में अन्तर था किन्तु उनमें कुछ महत्त्वपूर्ण समान बिन्दु भी थे। जैसे शिक्षण को रोचक बनाने के लिए ठोस सामग्री, गतिविधि, बच्चे के जीवन के साथ गणित को जोड़ने, खेल पहेली और सवालों पर सोचने के लिए कहा गया था। इसके साथ ही इस विमर्श में यान्त्रिक अभ्यास, गणितीय शब्दावली व परिभाषा, गणित की औपचारिक ढाँचागत समझ को पुस्तक में बरकरार रखने का प्रयास आदि शामिल था। इस पर्चे में इनमें से कुछ का ज़िक्र व विश्लेषण है।

पर्चे के मुख्य लक्ष्य

इस पर्चे में हम सामग्री व सन्दर्भ के उपयोग को समझने का प्रयास करेंगे व उसके बारे में प्रचलित कुछ धारणाओं का विश्लेषण करेंगे। यहाँ हम सन्दर्भ व सामग्री के उपयोग की आवश्यकता व सीमा तथा गणित की प्रकृति के सन्दर्भ में उन पर हो रहे विमर्श में सावधानी बरतने की आवश्यकता को उभारेंगे। पर्चे का पहला हिस्सा प्राथमिक व उच्च-प्राथमिक स्तर पर सामग्री उपयोग के पहलुओं और गणित व उसकी शिक्षा की शिक्षण-अधिगम सामग्री के साथ सम्बन्ध पर है। पर्चे का दूसरा हिस्सा शुरुआती गणित पर है, जिसमें हम बच्चे के आस-पास उपस्थित गणित से उसकी अन्तःक्रिया व प्राथमिक व उच्च-प्राथमिक गणित से उसकी अन्तःक्रिया के फ़र्क़ के बारे में बात करेंगे।

गणित में ठोस अनुभव, सामग्री व टीएलएम

पिछले 4-5 दशकों में प्राथमिक कक्षा के गणित में ठोस वस्तुओं की भूमिका को पहचाना जाने लगा है और अब इसे अतिमहत्त्वपूर्ण माना जाने लगा है। ठोस वस्तुओं, सन्दर्भों व दैनिक जीवन के साथ जुड़ाव पर बहुत ज़्यादा ज़ोर दिया जाने लगा है। इसके अलावा खेल-खेल में व गतिविधि से सीखने-सिखाने पर भी ज़ोर दिया जाना लगा है। ऐसा प्रतीत होने लगा है कि गणित शिक्षण में खेल-खेल में और गतिविधि द्वारा सिखाना, सुधार का सबसे आवश्यक व सबसे सटीक हल है। हम इन प्रयासों के पीछे छिपी समझ व उसके व्यवहार में दिख रहे रूप के बारे में ज़्यादा बात नहीं करेंगे और न ही पुस्तकों व प्रशिक्षणों में इनके बारे में दिये उदाहरणों की प्रासंगिकता व उपयुक्तता के बारे में बात करेंगे। इन प्रयासों की एक गहन समालोचना आवश्यक है। इसके बारे में कुछ चर्चा विद्या भवन सोसायटी, उदयपुर द्वारा आयोजित 'भाषा, गणित, संगीत और समाज' शीर्षक सेमिनार में प्रस्तुत रोहित धनकर व हृदय कान्त दीवान के पर्चों में मिलेगी। यहाँ इतना कहना पर्याप्त होगा कि इन धारणाओं के प्रकट स्वरूप में खेल व गतिविधि के मूल तत्व, जिसमें मानसिक क्रिया, सीखने वाले का चिन्तन, उसके द्वारा स्वयं हल का रास्ता खोजना, आत्मविश्वास व स्वाभाविकता से भाग लेना शामिल हैं, नहीं दिखाई देते। हालाँकि यहाँ यह कहना आवश्यक होगा कि कुछ शैक्षिक संस्थानों, कुछ राज्यों की पुस्तकों व कार्य सिद्धान्तों के आधार पर प्राथमिक कक्षाओं के लिए रचित कार्यक्रमों में इस पूरे मसले की एक बारीक़ (Nuanced) समझ झलकती है। उदाहरण के लिए अस्सी-नब्बे के दशक में प्राशिका के अन्तर्गत बनी 'ख़ुशी-ख़ुशी' और 2005 के बाद बनी एनसीईआरटी, आन्ध्र प्रदेश, छत्तीसगढ़ और बिहार की पाठ्यपुस्तकों में भाषा, ठोस सन्दर्भ, अमूर्तता के सम्बन्ध व उसके गणित के साथ जुड़ाव को अधिक सटीकता के साथ खँगाला गया है। इसके साथ ही पाठ्यक्रम व विषयवस्तु के चुनाव के सन्दर्भ में भी इनमें से कई कार्यक्रमों में इस समझ की झलक मिलती है। लेकिन यदि इन मुट्ठी भर उदाहरणों को छोड़ दें तो सामान्य रूप से चर्चित व विज्ञापित सन्दर्भ, ठोस वस्तु, खेल आदि का इस्तेमाल पढ़ाये जाने वाले अधिकांश गणित के कार्यक्रमों में सार्थक रूप में नहीं दिखता है। ऐसा इसलिए है क्योंकि सन्दर्भ, सामग्री, खेल, ठोस पदार्थ आदि शब्दों के पीछे की सामान्य समझ, पढ़ाये जा रहे गणित से मेल नहीं खाती। प्राथमिक स्तर पर भाषा, ठोस सन्दर्भ, अमूर्तता के सम्बन्ध व उसके गणित के साथ जुड़ाव को कैसे शामिल किया जाये और उसे किस हद तक, किस-किस तरह से शामिल किया गया है,

यह एक उलझा हुआ मसला है। यहाँ हम इसे सिर्फ़ सन्दर्भ रूप में इंगित कर रहे हैं क्योंकि इसका असर उच्च-प्राथमिक स्तर और माध्यमिक स्तर के कार्यक्रम पर भी पड़ता रहा है।

इस पर्चे में हम इन कक्षाओं के लिए गणित को सार्थक व आकर्षक बनाने के प्रयासों के अर्थ, सिद्धान्त, कार्य पद्धति, सीमाओं व गणित की प्रकृति के आधार पर विषयवस्तु, अध्ययन सामग्री, कक्षा की रचना और सीखने-सिखाने के ढंग के साथ किये गये प्रयोगों व उनकी सम्भावनाएँ बनाने के लिए किये गये प्रयासों का विश्लेषण करेंगे। इसके साथ ही इस स्तर के गणित शिक्षण में इन कथनों, गणित की प्रकृति व विषय के बीच की खाईं के कारण सामने आ रहे अन्तर्द्वन्द्वों की चर्चा भी करेंगे।

सामग्री व सन्दर्भ उपयोग कैसे हो

यह कहा जा सकता है कि प्राथमिक कक्षाओं और उससे पहले (पूर्व प्राथमिक, परिवार एवं समुदाय में) गणित की शुरुआत में सन्दर्भ व सामग्री का उपयोग सार्थक है। किन्तु इनका उपयोग कब तथा कैसे हो, यह एक महत्त्वपूर्ण प्रश्न है और इस पर सोचने की आवश्यकता है। अगर हम यह सोचें कि गणित के अलावा अन्य विषयों में सामग्री का उपयोग कहाँ, कब-कब और क्यों होता है, तो गणित में भी सामग्री के उपयोग के आधार को समझने में मदद मिलेगी।

भाषा शिक्षण प्रक्रिया की बहुत शुरुआत में ही ठोस सामग्री के उपयोग के बारे में बात होती है। यह उपयोग सिर्फ़ कुछ प्रतीकों की आकृतियाँ महसूस करने में, कुछ सामग्रियों जैसे कार्ड, पोस्टर आदि को देखकर उससे कुछ भाषायी रचना (व्याकरणिक सरल वाक्य, शब्द या फिर रचना यथा कहानी, कविता आदि) करने में इस्तेमाल होता है। इनमें से कोई भी किसी अवधारणा का प्रतिरूपण नहीं होता। इसके पहले ठोस सामग्री व ज्ञात सन्दर्भ में भाषायी इकाईयाँ यथा क्रिया अथवा किसी घटना का उपयोग, वस्तु को उसके नाम के साथ जोड़ने के लिए शुरू हो जाती हैं। नाम जानने की यह स्वाभाविक प्रक्रिया स्कूल में इस्तेमाल किये जाने की आवश्यकता नहीं होती। अक्षर पहचान व रेखा, गोला, आदि बनाने के लिए हाथों के शुरुआती नियंत्रण को सीखने के कार्य के अलावा भाषा की कक्षा में ठोस सामग्री की आवश्यकता नहीं होती। भाषायी क्षमता के विकास के लिए सन्दर्भ, भाषा के उपयोग के मौक़े बनाता है, वह किसी भाषायी अवधारणा का प्रतिरूपण नहीं करता और न ही उसमें भाषायी प्रक्रियाओं अथवा तथ्यों की जाँच का कोई मक़सद होता है।

विज्ञान में सामग्री का उपयोग स्वाभाविक है। उसका अध्ययन क्षेत्र, भौतिक व जैविक संसार, उसका व्यवहार व गुण है। उसमें अध्ययन की विषयवस्तु भौतिक व जैविक दुनिया का प्रत्यक्ष यथार्थ है। उसमें सामग्री का उपयोग व प्रयोग एक अनिवार्यता है। सामाजिक अध्ययन का भी कुछ हिस्सा ऐसा है जो सामग्री के उपयोग की माँग करता है किन्तु सामाजिक अध्ययन में भी सामग्री का उपयोग विज्ञान जैसी अवधारणाओं व ख़ुद वैज्ञानिक प्रक्रियाओं व प्रयोगों के लिए नहीं होता। हालाँकि उसकी कुछ विषयवस्तु ठोस सामग्री है और वह यथार्थ के प्रतिरूपण की तरह उपयोग होती है। इनमें नक़्शे सबसे प्रमुख हैं। इसमें इतिहास जानने के लिए स्मारकों अथवा ऐतिहासिक इमारतों तक जाना भी शामिल है। यह सब उस विषय के अध्ययन की सामग्री है। इन तीनों में सामग्री के उपयोग को देखने के बाद अब हम गणित में सामग्री के उपयोग के बारे में सोचें।

क्या गणित के बारे भी इसी तरह से सोच सकते हैं? क्या गणित को भी ठोस सामग्री के साथ अनुभवजन्य तरीक़े से सीखा जा सकता है? विज्ञान व भाषा शिक्षण में सामग्री के और गणित में सामग्री के सम्भव उपयोग में क्या कोई फ़र्क़ है? क्या गणित की शुरुआती व बाद की कक्षाओं में सामग्री के उपयोग की उपयोगिता व सम्भावना में कोई फ़र्क़ है। इस सवाल पर हम अगले हिस्से में चर्चा करेंगे।

शुरुआती गणित

प्राथमिक कक्षाओं में गणित शिक्षण चाहे-अनचाहे उन मसलों से जूझता है जो किसी-न-किसी तरह बच्चे व उसके समाज के जीवन से जुड़े हैं। इसका जुड़ाव उनके रोज़मर्रा के जीवन, आवश्यकताओं व आस-पास हो रहे लेन-देन, दैनिक व्यवहार, खेल आदि से किसी-न-किसी रूप में होता ही है। कुल मिलाकर इस स्तर पर गणित शिक्षण ठोस परिस्थितियों व सामान्य अनुभवों से ज़्यादा आसानी से जोड़ा जा सकता है और यह प्रयास स्वाभाविक प्रतीत होता है। इसके अलावा इस स्तर पर समाज से सामान्यतया अन्त:क्रिया के दौरान सीखी गयी गणितीय धारणाओं व सिद्धान्तों को औपचारिक गणित विषय के दायरे में रखना सम्भव व उचित हो सकता है। हालाँकि, इसका परिप्रेक्ष्य क्या हो, इस पर भी सवाल किये जा सकते हैं, फिर भी यह जुड़ाव स्थापित किया जा सकता है। किन्तु, उच्च-प्राथमिक व माध्यमिक स्तर के गणित विषय के सन्दर्भ में यह जुड़ाव बना पाना इतना सरल नहीं होता है। प्राथमिक शाला के स्तर पर आम जीवन की प्रक्रियाओं के साथ गणित का सम्बन्ध बनाना ज़्यादा सम्भव है, इस बात के उदाहरण लगभग हर पाठ्यपुस्तक में देखे जा सकते हैं, जैसे

संख्या पर कार्य करना, जिसमें चीज़ों को गिनना, हिसाब लगाना आदि शामिल है। इसी तरह से आकृतियों व आकार को समझना व उनके अनुसार वस्तुओं को छाँटना, उनमें समानताएँ व अन्तर देखना, चीज़ों की जगह पहचानना, आकार के आधार पर उन्हें जमाना, कंटेनर में डालना आदि स्थानिक समझ के विकास में मदद करेंगे। कुल मिलाकर औपचारिक गणित तक पहुँचने से पहले तक जीवन के अनुभव व गणित में यह जुड़ाव देखना ज़्यादा सम्भव है।

यह स्पष्ट है कि स्कूल में आने से पहले बच्चे में बहुत-सी गणितीय क्षमताएँ व गणितीय ज्ञान विकसित हो जाता है। वह न सिर्फ़ आकार, संख्या व मात्रा में ज़्यादा व कम की पहचान कर सकता है परन्तु काफ़ी हद तक गिन पाना, जोड़ना, घटाना, भिन्नात्मक संख्याओं का शुरुआती उपयोग, स्थानिक समझ के कई आयामों से परिचित हो जाता है और उनमें अपनी क्षमता विकसित करता है। हालाँकि अध्येता इस बात को पहचानते व मानते हैं, फिर भी इसकी झलक अक्सर न तो हमारे शिक्षण कार्यक्रम रचने व चलाने वालों में मिलती है और न ही इससे सम्बन्धित पाठ्यचर्याओं व सामग्री में। बहुत-से गणित शिक्षण कार्यक्रम इसी समझ से संचालित होते हैं कि बच्चे को गणित में कुछ नहीं आता। साथ ही इन कार्यक्रमों की रचना व शिक्षकों के पढ़ाने के ढंग में गणित क्या है, इसकी भी सीमित समझ ही झलकती है। अधिक फ़ोकस अंकगणित व उसके प्रक्रियात्मक ज्ञान पर ही होता है। गणित क्यों सीखना चाहिए, गणित में कौन-से पहलू महत्त्वपूर्ण हैं, गणित कैसे सीखा जाता है आदि महत्त्वपूर्ण मसलों के बारे में राष्ट्रीय दस्तावेज़ों में कई महत्त्वपूर्ण बातें कही गयी हैं। राष्ट्रीय पाठ्यचर्या 2005 का गणित शिक्षण पर पोजीशन पेपर भी गणित शिक्षण के बारे में ऐसी कई बातें रेखांकित करता है। इनमें से कई ऐसी हैं जो विशेषतौर पर प्राथमिक गणित के लिए ज़्यादा महत्त्वपूर्ण हैं, हालाँकि माध्यमिक गणित से सम्बन्धित बिन्दुओं का भी प्राथमिक गणित के लिए महत्त्व है।

प्राथमिक शाला में गणित और सामग्री व सन्दर्भ के उपयोग

भारत में प्राथमिक कक्षाओं में ठोस सामग्री व सन्दर्भ के उपयोग पर व्यापक स्तर पर ज़्यादा ज़ोर उस समय दिया जाने लगा, जब यह महसूस किया गया कि स्कूलों में गणित सिखाने में रटाने व दोहराने का ही दबदबा है। यह भी विश्लेषकों ने कहा कि सिखाने की पद्धति मूल अवधारणाओं को ठीक से उभारती नहीं। 1986 की शिक्षा नीति में सामग्री के उपयोग, गतिविधि द्वारा अध्ययन व बाल केन्द्रित कक्षा व्यवस्था की बात हुई। इसके साथ ही मज़े-मज़े में शिक्षा और खेल-खेल में सीखना

जैसी शब्दावली भी व्यापक हुई। इस सबका गणित के शिक्षण पर भी असर हुआ। इसके अलावा ठोस अनुभवों से सीखना और स्वयं करके सीखना जैसी पैडागॉजिक धारणाओं पर ज़ोर दिया जाना लगा। ऑपरेशन ब्लैकबोर्ड के तहत और उसके बाद डीपीईपी के तहत ठोस पदार्थों पर क्रिया करके व उनका कई तरह से प्रतिरूपों की तरह उपयोग करके, खेल, मज़े और गतिविधि द्वारा गणित सिखाने की बात हुई और इसके लिए तरह-तरह की सामग्री का विकास हुआ। इस सामग्री में अलग-अलग रंग के कार्ड अथवा गिट्टियाँ, जिन्हें इकाई, दहाई, सैकड़ा आदि दर्शाने के लिए उपयोग किया जा सके, डाइस, जिन पर अलग-अलग तरह से छोटी-बड़ी संख्यायें लिखीं हों, उचित भिन्नात्मक संख्याओं के चित्रात्मक प्रतिरूप कार्ड और इसी तरह के और भी संसाधन जो संख्याओं व उन पर संक्रियाओं का अभ्यास इन प्रतिरूपों के माध्यम से प्रत्यक्ष दिखा सकें, शामिल थे। इनमें ठोस सामग्री के रूप में प्रत्यक्षता, स्वयं करना, खेल जैसे पुट शामिल थे।

इसके साथ-साथ एक महत्त्वपूर्ण तथ्य यह था कि बच्चों की सवाल हल कर पाने की क्षमता बहुत ही कम थी। जिन सवालों में कुछ पढ़कर समझना था और उसके बाद सवाल हल करना था, उसमें यह और भी कम थी। यह मुद्दा भी इन प्रयासों में कुछ हद तक शामिल था। इस बात पर ज़ोर था कि बच्चों को बहुत-से सवाल करवाये जायें। अतः अभ्यासों की संख्या अधिक हो और इबारत वाले सवाल भी डाले जायें। इन प्रयासों की मंशा उपयुक्त होने के बावजूद गणित की प्रकृति, विषयवस्तु व गणित कैसे सीखा जा सकता है, जैसे पहलुओं पर अपर्याप्त स्पष्टता के कारण सीखने में कुछ बुनियादी फ़र्क़ नहीं आ पाया। गणित की प्रकृति व अवधारणाओं को सीखने के ढंग के साथ एकात्म न हो पाने के कारण सामग्री का उपयोग गणित सीखने-सिखाने की प्रक्रिया का एक और सम्भव माध्यम बनने की बजाय, कक्षा का लक्ष्य बन गया। भिन्नात्मक संख्या को समझने की राह में कार्ड, काग़ज़, आकृतियों के बराबर भाग करना व देखना कि क्या वे बराबर हैं, ज़्यादा महत्त्वपूर्ण कार्य हो गया। भिन्नात्मक संख्या का मसला इसलिए भी मुश्किल है क्योंकि इनमें से कुछ ही संख्याओं के उदाहरण हमारे आम जीवन अनुभव के दायरे में आते हैं। ये उदाहरण पौन, आधा, चौथाई, सवा, डेढ़, ढाई जैसी औपचारिक भिन्नात्मक संख्या की समझ तक पहुँचाने में बिल्कुल अक्षम हैं। इसके अलावा इसे एक सम्पूर्ण का हिस्सा मान लेने और ठोस सामग्री का उपयोग कर गणितीय अवधारणाओं को प्रस्तुत करने के आग्रह के चलते काग़ज़, गत्ते आदि को मोड़कर अथवा काटकर उसके बराबर हिस्से बनाना अथवा ज्यामितीय चित्र के बराबर हिस्से करने का प्रयास करना, भिन्नात्मक

संख्याओं को जानने, समझने व उपयोग सीखने का सबसे प्रमुख तरीक़ा हो गया, जो कि भिन्नात्मक संख्याओं की अवधारणात्मक समझ से भटकाता है। एक ओर तो यह व्यवहार में भी आ रही भिन्नात्मक संख्याओं जैसे डेढ़, ढाई, पौने चार वगैरह को नज़रअन्दाज करता है परन्तु इससे यह धारणा घर कर जाती है कि $\frac{2}{1}$ अथवा $\frac{6}{2}$ जैसी भिन्नात्मक संख्यायें नहीं हो सकतीं। ठोस वस्तुओं व चित्रात्मक प्रतिरूपों का उपयोग कर भिन्नात्मक संख्या की व्यापक समझ तक जाना अत्याधिक मुश्किल काम है।

गणित विषय को जीवन सन्दर्भ के साथ जोड़ने का प्रयत्न भी उसकी उपयोगिता पर आधारित था। उसी गणित की ज़्यादा बात करें जो एक़दम प्रत्यक्ष दिखता है। इसमें ज़ाहिर तौर पर अंकगणित व व्यवहार गणित पर ही ज़ोर था। ज्यामिति का हिस्सा बिल्कुल अलग, एक औपचारिक अध्ययन विषय के रूप में प्राथमिक कक्षाओं के बाद ही था। गणित की पाठ्यचर्या व पाठ्यसामग्री में बच्चों के मानसिक विकास में गणितीयकरण के महत्त्व की प्रत्यक्ष अथवा अप्रत्यक्ष समझ नहीं दिखती। इसीलिए अनेक विश्लेषणों के बावजूद लगभग सन् 2000 के बाद तक भी प्राथमिक कक्षा में गणित को अधिकतर अंकगणित की संक्रियाओं का सीखना ही समझ जाता था व सीखने का मूल सिद्धान्त अभ्यास व बार-बार दोहराना ही था। एनसीएफ़ 2000 पाठ्यचर्या में भी उपयोगी गणित पर ज़ोर था जो कि ज़्यादातर उपरोक्त पहलुओं पर ही केन्द्रित था। हालाँकि इस दौरान सीखने के सिद्धान्तों के रूप में व्यवहारवाद व संज्ञानात्मकवाद के बीच गहन बहस थी व गणित में अभ्यास के स्वरूप को बदलने की जद्दोजहद भी। इस दिशा में एक क़दम गणित की कक्षाओं में रचनावादी (Constructivist) पैडागाजी का उपयोग था। इस पैडागाजी के हिस्से व लक्ष्य क्या हैं व इनका उपयोग कक्षा को रचने में व उसके लिए अन्य आवश्यक पहलुओं के सन्दर्भ में क्या होगा, यह अभी भी चिन्तन का मसला है। इसके सन्दर्भ में प्रस्तुत बहुत से तरीक़े अप्रासंगिक ही नहीं, ग़लत भी प्रतीत होते हैं। रचनावाद का सतही उपयोग उसे मात्र एक विधि के रूप में रखता है जबकि वह शिक्षा के सरोकार, ज्ञान क्या है व सीखने का अर्थ क्या है, जैसे प्रश्नों से जुड़ा है। गणित की कक्षा में सामग्री व सन्दर्भ के उपयोग की बहस भी इसी सन्दर्भ में समझी जानी चाहिए। प्राथमिक शालाओं में चूँकि गणित की शुरुआत होती है अत: इन कक्षाओं में इनके उपयोग के कई सरल तरीक़े निकाले गये हैं। इस पर कई लोगों ने महत्वपूर्ण समय लगाकर सन्दर्भ के ऐसे उपयोग व ऐसी सामग्री की रचना पर कार्य किया है, जो अपने आप में सम्पूर्ण पैकेज के रूप में है और जिसमें शिक्षक की भूमिका नगण्य है। इस पर्चे

में हम इस धारा का विवेचन नहीं करेंगे परन्तु हमारा मानना है कि यह ग़लत दिशा है व गणित सीखने की राह में अड़चन है। गणित सीखना स्व-चिन्तन तथा पारस्परिक संवाद से ही होगा। वह पूर्व निर्धारित प्रक्रिया से बने बनाये शैक्षिक साधनों व सामग्री के उपयोग से स्वत: नहीं हो सकता। गणित शिक्षा के सन्दर्भ में इस पर चिन्तन व ऐसे तमाम पैकेजों का विश्लेषण शोध का उपयोगी क्षेत्र है।

प्राथमिक शाला में गणित शिक्षण हेतु सम्भव सामग्री

सामान्य तौर पर प्राथमिक शाला के गणित शिक्षण के दौरान बहुत-सी ठोस सामग्री का उपयोग किया जा सकता है। नयी अवधारणाओं से परिचय करवाने व उनकी समझ शुरू करवाने की राह में सामग्री मदद कर सकती है। इसी तरह प्रतिरूप, सीखने वाले को उस धारणा की एक प्रत्यक्ष छवि प्रस्तुत कर सकते हैं। जो ठोस सामग्री इस्तेमाल हो सकती है, उसकी सूची बहुत लम्बी है और एक ही सामग्री कई-कई तरह से इस्तेमाल की जा सकती है। हम यहाँ प्रचलित सामग्री व उसके उपयोग के ढंग के कुछ ही उदाहरण रखेंगे। उदाहरण के लिए ठोस सामग्री का सबसे व्यापक उपयोग गिनती सिखाने के लिए किया जाने लगा है; जैसे गिनना सिखाने के लिए बच्चों को ही सामग्री के रूप में इस्तेमाल करना, उनके अंगों की संख्या के आधार पर विभिन्न अभ्यास आदि। इसके अलावा कंकड़, मोती, ब्लॉक, पेन्सिल, फूल, पत्ती आदि जैसी चीज़ें लेकर और उन्हें माला, गिन-माला, अबेकस जैसे उपकरणों में डालकर गिनने, जोड़ने, घटाने, सभी का अभ्यास करवाया जाता है। इस तरह के अभ्यासों के उदाहरण कक्षा-1 व 2 की हर पाठ्यपुस्तक में मिल जायेंगे। यह सामग्री आस-पास से उसी समय उठाकर इस्तेमाल हो सकती है अथवा ख़ासतौर पर गढ़ी भी जा सकती है। गिन-माला, मोती-माला, तीली-बण्डल, आधा अबेकस, अंक कार्ड एवं अन्य उपकरणों का इस्तेमाल स्थानीय मान के लिए बनाये कुछ ख़ास प्रतिरूप हैं। इसमें इकाई, दहाई आदि के लिए अलग-अलग रंग के मोती, कार्ड या फिर अलग-अलग तार जैसे कई तरीक़े, स्थान के मान को दर्शाने के लिए इस्तेमाल किये जाते हैं। हम देख सकते हैं कि बड़ी संख्याओं पर कार्य करने में बहुत जल्दी ही यह प्रतिरूप जटिल हो जायेंगे। यह इसलिए क्योंकि कौन-सा रंग क्या दर्शाता है, कौन-सा तार क्या प्रदर्शित करता है और क्यों, जैसे प्रश्नों के जवाब स्वाभाविक नहीं हैं। न तो मोती के रंग का उसके मान 1 अथवा 10 होने से कोई लेना-देना है और न ही 10-10 के बाद 100-100 के बण्डल बनाने और इससे बड़ी संख्याओं की ओर आगे बढ़ने के लिए हम ठोस प्रतिरूपों का स्थानीय मान के लिए ठीक से इस्तेमाल

कर सकते हैं। कुल मिलाकर प्राकृत संख्या की अमूर्त समझ के लिए भी वस्तुओं का इकाई के रूप में इस्तेमाल या फिर स्थानीय मान के लिए तरह-तरह के प्रतिरूपों का इस्तेमाल बहुत आगे तक नहीं जा सकता। इन सभी का सन्दर्भ व सीमा समझे बिना उपयोग करने से व सामग्री शिक्षकों के लिए भी नयी होने के कारण गणित की मूल अवधारणाओं के मुद्दे के स्थान पर सीखने वाले और सिखाने वाले, इन प्रतिरूपों, इनके उपयोग के ढंग व इनके अर्थों को समझने में ही उलझ जाते हैं। कुल मिलाकर जोड़ बंडलों और तीलियों की संख्या का जोड़ बन जाता है, संख्याओं का नहीं।

सामग्री के उपयोग में बाधाएँ, समस्याएँ और इससे उत्पन्न मुश्किलें

सामग्री के उपयोग को उपयुक्त बनाने की राह में कई बाधाएँ हैं। इनमें सबसे बड़ी है, सिखाने के लिए शार्टकट की तलाश व कक्षा में भागीदारी का अभाव। सामग्री के अत्याधिक उपयोग को सिखाने का रास्ता व इस रास्ते को रामबाण बना देने से सामग्री शायद नुक़सानदेह बन जाती है। सामग्री का उपयोग सार्थक तब हो सकता है, जब उसके इस्तेमाल के पीछे गणितीय समझ हो, उसके आधार पर अमूर्त अवधारणाओं पर चर्चा हो और उन्हें उनकी अमूर्तता में समझने का भी प्रयास हो। इसके बिना सामग्री का उपयोग करते समय कई समस्याएँ सामान्य तौर पर भी दिखती हैं; जैसे चार व चौथे जैसे मसलों में फ़र्क़ करने में मुश्किल होना, आकृतियों में वर्ग और आयत को छँटवाना, स्तम्भों में दहाई के अंक को इकाई के अंक से आकार में थोड़ा बड़ा दिखाना आदि। इन सबका एक कारण शायद शिक्षकों में गणित की अवधारणाओं की समझ और उसी के साथ-साथ गतिविधि को भागीदारों की दृष्टि से देखने के परिप्रेक्ष्य की अपर्याप्तता है। कुल मिलाकर यह उपयोग मात्र संख्या अथवा अवधारणा के एक प्रतिरूप को प्रदर्शित करने के लक्ष्य से होता है। इस प्रदर्शन के ढंग में वस्तु समूह के साइज़, उन्हें गिनने के क्रम में फ़र्क़ के अलावा इकाई, दहाई के लिए उपयोग किये गये ढंग व सामग्री में भी समस्याएँ होती हैं। इन पर काफ़ी बातचीत कई जगहों पर हुई है जिसमें यह कहा गया है कि गणित सिखाने के लिए और सामग्री के उचित उपयोग के लिए अध्यापक के पास कई पहलुओं की समझ होनी चाहिए। इसमें विषय की प्रकृति, गणित की अवधारणाएँ व बच्चों के सीखने का ढंग, सभी शामिल हैं। सामग्री स्वतः अवधारणाएँ नहीं समझा सकती। सामग्री के इर्द-गिर्द हुआ विमर्श यह बताता है कि सामग्री का उपयोग कर पाने के लिए शिक्षक की तैयारी व कक्षा में उसकी केन्द्रीय भूमिका सुनिश्चित करना आवश्यक है।

इसी तरह जोड़ व घटाने के लिए, वस्तुओं के समूहों को एक-दूसरे में मिलाना अथवा किसी समूह में से एक निश्चित मान का समूह निकालना ही इन संक्रियाओं की अवधारणा बन जाती है। यह सीमित समझ आगे जाकर परेशान करती है। सामग्री का इस तरह का एकांगी एवं अत्यधिक उपयोग यह धारणा पैदा करता है कि चूँकि जोड़ने पर आया उत्तर समूह हमेशा ही जोड़े जाने वाले दोनों समूहों से बड़ा होता है, अत: संख्या में अन्य संख्या जोड़ने पर वह बड़ी होगी और उसमें से कुछ घटाने पर छोटी। प्राकृत संख्याओं के लिए यह समझ उपयुक्त है व हमारे रोज़मर्रा के प्रत्यक्ष अनुभव से मेल खाती है। संख्या को ठोस वस्तु के समूह की मात्रा के रूप में प्रस्तुत करते रहने से और उस पर कक्षा में कभी चेतावनी अथवा उस समझ से हटकर अलग परिप्रेक्ष्य से कुछ भी कार्य न करने से संख्या का एक 'कार्डिनल' प्रारूप मन में बैठ जाता है। यह धारणा हमें बड़ी संख्याओं की तरफ जाते समय तो परेशान करती ही है किन्तु ऋणात्मक संख्याओं के आगमन से और भी परेशान करने लगती है। घटाने में भी यह परेशान करती है क्योंकि इससे यह धारणा बन जाती है कि घटाने का अर्थ हमेशा बड़ी संख्या में से छोटी संख्या से घटाना है। आगे बढ़ें तो गुणा के लिए ठोस वस्तुओं के समूहों को गिनना, यह धारणा देता है कि गुणा सिर्फ़ बराबर समूहों को मिलाकर गिनना हो सकता है और उत्तर पहले की संख्याओं से बड़ा होगा। इस प्रतिरूप के ठोस रूप से प्रस्तुत होने से यह एक ऐसी धारणा बन जाती है जो आगे चलकर परेशानी पैदा करती है। गुणा के अन्य मॉडल जैसे अनुपात, दर व अन्य तरह की संख्याओं यथा दशमलव भिन्नात्मक संख्या, अक्षर संख्याओं का उपयोग करने वाले व्यापक गणितीय कथनों जैसे X का Y के गुणा आदि से यह मेल नहीं खाती। (क्योंकि यह आवश्यक नहीं है कि X या Y प्राकृत संख्यायें ही हों।) इसके अलावा क्षेत्रफल के लिए लम्बाई व चौड़ाई के गुणा का मॉडल बनाकर उसे द्विमीय सतह पर घेरी गयी जगह से जोड़ने के कारण क्षेत्रफल मात्र लम्बाई व चौड़ाई का गुणा बनकर रह जाता है। कई सालों तक इसे ही दोहराने से यही धारणा दिमाग में ठोस रूप से बस जाती है। हालाँकि यह सही है कि बच्चों के अनुभवों व सन्दर्भों से जोड़कर, अवधारणाओं पर विमर्श व क्रिया से, सीखने वाले के लिए उनको समझ का हिस्सा बनाकर आगे बढ़ पाना सम्भव होता है, किन्तु यह इस्तेमाल व उन अनुभवों से अन्त:क्रिया व मनन किस प्रकार किया जाये, यह महत्त्वपूर्ण है। इसमें अवधारणाओं के चरित्र, विषय के बुनियादी तत्व व उसके ज्ञानमीमांसीय सिद्धान्त का ध्यान रखना आवश्यक है। इसी तरह से बड़ी संख्याओं के गुणा की संक्रिया में स्तम्भ-दर-स्तम्भ गुणा करना व उनके ठोस प्रतिरूप अथवा चित्र बनाकर कार्य

करना, गुणा की समझ बनने में परेशानी पैदा करता है। इसमें चूँकि संख्याओं को बनिस्बत एक पूरी संख्या के, टुकड़ों के रूप में देखने की ही आदत पड़ जाती है, तो आगे सीखने में यह शार्टकट अड़चन बन जाता है।

गणित की प्रकृति व सामग्री का उपयोग

हम यह जानते हैं कि गणित का ज्ञान वस्तुओं के भौतिक गुणों और बाहरी यथार्थ से विलग है। वह पदार्थों की अन्त:क्रिया के अवलोकनों व उनके अध्ययन पर आधारित नहीं है। गणित का ज्ञान प्रत्यक्ष अनुभवों और उनसे एकत्रित आँकड़ों पर आधारित नहीं है। आप अनुभवों व अवलोकनों का मात्रात्मक अध्ययन कर सकते हैं, उनका मापन कर सकते हैं और इन आँकड़ों पर गणितीय अवधारणाओं व संक्रियाओं का इस्तेमाल कर सकते हैं। अवलोकन व अध्ययन से मिले आँकड़े गणितीय ऑब्जैक्ट्स हैं। किन्तु, गणितीय ऑब्जैक्ट बनने के बाद व सभी गणितीय संक्रियाओं के दौरान उन सभी का, जिस भौतिक या जैविक यथार्थ से वे प्राप्त हुए हैं, उनसे कोई जुड़ाव नहीं है। चाहे वह प्राप्तांकों का औसत हो, मिट्टी (मृदा) में किसी लवण का औसत प्रतिशत हो, किसी समूह की औसत आयु हो, प्रति पारी बनाये गये औसत रन हों, दूरी मापन के आँकड़ों का औसत हो, या उदासीकरण की प्रक्रिया में मिली औसत बूँद संख्या हो या और कुछ हो। गणित सिर्फ़ अमूर्त संख्याओं से कार्य करता है। उससे यह पता नहीं चलता कि यह आँकड़े सम्भव भी हैं या नहीं। वह आपको 'रेंज' बता देगा, मानक विचलन बता देगा, लेकिन उसे यथार्थ से जोड़कर निष्कर्ष नहीं बता सकता। वह सिर्फ़ इन ऑब्जैक्ट बीच सम्बन्ध बता सकता है। कौन बड़ा है, कितना बड़ा है, किस अनुपात में है आदि मसले गणितीय हैं, बाक़ी नहीं। यह ज्ञान आनुभविक नहीं, वरन तार्किक-गणितीय (लॉजिको मैथमेटिकल) है।

यह पहलू गणित सिखाने के हर स्तर पर महत्त्वपूर्ण है। विलियम्स और कामी (1986) कक्षा एक के स्तर पर इसके निहितार्थों के कई उदाहरण देते हैं। एक बात जो हम कर चुके हैं, वह यह है कि गिनते समय, चाहे वस्तुओं को ही गिन रहे हों, यह उनके भौतिक गुणों पर आधारित नहीं है। हम जो भी ढेरी में है, उसे गिनेंगे। हालाँकि गिनने का कोई अन्य लक्ष्य भी है, इसलिए उस प्रक्रिया में हम ढेरी में एक ही श्रेणी की वस्तुओं को रखते हैं। अत: पहली कक्षा के स्तर पर यह आवश्यक हो जाता है कि सीखने वाला संख्या को वस्तुओं व उनके गुणों से अलग कर पाये। सेब और सन्तरे साथ गिने जा सकते हैं या नहीं, यह प्रश्न गणित के दायरे से पहले का है। यह एक स्तर पहले का अमूर्तीकरण है। इसमें भी आप दो आइटमों के बीच

फ़र्क़ ढूँढ़ने में कई बार साइज़, रंग और किसी अन्य गुण का उपयोग करना होगा। इसी तरह एक श्रेणी में आने वाले सभी आइटमों में जो सम्बन्ध है, उसे पहचानना होगा।

तार्किक गणितीय ज्ञान ठोस वस्तुओं अथवा अमूर्त कल्पना रचित वस्तुओं के बीच सम्बन्ध देखने का ज्ञान है। चाहे वह उनमें अन्तर करना हो, समानताएँ देखना हो अथवा आपसी सम्बन्ध देखना हो। इस कार्य के लिए हालाँकि भौतिक व प्रत्यक्ष गुणों और मानसिक (भीतरी) ज्ञान का उपयोग हो सकता है किन्तु यह सम्बन्ध किस गुण या किन गुणों के आधार पर बनाना है, वह सम्बन्ध बनाने वाले की क्षमता व इच्छा पर है। अतः इन दोनों, भौतिक और मानसिक ज्ञानों में सम्बन्ध है और ये एक-दूसरे के विकास को पोषित करते हैं। जैसा कि पियाजे कहते हैं, ज्ञान हासिल करने के लिए भौतिक व मानसिक, दोनों ज्ञान साथ-साथ होना चाहिए। (Williams and Kami, 1986)

तार्किक गणितीय (Logico Maths) क्षमता के लिए आवश्यक है कि जब हम ठोस सन्दर्भ में कुछ क्रिया करें तो उसके साथ उसमें एक मानसिक क्रिया भी हो। इस मानसिक क्रिया का एक हिस्सा यह समझना है कि हम वह क्रिया क्यों कर रहे हैं और उससे क्या हासिल करना चाहते हैं। हम सन्दर्भ में उपस्थित ऑबजैक्ट्स के बीच किस तरह के सम्बन्ध बनाना चाहते हैं, उन्हें एक-दूसरे के सापेक्ष कैसे देखना चाहते हैं। यानी सामग्री व सन्दर्भ का उपयोग लाभदायक भी हो सकता है लेकिन यह तभी होगा, जब सीखने वाला अपने लक्ष्यों से उसे इस्तेमाल कर सके, उससे खेल सके, उसमें परिवर्तन करके देख सके आदि।

पैट्रीशिया मोयर अपने लेख 'क्या हमें मज़ा आना शुरू हुआ' में मैनुप्लेटिव्स के गणित में उपयोग के बारे में कहती हैं कि इनकी रचना अमूर्त गणितीय अवधारणाओं को स्पष्ट, प्रकट और ठोस रूप में रखने के लिए की जाती है। इस प्रयास में दृष्टि व छूना, दोनों से मदद मिलने की कल्पना है और बच्चे से स्वयं करके सीखने की उम्मीद है। सामग्री निर्माता इन्हें गणित सीखने-सिखाने में मज़ा देने वाले रास्तों के रूप में विज्ञापित करते हैं। इनके विज्ञापन से यह आशय भी निकलता है कि बच्चे इनके कारण जादू से स्वतः व बग़ैर किसी के मेहनत किये सीख जायेंगे। इस पर टिप्पणी करते हुए मोयर, बाल (1992) के हवाले से कहती हैं कि 'यह सही नहीं है। इन सामग्रियों में स्वयं में अर्थ व अन्तर्दृष्टि निहित नहीं है। सामग्री से इस तरह की क्रिया-समझ व सोचने की क्षमता का विकास नहीं होता। ये मात्र औजार हैं और बच्चों को इनके उपयोग से मदद तभी मिलेगी जब वे इनके इस्तेमाल में इतने सहज

होंगे कि इनका स्वत: उपयोग कर पायेंगे। इन मैनुप्लेटिव्स के सार्थक औज़ार के रूप में उपयोग के सन्दर्भ में दो बातें ज़रूरी हैं। एक तो यह कि शिक्षक इनका किस कार्य के लिए उपयोग करने की सोचता है और दूसरा यह कि इनसे की गयी क्रिया व प्राप्त अनुभव के बारे अर्थ रचने के लिए विद्यार्थी कैसे मनन करता है।' (मोयर 2001)

गणित शिक्षण में अमूर्तता के विकल्प की तलाश

कुल मिलाकर हम कह सकते हैं कि गणित अमूर्त आब्जैक्ट्स से सन्दर्भित है किन्तु इन अमूर्त आब्जैक्ट्स के बारे में कुछ नया रचने की शुरुआत के लिए, विभिन्न अमूर्त आब्जैक्ट्स में सम्बन्ध खोजने की शुरुआत करने के लिए ठोस क्रियाओं व अनुभवों की ज़रूरत है। अत: गणित की शुरुआत में ऐसी ठोस वस्तुएँ, जिन पर क्रिया की जा सके, मददगार हैं। किन्तु इन ठोस वस्तुओं की भूमिका व इनका उपयोग क्या हो, यह महत्त्वपूर्ण मसला है। इस सामग्री व सन्दर्भ का उपयोग अमूर्त अवधारणाओं के प्रतिरूपों के रूप में हो अथवा भौतिक गुणों व उनसे उन वस्तुओं के बीच बने सम्बन्ध खोजने के लिए? गणित की धारणाएँ ठोस सन्दर्भ व व्यवहार में उपयोग होती हैं किन्तु वे अपने-आप में अमूर्त हैं और जो सम्बन्ध वे बनाती हैं, वे भी अमूर्त हैं। गणित सीखने में पुर्नबलन पर ज़ोर, ठोस प्रतिरूपों से प्रदर्शित करने पर ज़ोर, अनुभवजन्य ढंग से गणितीय सम्बन्धों तक पहुँचने का प्रयास गणित की अवधारणाओं तक पहुँचने में कोई ख़ास मदद नहीं करता। ज़रूरत यान्त्रिक अभ्यास व मूर्तिकरण की नहीं है बल्कि अमूर्त धारणाओं व अमूर्त आब्जैक्ट्स के बीच नये सम्बन्ध खोजने, उन्हें अनेकानेक ठोस सन्दर्भों में पहचान पाने, नये सवाल हल करने व बनाने जैसी खोज, खेल, चिन्तन और मनन की है। इसीलिए जब हम प्राथमिक स्तर पर गणित की गतिविधि व रोचक टास्क की बात करते हैं तो ऊपर ज़िक्र किये मसलों के बारे में सोचना ज़रूरी हो जाता है।

फिर भी शुरुआती कक्षाओं में गणित सिखाते समय यह मान लिया जाता है कि बच्चे अमूर्त अवधारणाएँ ठोस वस्तुओं को छूकर व सरकाकर सीख जाते हैं, पर उन्हें सीखने के लिए मानसिक मेहनत की आवश्यकता है। मूर्त सन्दर्भ को लेकर सीखने वाला कुछ छवियाँ बना सकता है। किन्तु, उन छवियों के बीच सम्बन्ध व उनको बनाने वाले तत्व भौतिक संवेदनाओं द्वारा महसूस नहीं किये जा सकते। दरअसल गणित, दुनिया के यथार्थ के चित्रण का ढंग नहीं है हालाँकि उससे इस बारे में कुछ मदद मिल सकती है। कोई भी अमूर्त धारणा अथवा सम्बन्ध भौतिक संसार में नहीं है, उसे दिमाग गढ़ता है। उदाहरण के लिए एक बूँद के साथ एक और मिलकर तीलियों

की तरह दो बूँद बननी चाहिए पर वे तो एक ही रहती हैं। गणित चूँकि संख्याओं में काम करता है, उसमें तो एक और एक मिलकर दो ही बनते हैं। किन्तु भौतिक संसार में अक्सर एक बूँद और एक और बूँद मिलकर बड़ी बूँद बनने जैसे कई उदाहरण मिलते हैं। बच्चे के लिए अनौपचारिक गणित में और गणित की शुरुआत में भौतिक व लॉजिको मैथमेटिकल ज्ञान के बीच बहुत दूरी नहीं होती। वे दोनों गुत्थम-गुत्था ही होते हैं किन्तु जैसे-जैसे वे औपचारिक गणित की ओर बढ़ते हैं, इनके दायरे बहुत अलग-अलग हो जाते हैं। लॉजिको मैथमेटिकल ज्ञान की प्रकृति उसे यथार्थ से अलग करती है व कई लॉजिको मैथमेटिकल क्रियाएँ सीखने वाले के लिए अर्थ रहित हो जाती हैं। ऐसे कई उदाहरण दिये जाते हैं जिनमें व्यवहार में हल रोज़मर्रा के हल हो सकते हैं। उदाहरण के लिए 'यदि 27 लोगों को जीप में यात्रा करनी है और एक बार में 12 लोग जा सकते हैं, तो कितने ट्रिप लगेंगे? तो इसका अपेक्षित उत्तर 3 अस्वाभाविक लगता है क्योंकि अक्सर यह प्रयास होगा कि ट्रिप में दो-एक को अतिरिक्त ले जायें और दो ट्रिप में काम चल जाये।

अनुभवजन्य अमूर्तीकरण बनाम मननशील अमूर्तता

पियाजे अनुभवजन्य अमूर्तीकरण और मननशील अमूर्तता के बीच अन्तर करते हैं। रंग व वज़न की धारणा यानी वस्तुओं के बारे में भौतिक ज्ञान अनुभवजन्य अमूर्तीकरण है। ऐसे अनेकों अमूर्तीकरण हम करते हैं जिनमें एक या थोड़े अधिक गुण पर ध्यान देकर अन्य को छोड़ देते हैं। लाल प्लास्टिक की गेंद जैसा अमूर्तीकरण उसकी साइज़, सख़्तता, उस पर बनी डिज़ाइन व कई अन्य गुणों पर ध्यान नहीं देता। ख़ास बात यह है कि यह वस्तुओं के भौतिक गुणों के बारे में है। इसकी तुलना में मननशील अमूर्तीकरण में हम मानसिक सम्बन्ध बनाते हैं, जैसे 'एक समान', 'फ़र्क़', 'ज़्यादा' यानी सारे लॉजिको गणितीय अमूर्तीकरण व्यक्ति द्वारा रचित सम्बन्धों से है। यह सम्बन्ध उसे ख़ुद ही बनाने हैं। यानी सामग्री का उपयोग अपने आप में गणित सीखने की न तो शर्त है और न ही उसके लिए आवश्यक। सामग्री एक मददगार साधन हो सकती है, उससे अधिक नहीं (Kami C., Lewis B A., Kirkland L, 2010)। सामग्री व सन्दर्भ पर ज़ोर देने की बात बहुत पहले शुरू हुई, हालाँकि उस समय सन्दर्भ की व्याख्या अलग थी। वह सीखने वाले के लिए सार्थकता के रूप में थी और वह चर्चा माध्यमिक स्तर व उससे ऊपर की कक्षाओं के सन्दर्भ में थी। खिनचिन ने 1946 में रूसी भाषा में लिखे अपने लेख में इस बात को उठाया था कि अनावश्यक रूप से औपचारिक व अमूर्त गणित पढ़ाने से 12-15 साल (6-7 कक्षा) के बच्चों

को वह पूरा ढाँचा ग़ैरज़रूरी व अनावश्यक रूप से जटिल लगता है। उन्हें लगता है कि जो प्रत्यक्ष व स्पष्ट है, उस पर इस उलझे-पुलझे औपचारिक ढंग तथा शब्द को असहज ढंग से व्यक्त व परिभाषित करने से विषय की चर्चा अर्थहीन बन जाती है। वे कहते हैं कि औपचारिक अमूर्त रूप से और एक ख़ास गणितीय क्रम में ही विचारों को प्रस्तुत करने के स्थान पर उन्हें कुछ सन्दर्भों के साथ जोड़कर व कुछ प्रत्यक्ष भौतिक यथार्थ के साथ मिलाकर सीखने-सिखाने का प्रयास करना चाहिए। वे यह भी कहते हैं कि इस तरह से न करने के कारण सीखने वाले यान्त्रिक गणितीय क्रियाएँ तो कर लेते हैं किन्तु कोई भी ऐसा सवाल, जो सीखे हुए ज्ञान को सोचकर इस्तेमाल किये जाने की माँग करता है, उनके लिए असम्भव होता है।

यह बहस बाद में भी ज़रूरी समझी गयी अत: खिनचिन के लेख का 2000 में अंग्रेज़ी में अनुवाद किया गया। इसके कुछ बाद में 2007 के अपने लेख में मैमैखोथरिस व स्टाइस्टिनाओ गणित सिखाने के तरीक़ों में आये बदलावों का विश्लेषण करते हैं। वे कहते हैं कि किसी भी एक ढंग व एक पहलू पर ज़ोर देना सीखने वाले के लिए उपयुक्त नहीं है। कोई भी एक पद्धति अथवा एक धारणा पर्याप्त नहीं है, चाहे वह सिखाने-सीखने की हो, गणित की प्रकृति की हो, बच्चों के सीखने के ढंग की हो। किसी भी एक धारणा अथवा विधि को सही मानना व अपनाना अनुपयोगी होगा। गणित सीखने के लिए गणितीय ढंग से सोचना-सीखना आवश्यक है और यह सिर्फ़ व्यक्तिगत कोशिशों और ग़लतियाँ करने से हो सकता है। मसलन सीखने वालों को विविध तरह के मौक़े व टास्क मिलने चाहिए। वे यह भी कहते हैं कि समस्या हल करने व अवधारणाओं को इस्तेमाल करने पर ज़ोर के चलते, इनके लिए कुछ ऐसे रास्ते सोचे जाने लगे जिनसे हल तक जल्दी पहुँचा जा सके। इस प्रक्रिया में सीखने वाला यह समझ ही नहीं पाता कि वह जो कर रहा है, क्यों कर रहा है और वह नये सवालों को नहीं कर पाता। कुल मिलाकर वे यही कहते हैं कि औपचारिक नियमबद्ध गणित, सन्दर्भ व सवालों में उसका उपयोग, समस्या को हल करने के प्रयास, सभी गणित सीखने के लिए ज़रूरी हैं। इन सभी पर कार्य करने व ज़ोर देने की ज़रूरत है।

निहितार्थ यही है कि सामग्री, सन्दर्भ व भौतिक यथार्थ का शुरुआती उपयोग उन सभी तरीक़ों में सार्थक है जहाँ वह अमूर्त धारणाओं को विकसित करने में मदद करे और उन पर विविध पहलुओं से मनन के मौक़े दे। ये मौक़े ऐसे हों जिनमें सीखने वाला अमूर्त अवधारणाओं पर मनन कर कुछ नया रचने का भी थोड़ा बहुत प्रयास करे और वह जो कर रहा है, उनके बारे में मानसिक व बौद्धिक रूप से सचेत हो। उसे मात्र एक यान्त्रिक कार्य के रूप में न करे।

सामग्री सन्दर्भ व गतिविधि

सन्दर्भ व सामग्री की शब्दावली के साथ कुछ और शब्द भी प्रारम्भिक शाला शिक्षण के विमर्श में शामिल हो गये हैं। इनमें से कुछ पर हम थोड़ी चर्चा करेंगे क्योंकि ये शब्द, सामग्री के एक ख़ास तरह के उपयोग से गहरे रूप में जुड़े हैं। इन शब्दों की सामान्य समझ में बसे रूपों के गुणों के निहितार्थ न सिर्फ़ गणित की कक्षा की रचना पर असर डालते हैं वरन गणित के अर्थ व उसके सीखने के प्रयोजनों को भी परिभाषित करते हैं। इनमें आनन्द, रुचि, खेल-खेल में, सरलता से सीखना आदि शामिल हैं।

इन सब शब्दों के उपयोग से शिक्षक व बच्चे के लिए यह छवि बनती है कि सीखने में मेहनत व दिमाग पर ज़ोर नहीं लगना चाहिए। कक्षा में मज़ा प्रमुख है और उसके लिए गणित को खेल व अन्य गतिविधियों के साथ मिलाकर सिखाना चाहिए। इस समझ के चलते कई तरह के खेल व गतिविधियाँ रची जा रही हैं। इन खेलों व गतिविधियों में बहुत बार यह ध्यान नहीं रहता कि गणित के किन मसलों से सीखने वाला रूबरू हो रहा है और इसके दौरान कितने समय में गणित की सार्थक प्रक्रिया कर रहा है। इसके कुछ विलक्षण उदाहरण हैं, जैसे पहली कक्षा के बच्चों के सामने पाँच बच्चों को बुलाना व सबको फिर पाँच बोलना। इसमें कोशिश है कि बच्चे सक्रिय रहें और उनके सामने उस संख्या की ठोस छवि प्रस्तुत हो। इस तरह के और भी कुछ उदाहरण देख सकते हैं। जैसे बच्चों को त्रिभुज, चतुर्भुज आदि की आकृति में खड़ा करना अथवा दो बच्चों के और तीन बच्चों के समूह को इकट्ठा करके पाँच गिनना। एक और उदाहरण देकर हम इस विचार श्रृंखला का कुछ विश्लेषण करेंगे। रुमाल झपट खेल का एक उदाहरण है जिसमें कक्षा को दो टीमों में बाँट देते हैं। कक्षा के दो सिरों पर टीम खड़ी होती हैं और दोनों टीमों के हर सदस्य की एक क्रम संख्या होती है। दोनों टीमों के बीचोबीच प्रत्येक में बराबर दूरी पर गोले में एक रुमाल है। इस रुमाल झपट में शिक्षक एक संख्या बोलेंगे और उस क्रम संख्या वाले दोनों टीम के बच्चे रुमाल को झपटकर अपनी टीम की लाइन तक ले जाने का प्रयास करेंगे। इस खेल में यहाँ तक बहुत ऐक्शन, भागीदारी व उत्साह है। अब आगे क्या होता है, यह देखें। जब किसी टीम का सदस्य सफलता से रुमाल झपटकर दूसरी टीम के बच्चे द्वारा बिना छुए गये अपनी टीम तक पहुँच जाता है, उसके बाद शिक्षक उस टीम से एक सवाल पूछता है। उदाहरण के लिए कक्षा 3 में यह 15X5 का जवाब पूछना हो सकता है या 5 में $\frac{1}{3} \times \frac{2}{5}$ का उत्तर या ऐसा ही कोई और सवाल। टीम

ने जवाब दिया या नहीं, इस बात के आधार पर उन्हें पॉइंट मिलते हैं। कुल मिलाकर खेल की यह पूरी मशक़्क़त एक सवाल पूछने के लिए है। हालाँकि यह हो सकता है कि यहाँ दिये गये सवालों से बेहतर सवाल पूछा जाये पर फिर भी कुल मिलाकर बहुत-से रुमाल झपट के मौक़ों के बाद ही कोई एक सवाल पूछा जायेगा।

इसी तरह के बहुत-से और उदाहरण भी हैं जिनमें क्रियाशीलता, आनन्द व भागीदारी के आग्रह के चलते बच्चों को उठाने-बिठाने, ठीक से खड़े करने आदि में लगे समय की तुलना में उनके गणित करने के समय का हिस्सा बहुत कम है। इस मसले पर गाँधी व रावत द्वारा किया गया छात्र-अध्यापकों की पाठ योजना का विश्लेषण भी ऐसे ही कई मसले उठाता है। कुल मिलाकर इस तरह की पैडागॉजी, जिसमें गतिविधि, खेल, मज़ा, सरलता जैसे शब्द शामिल हो जाते हैं, उसमें गणित सिखाने के मूल उद्देश्य गुम हो जाते हैं। कक्षा की प्रक्रिया रचने में यह ध्यान रखने की आवश्यकता है कि उसमें बच्चे किस तरह से शामिल हो रहे हैं। वे विषय की किन अवधारणाओं, विषय शब्दावली, तर्कों व तर्क पद्धतियों से अन्त:क्रिया कर रहे हैं और उस अन्त:क्रिया में उनकी भूमिका क्या है? उन्हें किस तरह से जूझकर, समझ के अपने ढाँचे पर विचार व मनन करने का मौक़ा मिल रहा है? उस पूरी प्रक्रिया में सीखने वाले के लिए ख़ुद से कुछ कर पाने के लिए कितना समय मिलता है अर्थात टाइम ऑन टास्क कितना है?

सामग्री व सन्दर्भ कैसे चुनें

सामग्री के स्वरूप, गतिविधि व कक्षा की प्रक्रिया के बारे में यह कहा जा सकता है कि सामग्री ऐसी हो जो कि सरलता से मिले, बच्चों के हाथ में पहुँचे, बच्चे कक्षा के बाद भी उसे पा सकें, उनको स्वयं करने, समझने का प्रयास करने व अभ्यास का मौक़ा दे (न कि बताने, दिखाने के या समझाने के लिए हो)। और अगर सामग्री वर्कशीट है तो वह ऐसी वर्कशीट हो जिनमें जिसमें यान्त्रिक दोहराव न हो। इसी तरह गणित की अच्छी कक्षा, अच्छा टास्क/गतिविधि वह है जो सब बच्चों को गणित करने में शामिल करे और उस स्तर की हो जो उन्हें गणित व उस अन्त:क्रिया के लिए चुनी हुई अवधारणा/अवधारणाओं को अनुभव करने का व उनके अगले स्तर से जूझने का मौक़ा दे। यह मौक़ा स्वाभाविक हो, कई बार मिले व उसमें अधूरी समझ व ग़लतियों आदि पर संवाद भी हो। ५र यह सुधार की ऐसी स्वाभाविक प्रक्रिया हो जिसमें भागीदारों को फ़ीडबैक व सुधार का रास्ता मिलता रहे। यह माना जाता है कि सहयोगियों के साथ चर्चा करके सीखना बेहतर है, अत: टास्क का चुनाव व

कक्षा में समूह की रचना दोनों पर ध्यान चाहिए। कक्षा में उन्हें विचार रखने, अपनी समझ को व्यक्त करने, उस पर प्रशंसात्मक फ़ीडबैक पाने का मौक़ा हो। और जैसा हमने पहले भी कहा, गतिविधि/टास्क/शिक्षण योजनाएँ ऐसी हों जो बच्चों की पहुँच में हों किन्तु उनमें हल्की-सी गणितीय चुनौती भी हो। इनमें बच्चे अपने उत्तरों को जाँचने की ज़रूरत व करने को ढंग को विकसित कर उपयोग कर पायेंगे। यह सब अक्सर दिखता नहीं है।

गणित शिक्षण में सन्दर्भ व ठोस अनुभवों पर ज़ोर की बात उस समय की प्रचलित विधियों की इस आधार पर आलोचना से भी शुरू हुई थी कि गणित को मात्र अर्थहीन गणितीय आब्जैक्ट्स के साथ अकारण संक्रियाएँ करना अथवा बिना प्रायोजन के बनायी गयी आकृतियों का अध्ययन नहीं बनाया जा सकता। इसका यथार्थ व जीवन से कुछ लेना-देना है और यह हमारे मानस को इस प्रकार प्रभावित कर सकता है कि हम अपने आस-पास की दुनिया को एक नयी दृष्टि से भी देख पायें, उस पर ज़्यादा सक्षमता से क्रिया कर पायें व उसे ज़्यादा गहराई और समृद्धता से समझ पायें। गणित शिक्षण द्वारा सीखने वाले के नज़रिये में गणितीयकरण के विकास की सम्भावना के पीछे यही मक़सद और यही अपेक्षा है। कुल मिलाकर सन्दर्भ व ठोस अनुभवों का अर्थ सामग्री की उपलब्धता अथवा उपयोग नहीं है वरन उन परिस्थितियों का इस्तेमाल है जिनमें गणितीय अवधारणाओं के स्वाभाविक उपयोग के मौक़े हों। और उनके इस्तेमाल से नए-नए सम्बन्ध खोजना व नये ढंग से चीज़ों को समझ पाने के लिए खोजबीन की सम्भावना हो। यथार्थ से जुड़े प्रश्नों, पहेलियों को समझने, परिस्थितियों का गहरा विवरण व विश्लेषण करने के ऐसे मौक़े हों, जिनमें गणितीय अवधारणाओं का उपयोग हो। यह आवश्यक नहीं कि ये मौक़े तात्कालिक उपयोग के हों वरन ऐसे भी हों जो इनके नये ढंग से उपयोग के मौक़े पैदा करें।

अन्त में

संक्षेप में प्रश्न यह है कि गणित पढ़ाने को हर स्तर पर कैसे अधिक सार्थक व आकर्षित करने वाला बनाया जाये, उसे दुरूह व अरुचिकर बनने से कैसे रोका जाये। जैसा कि एनसीएफ़ कहता है, स्कूली गणित में बच्चों को गणित सीखने में, करने में आनन्द आये। वे इससे डरें नहीं और वे वह गणित सीखें, जो महत्त्वपूर्ण है। गणित में कलनों व यान्त्रिक संक्रियाओं से काफ़ी कुछ ज़्यादा हो। कुछ बच्चे गणित की समझ को संचित कर सकें, उसका आदान-प्रदान करके, उससे कुछ कर पायें व उसे एक-दूसरे के साथ कुछ करने के रास्ते के रूप में भी देख पायें। वे

सार्थक सवाल हल करें व हल करने तथा इस पर चर्चा में गणितीय अवधारणाओं का इस्तेमाल कर सकें। वे नये सार्थक सवाल सोचकर बना सकें। हमें यह याद रखना है कि स्कूली गणित के उच्च-प्राथमिक से लेकर माध्यमिक कक्षा के समय के दौरान बच्चे गणित के बुनियादी ढाँचे के सभी हिस्सों, यथा अंकगणित व उसके व्यापक रूप बीजगणित, ज्यामिति, ट्रिग्नोमैट्री (त्रिकोणमिति), सांख्यकीय, सममिति व ट्रांसफ़ॉर्मेशन (Transformation), अनुपात-समानुपात, नापना, नापों से सम्बन्धित अवधारणाएँ व संक्रियाएँ आदि सीखने का प्रयास करते हैं। इस सबमें अमूर्तता गहरे से गुँथी हुई है और यह अपेक्षा है कि धीरे-धीरे गणित में संकेतों, अमूर्तताओं, तर्क, स्पेशल परसेप्शन विज़ुलाइज़ेशन (Spatial perception visualization), व्यापीकरण, पैटर्न व नियम से जूझने-सीखने का प्रयास बच्चों को करना है व अपने जीवन में गणित के नये प्रयोग ढूँढ़ने हैं। यदि हमारी अपेक्षा है कि सीखने वाला नयी कल्पना कर सके और जो नहीं है, उसे रच सके तो ज़ाहिर है कि उसे ठोस सामग्री, ज्ञात कलनों व सवालों से आगे आना होगा। उसमें अमूर्त स्तर पर सोचने की, नयी परिस्थितियों में गणितीय अवधारणाओं व तरीक़ों को लागू कर पाने की समझ व हौसला चाहिए। यह न सिर्फ़ हमें सामग्री के उपयोग के ढंग व कारण के बारे में सोचने को कहता है किन्तु यह भी आगाह करता है कि बाद के गणित शिक्षण का एक बड़ा हिस्सा अमूर्त अवधारणाओं व गणितीय आब्जैक्ट्स पर केन्द्रित होगा ही और इसे रोज़मर्रा के गणित तक सीमित नहीं माना जा सकता।

सन्दर्भ सूची

1. विलियम सी के एंड कामी (1986), यंग चिल्ड्रन कंटैंट पेज 24, डाउनलोडेड ऑन 21.8.2019, How Do Children Learn by Handling Objects? (pp. 23&26) Connie K. Williams and Constance Kamii https ://www.jstor.org/stable/42725845
2. कामी, सी के, लेविस बी ए, किरकल एंड एल (2001) जर्नल ऑफ़ मेथेमेटिकल बिहेवियर 20, 21-31
3. मावरोथरिस मारिया मेलेटीऊ ऑन द फोर्मलिस्ट व्यू ऑफ़ मेथेमेटिक्स: इंपेक्ट ऑनस्टेटिटिक्स इन्सट्रक्शन एंड लर्निंग, थीमेटिक ग्रुप 5 यूरोपियन रिसर्च इन मेथेमेटिक्स एजुकेशन। वेब लिंक IIIhttps ://pdfs.semanticscholar.orgd317/603f1a60ad3c2a9b80adde09d8af49b8dbf1.pdf.
4. वोस्कोग्लू माइकल ग्र, (2007), फोरमलिज़्म एंड इंट्यूशन इन मेथेमेटिक्स: द रोल ऑफ़ द प्रॉबल्म, “Quaderni di Ricerca in Didattica”, n17,

G.R.I.M. (डिपार्टमेन्ट ऑफ मेथेमेटिक्स, यूनिवर्सिटी ऑफ़ पलेर्मों, इटली)

5. खिनचिन ए य (1946), ऑन मेथेमेटिकल फोरमलिज़्म इन हाई स्कूलस करीकुला, द टीचिंग ऑफ मेथेमेटिक्स Reprinted in 2000 Vol- III, I. pp. 1-14 (Translation)
6. Dewan Hriday Kant, Pedagogy and the purpose of Education (2012), Sewa Mandir News letter, Pg 16-21, Seva Mandir, Udaipur
7. दीवान हृदय कान्त, टीएलएम बनाम टीचिंग ऐड, http://vidyabhawan.in/wp-content/uploads/2018/08/Buniyadi-Shiksha-ek-Nai-18.pdf
8. Dewan Hriday Kant (2016) Building a better Mathematics classroom, Voices of Teachers and Teacher Educators, Volume VI Issue I December 2016
9. Dewan Hriday Kant (2016) Building a better Mathematics classroom, Voices of Teachers andTeacher Educators, Volume V Issue I December 2016, pg 6-17
10. मोयर पैट्रीसिया एस (2001), आर वी हैविंग फन येट? हाउ टीचर्स यूज़ मेनिपुलेटिव टू टीच मेथेमेटिक्स ए एजुकेशनल स्टडीज़ इन मेथेमेटिक्स 47 : 175-197, 2001. वेब लिंक https :// digitalcommons.usu.edu › cgi › viewcontent

19

गणित सीखने-सिखाने की अच्छी सामग्री : अनुभवजनित उदाहरण

मुकेश मालवीय

यह पर्चा गणित सीखने-सिखाने के लिए बनायी गयी तीन अलग-अलग सामग्रियों का विश्लेषण है। लेखक कहते हैं कि ये सामग्रियाँ सीखने वाले को तर्कशील व सचेत भागीदार मानती हैं और ज्ञान निर्माण की प्रक्रिया में व्यक्तिगत श्रेष्ठता के बजाए सामूहिक प्रयासों के अधिक अवसर उपलब्ध कराने की आवश्यकता पर बल देती हैं। लेखक के अनुसार गणित की कक्षा में संवाद के अवसर नहीं होने से बच्चों के अनुभव संसार से जुड़ाव और अवधारणाओं तथा सवालों को समझने का प्रयास कक्षा में नहीं हो पाता। यह सामग्री शिक्षक को आगे बढ़ने की राह दिखाती हैं और उनकी समझ का भी विकास करती हैं।

मन में चलने वाले विचारों के लिए हमारे पास किसी तरह की भाषा का होना ज़रूरी होता है। हम सबके पास विचार हैं, इसलिए हमारे पास भाषा भी है। इन विचारों में सैकड़ों गणितीय अवधारणाओं की भी मौजूदगी होती है जिन्हें हम समझते हैं और अपने क्रियाकलाप में इस्तेमाल करते हैं। बच्चे स्कूल जाने की उम्र से पहले भाषा इस्तेमाल कर रहे होते हैं, जिसमें वे गणित की समझ का उपयोग भी करते हैं। बच्चों की भाषा की समझ में रचा-बसा यह गणित, स्कूल में आकर एकदम दुरूह व कठिन हो जाता है। गणित की कक्षा बच्चों से उस भाषा में बात ही नहीं करती, जिस भाषा में उनके पास गणित होता है। उदाहरण के लिए स्कूल जाने की शुरुआत से पहले ही बच्चों के पास संख्याओं के बारे में आश्चर्यजनक रूप से अच्छा ख़ासा ज्ञान होता है (मार्टिन ह्यूज, चिल्ड्रन एण्ड नम्बर, 1986)।[1] कक्षा में संख्याओं के प्रतीकों की पहचान से प्रारम्भ होने वाला गणित बच्चों के अनुभव संसार से सामंजस्य कम ही बैठा

पाता है। सवालों को हल करने के लिए सूत्रों, विधियों, तरीक़ों को सीख लिया जाता है पर सवालों को समझने के लिए किसी तरह का संवाद कक्षाओं में नहीं होता है।

एक उदाहरण- बच्चों के पास कम, ज़्यादा, बड़ी, छोटी, दूर, पास आदि की समझ स्कूल आने के पहले ही मूर्त अनुभवों से बन जाती है पर स्कूल बच्चों के इन अनुभवों का संख्याओं को समझाने में कम ही इस्तेमाल करते हैं। स्कूल में संख्याओं की समझ बनाने में ठोस वस्तुओं का इस्तेमाल या वास्तविक अनुभव आधारित संवाद कम ही होते हैं। इससे दो संख्याओं के आपसी मात्रात्मक सम्बन्ध को समझने में दिक़्क़तें आती हैं। इसी तरह आगे की कक्षा में गणित जब तार्किक सत्यों की समझ के निर्माण, जैसे क > ख और ख > ग तो क > ग, पर काम करने लगता है, तो पर्याप्त संवाद के अभाव में इस तरह की गणितीय भाषा के उलझाव में अर्थ के गुम हो जाने के कारण बच्चों के दिमाग, उनके अनुभवों से जुड़े कोई अर्थ नहीं बना पाते।

मैं इस पर्चे में इन दिक़्क़तों के बजाए उन प्रयासों के बारे में अपने अनुभव ज़ाहिर करना चाहता हूँ जिन्हें बतौर शिक्षक मुझे सीखने, समझने और बच्चों के साथ विस्तार से आजमाने का मौक़ा मिला।

मैं मध्य प्रदेश के एक ग्रामीण सरकारी प्राथमिक विद्यालय में तीस वर्ष पहले शिक्षक बना। इस विद्यालय में एकलव्य शैक्षणिक संस्था का शैक्षिक कार्यक्रम चल रहा था। यह कार्यक्रम बच्चों एवं शिक्षकों को शिक्षा को समझने की ऐसी दृष्टि देता था जो उनके ख़ुद के लिए अर्थ निर्माण करती हो। इसके प्रभाव से मैं शिक्षा को समझते हुए राज्य के एवं राष्ट्रीय शैक्षिक संस्थानों में अपने स्कूल के बच्चों एवं शिक्षा के अनुभवों को दर्ज करवा सका। इस दौरान प्राथमिक शाला में सिखाए जाने वाले गणित के प्रति मैं विशेष रूप से आकर्षित था। अपने काम के अनुभव से मैं प्रारम्भिक गणित शिक्षा के सन्दर्भ में तीन तरह की सामग्री को सार्थक और परिवर्तनकारी समझता हूँ।

यह तीन अलग-अलग संस्थानों द्वारा तैयार प्रारम्भिक गणित शिक्षण की सामग्री है पर इनमें बुनियादी एकरूपता है। यह सामग्री बच्चों को एक विवेकशील व्यक्ति मानती है जिसमें सोचने-समझने और तर्क करने की बराबरी की क्षमता होती है। दूसरा यह कि समझ और ज्ञान निर्माण की प्रक्रिया में व्यक्तिगत श्रेष्ठता के बजाए सामूहिक प्रयासों के अधिक अवसर उपलब्ध कराती है। यह अवसर सीखने के क्रियाकलापों, गतिविधियों, चर्चाओं और चुनौतियों से जूझने के सहज सन्दर्भों के रूप में है। एक और विशेषता यह भी है कि यह सामग्री विषय के बँटवारे को बहुत ढीला कर देती है।

यह तीन प्रकार की सामग्री है—

1. इग्नू का सीटीपीएम, कोर्स याने प्रायमरी स्कूली गणित सिखाने के तरीक़े
2. एनसीईआरटी की, एनसीएफ़ 2005 के बाद बनी प्राथमिक कक्षाओं की गणित की पाठ्यपुस्तकें।
3. एकलव्य के प्राथमिक शिक्षा कार्यक्रम के अन्तर्गत गणित सीखने-सिखाने की सामग्री।

सबसे पहले मैं इग्नू के सीटीपीएम कोर्स के बारे में विचार साझा करूँगा।

सीटीपीएम कोर्स

इग्नू का सीटीपीएम (CTPM)[2] कोर्स मूलतः शिक्षकों को सम्बोधित है। यह कोर्स गणित पर कम, गणित पढ़ाने की प्रक्रियाओं पर अधिक संवाद करता है। यह इन्दिरा गाँधी राष्ट्रीय मुक्त विश्वविद्यालय द्वारा प्राथमिक माध्यमिक विद्यालयों में पढ़ाने वाले शिक्षकों के लिए बनाया गया है।

इस पाठ्यक्रम का केन्द्रीय सवाल यह है कि गणित की अवधारणाओं को समझने में शिक्षक बच्चों की किस तरह से मदद कर सकते हैं? गणितीय तरीक़ों से सोचने के लिए आवश्यक प्रक्रियाओं और कौशलों को विकसित करने में वे कैसे उनकी सहायता कर सकते हैं? इस पाठ्यक्रम की सामग्री पाँच खण्डों में विभाजित है। सामग्री के बारे में कुछ चर्चा प्रासंगिक है। सामग्री में छोटी-छोटी पाँच पुस्तिकाएँ हैं, जिनमें से प्रत्येक गणित सीखने-सिखाने के किसी एक क्षेत्र के लिए बनी है। इसके अलावा एक प्रोजेक्ट गाइड भी है किन्तु उसके बारे में हम यहाँ चर्चा नहीं करेंगे।

खण्ड-1 : गणित सिखाने के विभिन्न पहलू

इस खण्ड में चार इकाईयाँ हैं।

पहली इकाई है 'गणित क्यों सीखें?' इस इकाई में वास्तव में 'गणित क्या है', इस मसले पर संवाद किया गया है। 'हमारे जीवन में गणित' इस शीर्षक के तहत इस बात पर विचार किया गया है कि क्या गणित केवल एक स्कूली विषय मात्र है? क्या उन लोगों का, जो कभी स्कूल नहीं गये, गणित से सामना नहीं होता? हमारे आसपास किस तरह का गणित मौजूद है और इसका उपयोग हम कैसे करते हैं?

इकाई का दूसरा हिस्सा गणितीय विचार किस तरह विकसित होते हैं, इस समझ की ओर ले जाता है। इसमें मूर्त से अमूर्त, (गोल चीज़ों से गोलपन की अवधारणा),

विशिष्ट से व्यापक (अलग-अलग चतुर्भुज यथा वर्ग, आयत आदि से चतुर्भुज की विशिष्टता को पकड़ना) तथा गणित की सोपानक्रमिक संरचना की बातें खुलती हैं।

तीसरे हिस्से में गणित की प्रकृति के अन्तर्गत गणितीय कथन की असंदिग्धता एवं प्रतीकों के प्रयोग पर चर्चा है।

चौथा हिस्सा गणितीय तरीक़ों से सोचने पर केन्द्रित है। इसमें गणित के प्रश्न हल करते समय हम किन मानसिक प्रक्रियाओं से गुज़र रहे होते हैं, को कुछ उदाहरणों से समझने की कोशिश है। जैसे किसी विषम संख्या और सम संख्या का जोड़ कैसी संख्या होगी? इसके लिए अलग-अलग विषम और सम संख्या लेकर जोड़ते हैं, तो देखते हैं कि हर बार एक विषम संख्या ही प्राप्त होती है। इसी तरह के अन्य उदाहरणों के आधार पर नियम का अनुमान लगा सकते हैं। इसे व्यापकीकरण कहेंगे। इसे सर्वमान्य बनाने के लिए इसे इस तरह सिद्ध करना होगा जो किसी भी विषम और सम संख्या के लिए सटीक हो।

इस तरह गणितीय तरीक़ों से सोचने का मतलब है :

विशिष्टीकरण ↔ व्यापकीकरण ↔ सिद्ध या असिद्ध करना

दूसरी इकाई 'अपने सीखने वाले को जानें' में बच्चों के उन पहलुओं पर विचार किया गया है जो गणितीय अवधारणाओं, प्रक्रियाओं और कौशलों के सीखने की उनकी क्षमता को प्रभावित करते हैं। इसमें, बच्चे कैसे सीखते हैं, के कुछ मुख्य बिन्दु रखे गये हैं। बच्चे अनुभव से सीखते हैं, बच्चे अपने ही तरीक़ों से सीखते हैं, सीखने का विकास लगातार ज़ारी रहता है जैसे बिन्दुओं पर इसमें विमर्श किया गया है।

तीसरी इकाई 'बच्चों को गणित सीखने में मदद', बच्चों की पृष्ठभूमि के आधार पर आगे बढ़ने, खेल-खेल में सीखना, सीखने में मददगार तरीक़ों पर विमर्श को शामिल करती है।

चौथी इकाई 'कक्षा का कामकाज', में बच्चों को कोई गणितीय अवधारणा या कौशल सिखाने के लिए किस तरह के शिक्षण अनुभवों की रचना करनी चाहिए, इस बात को समझने की कोशिश की गयी है। इसके लिए गणित सिखाना क्या है, इसे समझा गया है और निम्न बातों को रेखांकित किया गया है :

1. गणित सीखना सार्थक होना चाहिए।
2. गणित सीखना एक विकास प्रक्रिया है।
3. गणित का सीखना पहले सीखी गयी बातों पर आधारित होना चाहिए।
4. गणितीय अवधारणाओं को क्रमबद्ध ढंग से पेश करना चाहिए।
5. गणित सीखने में बच्चों की सक्रिय भागीदारी होनी चाहिए।

6. गणित की भाषा बोलना गणित सीखने का एक ज़रूरी हिस्सा होना चाहिए।

7. गतिविधियों व खेलों में हिस्सा लेने से गणित सीखने में मदद मिलती है।

इस इकाई में उपरोक्त बिन्दुओं पर विचार किया गया है और गतिविधि के मुख्य गुणों को कैसे उपयोग करें व उन गुणों से लैस गतिविधियाँ कैसे बनायें, इस पहलू पर बात की गयी है।

बच्चों को गणित सिखाने की योजना बनाते समय एक शिक्षक में यह समझ होनी आवश्यक है कि गणित सीखना नियमों को रटना नहीं है। इसमें बच्चों को अपनी समझ बनाने का मौक़ा मिले, उसे बच्चे अपने रोज़मर्रा के अनुभवों से जोड़ सकें, तभी वे सीखेंगे। इस तरह, शिक्षण की योजना बनाने तथा सीखने-सिखाने की प्रक्रिया के मूल्यांकन पर यह इकाई महत्त्वपूर्ण संवाद कायम करती है। इस तरह यह खण्ड गणित की शिक्षकीय समझ में अहम विस्तार करता है।

इसके बाद के खण्डों में गणित की कुछ मूलभूत अवधारणाओं के इर्द-गिर्द उन्हें समझने व समझाने के ढंग पर बात की गयी है। यह सभी खण्ड पहले खण्ड में प्रस्तुत गणित व गणित सीखने-सिखाने के परिप्रेक्ष्य पर आधारित हैं।

❖ **खण्ड 2 संख्या 1 की इकाइयाँ हैं**- गिनना कैसे सिखाएँ?, इकाई दहाई और आगे, जोड़ना और घटाना, गुणा और भाग करना।

❖ **खण्ड 3 संख्या 2 की इकाइयाँ हैं**- ऋणात्मक संख्यायें, अंकगणित से बीजगणित की ओर, भाषा का विकास।

❖ **खण्ड 4 भिन्न** में किसी पूर्ण के हिस्से, भिन्न की क़िस्में, भिन्न की संक्रियाएँ, दशमलव इकाइयाँ हैं।

❖ **खण्ड 5 मापन** से सम्बन्धित है। इसमें स्थान सम्बन्धी अवधारणाओं का विकास, साइज़ नापना, कोण नापना, समय नापना शामिल हैं।

इस तरह यह कोर्स शिक्षकों को गणित का ज्ञान देने के बजाए उनसे संवाद कायम करता है। उन्हें अपनी कक्षा और बच्चों के गणित सीखने के उदाहरणों का विश्लेषण करने के लिए कहता है। इसमें हर एक संवाद के बाद इस तरह के प्रश्न दिये गये हैं जिनमें शिक्षक को अपनी समझ, मत या अनुभव बताने के लिए कहा गया है। मुझे इस कोर्स के शिक्षकों के प्रोजेक्ट के मूल्यांकन कार्य से जुड़ने का मौक़ा मिला। मैंने इन प्रोजेक्ट कापियों में शिक्षकों की परम्परागत गणित की समझ में विचलन देखा।

एनसीईआरटी की प्राथमिक स्तर की किताबें

एनसीईआरटी की प्राथमिक कक्षाओं (कक्षा 2 से कक्षा 5)[3] की गणित की पाठ्यपुस्तकें बच्चों के लिए एक नया अनुभव संसार रचती हैं। ये किताबें परम्परागत गणित की पाठ्यपुस्तकों से बिल्कुल भिन्न हैं। इनमें कथा-कहानियों, विवरणों, घटनाओं, क्रियाकलापों आदि के सहज सन्दर्भ बनाये गये हैं। यह सन्दर्भ बच्चों की समझ का अधिकाधिक उपयोग करने की चुनौती उत्पन्न करते हैं। इन सन्दर्भों में गणितीय अवधारणाएँ इस तरह से छुपी हुई हैं कि सामान्य दृष्टि से देखने पर पता ही नहीं चलता कि ये गणित विषय की पाठ्यपुस्तकें हैं। इन किताबों के चित्र बच्चों को अपनी और सहज आकर्षित करते हैं और आधी से ज़्यादा बात चित्र ही करते हैं।

इन पुस्तकों में पाठों के शीर्षक भी बच्चों की समझ को सामान्य जीवन के सन्दर्भों व उनके लिए रोचक उदाहरणों से लेते हैं और उनमें गणित ढूँढ़कर उससे जोड़ते हैं। बहुत से अध्यायों के शीर्षक बच्चों की अभिरुचियों व स्वाभाविक क्रियाकलापों से भी जुड़े प्रतीत होते हैं। यह जुड़ाव पाठों की विषय-वस्तु व उसमें चर्चित मसलों में भी दिखता है। कक्षा 2 में कुछ शीर्षक इस प्रकार हैं : पैरों के निशान; क्या है लम्बा, क्या है गोल (यह एक कविता है जिसे बच्चों को आगे बढ़ाना है); तुम कितना वज़न उठा सकते हो; गिनो मगर समूह में; सबसे लम्बा क़दम आदि। कक्षा 3 में भी इसी तरह से रोचक शीर्षक हैं। इनके कुछ उदाहरण हैं : देखें किधर से; संख्याओं की उछल-कूद; आकृतियों का कमाल; कौन किससे भारी आदि।

कक्षा 3 का पाठ 'जैसे को तैसा' एक चित्र कहानी है। इसमें एक लड़की एक चित्रकार से अपना चित्र बनवाती है जिसके लिए दो सौ रुपये चित्रकार को देना तय किया गया है। चित्रकार उसका आधा चित्र बनाकर कहता है यह लो तुम्हारा चित्र। तुम अपना चित्र इस आईने पर रखकर देखो, यह पूरा दिखेगा। अब लाओ मेरे पैसे दे दो। लड़की उसे सौ रुपये का नोट देती है।

चित्रकार कहता है यह तो आधे ही हैं। वह कहती है कि इसके पास आईना रखना, आधा उसमें है। इस तरह यह पाठ आगे विभिन्न आधी आकृतियों को आइने की सहायता से देखने को कहता है। फिर कुछ आकृतियों के पूरे चित्र हैं जिनमें बीच में एक लाइन बनी है। इस लाइन पर दर्पण पट्टी रखकर देखकर पता लगाना है कि कौन-सी आकृति पूरी दिखती है (यह मूल पाठ एकलव्य की ख़ुशी-ख़ुशी किताब से लिया गया है)। इस तरह सममिति या सममिति अक्ष को बताए बगैर पाठ बच्चों को यह अनुभव देता है कि कुछ आकृतियों में ऐसा आधा भाग होता है और कुछ में नहीं।

इन सारी पाठ्यपुस्तकों का स्वरूप ऐसा ही है। कक्षा 4, 5 की पाठ्यपुस्तकें भी इसी तरह के रोचक पाठों को समाहित किये हुए हैं।

एनसीईआरटी अपनी पाठ्यपुस्तकों को बनाने में प्रगतिशील रही है। यह सभी राज्यों व सभी शिक्षकों के लिए उपयोगी हैं किन्तु गणित का फ़ोकस पेपर, जिनके आधार पर यह बनी हैं, इनसे भी अधिक महत्त्वपूर्ण है। यह वास्तव में गणित सीखने-सिखाने के लिए एक मार्गदर्शक दस्तावेज़ बन पाया है। इसके बावजूद शिक्षकों तक इस नये गणित शिक्षण की समझ को फैलाने के लिए लगातार संवाद की जो पहल होनी थी उसका प्रारम्भ भी नहीं हो सका। इसलिए अधिकांश शिक्षकों को इन किताबों में गणित कहीं दिखाई ही नहीं देता। पाठ्यपुस्तकों और बच्चों के बीच में शिक्षक अहम भूमिका में हैं और बहुत-से शिक्षकों के लिए गणित शिक्षण की प्रक्रिया अभी भी लगातार अभ्यास और स्मरण शक्ति के उपयोग से ही पूरी होती है। उन्हें पहले से चल रही गणित की पाठयपुस्तकों में विषय की कठिनाई का जो उच्च स्तर था, उसी की तलाश है। उस स्तर से कठिनाई का व गणित का जो ओहदा है, वह इन पाठ्यपुस्तकों के आने से काफ़ी कम हो जाता है। इसलिए कक्षाओं में शिक्षक अभी भी पहले की तरह की गणित शिक्षण की व्यवस्था में अपने को अनुकूल पाते हैं और इन नयी किताबों में गणित खोजने में दिक़्क़त महसूस करते हैं।

एकलव्य की सामग्री

तीसरी सामग्री एकलव्य के प्राथमिक शिक्षा कार्यक्रम[4] के अन्तर्गत गणित सीखने-सिखाने की है। इसको केवल गणित का सीखना-सिखाना नहीं कह सकते बल्कि यह कार्यक्रम प्राथमिक शिक्षा के हरेक पहलू पर आपसी संवाद को खोलता था। इसके तीन महत्त्वपूर्ण पहलुओं को इंगित करना ज़रूरी है।

1. शिक्षक प्रशिक्षण
2. पाठ्यचर्या व पाठ्यक्रम एवं
3. पाठ्यपुस्तक ख़ुशी-ख़ुशी (जो कि 1 से 5 तक की हर कक्षा के लिए बनायी गयी है)। असल में पाठ्यचर्या, पाठ्यक्रम और ख़ुशी-ख़ुशी में गहरे अन्तर्सम्बन्ध हैं।

मेरे जैसे अधिकांश शिक्षकों ने जिस तरह का गणित अपनी स्कूली शिक्षा के दौरान सीखा था, वह हमने अपनी नैसर्गिक तार्किकता और विश्लेषण के कौशल को ध्वस्त कर, अभ्यास और स्मरण शक्ति की बुनियाद पर हासिल किया था।

उन कक्षाओं में गणित पढ़ने का मतलब अभ्यास प्रश्नावलियों को हल कर पाना ही होता था। एक ही तरह के अभ्यास से नियमों को इस्तेमाल करना तो आ जाता है, जिससे एक ही तरह के गणितीय प्रश्न का उत्तर निकल आता है पर न तो प्रश्न दिमाग़ में कोई अर्थ या छवि बनाता है, न ही उत्तर। जैसे भिन्न संख्याओं पर संक्रियाएँ करने के लिए हमें नियम सीखने होते हैं। प्रश्न $\frac{3}{7} + \frac{5}{9}$ को हल करने के लिए हमें हर (7 और 9) का लघुतम समापवर्त (एलसीएम) लेना है जो कि एक विशेष प्रकार की गणना सीखने से आता है। इस एलसीएम 63 में $\frac{3}{7}$ के हर 7 से भाग देना है फिर भागफल का $\frac{3}{7}$ के अंश 3 में गुणा करने पर आयी संख्या लिखनी है। इसी तरह $\frac{5}{9}$ के साथ भी यही गणना करनी है। इस तरह $\frac{3}{7} + \frac{5}{9}$ का उत्तर $\frac{62}{63}$ आयेगा। हमारे दिमाग में $\frac{3}{7}$ और $\frac{5}{9}$ का कोई अर्थ नहीं बना। फिर इनका योग करने से जो $\frac{62}{63}$ आया, यह कितना है उसकी भी कोई समझ या अहसास नहीं है। इस तरह की गणित की अवधारणाओं व सवालों को हल करने के प्रपंचों का हमारे पास जो बैंक था, उसे इस शिक्षक प्रशिक्षण में खूब खँगाला गया।

एकलव्य के प्राथमिक शिक्षा कार्यक्रम (प्राशिका) में शिक्षक प्रशिक्षण को बुनियादी ज़रूरत मानकर शिक्षकों से सघन संवाद बनाये गये थे। प्राशिका ने हमारी समझ में तीन तरह से हस्तक्षेप किया।

एक, बच्चे की सीखने की प्रक्रिया को समझना, उन्हें ज़िम्मेदार और समझदार समझने के लिए उनके सीखने के क्रियाकलापों और उत्तरों का विश्लेषण करना। दो, गणितीय अवधारणाओं को बच्चों को बताने, सिखाने के लिए शिक्षक जिन निर्देशों, वार्तालापों, सिखाने की प्रक्रियों व तरीक़ों का इस्तेमाल करते हैं, उनका विश्लेषण करना। शिक्षक के पास गणित की अवधारणाओं की जो मौजूदा समझ है, उसको टटोलना और उनकी बुनियाद को पक्का करना। तीन, इन अवधारणाओं की समझ पर ख़ुद या दूसरे के द्वारा उठाए सवालों के ऐसे जवाब, जो स्वयं को सन्तोषजनक अर्थ दे पायें, इसके लिए तैयार रहना।

इस प्रशिक्षण में कुछ बातें हमने पहली बार ही समझीं, जैसे पैटर्न क्या होते हैं? गीली मिट्टी के खिलौने या आकार बनाने में गणित, ठोस वस्तुओं के इस्तेमाल, जिग्सा या पजल्स का गणित सीखने में महत्त्व आदि। जगह की समझ अथवा स्थानिक समझ की अवधारणा हमारे लिए बिल्कुल नयी थी। यह समझने से तात्पर्य यह नहीं है

कि कोई हमें समझा रहा था, बता रहा था, बल्कि हम ख़ुद मिट्टी के खिलौने बना रहे थे, खपरैल के रुप्पे बना रहे थे, खेल खेल रहे थे, बहस व संवाद कर रहे थे और चुनौतियों से जूझ रहे थे।

एकलव्य का प्राथमिक कक्षा का पाठ्यक्रम और ख़ुशी-ख़ुशी पुस्तकें

एकलव्य के प्राथमिक शिक्षा कार्यक्रम का पाठ्यक्रम अलग-अलग विषयों पर आधारित विषय-वस्तु में विभाजित नहीं था। यह कुछ बुनियादी कौशलों के आधार पर रचा था जिसमें सभी विषय समाहित हैं। ये कौशल विषय को समझने के साथ विवेकशील व्यक्ति बनने का आधार देते हैं। इस पाठ्यक्रम के हिस्सों को देखें तो इसमें विभाजन अलग ढंग से किया गया है। इसके सात प्रमुख हिस्से हैं- समझना, अभिव्यक्ति, अवलोकन, सृजनात्मकता, हल करना व निष्कर्ष निकालना, जगह की समझ और हस्त-कौशल। अगर हम केवल गणित की विषयवस्तु के बारे में सोचें तब भी हम इन कौशलों के तहत ही गणित की बेहतर समझ विकसित कर पायेंगे। जैसे इनमें से एक कौशल, अवलोकन की क्षमता की बात करें तो अवलोकन में तात्पर्य अनुभव और अहसास का भी है। यह अहसास दो वस्तुओं/आकृतियों में अन्तर या समानता के लिए भी हो सकता है। इसके लिए कोशिश हो कि बच्चे अन्तर और समानता पहचानने और उसे स्पष्ट करने के लिए अपनी इन्द्रियों का इस्तेमाल करें। यह अवलोकन कई चीज़ों के बारे में हो सकता है। जैसे आँखों पर पट्टी बाँधकर वस्तुओं को पहचानना, दो चित्रों में अन्तर, पैटर्न समझना, क्रम में जमाना, सम्बन्धात्मक अवधारणाएँ यथा ऊपर-नीचे, आगे-पीछे, छाँटना, वस्तुओं के समूह और संख्या गिनना, मात्रा के आधार पर तुलना करना आदि।

इन पाठ्यपुस्तकों में भाषा और परिवेश की बातों में ही गणित है। कक्षा-2 की कविता 'ऊँट चला' में भाषायी गतिविधियाँ भी बनायी जा सकती हैं और गणित की भी। जैसे ऊँट से ऊँची चीज़ों के नाम बताओ? ऊँट के नीचे से कौन-कौन निकल सकता है और ऊपर से कौन? संख्याओं को समझने के लिए कंकड़, बीज, मोती माला, तीली बण्डल की ज़रूरत बहुत से पाठों में पड़ती है। पासा (डाइस) का उपयोग संख्या के साथ की गतिविधियों में हुआ है। संख्या चार्ट की बहुत-सी रोचक गतिविधियाँ हैं। कहानी, कविताओं व वार्तालाप के जरिए छोटी-छोटी चुनौतियाँ बच्चों के बीच रखी गयी हैं। इन चुनौतियों में ऐसा गणित है जिसमें शामिल होने के लिए आवश्यक शर्त केवल इतनी है कि उस कथानक या परिस्थिति से बच्चे जुड़ जायें। इसके बाद फिर व्यक्तिगत और सामूहिक तरीक़ों से जूझना प्रारम्भ हो जाता है।

इसमें सुझाई लगभग सारी सामग्री ऐसी थी जो स्कूल प्रांगण और घर, दोनों में मिल जाये अथवा रखी जा सके। सामग्री एकत्रित करने के लिए कोई अतिरिक्त प्रयास न करना हो। बच्चे घर पर व आपस में भी उसका उपयोग कर मज़ेदार खेल अथवा गतिविधि कर पायें।

मेरी सोच के अनुसार इस कार्यक्रम की अधिकांश बातें इग्नू के सीटीपीएम कोर्स में समाहित हैं और एनसीईआरटी की गणित की पाठ्यपुस्तकें प्राशिका और सीटीपीएम कोर्स की समझ को गणित की पुस्तक के रूप में बदलती हैं। इस तरह अपने शिक्षकीय अनुभव में इन तीन तरह की सामग्रियों से मैं प्राथमिक स्तर के गणित के ऐसे अर्थ पा सका, जिसकी व्याख्या विविध तरह से कर सकता हूँ। मुझे यह सामग्री न केवल स्कूल में गणित पढ़ाने वाले शिक्षकों के लिए महत्त्वपूर्ण और आवश्यक लगती है, बल्कि शिक्षा से सरोकार रखने वाले सभी के लिए यह ज़रूरी हो सकती है। इसे समझने पर गणित का वास्तविक अर्थ खुलता है और बड़ी कक्षाओं में भी गणित पढ़ने-पढ़ाने वालों के लिए नये और उपयोगी रास्ते बनते हैं। यह सामग्री गणित के विशेष स्वरूप, शक्ति, उपयोगिता, महत्त्व एवं ख़ूबसूरती पर शिक्षकों और बच्चों को बराबरी का हक़ देती है।

सन्दर्भ सूची

1. Hughes Martin (1986) Children and number. Differences in learning Mathematics, block well, Oxford, New York 1986.
2. Indira Gandhi National Open University (1996) Certificate in Teaching Primary Mathematics, Blocks I to V IGNOU, New Delhi.
3. NCERT (2008) Math Magic textbooks for primary mathematics, NCERT, New Delhi.
4. Eklavya (1994) Khushi-Khushi syllabus and textbooks class I to V, Eklavya, Bhopal.

20

गणित में शैक्षणिक सामग्री और कक्षा में उनके उपयोग सम्बन्धी प्राथमिक विद्यालय के शिक्षकों की समझ का अध्ययन

रूही फ़ातिमा

इस पर्चे में लेखिका सवाल उठाती हैं कि शिक्षक पाठ्यपुस्तकों की भावना को कितना समझते हैं व उसका कितना सार्थक उपयोग कर पाते हैं। इन सवालों के जवाब खोजने के लिए लेखिका ने एनसीईआरटी द्वारा विकसित कक्षा-1 से 5 तक की गणित की पाठ्यपुस्तकों पर आधारित प्रश्नावली को दिल्ली के 50 शिक्षकों से साझा किया और कुछ कक्षाओं का अवलोकन किया। इनके विश्लेषण के सहारे वे जानने की कोशिश करती हैं कि क्या गणितीय अवधारणाओं को पढ़ाने के लिए एनसीईआरटी की पाठ्यपुस्तकें पर्याप्त हैं; या इसके लिए अन्य सामग्रियों और उपायों की ज़रूरत है।

परिचय

भारतीय संविधान का 86वाँ संशोधन, शिक्षा को 6 से 14 वर्ष की आयु के सभी बच्चों के लिए एक मौलिक अधिकार बनाता है। सर्व शिक्षा अभियान (एसएसए) और शिक्षा का अधिकार (आरटीई) अधिनियम, 2010 का उद्देश्य, प्राथमिक शिक्षा के सार्वभौमीकरण (यूईई) के लक्ष्य को प्राप्त करना है। हालाँकि, भारत अथक प्रयासों के बावजूद अभी भी प्राथमिक शिक्षा में सौ प्रतिशत साक्षरता हासिल नहीं कर पाया है। क्या इस लक्ष्य को प्राप्त न करने में गणित विषय भी ज़िम्मेदार है? क्या प्राथमिक विद्यालय के शिक्षकों की इसमें कोई भूमिका है? इन महत्त्वपूर्ण प्रश्नों के उत्तर जानने के क्रम में यह शोध किया गया है।

यह एक दुर्भाग्यपूर्ण सच्चाई है कि प्राथमिक स्तर के शिक्षकों को भी गणित विषय कठिन लगता है। गणित केवल संख्यात्मक समाधान, पुनरावृत्ति, अभ्यास, तालिकाओं और संख्याओं का अध्ययन नहीं है बल्कि यह एक ऐसा विषय है जो शिक्षक से समस्या को हल करने और निर्णय लेने की माँग करता है। यह हमारे आस-पास की दुनिया की दैनिक घटनाओं में भी मौजूद है। इसलिए गणित की अपनी अवधारणा बनाने के लिए शिक्षक को विद्यार्थियों की मदद करनी होगी।

भारत में स्कूल के पाठ्यक्रम में एक विषय के रूप में गणित के स्थान को हमेशा महत्त्व दिया गया है और शिक्षा पर विभिन्न आयोगों द्वारा इसकी सामग्री और शिक्षाशास्त्र में सुधार की आवश्यकता पर ज़ोर दिया गया है। साथ ही वर्षों से विभिन्न शैक्षिक सर्वेक्षणों के आँकड़े बताते हैं कि इस दिशा में राज्यों द्वारा किये गये सभी प्रयासों के बावजूद गणित में बच्चों की सीखने की उपलब्धियाँ अपेक्षित स्तर से भी कम हैं। एक विषय के रूप में गणित की अन्तर्राष्ट्रीय स्तर पर सभी पाठ्यक्रमों में महत्त्वपूर्ण भूमिका है। यह एक ऐसे विषय के रूप में पहचाना जाता है जो विद्यालय जीवन के बाद भी बहुत सारे अवसर प्रदान करता है, चाहे वह रोज़मर्रा की ज़िन्दगी में निर्णय लेने वाले क्षेत्र हों या उच्च शिक्षा में गणितीय समझ और समस्या को सुलझाना हो। विषय की प्रकृति, सामाजिक निर्माण और इसके बारे में दृष्टिकोण जैसे कई कारकों के कारण गणित की शिक्षा अनुसन्धान का प्रमुख क्षेत्र बन गयी है। कठिन जैसे विशेषण इसके साथ जुड़े हैं और अध्ययन बताते हैं कि गणित उन विषयों में से एक है जो बहुत से बच्चों को स्कूलों से बाहर करने के लिए ज़िम्मेदार है (एनसीएफ़ 2005)।

गणित के शिक्षण पर पोजीशन पेपर, नेशनल फ़ोकस ग्रुप, 2005 ने गणित के शिक्षण और सीखने में महत्त्वपूर्ण समस्याओं में से एक समस्या 'शिक्षकों की अपर्याप्त तैयारी' बताई है। इसके अनुसार गणित शिक्षण, शिक्षक की अपनी तैयारी पर, किसी भी अन्य विषय के शिक्षण से बहुत अधिक निर्भर करता है। साथ-ही-साथ शिक्षकों की गणित पर पकड़, उनकी गणित की प्रकृति की समझ और शैक्षणिक तकनीकों के बारे में समझ पर निर्भर करती है। प्राथमिक स्तर पर, बहुत से शिक्षक यह मानते हैं कि उन्हें आवश्यक गणित आता है। नतीजतन, ये शिक्षक पढ़ाने के लिए कोई तैयारी नहीं करते हैं। इससे एक तो यह समस्या उत्पन्न होती है कि उनका गणित शिक्षाशास्त्र, बाल मनोविज्ञान के साथ मेल नहीं खाता। दूसरे उनमें पढ़ाते समय नएपन का कोई अहसास नहीं होता है। एक और पहलू जो महत्त्वपूर्ण है, वह यह कि बच्चा,

उच्च प्राथमिक स्तर पर औपचारिक गणित और अनुभवात्मक अधिगम को जोड़ने में असमर्थ है। यह फ़ोकस पेपर इस पर भी चिन्ता व्यक्त करता है कि कक्षा-3 या 4 तक के कई विद्यार्थी गणित सीखने में सक्षम नहीं हो पाते हैं। हालाँकि शोध यह भी बताते हैं कि विद्यार्थियों के साथ-साथ गणित विषय की गणित शिक्षकों को भी समझ नहीं होती है, इसीलिए वे अपने अनुभवों के आधार पर गणित को परिभाषित करने में पूरी तरह सक्षम नहीं होते हैं।

सीखना एक सतत प्रक्रिया है जो कक्षा में गतिविधियों तक सीमित नहीं है। बच्चा कुछ पूर्वनिर्धारित धारणाओं के साथ कक्षा में आता है, जिसे शिक्षकों को तराशने की आवश्यकता होती है। इस प्रयास से शिक्षक को उपयुक्त शैक्षणिक तकनीकों को अपनाने में भी मदद मिलती है। उपयुक्त शैक्षणिक तकनीकों का अनुकूलन बेहतर शिक्षण-अधिगम वातावरण (teaching-learning environment) बनाने में मदद करता है। शिक्षण की सायास प्रक्रिया के बावजूद सीखना भी एक बेइरादा गतिविधि है। शिक्षक उन विद्यार्थियों के लिए गतिविधियों को फ्रेम करके सीखने का एक माहौल बना सकते हैं जिनको गणित करने में मज़ा आता है। शिक्षक को विद्यार्थियों के लिए ऐसी गतिविधियाँ तैयार करनी चाहिए, जो सीखने का माहौल बनायें और साथ ही विद्यार्थियों को मज़ा भी आये।

अध्ययन का तर्काधार

प्राथमिक स्तर पर, अधिकांश शिक्षक एनसीईआरटी द्वारा विकसित पाठ्यपुस्तकों के अध्यायों में दी गयी अवधारणाओं को नहीं समझ पाते हैं। उदाहरण के लिए, कक्षा-5 में पहले अध्याय में 'द फिश टेल' को आमतौर पर शिक्षकों द्वारा विभिन्न प्रकार की मछलियों या नावों की अवधारणा माना जाता है, जबकि यहाँ पर गणितीय अवधारणाओं जैसे आकार, अनुमान, बड़ी संख्या की समझ, सरल संचालन, गति और ऋण आदि पर ध्यान दिया जाना है। कक्षा-6 के छठवें अध्याय में, 'द जंक सेलर' को एक कहानी के रूप में पढ़ाया जाता है, जबकि ध्यान गणितीय अवधारणाओं, जैसे संख्याओं, उनकी चार संक्रियाओं और धन पर आधारित शब्द समस्याओं के साथ धन और व्यापार करने के तरीक़े पर दिया जाना चाहिए। इसलिए प्राथमिक कक्षाओं के लिए एनसीईआरटी गणित की पाठ्यपुस्तकों में दी गयी शैक्षणिक सामग्री की समझ का अध्ययन करने के लिए शोधकर्ता द्वारा इस अध्ययन को करने की आवश्यकता महसूस की गयी।

अध्ययन के उद्देश्य

इस अध्ययन के उद्देश्य हैं :

- ❖ एनसीईआरटी द्वारा विकसित गणित की पाठ्यपुस्तकों की प्राथमिक शिक्षकों की समझ को समझना।
- ❖ पाठ्यपुस्तकों की समझ और उनके कक्षा प्रतिबिम्बन में पाये जाने वाले अन्तराल (गैप्स) की पहचान करना (यदि कोई हो)।
- ❖ इन अन्तराल को सम्बोधित करने के लिए उपायों को उभारना व सुधारने हेतु सुझाव देना।

कार्यप्रणाली

वर्तमान अध्ययन में प्राथमिक कक्षाओं की गणित की एनसीईआरटी पाठ्यपुस्तकों में प्रस्तुत शैक्षणिक सामग्री के बारे में शिक्षकों की समझ का गहन विश्लेषण करने के लिए गुणात्मक दृष्टिकोण अपनाया गया है। इस अध्ययन में निम्नलिखित चरणों को अपनाया गया :

- ❖ कक्षा-1 से 5 तक की गणित की पाठ्यपुस्तकों को वर्तमान अध्ययन के लिए चुना गया।
- ❖ प्रासंगिक अवधारणाओं के विश्लेषण के माध्यम से गणित की अवधारणाओं का अनुमान लगाया गया था और कार्यशाला मोड में एक प्रश्नावली विकसित की गयी थी।
- ❖ दिल्ली के विभिन्न सरकारी प्राथमिक स्कूलों (दक्षिण दिल्ली के एनडीएमसी स्कूलों) में गणित पढ़ाने वाले 50 शिक्षकों को प्रश्नावली दी गयी।
- ❖ इन शिक्षकों की कुछ कक्षाओं का अवलोकन किया गया, जहाँ गणित शिक्षण चल रहा था।
- ❖ एकत्र किये गये आँकड़ों को इन पाठ्यपुस्तकों के इरादे, लेन-देन और समझ के किसी भी अन्तराल की पहचान करने पर प्रतिबिम्बित किया गया था। गणित शिक्षकों और विशेषज्ञों के साथ दो दिवसीय कार्यशाला में आँकड़ों का विश्लेषण किया गया।

न्यादर्श

इस अध्ययन में, दक्षिण दिल्ली नगर निगम स्कूलों के गणित के प्राथमिक शिक्षक शामिल हैं। अध्ययन के नमूने में दिल्ली के 10 सरकारी प्राथमिक विद्यालयों (दक्षिणी

दिल्ली नगर निगम, (एसडीएमसी) स्कूल) में गणित पढ़ाने वाले 50 प्राथमिक शिक्षक शामिल हैं। प्रत्येक विद्यालय की प्रत्येक प्राथमिक कक्षा (1 से 5) से एक शिक्षक का चयन किया गया था, इस प्रकार प्रत्येक प्राथमिक कक्षा के लिए कुल 5-5 शिक्षकों को 10 अलग-अलग स्कूलों से लिया गया था।

आँकड़ा एकत्र करने की रणनीतियाँ

आवश्यक आँकड़ा एकत्र करने के लिए शोधकर्ता द्वारा निम्नलिखित संसाधनों का उपयोग किया गया :

- ❖ प्रत्येक प्राथमिक कक्षा के लिए एनसीईआरटी की गणित की पाठ्यपुस्तक में दी गयी शैक्षणिक सामग्री की शिक्षकों की समझ का आकलन करने के लिए प्रश्नावली।
- ❖ एनसीईआरटी की गणित की पाठ्यपुस्तकों के प्रति शिक्षकों की धारणा का आकलन करने के लिए प्रश्नावली (अर्ध-संरचित साक्षात्कार)।
- ❖ शिक्षण-अधिगम प्रकरणों का अवलोकन।

प्रत्येक कक्षा के लिए एक अलग प्रश्नावली विकसित की गयी थी। इस प्रश्नावली में विभिन्न अध्यायों की सामग्री और उनमें दी गयी अवधारणाओं के बारे में शिक्षकों की समझ का आकलन करने के लिए पाठ्यपुस्तक के प्रमुख हिस्से को चिह्नित किया गया। इस प्रश्नावली का उद्‌देश्य यह मूल्यांकन करना भी था कि शिक्षक द्वारा कक्षा में इन पाठ्यपुस्तकों का उपयोग कैसे किया जाता है।

सभी शिक्षकों के लिए एक सामान्य प्रश्नावली का भी उपयोग किया गया था, जिसका उद्‌देश्य एनसीईआरटी की गणित की पाठ्यपुस्तकों के प्रति उनकी धारणा और शिक्षकों द्वारा कक्षाओं में उनके उपयोग का मूल्यांकन करना था।

उपकरण का सत्यापन

उपकरण का सत्यापन सिद्ध करने के लिए सभी छह प्रश्नावलियाँ पाँच शिक्षक-शिक्षकों और पाँच TGT गणित शिक्षकों को दी गयीं तथा उनके दिये गये सुझावों के अनुसार बदलाव भी किये गये।

कक्षाओं का अवलोकन

प्रश्नावली में शिक्षकों द्वारा दी गयी जानकारी के पूरक के रूप में कुछ प्राथमिक गणित कक्षाओं को भी देखा गया था। अवलोकन का उद्‌देश्य शिक्षकों द्वारा अपनी कक्षाओं

में एनसीईआरटी की पाठ्यपुस्तकों के वास्तविक उपयोग का आकलन करना था, जिससे पता लगे कि वे इन पुस्तकों में दी गयी विभिन्न अवधारणाओं को कैसे बाँटते हैं और शिक्षण-अधिगम प्रक्रिया को इन पुस्तकों द्वारा कैसे परिकल्पित किया जाता है। अवलोकन केवल कुछ कक्षाओं तक ही सीमित रहा क्योंकि कुछ ही शिक्षकों (15) ने अपनी कक्षाओं को दिखाने की अनुमति दी थी। इसलिए केवल उन ही शिक्षकों की दो से तीन गणित शिक्षण अधिगम प्रक्रियाओं का अवलोकन किया गया।

आँकड़ा विश्लेषण दृष्टिकोण

शोध में आँकड़ों का गुणात्मक विश्लेषण किया गया है। एनसीईआरटी की पाठ्यपुस्तकों में दी गयी सामग्री के बारे में शिक्षकों (50) की समझ से सम्बन्धित प्रश्नावली का प्रश्नवार विश्लेषण किया गया। पाठ्यपुस्तकों के प्रति धारणा को समझने के लिए सामान्य प्रश्नावली का प्रत्येक कक्षा के लिए व्यापक विश्लेषण किया गया।

आँकड़ा और उसका विश्लेषण

अध्ययन के आँकड़ों और उनके विश्लेषण को इस खण्ड में प्रस्तुत किया गया है। एनसीईआरटी की गणित की पाठ्यपुस्तकों में दी गयी शैक्षणिक सामग्री की समझ को जाँचने वाली प्रश्नावली का प्रश्नवार विश्लेषण किया गया। इसके बाद पाठ्यपुस्तकों के प्रति समग्र धारणा से सम्बन्धित सार्वजनिक प्रश्नावली का विश्लेषण भी किया गया, जिसमें 10 प्रश्न शामिल थे। यह पाँच कक्षाओं (यानी कक्षा 1 से 5) में से प्रत्येक के 10 शिक्षकों को दिया गया था। इसका उद्देश्य एनसीईआरटी की गणित की पाठ्यपुस्तकों में प्रस्तुत शैक्षणिक सामग्री के प्रति शिक्षकों के दृष्टिकोण के बारे में अधिक अन्तर्दृष्टि प्राप्त करना है। प्रत्येक कक्षा के लिए प्रतिक्रियाओं का समग्र विश्लेषण किया गया। अध्ययन के अन्तिम हिस्से में किये गये अवलोकन का ज़िक्र किया गया है।

कक्षा 1 की प्रश्नावली का विश्लेषण

यह पाया गया कि शिक्षक अपनी कक्षा में एनसीईआरटी की पाठ्यपुस्तक का उपयोग करते हैं और पाठ के अतिरिक्त शिक्षण के लिए अपने अनुभवों का भी इस्तेमाल करते हैं। ज़्यादातर शिक्षकों को लगता है कि पुस्तक में दी गयी गतिविधियाँ व्यवहार्य और पर्याप्त हैं, परन्तु लगभग 80% शिक्षकों (40) को लगता है कि भाषा बच्चों के स्तर के अनुसार नहीं है। किताबें बच्चों के लिए दिलचस्प और आकर्षक मानी

गयीं लेकिन एनसीईआरटी की पाठ्यपुस्तक के मुकाबले अन्य पुस्तकों (Private publications) को अधिक पसन्द किया गया क्योंकि उनमें अधिक अभ्यास शामिल हैं, या उनमें अवधारणाओं को अधिक सीधे रूप में प्रस्तुत किया गया है। यह देखा गया कि एनसीईआरटी की पाठ्यपुस्तक पर पर्याप्त ध्यान नहीं दिया जा रहा है। जैसे पृष्ठों के बॉर्डर पर कुछ विवरणों को अध्याय में दी गयी विशेष अवधारणाओं के बारे में ध्यान आकर्षित करने और वैचारिक समझ विकसित करने के लिए डिज़ाइन किया गया है, जिसे शिक्षकों द्वारा समझा नहीं गया। यहाँ ध्यान देने योग्य बात यह है कि शिक्षक गणित में गिनती और बुनियादी क्रियाओं को पढ़ाना ही शिक्षण/अधिगम का उद्देश्य मानते हैं।

कक्षा 2 की प्रश्नावली का विश्लेषण

अधिकांश शिक्षकों द्वारा पाठ्यपुस्तक का उपयोग लगभग 50% पाया गया। प्रश्नों के लिए वे अलग-अलग प्राइवेट प्रकाशकों की पुस्तकों का उपयोग करते थे। उनमें से कई शिक्षक गणित की पुस्तक की भाषा को उचित नहीं मानते। उनका मानना था कि शिक्षक की सहायता के बिना बच्चे पुस्तक की भाषा को नहीं समझ सकते। अभ्यासों पर सभी शिक्षकों ने यही जवाब दिया कि प्रश्न कराने के लिए अन्य पाठ्यपुस्तकों का उपयोग किया जाना चाहिए क्योंकि एनसीईआरटी की पुस्तकें गतिविधि पर आधारित हैं और अभ्यास के लिए पर्याप्त नहीं हैं। पुस्तक में बॉर्डर आदि के उपयोग के बारे में एक मध्यम समझ पाई गयी, जिससे पता चलता है कि लगभग आधे शिक्षकों ने पुस्तक के पीछे के विचार को समझने में समय बिताया है।

यह पाया गया कि इस कक्षा के सभी अध्यापकों के लिए गणित पढ़ाने के उद्देश्य गणित की बुनियादी संक्रियाओं के शिक्षण, जैसे तालिका, गिनती सीखने आदि तक ही सीमित थे। पाठ्यपुस्तक के साथ उनका अनुभव कुछ हद तक असन्तोषजनक था क्योंकि सभी प्रतिभागियों की प्रतिक्रियाओं में, प्रश्नों तथा अभ्यास कार्य आदि का अभाव बताया गया।

कक्षा 3 की प्रश्नावली का विश्लेषण

जिन शिक्षकों से बात की गयी उनमें से लगभग आधे शिक्षकों (25) ने बताया कि वे केवल 50% ही पाठ्यपुस्तकों का उपयोग करते हैं, जबकि बाक़ी शिक्षकों ने बताया कि वे केवल 25% ही पाठ्यपुस्तकों का उपयोग करते हैं। किताबों के इस सीमित उपयोग का कारण किताबों में ज़्यादा गतिविधियाँ होना बताया गया, जो कि अच्छा

तो है लेकिन वास्तव में समय के अभाव के कारण सम्भव नहीं है। सभी शिक्षकों को लगता है कि पुस्तक के बॉर्डर चित्र किताबों को आकर्षक बनाने के लिए बनाये गये हैं। अभ्यास की कमी को पुस्तकों के साथ असन्तोषजनक अनुभव का मुख्य कारण बताया गया। आधे शिक्षक हालाँकि किताबों के साथ एक अच्छा अनुभव बताते हैं लेकिन फिर भी उन्हें लगता है कि किताबों में सुधार की ज़रूरत है। उनको गतिविधियाँ तो अच्छी लगीं पर उनके मुताबिक़ प्रश्न ज़्यादा होने चाहिए। उन्होंने गणित को पढ़ाने का उद्देश्य जोड़, घटाव, गुणा और भाग के बुनियादी संचालन के शिक्षण और अधिगम को माना।

कक्षा 4 की प्रश्नावली का विश्लेषण

इस कक्षा में भी एनसीईआरटी की गणित की पाठ्यपुस्तक का उपयोग पूरी तरह नहीं किया जा रहा था। यहाँ भी पाठ्यक्रम के विषयों को पूरा करना ही उद्देश्य माना गया। शिक्षकों का एक बड़ा हिस्सा गतिविधियों को पर्याप्त पाता है लेकिन व्यवहार्य नहीं पाता। कहानियों का उपयोग मुख्य रूप से भ्रामक और अप्रासंगिक माना गया क्योंकि उनके अनुसार इनकी भाषा बच्चों के लिए कठिन थी। हालाँकि यहाँ शिक्षक पुस्तक में पृष्ठों पर बॉर्डर के डिज़ाइन के महत्त्व की पहचान कर सकते थे, जिससे पता चलता है कि उन्होंने पुस्तक को समझने में काफ़ी समय बिताया है। जैसे अध्याय 2 'लम्बा और छोटा' के पृष्ठों पर बार्डर के डिज़ाइन में स्केल बना है तो उसका प्रयोग करके बच्चे अपनी रबर, पेंसिल नाप रहे थे। पुस्तक के साथ अनुभव पिछली तीन कक्षाओं की तुलना में बेहतर पाया गया, लेकिन अध्याय में केवल एक ही विषय पर एकाग्रता और अभ्यास को शामिल करने का सुझाव दिया गया।

कक्षा 5 की प्रश्नावली का विश्लेषण

पाठ्यपुस्तक का उपयोग कथित तौर पर पिछली चार कक्षाओं की तुलना में अधिक था। गतिविधियाँ पर्याप्त मानी गयीं, लेकिन बहुत-से शिक्षकों द्वारा इन्हें करना सम्भव नहीं पाया गया। यहाँ भी अधिकांश शिक्षकों ने भाषा को उपयुक्त नहीं बताया। किताबों के साथ अनुभव पिछली कक्षाओं की तुलना में बेहतर कहा जा सकता था। यहाँ भी लगभग सभी प्रतिक्रियाओं में प्रश्नों व अभ्यासों को शामिल किये जाने का सुझाव दिया गया। पुस्तकों में भाषा का ज़्यादा उपयोग असल में अवधारणा की स्पष्टता की अनुपस्थिति के रूप में लिया जाता है। यहाँ उल्लेखनीय बात यह है कि लगभग सभी शिक्षकों ने पाठ्यक्रम के विषयों को पढ़ाने और सीखने को ही उद्देश्य बताया।

एक शिक्षिका ने बताया कि उसका उद्देश्य सोच और तर्क क्षमता को विकसित करना है, लेकिन एनसीईआरटी की पाठ्यपुस्तक उस उद्देश्य को प्राप्त करने में सहायक नहीं है और इसलिए उस शिक्षिका को अन्य पुस्तकों से मदद लेनी पड़ती है।

चर्चा

अध्ययन के निष्कर्षों पर निम्न दो वर्गों, प्राथमिक वर्गों (1 से 3) और उच्च प्राथमिक वर्गों (4 - 5) के तहत चर्चा की गयी है। इस शोध का उद्देश्य प्राथमिक कक्षाओं के लिए एनसीईआरटी की गणित की पाठ्यपुस्तकों में दी गयी शैक्षणिक सामग्री की प्राथमिक शिक्षकों की समझ और कक्षा में इसके व्यवहार का विश्लेषण करना था।

कक्षा 1 की पुस्तक में दी गयी विभिन्न अवधारणाओं पर आधारित कुल 10 उपविषयों में से 7 पर शिक्षकों ने शैक्षणिक सामग्री की अच्छी समझ प्रदर्शित की। कक्षा-1 से 3 के अवलोकन में पाया गया कि पाठ्यपुस्तक का उपयोग कक्षा-1 से क्रमशः अधिक था। अधिकांश शिक्षकों द्वारा पुस्तक में दी गयी गतिविधियाँ कराना सम्भव बताया गया और इसलिए गतिविधियों, कहानियों, खेलों को शिक्षकों द्वारा पुस्तक से लिया जाता है और कक्षा में चर्चा की जाती है। यह भी देखा गया कि कक्षा के भीतर उपलब्ध वस्तुओं का उपयोग करके अतिरिक्त उदाहरण भी दिये जाते हैं।

शिक्षकों ने गणित शिक्षण के लिए अपने उद्देश्यों के रूप में गिनती, जोड़ व घटाव की ही बात की। 'डेटा हैंडलिंग', 'पैटर्न', 'माप', 'समय' जैसी अवधारणाओं आदि पर उनका कोई ध्यान नहीं था जबकि ये कक्षा-1 की एनसीईआरटी की गणित की पाठ्यपुस्तक में दी गयी हैं। इस कक्षा के अधिकांश शिक्षकों ने पुस्तक के साथ सन्तोषजनक और कुछ अच्छा अनुभव बताया, हालाँकि अभ्यास की कमी को पुस्तक की एक कमी यहाँ भी माना गया। ज़्यादा भाषा की उपस्थिति को बच्चों के स्तर के अनुसार नहीं देखा जाता क्योंकि कई शिक्षकों ने बताया कि इन (एसडीएमसी) स्कूलों में बच्चों की भाषा पर ज़्यादा पकड़ नहीं होती।

समय के आकलन, मुख्य रूप से वर्गीकरण के आधार पर माप—लम्बी-छोटी, भारी-हल्की, इकाई व दहाई में धन के वर्गीकरण और समूहीकरण, संख्याओं की परस्पर संगति आदि के बारे में शैक्षणिक सामग्री की समझ अच्छी पाई गयी। हालाँकि, आकृतियों के विज़ुअलाइजेशन, माप की ग़ैर-मानक इकाइयों का उपयोग, डेटा हैंडलिंग- मुख्य रूप से समानता और आकार के अन्तर के आधार पर वर्गीकरण की अवधारणाओं की समझ की कमी पाई गयी। दैनिक जीवन से उदाहरण नहीं दिये गये थे।

कक्षा-2 की पुस्तक में शामिल सभी अध्यायों पर आधारित कुल 15 उपविषयों में से शिक्षकों ने 8 पर शैक्षणिक सामग्री की अच्छी समझ, 2 पर पर्याप्त समझ और 5 पर समझ की कमी प्रदर्शित की। शिक्षकों द्वारा पाठ्यपुस्तक का उपयोग पिछली कक्षा के लिहाज़ से लगभग 50% तक गिर गया। ज़्यादा भाषा की उपस्थिति तथा अभ्यास की कमी के कारण, पुस्तक के साथ 'इतना सन्तोषजनक अनुभव नहीं होना', यहाँ भी एक कमी के रूप में नज़र आया। अवलोकन में भी यह पाया गया कि पुस्तक का उपयोग करने तथा उसमें दी गयी गतिविधियों को कराने वाले शिक्षकों की एक औसत संख्या ही पाई गयी। एक शिक्षिका ने यह भी बताया कि वे समझ नहीं पा रही हैं कि पुस्तक में क्या दिया गया है, इसलिए वे स्वयं अपने अनुसार ही पढ़ाती हैं।

कक्षा-2 के शिक्षकों ने बताया कि उनके हिसाब से इस कक्षा के लिए गणित का उद्देश्य तालिकाओं और जोड़-घटाव की बुनियादी क्रियाओं को सीखना है। लम्बाई, दूरी, टोकन कार्ड के उपयोग, सरल जोड़ की बुनियादी क्रियाएँ, गिनती, संख्याओं को क्रम में रखना आदि के आकलन पर शिक्षकों की एक अच्छी समझ पाई गयी। दैनिक जीवन में पैटर्न होने को बच्चों को परिचित कराने, आयतन के संरक्षण की अवधारणा को कहानी के रूप में प्रस्तुत करने की एक उदार समझ पाई गयी। विभिन्न संख्याओं के संयोजन, मात्रा का अनुमान और शब्द समस्याओं के गठन द्वारा सरल मानसिक गणनाओं पर शैक्षणिक सामग्री की समझ की कमी पाई गयी। पुस्तक की भाषा को यहाँ भी एक बाधा बताया गया, जैसे कि कहानी के रूप में पेश की गयी क्रमिक संख्याओं की अवधारणा को अधिकांश शिक्षकों द्वारा समझा नहीं गया था।

कक्षा-3 के कई शिक्षकों ने बताया कि एनसीईआरटी की पाठ्यपुस्तक का उपयोग वे 50% ही करते हैं जबकि बाक़ी शिक्षकों ने उनका उपयोग लगभग 25% बताया। यह अवलोकन के दौरान भी पाया गया था क्योंकि केवल 4 ही शिक्षक पुस्तक का उपयोग कर रहे थे, बाक़ी अपने आप ही पढ़ा रहे थे। कक्षाओं के अवलोकन के आधार पर पुस्तक में दी गयी शैक्षणिक सामग्री का असन्तोषजनक अनुप्रयोग पाया गया। यहाँ भी गणित के उद्देश्य जोड़, घटाव, गुणा की बुनियादी क्रियाएँ सिखाना ही बताया गया। पुस्तक में अभ्यास की कमी को एक दोष माना गया।

समूहन, दूरी, समय, भार और डेटा हैंडलिंग के आकलन पर शैक्षणिक सामग्री की एक अच्छी समझ यहाँ पाई गयी, लेकिन इन विषयों को इस कक्षा के उद्देश्यों के रूप में चिह्नित नहीं किया गया। हालाँकि, पैटर्न और समरूपता से सम्बन्धित शैक्षणिक सामग्री पर एक मध्यम समझ पाई गयी जो कक्षा में इस विषय के अवलोकन में भी दिखी थी। अधिकांश शिक्षकों ने बताया कि गणित की पाठ्यपुस्तक में समय

की इकाइयों पर जो कहानी दी गयी है, वह ठीक नही है। यहाँ उल्लेखनीय यह है कि मानसिक गणना कौशल, अन्तरिक्ष की समझ, मात्राओं का अनुमान, अवधारणाओं और बाद की कक्षाओं की अवधारणाओं के बीच सम्बन्ध पर समझ की कमी पाई गयी। शिक्षकों में भी ऊर्ध्वाधर पाठ्यक्रम के ज्ञान की कमी पाई गयी क्योंकि वे उच्च स्तर की अवधारणाओं के साथ इस स्तर पर सीखी गयी अवधारणाओं से सम्बन्धित नहीं थे।

कक्षा-4 में, एनसीईआरटी की पाठ्यपुस्तक का उपयोग 50% से 70% बताया गया है, जो उन कक्षाओं के अवलोकन से समर्थित है, जिसमें वे सभी पुस्तक का प्रयोग कर रहे थे, लेकिन प्रयोग की मात्रा भिन्न थी। 7 शिक्षक कक्षा में व्याख्यान विधि का उपयोग करते हुए, पुस्तक में से उदाहरण के रूप में प्रश्न दे रहे थे। शिक्षकों में से एक शिक्षक बच्चों को हल करने के लिए बहुत-से गुणा के प्रश्न दे रहे थे, पर वे अध्याय में से काफ़ी कुछ छोड़ भी रहे थे, जोकि पैटर्न और आधे दर्पणों से बने चित्रों आदि के बारे में था। दूसरे शिक्षक ने बार-बार जोड़ने पर चर्चा की, जो गुणा की अवधारणा की ओर जाता है लेकिन पुस्तक में दी गयी उस कहानी को प्रयोग नहीं किया जो उसी विचार को विकसित करती है। पुस्तक के साथ अनुभव पिछली तीन कक्षाओं की तुलना में बेहतर बताया गया, हालाँकि एक अध्याय में कई अवधारणाओं को भ्रामक और कहानियों को भ्रमित करने वाला बताया गया।

वज़न, मैपिंग, चौथाई और आधा, समय व दूरी की माप से सम्बन्धित अवधारणाओं पर शैक्षणिक सामग्री की समझ अच्छी पाई गयी। पिछली तीन कक्षाओं के विपरीत आयतन के आकलन पर शैक्षणिक सामग्री की समझ अच्छी पाई गयी। दूरी, माप और आकार, जैसे वृत्त और 3 डी वस्तुओं की एक मध्यम समझ पाई गयी।

यहाँ भी पुस्तक की भाषा को कठिन महसूस किया गया। गुणन, विभाजन और बड़ी संख्याओं के परिचय के लिए वैकल्पिक रणनीतियों की अवधारणाओं के साथ काम करने वाली शैक्षणिक सामग्री की समझ की कमी पाई गयी। शिक्षकों ने केवल अवधारणाओं के नामों की सूची पर ही ध्यान केन्द्रित किया। एक ही कहानी में पूछी गयी जो मुख्य अवधारणाएँ हैं, जैसे वस्तुओं के दर्पण हिस्सों के गुण, वृत्त, चौड़ाई और गहराई, जो कि दूरी के अनुमान, किनारों की अवधारणा, मेहराब, मीटर के अनुमान से सम्बन्धित हैं आदि पर ध्यान नही दिया। बहुमत ने मुख्य रूप से प्रश्न देकर अवधारणाओं को मजबूत करने की सूचना दी। यहाँ भी शिक्षकों का बाद के वर्षों में गणित में सिखाई गयी अवधारणाओं के साथ परिचय का अभाव पाया गया।

कक्षा-5 में शिक्षकों द्वारा एनसीईआरटी की पाठ्यपुस्तक का कथित उपयोग पिछली चार कक्षाओं से अधिक पाया गया जो कि आकलन में भी नज़र आया। हालाँकि वे अधिकांश शिक्षकों द्वारा कुशलता से उपयोग नहीं की जा रही थीं। गतिविधियों, कहानियों, खेलों आदि के माध्यम से गणितीय अवधारणाओं को सीखने के लिए उठाए गये दृष्टिकोण की सराहना नहीं की गयी क्योंकि अवधारणाओं की मज़बूती के लिए अभ्यास, कवायद और अभ्यास को हल करने पर ध्यान केन्द्रित किया गया था। पाठ्यपुस्तकों के साथ शिक्षकों के अनुभव को भी पिछली चार कक्षाओं की तुलना में बेहतर बताया गया था, लेकिन अभ्यास की कमी को यहाँ भी एक कमज़ोरी के रूप में बताया गया। यहाँ दिलचस्प बात यह थी कि यद्यपि सभी शिक्षकों ने गणित की कक्षा के लिए उद्देश्यों के रूप में पाठ्यक्रम के विषयों को ही पढ़ाने और सिखाने पर बात की, पर एक शिक्षक ने सोच और तर्क क्षमता विकसित करने के अपने उद्देश्य का वर्णन किया। लेकिन यह भी पाया कि एनसीईआरटी की पाठ्यपुस्तक यह उद्देश्य प्राप्त करने में सहायक नहीं है और इसलिए वे अन्य पुस्तकों (ऑक्सफोर्ड इंटरनेशनल प्राइमरी मैथ्स स्टूडेण्ट वर्कबुक्स, केजी और ग्रेड 1-5 के लिए गणित बज, Together with Mathematics Buzz for KG and grade 1-5) से मदद लेते हैं।

भिन्न के परिचय, विभिन्न आकार के क्षेत्रफल और परिधि तथा डेटा हैंडलिंग से निपटने वाली अवधारणाओं पर शैक्षणिक सामग्री की एक अच्छी समझ पाई गयी थी। यहाँ उल्लेखनीय है कि कहानी के रूप में प्रस्तुत गुणा और विभाजित करने के विभिन्न तरीक़ों को अधिकांश शिक्षकों द्वारा अच्छी तरह से समझा गया था।

मिश्रित भिन्न, गुणक और गुणज के बीच सम्बन्ध तथा वज़न और मात्रा का अनुमान, इनके लिए कहानियों/गतिविधियों के उद्देश्य की एक मध्यम समझ शिक्षकों में पाई गयी। वे इन कहानियों/गतिविधियों में से कुछ का प्रयोग कर भी रहे थे।

पहले सीखे गये विचारों और अवधारणाओं के संशोधन के लिए परिचयात्मक अध्याय की समझ में कमी पाई गयी। आकार, लाख और करोड़ जैसी बड़ी संख्याओं का बोध, लम्बाई और वज़न की माप के आकलन की समझ आदि पर चर्चा के मौक़े वे यहाँ नहीं देख पाये क्योंकि उन्होंने इसे मछलियों पर एक अध्याय के रूप में माना। प्रमुख अवधारणाओं जैसे कि क्षेत्रफल एक-सा ही हो, पर परिधि में परिवर्तन हो सकता है, आकार और कोणों की संख्या के बीच सम्बन्ध आदि के बारे में शैक्षणिक सामग्री की समझ असन्तोषजनक पाई गयी। 'पैटर्न्स' को फिर से बच्चों के लिए एक आकर्षक अध्याय के रूप में मान्यता दी गयी, जबकि यह कुछ दिलचस्प

अवधारणाओं का परिचय देता है जैसे कि पैलिंड्रोम्स और क्मुटेटिव ऑफ़ एडिशन (palindromes and commutative of addition)। अध्याय 'दसवीं और सौवीं' को सापेक्ष दूरी और सही अनुपात का प्रतिनिधित्त्व करने और दशमलव की अवधारणा का परिचय देने के लिए एक सटीक अनुमान लगाने के लिए यहाँ आवश्यक माना गया, लेकिन अध्याय को मुद्राओं और मिलीमीटर, सेंटीमीटर व किलोमीटर के बीच रूपान्तरण के लिए इस्तेमाल किया गया। उच्चतर कक्षाओं के लिए अवधारणाओं के सम्बन्ध का यहाँ भी अभाव पाया गया।

हालाँकि कुछ शिक्षकों ने एनसीईआरटी की दिलचस्प पुस्तकों के लिए पुस्तक लेखकों के प्रयासों की सराहना की, जबकि अधिकांश मामलों में यह देखा गया कि शिक्षक पाठ्यपुस्तक से अधिक परिचित नहीं थे और किताब में दी गयी अवधारणाओं के बारे में जवाब देने के लिए संघर्ष कर रहे थे। उन शिक्षकों को किसी भी प्रश्न का उत्तर देने से पहले पुस्तक पढ़ते हुए पाया गया।

निष्कर्ष

एक बात जो उभरकर आई, वह यह कि प्राथमिक कक्षाओं के शिक्षकों को बुनियादी अंकगणित से सम्बन्धित शैक्षणिक सामग्री की अच्छी समझ है लेकिन उन अवधारणाओं की समझ का अभाव है, जो उच्च कक्षाओं से सम्बन्ध रखती हैं, जैसे डेटा हैंडलिंग, मात्राओं का अनुमान (estimation of quantities), और मानसिक गणित जैसी अवधारणाएँ, जो धीरे-धीरे बच्चों में अमूर्तन की शक्ति (power of abstraction) विकसित करती हैं। पैटर्न को केवल आकृतियों के अध्ययन के रूप में देखा गया और बच्चों के लिए दिलचस्प माना गया, लेकिन बच्चों के आस-पास के रोज़मर्रा के जीवन में उसके अवलोकन, प्रशंसा और दृश्य (visualization) को समझा नहीं गया। पाठ्यपुस्तकों में लिया गया एकीकृत दृष्टिकोण, मुख्य रूप से कहानियों की उपस्थिति को बच्चों के लिए एक बाधा और अवधारणा की अस्पष्टता समझा गया। ज़्यादा भाषा को भ्रामक और व्यर्थ माना गया।

जैसे-जैसे हम प्राथमिक कक्षाओं में छोटी कक्षा से बड़ी कक्षा की ओर बढ़े, यह पाया गया कि शिक्षक वज़न के आकलन से सम्बन्धित विषयों को अच्छी तरह से समझ सकते हैं, लेकिन उनमें आयतन के आकलन की अवधारणा और उससे जुड़ी व छिपी हुई अवधारणाओं जैसे पाठ्यपुस्तक में दी गयी आयतन के संरक्षण की अवधारणा के बारे में समझ का अभाव है। वे इससे जुड़ी गतिविधियाँ नहीं करवा रहे थे, उनका कहना था कि इसकी क्या आवश्यकता है। उच्च प्राथमिक अनुभाग की ओर

बढ़ते हुए पाठ्यपुस्तक का उपयोग बढ़ता दिखा लेकिन अभ्यास के प्रश्न देने के लिए वैकल्पिक पाठ्यपुस्तकों का उपयोग किया गया। यहाँ भी गणित सीखने की दिशा में एनसीईआरटी की पाठ्यपुस्तकों द्वारा लिए गये समेकित तरीक़े वाले दृष्टिकोण को शिक्षकों ने ज़्यादा पसन्द नहीं किया। शिक्षकों के अनुसार गणित शिक्षण का उद्देश्य काबिले-तारीफ़ नहीं है। उद्देश्य पाठ्यक्रम के विषयों को पूरा करना, अंकगणितीय ऑपरेशन्स के शिक्षण और उन्हें सीखने पर आधारित होते हैं जिन्हें ड्रिल और अभ्यास द्वारा मज़बूत करने की आवश्यकता होती है। यहाँ भी पैटर्न और सममिति जैसे विषयों को बच्चों के लिए केवल 'दिलचस्पी' के रूप में देखा गया; ज्यामिति और 3 डी आकृतियों को क़लम और काग़ज़ की गतिविधि के रूप में माना गया। अवधारणाओं के बीच सम्बन्ध का अभाव पाया गया। मात्राओं का अनुमान, जिसमें इस स्तर पर सटीक अनुमान शामिल हैं, जो विभिन्न कहानियों/गतिविधियों के माध्यम से दिये गये हैं और जिनका आगे उपयोग किया जा सकता है, को काबिले-तारीफ़ नहीं माना गया। उच्च प्राथमिक स्तर पर अधिकांश शिक्षक केवल विषय के लिए पुस्तक से परामर्श करते हैं और स्वयं पढ़ते हैं। इनमें से कुछ शिक्षकों की कक्षाएँ बच्चों के लिए आकर्षक थीं लेकिन वे एनसीईआरटी की पाठ्यपुस्तकों का उपयोग नहीं कर रहे थे। अवधारणा की मज़बूती के लिए वैकल्पिक पाठ्यपुस्तकों से अभ्यास के लिए प्रश्न दिये गये। इस अध्ययन में केवल उन शिक्षकों को ही लिया गया था जिनका प्राथमिक स्तर पर न्यूनतम 3 साल का गणित शिक्षण का अनुभव था। फिर भी वे अपनी कक्षाओं में एनसीईआरटी की पाठ्यपुस्तकों का उपयोग करते समय संघर्ष करते पाये गये। लगभग सभी शिक्षकों ने अपने कक्षा शिक्षण के उद्देश्य के रूप में बुनियादी अंकगणितीय कार्य को सीखना ही बताया। पुस्तक में बहुत अधिक भाषा की उपस्थिति बच्चों के लिए उपयुक्त नहीं पाई गयी क्योंकि इसमें बहुत स्पष्टीकरण की आवश्यकता होती है। इसकी बजाय वे अभ्यास के लिए स्व-संरचित समस्याओं को देने के तरीक़ों पर भरोसा करते हैं जिनकी उन्हें इन पुस्तकों में कमी लगती है और इसलिए वे उन्हें अनुपयुक्त पाते हैं।

अध्ययन के निहितार्थ

अब तक किये गये अधिकांश अध्ययनों में प्राथमिक कक्षाओं के लिए एनसीईआरटी की पाठ्यपुस्तकों में दी गयी शैक्षणिक सामग्री की गहरी परीक्षा नहीं की गयी थी। यह अध्ययन प्राथमिक गणित शिक्षकों के बीच शैक्षणिक सामग्री की समझ का गहन विश्लेषण प्रस्तुत करता है, जिसमें पाठ्यक्रम विकसित करने वालों, प्राथमिक शिक्षकों

और शिक्षक-शिक्षकों, स्कूल प्रशासकों के लिए निहितार्थ/सुझाव हैं। चूँकि शिक्षकों का ज्ञान, शिक्षकों में व्यावसायिकता के विकास का एक महत्त्वपूर्ण कारक है, इसलिए शिक्षकों के ज्ञान की स्पष्ट समझ उनकी गुणवत्ता में सुधार करने में योगदान करेगी, जो विद्यार्थियों के परिणामों को और बेहतर बनायेगी।

1. यह अध्ययन शिक्षकों की शैक्षणिक सामग्री के बारे में बात कर रहा है जो गणित शिक्षक-शिक्षा कार्यक्रमों में शामिल लोगों के लिए मूल्यवान तथा चुनौतीपूर्ण है। यह अध्ययन गणित शिक्षक-शिक्षा कार्यक्रमों को डिज़ाइन करने वालों के लिए मार्गदर्शन प्रदान करेगा। 'प्राथमिक और प्रारम्भिक बचपन की शिक्षा में प्रवेश करने वाले कई विद्यार्थियों में गणित कौशल की कमी है' (टेपलिन, 1995, सफा 498) इस विषय पर व्यापक रूप से शोध किया गया है। वर्तमान अध्ययन में शिक्षक-शिक्षा संस्थानों में संकायों के लिए निहितार्थ हैं, जो उनके निर्णयों को प्रभावित करते हैं कि कैसे विशिष्ट शैक्षणिक सामग्री को पढ़ाया जाता है, क्योंकि वे गणित शिक्षा के लिए कार्यक्रम डिज़ाइन करने के लिए ज़िम्मेदार हैं। इससे शिक्षण अभ्यास की गुणवत्ता में सुधार करने में भी मदद मिलेगी। शिक्षकों को नये कौशल और शैक्षणिक ज्ञान की एक विस्तृत श्रृंखला से सुसज्जित किया जाना चाहिए।
2. इस अध्ययन के निष्कर्ष प्राथमिक शिक्षकों के लिए व्यावसायिक विकास कार्यक्रमों को प्रभावित कर सकते हैं। वर्तमान अध्ययन यह निर्णायक रूप से प्रदर्शित करता है कि इच्छित और प्रयोग की जाने वाली शैक्षणिक सामग्री में व्यापक अन्तराल है, इसलिए इन-सर्विस प्रोग्राम डिज़ाइन करने और प्राथमिक शिक्षकों को उनकी अलग-अलग कमज़ोरियों को सम्बोधित करने की आवश्यकता है। कार्यशालाओं के रूप में सेवा कार्यक्रमों को राष्ट्रीय या क्षेत्रीय स्तर पर आयोजित किया जाना चाहिए और शिक्षकों को वर्ष में एक बार उनमें उपस्थित होने की अनुमति दी जानी चाहिए।
3. जैसा कि अध्ययन के निष्कर्षों से पता चलता है, प्राथमिक शिक्षक गणितीय अवधारणाओं को पढ़ाने के लिए एनसीईआरटी की पाठ्यपुस्तकों को पर्याप्त नहीं पाते हैं। शिक्षकों को अभ्यास पुस्तकों और गतिविधि पुस्तकों के रूप में अतिरिक्त सहायक सामग्री प्रदान की जानी चाहिए।
4. क्योंकि शिक्षक एनसीईआरटी की गणित की पाठ्यपुस्तक को भी अपने लिए और विद्यार्थियों के लिए भी भ्रम पैदा करने वाली पाते हैं, इसलिए

विशिष्ट गणितीय अवधारणाओं के बारे में शिक्षकों की समझ बढ़ाने के लिए उन्हें शिक्षक पुस्तिका या हैंडबुक प्रदान की जा सकती है।

5. प्राथमिक शिक्षकों के व्यावसायिक विकास को बेहतर बनाने और कार्य बल के लिए विशेषज्ञों द्वारा पाठों के ऑनलाइन वीडियो बनाये जाने चाहिए।
6. वर्तमान अध्ययन यह भी माँग करता है कि शिक्षकों को जीवन भर सीखने वाला होना चाहिए। शिक्षकों को अपनी समझ और शिक्षण प्रथाओं में नवाचार लाने के लिए निरन्तर प्रयत्नशील रहना चाहिए और अधिक प्रभावी ढंग से सिखाने के लिए लगातार प्रयास करना चाहिए।

चूँकि वर्तमान अध्ययन केवल गणित के शिक्षकों से सम्बन्धित है, इसलिए इसे प्राथमिक और उच्च-प्राथमिक स्तर पर पढ़ाने वाले शिक्षकों व अन्य विषयों के शिक्षकों के लिए बढ़ाया जा सकता है। विभिन्न प्रकार के स्कूलों में पढ़ाने वाले शिक्षकों के बीच शैक्षणिक सामग्री की समझ अलग-अलग कैसे हो, इस पर भी तुलनात्मक अध्ययन किया जा सकता है।

सन्दर्भ सूची

1. National Council of Educational Research and Training. (2005). NCF 2005- Position paper on Teaching of Mathematics. New Delhi: NCERT.
2. Anthony, G., & Walshaw, M. (2009). Effective Pedagogy in Mathematics, International Academy of Education, Volume 19 of Educational Practices Series.
3. Morris, K. M. (2014). What's the Matter?: Educators' Understandings of Teacher Content Knowledge in Primary Mathematics. Retrieved from https://tspace.library.utoronto.ca/bitstrea
4. m/1807/67046/1/Morris_Kathleen_M_201406_MT_MTRP.pdf
5. National Council of Educational Research and Training. (2012). Pedagogy of Mathematics: Textbook for two-year B.Ed course. New Delhi: NCERT
6. Ponnusamy, P. (2014). Content Knowledge of Elementary School Teachers in Mathematics. The Primary Teacher, NCERT, 39(4), 48-51.

21

गणित के खेल से गणितीय संवाद को बढ़ावा : एक खोजपूर्ण अध्ययन

आशू थरेजा मल्होत्रा और जसनीत कौर

यह पर्चा बताता है कि कक्षा में खेलों के माध्यम से गणितीय मसलों के इर्द-गिर्द स्वाभाविक बातचीत होती रहती है। जैसे-जैसे नियमों का स्तर और उनसे सम्बन्धित गणित का स्तर जटिल होता जाता है, वैसे-वैसे बातचीत भी उलझती जाती है और तब नियमों को समझने, उन्हें लागू करने व एक-दूसरे को समझाने में विद्यार्थी अपने-अपने तर्क गढ़ते हैं। पर्चा यह भी बताता है इस तरह के खेलों का प्रभाव अमूर्त सांकेतिक, लिखित गणित पर शायद इतनी सहजता से नहीं होता, फिर भी खेल के दौरान हुई बातचीत बढ़ती समझ को दिखाती है।

प्रस्तावना

वर्तमान अध्ययन माध्यमिक कक्षाओं में गणित सीखने-सिखाने की प्रक्रिया में बच्चों के बीच गणितीय संवाद को बढ़ावा देने के लिए एक शैक्षणिक संसाधन के रूप में खेलों की प्रभावशीलता का पता लगाने का प्रयास करता है। यह खेल के दौरान बच्चों द्वारा की गयी गणितीय बातचीत का उल्लेख व विश्लेषण है। अध्ययन के परिणामों से पता चलता है कि खेलों के द्वारा विद्यार्थियों की आपसी बातचीत से पूर्णांक, अनुक्रमण और संचालन के अर्थों का पता लगाने का मौक़ा मिला। इसके अतिरिक्त यह निष्कर्ष भी निकलता है कि बच्चों में गणितीय संवाद को बढ़ावा देने के लिए खेलों का चुनाव अत्यन्त महत्त्वपूर्ण है। जैसे कि यह पाया गया कि ताश के पत्तों द्वारा खेले जाने वाले खेल को बच्चों ने खूब सराहा परन्तु गणितीय संवाद व पूर्णांकों के जोड़-घटा के लिखित रूप के लिए खेल के नियमों का प्रयोग करना उनके लिए मुश्किल रहा।

पृष्ठभूमि

गणित को मानव बौद्धिक उपलब्धि की सबसे महान उपलब्धियों में से एक माना जाता है। यह अपनी भाषा, प्रतीकवाद और संरचना के साथ एक आत्म-निहित मानसिक विषय है। यह एक मानवीय रचना है और इसमें सृजन या संशोधन की गुंजाइश हमेशा रहती है, परन्तु स्कूल का गणित एक उबाऊ व मुश्किल विषय माना जाता है। गणित सीखना सभी के बस की बात नहीं, गणित सीखने का मतलब प्रश्न हल करने में गणित के सूत्रों का प्रयोग करना है, जैसी धारणाएँ गणित के बारे में प्रचलित हैं। एनसीएफ़ (2005) में सभी बच्चों के लिए गणितीय प्रक्रियाओं, जैसे समस्या समाधान, गणित संचार व संवाद को भी बढ़ावा देने का आग्रह किया गया है। सभी बच्चे गणित सीखें, इसके लिए आवश्यक है कि गणित की कक्षा में सभी बच्चों की भागीदारी सुनिश्चित की जा सके। एनसीएफ़ (2005) के लक्ष्यों के विवरण में कहा गया है कि सभी शिक्षार्थी गणित सीखने की प्रक्रिया में शामिल हों व सीखने की प्रक्रिया का आनन्द लें।

मनोवैज्ञानिक दृष्टिकोण से देखें तो खेल एक ऐसा सन्दर्भ है जिसमें प्रत्येक बच्चा रुचि लेता है। गणितीय संसाधन के रूप में गणितीय खेल, संज्ञानात्मक कौशल विकसित करने, गणितीय संरचनाओं को समझने, विकसित करने और सशक्त बनाने के साथ-साथ उत्साह, भागीदारी और आनन्द के लिए होने चाहिए। कॉक्रॉफ्ट रिपोर्ट के प्रसिद्ध अनुच्छेद 243 में ज़ोर दिया गया है कि बच्चों को गणित पर चर्चा करने की ज़रूरत है, साथ ही ज़रूरत है कि वे विभिन्न तरीक़ों से गणित सीखें। जब बच्चों के समूह गणितीय खेल खेलते हैं तो उन्हें चालों, उत्तरों और विभिन्न रणनीतियों पर चर्चा करने की आवश्यकता होती है। इस प्रकार गणितीय खेल बच्चों के समूहों में तथा विद्यार्थियों और शिक्षक के बीच भी चर्चा को प्रोत्साहित करते हैं।

एडिथ ब्रिग्स (1985) ने 'स्लो लर्निंग एण्ड एबल पुपिल्स' (NFER – Nelson) विषय पर एक रिसर्च प्रोजेक्ट किया। उन्होंने 9 से 12 साल की उम्र के लन्दन स्कूल के 12 विद्यार्थियों (छह प्राथमिक स्कूल, छह मिडिल स्कूल के धीमी गति से सीखने वाले और सक्षम विद्यार्थी) को पढ़ाया। उन्होंने बताया कि खेलों में विशेष रूप से पासे के खेल, अधिक योग्य विद्यार्थियों को छोड़कर, बाक़ी सभी विद्यार्थियों के लिए मददगार सिद्ध हुए। पॉन्स (2007) के मुताबिक़ ताश के पत्तों के खेल से माध्यमिक स्तर के बच्चों को पूर्णांक के जोड़ व घटाने के नियम समझने में मदद मिली।

वर्तमान अध्ययन

वर्तमान अध्ययन माध्यमिक कक्षाओं में गणित सीखने और सिखाने की प्रक्रिया में बच्चों के बीच गणितीय संवाद को बढ़ावा देने के लिए एक शैक्षणिक संसाधन के रूप में खेलों की प्रभावशीलता का पता लगाने का प्रयास करता है। इस अध्ययन में कक्षा सातवीं के शिक्षार्थियों के लिए पूर्णांकों से सम्बन्धित दो खेलों का चुनाव किया गया था, जिनमें से एक को एनसीईआरटी कक्षा छठी और एक खेल को (पॉन्स, 2007) के अध्ययन से संशोधित करके लिया गया। खेल पूर्णांकों के योग व अन्तर से सम्बन्धित थे। शोधकर्ताओं ने यादृच्छिक ढंग से सरकारी स्कूल के सातवीं कक्षा के एक खण्ड का चयन किया, जहाँ शोधकर्ताओं में से एक काम कर रहा है। ये दोनों खेल लगभग एक हफ्ते की अवधि तक प्रतिदिन डेढ़ घण्टे के लिए (पौना घण्टा सुबह व पौना घण्टा दोपहर बाद) शिक्षार्थियों की अतिरिक्त कक्षाओं में खेले गये। ये कक्षाएँ, नियमित कक्षाओं के अतिरिक्त लगाई गयी थीं। नियमित कक्षाओं में पूर्णांक अध्यापक द्वारा पढ़ाया जा चुका था। खेल खेलने से पहले शिक्षार्थियों से पूर्णांकों को जोड़ने व घटाने से सम्बन्धित कुछ सवाल करने को कहा गया जैसे -3+5, जिसमें यह पाया गया कि अधिकतर शिक्षार्थियों को पूर्णांकों को जोड़ने-घटाने में कठिनाई हो रही थी।

खेल की प्रकृति के आधार पर शिक्षार्थियों के तीन तथा चार के छोटे समूह बनाये गये। खेले जाने वाले समूहों में एक समूह के दोनों खेलों के विस्तृत विवरण शब्दशः रिकॉर्ड किये गये। यह देखने के लिए कि क्या खेल शिक्षार्थियों को गणितीय संचार में संलग्न करने में सक्षम बनाता है, प्रत्येक खेल का विश्लेषण किया गया।

सैद्धान्तिक विवेचन

गणितीय खेल

यह समझने के लिए कि *एक गणितीय खेल क्या है*, शिक्षकों और शोधकर्ताओं ने कुछ परिभाषाएँ दी हैं। गफ (1999) ने कहा है कि खेल में दो या दो से अधिक खिलाड़ियों की आवश्यकता होती है, जो अपनी बारी से चलते हैं तथा जीतने की परिस्थिति की ओर बढ़ने की कोशिश करते हैं, जिसके लिए वे अपनी बारी में कोई विकल्प उपयोग करने की कोशिश करते हैं। ओल्डफील्ड (1991) के अनुसार गणितीय खेल ऐसी गतिविधियाँ होती हैं, जिसमें चुनौती हो, एक-या-एक से अधिक खिलाड़ी हों; नियम समूह व एक स्पष्ट संरचना हो; आमतौर पर एक विशिष्ट समाप्ति

बिन्दु हो और गणित से सम्बन्धित संज्ञानात्मक उद्देश्य हों। ओल्डफ़ील्ड (1991) द्वारा गणित सीखने के लिए उद्देश्य के अनुसार गणितीय खेलों का वर्गीकरण यह है : (1) पहेली प्रकार के खेल (2) खेलों को अवधारणाओं को सुदृढ़ करने के लिए (3) खेल कौशल का अभ्यास करने के लिए (4) गणितीय चर्चा को बढ़ावा देने के लिए खेल (5) रणनीतियों के उपयोग को प्रोत्साहित करने के लिए खेल (6) बहुसांस्कृतिक खेल (7) मानसिक खेल (8) कम्प्यूटर गेम (9) कैलक्यूलेटर खेल (10) सहयोगात्मक खेल (11) प्रतियोगी खेल (12) गणितीय संरचनाओं पर ज़ोर देने के लिए खेल।

उपरोक्त खेलों को उपयोग के अनुसार शैक्षिक कारणों के सन्दर्भ में वर्गीकृत किया गया है। किसी गणितीय खेल की योजना और डिज़ाइन बनाते और उसे कार्यान्वित करते हुए हमें खेल के उद्देश्य के बारे में स्पष्ट होना चाहिए। किसी खेल का उपयोग अक्सर विद्यार्थियों के लिए अलग-अलग तरीक़ों से किया जा सकता है। अध्ययन में लिए गये दोनों ही खेलों के गणित से सम्बन्धित संज्ञात्मक उद्देश्य थे व इनका एक विशिष्ट समाप्ति बिन्दु था। इन खेलों का पूर्ण विवरण पर्चे में आगे दिया गया है।

गणितीय संचार

एनसीटीएम (NCTM), 2000 के K-12 के गणितीय मानकों के अनुसार, गणितीय संचार एक महत्त्वपूर्ण गणितीय प्रक्रिया है एवं इसे प्रभावी गणित कार्यक्रम को लागू करने में एक मौलिक घटक होना चाहिए। गणितीय संचार, शिक्षार्थियों की गणितीय सोच को व्यवस्थित और समेकित करने में, दूसरों की गणितीय सोच और रणनीतियों का विश्लेषण और मूल्यांकन करने में सहायक है। वर्तमान अध्ययन में गणितीय संचार व संवाद को पर्यायवाची रूप में प्रयोग किया गया है व इस प्रकार परिभाषित (operationalized) किया गया है— 'गणितीय विचारों व गणितीय अवधारणाओं को सटीक रूप से व्यक्त करने के लिए की गणितीय भाषा का उपयोग करना है।'

पूर्णांक

ऐतिहासिक रूप से, नकारात्मक संख्याओं को उनकी परिकल्पना में 'बेतुका' माना जाता था क्योंकि गणितज्ञों ने संख्याओं को शून्य से कम समझने का तरीक़ा विकसित नहीं किया था। आगे चलकर गणितज्ञों ने, विशेष रूप से नकारात्मक संख्या को नकारने के कारण सवाल किया कि सकारात्मक संख्या ही क्यों होनी चाहिए?

विद्यार्थियों के सामने कठिनाइयाँ होती हैं, जैसे कि संख्या को शून्य से कम समझना; गणितीय वस्तुओं के रूप में नकारात्मक संख्या बनाना; और पूर्णांक अंकगणित के लिए नियमों को औपचारिक रूप देना, विशेष रूप से एक ऋणात्मक संख्या के एक सकारात्मक संख्या के विपरीत अर्थ के लिए। नकारात्मक संख्याओं की प्रकृति के अनुसार इन्हें भौतिक वस्तुओं के साथ नहीं जोड़ा जा सकता है। ग्लेसर (1981) के अनुसार उन्हें 'काल्पनिक' का लेबल दिया गया है। उदाहरण के लिए, पाँच घटा दो, पाँच गणक का उपयोग करके दो हटाने के लिए मॉडलिंग की जा सकती है पर जब समस्या 2-5 सामने आती है, तो शिक्षार्थी संघर्ष करते हैं। वे अधिकतर समस्या बदल देते हैं तथा 5-2 लिखकर संख्या 3 प्राप्त करते हैं। शोधकर्ताओं का तर्क है कि नकारात्मक संख्याओं की पूर्ण समझ के लिए, विद्यार्थियों को नकारात्मक चिह्न को विभिन्न दृष्टिकोणों से समझना होगा।

विश्लेषण एवं परिचर्चा

जैसा कि विदित है कि कक्षा 7 की छात्राओं के साथ दो प्रकार के गणितीय खेल एक अवधि के भीतर खेले गये। दोनों ही खेल छोटे समूहों में मिलकर खेले गये। दोनों ही खेल पूर्णांकों में प्रयोग किये जाने वाले धनात्मक व ऋणात्मक चिह्नों के प्रयोग व उनके योग और अन्तर से सम्बन्धित नियम को समझने के लिए थे।

प्रथम खेल का अवलोकन

खेल (संज्ञात्मक उद्देश्य) **:** पूर्णांकों की जोड़ व घटा
स्रोत : NCERT कक्षा 6 गणित की पाठ्यपुस्तक, अध्याय 6, पूर्णांक
आवश्यक सामग्री : –25 से +25 तक एक संख्या पट्टी; +1, +2, +3, +4, +5 और +6 तथा –1, –2, ... –6 के साथ चिह्नित कार्ड; काउण्टर/ रंगीन बटन
खेल की संरचना : + 25 से -25 तक पूर्णांक के साथ चिह्नित संख्या पट्टी लें। खेल चार विद्यार्थियों के समूह में खेला जाता है। खिलाड़ी अलग-अलग रंग के बटन (या प्लास्टिक काउण्टर) को नम्बर स्ट्रिप पर शून्य स्थिति पर रखेंगे। यह गेम 12 कार्डों के साथ खेला जाता है जिन्हें +1, +2, +3, +4, +5 और +6 तथा –1, –2... के साथ चिह्नित किया जाता है। 6 कार्डों के सेट को फेंटा जाता है। चार खिलाड़ियों में से प्रत्येक अपनी बारी पर एक फेंटा हुआ कार्ड निकालता है। कार्ड उठाने की प्रत्येक दशा में खिलाड़ी कार्ड पर नम्बर देखता है। अगर कार्ड + दिखाता है तो खिलाड़ी संख्या पट्टी पर आगे की दिशा में बढ़ता है। वह खिलाड़ी, जिसका गणक +25 पर सबसे पहले पहुँचता है, विजेता होता है और जिसका काउण्टर -25

पर पहुँचता है, वह खेल से बाहर हो जाता है। शिक्षार्थियों के एक समूह के चार विद्यार्थियों क्रमशः आशा, प्रियंका, सोनिका और वैशाली को अ, प, स और व के रूप में संवाद के दौरान दर्शाया गया है।

संवाद : दौर पहला

अ : मुझे मिला -5... मुझे पीछे की तरफ़ चलना है।
स : हाँ, -5 में ज़ीरो से पीछे ही तो जायेगी... नम्बर स्ट्रिप (संख्या पट्टी) पर।
प : मेरा +1 आया है (अपना गणक +1 पर रख देती है)।
स : अब मेरी बारी; (कार्ड निकालती हुई) ...हो नहीं, -6 आ गया।
अ : (स से कहती है) तू मेरे से भी आगे आ गयी।
स : आगे कहाँ, तेरे से भी पीछे हूँ एक नम्बर।
अ : हाँ, मैं वही कह रही हूँ, तुम -25 के पास जा रही हो।
व : मेरा -5 आ गया।
अ : अरे! अब तू मेरे ऊपर आ गयी।

उपरोक्त वर्णन इंगित करता है कि शिक्षार्थियों द्वारा खेल खेलते समय गणितीय संवाद की प्रक्रिया शुरू हो गयी। उनकी बातचीत, संख्या पट्टी पर पूर्णांकों (-5 और -6) की नियुक्ति के बारे में, परिमाण की समझ और पूर्णांकों के क्रम का संकेत देती है। यह संख्या रेखा पर पूर्णांकों की प्रदर्शिता की उनकी समझ का भी हवाला देती है।

संवाद : दौर दूसरा

अ : जल्दी से कार्ड शफ़ल कर, मेरी बारी है।
बाक़ी सब : उठा ले जल्दी से कोई कार्ड।
अ : मेरा +1 आया है।
(अ अपना कार्ड -5 से उठाती है और +1 पर रख देती है।)
बाक़ी बच्चे चिल्लाते हैं : अरे! ये क्या ग़लत कर रही है।)
अ : क्यों मेरा +1 आया है और मैंने +1 पर रख दिया।
प : तुझे पागल, -5 में 1 को जोड़ना था, फिर जो आयेगा उस पर अपनी गोट को रखना था।
अ : यानी मुझे -4 पर होना चाहिए?

स : हाँ सही।
व : वैसे आशा अगर तेरे वाले तरीक़े से खेलते हैं तो कोई जीत ही नहीं पायेगा। बताऊँ कैसे... देखो कार्ड तो +1, +2, +3, +4, +5 और +6 और –1, –2 से लेकर –6 तक ही हैं, तो बस यहीं अटके रहते, न तो कोई –25 पर पहुँचता, न कोई +25 पर।
स और प : सही कह रही है (सभी हँसने लगते हैं)।

उपरोक्त बातचीत से संकेत मिलता है कि खेल खेलने वाले विद्यार्थी आत्मविश्वास से अवलोकन रहे हैं और तर्क के साथ साथियों की गणितीय त्रुटियों पर बातचीत कर रहे हैं। वे तर्क का मौखिक वर्णन अपने शब्दों में कर पा रहे हैं। ऐसा माहौल भी बन रहा है जिसमें शिक्षार्थी बिना किसी डर के गणित कर रहे हैं।

संवाद : दौर तीसरा

(खेल के दो राउण्ड के बाद चार खिलाड़ी, क्रमशः आशा, सोनिका और वैशाली -4 पर हैं; -2 पर प्रियंका)
अ : सब पीछे ही जा रहे हैं।
अ : प्लीज, प्लीज, प्लीज, अब तो प्लस वाला कार्ड ही आये (कार्ड उठाने से पहले)
अ : (ख़ुशी से झूमते हुए) मेरा +3 आ गया।
अ : अब मैं आ गयी -1 पर, + वाला कार्ड लेकर भी मैं – पर हूँ।
प : -4 में +3 जोड़ेगी तो -1 पर ही तो आयेगा।
प : (कार्ड उठाती है)... मेरा कार्ड -2 आया है... अरे फिर से पीछे जाना पड़ेगा। (वह अपनी गोटी निर्धारित स्थान पर रख देती है।)
स : मैं तो शुरू से ही पीछे हूँ... मेरा प्लस का कार्ड आना चाहिए... (उसका कार्ड -1 वाला आता है।)
स : लो और पीछे चलो।
व : हमें गेम के रूल्स (खेल के नियमों को) बदल देने चाहिए... जो पहले -25 पर होगा वह जीतेगा।
(सभी हँसने लगते हैं।)
व : मेरा +5 आ गया, + वाला दूसरा सबसे बड़ा नम्बर... मैं अब +1 पर।

स : देखो, आशा -1 पर और वैशाली +1 पर, दोनों का नम्बर एक जैसा है लेकिन आशा का – वाला और वैशाली का + वाला... इसलिए आशा पीछे और वैशाली आगे। वैशाली आशा से दो क़दम आगे है।

उपरोक्त विवरण दर्शाता है कि कैसे विद्यार्थी अपने और साथियों की चालों को सही ठहरा रहे हैं और पूर्णांक का जोड़ और घटाव कर रहे हैं। सोनिका के अवलोकन से संकेत मिलता है कि शिक्षार्थी पूर्णांक के निरपेक्ष मान की सराहना कर रहे हैं।

नकारात्मक संख्याओं की औपचारिक परिभाषा सकारात्मक प्राकृतिक संख्या n के विपरीत है, अर्थात $n + ? = 0$ का समाधान; यदि n एक सकारात्मक संख्या है, तो n की विपरीत ऋणात्मक संख्या $-n$ है। यह गणित की पाठ्यपुस्तकों में दी गयी परिभाषा है। इन प्रतीकात्मक परिभाषाओं को सबसे अच्छी तरह से तब समझा जाता है, जब विद्यार्थी उन्हें टिप्पणियों और उदाहरणों के माध्यम से खोजते हैं और खेल इस परिभाषा को स्पष्ट रूप से जानने का अवसर प्रदान कर रहा है।

द्वितीय खेल का अवलोकन

खेल (संज्ञात्मक उद्देश्य) : पूर्णांकों की जोड़ व घटा

स्रोत : पॉन्स (2007)

आवश्यक सामग्री : ताश के पत्ते

खेल की संरचना : 4 स्तरों में खेले जाने वाले इस खेल को शुरू करने से पहले, विद्यार्थी तीन समूह बनाते हैं और एक समूह के सदस्य को डीलर, निर्णय निर्माता व स्कोरर की भूमिका सौंपते हैं। यद्यपि प्रत्येक समूह में विद्यार्थी खेल के हर स्तर पर तीन भूमिकाओं में से प्रत्येक को ग्रहण करेंगे, फिर भी प्रत्येक खेल की शुरुआत से पहले उन्हें सहमत होना चाहिए कि किसकी भूमिका क्या होगी। कक्षा के साथ खेल के सामान्य नियमों को जानने के बाद, प्रत्येक समूह को स्तर 1 के नियम, ताश के पत्तों का सेट, काला पेन और काग़ज़ का एक पैड मिलता है। डीलर कार्ड का सेट ले जायेगा और सभी इक्के, राजा, रानी को हटा देगा और जैक को रहने देगा। निर्णय निर्माता स्तर 1 के नियमों को पढ़ेंगे और प्रत्येक हाथ के लिए विजेता का फैसला करने के लिए उनका उपयोग करेंगे। स्कोरर प्रत्येक खिलाड़ी के लिए स्कोर रखने के लिए पैड और पेन का उपयोग करेगा।

स्तर 1 के नियम – (1) काला कार्ड लाल कार्ड को हमेशा परास्त करेगा। (2) काला कार्ड जोकर को परास्त करेगा। (3) एक ही रंग के कार्ड में टाई होगा।

(4) जीत की संख्या पर नज़र रखने के लिए मिलान चिह्नों का प्रयोग करें। एक कक्षा में सभी समूहों के एक ही स्तर पर खेलने के बाद, शिक्षक प्रत्येक निर्णय निर्माता को अगले स्तर के लिए नियमों का एक नया सेट देता है, और यही प्रक्रिया चलती रहती है।

इस स्तर का उद्देश्य अप्रत्यक्ष रूप से विद्यार्थियों का तीन प्रकार के नम्बरों की तरफ ध्यान दिलाना था- ऋणात्मक (लाल), धनात्मक (काला) व शून्य (जोकर)। इस स्तर पर ये खास ध्यान दिया गया कि बच्चे संख्या की तरफ ध्यान न देकर सिर्फ संख्या चिह्न (रंग) पर ध्यान दें।

स्तर 2 के नियम – (1) काला कार्ड लाल कार्ड को हमेशा परास्त करेगा। (2) काला कार्ड जोकर को परास्त करेगा। (3) जोकर लाल कार्ड को परास्त करेगा। (4) यदि दोनों कार्ड काले रंग के हैं तो ज्यादा संख्या वाला जीतेगा। (5) यदि दोनों कार्ड लाल रंग के हैं तो कम संख्या वाला कार्ड जीतेगा। बाक़ी के नियम स्तर एक के ही रहेंगे।

इस स्तर का उद्‌देश्य बच्चों में पूर्णांकों की क्रमबद्धता से सम्बन्धित संवाद को बढ़ावा देना था। इस तथ्य के अतिरिक्त कि धनात्मक संख्यायें ऋणात्मक व शून्य से बड़ी होती हैं, इस स्तर के नियम से दो धनात्मक संख्याओं में बड़ा कार्ड व दो ऋणात्मक संख्याओं में बड़ा कार्ड से सम्बन्धित चर्चा करने का मौक़ा मिलेगा।

ये नियम स्तर के साथ-साथ जटिल होते जाते हैं जैसे स्तर 3 में स्कोर लगाते हुए मिलान चिह्न की जगह जो संख्या प्राप्त होती है, वे अंक मिलेंगे; यदि कार्ड समान रंग के हैं तो अंक जुड़ेंगे व स्कोर लिखने में उसी रंग का पेन प्रयोग में लाया जायेगा जिस रंग का कार्ड है (काला या लाल)। यदि कार्ड अलग रंग के हैं तो अन्तर निकाला जायेगा और जिस कार्ड पर बड़ा नम्बर है, उस रंग के पेन से स्कोर लिखा जायेगा। इससे अगले स्तर में दो कार्डों के साथ चित्र कार्ड भी डाला गया। यदि चित्र कार्ड का रंग लाल है तो दूसरे कार्ड का रंग बदला माना जायेगा (जैसे यदि दूसरा कार्ड काला है और चित्र कार्ड लाल तो दूसरे कार्ड को भी लाल रंग का माना जायेगा)। बाक़ी नियम पिछले स्तर के ही चलेंगे। अन्तिम स्तर में ये प्रयास किया गया कि विद्यार्थी कार्ड पर आने वाली संख्या व चित्र कार्ड पर आने वाली संख्या को गणितीय रूप में लिखें। खेल के अन्तिम स्तर पर पूर्णांकों की जमा व घटा सम्बन्धित नियमों की पूर्णता होती है। इन संवादों में नीना, प्रिया, काजल व शोधकर्ताओं के स्थान पर न, प, क और र प्रयोग किया गया है।

प्रसंग पहला (नीना निर्णायक, प्रिया डीलर और काजल स्कोरर)

प और क कार्ड रखते हैं, दोनों का ब्लैक कार्ड आता है। न : यह दोनों कार्ड एक ही रंग के हैं तो जोड़ेंगे और जिसका नम्बर बड़ा है वह जीता, इसमें नियम यही है। (काजल स्कोर लिखती है।) प : इसमें मैं जीती हूँ क्योंकि मेरा ब्लैक है और आपका रेड है और ब्लैक, रेड से बड़ा होता है। र : क्या आपको यह खेल गणित के किसी टॉपिक की याद दिलाता है? प : हाँ, इसमें हमें प्लस और माइनस करना पड़ता है। र : और जो यह अलग-अलग रंग के कार्ड हैं? न : हाँ, पॉजिटिव और नेगेटिव नम्बर्स जैसा लग रहा है। प : हाँ, ब्लैक वाले जमा वाले और लाल वाले घटा वाले हैं। र : और जोकर? प : जोकर भी प्लस और माइनस के हैं, पर उसकी वैल्यू जीरो ही है।

उपरोक्त विवरण यह संकेत देता है कि विद्यार्थी पूर्णांकों से सम्बन्धित नियम, जैसे काले कार्ड (धनात्मक संख्यायें) का लाल (ऋणात्मक संख्यायें) से बड़ा होना व इस खेल का पूर्णांकों के साथ सम्बन्ध देख पा रहे थे। ऐसा देखने में आया कि खेल के दौरान विद्यार्थी केवल नियम ही पर ध्यान दे रहे थे, शोधकर्ताओं द्वारा पूछने पर ही उन्होंने कार्डों का सम्बन्ध पूर्णांक से देखा। खेल के दौरान हुई बातचीत में नियमों के अलावा कोई ऐसी बातचीत नहीं थी, जिससे इस बात का संकेत मिले कि वे तथ्यों की समझ की तरफ बढ़ रहे हैं।

प्रसंग 2

इस प्रसंग में नीना स्कोरर, प्रिया निर्णायक और काजल डीलर की भूमिका में खेलते हैं।

(खेलते हुए प्रिया ने लाल रंग का जोकर व काजल ने काले रंग का 8 रखा, चित्र कार्ड लाल रंग का है।) न : चलो, अपनी बारी चलो (दोनों प व क, अपने काड्र्स रखते हैं व डीलर (न) बीच में चित्र कार्ड रखती है।) न : बीच में लाल कार्ड है, चेंज होगा और क्या यह ब्लैक वाला रेड हो जायेगा (वह लेफ्ट साइड के कार्ड की तरफ इशारा करती है।)

क : राईट साइड वाला होगा, न कि लेफ्ट वाला।

न जोकर को उठाकर चित्र कार्ड की जगह रखने लगती है।

प : ऐसे नहीं होता, वह हम मानते हैं, कलर मानते हैं, यह ब्लैक है तो रेड हो जायेगा।

क : इससे कोई फ़र्क़ नहीं पड़ेगा। यह तो जीरो है, इसे काला करो या रेड, कुछ नहीं होगा।

प : तो इसका उत्तर होगा +8, काजल के पॉइंट्स हैं।

न : चलो, अपनी बारी चलो। (दोनों प व क, अपने काड्र्स रखते हैं व डीलर (न) बीच में चित्र कार्ड रखती है।)

(अबकी बार लाल रंग का 4 व काले रंग का 9 है, चित्र कार्ड लाल रंग का है।)

न : इसमें 9 तो माइनस का हो जायेगा। (वह स्कोर लिखने लगती है।)

क : कैसे? मुझे समझ नही आया।

न : अगर मान लें, दोनों सेम (एक जैसे) के हो रहे हैं तो इन्हें माइनस की जगह प्लस नहीं करेंगे? (वह नोट बुक में −4 − (−9) लिखती है।)

न : तो यह तो प्लस ही होंगे।

प : मैं जीती, प्लस नहीं, माइनस करना है।

न : अरे माइनस तो तब होंगे, जब अलग रंग के कार्ड होते हैं, हमने माना है कि यह सेम रंग के हैं।

प : मुझे मिलेंगे पॉइंट्स, मेरा कार्ड बड़ा है, −4 बड़ा है −9 से।

क : मुझे मिलेंगे, मेरा तो ब्लैक कार्ड आया था तो मेरा कार्ड बड़ा हुआ।

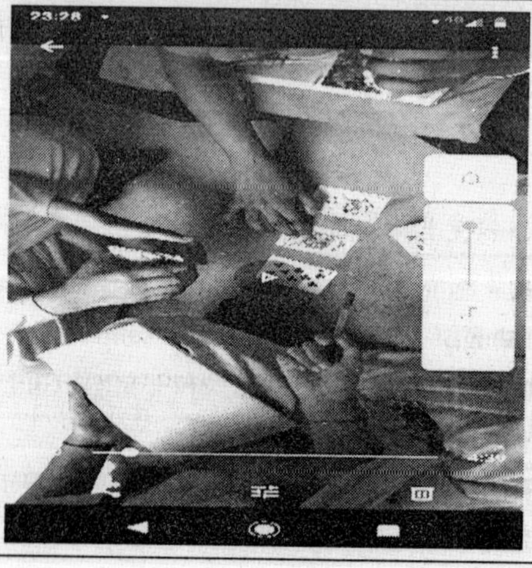

उपरोक्त चर्चा बताती है कि जैसे-जैसे स्तर जटिल होते जा रहे थे, उन्हें पिछले सत्र के नियमों का उपयोग करने में कठिनाई हो रही थी। हालाँकि खेल के दौरान हुए संवाद में वे सही नियम लगा रहे थे। परन्तु जब उन्हें यह कहा गया कि वे कार्ड खेल खेलते समय गणितीय भाषा में लिखें भी तो ऐसा करने में कुछ बच्चे ही सफल हुए।

निष्कर्ष

अध्ययन के विश्लेषण से यह कहा जा सकता है कि खेलों ने शिक्षार्थियों की आपसी बातचीत से पूर्णांक के अर्थ पता लगाने, पूर्णांक के अनुक्रमण और संचालन के अर्थों का पता लगाने के अवसर प्रदान किये। इसके अतिरिक्त यह भी निष्कर्ष निकलता है कि गणितीय संवाद को बढ़ावा देने के लिए खेल का चुनाव अत्यन्त महत्त्वपूर्ण है। जैसे कि ताश के पत्तों द्वारा खेले जाने वाले खेल को शिक्षार्थियों ने खूब सराहा परन्तु इस खेल के द्वारा गणितीय विचारों का आदान-प्रदान बहुत विस्तार से नहीं हुआ। पहला खेल जो कि पाठ्यक्रम से था, में भी संशोधन की गुंजाइश महसूस की गयी। हालाँकि, खेल द्वारा की गयी बातचीत, पूर्णांकों की क्रमबद्धता व संकेत चिह्नों की समझ को विकसित करने का संकेत देती है। पूर्णाकों में चिह्नों का प्रयोग एक बाइनरी ऑपरेटर की तरह हो और प्रतीक विपरीत चिह्न लेने का संकेत दें, ऐसी समझ के लिए ये खेल संवाद के अवसर नहीं देते।

कक्षा में खेल खेलने से पहले व बाद में किये गये मूल्यांकनों में कुछ अधिक अन्तर नहीं मिला। इस मूल्यांकन में पूर्णांकों की जोड़ व घटा से सम्बन्धित पाठ्यपुस्तक की रूटीन समस्याएँ ही पूछी गयी थीं। हालाँकि यह बात तय है कि नियत अवधि के भीतर खेले गये इस खेल ने शिक्षार्थियों की पूर्णांक सम्बन्धित सोच को विकसित किया।

सन्दर्भ सूची

1. Aldridge, S & Badham, V (1993). Beyond just a game .Pamphlet Number 21. Pimary Mathematics Association
2. Bofferding, I. (2010). Addition and subtraction with negatives: Acknowledging the multiple meanings of the minus sign. In P. Brosnan, D. B. Erchick, & L. Flevares (Eds.), *Proceedings of the 32nd Annual Meeting of the North American Chapter of the International Group for the Psychology of Mathematics Education* (pp. 703–710). Columbus, OH: The Ohio State University.

3. Ernest,P. (1986) Games.A Rationale for Their Use in the Teaching of Mathematics in School. Mathematics in School .Vol.15.No.1 .January pp2-5.
4. Gallardo, A., & Rojano, T. (1994). School algebra: Syntactic difficulties in the operativity with negative numbers. In D. Kirshner (Ed.), *Proceedings of the Sixteenth Annual Meeting of the North American Chapter of the International Group for the Psychology of Mathematics Education* (pp. 159–165). Baton Rouge, LA: Louisiana State University.
5. Glaeser, G. (1981). Epistémologie des nombres relatifs. *Recherches en Didactique des Mathématiques*, 2, 303–346. http://rdm.penseesauvage.com/

   dfield, B. (1991). Games in the learning of mathe-matics. *Mathematics in Schools.* January
6. Ponce. (2007). It's All in the Cards: Adding and Subtracting Integers. Mathematics Teaching in the Middle School, Vol. 13, No. 1, pp. 10-17. NCTM
7. NCERT Mathmatics Textbooks of grade 6th AND 7th
8. National council of Educational Research and Training (2005). National Curriculum Framework. New Delhi: NCERT.
9. Streefland, L. (1996). Negative numbers: Reflections of a learning researcher. *Journal of Mathematical Behavior*, 15, 57–79. doi:10.1016/S0732-3123(96)90040-1
10. Thompson, P. W., & Dreyfus, T. (1988). Integers as transformations. *Journal for Research in Mathemat-ics Education*, 19, 115–133. doi:10.2307/749406
11. Vlassis, J. (2008). The role of mathematical symbols in the development of number conceptualization: The case of the minus sign. *Philosophical Psychology, 21*, 555–570. doi:10.1080/09515080802285552

खण्ड-4

गणित शिक्षा के सामाजिक पहलू

22

महाराष्ट्र क्षेत्र या बॉम्बे प्रेसीडेन्सी में 19वीं सदी में 'आधुनिक गणित' का प्रारम्भ

अरुणा बजंतरी

इस पर्चे में 19वीं सदी में बॉम्बे प्रेसीडेन्सी के कुछ प्रान्तों जैसे मुम्बई शहर, पूना, रत्नागिरी इत्यादि में गणित शिक्षण में लाए गये परिवर्तनों एवं सुधारों के प्रयासों का विश्लेषण है। पर्चे में सर्वप्रथम इस प्रान्त में हुए शैक्षिक अनुसन्धानों का एक संक्षिप्त ब्यौरा दिया गया है, जिसमें विशेष रूप से गणित शिक्षण के आधुनिकीकरण में जिन व्यक्तियों का योगदान रहा, उनके कार्यों पर एक नज़र डाली गयी है एवं गणित की पुस्तकों के निर्माण के प्रमुख पहलुओं में अनुवाद कार्य पर प्रकाश डाला गया है। यह पर्चा एक जारी अनुसन्धान पर आधारित है, इसलिए अन्त में अभिलेखों में देखी गयी कुछ रोचक बातों पर भी प्रकाश डाला गया है।

प्रस्तावना

भारत में आधुनिक शिक्षा की प्रचलित ऐतिहासिक व्याख्याओं में कुछ मुख्य बातें ध्यान देने योग्य हैं। एक तो यह कि शिक्षा से सम्बन्धित ऐतिहासिक लेखन ख़ासतौर पर 19वीं सदी की ब्रिटिश शासन व्यवस्था की शैक्षिक नीतियों की आलोचनात्मक व्याख्या ही रहा है। इसमें पाश्चात्य और प्राच्य की द्वैधता (duality), भाषा विवाद, शिक्षा के भाषायी माध्यम के विवाद, लॉर्ड मैकाले का विवादित 'मैकाले मिनट्स' इत्यादि ही प्रमुख रहे हैं। दूसरा यह कि शिक्षा संस्थानों के ऐतिहासिक विकास, जैसे कि 19वीं सदी में स्थापित किये गये उच्च शिक्षण संस्थानों के चरित्र, प्रशासन, सामाजिक सरोकारों एवं उनकी भूमिका पर ज़ोर रहा है। शिक्षा से सम्बन्धित कुछ और विषय जैसे कि अध्ययन के विषयों का आधुनिकीकरण एवं उनका विकास,

अध्यापन के क्षेत्रों में हुई आधुनिकीकरण की प्रक्रियाएँ, इनमें सहभागिता करने वाले व्यक्तियों के जीवन-परिचय, पाठ्यपुस्तक निर्माण जैसे विषय ऐतिहासिक विश्लेषण का हिस्सा नहीं बन पाये हैं, जबकि इन पर गहन और नवाचारी तरीक़े से शोध की काफ़ी गुंजाइश है। गणितीय ज्ञान और इसके शिक्षण के इतिहास को भी इसी सन्दर्भ में देखा जा सकता है। यूँ तो भारतीय गणित का इतिहास अपने आप में शोध का एक वृहद विषय है और इस पर शोध कार्य की एक लम्बी परम्परा रही है, पर गणित शिक्षा का आधुनिकीकरण एक ऐसा विषय है, जिसमें शोध और अनुसन्धान की दृष्टि से अभी काफ़ी कुछ किये जाने की ज़रूरत है। मैंने अपने शोध के विषय के लिए बॉम्बे प्रेसिडेन्सी को चुना है क्योंकि 19वीं सदी की बॉम्बे प्रेसिडेन्सी के शैक्षिक परिदृश्य, ख़ासकर गणित शिक्षा के क्षेत्र अभी भी अल्प अन्वेषित है, और इसमें काफ़ी शोध की गुंजाइश व ज़रूरत है। इस दिशा में मेरा यह वर्तमान शोधकार्य कुछ पहलुओं पर प्रकाश डाल सकेगा।

इसके पहले कि हम गणित शिक्षा के आधुनिकीकरण की बात करें, ये उपयोगी होगा कि हम एक नज़र वहाँ पर हो रहे बड़े शैक्षिक बदलाव पर डालें। यह गणित शिक्षण में हो रहे बदलाव को सन्दर्भित करने में सहायक व अनिवार्य है।

बॉम्बे प्रेसिडेन्सी में 19वीं सदी में हुए शैक्षिक बदलाव

इस क्षेत्र में लगभग 1815 के आस-पास से क्रिश्चियन मिशनरियों ने ग़रीब और सामाजिक रूप से पिछड़े समुदायों को केन्द्र में रखकर अपनी शैक्षिक गतिविधियाँ प्रारम्भ की थीं। हालाँकि, प्रेसीडेन्सी के तत्कालीन गवर्नर एलफिंस्टन ने मौजूदा सामाजिक एवं धार्मिक परिस्थितियों को भाँपते हुए बे-लगाम मिशनरी गतिविधियों को नियंत्रित करने के प्रयास के साथ, एक ख़ास तरह की शिक्षा को बढ़ावा देने की नीति अपनाई।[1] इनकी आरम्भिक नीतियों में 'भारतीय शिक्षा' के आधुनिकीकरण को प्रमुखता देना था। यह एक ऐसी नीति साबित हुई जिसमें तत्कालीन स्थानीय कुलीन एवं उच्च वर्ग के लोगों की सहमति प्राप्त थी। यह ब्रिटिश औपनिवेशिक सरकार के लिए एक तरह की राजनैतिक सहूलियत से भरा एक क़दम भी था। इसी नीति के तहत पूना में 1821 में 'संस्कृत कॉलेज' (जिसे पूना हिन्दू कॉलेज कहा जाता था) की स्थापना हुई। पूरी तरह से संस्कृत शिक्षा के प्रति समर्पित इस संस्थान के संचालन और अध्यापन का कार्य भी पूरी तरह से स्थानीय ब्राह्मणों के अधीन ही था। ब्रिटिश औपनिवेशिक प्रशासन ने शुरूआत में शिक्षा के क्षेत्र में न्यूनतम हस्तक्षेप किया, हालाँकि अंग्रेज़ी प्राच्य विद्वानों ने भी अपनी महत्त्वपूर्ण भूमिका निभाई। पाश्चात्य शिक्षा

के प्रति समर्पित पहले शैक्षिक संस्थान, 'एलफिंस्टन कॉलेज' की स्थापना कुछ ही वर्ष बाद 1827 में बॉम्बे में हुई। बम्बई विश्वविद्यालय की स्थापना के पूर्व के काल में भारतीय और पाश्चात्य शिक्षा को आधुनिक काल में प्रारम्भिक दिशा प्रदान करने में इन दोनों ही संस्थानों ने महत्त्वपूर्ण योगदान दिया।

प्राथमिक शिक्षा के सन्दर्भ में मोटेतौर पर यह कहा जा सकता है कि कई मायनों में इसके आधुनिक स्वरूप इसी काल में उद्घाटित हुए, हालाँकि 19वीं शताब्दी के आख़िरी दशकों से लेकर 20वीं शताब्दी के पहले दो दशकों तक, प्राथमिक शिक्षा की परम्परागत विविधता बनी रही। औपनिवेशिक काल में प्राथमिक शिक्षा में कोई एकरूपता नहीं स्थापित हो सकी बल्कि यह अपने विभिन्न रूपों में जारी रही। प्राथमिक शिक्षा के विद्यालयों के कई प्रकार जैसे कि 'तोल', 'मक़तब', 'ग्रामीण पाठशाला' व 'संस्कृत पाठशाला' इत्यादि अपने परम्परागत रूप में चलते रहे। इस सन्दर्भ में यहाँ पर ध्यातव्य यह भी है कि लगभग इसी कालखण्ड में परम्परागत और आधुनिक शिक्षा को लेकर इंग्लैण्ड और स्कॉटलैण्ड में भी कई तरह के प्रयोगों की आज़माइश हो रही थी, और उनमें से एक सार्वजनिक शिक्षा (mass education) का प्रयोग भी था।[2] इस सन्दर्भ का एक सम्भावित मायना तो यह है कि इंग्लैण्ड के नीति निर्धारकों के लिए भारतीय शिक्षा नीति भी एक प्रयोग का ही हिस्सा थी, न कि कोई पूर्व निर्धारित व सोचे-समझे राजनीतिक षडयन्त्र का हिस्सा, जिसके तहत इंग्लिश एज्यूकेशन को भारत पर थोपा जाना था और यहाँ के पूर्ववर्ती देशज शिक्षा तंत्र को बर्बाद करना था। हालाँकि शिक्षा को लेकर कई स्तर पर नीतिगत और प्रयोगात्मक हस्तक्षेप किये गये, जिनके परिणाम दूरगामी साबित हुए। एक महत्त्वपूर्ण पहल के तौर पर 'बॉम्बे नेटिव स्कूल एंड स्कूल बुक्स सोसाइटी' की स्थापना 1821 में की गयी। इस सोसाइटी के संस्थापक अध्यक्ष स्वयं गवर्नर एलफिंस्टन थे जिन्होंने बहुत से स्थानीय बुद्धिजीवियों की भागीदारी की महत्ता को समझते हुए उन्हें उचित प्रतिनिधित्व दिया। सोसाइटी के कार्यकारी अधिकारियों की भूमिका में अँग्रेज़ अफ़सरों को ही रखा गया, ख़ासकर ऐसे लोगों को जिनकी रुचि भारतीय शैक्षिक और सांस्कृतिक विरासत में थी। इनमें सबसे महत्त्वपूर्ण अधिकारियों में से एक थे कैप्टन जॉर्ज जेर्विस। इन्होंने सोसाइटी के अवैतनिक सचिव के रूप में कई वर्षों तक अपनी सेवा दी। इनके भाई थॉमस बेस्ट जेर्विस ने गवर्नर की सहमति से कोंकण क्षेत्र में देशज शिक्षा व्यवस्था की परिस्थितियों का जायज़ा लेने के बाद सदर्न कोंकण स्कूल सोसाइटी की स्थापना की। इस सोसाइटी का मुख्य उद्देश्य मौजूदा शिक्षा व्यवस्था का अध्ययन कर उसमें हस्तक्षेप करने की सम्भावना तलाशना एवं महत्त्वपूर्ण सुधार लाने का प्रयास करना था। इसमें कम्पनी

के तहत नये स्कूलों की स्थापना और पठन-पाठन की नयी सामग्रियों का निर्माण करना शामिल था और इन पर काफ़ी ज़ोर दिया गया।

ग़ौरतलब यह भी है कि पठन-पाठन की प्रक्रिया में शिक्षण के भाषायी माध्यम के लिए 'स्थानीय भाषा' को ही उचित समझा गया और नतीजतन मराठी, गुजराती, कोंकणी और कन्नड़ भाषाओं में प्रमुखता से पुस्तकों के निर्माण पर बल दिया गया।[3] 19वीं शताब्दी में पाठ्यपुस्तकों का निर्माण वैश्विक स्तर, ख़ासकर पश्चिमी यूरोप के देशों में एक महत्त्वपूर्ण बौद्धिक मुद्दा था और इसके परिणामस्वरूप पाठ्यपुस्तकों के निर्माण, उन्हें व्यवहार में लाने और उनके प्रयोग में एक तरह का मानकीकरण करने को एक बड़ी चुनौती के रूप में लिया गया।[4] इस परिप्रेक्ष्य में, छापाख़ानों का विस्तृत प्रसार और पुस्तक प्रकाशन के व्यापार में अनूठी बढ़ोत्तरी को महत्त्वपूर्ण प्रेरक घटना के रूप में देखा जा सकता है। वैश्विक प्रसार के दौर में पुस्तक प्रकाशन के व्यापार और इसके राजनैतिक इस्तेमाल में पुस्तकों के भाषान्तरण की एक महत्त्वपूर्ण भूमिका उभरी। भाषान्तरण से परे, औपनिवेशिक भारत में कम्पनी से जुड़े अधिकारियों ने स्थानीय भाषाओं में शब्दकोष का निर्माण और देशज भाषाओं में उपलब्ध ज्ञान की परम्पराओं के विश्लेषण के साथ, इन भाषाओं के व्याकरण के निर्माण जैसे आधारभूत काम अपने हाथ में लिए। ज़ाहिर है कि इस तरह के कार्य में स्थानीय परम्परागत बुद्धिजीवियों, संस्कृत के विद्वानों तथा भाषान्तरणकारों की महत्त्वपूर्ण भूमिका होगी और इस सन्दर्भ में रही भी। यहाँ ध्यातव्य यह है कि इन जटिल व पेचीदा बौद्धिक गतिविधियों को लेकर कोई सरल व एकांगी समझ बनाना न केवल एक तरह की बेमानी कोशिश है बल्कि उच्चे दर्जे की नासमझी भी। ख़ासकर तब, जब इस बात पर सचेत करने वाले अध्ययन उपलब्ध हैं कि ये गतिविधियाँ विशुद्ध रूप से बौद्धिक नहीं, बल्कि राजनैतिक भी थीं। दूसरी बात यह कि इन बौद्धिक गतिविधियों पर ऐतिहासिक शोध अपने आप में एक स्थापित विषय है, हालाँकि हम यहाँ उनके राजनीतिक पहलू पर विचार नहीं कर रहे हैं।

भाषा की दृष्टि से अगर बॉम्बे प्रेसीडेन्सी की बात करें तो 19वीं शताब्दी के शुरूआती तीन दशकों में, मराठी भाषा बड़े पैमाने पर आधुनिकीकरण की ओर अग्रसर हो चुकी थी। भाषा के 'आधुनिकीकरण' से आशय उसके मानक व्याकरण, शब्दकोष और आधुनिक विज्ञान/शास्त्र के ज्ञान के मुनासिब होना माना जाता है। इसमें स्थानीय विद्वानों, भाषाविदों और पण्डितों की भूमिका अहम रही। प्रमुख

विचारक एवं भाषा विद्वानों, जिन्होंने मराठी के आधुनिकीकरण में ख़ास योगदान किया, में बालशास्त्री जाम्भेकर, काशीनाथ छत्रे, गोविन्द गंगाधर फड़के, जगन्नाथ क्रमवन्त, कृष्णाशास्त्री चिप्ळूणकर, दादोबा पाण्डुरंग जैसे बड़े विद्वानों का नाम शामिल हैं।[5]

पाठ्यपुस्तकों का निर्माण

'बॉम्बे नेटिव स्कूल एंड स्कूल बुक सोसाइटी' के पाठ्यपुस्तकों के प्रथम संग्रह के निर्माण एवं भाषान्तरण की गतिविधियों के तहत अनेक विषयों की पुस्तकों का भाषान्तरण हुआ (यह भाषान्तरण अधिकांशतः अंग्रेज़ी से मराठी में ही हुआ) और साथ ही कई नयी पुस्तकें भी लिखी गयीं। लेकिन इन पुस्तकों के भाषान्तरण का मानकीकरण, इनमें उपयोग की जाने वाली भाषा की त्रुटियों में सुधार एवं इनमें भी एक तरह के मानकीकरण के लिए सरकारी नियमन जारी रहा। मानकीकरण के प्रयासों को आधिकारिक बल 'बॉम्बे नेटिव एज्यूकेशन सोसाइटी' को 'बॉम्बे एज्यूकेशन बोर्ड' में तब्दील होने के साथ मिला। 'बॉम्बे एज्यूकेशन बोर्ड' ने अपनी नयी सांस्थानिक हैसियत के तहत भाषाशास्त्र से सम्बन्धित बहुत-सी पहलक़दमियाँ लीं। इनमें पाठ्यपुस्तकों को आधिकारिक औपचारिकता देने का काम बड़े स्तर पर हुआ।[6] जैसा कि पहले हमने देखा कि बॉम्बे प्रेसीडेन्सी में विद्यालयों में एकरूपता नहीं थी, ऐसे में पाठ्यक्रम में एकरूपता बहाल करना कोई आसान काम नहीं था। 'बॉम्बे एज्यूकेशन बोर्ड' के काम के विस्तार के साथ एकरूपीय पाठ्यक्रम की अवधारणा का विकास हुआ, हालाँकि शिक्षा के क्षेत्र में और कई तरह के प्रयोग स्थानीय स्तर पर भी होते रहे। स्थानीय स्तर के इन प्रयोगों का सिलसिला सभी क्षेत्रों से सम्बन्धित रहा, चाहे वे ज्ञान-विज्ञान से सम्बन्धित प्रयोग हों या भाषा में मानकीकरण से।

मानकीकरण के दायरे में शास्त्रीय विषय आने से इनकी वैज्ञानिक और शास्त्रीय अवधारणाओं (scientific and disciplinary concepts) का मानकीकरण, अंग्रेज़ी भाषा से मराठी में भाषान्तरण तथा उनमें निरन्तर सुधार एवं सम्पादन जैसी गतिविधियाँ शैक्षिक सुधार की महत्त्वपूर्ण गतिविधियाँ बन कर उभरीं। मानकीकरण की यह परियोजना वास्तव में कई मायनों में ज्ञान के हस्तानान्तरण का प्रयोग थी। हालाँकि इसे एकतरफा हस्तानान्तरण के रूप में नहीं, बल्कि एक बौद्धिक समागम (intellectual encounter) की घटना के रूप में देखा जाना चाहिए।[7]

परम्परागत पाठशालाओं का स्वरूप

बॉम्बे एज्यूकेशन सोसाइटी की स्थापना के साथ ही कैप्टन जॉर्ज जेरिस ने पाठ्यपुस्तकों के नवनिर्माण के काम को शिद्दत के साथ आगे बढ़ाया। गणित की पाठ्यपुस्तक के निर्माण की प्रक्रिया का प्रारम्भ होना आधुनिक भारत के लिए एक महत्त्वपूर्ण शैक्षिक घटना थी। जैसा कि हमने देखा, विभिन्न एज्यूकेशन रिपोर्टों में प्राथमिक शिक्षा में विविधताओं का ब्यौरा मिलता है। इन रिपोर्टों के मुताबिक, प्रचलित गणित शिक्षा का जो चित्र उभरता है, उसके आधार पर कहा जा सकता है कि परम्परागत पाठशालाओं में या शहरी प्राथमिक शिक्षण व्यवस्था में, गणित शिक्षण किसी स्वतन्त्र विषय के रूप में नहीं पढ़ाया जाता था, बल्कि इसका प्रारूप रोज़मर्रा के जीवन से जुड़े हुए विषयों से ही सम्बन्धित था।[8] दूसरी महत्त्वपूर्ण बात यह है कि ये पाठशालाएँ समुदायगत चलती थीं। आशय यह है कि विभिन्न समुदाय अपनी-अपनी ज़रूरतों के अनुसार अपनी पाठशालाएँ चलाते थे। जैसे कि व्यापारी समुदाय की पाठशाला उनकी ज़रूरत के हिसाब से, तो किसान समुदाय की अपनी अलग पाठशाला उनकी ज़रूरत के हिसाब से। ये इसलिए भी सम्भव था क्योंकि ये पाठशालाएँ बहुत ही प्रारम्भिक शिक्षा उपलब्ध कराने के लिए प्रायोजित थीं।[9] अँग्रेज़ अधिकारियों की रिपोर्टों के मुताबिक, ये पाठशालाएँ बहुत ही अनौपचारिक तरीक़े से संचालित होती थीं। यही कारण है कि अक्सर इन रिपोर्टों में पाठशालाओं के अनौपचारिक स्वरूप पर तीखी आलोचना के साथ, किसी भी प्रकार की व्यवस्थित पाठ्यपुस्तक की अनुपस्थिति को एक बड़े मुद्दे के रूप में पेश किया गया। इसके इतर, इन पाठशालाओं की गणित शिक्षण की गतिविधियों, जिसमें पहाड़े (table) रटवाने, भिन्न के चार्ट याद करवाने जैसे शिक्षण व्यवहार शामिल थे, पर अँग्रेज़ अधिकारी अचम्भित होने के साथ चिन्ता जाहिर करते थे। इन अँग्रेज़ अधिकारियों की चिन्ताएँ सामान्यतः शिक्षणशास्त्रीय बिन्दुओं से जुड़ी होती थीं क्योंकि पाठशाला के विद्यार्थी ऐसे तो मौखिक आधार पर 100 तक के पहाड़े याद रखने और सुनाने की सामर्थ्य रखते थे पर जैसे ही किसी गणितीय अवधारणा से सम्बन्धित सवाल पूछे जाते, ये विद्यार्थी अपने को असमर्थ और असहाय पाते।[10] हालाँकि दीगर बात यह है कि आज भी गणित शिक्षण की ऐसी ही कार्यप्रणाली प्रचलित है।

इन रिपोर्टों के आलोचनात्मक अवलोकन के आधार पर एक बात तो नीतिगत आधार पर लाज़िमी हो गयी थी कि प्रेसीडेन्सी की मौजूदा शिक्षण पद्धतियों में सुधार आवश्यक हैं और इस दिशा में ज़रूरी क़दम उठाए जायें। नयी पाठ्यपुस्तकों के

निर्माण को एक आवश्यक क़दम माना गया, पर पर्याप्त नहीं। इन नयी पाठ्यपुस्तकों का समुचित इस्तेमाल हो सके, इसके लिए शिक्षकों को प्रशिक्षित करना भी उतना ही ज़रूरी समझा गया।

गणित शिक्षण के आधुनिकीकरण से जुड़ी गतिविधियाँ

गणित विषय की किताबें लिखने एवं अंग्रेज़ी से मराठी में भाषान्तरित करने में कप्तान जॉर्ज जेरविस का बड़ा योगदान रहा और इनके प्रयासों से गणित की सर्वप्रथम निर्मित पुस्तकों में 'गणित कृति' एवं 'गणित मार्ग' शामिल थीं।[11] ये दो पुस्तकें अंग्रेज़ी की 'Hutton's Course of Mathematics' और 'Paisley's Practical Geometry' से भाषान्तरित की गयीं। इनमें गणित भाग एक में पूर्णांक व अपूर्णांक थे, और दूसरे भाग में बीजगणित, भूमिति, त्रिकोणमिति, क्षेत्रफल, घनफल व एल्गोरिद्म। यह जानना रोचक होगा कि इन पुस्तकों का उपयोग किस तरह से हुआ, हालाँकि प्राथमिक साक्ष्यों के अभाव में ये थोड़ा मुश्किल है। इन प्रारम्भिक पुस्तकों में गणितीय भाषा की शब्दावली का चुनाव, उनका भाषान्तरण और विशेषकर परिभाषिक शब्दों के चयन की समस्या एक बड़ी चुनौती थी और ये कई वर्षों तक बनी रही, हालाँकि लगातार विश्लेषण और परीक्षण की वजह से, पुस्तकों के हर नये संस्करण में सुधार किया जाता था।[12]

1840 में 'बॉम्बे शिक्षा मण्डली' की तरफ से पाठ्यपुस्तकों की जाँच के लिए एक समिति बनायी गयी। इस समिति में प्रमुख भूमिका ऐसे अँग्रेज़ अफ़सरों को दी गयी जो मराठी भाषा में मानकीकरण एवं व्याकरण-सुधार में गहरी रुचि रखते थे। ख़ासकर जेम्स मोल्स्वर्थ और थॉमस केण्डी, जो कि उस समय के जाने-माने व्याकरणकार और भाषाविद थे, समिति के सदस्य बने। थॉमस केण्डी, पुणे संस्कृत महाविद्यालय के प्रथम प्रधानाचार्य थे, जबकि मेजर मोल्स्वर्थ शौक़िया पर बेहद गम्भीर विद्वान माने जाते थे। ये दोनों विद्वान इस समिति के महत्त्वपूर्ण सदस्य होने के नाते स्थानीय संस्कृत विद्वानों की राय लेकर इन पुस्तकों में निरन्तर तकनीकी सुधार के लिए कई वर्षों तक प्रयासरत रहे। इस समिति के गठन के साथ, पुस्तककारों/पाठ्यपुस्तकों के लेखकों के लिए भी लाज़िमी था कि वे परिभाषिक शब्दावलियों एवं अवधारणाओं का चयन शिक्षा मण्डली के दिशा-निर्देश के दायरे में ही करें। ये पहल पाठ्यपुस्तकों के मानकीकरण की दिशा में एक ठोस क़दम साबित हुई।

हालाँकि इसके फलस्वरूप एक दूसरी बात सामने आयी कि सभी शास्त्रीय विषयों, जिसमें गणित प्रमुखतः शामिल था, की अधिकांश परिभाषिक शब्दावली

उच्च/कठिन संस्कृत शब्दावली से संकलित की गयी। नतीजा ये हुआ कि गणित की मराठी पुस्तकें, जो कि सरकारी स्कूलों के लिए निर्धारित की जाती थीं, वह संस्कृत की क्लिष्ट और अप्रचलित तकनीकी शब्दावली से पट गयीं। ऐसा नहीं था कि संस्कृत के अत्यधिक प्रयोग को लेकर विवाद नहीं हुआ, बल्कि एक से अधिक विवादों के उदाहरण अभिलेखकीय रिकॉर्ड में उपलब्ध हैं।[13]

हालाँकि गणित विषय के सन्दर्भ में यह ख़ासा ग़ौरतलब है कि गणित के ज्ञान से जुड़ी आधुनिक धारणाओं के भी रूपान्तरण की वाहक भी यही पाठ्यपुस्तकें ही बनीं।[14] प्रारम्भिक भाषान्तरण की प्रकिया में ही गणित की आधुनिक ज्ञानमीमांसा की नींव पड़ती है, जिसकी शुरूआत पाठ्यपुस्तकों की प्रस्तावनाओं में गणित के ज्ञान की प्रकृति, उसकी महत्ता, विशेषता, वस्तुनिष्ठता एवं परिशुद्धता (exactness) की चर्चा से शुरू हुई। उदाहरण के लिए, 19वीं शताब्दी में निकलने वाली 'ज्ञान प्रसारक' नामक मासिक मराठी पत्रिका में इस विषय पर विस्तृत आलेख प्रकाशित हुआ जिसमें गणितशास्त्र की महत्ता व उसकी विशेषता को इन पाठ्यपुस्तकों के प्रकाश में रेखांकित किया गया।[15] 1856 में सरकारी शिक्षा विभाग की स्थापना के पश्चात शालेय पाठ्यपुस्तकों का प्रकाशन और अधिक विस्तारित होने लगा।

गणित पुस्तकों का लेखन एवं प्रकाशन

गणित विषय से जुड़ी पुस्तकों का मूलत: अंकगणित, बीजगणित, भूमिति, त्रिकोणमिति इत्यादि में वर्गीकरण होता चला गया। अधिकांश गणित पाठ्यपुस्तकें इन्हीं प्रवर्गों के शीर्षक से छपती गयीं। पारम्परिक भारतीय गणित में ऐसा वर्गीकरण नहीं था, इसलिए भारतीयों के लिए इस प्रकार के गणितीय ज्ञान से परिचय नया था। जैसे-जैसे गणित की इन विधाओं का प्रसार बढ़ा, वैसे-वैसे बहुत सारी अंग्रेज़ी पाठ्यपुस्तकों का मराठी में अनुवाद हुआ। जाहिर है कि इस प्रक्रिया में बहुत सारे स्थानीय लोग शामिल हुए, जिससे गणित के ज्ञान का प्रसार भारतीयों में बढ़ा।

यद्यपि यह धारणा मोटेतौर पर सही है कि 19वीं शताब्दी में पाश्चात्य ज्ञान-विज्ञान, जिसमें गणित प्रमुखत: शामिल है, अंग्रेज़ी शासन व्यवस्था के दौरान ही भारत में औपचारिक रूप से स्कूलों और कालेजों में स्थापित हुआ लेकिन इनके अनुशासनात्मक प्रतिग्रहण की प्रक्रिया सांस्कृतिक जटिलता से भरी हुई है। इसलिए इतिहासकारों की मानें तो इस प्रक्रिया का और अधिक सूक्ष्मता से अध्ययन किये जाने की आवश्यकता है। संक्षेप में कहा जाये तो बॉम्बे प्रेसीडेन्सी में गणित विषय के आधुनिकीकरण की प्रक्रिया में न केवल अँग्रेज़ शासकों का हस्तक्षेप था बल्कि 1850 के बाद से ही इस क्षेत्र में अनेक स्थानीय शिक्षित अध्यापकों और गणितशास्त्रियों का भी योगदान रहा। इसके अलावा परम्परागत गणितीय व्यवहारिक ज्ञान, जिसे

मौखिक गणित (मराठी में तोंड्चे हिशेब) कहा जाता है, को भी इसमें स्थान मिला। लेकिन गणित पुस्तकों का अनुवाद नैसर्गिक रूप से उभरने की बजाय प्रतिरोपित (engrafted) मालूम पड़ता है। भारतीय गणित की संस्कृत वैधानिक ज्ञान/कृतियाँ जैसे भाष्कराचार्य की बीजगणित, लीलावती इत्यादि का अंग्रेज़ी और मराठी में अनुवाद भी इस आधुनिकीकरण का एक पहलू है।[16]

मेरे द्वारा देखे गये गणित शिक्षा सम्बन्धित दस्तावेजों में मराठी में अनूदित गणित की पुस्तकों के अलावा मराठी में छपी ज्ञान-विज्ञान की मासिक पत्रिकाओं[17] और शिक्षकों व बच्चों के लिए छपने वाली पत्रिकाओं[18] में गणित शिक्षण से जुड़े बहुत-से रोचक लेख हैं जिनमें पारम्परिक बनाम समकालीन गणितीय विधाओं पर चर्चा की गयी है। बाल पत्रिकाओं में रोचक गणितीय पहेलियाँ नियमित रूप से छपती थीं। इसके अलावा स्मरणोकारि गुणा तालिकाएँ, देसी मापन की रूपान्तरण तालिकाएँ इत्यादि भी गणित शिक्षण का हिस्सा थीं।

विवेचना

गणित शिक्षण से जुड़ी समकालीन समस्याओं को बहुत ही स्थूल रूप से औपनिवेशिक काल में लाए गये बदलावों से जोड़ा जाता है। गणित को सीखने-सिखाने की विधियों को भी अंग्रेज़ी शासन की ही देन माना जाता है। अर्थात स्कूली गणित शिक्षण में पाई जाने वाली त्रुटियों के बारे में एक सरलमति भाव यह है कि औपनिवेशिक काल से पूर्व भारत में गणितीय ज्ञान की एक श्रेष्ठ, समृद्ध व उन्नत परम्परा थी। शिक्षा में औपनिवेशिक आधुनिकता के ख़्याल के आक्रामक फैलाव की वजह से उसकी हैसियत हाशिए की रह गयी। लोक सुलभ व्यवहार में भारतीय गणित में अक्सर ज्योतिषशास्त्र की उपलब्धि और लोकप्रियता को विशिष्ट रूप से रेखांकित किया जाता है। इसे आधुनिक विज्ञान के बराबर का दर्जा देने की बात आये दिन हमारे सामने आती रहती है। दूसरी ओर कुछ उत्तर-औपनिवेशिक (post-colonial) विशेषज्ञ और साथ ही आधुनिक गणितज्ञ भी यह मानते हैं कि पाश्चात्य गणित एवं ज्ञान-विज्ञान का प्रादुर्भाव एक सरल व एकांगी तरीक़े से 19वीं शताब्दी के बाद अपरिहार्य घटना के रूप में हुआ। लेकिन गणित शिक्षा के इतिहासकार भारत में गणित के प्रादुर्भाव और इसके विकास की प्रक्रिया की जटिलता के प्रति बौद्धिक संवेदनशीलता की ज़रूरतों को रेखांकित करते हैं।[19] स्पष्टत:, ये इतिहासकार उपर्युक्त दोनों प्रकार की धारणाओं को अनुपयोगी मानते हैं। बतौर इनके, एक जटिल और बहुआयामी ऐतिहासिक घटना की ऐसी एकांगी समझ, ज्ञान-विज्ञान की प्रक्रिया में अन्तर्निहित ज्ञान की राजनीति (politics of knowledge) को अनावश्यक रूप से वैचारिक ध्रुवीकरण की ओर ले जाती है।[20] परिणामत: समकालीन शिक्षणशास्त्रियों एवं शिक्षा में सुधार के लिए

प्रयासरत शिक्षा के विशेषज्ञों का ऐतिहासिक परिप्रेक्ष्य में एक तरह का पक्षपाती नज़रिया विकसित होता है।

ज्ञान-विज्ञान के विकास के इतिहास, शिक्षा के क्षेत्र में कार्यरत सभी कर्मियों, ख़ास कर शिक्षकों के लिए ख़ास मायने रखता है। अपनी अन्तर्निहित रोचकता से परे ज्ञान-विज्ञान का इतिहास, अनुशासनात्मक क्रमिक विकास के सन्दर्भ में ज्ञानमीमांसा के सिद्धान्तों के विकास का इतिहास है और वह विभिन्न अवधारणाओं के बनने और उनके परिपक्व होने की प्रक्रिया का वृत्तान्त भी है। विषयों पर अच्छी पकड़ बनाने के लिए यह ज़रूरी और उपयोगी ज्ञान है।

गणित शिक्षा से सरोकार रखने वाले लोग यह जानते हैं कि भारत में गणित शिक्षण एवं इसके सीखने से जुड़ी समस्याओं का भी एक लम्बा इतिहास है। गणित का व्यवहारिक रूप आम जीवन से जुड़ा होता है। गणित का रोज़मर्रा के जीवन से न केवल व्यावसायिक सम्बन्ध है बल्कि इसका उपयोग दैनन्दिन के खाली समय में पहेलियों इत्यादि के रूप में भी होता है। गणित सीखने की प्रक्रिया आम जीवन में शुद्ध रूप से बौद्धिक न होकर सामाजिक और सामूहिक भी होती है। इस आलेख में 19वीं सदी के औपनिवेशिक दौर में किस प्रकार से गणित शिक्षण का प्रादुर्भाव हुआ, इस प्रश्न के अतिरिक्त यह दर्शाने का प्रयत्न भी किया गया है कि उस समय भी गणित शिक्षण से जुड़े प्रश्न गहन शैक्षिक चिन्तन के विषय थे। आधुनिकीकरण के दौर में उच्च गणित के ज्ञान को स्कूली शिक्षा में शामिल करना अपने आप में एक वैश्विक और नवीनतापूर्ण प्रश्न था, जो औपनिवेशिक देशों में भी उठाया गया, लेकिन भारत में इन प्रश्नों को सुलझाने में विविधता मिलती है।

सन्दर्भ सूची

1. Please see Syed Noorullah and J.P. Nayak, History of Education, Bombay, 1943.
2. S. N. Sen, Scientific and Technical Education in India (1700-1900), New Delhi, 1991.
3. Please see BK Behram, Education Controversies in India: The Cultural Conquest of India under British Imperialism, Bombay Tarpuwala Sons & Company, 1943
4. Please see, Gert Schubring, On Methodology of Analyzing Historical Textbooks... for the Learning of Mathematics, vol. 7, November 3, 1987
5. Please see, R. S. Jog, Marathi Vangmaycha Itihas (1800-1847),

Pune, 1965, S. M. Pinge, Europeyanacha Marathicha abhyas v seva, Mumbai Marathi Granth Sangrahalaya, Bombay 1960

6. -do-
7. Please see Dhruv Raina and S. Irfan Habib, Domesticating Modern Science: A Social History of Science and Culture in Colonial India, Tulika Books Delhi, 2004
8. Please see George Jervis Report of Special Committee Appointed to Examine the System of Education Prevailing Among the Natives and to Suggest Improvements Bombay Native Education Society Bombay, 1824
9. Please see Dharmapala, The Beautiful Tree: Indigenous Indian Education in the Eighteenth Century Other India Press, Goa, 1971
10. Please see John Taylor, Short Account of Present Mode of Teaching Arithmetics in Hindu Schools Bombay, 1816
11. Please see, S. M. Pinge, Europeyanacha Marathicha abhyas v seva, Mumbai Marathi Granth Sangrahalaya, Bombay 1960
12. KB Kulkarni, Adhunik Marathi Gadyachi Utkranti, Bombay Marathi Granth Sangrahalaya, Bombay, 1956
13. -do-
14. See Dhruv Raina, The Faded Institutionalization of Mathematics Education and Research in Late Colonial India (1850–1950), International Archive of the History of Science, Vol, 66 No. 176, 2016
15. Please see, unknown author, Ganit Shastrachya Abhyaspasunalabh, Marathi Jgyan Prasarak, August 1853
16. Such translations are seen in the works till the end of the century. See, for example, Lilavati by Yerondolkar, 1890: Bhaskaracharyakrit Bijganitache Sopapati by Khanapurkar, Marathi translation, 1920, etc.
17. like Marathi Jgyan Prasarak (1848-1867), Vividh Gyan Vistar (1861-1930)
18. Shalpatrak (1863...), Bulbodh (1858 ...)
19. These include SN Sen, Dhruv Raina, Zaheer Babar, Ashish Nandy and Senthil Babu.
20. Please see Dhruv Raina, Traveling Both Ways: Adaptation of Disciplines, Scientific Text Books and Institutions, 2011

23

गणित में ग़लतियाँ

हृदय कान्त दीवान और ऋचा गोस्वामी

यह पर्चा बच्चों द्वारा की जाने वाली ग़लतियों के बारे में है। पर्चा बताता है कि शुरुआती सालों में बच्चे जब सीखने के क्रम में ग़लतियाँ करते हैं तो अभिभावकों द्वारा उन्हें सीखने की प्रक्रिया का हिस्सा माना जाता है लेकिन यह समझ स्कूल में नहीं दिखती। स्कूल में सीखने की प्रक्रिया में ग़लतियों को अवांछित व प्रताड़ना योग्य माना जाने लगता है। कुछ लोग ग़लतियों को बेध्यानी मानते हैं और कुछ उन्हें सीखने में कमी की तरह देखते हैं पर इसके बजाय इन्हें ग़लती न मानकर सीखने वाले के समझने के निजी तरीक़े के तौर पर और सीखने के चरण के रूप में देखा जाना चाहिए। लेखक कहते हैं कि शिक्षकों को बच्चों द्वारा की जा रही ग़लतियों के अध्ययन, विश्लेषण व उनमें छुपे हुए पैटर्न को समझते हुए ग़लतियों को सीखने-सिखाने की प्रक्रिया का हिस्सा बनाया जा सकता है।

प्रस्तावना

बच्चों व बच्चियों द्वारा किये गये कार्यों को वयस्क कैसे देखेंगे व उस पर किस प्रकार प्रतिक्रिया देंगे, यह परिस्थिति के अनुसार होता है। ऐसा व्यवहार जो अनपेक्षित है, कई बार नज़रअन्दाज़ कर दिया जाता है, कई बार सराहा जाता है और कई बार उस पर तीव्र नकारात्मक प्रतिक्रिया दी जाती है। इस अनपेक्षित व्यवहार के प्रति अपनाया गया रवैया कई बातों पर निर्भर हो सकता है, किन्तु इस रवैये का बच्चों पर महत्त्वपूर्ण असर होता ही है। यह असर घर व परिवार में व्यवहार के कारण भी होता है और स्कूल व कक्षा के सन्दर्भ में भी। अलग-अलग पृष्ठभूमि के बच्चे व बच्चियों के साथ किये जा रहे व्यवहार में भी कई तरह के अन्तर होते हैं। इन पर काफ़ी बातचीत की

जा सकती है किन्तु इस पर्चे में वह हमारा मक़सद नहीं है। इन अन्तरों के बावजूद व्यवहारों में कुछ ऐसे पैटर्न भी दिखते हैं, जो कि इन व्यवहारों के पीछे की सोच को भी उजागर करते हैं।

छोटी बच्चियों व बच्चों के साथ घर में हुए व्यवहार के सन्दर्भ में हम इसके कई पहलू देख सकते हैं। उदाहरण के लिए जब कोई बच्ची बोलना शुरू करती है तो वह अपने अलग शब्द गढ़ लेती है और उस शब्द को बाक़ी सभी लोग भी कुछ समय तक स्वीकार कर इस्तेमाल करने लगते हैं। जैसे कोई बच्ची पानी को 'मम' और खाने को 'भू' कहने लगे तो कुछ समय तक घर में वही शब्द इस्तेमाल होने लगता है। या फिर कोई बच्चा भौं-भौं कहे या डॉगी कहे तो उसका अर्थ है कि मुझे बाहर जाना है क्योंकि वहाँ कुत्तों को देख पाऊँगा। यहाँ और बाक़ी परिस्थितियों में भी अधिकांशत: पालकों का ध्यान सिर्फ़ इस पर ही होता है कि बच्चे क्या जानते हैं, क्या चाहते हैं और वे ख़ुशी से यह नज़रअन्दाज़ कर देते हैं कि उन्हें क्या नहीं आता। हर परिवार में हर बच्चे-बच्ची के बड़े होने की प्रक्रिया में ऐसे बहुत-से शब्द हमें मिल जायेंगे।

इसी तरह उच्चारण में भी उनके शुरुआती ढंग पर टोका नहीं जाता। उदाहरण के लिए यदि कोई बच्ची, 'गायब' को 'ग्याब' कहे तो कई बार पूरा परिवार उससे बात करते समय वैसे ही बोलना शुरू कर देता है। इस उच्चारण के सामान्य से हटकर होने के बावज़ूद उसको टीका-टिप्पणी के बिना स्वीकार कर लिया जाता है। हालाँकि कई परिवारों में और बहुत से वयस्क उनके उच्चारण को तो समझकर स्वीकार कर लेते हैं किन्तु खुद सही उच्चारण करते हैं। इसका कारण यह हो सकता है कि उन्हें लगता है कि बच्ची को सही उच्चारण सुनना सीखने में मदद करेगा। सीखने की इस प्रक्रिया में रवैये को लेकर एक प्रमुख पहलू अवधारणाओं के बनने का है। हम किसी अवधारणा के बनने को लें, इसमें कई बार सीखने के अलग-अलग चरणों का आसानी से अन्दाज़ा लगता है।

उदाहरण के लिए एक बच्ची पहले चरण में रंगों के नामों को संज्ञा रूप में इस्तेमाल करती थी। किसी वस्तु को इशारा करके कहती कि 'यह हरा है'। इसी तरह एक बच्चा सभी गाड़ियों को कुछ समय तक 'वाइट कार' कहता था। दूसरे चरण में इसी तरह से रंगों को किसी वस्तु की विशेषता के रूप में देखने की समझ तो आ गयी, पर रंगों के नाम अभी ठीक से नहीं सीखे। तीसरे चरण में एक-आध रंगों के नाम सही पता हैं, बाक़ी सब गड्ड-मड्ड। हर चरण में उसके द्वारा उपयोग किये जाने वाला आधार अलग है किन्तु फिर भी कोई उसे बहुत अधिक नहीं टोकता। एक उदाहरण पीने के द्रव की समझ के विकास का है। इस बच्चे को स्वयं सॉफ्ट ड्रिंक

पीना अच्छा लगता था और वह कोला पीना पसन्द करता था। जिसे वह अन्तप कहने लगा। यह नाम 'थम्ब्स अप' से बना था व यह सभी ठण्डे पेय पदार्थों पर लागू था। पर पानी, चाय, कॉफ़ी इस नाम से नहीं पहचाने जाते थे। चाय व कॉफ़ी या अन्य गर्म पेय चाय के नाम से जाने जाते थे। धीरे-धीरे इनमें श्रेणियाँ बनने लगीं। ठण्डे पदार्थ अन्तप व पंटा बने, चाय में पापा चाय (चाय) और मामा चाय (कॉफ़ी) की श्रेणियाँ बनीं। यही बात जानवरों को अलग-अलग पहचानने के बारे में भी है। सभी चौपायों के लिए एक खास संज्ञा के इस्तेमाल से अलग-अलग श्रेणियों के लिए अलग नाम जैसे टाइगर अथवा भौं-भौं, मू, में-में आदि और फिर उनके लिए सामान्य रूप से उपयोगित संज्ञा और फिर हर पशु को अलग-अलग बता पाना। जैसे माया, टाईगर, शेरू आदि-आदि अलग-अलग दिख रहे कुत्तों को एक श्रेणी में रखकर भी उन्हें अलग-अलग भी बता पाना। इस पूरी यात्रा में परिवार अक्सर उनके सीखने में बग़ैर अत्याधिक ग़लतियाँ निकाले, प्रोत्साहन और सार्थक मदद देता है।

भाषा का इस्तेमाल सीखने के सन्दर्भ में कुछ अन्य तरह के उदाहरण भी अक्सर दिये जाते हैं। हालाँकि इनमें से कुछ अंग्रेज़ी के हैं क्योंकि उस भाषा पर किया काम ज़्यादा व्यवस्थित रूप से उपलब्ध है किन्तु कई उदाहरण अन्य सन्दर्भों के भी हैं। जैसे मध्यम वर्ग के तीन-चार साल के बच्चों, जिनके घर में कोई पालतू पशु है, के द्वारा उस पशु के नाम का इस्तेमाल सभी पशुओं के लिए करना। यानी घर में यदि कोई कुत्ता है और उसका कुछ नाम है तो सभी चौपायों का शुरू में वही नाम हो जाता है। अगर घर में कोई बिल्ली है तो फिर सभी चौपायों का वही नाम हो जाता है। कई बार नाम की जगह उस जानवर की आवाज़ ही इस्तेमाल की जाती है, जैसे भौं-भौं या म्याऊँ आदि। अक्सर पानी, बच्चे का ध्यान रखने वाले की पहचान, खाने की वस्तुओं, खिलौनों आदि सभी के लिए नाम होते हैं। पानी 'मम' हो जाता है, सभी पुरुष 'पा' या 'का' हो जाते हैं और इसी तरह से बाक़ी कई नाम जिनका उपयोग बच्चा शुरू करता है और बाक़ी सभी भी उसे कुछ समय तक स्वीकार करके इस्तेमाल करते हैं। ***यह सब अवधारणाओं के बनने की प्रक्रिया का हिस्सा है।***

इस तरह की सभी अभिव्यक्तियों का उपयोग बच्ची धीरे-धीरे स्वयं ही बन्द करती है। ज़ाहिर है कि इस तरह का उपयोग सन्दर्भ आधारित है और जहाँ नामों को सीखने की अधिक ज़रूरत है, वहाँ उनके विशिष्ट व उचित नाम और जल्दी सीख लिए जाते हैं। सीखने के इस दौर में परिवार में बच्चों के अनपेक्षित उत्तरों को ध्यान से सुना जाता है, समझा जाता है और सराहा जाता है। बच्चे द्वारा किये सामान्यीकरणों व उनसे बनी श्रेणियों को नकारा नहीं जाता। उस समय बच्ची के यह सामान्यीकरण

कई आधारों पर होते हैं व संज्ञानात्मक व तार्किक विकास का हिस्सा होते हैं। इसी तरह कोई बच्ची छोटी-बड़ी संख्या में अथवा आकार में भेद करना शुरू करती है तो उसकी यह समझ भी आगे-पीछे व इधर-उधर जाते हुए ही आगे बढ़ती है। अलग-अलग ढंग से किये गये इन प्रयासों को भी सराहा ही जाता है व उन्हें सहजता से सीखने की प्रक्रिया का हिस्सा मान लिया जाता है।

स्कूली पढ़ाई और ग़लतियों के प्रति बढ़ती दुष्चिन्ता

जब यह प्रक्रिया स्कूली पढ़ाई से जुड़ी हो, तब वयस्कों की प्रतिक्रिया बदल जाती है। ऐसा स्कूल की कक्षा में तो होता ही है, पर यह बहुत हद तक पालकों की प्रतिक्रिया में भी दिखने लगता है, जब वे अपने बच्चों को पढ़ाने बैठते हैं। अब न सिर्फ़ यह माना जाता है कि सीखने वाली को वही करना चाहिए व उसी तरह से उत्तर देना चाहिए जैसा कि अपेक्षित है बल्कि यह भी माना जाता है कि अनपेक्षित उत्तर 'ग़लती' है।

स्कूल में या स्कूली पढ़ाई से जुड़े माहौल में अनपेक्षित व्यवहार को 'ग़लतियाँ' ही माना जाता है और उसे ज़्यादातर अवांछनीय व्यवहार के रूप में देखा जाता है। यह माना जाता है कि इन्हें जितना जल्दी हो सके, बच्चे की कार्यप्रणाली या व्यवहार में से हटाने की आवश्यकता है। उन्हें तत्काल टोककर या सुधारने की आवश्यकता है। यह समझा जाता है कि सीखने की प्रक्रिया में ग़लतियों की कोई गुंजाईश नहीं होनी चाहिए। परन्तु यह सीखने की स्वाभाविक प्रक्रिया के ख़िलाफ़ है। हम यदि किसी भी बच्ची या बच्चे को किसी भी चीज़ को सीखता देखें व सीखने की प्रक्रिया पर ग़ौर करें तो हम पायेंगे की ग़लतियाँ सीखने की प्रक्रिया का अभिन्न अंग हैं। उदाहरणस्वरूप एक बच्ची को चम्मच का प्रयोग सीखते हुए देखेंगे तो निश्चित रूप से हम पायेंगे कि शुरू के कुछ बार या कुछ दिन तक वह निरन्तर चम्मच मुँह में ले जा रही है, पर मुँह में कुछ पहुँचता नहीं है। सब ज़मीन, मेज़ और कपड़ों पर छूट जाता है। धीरे-धीरे वह इस क्रिया में पारंगत हो जाती है। बच्चा खड़ा होना सीखने में और जैसा हमने शुरू के उदाहरणों में बताया भी, कई तरह के उबड़-खाबड़ रास्ते से होकर सीखता है। वह पहले घुटनों के बल चलता है, खड़ा होता है, गिरता है और फिर चलता है, तुतलाता है, भाषा में भी कई पड़ावों से गुज़रकर सीखता है आदि। इसी तरह लिखते समय, गिनते समय और उससे आगे का गणित करते समय वे सीधे सही उत्तरों तक नहीं पहुँच पाते।

ग़लतियों की परिभाषा

बच्चों के सीखने-सिखाने की प्रक्रिया में 'ग़लती को कैसे परिभाषित करें?' जैसे सवाल के बारे में सोचना अति आवश्यक है। क्या ग़लतियाँ बेध्यानी के उत्तर हैं, ग़लत समझ की प्रतीक हैं, आलस अथवा मेहनत के अभाव की द्योतक हैं, नालायक़ी का सबूत हैं या फिर वे कुछ और ही हैं जो सीखने की प्रक्रिया का ज़रूरी हिस्सा है। इस पर विचार करना आवश्यक है क्योंकि इसी से कक्षा में व बाहर, बच्चों के साथ हुई अन्त:क्रिया निर्धारित होती है। यदि हम बच्चों के द्वारा दिये गये उत्तरों को सही व ग़लत की श्रेणियों में बाँटने के स्थान पर अपेक्षित और अनपेक्षित उत्तर के रूप में परिभाषित करें तो इस मसले पर गहरी चर्चा करने में मदद मिलेगी।

अपेक्षित और अनपेक्षित उत्तर की शब्दावली इस बात को रेखांकित करती है कि अनपेक्षित के आधार को समझने की ज़रूरत है, उसे सरलता से सीधे-सीधे ग़लत सही नहीं बताया जा सकता। यानी उस उत्तर में कुछ अलग तरह से सोचा गया रास्ता हो सकता है जो अपने आप में तार्किक तो है पर उसका आधार व तर्क का ढंग अपेक्षित तरीक़े से फ़र्क़ है। अत: इस प्रकार हर उत्तर को समझने की आवश्यकता है और उस तक पहुँचने के आधार को पहचानने की भी। यदि ऐसा नहीं करें तो कई बार हम उन उत्तरों पर ध्यान नहीं देंगे जो उचित तर्क अथवा प्रक्रिया के साथ नहीं प्राप्त किये गये हैं, हालाँकि वे अपेक्षित उत्तर के समान हैं। ऐसा गणित के सवालों में कई बार हो जाता है कि दो जगह सवाल में चूक होकर उन विशेष संख्याओं के साथ उत्तर सही आ जाता है। इसके विपरीत छोटी-सी चूक के कारण अथवा सवाल के किन्हीं हिस्सों की अस्पष्टता के कारण तर्क व प्रक्रिया उचित होने के बावजूद सवाल का वह उत्तर नहीं आता जो आना चाहिए था। इसी तरह गिनने में, एक, दो, तीन आदि के उपयोग में भी, दो या तीन के बाद वह संख्या नाम व वस्तुओं में तालमेल नहीं बिठाती। किन्तु उसको डाँटकर टोका नहीं जाता। यह उसके लिए सीखने का नया पड़ाव माना जाता है कि अब वह एक, दो और बहुत में अन्तर करने लगी है। मतलब यह कि हालाँकि वह दो से ज़्यादा संख्या वाले समूह नहीं गिन पाती फिर भी वह बड़े व छोटे समूह में अन्तर कर पाती है व धीरे-धीरे कम अन्तर वाले समूहों में (यथा 4 व 5 आदि) भी अन्तर कर पाती है। गिनने की इस प्रक्रिया में उसका बड़ी संख्याओं को गिन पाना धीरे-धीरे आगे बढ़ता है। शुरू में वह लगातार अनपेक्षित उत्तर देती है, जिन्हें समझने का प्रयास होता है व उसे प्रयास करते रहने के मौक़े मिलते रहते हैं, जिनसे वह स्वत: सीख जाती है।

जैसा कि हमने ऊपर कहा, स्कूली शिक्षा के सन्दर्भ में व वयस्कों द्वारा सचेत ढंग से सिखाई जाने वाली अन्य प्रक्रियाओं में बच्चों के प्रयासों को देखने की दृष्टि बदल जाती है। बच्चों द्वारा दिये गये उत्तरों को जल्दी से ही सही और ग़लत की श्रेणी में डाल दिया जाता है। यह वर्गीकरण गणित में सबसे प्रत्यक्ष रूप में दिखता है। यह आम धारणा भी है कि गणित और व्याकरण में ध्यान देने से सभी उत्तर सही और 100 प्रतिशत अंकों की सम्भावना होती है। दूसरे शब्दों में कहें तो यहाँ ग़लत और सही का भेद बहुत स्पष्ट है, बीच के उत्तरों की गुंजाइश कम है।

यह पर्चा गणितीय क्रियाओं में बच्चों के उत्तरों के अवलोकन व अध्ययन पर आधारित है। आगे बढ़ने से पहले हम इसमें शामिल शब्दावली को स्पष्ट करने की कोशिश करते हैं, जिससे हम सही-ग़लत के श्याम-श्वेत श्रेणीकरण से बच सकें व उत्तरों व उनके प्रकारों का अध्ययन कर सकें। बच्चों द्वारा की गयी ग़लतियों के बारे में तीन प्रमुख धारणाएँ निम्न हो सकती हैं, जिनके उदाहरण हम ऊपर की चर्चा में देख भी चुके हैं :

1. **ग़लतियाँ बेध्यानी का प्रतीक हैं :** ऐसी ग़लतियाँ, जो बच्ची से बेध्यानी में हो गयी हों। गणित में बेध्यानी की ग़लतियाँ काफ़ी देखने को मिलती हैं, और इस तरह की ग़लतियाँ एक से दो सवालों को करते हुए ठीक हो सकती हैं। सम्भव है कि बच्ची एक सवाल में ग़लती करे और दूसरे को सही कर ले। माने ग़लतियाँ शायद दुबारा दोहराईं न जायें, जैसे सवाल में हासिल लगाना भूल जाना या सूत्र ग़लत लिख देना।
2. **ग़लतियाँ, सीखने में कमियाँ (गैप्स) हैं :** ग़लतियों या अनपेक्षित उत्तरों के बारे में ये परिप्रेक्ष्य मानता है कि सीखने की प्रक्रिया में अभी कुछ कमी रह गयी है या सीखने में कुछ ग़लती है और इसलिए बच्चे ने या तो आधी-अधूरी या ग़लत समझ बना ली है। जब बच्चे इन कमियों या गैप्स को अपनी तार्किक समझ से पूरा करने की कोशिश करते हैं, तो वे ऐसा सदैव सही तरीक़े से नहीं कर पाते। यह कई तरह की कमी हो सकती है, जैसे सही गुणन तथ्य याद न होना, सही कलन का उपयोग न आना आदि। यहाँ ध्यान देने योग्य बात यह है कि इन गैप्स के चलते बच्चे कभी सही और कभी ग़लत उत्तर तक पहुँच सकते हैं। जैसे नीचे दिये गये उदाहरण में–

   $0.3 \times 3 = 0.9$

   यह उत्तर सही है और देखकर लगता है कि बच्चे ने दशमलव संख्या का गुणा सीख लिया है। परन्तु जब दूसरी स्थिति में ग़लत उत्तर देखते हैं तब

हमें पता चलता है कि समझ में गैप्स कहाँ है।

$$0.3 \times 30 = 0.90$$

यहाँ सीखने वाले ने यह मान लिया कि जैसे 30 से गुणा करते वक़्त पीछे एक शून्य जोड़ दिया जाता है, वैसे ही यहाँ भी करना है और उसने दशमलव चिह्न का संक्रिया में सही ढंग से इस्तेमाल नहीं किया। सम्भवत: बच्ची यह नहीं समझती कि 0.3 और 3 या 03 में क्या फ़र्क़ है। इसी तरह इस उदाहरण में-

$$27 + 44 = 611$$

यह कह सकते हैं कि यहाँ हासिल लगाने की अनभिज्ञता है।

3. **ग़लतियाँ सीखने वाले के समझने के निजी तरीक़े की झलक देती हैं :** वे उसके सोचने के मानक से विलग ढाँचे यानी उसके वैकल्पिक ढाँचे की झलक दिखाती हैं। बच्चे अक्सर अपने आसपास जो कुछ भी हो रहा है, उसे जानना व समझना चाहते हैं व अपनी जिज्ञासा के चलते वे सभी चीज़ों का ध्यान से अवलोकन करते हैं। जो घट रहा है, उससे अन्त:क्रिया के प्रति वे उत्सुक रहते हैं। इसमें जो कुछ अवलोकित किया, जो अन्त:क्रिया हुई, वे उन सबको समझने के लिए अपने-अपने सिद्धान्त बनाते हैं। इन काल्पनिक सिद्धान्तों और वर्णनों को वैकल्पिक फ्रेमवर्क कहा गया (हालाँकि सीखने की प्रक्रिया की इस समझ का पहला इस्तेमाल विज्ञान शिक्षण के सन्दर्भ में हुआ मगर बच्चों की समझ के बारे में दृष्टिकोण बनाने में यह एक सशक्त तरीक़ा है)। कई शोधों में यह बात देखी गयी है कि इस दृष्टिकोण को शिक्षक जितना समझते हैं और बच्चों के वैकल्पिक फ्रेमवर्क से परिचित होते हैं, उतने ही वे बच्चों की समझ को आगे बढ़ाने के लिए तैयार होते हैं (Sutton, 1980, Gilbert, Osborne and Fensham, 1981)।

बच्चों द्वारा दिये नीचे के जवाबों को देखें :

$$\frac{3}{4} + \frac{6}{7} = \frac{3}{11} \qquad \frac{2}{3} + \frac{5}{7} = \frac{7}{10}$$

इनको देखकर यह पूछा जा सकता है कि क्या उन्होंने यहाँ पर वैकल्पिक फ्रेमवर्क या नियम इस्तेमाल में लिया है? इस प्रश्न में यह काफ़ी साफ़ दिख रहा है कि अंश को अंश के साथ और हर को हर के साथ जोड़ दिया है। और क्या यह वैकल्पिक फ्रेमवर्क आधारहीन है? जैसे वास्तविक जीवन

के भी कुछ ऐसे उदाहरण हैं, जहाँ ऐसा तरीक़ा इस्तेमाल हुआ लगता है (Borasi, 1987)। जैसे एक विषय में 50 में से 35 अंक हैं, दूसरे में 100 में से 62 तो कुल $\frac{97}{150}$ होता है। ऐसा लगता है मानो संक्रिया ऐसे हुई हो $\frac{35}{50}+\frac{62}{100}=\frac{97}{150}$ इसके कुछ और उदाहरण हैं। (1) बेसबॉल बैटिंग का औसत : यदि एक खिलाड़ी ने पहले खेल में 4 बार बल्ला घुमाया और उसमें से 3 बार मार पाया, और दूसरे खेल में 7 में से 6 बार मार पाया, तो उसका बैटिंग औसत होगा, 11 में से 9 (ibid) (2) खेल के नतीजे का हिसाब रखना : यदि आज आपने 3 खेल खेले और दो जीते और कल 7 में से 5 जीते तो आपने कुल 10 में से 7 खेल जीते (ibid)। इन कथनों यथा कुल प्राप्तांक, बेसबॉल स्कोर औसत, जीत-हार का औसत निकालने और ऊपर दिये भिन्नात्मक संख्याओं के सवाल के सन्दर्भ में और उनमें शामिल संख्याओं की समझ में अन्तर न समझ आने से यह उस तरह के सवालों के लिए भी वैकल्पिक नियम बन जाता है। यह कहना उचित होगा कि इस तरह के उपयोग के उदाहरण अनेक विद्यार्थियों के काम में मिलते हैं व उनके द्वारा लगभग हर जगह उपयोग किये जाते हैं। पर इन सभी का वैकल्पिक तर्क इसी तरह का नहीं होगा।

उदाहरण के लिए कुछ इसे प्राकृत संख्याओं के जोड़ सम्बन्धित संक्रिया सिखाने में दिये गये सवालों के अति सामान्यीकरण के रूप में इस्तेमाल कर सकते हैं।

4. **ग़लतियाँ सीखने के चरण हैं :** ग़लतियों को इस परिप्रेक्ष्य में देखने का अर्थ है, ग़लतियों को सीखने का अभिन्न हिस्सा मानना या उन्हें सीखने के चरण के रूप में देखना। बाक़ी ग़लतियाँ, कुछ हद तक उस सीखने के दौर से गुज़रते हुए लगभग सभी बच्चे करते हैं, हम उन्हें सीखने की राह के प्रमाण रूप में देखेंगे। इन्हें कूदकर जाना लगभग नामुमकिन है। जैसे सभी बच्चे चलने से पहले घुटने के बल चलते हैं, या सरकते हैं और फिर ही खड़े होकर चलते हैं, या जैसे सभी बच्चे पहले रोकर सम्प्रेषण करते हैं, फिर बब-दद जैसी आवाज़ें निकालना सीखते हैं, फिर एक शब्द, फिर दो शब्दों के समूह और फिर कहीं जाकर आधे-अधूरे वाक्यों पर पहुँचते हैं (Aitchison, 1998)। यही बात गणित के सन्दर्भ में भी सच है।

पालकों के भरसक प्रयास और सुधारने से भी यह चरण फलाँगे नहीं जाते। इनमें सुधार अपने आप, सही समय पर आता है बशर्ते इन मसलों के साथ जुड़ाव बना रहे। यह कहा जा सकता है कि वैकल्पिक ढाँचे, जो अतिसामान्यीकरण अथवा किन्हीं और कारणों से बन जाते हैं, को भी सीखने के चरण के रूप में देखा जा सकता है।

गणित सीखने का सन्दर्भ/गणितीय अवधारणा सीखने के मायने

गणित की कक्षा में विद्यार्थी जहाँ एक तरफ अमूर्त अवधारणाओं और उनके रिश्तों की समझ बनाते हैं, वहीं अल्गोरिदम और तथ्य (जैसे संख्या के तथ्य और पहाड़े) भी सीखते हैं। किसी भी गणितीय अवधारणा को सीखने में तीन अहम पहलू (Garlikov, 2000) होते हैं :

1. **लोक सन्मति (convention) :** लोक सन्मति या कन्वेन्शन का सरल अर्थ है, किसी भी अवधारणा या प्रक्रिया की आम समझ या ऐसी समझ जो आपस में साझी या मानी हुई हो। गणित में संख्यायें लिखने का या संक्रियाओं को हल करने का एक तय तरीक़ा है, जिससे बाक़ी लोग भी परिचित हैं और वह कुछ तार्किक नियमों का पालन करता है। हम आमतौर पर दशमलव प्रणाली का उपयोग करते हैं, पर सम्भव है कि किसी सन्दर्भ में द्विआधारी पद्धति का इस्तेमाल किया जाये। ऐसे में संक्रियाएँ हल करने का तरीक़ा भी बदल जायेगा। यह जानना कि 101, एक सौ एक हो सकता है और किसी सन्दर्भ में पाँच हो सकता है, यह समझने में मददगार है कि 101 में उसका मान निहित नहीं है बल्कि वह मान लोक सन्मति पर निर्भर करता है। ठीक इसी तरह + या - का अर्थ जोड़ और घटा होगा, यह इन चिन्हों में निहित नहीं है बल्कि पाठक या सीखने वाला इसको लोक सन्मति के आधार या साझा ज्ञान के आधार पर समझ लेता है।
2. **अल्गोरिदम :** अल्गोरिदम शब्द से अर्थ है किसी संक्रिया को हल करने की क्रमबद्ध प्रक्रिया। दो अंकीय संख्या का जोड़ करने के लिए उन्हें लम्बवत जमाएँ और फिर उन्हें खड़ी पंक्ति में जोड़ दें। यहाँ इस बात पर ध्यान देना भी आवश्यक है कि अल्गोरिदम को केवल जानकर इस्तेमाल करना और उन्हें समझकर इस्तेमाल करना, दो अलग तरह की बात है। पहले इस्तेमाल के तरीक़े को स्कैम्प (1976) ने 'बिना कारण का नियम' कहा है। अल्गोरिदम सही उत्तर तक पहुँचने का रास्ता है। सम्भव है कि

बिना अवधारणात्मक समझ के हम अल्गोरिदम की मदद से सही उत्तर तक पहुँच जायें, पर ऐसे में यदि कुछ ग़लत हो तो उसे पकड़ने और सुधारने का कोई साधन सीखने वाले के पास नहीं होता। अल्गोरिदम गणित सीखने की प्रक्रिया को ज़्यादा चुस्त और दक्ष बना सकते हैं, क्योंकि सीखने वाले नयी समस्या का समाधान ढूँढ़ते वक़्त समस्या के संक्रिया वाले हिस्से को यान्त्रिक तरीक़े से हल कर सकते हैं और पेचीदा हिस्सों पर अपना ध्यान लगा सकते हैं। पर मुश्किल तब है, जब गणित शिक्षण अपने आप में अल्गोरिदम सीखने को माध्यम की बजाय लक्ष्य के रूप में देखने लगे।

3. **तार्किक/अवधारणात्मक सम्बन्ध :** गणित विषय का विस्तार कुछ माने हुए गणितीय तत्वों, उनकी परिभाषाओं, उनके बारे में पूर्व-मान्यताओं व पूर्व-धारणाओं, स्वयं-सिद्धों तथा उन पर व उनसे तार्किक प्रक्रियाओं के आधार पर विकसित हुए सम्बन्धों व तथ्यों पर आधारित है। उदाहरण के लिए अगर दो बराबरों में कुछ बराबर-बराबर जोड़ा या घटाया जाता है, तो दोनों फिर भी आपस में बराबर रहेंगे। यानी यदि क=ख तो क+ग=ख+ग और क-ग=ख-ग, एक और उदाहरण है कि पूर्ण अपने हिस्से से बड़ा होता है। या फिर जो एक-दूसरे को पूरी तरह ढक लेते हैं अथवा जिनके छोर एक-दूसरे पर ठीक-ठीक बैठते हैं, वे बराबर होते हैं।

इनको मानकर ही गणित के तत्वों यथा संख्या (प्राकृत, भिन्नात्मक, वास्तविक आदि); आकृतियाँ, आकार व उनका माप व व्यवहार आदि तय किये जाते हैं। इन सबके बीच तार्किक व नये सम्बन्ध बनाने के काम भी इन्हीं के आधार पर होते हैं। इसके अलावा कई और भी बातें हैं जिनके आधार पर गणित आगे बढ़ता है। उदाहरण के लिए प्राकृत संख्या एक अनन्त क्रमिक नाम शृंखला है जिसमें हरेक नाम अपने से पहले आने वाली संख्या से एक अधिक व बाद में आने वाली संख्या से एक कम होता है। इसी तरह से ऋणात्मक संख्या की धारणा है जिसमें घटाई गयी संख्या व ऋणात्मक संख्या में अन्तर की समझ पूर्णांकों को समझने के लिए आवश्यक है। भिन्नात्मक एवं परिमेय संख्या के लिए दो संख्याओं के अनुपात की धारणा, यानी पूर्ण संख्याओं का अनुपात अथवा पूर्णांक संख्याओं का अनुपात। इसमें यह विशिष्ट बात है कि हर संख्या शून्य नहीं हो सकती। इसमें यह समझ पाना कि हर संख्या के शून्य होने में क्या दिक़्क़त है और इन समूहों को परिभाषित करने में शून्य को शामिल करना क्यों ज़रूरी है। ये मान्यताएँ आगे बनने वाले तार्किक सम्बन्धों को निर्धारित

करती हैं। इस तरह अलग-अलग गणितीय तत्वों और उनके बीच अलग-अलग सम्बन्ध मानने से अलग-अलग तरह की गणितीय अवधारणाएँ बनेंगी।

इस प्रकार संख्याओं से सम्बन्धित कोई भी अवधारणा (उदाहरण स्थानीय मान, त्रिकोणमिति आदि) भी अवधारणाओं के एक जाल का हिस्सा है और गणित इन सभी अवधारणाओं के इस्तेमाल से पुराने सम्बन्ध को समझने व नये सम्बन्ध बनाने का उपक्रम है। वैसे तो अवधारणाओं का यह जाल और उनके अन्तर्सम्बन्ध गणित की अनोख़ी बात नहीं हैं और सभी विषयों में अवधारणाएँ आपस में जुड़ी होती हैं किन्तु गणित में नये तत्व व नये शुरुआती सम्बन्ध को लेकर अलग-अलग ढंग से आगे बढ़ा जा सकता है। इसमें अलग-अलग मान्यताओं से आगे बढ़कर नये सम्बन्ध और उनका एक कन्सिस्टन्ट (सुसंगत) अवधारणाओं व अन्तर्संबन्धों का जाल बनता है। गणित को इस रूप में अहसास कर पाना भी गणित पाठ्यचर्या का मक़सद होना चाहिए। ज़ाहिर है कि पहले दो के लक्ष्य गणित के तीसरे लक्ष्य से बहुत अलग स्वरूप दिखाते हैं।

गणितीय कक्षाएँ आमतौर पर पहले दो पर इतना ध्यान देती हैं कि सम्बन्धों को समझने पर समय देने की गुंजाइश नहीं बचती। शिक्षकों ने भी इसी तरह गणित पढ़ा है और ज़्यादातर शिक्षक इसी तरह पढ़ाते हैं। परिणामस्वरुप या तो सीखने वाले अल्गोरिदम या प्रक्रियाओं में अन्तर्निहित अवधारणात्मक समझ और रिश्तों से अनभिज्ञ रहते हैं, या उन्हें जान लेते हैं पर जोड़ नहीं पाते। देखा गया है कि वे विद्यार्थी, जिन्हें पूर्ण अवधारणात्मक ज्ञान नहीं होता, उनकी ग़लतियों में अक्सर एक व्यवस्थित पैटर्न होता है (Seigler, 2003)। ग़लतियों का यह पैटर्न हमें यह समझने में मदद करता है कि बच्चों ने क्या नहीं सीखा, पर साथ ही यह हमें यह जानने का मौक़ा भी देता है कि आगे कैसे बढ़ने की ज़रूरत है।

अब तक हम इस बात पर काफ़ी ज़ोर दे चुके हैं कि विद्यार्थियों द्वारा दिये गये सवालों के उत्तरों को सही-ग़लत की श्रेणी में डाल देने से ज़्यादा मदद नहीं मिलती। इन उत्तरों के पीछे छिपी प्रक्रिया या समझ को जानना ज़्यादा ज़रूरी है। ऐसा करने के लिए बच्चों से बातचीत करना और कक्षा में ऐसा माहौल बनाना जहाँ गणितीय चर्चा एक आम बात हो, कोई अनोख़ी या अजीब गतिविधि न लगे, ज़रूरी होगा। इस तरह की चर्चा को शिक्षकों को अपनी रोज़ की शिक्षा पद्धति का हिस्सा बना लेना चाहिए जिससे एक तरफ सीखने वालों को गणितीय बातचीत की आदत पड़े, और साथ ही ज़ोर सिर्फ़ सही-ग़लत उत्तर से हटकर प्रक्रिया पर आये।

ग़लतियों के कुछ उदाहरण और उनका विश्लेषण

हम अब अनपेक्षित उत्तरों के कुछ उदाहरण देखेंगे और यह समझने का प्रयास करेंगे कि इन्हें किस श्रेणी में रखा जाये। क्या इन्हें सरलता से ग़लती बताया जा सकता है और ऊपर दी गयी श्रेणियों में से किसी-न-किसी में रखा जा सकता है? उसे वहाँ रखने का आधार क्या है और उस पर कक्षा में क्या काम किया जाये?

उदाहरण 1

- दिये गये संख्या नाम को अंकों में लिखें : दस हज़ार उन्नीस और तैंतीस हज़ार तैंतीस। एक बच्ची ने 1019 और 3333 उत्तर दिया। एक छात्र के साथ बातचीत में निकलकर आया "हमें दस हज़ार उन्नीस लिखने को कहा था, तो हमने 10 लिखा और क्योंकि जीरो की कुछ वैल्यू नहीं होती, इसलिए फिर उन्नीस लिखा। इसी तरह से तैंतीस हज़ार तैंतीस लिखने के लिए 33 और फिर 33 अगर हम 3300033 लिखेंगे तो वह ग़लत होगा।"

इस तरह के उत्तर पर बातचीत और विश्लेषण करने से हमें पता चलता है कि बच्चों को शून्य को 'जगह रोकने वाले' चिन्ह के रूप में समझने में अभी दिक़्क़त है। यानी इसके किसी स्थान पर होने से अगल-बगल के स्थानों पर आये अंक से दर्शाई संख्या 10 के गुणकों से बदल जाती है।

सबसे सरल है जल्दबाज़ी में हुई 'ग़लतियाँ', पहली गणना करने में हुई ग़लती को यह कहा जा सकता है। अगर उत्तर को समझने का प्रयास किया जाये तो यह स्पष्ट दिखाई दे जाती है। कई बार हल पूरी तरह नहीं दिखने पर इसे समझने के लिए सवाल करने वाले से बात करने की भी ज़रूरत पड़ सकती है। गणना यदि एक-दो चरणों में हो तो इसे पहचानना आसान होता है किन्तु कई चरणों में की जा रही गणना में आख़िर तक आते-आते ग़लती का स्रोत पहचानने में मशक़्क़त करनी पड़ सकती है।

उदाहरण 2

रमिया का पेन्सिल बॉक्स 7 से.मी. चौड़ा और 12 से.मी. लम्बा है। काग़ज़ पर उसका ख़ाका खींचने पर कितना क्षेत्रफल होगा।

रमेश ने इसका उत्तर 84 से.मी. दिया और अन्वेषा ने 84 लिखा। क्या आप इन उत्तरों को सही मानेंगे?

कई बार 'ग़लती' सिर्फ़ इकाई को ग़लत इस्तेमाल करने की प्रतीत हो सकती है जैसे वर्ग से.मी. की जगह से.मी. लिखना या इकाई नही लिखना आदि। इस तरह की 'ग़लती' को सरलता से समझा नहीं जा सकता। यह गणना में असावधानी के कारण हो सकता है अथवा अवधारणात्मक समझ में भेद के कारण। इस तरह की बेध्यानी मि.मी. व से.मी. अथवा अन्य इकाईयों के उपयोग में हो सकती है। यह 'ग़लती' अन्त में उत्तर लिखते समय अथवा गणना के बीच में भी हो सकती है।

ऐसा कई बार होता है कि बच्चे इकाईयों को पूर्ण रूप से नज़रअन्दाज़ करके उत्तर निकाल लेते हैं। 'पियाली के रबर की चौड़ाई 10 एम.एम. और 3 से.मी. है। इस रबर का ख़ाका काग़ज़ पर बनाने में चित्र का क्षेत्रफल क्या होगा?' हितेश ने इसका उत्तर 30 लिखा। यहाँ उत्तर सिर्फ़ इसलिए ग़लत नहीं है क्योंकि इकाई छूट गयी है, पर इकाई नज़रअन्दाज़ करने से यह उत्तर किसी भी इकाई में ठीक नहीं है।

यह समझना होगा कि क्या यह बेध्यानी में हुआ है, जैसे सवाल को पढ़ते समय इस को नजरअन्दाज कर दिया गया है अथवा सवाल करने वाला अभी गणना को इकाईयों के साथ जोड़कर समझने के लिए तैयार नहीं है। वह सिर्फ़ संख्या को ही देखकर कार्य कर रहा है। कई बार सन्दर्भयुक्त सवाल में इकाईयों के इस्तेमाल में सावधानी आवश्यक होती है। इसकी सही समझ कई अवधारणात्मक पहलुओं को मिलाकर बनती है। सवाल को आधा सही मानना अथवा ग़लत मानना, यह समझने में मदद नहीं करते कि हल करने में कहाँ विलग समझ का उपयोग हो गया है। अत: वह सीखने वाले को आगे बढ़ने में मदद करने का रास्ता नहीं दिखा पाते।

हम देख सकते हैं कि हालाँकि, सवाल का मुख्य हिस्सा अंक गणित से सम्बन्धित है फिर भी इसमें क्षेत्रफल, आयतन, दर आदि गणितीय अवधारणाओं के उपयुक्त उपयोग की आवश्यकता है। गणितीय अवधारणाओं की यह समझ इस तरह के सवालों को हल करने में इस्तेमाल होती है और इस प्रक्रिया में और आगे विकसित भी होती है। कई बार बच्चों के द्वारा प्रदत्त अनपेक्षित उत्तर इन सवालों को हल करने के लिए बनाये गये शार्टकट के बग़ैर समझे उपयोग के कारण भी होते हैं। सिखाते समय फोकस किसी भी तरह 'सही' अंकीय उत्तर तक जल्दी से पहुँचने की राह दिखाने के लिए संकेत रूप में बताए गये वाक्य रूपी अथवा कलन रूपी सूत्रों का अति सामान्यीकृत इस्तेमाल कर लिया जाता है। जहाँ वे उपयुक्त नहीं हैं, वहाँ भी इनका उपयोग कर लिया जाता है।

उदाहरण 3

हल करके उत्तर बताएँ -6-(-10).

इस सवाल के कुछ अनपेक्षित उत्तर और उनके विश्लेषण निम्न हैं :

1. –4 : यहाँ सम्भव है कि विद्यार्थी ने 10, 6 और '–' पर ध्यान दिया और मिलने वाले उत्तर 4 को '–' के साथ प्रस्तुत किया क्योंकि सवाल में शुरुआत में '–' आ रहा है।
2. –60 : यहाँ सम्भव है कि बच्चे ने –,– प्लस करके 10 को प्लस का बना लिया और ब्रैकेट होने की वजह से –6 और 10 को गुणा कर उत्तर –60 प्राप्त कर लिया।
3. –16 : यहाँ सम्भवत: सीखने वाले ने 6 और 10 को जोड़ा और उत्तर प्राप्त किया 16, और क्योंकि '–' है इसलिए, इसके आगे '–' लगा लिया। (कश्यप, 2019)

इस तरह के अनपेक्षित उत्तर किसी पहले सीखे हुए नियम का अत्यधिक सामान्यीकरण (over generalisation) हैं। यह नियम किसी और परिस्थिति में बिलकुल ठीक है, पर यहाँ लागू नहीं होता

उदाहरण 4

कुछ उदाहरण भिन्नात्मक संख्याओं की संक्रियाओं से लेते हैं जो विद्यार्थियों को काफ़ी उलझाते हैं। 2 सवाल और उनके अनापेक्षित उत्तर देखते हैं।

1. $\frac{3}{4} + \frac{6}{7} = \frac{9}{11}$
2. $\frac{1}{2} + \frac{3}{4} = \frac{3}{8}$ और $\frac{4}{12}$

पहले सवाल में बच्ची भिन्नात्मक संख्याओं को ऊपर-नीचे लिखे अंकों या संख्याओं के रूप में देख रही है और उन्हें उसी हिसाब से जोड़ रही है। यहाँ बच्ची की संख्या समूह की समझ में भिन्नात्मक संख्याओं की श्रेणी है ही नहीं। दूसरे सवाल के पहले अनपेक्षित उत्तर को देखें तो लगता है कि विद्यार्थी ने पहले वाले सवाल की तरह ही हर को हर से और अंश को अंश से गुणा कर दिया। और दूसरा जवाब हमें दर्शाता है कि शायद बच्चे ने एक अंश को दूसरे हर से गुणा कर दिया है (क्रॉस मल्टिप्लिकेशन)। सम्भव है कि उसने किसी और प्रक्रिया में सीखे गये अल्गोरिदम का यहाँ इस्तेमाल कर लिया है।

उदाहरण 5

गणित के सवालों में अनपेक्षित उत्तरों का एक कारण गणितीय भाषा या गणित में भाषा की विशिष्टता भी होता है। ऐसे अनेक शब्द हैं जिनका आम बोलचाल में अर्थ उनके गणितीय अर्थ से अलग होता है। एक तरफ ऐसे शब्द हैं, जो बोलचाल में काफ़ी लचीले ढंग से इस्तेमाल किये जाते हैं परन्तु गणित में इनका अर्थ बहुत सटीक है। जैसे आधा। आधी रोटी, सही आधे से थोड़ा ज़्यादा या कम हो सकती है, पर इससे कोई फ़र्क़ नहीं पड़ता। वहीं गणित में यदि दो भाग बिलकुल बराबर नहीं हैं, तो उसे आधा नहीं कहा जा सकता। इसीलिए भिन्नात्मक संख्याओं के सीखने-सिखाने में तुलनात्मक मात्रा दिखाने के लिए वास्तविक सन्दर्भ का अत्याधिक उपयोग भ्रामक हो सकता है।

एक और उदाहरण लेते हैं "4 पर घात 3 कितनी होगी?" आम बोलचाल में घात का अर्थ बहुत अलग होता है, जैसे घात लगाकर बैठना, किसी को नुकसान पहुँचाने के इरादे से उसकी राह देखना। इसका गणितीय अर्थ इसके बोलचाल के अर्थ से बिलकुल मेल नहीं खाता।

या फिर गणितीय शब्द आरोहण और अवरोहण को ही देख लें। आम बोलचाल में ये ऊपर चढ़ने और नीचे उतरने के लिए इस्तेमाल होते हैं। गणित में पूछे जाने वाला सवाल बालिका को भ्रमित कर सकता है, 'नीचे दी संख्याओं को आरोही क्रम में जमाएँ (सजाएँ)?'

समय का बँटवारा जो कि यों तो चिर-परिचित अवधारणा है, पर व्यक्त करने में बाक़ी इकाईयों से अलग होने के कारण, सीखने वाले को थोड़ा फँसा सकती है। भिन्नात्मक और दशमलव संख्याओं के साथ काम करना सीख चुके विद्यार्थी 2.5 मीटर कपड़ा, 2.5 लीटर दूध आदि को 2 मीटर और 500 मिली मीटर या 2 लीटर और 500 मिली लीटर में देखना समझ चुके हैं। तब यह सम्भव है कि वे 2.50 घण्टे और 50 मिनट को 3 घण्टे बना दें या फिर 2.50 घण्टे व 30 मिनट को 2.80 घण्टे बना दें।

उदाहरण 6

दिये गये अंकों से चार अंकों वाली सबसे बड़ी संख्या बनाओ : 9, 5, 8 और 7।

इस पर एक बच्ची का जवाब 9, 8, 7, 5 था। उत्तर देखकर ऐसा लगता है कि बच्ची को या तो सवाल ही नहीं समझ आया और उसे अंकों और संख्याओं में

अन्तर नहीं पता, इसलिए उसने इन्हें अवरोही क्रम में लगा दिया है। सवाल यह भी है कि क्या यह बच्ची अपने द्वारा बनायी संख्या को पढ़ सकती है? या फिर वह संख्या समझती है और संख्या में अल्पविराम लगाने के नियमों से अपरिचित है।

उदाहरण 7

दो दशमलव संख्याओं को तुलना करने के सवाल में बच्चे ने 9.01 और 9.1 में कौन बड़ा है, उत्तर दिया कि 9.01 बड़ा है। उससे हुई चर्चा में निकलकर आया कि वह मानता है कि 9.01 तीन अंकीय संख्या है, इसीलिए वह बड़ी होगी। ज़ाहिर है कि इस तरह के सामान्यीकरण व शार्टकट जो सीखने वालों को बताए जाते हैं या वे ख़ुद अपनी पूर्ण संख्याओं के साथ अन्तःक्रियाओं में रचते हैं, वे सामान्यीकृत होकर अन्य प्रकार के संख्या समूहों में इस्तेमाल होते हैं और इनसे कई तरह के भ्रम पैदा होते हैं। कलनों की बहुतायत में उन्हें यह समझ नहीं आता कि कौन-सा तरीक़ा, कलन अथवा शार्टकट कहाँ इस्तेमाल करें। यह समझना होगा कि जो नियम पूर्ण संख्याओं पर लागू होते हैं, उन्हें आँख मूँदकर दशमलव संख्याओं पर नहीं लगाया जा सकता व उनका इस्तेमाल करते समय उनमें क्या परिवर्तन करना होगा, यह भी समझना होगा। जहाँ ये उदाहरण अत्यधिक सामान्यीकरण की ओर इशारा कर रहा है, वहीं यह स्थानीय मान की समझ को पुख़्ता और विस्तृत करने की ज़रूरत भी दर्शा रहा है। त्रुटियों का इस तरह का विश्लेषण व सम्भावित कारणों की पहचान गणित को समझकर सीखने के मौक़े बनाने में मदद करती है।

उदाहरण 8

बीजगणित बच्चों को कई तरह से उलझाने का काम करता है। इसमें अंग्रेज़ी के अक्षरों का संख्याओं के रूप में उपयोग सहज-बोध से पृथक प्रतीत होता है। अक्षर किसी वस्तु को नहीं प्रदर्शित करते, यह पहली दिक़्क़त है और दूसरी यह कि इनका मान परिस्थिति अनुसार कोई भी संख्या हो सकती है। यह भी हो सकता है कि एक ही प्रश्न में भी इनके मान अलग-अलग हों। संख्या की इस ज़्यादा अमूर्त व व्यापक अवधारणा के साथ संक्रियाओं व समीकरणों को अब इनके व्यापक रूप में समझकर उपयोग करने में भी मुश्किल होने लगती है। इस तरह के सवालों में एक-से ज़्यादा हल भी हो सकते हैं। इन सबसे जूझते हुए सीखने वाले कई टेढ़े-मेढ़े रास्तों से गुज़रते हैं और यहाँ हमें बहुत तरह के अनपेक्षित उत्तर देखने को मिलते हैं। जैसे : $2a + 3b = 5ab$

यों तो ये काफ़ी सीधी बात लगती है, कि 2a और 3b अलग हैं, तो विद्यार्थी इन्हें जोड़ते वक़्त मिला क्यों देगा। परन्तु यदि हम जीवन के ऐसे कुछ उदाहारण देखें तो ऐसा बहुत बार होता है। 2 सेब और 3 केले मिलकर 5 फल होते हैं। इन्हें हर समय 2 सेब 3 केले कहना ज़रूरी नहीं है। इसका सरल रूप 5 फल भी उतना ही ठीक है। a और b को मिलाने का कारण यह भी हो सकता है कि दिमाग में यह छवि बन गयी हो कि a का अर्थ एप्पल है और b का बनाना। इसी सवाल के लिए जवाब 5a+b भी हो सकता है। संख्याओं को अलग जोड़ना और बाक़ी को अलग। यहाँ मुश्किल एक यह भी है कि उत्तर में 2a + 3b जस-का-तस लिख देना उपयुक्त भी नहीं लगता। बीजगणित के क्षेत्र के ऐसे अनेक उदाहरण सामान्य तौर पर दिखते हैं। यह सब सीखने वाले की यात्रा के प्रति संवेदनशील होने व ग़लतियों के प्रति अपने नज़रिए को बदलने के मौक़े हैं।

निष्कर्ष

ऊपर दिये गये सवाल, अनपेक्षित उत्तर और उनके विश्लेषण को देखकर एक मसला तो यह उठता है कि शिक्षकों को बच्चों की ग़लतियों का अध्ययन कर उन्हें विश्लेषणात्मक नज़र से देखने की ज़रूरत है। इस तरह का अध्ययन व विश्लेषण शिक्षक को ऐसी समझ दे सकता है, जो पारम्परिक रूप से की गयी जाँच से नहीं मिल सकती। इस तरह का विश्लेषण हमें यह भी समझने का मौक़ा देता है कि अनपेक्षित उत्तरों में भी ज़्यादातर एक तार्किक समझ रहती है।

सीखने वालों द्वारा किये गये कार्य पर हुई बातचीत जहाँ एक तरफ़ यह बताती है कि ग़लती क्यों/कैसे हुई, वहीं दूसरी तरफ़ यह भी दर्शाती है कि बच्चे किन अवधारणाओं को कैसे समझ रहे हैं। इस तरह के नज़रिए से रूबरू कराना शिक्षकों की तैयारी का हिस्सा हो सकता है, पर वह पर्याप्त नहीं है। असल में यह अभ्यास के साथ अर्जित करने वाला एक कौशल है। जितना ध्यान से बच्चों के उत्तरों को देखेंगे, उन्हें समझने की कोशिश करेंगे, उतना ही उत्तरों के पीछे की समझ के बारे में अन्दाज़ा या तार्किक अनुमान लगाने की क्षमता बनेगी। पर इन अन्दाज़ों को जाँचने का तरीक़ा तो सिर्फ़ बच्चों से बातचीत करना ही है। सवालों पर बातचीत सिर्फ़ उत्तर के पीछे का तर्क समझने तक सीमित नहीं है, अपितु यह बच्चों के साथ गणित साझा करने का या यों कहें, गणितीय पेडागॉजी का एक माध्यम और आकलन का एक अच्छा तरीक़ा भी है।

कुल मिलाकर बच्चों के उत्तरों पर मनन की ज़रूरत है। उन्हें ग़लतियाँ कहने अथवा सही करने से ज़्यादा ज़रूरी है उनके उत्तरों को समझना। यह देखना होगा कि क्या उनके द्वारा इस्तेमाल किया गया अवधारणात्मक ढाँचा उपयुक्त है? क्या उनके हल करने की प्रक्रिया उचित है व उसमें सही तरीक़े की समझ झलकती है? क्या उनका 'ग़लत' उत्तर जल्दबाज़ी की ग़लती है, जिसमें कुछ लिखना छूट गया है, गणना की ग़लती है, या कलन चयन व उपयोग की ग़लती है, सवाल समझ नहीं आया है, अवधारणात्मक कमज़ोरी है आदि। यह भी समझना महत्त्वपूर्ण है कि कई ग़लतियाँ पढ़ते समय बनी समझ के कारण भी हो सकती हैं। उस समय बताए गये गुर आपस में गड्ड-मड्ड होकर ग़लत अवधारणाएँ भी बन जाती हैं।

इस तरह का पैना दृष्टिकोण बनाना होगा जहाँ अभ्यास एक मुद्दा है। वहीं इस समझ को विकसित करने में शिक्षक साथियों का समूह, जो ऐसे विश्लेषणों की समझ साझा करे, भी ज़रूरी होगा। एक-दूसरे के अनुभवों पर चर्चा जहाँ एक तरफ सीखने का मौक़ा देती है, वहीं दूसरी तरफ साथी समूह किसी भी व्यवहारिक या मानसिक बदलाव के लिए प्रोत्साहित भी करते हैं। साथ ही इस तरह की बातचीत शिक्षकों को धीरे-धीरे अपने अवधारणात्मक ज्ञान को गहराने का मौक़ा भी देती है (Ma, 2010)।

सन्दर्भ सूची

1. Sutton, C. R. (1980). The learner's prior knowledge: A critical review of techniques for probing its organization. European (now International) Journal of Science Education. 2(2). 107-120.
2. GILBERT, J.K., OSBORNE, R.J. and FENSHAM, P.J. Children's science and its consequences for teaching.Science Education, 1982, 66(4), 623–633.
3. Borasi, R. (1987) Exploring Mathematics Through the Analysis of Errors. Learning of Mathematics 7, 3 (Nov. 1987), 2-8.
4. Aitchison, J. (1998). The Articulate Mammal: An Introduction to Psycholinguistics (4th ed.). Routledge.
5. Garlikov, R. (2000). The concept and teaching of Place value. http://www.garlikov.com/PlaceValue.html
6. Skemp, R. R. (1976). Relational understanding and instrumental understanding. Mathematics Teaching, 77, 20-26.
7. Seigler, R.S. (2003). Implications of cognitive science research for mathematics education. In Kilpatrick, J., Martin, W. G., & Schifter,

D. E. (Eds.), A research companion to principles and standards for school mathematics (pp. 119-233). Reston, VA: National Council of Teachers of Mathematics.

8. Ma, L. (2010). Knowing and Teaching Elementary Mathematics: Teachers' Understanding of Fundamental Mathematics in China and the United States. Routledge: New York.

24

गणित विषय : शिक्षा समावेशन में द्वारपाल

केवलानन्द काण्डपाल

गणित को सामाजिक सरोकारों के सन्दर्भ में परखता हुआ यह पर्चा सवाल उठाता है कि दसवीं अथवा कम-से-कम आठवीं तक सभी जगह गणित की अनिवार्यता के बावजूद यह क्यों माना जाता है कि इसे लड़कियाँ नहीं सीख सकतीं, और लड़कों में भी सिर्फ़ होशियार ही इसे सीख सकते हैं? लेखक बताते हैं कि ज़्यादातर विद्यार्थियों और ख़ासकर लड़कियों के लिए गणित शिक्षा में द्वारपाल की भूमिका निभाता है। ऐसे में सामाजिक संरचनाओं के साथ ही शिक्षक का विद्यार्थियों के प्रति नज़रिया, लहजा, फ़ीडबैक का तरीक़ा, अभिप्रेरित करने वाले व्यवहार आदि कारक बच्चों में गणित के प्रति रुचि या भय बढ़ाने-घटाने में योगदान देते हैं।

सारांश

हमारे देश में स्कूली विषयों में गणित विषय को विशिष्ट दर्जा प्राप्त है। स्कूली विषयों में गणित एक ऐसा विषय है, जिसके बारे में आश्चर्यजनक अन्तर्विरोधी धारणाएँ व्याप्त हैं। एक तरफ़, इसे स्कूली शिक्षा का एक अनिवार्य अंग माना जाता है। कक्षा-1 से ही शुरू करके कक्षा-8 तक (बालकों के लिए कक्षा-10 तक भी) इसे अनिवार्य विषय के रूप में पढ़ाया जाता है। कुछ राज्यों में बालिकाओं के लिए माध्यमिक स्तर पर गृहविज्ञान का विकल्प भी है। गणित विषय को अक्सर एक प्रकार की कसौटी माना जाता है, जिसके अनुसार 'वही व्यक्ति शिक्षित है जिसे गणित आता हो' और वही होशियार एवं प्रतिभाशाली विद्यार्थी है जो गणित विषय में अच्छा प्रदर्शन कर रहा हो। दूसरी तरफ़, यह स्कूली विषयों में सबसे डरावना भी समझा जाता है और इसकी वज़ह से विद्यार्थियों में भय और

असफलता का भाव व्याप्त रहता है। कुछ बच्चों के बारे में यह बातें भी सुनाई देती हैं (शिक्षक एवं समुदाय दोनों तरफ़ से) कि 'कुछ बच्चे कभी भी गणित नहीं सीख सकेंगे।'

हमारी शिक्षा प्रणाली में बच्चे की गणित विषय में असफलता कतिपय सामाजिक सूचकों के रूप में भी प्रकट होती है। समाज में और बहुत बार विद्यालयों में भी यह विचार व्याप्त रहता है कि यदि बच्चा विद्यालयी गणित सीखने में सफल नहीं हो पाया तो उसका पढ़ना-लिखना व्यर्थ है। ये सभी विचार-समूह प्रतिभा और लैंगिक आधार पर भेदभाव का सृजन करते हैं और इसको बढ़ावा देते हैं। हम सभी को यह स्वीकार करना ही चाहिए कि प्रारम्भिक विद्यालयों में नामांकित बच्चों में से बहुत सारे बच्चे आठवीं कक्षा (बहुत सारे बच्चे कक्षा दस) तक ही गणित विषय का अध्ययन करेंगे तो ऐसे में स्कूल स्तर पर गणित शिक्षा का मुख्य सरोकार प्रत्येक बच्चे को गणितज्ञ बनाना नहीं हो सकता है। हमारे देश में जहाँ कक्षा आठवीं के बाद बहुत सारे बच्चे अपनी पढ़ाई-लिखाई आगे जारी नहीं रख पाते, ऐसे में प्रारम्भिक स्तर पर गणित शिक्षा इस प्रकार से होनी चाहिए जो बच्चों को आगे आने वाले जीवन की चुनौतियों का सामना करने के लिए तैयार कर सके। हमारे स्कूलों में गणित की शिक्षा अनेक समस्याओं और चुनौतियों का सामना कर रही है; अधिकतर बच्चों में गणित विषय को लेकर असफलता एवं भय का भाव है, गणित की पाठ्यचर्या प्रतिभाशाली बच्चों के छोटे समूह के साथ-साथ औसत बच्चों के बड़े समूह, दोनों को ही निराश करती है। गणित विषय में मूल्यांकन की अपरिष्कृत विधियाँ प्रचलित हैं जो गणित की समझ को यान्त्रिक गणनाओं के रूप में देखने के दृष्टिकोण को बढ़ावा देती हैं। गणित शिक्षण के लिए ज़रूरी तैयारी और अकादमिक सहायता का अभाव है। सबसे महत्त्वपूर्ण बात यह है कि गणित विषय को कुछ प्रतिभाशाली बच्चों के लिए उपयुक्त माना जाता है। साथ ही प्रचलित मान्यता लैंगिक दृष्टि से एक विभेदकारी स्थिति प्रस्तुत करती है। 'लड़कियों के लिए गणित सीखना कठिन एवं ग़ैर-ज़रूरी है', यह विचार अभी भी समाज में कमोबेश व्याप्त है। इस प्रकार गणित विषय बच्चों के (विशेषकर बालिकाओं की) शिक्षा की मुख्यधारा में समावेशन में एक तरह से बाधक का काम करता प्रतीत होता है और आगे की शिक्षा के लिए द्वारपाल (गेटकीपर) की भूमिका का निर्वहन करता है। यह गणित शिक्षा के इस दर्शन के विपरीत नज़र आता है कि 'सभी बच्चे गणित सीख सकते हैं और सभी बच्चों को गणित सीखने की ज़रूरत है।'[1]

प्रस्तुत अध्ययन दो हिस्से में किया गया है। पहला हिस्सा राजकीय प्राथमिक विद्यालय पुड्कुनी में अध्ययनरत कक्षा-3 से कक्षा-5 तक गणित विषय पढ़ रहे 14 बच्चों तथा राजकीय उच्चतर माध्यमिक विद्यालय पुड्कुनी में अध्ययनरत कक्षा-6 से कक्षा-10 तक गणित विषय पढ़ रहे 58 बच्चों के सन्दर्भ में किया गया है। गणित कक्षा की प्रक्रियाओं का अध्ययन किया गया, जिसमें शिक्षक का बच्चों के प्रति नज़रिया, उनके प्रति शिक्षक का लहज़ा एवं बच्चों को गणित में उनके प्रदर्शन पर फ़ीडबैक, अभिप्रेरित करने/ हतोत्साहित करने वाले व्यवहार, बच्चों में गणित के प्रति रुचि, गणित विषय को लेकर भय एवं दुश्चिन्ता के व्यवहारों का अवलोकन तथा बच्चों की दुश्चिन्ता का इंनवेंटरीज के द्वारा मापन किया गया। इसका गणित विषय में सम्प्राप्ति पर पड़ने वाले असर के विश्लेषण के माध्यम से निष्कर्षों पर पहुँचने का प्रयास किया गया है। दूसरे हिस्से में उच्च कक्षाओं में गणित विषय पढ़ने के निर्णय को प्रभावित करने वाले कारकों को जानने-समझने का प्रयास किया गया। माता-पिता/अभिभावकों से खुली साक्षात्कार प्रश्नावली के द्वारा बालिकाओं के आगे की कक्षाओं में गणित विषय पढ़ने की सम्भावनाओं को प्रभावित करने वाले कारकों को चिह्नित करने की कोशिश की गयी है। अध्ययन से यह स्पष्ट होता है कि गणित विषय विद्यार्थियों में दुश्चिन्ता एवं तनाव पैदा करता है, इससे गणित विषय में उनका प्रदर्शन प्रभावित होता है और यह आगे की उच्च कक्षाओं में उनके गणित अध्ययन के निर्णयों को नकारात्मक रूप से प्रभावित करता है। बालिकाओं के उच्च कक्षाओं में गणित विषय पढ़ने की सम्भावनाओं को उक्त कारण के अलावा उनके माता-पिता एवं अभिभावकों के पूर्वाग्रह भी प्रभावित करते हैं।

प्रस्तावना

बच्चों के गुणवत्तापूर्ण शिक्षा पाने के अधिकार में गुणवत्तापूर्ण गणित शिक्षा पाने का अधिकार भी स्वाभाविक रूप से समाहित है। इसके लिए ज़रूरी है कि गणित की शिक्षा प्रत्येक बच्चे को सहज ढंग से उपलब्ध हो, आनन्दपूर्ण हो और भय, तनाव एवं दुश्चिन्ता का सबब न बने। राष्ट्रीय पाठ्यचर्या की रूपरेखा 2005 के क्रम में गठित गणित शिक्षण, राष्ट्रीय फ़ोकस समूह के आधार पत्र में स्पष्ट कहा गया है कि, "हमारी दृष्टि में स्कूली गणित जिन परिस्थितियों में सीखा जाना चाहिए वे हैं :

1. बच्चे गणित में आनन्द लेना सीखें,
2. बच्चे महत्त्वपूर्ण गणित सीखें,

3. गणित बच्चों के जीवन अनुभव का हिस्सा हो, जिसके बारे में वे बातें करें, बच्चे अर्थपूर्ण समस्याएँ प्रस्तुत करें और हल ढूँढ़ें ,
4. बच्चे सम्बन्धों और संरचनाओं की सोच बनाने में अमूर्त विचारों का प्रयोग करें
5. बच्चे गणित की मूल संरचना को समझें तथा शिक्षकों से अपेक्षा है कि वे प्रत्येक बच्चे को कक्षाओं की प्रक्रियाओं के साथ जोड़कर रख सकें।"[2]

गणित विषय कौन पढ़ सकता है, यह विचार वैश्विक स्तर पर 1920 के दशक में पहली बार सामने आया। गणित विषय को पढ़ने के लिए गणितीय योग्यता का विचार सामने आया और इस गणितीय योग्यता की अवधारणा के कारण महिलाओं, कमज़ोर विद्यार्थियों एवं नस्लीय आधार पर कुछ समूहों से आने वाले विद्यार्थियों को एडवांस्ड मैथमेटिक्स पढ़ने के लिए अयोग्य माना गया। इस तरह से गणित विषय से इनके बहिष्करण की आधारभूमि संरचित की गयी। 'बहुधा विद्यार्थियों को योग्यता समूहों में जाति, जेंडर और वर्ग के आधार पर बाँट दिया जाता है।'[3] बहुत बड़ी संख्या में शोधकर्ताओं ने शोध आधारित तर्क प्रस्तुत किये हैं कि सभी बच्चों को गणित विषय के अध्ययन के अवसर मिलने चाहिए। उनका मत है कि 'गणितीय साक्षरता आर्थिक पहुँच, पूर्ण नागरिकता एवं उच्च शिक्षा के अवसरों के लिए गेटकीपर की भूमिका निभाती है।'[4] गणित विषय की 'गेटकीपर' अवधारणा का बहुत लम्बा एवं विवादित इतिहास रहा है।

शिक्षक प्रोफ़ाइल

राजकीय प्राथमिक पुड्कुनी में 5 कक्षाओं को पढ़ाने के लिए एक प्रधानाध्यापक एवं एक महिला अध्यापिका कार्यरत हैं। प्रधानाध्यापक विगत 6 वर्षों से विद्यालय में कार्यरत हैं। वे मानविकी विषय में परास्नातक हैं। उन्होंने गणित विषय की पढ़ाई हाईस्कूल तक की है। अध्यापिका, विगत 2 वर्षों से इस विद्यालय में सहायक अध्यापिका के रूप में कार्यरत हैं, इससे पूर्व अन्य विद्यालयों में शिक्षा-मित्र के रूप में कार्यरत रही हैं। अध्यापिका ने भी गणित विषय कक्षा-8 तक ही पढ़ा है। दोनों ही अध्यापक प्राथमिक शिक्षक हेतु निर्धारित अर्हता स्पेशल डीएलएड प्रशिक्षण प्राप्त हैं, अध्यापिका टीईटी उत्तीर्ण भी हैं। अध्यापकों की कमी के कारण कक्षा-3 से कक्षा-5 तक की गणित कक्षाएँ एक साथ संचालित होती हैं। राजकीय उच्चतर माध्यमिक विद्यालय में कक्षा-6 से 10 तक गणित विषय पढ़ाने के लिए एकमात्र

अध्यापक नियुक्त हैं, जो गणित विषय में परास्नातक एवं शिक्षा स्नातक हैं। इससे पूर्व जनपद के राजीव गाँधी नवोदय विद्यालय में गणित के पार्टटाइम शिक्षक के रूप में वे अपनी सेवाएँ दे चुके हैं। इस विद्यालय में प्रत्येक कक्षा की गणित कक्षाएँ अलग-अलग संचालित होती हैं।

विद्यार्थी प्रोफ़ाइल

राजकीय प्राथमिक पुड्कुनी के बच्चों का प्रोफ़ाइल निम्नांकित **तालिका-1** में दिया गया है—

तालिका-1

अध्ययन में सम्मिलित बालक एवं बालिकाओं का सामाजिक प्रोफ़ाइल

विद्यालय	कक्षा	कुल		अनुसूचित जाति		सामान्य		प्रथम पीढ़ी के विद्यार्थी	
		बालक	बालिका	बालक	बालिका	बालक	बालिका	बालक	बालिका
रा.उ.मा. वि. पुड्कुनी	6	3	8	1	1	2	7	0	4
	7	5	4	0	0	5	4	1	1
	8	8	10	2	2	6	8	1	3
	9	9	3	3	0	6	3	3	0
	10	7	1	0	0	7	1	1	1
रा.प्रा.वि. पुड्कुनी	3	2	1	1	1	1	0	1	1
	4	3	3	2	1	1	2	1	2
	5	3	2	2	1	1	1	2	1
योग		40	32	11	6	29	26	10	13

स्रोत : *रा.उ.मा.वि. पुड्कुनी एवं रा. प्रा. वि. पुड्कुनी, कार्यालय अभिलेख, 2018-19*

कोडिंग

इस अध्ययन के क्रम में, शोध नैतिकता एवं गोपनीयता को ध्यान में रखते हुए विद्यार्थियों की पहचान छुपाने के लिए कोडिंग की गयी है, जैसे कक्षा-6 के पहले क्रम के बालक को कोड 6B1 दिया गया है, दूसरे क्रम पर अंकित बालिका को कोड 6G1 दिया गया है। इसी क्रम से यह आगे भी किया गया है। इस पर्चे में आगे इसी कोड का इस्तेमाल किया गया है।

अध्ययन के उद्‌देश्य

यह अध्ययन उत्तराखण्ड के जनपद बागेश्वर के दुर्गम क्षेत्र में अवस्थित दो विद्यालयों (रा.उ.मा.वि. पुड्कुनी एवं रा.प्रा.वि. पुड्कुनी) में गणित विषय में अध्ययनरत बच्चों के साथ किया गया है। इस अध्ययन का उद्‌देश्य बच्चों में गणित विषय को लेकर उत्पन्न होने वाली दुश्चिन्ता के कारणों का पता लगाना है। इस दुश्चिन्ता का बच्चों के गणित विषय में सम्प्राप्ति स्तर पर पड़ने वाले प्रभाव को जानने के साथ-साथ यह जानने-समझने की कोशिश करना है कि गणित विषय आगे आने वाले वर्षों में बच्चों के अध्ययन अवसरों को किस प्रकार सीमित कर देता है? इसके अतिरिक्त बालिकाओं को आगे की पढ़ाई-लिखाई में गणित विषय से वंचित कर देने वाले कारकों का पता लगाना भी इसका मक़सद है। इस अध्ययन के निष्कर्षों के आधार पर कुछ ठोस समाधान/उपाय सुझाना भी इस अध्ययन का उद्‌देश्य है।

शोध प्रश्न

प्रस्तुत अध्ययन निम्नांकित शोध प्रश्नों के उत्तर खोजने के लिए किया गया :

1. क्या कक्षा-कक्ष प्रक्रियाएँ, शिक्षक व्यवहार एवं अन्तःक्रियाएँ, बच्चों में गणित विषय दुश्चिन्ता (एंग्जायटी) एवं तनाव का सृजन करते हैं? यह किस प्रकार से होता है?
2. इस दुश्चिन्ता का बच्चों के गणित विषय की सम्प्राप्ति स्तर पर क्या असर पड़ता है? इन दोनों के बीच क्या कोई सह-सम्बन्ध है?
3. बच्चों की आगे की उच्च कक्षाओं में गणित विषय द्वारपाल की भूमिका में किस प्रकार से स्थापित हो जाता है?

4. उच्च कक्षाओं में (कक्षा-8 के बाद) बालिकाओं द्वारा गणित विषय का अध्ययन करने के निर्णय को प्रभावित करने वाले कारक कौन-कौन-से हैं?

अध्ययन की आवश्यकता

बच्चों का गणित विषय में बेहतर प्रदर्शन न कर पाना विद्यालय, शिक्षक एवं अभिभावकों की चिन्ता एवं चर्चा का विषय बना रहता है। यह चिन्ता इस बात को लेकर अधिक देखी गयी है कि बच्चे किसी ख़ास विषय (विशेषकर गणित) में किस तरह से आगे बढ़ रहे हैं? गणित विषय में बेहतर प्रदर्शन करने वाले बच्चों को 'होशियार', 'प्रतिभाशाली' एवं 'होनहार' बच्चे की सामाजिक एवं विद्यालयी मान्यता मिल जाती है परन्तु इस विषय में बेहतर प्रदर्शन करने में असफल रहने वाले बच्चों का पक्ष अनसुना रह जाता है। उन कारकों एवं कारणों की पहचान नहीं हो पाती जिसके कारण, गणित विषय के अध्ययन के दौरान इन बच्चों में तनाव, भय एवं दुश्चिन्ता व्याप गयी। यदि समय रहते उन कारकों को सम्बोधित किया गया होता तो सम्भव था कि ये बच्चे भी बेहतर प्रदर्शन करने में सफल हो जाते।

गणित की उच्च कक्षाओं में बालिकाओं की अति अल्प-संख्या केवल अर्ध-सत्य सामने रखती है। ऐसा प्रचलित है कि वे उच्च कक्षाओं में गणित नहीं पढ़ पायेंगी, या नहीं पढ़ना चाहती हैं। जबकि सम्भवतः अन्य बहुत से प्रच्छन्न कारक भी हैं जो बालिकाओं को आगे गणित विषय के अध्ययन से रोकते हैं। यह शोध उन्हें चिह्नित करने का प्रयास है।

शोध प्रविधि एवं शोध उपकरण

यह अध्ययन गुणात्मक स्वरूप का है। अध्ययन में सम्मिलित दो विद्यालयों की गणित कक्षाओं के अवलोकन, बच्चों के माता-पिता एवं अभिभावकों से अर्ध-संरचित खुली साक्षात्कार प्रश्नावली के द्वारा गुणात्मक समंक प्राप्त किये गये। इसके साथ-साथ विद्यार्थियों की सामान्य एंग्जायटी (दुश्चिन्ता) मापन के लिए दि स्पेन्स चिल्ड्रेन्स एंग्जायटी स्केल[5] तथा गणित सम्बन्धी दुश्चिन्ता के मापन के लिए द मैथमैटिक्स एंग्जायटी रेटिंग स्केल (एमएआरएस)[6] का उपयोग किया गया है।

1. **प्रतिदर्श :** इस अध्ययन में राजकीय उच्चतर माध्यमिक विद्यालय पुड्कुनी में कक्षा-6 से कक्षा-10 तक गणित विषय में अध्ययनरत सभी

58 विद्यार्थियों को सम्मिलित किया गया है, इनमें से 26 बालिकाएँ तथा 32 बालक हैं। इसी प्रकार से राजकीय प्राथमिक विद्यालय पुड्कुनी में कक्षा-3 से कक्षा-5 तक गणित विषय में अध्ययनरत सभी 14 बच्चों को लिया गया है, इनमें से 8 बालिकाएँ तथा 6 बालक हैं।

2. **शोध उपकरण :** प्रस्तुत अध्ययन के लिए दो इंवेंटरी इस्तेमाल की गयी हैं, प्रथम–दि स्पेन्स चिल्ड्रेन्स एंग्जायटी स्केल और द्वितीय–द मैथमैटिक्स एंग्जायटी रेटिंग स्केल। इसके अतिरिक्त गणित कक्षाओं के अवलोकन के लिए स्वनिर्मित अवलोकन सारणी का प्रयोग किया गया है (अवलोकन के बिन्दुओं को संलग्नक 08 में दिया गया है), अध्ययन में सम्मिलित कक्षा-6 से कक्षा-8 तक गणित विषय में नामांकित 26 बालिकाओं के माता-पिता/अभिभावकों से अर्द्ध संरचित खुली साक्षात्कार प्रश्नावली के आधार पर बातचीत की गयी।

3. **सांख्यिकीय प्रविधियाँ :** इंवेंटरी से प्राप्त संख्यात्मक आँकड़ों का बच्चों के गणित विषय की सालाना परीक्षा में प्राप्त अंकों से सह-सम्बन्ध ज्ञात करने के लिए कार्ल पियर्सन सह-सम्बन्ध गुणांक एवं p value, 0.10 सिग्निफिकेंस लेवल पर ज्ञात किया गया। अवलोकन एवं खुले साक्षात्कार प्रश्नावली से प्राप्त गुणात्मक समंकों (Qulitetive Data) के विश्लेषण के पश्चात निष्कर्ष पर पहुँचने का प्रयास किया गया है।

4. **परिणाम एवं परिचर्चा :** अध्ययन में सम्मिलित, गणित विषय में नामांकित बच्चों का एंग्जायटी स्कोर तथा मैथमेटिक्स एंग्जायटी स्कोर का बच्चों की वार्षिक परीक्षा में गणित विषय में प्राप्तांक प्रतिशत से सह-सम्बन्ध गुणांक ज्ञात किया गया। इसके लिए कार्ल पियर्सन सह-सम्बन्ध गुणांक निकालने की प्रविधि अपनाई गयी। कक्षावार यह सह-सम्बन्ध निम्नांकित तालिका-2 में दिया गया है—

तालिका-2

एंग्जायटी स्कोर व गणित विषय के प्राप्तांक तथा मैथमेटिक्स एंग्जायटी स्कोर व गणित विषय के प्राप्तांक सह-सम्बन्ध तालिका

क्र. सं.	कक्षा	एंग्जायटी स्कोर तथा गणित विषय के प्राप्तांक प्रतिशत में सह-सम्बन्ध	सिग्निफिकेंस लेवल 0.10 पर p value	सह-सम्बन्ध सार्थक है/ नहीं है	मैथमेटिक्स एंग्जायटी स्कोर तथा गणित विषय के प्राप्तांक प्रतिशत में सह-सम्बन्ध	सिग्निफिकेंस लेवल 0.10 पर p value	सह-सम्बन्ध सार्थक है/नहीं है
1	6	(-)0.922	<.000054	उच्च कोटि का ऋणात्मक सह-सम्बन्ध सार्थक है	(-)0.984	<.00001	उच्च कोटि का ऋणात्मक सह-सम्बन्ध सार्थक है
2	7	(-)0.862	<.002801	तदैव	(-)0.916	<.00521	तदैव
3	8	(-)0.9422	<.00001	तदैव	(-)0.9855	<.00001	तदैव
4	9	(-)0.5197	<.083331	तदैव	(-)0.9496	<.0001	तदैव
5	10	(-)0.9912	<.0001	तदैव	(-)0.9971	<.00001	तदैव
6	10-6	(-)0.7314	<.00001	तदैव	(-) 0.9537	<.00001	तदैव
7	5-3	(-) 0.8073	<.00001	तदैव	(-)0.9656	<.0001	तदैव

* राजकीय प्राथमिक विद्यालय पुड्कुनी में कक्षा-3, 4 एवं 5 में क्रमशः 3, 6 और 5 बच्चे नामांकित हैं, अतः कम संख्या होने के कारण तीनों कक्षाओं का समग्र रूप से एंग्जायटी स्कोर तथा मैथमेटिक्स एंग्जायटी स्कोर का बच्चों की वार्षिक परीक्षा में गणित विषय में प्राप्तांक प्रतिशत से सह-सम्बन्ध गुणांक ज्ञात किया गया।

उक्त समंकों के गहन विश्लेषण से स्पष्ट होता है कि सामान्य एंग्जायटी एवं गणित विषय में प्रदर्शन के मध्य उच्च कोटि का ऋणात्मक सह-सम्बन्ध है अर्थात सामान्य एंग्जायटी (दुश्चिन्ता) का बच्चों के गणित विषय में प्रदर्शन पर नकारात्मक प्रभाव दिखलाई पड़ता है परन्तु मैथमेटिक्स एंग्जायटी (गणित सम्बन्धी दुश्चिन्ता) का बच्चों के गणित विषय में प्रदर्शन पर पड़ने वाला प्रभाव अधिक गहन है। यह तथ्य विद्यालय की प्रत्येक कक्षा के सन्दर्भ में अलग-अलग तथा सभी कक्षाओं के बारे में समग्र रूप से एक समान रूप से सही जान पड़ता है।

गणित कक्षाओं का अवलोकन

यह अवलोकन मुख्यतः शिक्षक/शिक्षिका के बच्चों के सन्दर्भ के प्रति नज़रिए, कक्षा-कक्ष प्रक्रिया में शिक्षक/शिक्षिका के लहज़े एवं बच्चों को फ़ीडबैक/प्रोत्साहन देने के तौर-तरीक़ों के मद्देनज़र किया गया। इस अध्ययन अवधि में सम्मिलित प्रत्येक कक्षा का तीन बार अवलोकन किया गया। पहला अवलोकन माह नवम्बर 2018 के द्वितीय-तृतीय सप्ताह में अर्ध-वार्षिक परीक्षाओं से ठीक पहले किया गया, दूसरा अवलोकन शीतावकाश से पूर्व दिसम्बर 2018 के तृतीय सप्ताह में किया गया और तीसरा अवलोकन वार्षिक परीक्षा से पूर्व फरवरी 2019 प्रथम सप्ताह में किया गया। राजकीय प्राथमिक विद्यालय पुड्कुनी में कक्षा-3, 4 एवं 5 की कक्षाएँ एक साथ संचालित की जाती हैं, इसलिए इन कक्षाओं का अवलोकन एक साथ किया गया। गणित कक्षाओं के अवलोकन का मुख्य मंतव्य यह जानना था कि कक्षा में बच्चों के सामाजिक, आर्थिक एवं सांस्कृतिक सन्दर्भों के प्रति शिक्षक/शिक्षिका का क्या नज़रिया है? बच्चों से अन्तःक्रिया के दौरान शिक्षक/शिक्षिका का लहज़ा कैसा है? बच्चों को उनके प्रदर्शन पर फ़ीडबैक देने/प्रोत्साहित करने का क्या तरीक़ा है?

तीनों अवलोकनों में यह देखा गया कि सामान्यतः बच्चों के सन्दर्भ के प्रति शिक्षक/शिक्षिका उदासीन हैं। गणित शिक्षण का स्वरूप परम्परागत है, गणित की पुस्तक का इस्तेमाल ही अधिक किया जा रहा है। शिक्षक/शिक्षिका अपनी तरफ़ से मेहनत करते प्रतीत होते हैं, ब्लैकबोर्ड का भी भरपूर इस्तेमाल किया जा रहा है, परन्तु बच्चे समझ पा रहे हैं कि नहीं, इसकी बजाय एक जैसे सवालों को हल करने,

बार-बार करने पर ज़ोर दिया जा रहा है। गृहकार्य सभी बच्चों को एक समान दिया जा रहा है और बच्चों की आयु के सापेक्ष इसकी मात्रा भी अधिक महसूस होती है। लम्बी अवधि के अवकाश से पूर्व काफ़ी अधिक मात्रा में गणित विषय में गृहकार्य दिया जाता है और यह पाठ्यपुस्तक की प्रश्नावली/प्रश्नावलियों को हल करने और याद करने से सम्बन्धित है। शिक्षक/ शिक्षिका का विश्वास है कि इससे बच्चे गणित विषय में अच्छा सीखते हैं और परीक्षा में अच्छा कर लेते हैं (यह बात माध्यमिक स्तर पर गणित पढ़ाने वाले शिक्षक ने बातचीत के दौरान विशेष रूप से रेखांकित की)। कक्षा में शिक्षक/शिक्षिका का लहज़ा अधिकांशतः औपचारिक है, बच्चे कक्षा में बहुत सहज नहीं हैं, प्रश्न पूछने पर सिर झुका लेते हैं, उत्तर देने में घबराहट महसूस करते हैं। शिक्षक/शिक्षिका कभी-कभी मज़ाकिया लहज़े में बच्चों से बात करते हैं। यह मज़ाक ऐसे बच्चे को तो राहत देता प्रतीत होता है जो गणित विषय में ठीक प्रदर्शन कर पा रहे हैं, कक्षा में पूछे गये प्रश्नों के उत्तर बता पा रहे हैं या लिख पा रहे हैं। परन्तु कक्षा में गणित विषय में अच्छा न कर पा रहे बच्चों के लिए या ऐसे बच्चों के लिए जो कक्षा में पूछे गये प्रश्नों का उत्तर नहीं बता पा रहे हैं/नहीं लिख पा रहे हैं, के लिए अध्यापक/अध्यापिका का यह व्यवहार तनाव एवं दुश्चिन्ता पैदा करता है। अवलोकनों में एक बात बहुत ही साफ़ तौर पर दिखलाई देती है कि शिक्षक/शिक्षिका शारीरिक तौर पर कोई दण्ड नहीं देते हैं (यह बहुत सकारात्मक बात है) परन्तु व्यंग्यात्मक टिप्पणी करते हैं। हँसी-मज़ाक में कही गयी इन बातों से कक्षा में बच्चे हँसते हैं परन्तु यह व्यंग्यात्मक बात किस बच्चे को सन्दर्भित है, बच्चे भली-भाँति जानते हैं। ऐसे अवसरों पर देखा गया कि कक्षा के बच्चे किसी ख़ास बच्चे/बच्चों की ओर देखकर हँस रहे हैं। कक्षा-कक्ष में शिक्षक/शिक्षिका का यह व्यवहार किसी बच्चे/बच्चों के समूह में दुश्चिन्ता पैदा कर सकता है, ऐसा सहज ही अनुमान लगाया जा सकता है, भले ही शिक्षक/शिक्षिका का मंतव्य ऐसा न रहा हो। ऐसे ही कुछ ख़ास अवलोकनों के विवरण से यह बात और अधिक साफ़ हो जायेगी, इनका ब्यौरा निम्नवत दिया गया है।

गणित कक्षाओं के समग्र अवलोकन से निम्न बिन्दु स्पष्टतः नज़र आये :

- गणित कक्षाओं में बच्चों के सामाजिक, आर्थिक एवं सांस्कृतिक सन्दर्भों का संज्ञान नहीं लिया जा रहा है। शिक्षिका अपने द्वारा दिये गये कार्य में बच्चों की प्रगति देखने के लिए कक्षा में घूम रही हैं। ऐसे में जिन बच्चों ने काम शुरू भी नहीं किया, उनसे बातचीत कुछ इस प्रकार की हुई- "तू तो

इतनी समझदार है, फिर गणित विषय पर ध्यान क्यों नहीं देती है।", "कक्षा में अन्य विषयों में तो तुम अच्छा सीख रहे हो, गणित में कमज़ोर हो, दरअसल तुम इस विषय में ध्यान ही नहीं देते हो।" यह दोनों बच्चे प्रथम पीढ़ी के विद्यार्थी हैं और अनुसूचित वर्ग से ताल्लुक रखते हैं। ख़ासतौर पर दूसरी टिप्पणी सम्बोधित विद्यार्थी के अलावा कक्षा के बाक़ी विद्यार्थियों के दैनिक जीवन के संघर्षों को नकारते हुए सभी बच्चों की तुलना केवल गणित सीखने के पैमाने पर करती हुई प्रतीत होती है।

- ❖ शिक्षक बच्चों को शारीरिक रूप से दण्डित नहीं करते हैं परन्तु बहुत बार बच्चों को व्यंग्यात्मक तरीके से फ़ीडबैक देते हैं। यह बच्चों की किसी प्रकार की अकादमिक मदद नहीं करता है वरन बहुधा उनकी दुश्चिन्ता बढ़ाता हुआ प्रतीत होता है। अध्ययन के क्रम में अवलोकन के दौरान शिक्षक द्वारा बच्चों के प्रति की गयी टिप्पणियाँ इस बात की पुख़्ता तस्दीक करती हैं, मसलन- "तेरे वश का गणित नहीं है।", "घर में तो कोई गणित पढ़ा नहीं है, तू भला क्या सीखेगी।" यह बच्ची प्रथम पीढ़ी की विद्यार्थी है। बच्ची कोई उत्तर नहीं देती, सिर झुकाए बैठी रहती है। "छमाही परीक्षा आने वाली हैं, गणित में क्या करेगी।", कहते हुए अध्यापक बच्ची के लिए चिन्ता जाहिर करते हैं परन्तु इससे बच्ची को किसी प्रकार से मदद मिल नहीं पा रही है और यह बच्ची की निराशाजनक भाव-भंगिमा से भी महसूस किया जा सकता है।
- ❖ शिक्षक/शिक्षिका का बालिकाओं के प्रति नज़रिया कमोबेश सकारात्मक है और उनके गणित विषय में बेहतर प्रदर्शन को लेकर वे चिन्तित रहते हैं परन्तु बालिकाओं की दुश्चिन्ता को सम्बोधित करने के लिए कोई ख़ास कार्य योजना कक्षा-कक्ष प्रक्रिया में दिखलाई नहीं देती है। बालिका का नाम लेकर उसे सम्बोधित किया गया कि, "तुमने गृहविज्ञान विषय के बजाय गणित विषय लिया है तो तुम्हें पता होना चाहिए कि तुम्हें कितनी मेहनत करनी है।" (बालिका सहम जाती है, अन्य बच्चे सिर झुका लेते हैं।) बालिका को अधिक मेहनत करने के लिए प्रेरित करने हेतु शिक्षक का यह कथन बालिका को प्रेरित करने की बजाय उसे दुश्चिन्ता में डालता हुआ प्रतीत होता है। शिक्षक ने बाद में बताया कि यह बालिका गणित विषय में बहुत कमज़ोर है, उसे बहुत अधिक मेहनत की ज़रूरत है।

- **'गणित में बेहतर प्रदर्शन करने वाले बच्चों की प्रशंसा करने से अन्य बच्चे भी इससे प्रेरणा ले लेंगे'** का विचार गणित में बेहतर प्रदर्शन न कर पाने वाले बच्चों की दुश्चिन्ता को बढ़ाता हुआ प्रतीत होता है। आठवीं कक्षा की बालिका को सम्बोधित करते हुए शिक्षक कहते हैं कि, "तुम गणित में अच्छा कर रही हो और अधिक मेहनत करो।" बच्ची के चेहरे पर प्रसन्नता नज़र आती है, कुछ बच्चे इस बच्ची की ओर आदर के भाव से देखते हैं परन्तु कुछ बच्चे व्यग्र नज़र आते हैं। कक्षा के बाद अध्यापक से बात करने पर ऐसे बच्चों की व्यग्रता के प्रति अध्यापक तटस्थ नज़र आये। उनका विचार था कि बच्ची को उसके अच्छे काम पर प्रेरित करने से अन्य बच्चे इससे स्वत: प्रेरणा ले सकेंगे लेकिन यह किस तरह से होगा, अध्यापक स्पष्ट नहीं कर सके।
- गणित शिक्षण परीक्षा केन्द्रित दिखलाई देता है। यह गणित समझने के बजाय याद करने, अभ्यास करने पर केन्द्रित है। परीक्षा में अच्छे अंक लाना एकमात्र प्राथमिकता नज़र आती है। कक्षा-कक्ष की यह प्राथमिकता बच्चों में तनाव एवं दुश्चिन्ता बढ़ाती हुई प्रतीत होती है। बालक को नाम से सम्बोधित करते हुए शिक्षक कहते हैं, "तुमको बहुत अधिक मेहनत की ज़रूरत है, मैंने जो महत्त्वपूर्ण पाठ बताए हैं, उनसे सवालों का बार-बार अभ्यास करते रहो, नैया पार लग जायेगी।" (विद्यार्थी सहम जाता है और सिर झुका लेता है।) इससे पहले कक्षा में यह विद्यार्थी सक्रिय नज़र आ रहा था। शिक्षक ने बाद में बताया कि यह बच्चा गणित विषय में, कक्षा का सबसे कमज़ोर बच्चा है। इस तरह के फ़ीडबैक से इस विद्यार्थी को क्या मदद मिल पा रही होगी? क्या इस बच्चे से किसी दूसरे तरीक़े से भी बात की जा सकती थी? इस चर्चा में शिक्षक ने कोई रुचि प्रदर्शित नहीं की। शिक्षक की यह प्रतिक्रिया न केवल उस बच्चे वरन अन्य बच्चों में भी तनाव एवं बेचैनी का सृजन कर रही थी, यह बच्चों के झुके सिर एवं अप्रत्याशित मौन से महसूस किया जा सकता था। 8B3 को सम्बोधित करके कहा गया कि, "कक्षा-5 में तो गणित में पास कर दिया होगा, यहाँ पास होना आसान नहीं है।" (अध्यापक का यह कथन बच्चे की दुश्चिन्ता को निश्चित रूप से बढ़ा रहा होगा, ऐसा अनुमान किया जा सकता है और बच्चे के चेहरे पर व्याप्त निराशा इसकी तस्दीक भी करती है।)

गणित शिक्षण में सभी विषयों कि तरह याद करने, रटने एवं प्रश्नों का अभ्यास करने की रणनीति अपनाई जाती है। इसका समग्र परिणाम यह दिखलाई पड़ता है कि बच्चों को गणित विषय में ज्ञान रचना का अवसर बहुत सीमित मात्रा में मिल पा रहा है और यह बच्चों के गणित विषय में तनाव एवं दुश्चिन्ता को कम करने में मददगार नहीं हो पा रहा है, वरन इसे कुछ हद तक बढ़ा ही रहा है। अर्ध-वार्षिक परीक्षाओं की दृष्टि से कक्षा-कक्ष में गणित विषय में जो पाठ पढ़ाए गये हैं, उनका रिवीजन चल रहा है। शिक्षक बच्चों के परीक्षा में प्रदर्शन को लेकर चिन्तित नज़र आ रहे हैं और एक तरह से अपनी चिन्ता को बच्चों तक हस्तान्तरित कर रहे हैं। बच्चों की भाव-भंगिमा में बेचैनी साफ़-साफ़ महसूस की जा सकती है। 7B1 को सम्बोधित करते हुए कहा गया कि, "तुम गणित में कुछ कमज़ोर हो, पासिंग मार्क्स तो ले आओगे परन्तु अच्छे अंक लाने के लिए तुम्हें और अधिक मेहनत करनी होगी। गणित के प्रश्नों का अधिक-से-अधिक अभ्यास करना पड़ेगा।"

छात्राओं के माता-पिता एवं अभिभावकों से खुली साक्षात्कार प्रश्नावली के माध्यम से चर्चा/बातचीत

बच्चे उच्च कक्षाओं में (कक्षा-8 के बाद) अध्ययन के लिए कौन-कौन-से विषयों का चयन करेंगे, इसका फैसला करने में बच्चों के माता-पिता एवं अभिभावकों की अहम भूमिका रहती है। राजकीय उच्चतर माध्यमिक विद्यालय पुड्कुनी की कक्षाओं का अवलोकन करने पर एक बात बहुत स्पष्ट तौर पर उभरकर सामने आयी कि कक्षा-8 तक गणित की कक्षा में नामांकित बालक एवं बालिकाओं की संख्या में बहुत अन्तर नहीं है और यह कमोबेश बराबर है परन्तु कक्षा-9 और उसके बाद गणित विषय में बालिकाओं की संख्या अचानक बहुत कम होती गयी है। राजकीय उच्चतर माध्यमिक विद्यालय पुड्कुनी में वर्ष 2017 में 15 बालिकाओं ने कक्षा-8 उत्तीर्ण की परन्तु आश्चर्यजनक रूप से केवल एक बालिका ने ही हाई स्कूल में गणित विषय लिया जबकि 14 बालिकाओं ने गृहविज्ञान विषय लिया। इसी प्रकार से वर्ष 2018 में 6 बालिकाओं में से केवल 1 बालिका ने हाई स्कूल स्तर पर गणित विषय का चयन किया। गणित विषय को नवीं कक्षा में छोड़ने का अवसर लड़कों को नहीं मिलता। इस बारे में विद्यालय में हाई स्कूल में अध्ययनरत बालिकाओं से सामान्य बातचीत करने पर यह तथ्य सामने आया कि कुछ बालिकाएँ पिछली कक्षाओं में गणित विषय पसन्द करती थीं परन्तु उनको अपने माता-पिता की इच्छानुसार इस विषय को छोड़ना पड़ा। अतः इस अध्ययन के क्रम में बालिकाओं के गणित विषय

के अध्ययन में एक नया 'गेटकीपर' नज़र आया, जो बालिकाओं के माता-पिता/अभिभावक थे। इसलिए, उनसे अर्द्धसंरचित खुली साक्षात्कार प्रश्नावली से जानकारी एकत्रित की गयी। साक्षात्कार से पूर्व प्रत्युत्तरदाताओं को आश्वस्त किया गया कि उनके द्वारा प्रदत्त सूचना एवं जानकारी को अध्ययन के अलावा अन्य किसी दूसरे प्रयोजन के लिए प्रयुक्त नहीं किया जायेगा तथा इसे गोपनीय रखा जायेगा।

अत: गुणवत्तायुक्त विश्वसनीय समंक (डाटा) प्राप्त करने के लिए कक्षा-6 से कक्षा-10 तक अध्ययनरत सभी बालिकाओं के माता-पिता/अभिभावकों से अर्ध-संरचित खुली साक्षात्कार प्रश्नावली के माध्यम से बातचीत की गयी। कुल 40 बालिकाओं में से 27 बालिकाओं की माताओं से तथा 12 बालिकाओं के पिताओं से एवं एक बालिका के नाना से बातचीत की गयी। यहाँ पर उल्लेखनीय है कि रोज़गार एवं आर्थिक-अर्जन हेतु बालिकाओं के पिता गाँव से बाहर अन्य स्थानों में प्रवास करते हैं, अत: साक्षात्कार में अधिसंख्या माताओं की रही, एक बालिका माता-पिता विहीन है, अपने नाना के साथ पली-बढ़ी है, इसलिए नानाजी के साथ बातचीत हुई। महिला अभिभावकों से बातचीत में यह तथ्य सामने आया कि अपनी बालिका की पढ़ाई एवं विषय चयन का निर्णय लेने में उनके पतियों (बालिका के पिता) की अहम भूमिका है, भले ही वे घर पर हों यह फिर घर से दूर। केवल चार माताएँ ऐसी मिलीं, जो अपनी बालिकाओं के विषय चयन में बालिकाओं के पक्ष में थीं और संयोग से इन्हीं में से एक की बेटी ने कक्षा-10 में गणित विषय का चयन किया था और दूसरी की बालिका ने कक्षा-9 में गणित विषय लिया हुआ था। साक्षात्कार से निम्न महत्त्वपूर्ण जानकारी सामने आई—

- बच्चियों को कितना पढ़ना चाहिए और कौन-से विषय का चुनाव करना चाहिए, यह शिक्षा की अहमियत से जुड़ा सवाल है। ज़्यादातर अभिभावक पढ़ाई को शादी के अवसरों में सुधार के लिए महत्त्वपूर्ण मानते हैं। 27 माताओं में से 20 का कहना था कि पढ़ने-लिखने से बच्ची की शादी अच्छे घर में हो सकती है, 5 का कहना था कि हमारी बच्ची अपने पैरों पर खड़ी हो जायेगी, 2 माताओं का कहना था कि यह निर्णय इनके पिता ने लिया है, वही जानें। 10 पिताओं का कहना था कि दस पास कर लेगी तो पढ़े-लिखे लड़के से शादी हो सकेगी, 2 का मानना था कि हम इसे आगे तब तक पढ़ायेंगे, जब तक पढ़ना चाहेगी। पढ़-लिखकर अच्छे घर में रिश्ते हो सकते हैं।

- बच्चियों को अपनी पढ़ाई ज़ारी रखने या उसमें अच्छी उपलब्धि हासिल करने में अभिभावकों की भूमिका के बारे में बातचीत करते हुए जिस तरह के उत्तर सामने आये, वे अतिरिक्त सहयोग या सकारात्मक सहयोग की बजाय निष्क्रिय स्वीकृति भर मालूम हुए। बालिका की आगे की पढ़ाई-लिखाई में मदद के बारे में 22 माताओं का कहना था कि मैं अपनी बच्ची से घर के काम कम करवाऊँगी, जिससे वह अच्छी तरह से पढ़ाई में ध्यान दे सके, 4 माताओं ने कहा कि मैं क्या कर सकती हूँ, इसके पिताजी ही मदद कर सकते हैं, 1 माता इस मामले में स्पष्ट नहीं थी। 8 पिताओं का कहना था कि मैंने अपनी बच्ची का स्कूल में एडमिशन कराया है, यह क्या कम मदद है। 3 पिताओं का मत था कि बच्ची को घर के काम से पूरी तरह से फ्री रखूँगा, जिससे वह अपना पूरा ध्यान अपनी पढ़ाई पर लगा सके।
- विषय का चुनाव मुख्यतया परिवार के मुखिया यानी पिता के हाथ में रहता है। बच्चियों की रुचि, सामर्थ्य या आगे की अभिलाषा का उससे ज़्यादा सम्बन्ध नहीं देखा गया। बालिका द्वारा आगे की कक्षाओं में गणित विषय लेने के बारे में 4 माताओं का कहना था कि वे अपनी बच्ची के निर्णय के साथ खड़ी रहेंगी। 22 माताओं ने इसका निर्णय अपने पति द्वारा लिए जाने की बात कही जबकि 1 माता इस बारे में असमंजस की स्थिति में थी। 10 पिताओं का कहना था कि जब सारा ख़र्च हम वहन कर रहे हैं तो इस बात का निर्णय भी हम ही लेंगे। 2 पिताओं का कहना था कि इस बारे में बच्ची से पूछकर और उनके गुरु से बात करके निर्णय लेंगे।
- आगे की कक्षाओं में बालिकाओं द्वारा गणित विषय पढ़ने के बारे में 12 माताओं का मत था कि गणित विषय पढ़कर कौन-सा इंजीनियर या डॉक्टर बनना है। 8 माताओं का कहना था कि गणित विषय कठिन है, इसको घर का काम भी करना होता है, इसलिए गणित विषय इसके लिए ठीक नहीं है। 1 माता का कहना था कि बस कुछ आगे पढ़-लिख जाये, क्या विषय ले, इससे क्या फ़र्क़ पड़ता है। 10 पिताओं का कहना था कि मैं इसे बहुत ज़्यादा पढ़ा-लिखा नहीं सकता, बस 10 पास हो जाये। गणित विषय लेकर क्या ख़ास कर लेगी। 2 का मत था कि यदि बच्ची हिम्मत कर सकती है तो ज़रूर गणित विषय ले, परन्तु फ़ेल न हो जाये, इस बात का उसको ध्यान रखना होगा।

❖ बच्ची के लिए क्या ज़्यादा ज़रूरी है, इस सवाल पर 23 माताओं का कहना था कि पढ़ाई से ज़्यादा ज़रूरी है, सही समय पर बच्ची की शादी हो जाये। उनके हिसाब से यह सही समय बच्ची की उम्र 15 वर्ष पूरी होने के बाद शुरू हो जाता है। 4 माताओं का मत था कि शादी से अधिक ज़रूरी है कि बच्ची अपने पैरों पर खड़ी हो जाये। 9 पिताओं का कहना था कि वक़्त पर शादी हो जानी चाहिए, पढ़ाई तो शादी के बाद भी हो सकती है। 3 का मत था कि बच्ची को पढ़ने का पूरा मौक़ा देकर, शादी बाद में करनी चाहिए।

❖ बच्चियों की राय के मुद्दे को अलग-अलग तरह से समझने की कोशिश की गयी। जैसे शादी के बारे में निर्णय लेने के बारे में बेटी की राय जानने के सवाल पर 22 माताओं का कहना था कि हम उसके दुश्मन नहीं हैं, जो भी निर्णय लेंगें, उसके भले के लिए ही लेंगे। 2 का मत था कि जो भी इसके पिताजी करेंगे, वह ठीक ही करेंगे परन्तु बेटी से पूछ लेना चाहिए। 3 का मत था कि इस बारे में मैं, अपनी बच्ची से ज़रूर राय लूँगी। 10 पिता इस मामले में बच्ची की राय की कोई ज़रूरत नहीं समझते हैं, परन्तु 2 पिता और नाना बच्ची से बात करने के हक़ में थे। बच्चियों की कम उम्र में शादी न करने के बारे में क़ानून की 22 माताओं को जानकारी नहीं थी। 4 माताओं को 18 वर्ष से कम उम्र में बच्चियों की शादी न करने के बारे में क़ानून की जानकारी थी। 1 को कुछ क़ानून है, यह पता तो था परन्तु वे ठीक-ठीक बता नहीं सकीं। 11 पिताओं और एक नाना को इस क़ानून के बारे में पता था, सिर्फ़ 1 इस बारे में जानकारी नहीं रखते थे।

❖ साक्षात्कार के सन्दर्भ में बातचीत से एक बात प्रमुख रूप से उभरकर सामने आयी (यद्यपि इस बात को अलग-अलग ढंग से कहा गया) कि 'बच्चियाँ पढ़-लिख जायें, इतना बहुत है, थोड़ा-बहुत हिसाब-किताब तो उसने कक्षा-8 तक सीख ही लिया है, घर-गृहस्थी चलाने के लिए इतना बहुत है, आख़िर में तो इन्होंने घर-गृहस्थी ही सम्हालनी है।' दो माताएँ जो कुछ पढ़ी-लिखी थीं, का कहना था कि 'होम साइन्स पढ़ना इनके लिए अच्छा है, इसमें तो घर-गृहस्थी की बातें ही सिखाई जाती हैं।' चर्चा में यह साफ़ उभरकर आ रहा था कि बच्चियों के भविष्य की बेहतरी को उनकी शादी और 'अच्छे रिश्ते' से जोड़कर देखा जा रहा था, ऐसे में दसवीं में वह क्या विषय पढ़े, यह महत्त्वपूर्ण बात नहीं है।

इस साक्षात्कार से प्राप्त जानकारी एवं सूचना से निम्न बातें स्पष्टतः सामने आईं :

1. बालिकाओं की शिक्षा के बारे में निर्णय लेने में माताओं की अपेक्षा पिता की अहम भूमिका है। एक तरह से वे एक कठोर द्वारपाल भूमिका में नज़र आते हैं कि बालिकाओं के आगे की पढ़ाई और उसमें भी वह कौन-सा विषय लेंगी, का निर्णय वे ख़ुद लेते हैं। इसमें बालिका की इच्छा एवं रुचि गौण है। यदि माता, बालिका के पक्ष में खड़ी हो जाये तो बालिकाओं को आगे पढ़ने एवं अपनी रुचि के विषय चयन के अवसर बन सकते हैं परन्तु कितनी माताएँ, पितृसत्तात्मक समाज में यह हिम्मत कर सकेंगी, यह कहना मुश्किल है।
2. बालिका की शिक्षा और अपने मन-पसन्द विषय चयन की स्वतन्त्रता के बजाय बच्ची की जितनी जल्दी हो सके, शादी कर देना, माता-पिता का मुख्य सरोकार नज़र आता है।
3. 'गणित विषय बालिकाओं के लिए नहीं है, क्योंकि यह कठिन है और हमें इसकी शादी भी करनी है, इसलिए हमारी बच्ची के पास पढ़ने के लिए बहुत साल नहीं हैं, इसलिए बस जल्दी-जल्दी अपनी पढ़ाई पूरी कर ले।' इस प्रकार की मान्यता बच्चियों के आगे पढ़ने के अवसरों को सीमित और गणित विषय पढ़ने के अवसरों को अतिसीमित कर रही है।
4. माताएँ आर्थिक संसाधनों के लिए मुख्यतः पति पर निर्भर हैं, इसलिए अपनी बेटी की इच्छा के पक्ष में चाहकर भी खड़ी नहीं हो सकती हैं। इस साक्षात्कार के दौरान बातचीत में यह बात बहुत साफ़ तरह से उभरकर सामने आई।

अध्ययन के निहितार्थ

इस अध्ययन से इस बात को गहराई से समझने में मदद मिली कि बच्चों की गणित विषय में निराशा के कौन-कौन-से कारण हैं। वस्तुतः बच्चों की यही निराशा कालान्तर में तनाव एवं दुश्चिन्ता का रूप ले लेती है और गणित विषय द्वारपाल की भूमिका में प्रस्थापित हो जाता है। इस अध्ययन के प्रमुख निहितार्थ निम्नवत सूचीबद्ध किये जा सकते हैं :

- गणित विषय को लेकर समाज/समुदाय में कुछ रूढ़िबद्ध मान्यताएँ व्याप्त हैं, जैसे गणित विषय लड़कियों के अध्ययन के लिए नहीं है, इसके अध्ययन के लिए किसी ख़ास जन्मजात प्रतिभा की आवश्यकता होती है,

गणित में अच्छा प्रदर्शन (अभिभावकों की नज़र में अच्छे अंक लाना) करने वाले बच्चे अन्य बच्चों की तुलना में अधिक होशियार होते हैं, गणित विषय पढ़ना हर किसी के वश की बात नहीं है, जो बच्चे निचली कक्षाओं में गणित विषय में अच्छे अंक नहीं ला पाते, उनका आगे की कक्षाओं में गणित सीखना बहुत मुश्किल है इत्यादि। इस प्रकार की सामाजिक एवं पारिवारिक मान्यताएँ, बच्चों में गणित विषय में अच्छा कर पाने के बारे में सन्देह का सृजन करती हैं।

- गणित की कक्षाओं में बच्चों के सामाजिक, आर्थिक एवं सांस्कृतिक सन्दर्भों की उपेक्षा करते हुए शिक्षक गणित शिक्षण करते हैं। 'देश के बच्चों के एक बहुत बड़े भाग के लिए गणित में उपयोग की भाषा, उनकी रोज़मर्रा की भाषा से बहुत अलग होती है और मुख्यतः प्राथमिक स्तर पर अप्रीतिकर होती है। यह अपने आप में बच्चों को गणित से अलग करने का मुख्य कारण बनती है।'[7] उनका लहज़ा एवं व्यवहार गणित में अच्छा प्रदर्शन न कर पाने वाले बच्चों के प्रति व्यंग्यात्मक एवं उपेक्षापूर्ण होता है। बच्चों को उचित तरीक़े से फ़ीडबैक न देने, बच्चों को प्रोत्साहित करने का सही तरीक़ा न अपनाने एवं बच्चे की गणित सीखने की ज़रूरतों को सम्बोधित न कर पाने के कारण बच्चे गणित विषय में निराशा का अनुभव करते हैं। परिणामस्वरूप बच्चे में तनाव एवं दुश्चिन्ता का सृजन होता है और इसका समग्र प्रभाव बच्चे के गणित विषय की परीक्षा में प्रदर्शन (प्राप्त अंक) पर नकारात्मक रूप से पड़ता है।
- गणित विषय में परीक्षा में बेहतर प्रदर्शन न कर पाने के कारण बच्चे की अकादमिक क्षमताओं को कम मान लिया जाता है और इसका असर बच्चे की आगे की कक्षाओं में गणित या अपने पसन्द के विषय के चयन करने की सम्भावनाओं पर पड़ता है।
- **इस प्रकार से एक विशेष क़िस्म का दुष्चक्र स्पष्ट होता है, जो सामाजिक मान्यताओं से शुरू होकर, कक्षा-कक्ष प्रक्रियाओं से होता हुआ, बच्चे के परीक्षा में प्रदर्शन तक एक कठोर श्रृंखला निर्मित करता है।** इस प्रकार यह श्रृंखला गणित विषय को एक सशक्त द्वारपाल की भूमिका में खड़ा कर देती है। यह द्वारपाल गणित विषय में अच्छे अंक न ला पाने वाले बच्चों को आगे की कक्षाओं में गणित विषय के अध्ययन क्षेत्र में प्रवेश को प्रतिबन्धित कर देता है।

- ❖ विद्यालय एवं विद्यालय के बाहर घर पर, समुदाय में गणित विषय के बारे में मान्यताओं एवं भ्रान्तियों के आलोक में बच्चे की क्षमताओं का समुचित मूल्यांकन नहीं हो पाता है। यह स्थिति लगातार ज़ारी रहने पर बच्चे अपनी गणितीय क्षमताओं के बारे में अविश्वास करने लगते हैं, उनका इस विषय में प्रदर्शन प्रभावित होता है और एक समय ऐसा भी आता है, जब बच्चे इस विषय को छोड़कर कोई दूसरा विषय चुन लेते हैं। विगत वर्षों के अनुभव इस बात की तस्दीक करते हैं कि गणित विषय में कम नम्बर लाने वाले बच्चों ने आगे की कक्षाओं में इस विषय को छोड़ दिया और विज्ञान वर्ग की बजाय कला/वाणिज्य वर्ग में प्रवेश ले लिया।
- ❖ बालिकाओं के सन्दर्भ में गणित विषय अलग तरह से द्वारपाल की भूमिका का निर्वहन करता है। बालिका को अपनी मर्जी से इस विषय के चयन की छूट नहीं मिलती है, इसलिए गणित विषय कक्षा-8/हाई स्कूल स्तर पर ही छूट जाता है। गणित विषय छूट जाने से आगे की कक्षाओं में गणित विषय के साथ विज्ञान वर्ग में दाखिला लेने की सम्भावनाएँ समाप्त हो जाती हैं। चूँकि विज्ञान विषय के लिए नियमित कॉलेज में दाखिला लेना ज़रूरी है, कला/वाणिज्य वर्ग की पढ़ाई तो प्राइवेट भी की जा सकती है, इसलिए यह विकल्प माता-पिता एवं अभिभावकों को सबसे अधिक उपयुक्त लगता है। इस प्रकार से दसवीं के बाद बालिकाओं को आगे की नियमित शिक्षा के बहुत कम अवसर मिल पाते हैं और गणित विषय एक मज़बूत द्वारपाल के रूप में बालिकाओं की आगे की शिक्षा के अवसरों की राह को मुश्किल बना देता है।
- ❖ गणित शिक्षा के लिए कक्षा-10 एक टर्मिनल बिन्दु है। बालिकाओं के लिए तो यह कक्षा-8 ही है। कक्षा-8 पास करने के बाद बहुत कम बालिकाएँ गणित विषय में दाखिला लेती हैं। जिस विद्यालय के सन्दर्भ में यह अध्ययन किया गया है, यहाँ पर वर्ष 2018 में कक्षा-8 पास करने वाली 15 बालिकाओं में से एकमात्र बालिका ने कक्षा-9 में गणित विषय में दाखिला लिया। बहुत प्रेरित करने के बावजूद वर्ष 2019 में 3 बालिकाओं में से एकमात्र बालिका ने ही कक्षा-9 में गणित विषय का चयन किया। इसी विद्यालय में कक्षा-10 में अध्ययनरत बालकों ने अनौपचारिक बातचीत में बताया कि उनमें से ज़्यादातर बालक आगे की कक्षाओं में गणित विषय छोड़ देंगे और कला/वाणिज्य वर्ग में दाखिला ले लेंगे। बालिकाओं के

गणित छोड़ने के कारण समझने का प्रयास, सामाजिक और शिक्षा के संरचनात्मक कारणों को सामने लाता है। अभिभावक, बालकों से आगे की कक्षाओं में गणित विषय पढ़ने की उम्मीद करते हैं और इसमें अच्छा प्रदर्शन करने की आकांक्षा रखते हैं। बालकों का गणित विषय से मोहभंग एकाएक नहीं हुआ है। इसकी नींव बहुत पहले से पड़ गयी थी, जब से उन्होंने अपने परिवार में, समुदाय में 'होशियार बच्चे गणित में होशियार' जैसी मान्यताओं का सामना करना शुरू किया। यही क्रम विद्यालय की कक्षाओं में भी ज़ारी रहा। अपनी तमाम रुचियों के बावजूद जब बच्चा गणित विषय में अच्छे अंक लाने में किन्हीं कारणों से असफल हो जाता है, तब वह आगे गणित विषय छोड़ने की मन:स्थिति में आ जाता है। इस प्रकार गणित विषय 'द्वारपाल' की चौकस भूमिका में आगे की कक्षाओं में गणित विषय के अध्ययन क्षेत्र में प्रवेश का निषेध कर देता है।

सुझाव

बहुत सीमित क्षेत्र में परन्तु गहन अध्ययन के आलोक में कुछ रचनात्मक सुझाव देने का अकादमिक साहस किया जा सकता है। प्रस्तुत अध्ययन के आधार पर निम्नांकित सुझाव दिये जा सकते हैं जो बच्चों में गणित विषय को लेकर व्याप्त भय एवं दुश्चिन्ता को सम्बोधित करने में मददगार हो सकते हैं, जिससे गणित के द्वारपाल की प्रास्थिति (स्टेटस) को सीमित करने में मदद मिल सकती है :

- ❖ गणित विषय को लेकर समाज में भ्रान्तिपूर्ण धारणाएँ व्याप्त हैं, कुछ हद तक इनकी व्याप्ति विद्यालयों में भी है। इसको लगातार चुनौती देने की ज़रूरत है। 'गणित के बारे में एक धारणा है कि यह पुरुषों का क्षेत्र है।'[8] समाज में जेंडर आधारित अभिवृत्तियाँ व्याप्त हैं जो बालिकाओं के लिए गणित विषय को ग़ैरज़रूरी समझती है। बालिकाओं को गणित में 'विशेषज्ञता' के योग्य न मानकर, उनका व्यवस्थित अवमूल्यन किया जाता है जबकि वे गणित में शाब्दिक और ज्ञानात्मक कार्य बहुत अच्छे से पूरा करती हैं। **विगत के अध्ययन बताते हैं कि शिक्षक बालकों की सफलता को 'योग्यता' से जोड़कर देखते हैं तथा बालिकाओं की सफलता को 'प्रयत्नों' के रूप में।** इस अध्ययन के क्रम में यह भी सामान्यत: देखा गया कि शिक्षक/शिक्षिका गणित की कक्षाओं में बालिकाओं से अधिक बालकों को सम्बोधित करते हैं, जिससे बालकों के गणित में आदर्श अधिगमकर्ता

की मान्यता को पोषण मिलता है। अतः इसको विद्यालय एवं कक्षाओं में चुनौती देने की आवश्यकता है। इसी प्रकार से किसी व्यक्ति में गणित की जन्मजात प्रतिभा होती है, गणित में अच्छा प्रदर्शन करने वाले बच्चे अन्य बच्चों से अधिक होशियार होते हैं आदि धारणाओं को समाज में, विद्यालय में और कक्षा-कक्ष में निरन्तर चुनौती दिये जाने की आवश्यकता है। यदि कोई गेटकीपर न हो और बालिकाओं को गणित विषय चयन करने का स्वतन्त्र अवसर दिया जाये, जेंडर की दृष्टि से विभेदीकृत दृष्टिकोण न अपनाया जाये तो सम्भव है कि गणित विषय में स्वाभाविक रुचि रखने वाली बालिकाएँ गणित विषय का चयन कर सकेंगी। यह निश्चित रूप से नहीं कहा जा सकता कि सभी बालिकाएँ गणित विषय का ही चयन करेंगी। इस अध्ययन के क्रम में विद्यालय में अध्ययनरत बालिकाओं से बातचीत में एक महत्त्वपूर्ण जानकारी सामने आई। जानकारी यह थी कि यदि बालिकाएँ गणित विषय का चयन करती हैं तो आगामी उच्च कक्षाओं में उनको विज्ञान वर्ग की पढ़ाई करने का अवसर मिल सकेगा। चूँकि विज्ञान वर्ग की पढ़ाई के लिए नियमित स्कूल जाने की ज़रूरत होती है, सो उनको आगे नियमित अध्ययन के अवसर मिल सकेंगे। इसकी बजाय निचली कक्षा में गणित विषय न लेने पर, उनको आगामी उच्च कक्षाओं में विज्ञान विषय नहीं मिल सकेगा। अन्य विषयों की परीक्षा प्राइवेट परीक्षार्थी के रूप में भी दी जा सकती है, इसके लिए नियमित विद्यालय जाने की ज़रूरत भी नहीं होती है, माता-पिता को भी यह उचित लगता है। ऐसा विगत में कई बालिकाओं के साथ हुआ है। बालिकाओं की इस धारणा से यह स्पष्ट महसूस होता है कि वे गणित विषय की द्वारपाल की भूमिका को भलीभाँति महसूस करती हैं। यह न केवल उनके उच्च कक्षाओं में विषय चयन के अवसरों को सीमित कर देता है बल्कि बहुत बार नियमित रूप से विद्यालय जाने के अवसरों को भी अवरुद्ध कर देता है।

❖ भाषा में, सामाजिक विज्ञान में, और यहाँ तक कि विज्ञान में भी बच्चे प्रश्न को न समझ पाने के बावजूद प्रश्न को आंशिक तौर पर हल करने का प्रयास कर सकते हैं, इसके लिए मूल्यांकन के क्रम में बच्चों को अंक (भले ही कम) प्रदान किये जाते हैं परन्तु गणित विषय के पर्चे के मूल्यांकन में ऐसी किसी सम्भावना को जगह नहीं दी जाती है। प्रायः देखने में आता है कि गणित विषय में सवालों को हल करने में एक सूचना का अनुप्रयोग

निहित रहता है। एक सही उत्तर की अपेक्षा, गणित विषय की निरंकुशता स्थापित करती है, इससे बच्चों में गणित विषय के प्रति दुश्चिन्ता उत्पन्न होती है। अतः गणित विषय के मूल्यांकन में लचीलापन लाने की ज़रूरत है, जिससे गणित के सवालों का आंशिक हल जानने वाले बच्चे भी प्रयास कर सकें। इससे बच्चों में गणित विषय को लेकर व्याप्त भय एवं दुश्चिन्ता को कम किया जा सकेगा और अन्ततः इसकी द्वारपाल की शक्तियों को नियंत्रित किया जा सकेगा।

❖ हमारे देश में कुछ ही बच्चे ऐसे हैं जिनकी पहुँच गणित की पाठ्यपुस्तक से बाहर की गणित की सामग्री तक है। अतः गणित विषय की पाठ्यपुस्तकों की संरचना करते समय ऐसी विविधतापूर्ण विषयवस्तु को शामिल करने की आवश्यकता है, जिससे अलाभकर वर्गों से आने वाले बच्चे नुकसान में न रहने पायें। इस कमी को पूरा करने के लिए अध्यापक की ज़िम्मेदारी का दायरा बढ़ जाता है। गणित विषय के अध्यापकों को इस तरह की विषय सामग्री एवं अनुभव कक्षा-कक्ष में सभी बच्चों को उपलब्ध कराने के लिए अतिरिक्त प्रयास करने की ज़रूरत है। गणितीय खेल, गणित की पहेलियाँ, गणित कथाओं का उपयोग बच्चों के परिवेशीय अनुभवों से गणित को जोड़ने में सहायक सिद्ध हो सकता है। इससे बच्चे की गणित की रोज़मर्रा की समझ का निर्माण होता है, इससे बच्चों में गणित के भय एवं दुश्चिन्ता को कम करने में बहुत हद तक सफलता मिल सकती है।

❖ बच्चे में गणित की दुश्चिन्ता को कम करने के लिए सबसे महत्त्वपूर्ण बात है, गणित की कक्षा में शिक्षक का लहज़ा। बच्चों का मज़ाक बनाना, डाँटना या तीखी टिप्पणी करना उन्हें विषय से और विमुख करता है। शिक्षक बच्चे की अस्मिता एवं पहचान को कक्षा में किस तरह से स्थान देते हैं, बच्चे के प्रदर्शन पर फ़ीडबैक देते समय उनका लहज़ा किस तरह का है, जो बच्चे गणित में कठिनाई का अनुभव कर रहे हैं, चुनौतियों से जूझ रहे हैं, उनको किस प्रकार से प्रोत्साहित किया जा रहा है, बच्चों की गणित सीखने की ज़रूरतों को किस प्रकार से सम्बोधित किया जा रहा है इत्यादि बिन्दुओं पर ध्यान देने की ज़रूरत है। मज़ाक में शिक्षक द्वारा की गयी व्यंग्यात्मक टिप्पणी भी बच्चों में तनाव एवं दुश्चिन्ता उत्पन्न कर सकती है। अतः इस मामले में गणित शिक्षक को समुचित संवेदनशीलता बरतने की ज़रूरत है।

- 'सभी बच्चों को गणित विषय सीखना चाहिए और सभी बच्चे गणित विषय सीख सकते हैं।' इस मुद्दे की संवेदनशीलता का एक महत्त्वपूर्ण निहितार्थ यह है कि पाठ्यपुस्तकों के उपयोग की भाषा भी, बच्चों के भाषा उपयोग के प्रति संवेदनशील हो। गणित शिक्षण में बच्चों की भाषा की उपेक्षा करके गणित की प्रतीकात्मक भाषा का बाहुल्य एवं निरन्तरता, एक समय बाद कई बच्चों में नीरसता और घबराहट पैदा करती है और अन्ततः यह दुश्चिन्ता का रूप ले लेती है। **गणित शिक्षण में गणित सम्प्रेषण की भाषा, गणित की भाषा एवं प्रश्नों की भाषा यदि बच्चों के सन्दर्भों के अनुकूल** नहीं है तो बच्चों के मन में गणित विषय के बारे में 'एक जटिल एवं कठिन विषय' की छवि बनती है। इसके आलोक में बच्चे द्वारा गणित में अच्छा न कर पाने पर अरुचि एवं निराशा उत्पन्न होती है। यह प्रक्रिया अन्ततः बच्चों में दुश्चिन्ता उत्पन्न करती है। इसके लिए ज़रूरी है कि गणित की कक्षा के प्रत्येक विद्यार्थी को सफलता के भाव से जोड़ें और उसकी सफलता का जश्न मनाएँ।
- गणित विषय के शिक्षक/शिक्षिका को बच्चों के सामाजिक, आर्थिक एवं सांस्कृतिक सन्दर्भों को कक्षा-कक्ष प्रक्रिया में स्थान देने की आवश्यकता है। 'गणितीय प्रतिस्पर्धा सामाजिक स्थितियों और उन गतिविधियों, जिनसे अधिगम कराया जाता है, में स्थित होती है और आकार लेती है।'[7] अतः स्कूलों में गणित का बच्चों के सामाजिक, आर्थिक एवं सांस्कृतिक वातावरण से निकट का सम्बन्ध होना चाहिए, जहाँ वे दैनिक जीवन के भाग के रूप में गणितीय गतिविधियों में संलग्न रहते हैं। उदाहरण के लिए इस अध्ययन क्षेत्र में बालिकाएँ घरों में विभिन्न अवसरों पर अल्पना (स्थानीय भाषा में ऐपण) बनाने का काम करती हैं। वे अल्पना तैयार करने के काम में ज्यामितीय समझ एवं सूझ-बूझ का इस्तेमाल करती हैं। बालिकाओं की इस समझ को गणित कक्षा में स्थान देने पर न केवल बालिकाओं के कक्षा में समावेशन के अवसर बढ़ेंगे बल्कि गणित विषय को लेकर उनकी दुश्चिन्ता में भी कमी आयेगी। इसी प्रकार से प्रत्येक विद्यार्थी के दैनिक जीवन में कुछ ऐसे अनुभव, कहानियाँ, लोककथाएँ अवश्य ऐसी होती हैं जो गणित विषय में प्रासंगिक हो सकती हैं। इन अनुभवों, कहानियों एवं लोककथाओं को गणित विषय की पाठ्यचर्या में शामिल करना बच्चों के लिए गणित विषय की दुश्चिन्ता को कम करने में मददगार साबित हो

सकता है। गणित विषय विद्यालयी/स्कूली पाठ्यचर्या का सबसे महत्त्वपूर्ण विषय माना जाता है, इस विषय के प्रति समाज की संवेदनशीलता भी अधिक देखी गयी है। हमारे देश के सरकारी विद्यालयों में, समाज के अलाभकर वर्ग से आने वाले बच्चों की संख्या निश्चित रूप से अधिक है और बीच में ही पढ़ाई छोड़ देने की दृष्टि से ये बच्चे बहुत ही संवेदनशील (Vulnerabl) हैं। अतः गणित शिक्षक के लिए यह बहुत ज़रूरी हो जाता है कि इन बच्चों की चुनौतियों के प्रति संवेदनशील रहें, उनकी पृष्ठभूमि से विज्ञ हों, ऐसे बच्चों के आर्थिक, सामाजिक एवं सांस्कृतिक सन्दर्भों का संज्ञान लेते हुए कक्षा-कक्ष में और विद्यालय में भी गणित की पाठ्यचर्या को इस तरह से संचालित करें कि इन बच्चों के समावेशन के अवसरों की प्रचुरता हो। यह इसलिए भी ज़रूरी है कि कक्षा-कक्ष के सभी बच्चों की गणित सीखने विषयक ज़रूरतों को सम्बोधित किया जा सके।

- गणित की कक्षाओं में **गणितीय प्रक्रियाओं को तथ्यात्मक समझ एवं अनुभव पर आधारित ज्ञान के निर्माण की तुलना में अधिक महत्त्व दिया जाता है।** इसके अतिरिक्त गणित विषय में उपयोग की गयी भाषा, बच्चों की रोज़मर्रा की भाषा से बहुत अलग होती है। प्राथमिक स्तर पर तो यह बहुत ही असंगत एवं अप्रीतिकर महसूस होती है। यह अपने आप में बच्चों को गणित विषय से अलग करने, गणित विषय में रुचि कम होने का कारण बन जाती है। इसे बच्चों में गणित के प्रति भय एवं बच्चों के मन में दुश्चिन्ता उत्पन्न करने वाले प्रमुख कारक के रूप में देखा जा सकता है। इसके लिए निहायत ही ज़रूरी है कि बच्चे के स्कूली जीवन के शुरुआती वर्षों में अवधारणाओं एवं समझ को विकसित करने पर ज़ोर दिया जाये। गणित की प्रतीकात्मक भाषा एवं चिह्नों के प्रयोग से बचा जाना चाहिए। **अवधारणाओं एवं समझ को विकसित करने में बच्चे की रोज़मर्रा की भाषा की अहम भूमिका होती है।** गणित शिक्षक द्वारा इस बात का संज्ञान गणित शिक्षण की प्रक्रिया में लिया जाना चाहिए। शिक्षक चिन्तनशील व्यक्ति होता है (वस्तुतः उनको होना भी चाहिए), इस दृष्टि से शिक्षक को अपनी कक्षा-कक्ष प्रक्रियाओं में, समाज में व्याप्त रूढ़ियों (Stereotype) को चुनौती देने का साहसिक उपक्रम करना ही चाहिए। बच्चे (विशेषकर बालिकाएँ) कौन-सा विषय चयन करेंगे, यह निर्णय लेने का अधिकार उनको होना चाहिए, अध्यापक को इस तरह की परिचर्चाएँ, कक्षा-कक्ष

में और जब भी समय मिले, समुदाय में चलानी चाहिए। यहीं पर यह उल्लेख कर देना उचित जान पड़ता है कि एक शिक्षक के रूप में उसकी कुछ सीमाएँ भी हैं। शिक्षक कक्षा-कक्ष में अपने व्यवहार एवं फ़ीडबैक देने की प्रक्रियाओं के माध्यम से गणित विषय एवं बालिकाओं को लेकर व्याप्त रूढ़ियों को चुनौती दे सकता है। इस तरह का व्यवहार एवं चर्चाएँ बालिकाओं को साहस देंगी कि इस बारे में वे अपने परिवार, समुदाय को चुनौती दे सकें। इस तरह से अन्ततः बालिकाएँ स्वयं परिवर्तन एजेन्ट (Agent of Change) की भूमिका निर्वहन के लिए तैयार हो सकेंगी।

- गणित शिक्षा के लिए कक्षा-10 टर्मिनल बिन्दु हैं (बहुत सारी बालिकाओं के लिए तो कक्षा-8 ही टर्मिनल बिन्दु बन जाता है, क्योंकि ये बालिकाएँ इस कक्षा के बाद गणित विषय हमेशा के लिए छोड़ देती हैं)। इस स्तर के बाद सभी बच्चों को आगे की कक्षाओं में गणित विषय का अध्ययन करने का अवसर नहीं मिल पाता है। अतः इस समय तक गणित की शिक्षा एवं शिक्षण प्रक्रियाएँ इस प्रकार से संचालित किये जाने की ज़रूरत है कि बच्चे की गणितीय योग्यता एवं दक्षता इतनी प्रखर हो जायें कि बच्चे के मन में गणित विषय छूट जाने का मलाल न रहे। इस स्तर तक गणित को बच्चे के जीवनानुभवों का एक अभिन्न हिस्सा बनाना, गणित शिक्षा का मक़सद होना चाहिए और इस स्तर तक सबसे अच्छी गणित शिक्षा यही हो सकती है।
- कक्षा-10 के बाद विषयों का **कम्पार्टमेंटलाईजेशन गणित विषय को एक सशक्त 'द्वारपाल' (गेटकीपर) के रूप में प्रस्थापित कर देता है।** विज्ञान वर्ग का चयन करने वाले बच्चों को ही आगे की कक्षाओं में गणित विषय पढ़ने का अवसर मिल पाता है, अन्य बच्चे इससे वंचित रह जाते हैं। क्यों नहीं बच्चा गणित, इतिहास एवं संगीत विषय एक साथ पढ़ सकता है? नयी शिक्षा नीति का प्रस्तावित ड्राफ्ट इस मामले में कुछ सकारात्मक क़दम उठाने की अनुशंसा करता है, इससे कुछ उम्मीद बँधती है। इतना ही नहीं, बच्चों को यह भी स्वतन्त्रता मिलनी चाहिए कि किसी भी स्तर पर गणित विषय छूट जाने पर आगे की कक्षाओं में वे पुनः गणित विषय का अध्ययन कर सकें। इससे गणित विषय के 'द्वारपाल' की अवधारणा को चुनौती दी जा सकती है। बच्चों में गणित सम्बन्धी दुश्चिन्ता को सम्बोधित करने का यह एक कारगर उपाय साबित हो सकता है। शोध के क्रम में बालिकाओं से बातचीत के क्रम में बालिकाओं का एक महत्त्वपूर्ण पक्ष

सामने आया। उन्हीं के शब्दों में, "छोटी कक्षाओं (6, 7, 8) में हम अन्य लड़कों के साथ ही गणित विषय पढ़ती हैं, कई लड़कियाँ तो लड़कों से भी अच्छा करती हैं गणित विषय में, परन्तु कक्षा-9 में आते ही हमको गणित पढ़ने से मना कर दिया जाता है। इसके लिए बहाने बनाये जाते हैं कि गणित विषय कठिन है, तुमसे नहीं हो पायेगा, तुम्हारे पास आगे पढ़ने के लिए बहुत समय नहीं है, फिर तुम्हारी शादी भी करनी है जल्दी ही, ये सब बहाने हैं, हमें आगे कुछ विषयों (यहाँ उनका आशय विज्ञान वर्ग से है) को पढ़ने से रोकने के लिए। और इससे से भी अधिक चालाकी की बात ये है कि हम लड़कियों को आगे की कक्षाओं में नियमित स्कूल भेजने से वे बचना चाहते हैं, प्राइवेट पढ़ाई की बात करते हैं।" लड़कियाँ गणित पढ़ना चाहती हैं, यह उनको आगे की उच्च कक्षाओं में महत्त्वपूर्ण विषय (विज्ञान) पढ़ने के अवसर मुहैया कराता है परन्तु इससे भी महत्त्वपूर्ण एवं रेखांकित करने वाली बात यह है कि लड़कियाँ आगे भी नियमित रूप से विद्यालय जाना चाहती हैं, और यह गणित विषय लेकर ही हो सकता है। लड़कियों का कहना था, "यदि हम पर विश्वास किया जाये, हमें अवसर मिलें तो हम किसी भी विषय में बेहतर प्रदर्शन कर सकती हैं।"

- गणित पढ़ाने के लिए केवल 'शिक्षक' की ही ज़रूरत नहीं है वरन गणित के विशेषज्ञ एवं पेशेवर शिक्षक की आवश्यकता है। हमारे देश में प्राथमिक शिक्षा के सन्दर्भ में इसके महत्त्वपूर्ण निहितार्थ हैं। आज भी हमारे देश के सरकारी प्राथमिक विद्यालयों में शिक्षक की नियुक्ति विषय-विशेषज्ञता के आधार पर नहीं होती। यह मान लिया जाता है कि प्राथमिक स्तर पर कोई भी शिक्षक कोई भी विषय पढ़ा सकता है। यहाँ पर उल्लेखनीय है कि अध्ययन के लिए चयनित विद्यालय में दो शिक्षक नियुक्त हैं, दोनों ही गणित विषय में विशेषज्ञता नहीं रखते। एक अध्यापक ने कक्षा-10 तक अध्ययन किया है जबकि शिक्षिका ने कक्षा-8 तक। प्रत्येक विषय की प्रकृति अलग होती है, उनके शिक्षणशास्त्र में फ़र्क़ होता है, बच्चों के सन्दर्भों में विविधता होती है। ऐसे में एक ही शिक्षक से सभी विषय पढ़ाने की अपेक्षा करना न्यायपूर्ण नहीं होगा। नीतिगत स्तर पर इसका संज्ञान लेने की आवश्यकता है।
- गणित शिक्षकों को गणित विषय के शिक्षण हेतु तैयारी के क्रम में सेवापूर्व एवं सेवाकालीन प्रशिक्षणों में ऐसे अनुभव दिये जाने की ज़रूरत है,

जिससे वे कक्षा-कक्ष में गणित शिक्षण के परम्परागत तरीक़ों में बदलाव ला सकें। गणित विषय की प्रकृति को आत्मसात कर सकें, गणित के शिक्षणशास्त्र में महारत हासिल कर सकें। **विषय सामग्री बच्चों तक पहुँचाने और गणित पढ़ाने में मूलभूत अन्तर है,** इसी प्रकार से गणित पढ़ाने और महत्त्वपूर्ण गणित पढ़ाने में भी सारभूत अन्तर है। विद्यालयों में गणितीय संसाधनों का घोर अभाव है, गणित लैब की अवधारणा तो चर्चा में भी नहीं है। कुछ स्वप्रेरित शिक्षकों ने अपने संसाधनों से गणित विषयक सामग्री जुटाने के प्रयास ज़रूर किये हैं, कुछ एनजीओ (जैसे सम्पर्क आदि ने) कुछ विद्यालयों को गणित किट उपलब्ध कराये हैं परन्तु नीतिगत एवं संस्थागत स्तर पर यह गणित पाठ्यचर्या की छूटी हुई कड़ी (मिसिंग लिंक) है। गणित शिक्षक को संसाधन सम्पन्न बनाये बग़ैर कक्षा को गणित समृद्ध बनाने की कल्पना करना तर्कसंगत नहीं होगा। अत: प्राथमिक स्तर से बच्चों के लिए गणित कक्ष/गणित लैब की व्यवस्थाओं के सम्बन्ध में नीतिगत निर्णय लिए जाने की ज़रूरत है।

आभार

इस अध्ययन को सफलतापूर्वक पूर्ण करने के लिए मैं अपने विद्यालय के शिक्षक साथियों के प्रति आभारी हूँ। पड़ोस के विद्यालय, राजकीय प्राथमिक विद्यालय पुड्कुनी के प्रधानाध्यापक एवं अध्यापिका के प्रति आभार व्यक्त करना मेरा अहम कर्तव्य है, जिन्होंने इस अध्ययन के क्रम में अपना बहुमूल्य विद्यालयी समय मुझे दिया। इस पर्चे को लिखने का बार-बार आग्रह करने एवं इस तरह से अभिप्रेरित करने के लिए श्री राजेश उत्साही एवं उनकी टीम के प्रति कृतज्ञता ज्ञापित करने का भी यह उपयुक्त अवसर है, सो हृदय से आभार व्यक्त करता हूँ। अन्त में परन्तु अनन्तिम नहीं मैं, प्रो. हृदय कान्त 'हार्डी' सर का कृतज्ञ हूँ, जिनके सतत मार्गदर्शन एवं प्रेरणा से इस पर्चे को लिखने में यत्किंचित सफल हो सका।

सन्दर्भ सूची

1. एनसीईआरटी (2008), गणित शिक्षण-राष्ट्रीय फ़ोकस समूह का आधार पत्र, प्रथम संस्करण, 2008, श्री अरविन्द मार्ग, नयी दिल्ली, 110016, पृष्ठ VI
2. एनसीईआरटी (2008), गणित शिक्षण-राष्ट्रीय फ़ोकस समूह का आधार पत्र, प्रथम संस्करण, 2008, श्री अरविन्द मार्ग, नयी दिल्ली, 110016. http://www.ncert.

nic.in/html/pdf/schoolcurriculum/position_papers/Math.pdf

3. Oakes, J. (1985).Keeping track:How school structure inequality. New Haven: Yale University Press.

4. Frankenstein, M. (1995). Equity in mathematics education: Class in the world outside the class. In W.G.Secad, E. Fennema, & L. Byrd (Eds.), New directions for equity inn mathematics education, Cambridge: Cambridge University Press.

5. SH Spence, PM Barrett, CM Turner. Psychometric Properties of the Spence Children's Anxiety Scale with Young Adolescents. 17(6): Journal of Anxiety Disorder, 2003, 605-625. 2003. Retrieved from Google Google Scholar.

6. The Mathematics Anxiety Rating Scale, a Brief Version: Psychometric Data, Richard M. Suinn, Elizabeth H. Winston, First Published February 1, 2003 Research Article, http://doi.org/10.2466/pr0.2003.92.167 , Retrieved from Google Scholar.

7. एनसीईआरटी (2008), गणित शिक्षण-राष्ट्रीय फ़ोकस समूह का आधार पत्र, प्रथम संस्करण, 2008, श्री अरविन्द मार्ग, नयी दिल्ली, 110016, पृष्ठ 1.

8. वीजबेक, एल. टीयर्स, (1992), थॉट्स एबाउट चिल्ड्रेन ड्यूरिंग मैथमेटिक्स इंस्ट्रक्शन, पीएच.डी. डीजर्टेशन, यूनिवर्सिटी ऑफ़ विस्कोंसिस, मैडिसन.

9. एनसीईआरटी (2008), गणित शिक्षण- राष्ट्रीय फ़ोकस समूह का आधार पत्र, प्रथम संस्करण, 2008, श्री अरविन्द मार्ग, नयी दिल्ली, 110016, पृष्ठ 11.

25

सीखने और डर का सम्बन्ध : गणित का विशेष मामला

ऋचा गोस्वामी

यह पर्चा गणित की कक्षा में आमतौर पर पसरे डर के माहौल को चिह्नित करता है। इस भय की शैक्षिक और सामाजिक स्वीकृति पर बात करते हुए लेखिका इन्हें सीखने की राह में बड़ी बाधा के रूप में देखती हैं। साथ ही वे बच्चों पर स्कूलों और निरन्तर परीक्षाओं के दबाव और आकलन की जड़ धारणाओं का विश्लेषण करती हैं। लेखिका बताती हैं कि ये धारणाएँ गणित सीखने-सिखाने के लिए अनुचित हैं। उनके अनुसार डर व सिखाने के बँधे-बँधाए तरीक़ों की जगह ऐसी परिस्थिति बननी चाहिए जहाँ शिक्षक अपना रास्ता सोच पाये व बच्चों के लिए सीखने के ऐसे सार्थक मौके गढ़ पाये, जिनमें बच्चे बिना डर भागीदार हों व अपने विचार खुले ढंग से रख पायें।

शिक्षा और भय

स्कूली विषयों में गणित को सबसे ख़ास विषय माना जाता है। इसके साथ कई पूर्वधारणाएँ भी जुड़ी हुई हैं। जहाँ एक तरफ़ इसे एक महत्त्वपूर्ण व बुद्धिमान विद्यार्थियों के लिए उपयुक्त विषय के रूप में देखा जाता है, वहीं दूसरी तरफ़, गणित को सबसे 'डरावने' और 'दुखदाई' विषय की उपाधि भी प्राप्त है। इस तरह की धारणाएँ भी प्रचलित हैं कि गणित सीखना सबके बस की बात नहीं, या लड़के गणित में कुदरती तौर पर बेहतर होते हैं आदि। इन सब पूर्वधारणाओं को एक तरफ़ रखते हुए हम इस ओर भी ध्यान दें कि पिछले दशक से आठ साल की अनिवार्य शिक्षा हर बच्चे का मौलिक अधिकार है और गणित एक अनिवार्य विषय है, यानी इन आठ सालों

में सभी स्कूली बच्चे गणित सीखने-सिखाने की प्रक्रियाओं से रूबरू होते हैं। यहाँ सवाल यह उठता है कि आठ साल की अनिवार्य गणित शिक्षा का उद्देश्य क्या होना चाहिए? ज़ाहिर है कि यह उद्देश्य बच्चों में गणित के प्रति भय पैदा करना या उन्हें शिक्षा से विमुख करना नहीं हो सकता। आज भी गणित की अधिकांश कक्षाएँ उबाऊ मानी जाती हैं और बहुत-से विद्यार्थी उस समय का इन्तजार करते हैं, जब वे गणित पढ़ना छोड़ सकें। गणित के डर की चर्चा इसलिए भी ज़रूरी है क्योंकि यह डर वयस्क होने तक बना रहता है और रोज़मर्रा के आम गणित से जूझने में भी हमें अक्षम बना देता है। विद्यार्थियों में गणित के प्रति बसे इस भय को समझने के दो तरीक़े हो सकते हैं–

1. स्कूली शिक्षा में सर्वत्र बसा डर
2. गणित विषय की ख़ासियत

हमारे समाज में और शिक्षा जगत में भय को सीखने के लिए आवश्यक शर्त के तौर पर देखा जाता है। यह भय उन सभी रिश्तों में भी अहम होता है जिनमें बच्चे बड़ों से कुछ सीखते हैं- जैसे अभिभावक और बच्चे का रिश्ता और शिक्षक व विद्यार्थी का रिश्ता। जहाँ इन दोनों रिश्तों में प्रेम अपेक्षित है, वहाँ आम समझ नये अभिभावकों और नये शिक्षकों को आगाह करती है कि 'ज़्यादा प्यार से बच्चे बिगड़ जाते हैं' और 'समय-समय पर थोड़ा दबाव बनाते रहना चाहिए।' स्कूली शिक्षा में भय बनाये रखने के कई तरीक़े हैं। इनमें दो तरीक़े मार-पिटाई और कक्षा में फ़ेल करना प्रमुख हैं। बच्चे के नज़रिए से देखें तो यह दोनों सामाजिक लज्जा के साधन हैं और इसीलिए शायद कक्षा में पिटाई या हिक़ारत भरे शब्द सुनने का भय उन्हें बराबर बना ही रहता होगा।

आरटीई 2009 और एनसीएफ़ 2005 वर्तमान समय के दो अहम दस्तावेज़ हैं। दोनों में शैक्षिक माहौल को भयमुक्त करने की पुरज़ोर सिफारिश की गयी है। सीखने के लिए भय को अनिवार्य माने जाने का एक सबूत यही है कि इन दस्तावेज़ों के आधार पर होने वाले बड़े बदलाव शिक्षा के जड़ ढाँचे पर ज़्यादा चोट नहीं कर पाये। वे या तो बदल दिये गये या पहले से चली आ रही प्रथाओं में ढल गये। आरटीई में इसे क्रियान्वित करने के लिए कई अनुच्छेद (clauses) हैं, जैसे शारीरिक और मानसिक दण्ड पर रोक, आठवीं कक्षा तक बोर्ड परीक्षा लेने और बच्चों को फ़ेल करने पर रोक। लेकिन आठवीं तक बोर्ड की परीक्षा ज़्यादातर राज्यों में फिर से होने लगी है। बच्चों को आठवीं तक पास करने का प्रावधान भी 2020 में पलट दिया गया। शारीरिक और मानसिक दण्ड पर रोक ज़रूर है, पर ऐसा करने

वाले शिक्षकों पर कोई ख़ास अंकुश नहीं है क्योंकि सामाजिक रूप से इसे स्वीकार्य आचरण माना जाता है।

आकलन प्रक्रिया के इर्द-गिर्द पिछले कुछ वर्षों में काफ़ी उलटफेर हुआ है। कई राज्यों ने पाँचवीं और आठवीं की बोर्ड परीक्षाएँ बन्द कीं और फिर वापस शुरु कर दीं; साथ ही आठवीं तक फ़ेल न करने की नीति भी अब वापस ले ली गयी है। इन सुधारों को रद्द करने के लिए अहम दलील यही है कि जब बच्चों को फ़ेल होने का डर नहीं होता, तब वे कक्षा में ध्यान देना बन्द कर देते हैं। यहाँ यह भी ग़ौर करने योग्य है कि परीक्षा केवल स्कूल स्तर पर होना ही काफ़ी नहीं माना जाता है, जहाँ शिक्षक अपने हिसाब से प्रश्नपत्र बनायें और जाँचें; धारणा यह है कि बाहर से आने वाला प्रश्नपत्र विद्यार्थियों के साथ शिक्षकों की जाँच भी कर सकता है।

बहुत-से राज्यों में सतत और समग्र मूल्यांकन (सीसीई) के अलग-अलग रूप प्रायोगिक तौर पर चलाए गये पर इससे बहुत ज़्यादा ज़मीनी अन्तर नहीं आया। सीबीएसई के स्कूलों में भी औपचारिक रूप से सीसीई की आकलन पद्धति क्रियान्वित हो रही है पर असल में स्कूलों में परीक्षाओं का भय बनाये रखने की कोशिश भी लगातार बनी ही रहती है। जहाँ एक तरफ़ सीसीई परीक्षा को सभी समस्याओं के समाधान के रूप में देखा जाता है, वहीं इसके क्रियान्वयन पर साफ़ समझ ज़्यादातर स्कूलों में और बोर्ड के स्तर पर भी नहीं के बराबर है। सीबीएसई के अनुसार सीसीई का मुख्य अर्थ स्कूल आधारित आकलन है, जिसमें बच्चों के सर्वांगीण विकास का आकलन किया जा सके (Nawani, 2013)। पर स्कूलों में होते हुए कार्यों को देखें तो यह भी समझ आता है कि बोर्ड को सन्देह है कि स्कूल और अध्यापक सही और बिना भेदभाव का आकलन कर सकते हैं।

इससे पहले भी कई नीति दस्तावेज़ों में भय के दुष्प्रभावों और बच्चों पर बढ़ते दबावों पर चिन्ता प्रकट की गयी है। फिर क्या कारण है कि कोई बदलाव सम्भव नहीं लगता। यह पर्चा गणित सीखने की प्रक्रिया को आकलन की आवश्यकता और भय के सन्दर्भ में समझने की कोशिश करता है। यह पर्चा तीन भागों में विभाजित है। पहले भाग में हम अभिभावकों और शिक्षकों के कुछ कथनों के आधार पर इस तर्क को पुख़्ता करेंगे कि भय सीखने के लिए अत्यावश्यक माना जाता है। दूसरे भाग में, हम विद्या भवन नर्सरी के शिक्षकों के अनुभवों के आधार पर यह समझने की कोशिश करेंगे कि शिक्षकों को परीक्षाओं की ज़रूरत किस हद तक और क्यों लगती है। साथ ही इस सन्दर्भ में शिक्षकों से बातचीत यह समझने में मददगार होगी कि आकलन में परिवर्तन तभी सम्भव है, जब सीखने-सिखाने के उद्देश्य और तरीक़े

भी साथ में बदलें। तीसरे भाग में, इन दोनों सन्दर्भों के आधार पर हम यह समझने की कोशिश करेंगे कि भय की परिस्थिति, ख़ासतौर पर गणित के सन्दर्भ में, केवल आकलन पद्धति के परिवर्तन से नहीं बदली जा सकती और यही कारण है कि अभी भी आकलन के सन्दर्भ में परिस्थिति उलटने-पलटने की बनी हुई है।

भाग-1 आम धारणा : सीखने के लिए डरना ज़रूरी है

पर्चे का यह भाग मुख्यतया मेरी पीएच.डी. में एकत्रित किये गये आँकड़ों पर आधारित है। पीएच.डी. शोध के लिए चार स्कूलों के कक्षा-1 व कक्षा-5 के कुछ अभिभावकों व शिक्षकों से आँकड़े एकत्रित किये गये थे। आँकड़े अर्ध-संरचित (semi structured) साक्षात्कार की मदद से एकत्रित किये गये। चारों स्कूलों के माध्यम से मुझे समाज के अलग-अलग आर्थिक वर्गों के अभिभावकों से साक्षात्कार का मौक़ा मिला। शोध में जिन चार तरह के स्कूलों को शामिल किया गया, वे हैं—

1. कम फ़ीस वाला निजी विद्यालय
2. ज़्यादा फ़ीस वाला निजी विद्यालय
3. राजकीय विद्यालय
4. केन्द्रीय विद्यालय

चारों स्कूलों के अभिभावकों के उत्तरों में भय, सज़ा और सीखने को लेकर कुछ अहम समानताएँ मिलीं :

- बच्चों के सीखने और सुधार के लिए शिक्षकों से डरना आवश्यक है।
- अच्छे शिक्षक और अच्छे स्कूल वे हैं जो बच्चों पर थोड़ा दबाव बनाकर रखते हैं।
- इसी सन्दर्भ में कुछ अभिभावकों ने कहा कि शारीरिक दण्ड पर रोक का नया नियम ग़लत है।
- जिन अभिभावकों का आमतौर पर मानना यह है कि शिक्षकों को प्रेम और संयम से बच्चों को पढ़ाना चाहिए, वे भी यह मानते हैं कि जब बच्चे काम न पूरा करें, ज़रूरत से ज़्यादा शरारत करें या अपना और कक्षा का समय बर्बाद करें तो उन्हें सज़ा देना उचित है।
- एक और धारणा 'अच्छे' और 'ख़राब' बच्चों की भी है। कुछ अभिभावकों का मानना यह भी था कि कक्षा में कुछ बच्चे ऐसे भी होते हैं, जो प्रेम से समझने वाले नहीं होते और उन्हें डाँटकर या मारकर ही समझाया जा सकता है। आम कहावत भी है— 'लातों के भूत बातों से नहीं मानते'।

आर्थिक रूप से उच्च वर्ग के अभिभावक, जो अपने बच्चों को महँगी फ़ीस वाले स्कूलों में भेजते हैं, उनके विचार शारीरिक दण्ड के विषय में थोड़े अलग थे। आमतौर पर वे इसके विरोध में थे। वे सभी यह मानते हैं कि शिक्षक-विद्यार्थी के रिश्ते में मधुरता होनी चाहिए परन्तु डर की अनिवार्यता यहाँ भी थी। जैसे उन्होंने यह व्यक्त किया कि बच्चों को शिक्षकों का थोड़ा डर होना ही चाहिए, पर उसके लिए मारना आवश्यक नहीं है।

इन बिन्दुओं को हम वृहद सामाजिक नीतिगत परिप्रेक्ष्य में देखें तो निम्न तीन बातें सामने आती हैं—

- ❖ शिक्षक-विद्यार्थी के रिश्ते की आम समझ, नीतिगत परिचर्चाओं से काफ़ी अलग है। यह अन्तर निचले आर्थिक वर्ग के अभिभावकों की प्रतिक्रियाओं में और भी ज़्यादा प्रबल रूप से प्रकट होता है। अलग-अलग वर्ग के अभिभावकों के उत्तरों में इस अन्तर को समझना आवश्यक है और सम्भवतः इसे दो तरीक़ों से समझा जा सकता है। *पहला* तो यह कि आर्थिक रूप से बेहतर अभिभावकों का एक वर्ग अख़बारों और अन्य माध्यमों के ज़रिए नीतिगत वाद-विवाद से परिचित है। ऐसे में उनके इस वृहद परिचर्चा से प्रभावित होने और सामाजिक रूप से ज़्यादा उपयुक्त जवाब देने की सम्भावना प्रबल है। *दूसरी तरफ़* सामाजिक और आर्थिक रूप से निचले वर्ग के अभिभावक, जो जीवन में निरन्तर मूलभूत सुविधाओं के लिए संघर्षरत हैं, वे शिक्षा (दूसरे शब्दों में पढ़ना-लिखना और पास होना) को अपनी जीवन की परिस्थितियों को बदलने के लिए इतना ज़रूरी मानते हैं कि उसके मूल्य के रूप में मार-पिटाई को छोटी क़ीमत समझते हैं।
- ❖ इसी सन्दर्भ में उपरोक्त चारों स्कूलों के मुख्य अध्यापक और शिक्षक क्या सोच रखते हैं, उस पर भी नज़र डालें। राजकीय विद्यालय और कम फ़ीस वाले निजी स्कूल (जो समाज में आर्थिक रूप से निचले वर्ग के लोगों के लिए शिक्षा का माध्यम हैं) दोनों में शिक्षा मुख्यतया पाठ्यक्रम, या यूँ कहें कि पाठ्यपुस्तक को पूरा पढ़ा देने का पर्याय बन गयी है। इसके कई प्रमाण सामने आये। जैसे कि दोनों स्कूलों की समय-सारणी में को-करीकुलर (सह-पाठ्यचर्या) गतिविधियों का कोई प्रावधान नहीं है। इसके विपरीत केन्द्रीय विद्यालय और उच्च वर्गीय (HFP) निजी विद्यालयों में इन गतिविधियों पर ख़ासा ज़ोर है। HFP की डायरेक्टर और प्रधानाध्यापिका, दोनों ने ही कहा

कि स्कूल में अकादमिक कार्यों की बजाय इन सह-पाठ्यचर्या गतिविधियों का बच्चों के विकास पर ज़्यादा प्रभाव पड़ता है। ग़ौरतलब है कि यह अन्तर उनके अभिभावकों के उत्तरों में भी इसी तरह से प्रकट हो रहा था।

- तीसरा अहम फ़र्क़, और जो हमारी वर्तमान चर्चा से सीधे जुड़ा है, शिक्षकों की नो-डिटेन्सन पॉलिसी (no-detention policy) के बारे में क्या राय है; कम फ़ीस वाले प्राइवेट और राजकीय विद्यालयों में इस नीति को लेकर काफ़ी नकारात्मक सोच थी। दोनों ही स्कूलों के शिक्षकों का मानना था कि यह नीति शिक्षा की गुणवत्ता को सीधे तौर पर प्रभावित कर रही है। इस प्रतिक्रिया को समझने के लिए हम इस बात पर ग़ौर कर सकते हैं कि दोनों ही स्कूलों में यह मान्यता प्रबल है कि विद्यार्थियों के सीखने के लिए उनमें फ़ेल होने का डर तो ज़रूरी है। ऐसे में फ़ेल न करने की नीति शिक्षकों के हाथ से विद्यार्थियों को नियंत्रित करने का सबसे अहम हथियार ही छीन लेती है। दूसरी तरफ़ ज़्यादा फ़ीस वाले प्राइवेट स्कूलों में शिक्षा की गुणवत्ता की चर्चा में शिक्षकों ने इस नीति पर टिप्पणी की ही नहीं। केन्द्रीय विद्यालय में इस पर बात ज़रूर हुई पर शिक्षकों ने इसको शिक्षा के स्तर के गिरने के रूप में प्रस्तुत नहीं किया।

जैसा कि हम जानते हैं, विद्यालय हमारे समाज में आर्थिक हैसियत के हिसाब से बँटे हुए हैं। स्कूल चयन में स्कूल की गुणवत्ता के अलावा अभिभावकों की फ़ीस जमा करने की हैसियत एक बड़ा कारण बन जाती है। इसलिए अलग-अलग स्कूल मुख्यतया समाज के एक ख़ास हिस्से से आने वाले बच्चों के साथ ही काम करते हैं। ऐसे में शिक्षकों और प्रबन्धकों, दोनों ही के अनुसार अच्छी शिक्षा का अर्थ और सम्भावना बहुत नज़दीकी रूप से बच्चों के सामाजिक और आर्थिक पृष्ठभूमि से जुड़ी हुई मानी जाती है। जीवन में आगे चलकर वे क्या करेंगे और उन्हें किस तरह की शिक्षा की आवश्यकता होगी, यह जाने-अनजाने उनके आज के आर्थिक आधार पर तय होता है। भले ही शिक्षा जीवन में नये रास्ते खोलने और प्रगति का माध्यम मानी जाती हो, परन्तु यह भी उतना ही सच है कि यह बच्चों को अलग-अलग सामाजिक-आर्थिक हैसियतों के खाँचों में बाँटकर उनका भविष्य सीलबन्द करने का माध्यम भी बन जाती है। दूसरे शब्दों में कहें तो यह सामाजिक और आर्थिक ग़ैर-बराबरियों को पुनरुत्पादित करने का माध्यम भी बन जाती है। इस प्रपंच में गणित विषय भी एक प्रमुख भूमिका अदा करता है।

ऐसे में कक्षा में फ़ेल होना, डराया जाना या मार-पिटाई सहना उन वर्गों के बच्चों को सर्वाधिक प्रभावित करता है जो पहले ही शिक्षा के हाशिए पर हैं। और दुख की बात यह है कि इन्हीं बच्चों की शिक्षा से जुड़े व्यक्तियों के आम विचारों में डर और शारीरिक सज़ा आवश्यक और उपयुक्त प्रणाली के तौर पर सामने आते हैं। आर्थिक रूप से वर्गीकृत स्कूली ढाँचे में हमें स्कूलों के शैक्षिक दर्शन और वहाँ काम में लिए जाने वाले तरीक़ों में यह अन्तर स्पष्ट देखने को मिलता है।

केन्द्रीय विद्यालय इस वर्गीकरण में अलग नज़र आते हैं। यहाँ कुछ हद तक समाज के अलग-अलग हिस्सों के बच्चे एक साथ पढ़ते हैं जबकि निजी विद्यालयों में अमूमन ऐसा सम्भव नहीं है। कुछ विद्यालय बहुत सजग प्रयास के बाद ही विद्यार्थियों में थोड़ी-बहुत सामाजिक और आर्थिक विविधता बना पाते हैं। हालाँकि यह एक अलग शोध का मुद्दा है कि इस तरह की विविधता का शिक्षा के अलग-अलग आयामों जैसे शिक्षण पद्धति, अनुशासन की समझ, सह-पाठ्यचर्या (को-करीकुलर) गतिविधियों की आवश्यकता आदि पर क्या प्रभाव पड़ता है और साथ ही इसका गणित के सीखने पर क्या प्रभाव होता है? क्या यह शिक्षा में अनिवार्य माने जाने वाले डर को और गणित के डर को भी प्रभावित करता है? हम यह स्थापित कर चुके हैं कि शिक्षा में डर शिक्षक-विद्यार्थी के आपसी रिश्ते पर ही निर्भर नहीं है अपितु यह आधारभूत मान्यताओं और कार्यप्रणालियों में निहित है। पर्चे के अगले भाग में हम स्कूली प्रक्रियाओं के कुछ ऐसे अन्तरों पर चर्चा करेंगे जिनका असर स्कूलों में व्याप्त डर पर पड़ता है।

भाग-2 : गणित की प्रकृति

इस पर्चे में हम गणित शिक्षण और इसके आकलन को भय के सन्दर्भ में समझने की कोशिश कर रहे हैं। गणित के बारे में आम धारणा है कि यह अन्य विषयों से ज़्यादा कठिन है। इस पर्चे में मैं यह तर्क स्थापित करने की कोशिश कर रही हूँ कि गणित का डर शिक्षा में व्याप्त डर की आम भावना और डर की स्थापित ज़रूरत से अलग नहीं है बल्कि यह उसका तीव्र या अतिशयोक्तिपूर्ण रूप है। इसलिए गणित के डर की समझ बनाने के लिए हमें दोनों बातों को पूर्ण रूप से समझना पड़ेगा। पहला मुद्दा जिस पर पिछले भाग में बात की गयी है, वह शिक्षा और डर के रिश्ते का है। दूसरा मुद्दा, जिस पर हम अब समझ बनायेंगे, वह गणित की विषय प्रकृति के बारे में है। गणित में ऐसा क्या है, जो इसे ख़ासतौर पर डरावना बनाता है।

गणित की प्रकृति और उसे पढ़ाने के तरीक़ों में कुछ ख़ास बातें हैं जो उसे बाक़ी विषयों के बनिस्बत कठिन बनाती हैं। पहली बात तो गणित की विषयवस्तु की अवधारणात्मक अमूर्तता है। यूँ तो अवधारणात्मक ज्ञान सभी विषयों में अमूर्त होता है परन्तु उसे समझने में आस-पास के परिवेश से हासिल अनुभव मददगार होते हैं या कह सकते हैं कि वे आम जीवन के अवलोकनों के स्पष्टीकरण में अमूर्त अवधारणाओं का इस्तेमाल करते हैं। लेकिन गणित में ज्ञान की संरचना पूर्णतया अमूर्त अवधारणाओं के आधार पर ही होती है। गणित में पढ़ी जाने वाली अवधारणाएँ पूरी तरह से अमूर्त होती हैं और उनके रोज़मर्रा की ज़िन्दगी में असल उदाहरण सम्भव नहीं। जैसे आप बच्चों को 'एक' नहीं दिखा सकते। हाँ, एक गुब्बारा, एक गेंद और एक पेन्सिल की तरफ़ उनका ध्यान खींच सकते हैं। इन सबसे 'एक' की समझ वे खुद ही बना सकते हैं। ऊपर की कक्षाओं में ऐसे ठोस उदाहरण मिलना और भी मुश्किल होता जाता है जो अमूर्त अवधारणा समझने में मदद करें।

छोटे बच्चे दुनिया की समझ अपने आस-पास की चीज़ों के साथ छेड़-छाड़ और गतिविधियाँ करके सीखते हैं। गणित सीखने का नैसर्गिक तरीक़ा भी यही है। परन्तु अगर हम स्कूली गणित शिक्षण पर ग़ौर करें तो पहली कक्षा और कभी-कभी तो नर्सरी में भी बच्चों को काफ़ी अमूर्त अवधारणाओं से शुरुआत दी जाती है। जैसे '2 और 2 चार होते हैं'। इस अमूर्त वाक्य के बदले यदि हम बात करें कि '2 सेब जो प्लेट में रखे हैं और 2 सेब जो फ्रिज में रखे हैं, मिलकर चार बनते हैं', तो इस दूसरे वाक्य को मूर्त रूप से देखा जा सकता है और जाँचा भी जा सकता है (Mukherjee, 2010)।

गणित को एक ख़ास विषय बनाने में दूसरा कारण उसकी अवधारणाओं का पदानुक्रमिक (hierarchical) होना है। जैसे-जैसे बच्चे आगे की कक्षाओं में पहुँचते हैं, वैसे-वैसे पढ़ाई जाने वाली गणितीय अवधारणाएँ पिछली अवधारणाओं पर आधारित होती जाती हैं। बिना पिछली गणितीय अवधारणात्मक समझ के आप इस वक़्त पढ़ाई जाने वाली अवधारणाओं को समझ ही नहीं सकते।

तीसरा कारण गणित विषय को सीखने-सीखने में प्रक्रियाओं पर ज़रूरत से ज़्यादा ज़ोर देना भी है। गणितीय अवधारणा सीखने का मतलब है :

1. किसी अवधारणा को साझा करने का प्रचलित तरीक़ा
2. उसके साथ काम के अल्गोरिदम
3. तार्किक सम्बन्ध

पर असल में गणित शिक्षा इन तीनों पर ज़ोर देने के बजाय अल्गोरिदम सीखने और सिखाने पर ही केन्द्रित रहती है। बाक़ी दोनों आयामों पर काम करने की कक्षा में कोई गुंजाइश ही नहीं होती।

गणित की समस्या सुलझाना एक पहेली बूझने जैसा हो सकता है। गणित के साथ ऐसा रिश्ता आमतौर पर शुरुआती सालों में ही बन जाता है और जिन बच्चों को गणित का यह रूप पसन्द आ जाता है, उन्हें हमारे समाज और स्कूलों में प्रगाढ़ बुद्धि वाला मान लिया जाता है। ऐसे में बाक़ी सब बच्चे मन्दबुद्धि या साधारण बुद्धि बच्चे बन जाते हैं। जब किसी विषय में हमारी क्षमता या अक्षमता हमारे बारे में ऐसी निर्णायक बातें बताए तो उससे डरना स्वाभाविक ही है।

साथ ही शिक्षकों ने ख़ुद भी गणित ऐसे ही सीखा है; तो उनकी भी गणित की कक्षा अल्गोरिदम के इर्द-गिर्द ही रहती है। ऐसे में विद्यार्थी गणित की अवधारणाएँ और तार्किक सम्बन्ध सीख ही नहीं पाते, केवल प्रक्रियाएँ सीख लेते हैं। तार्किक सम्बन्धों और प्रक्रियाओं में क्या सम्बन्ध है, वे यह नहीं पकड़ पाते। तब वे सवाल हल करने के अपने तरीक़े बनाते हैं, जिन्हें तार्किक रूप से जाँचने का उनके पास कोई तरीक़ा नहीं होता। ऐसे में होने वाली ग़लतियों को सिस्टेमेटिक ग़लतियाँ कहा जा सकता है। जैसे दो अंक वाली संख्याओं के जोड़ में हर अंक को अलग जोड़ना या इक्यावन को 15 लिखना। ये सिस्टेमेटिक इसलिए हैं, क्योंकि जब तक कोई और नया तरीक़ा या अवधारणात्मक समझ बच्चों के पास नहीं आती, तब तक वे ऐसी ग़लतियाँ बार-बार दोहराएँगे। विद्यार्थियों की इन ग़लतियों को हम कैसे देख रहे हैं, वह इस पर निर्भर करता है कि ये समस्याएँ हैं या सीखने के अवसर।

सीखने-सिखाने की प्रक्रिया पर इसका गहरा प्रभाव सम्भव है। एक शिक्षक जो ग़लतियों को बच्चों को समझने के झरोखे के रूप में देख रहा है, वह बच्चों के बारे में अपनी मौजूदा समझ के आधार पर उनकी समझ की परिकल्पना बनायेगा; जो ग़लतियों के विश्लेषण का आधार बनेगी। इस विश्लेषण के आधार पर अध्यापक बच्चों के बारे में अपनी समझ को पुनर्निर्मित करेगा और उसे अपनी शिक्षण प्रक्रिया का आधार बनायेगा। शिक्षकों के अपनी समझ के पुनर्निर्माण के लिए यह आवश्यक है कि वे बच्चों से बातचीत करें। जैसे एक शोधकर्ता साक्षात्कार की मदद से बात की तह तक पहुँचता है, ठीक उसी तरह शिक्षकों को भी बच्चों की समझ की तह खोजने की ज़रूरत है, ताकि उसके अनुरूप आगे काम किया जा सके। सवाल को हल करने के साथ यह भी ज़रूरी है कि हम उनसे पूछें कि सवाल में क्या करने की

ज़रूरत है और क्यों। इस तरह की चर्चा विद्यार्थियों को सोचने का मौक़ा देती है और दूसरी तरफ़ उनका अपने लिए निर्णय पर आत्मविश्वास बनता है।

इससे जुड़ा सवाल है गणित शिक्षक की अपनी तैयारी का। जहाँ एक तरफ़ गणितीय अवधारणाओं के बारे में शिक्षक की समझ को पुख़्ता होने की ज़रूरत है, वहीं यह भी ज़रूरी है कि वे गणित शिक्षण के सामाजिक आयामों और बच्चों के सीखने के बारे में भी समझें। गणित के साथ विद्यार्थियों का रिश्ता काफ़ी हद तक इस बात पर निर्भर करता है कि शिक्षक उन्हें कक्षा में गणित से कैसे रूबरू कराते हैं। गणित की कक्षा के माहौल में यह ज़रूरी है कि सीखने की प्रक्रिया में बच्चों की भागीदारी के मौके हों, उन्हें अपने विचार व्यक्त करने की आज़ादी हो, ग़लती करने और उस पर चर्चा करने में भय न हो (दीवान, 2010)। इसके लिए शिक्षकों को कोई एक जन्तर नहीं दिया जा सकता, अपितु उन्हें कुछ मूलभूत बातों का ध्यान रखते हुए क़दम-क़दम पर स्वयं रास्ते खोजने होंगे और शिक्षातंत्र को उन पर भरोसा दिखाना होगा।

उपसंहार

शुरुआती कक्षाओं में आमतौर पर बच्चों को 20, 50 या 100 तक का संख्या ज्ञान कराया जाता है। यह संख्यायें बच्चों ने सही अनुक्रम (sequence) में सीखीं या नहीं, यह जाँचने और अभ्यास के लिए आगे, पीछे और बीच की संख्या भरवाई जाती है। कुछ स्कूलों में 10 तक की संख्या सिखाते वक़्त मात्रा का बोध कराने के लिए 'कुछ गिनो और लिखो' की वर्कशीट करवाई जाती है, पर यह बुनियादी गतिविधि भी ज़्यादातर स्कूलों में नहीं होती।

इस छोटे से उदाहरण में गणित शिक्षण की समस्या के कुछ गूढ़ सत्य छिपे हैं-

1. जल्दी-जल्दी, ज़्यादा-से-ज़्यादा सिखाने की कोशिश करनी चाहिए।
2. बच्चों ने अवधारणा सीखी या नहीं, यह जाँचना आसान है।
3. छोटी व सरल गतिविधियों में समय जाया करने की बजाय बच्चों को लिखित काम कराने से समझ पुख़्ता होती है।

इस पर्चे को समेटते हुए मैं कुछ बिन्दुओं पर ध्यान आकर्षित करना चाहूँगी। गणित को डर के चंगुल से बचाने के लिए हम निम्न बातों पर ध्यान दे सकते हैं :

1. प्रत्येक कक्षा का पाठ्यक्रम सीमित होना चाहिए, ताकि बच्चों के सीखने-सिखाने और संवाद के लिए समय रहे और बच्चों के सर्वांगीण विकास

पर ध्यान देने की गुंजाइश रहे। एनसीएफ़-2005 के बाद आये बदलावों में इस पर ध्यान दिया गया।

2. आकलन के तरीक़े अर्थपूर्ण होने चाहिए। ऐसा लगता है कि हम शिक्षा के संवाद में बहुत बार यह भूल जाते हैं कि आकलन सीखने-सिखाने को समर्थन देने के लिए हो रहा है, न कि सीखने-सिखाने के आकलन के लिए।
3. अवधारणा सीखने के मायने सही अनुक्रम (सीक्वेंस) में लिख देना, याद कर लेना, उत्तर दोहरा देना नहीं हो सकता। विषयवार इसका अर्थ बदलता है। गणित की अवधारणाएँ अमूर्त हैं और इनकी समझ कई परतों में बनती है। इसमें समय लगता है। आकलन की प्रक्रिया में इन परतों को पकड़ पाने की गुंजाइश होनी चाहिए।
4. शिक्षा समाज से जुड़ी हुई एक सामूहिक प्रक्रिया है। इसमें आने वाले बदलावों को नीति के स्तर तक रखना, शिक्षकों और अकादमिकों तक रखना ग़लत होगा। इस पर एक वृहद चर्चा निरन्तर चलनी चाहिए। बदलाव के लिए ज़रूरी है कि हम अभिभावकों से बात करें, बच्चों से बात करें, अख़बारों में लिखें और सामाजिक समझ बदलने की कोशिश करें।

सन्दर्भ सूची

1. Nawani, D. (2013). Continuously and Comprehensively Evaluating children. Economic and Political Weekly. Vol.48. Issue No. 02.
2. Mukherjee, A. (2010). The nature of mathematics and its relation to School Education. Learning curve.Issue XIV.
3. Dewan Hriday Kant, P. Ashok 'About Learning Mathematics'. This paper is published in the 'Knowledge, Language and Learning' book edited by Prof. R.K. Agnihotri and H.K. Dewan, published by Macmillan, New Delhi, 2010.

26

विश्वविद्यालय स्तर पर माध्यम (भाषा) का गणित सीखने पर प्रभाव

कुमार गन्धर्व मिश्र

यह पर्चा बताता है कि विद्यालय से विश्वविद्यालय में प्रवेश करते ही हिन्दी व अन्य स्थानीय भाषा के विद्यार्थियों को गणित विषय की पढ़ाई में शिक्षण के माध्यम के परिवर्तन दौर से गुज़रना होता है। उनकी पढ़ाई की माध्यम भाषा हिन्दी से अंग्रेज़ी हो जाती है। माध्यम का बदलाव होने पर विश्वविद्यालय स्तर पर विद्यार्थियों को अधिगम के दौरान कई प्रकार की समस्याओं का सामना करना पड़ता है, जिसके दूरगामी परिणाम होते हैं। पर्चे में इन्हीं मुद्दों से जुड़े अनुभवों को साझा किया गया है।

प्रस्तावना

दिल्ली के एक सरकारी विद्यालय में एक प्रशिक्षु के रूप में लेखक को गणित पढ़ाना था। दसवीं कक्षा में शिक्षण कार्य जारी था, वहाँ शिक्षण का माध्यम हिन्दी था। विद्यार्थी गणित से जुड़ी शब्दावली हिन्दी में ही समझते थे। ऐसा कई दफ़ा हुआ कि जब गणित का कोई तकनीकी शब्द अंग्रेज़ी में प्रयोग किया गया तो विद्यार्थी समझ नहीं पाते थे, पर उसी गणितीय अवधारणा का हिन्दी शब्द प्रयोग करते ही कक्षा सक्रिय हो जाती थी। यह कल्पना करना मुश्किल था कि इनमें से कोई विद्यार्थी अगर विश्वविद्यालय स्तर पर गणित चुनता है तो कैसे पढ़ पायेगा या कितना समझ पायेगा, क्योंकि आमतौर पर महाविद्यालय और विश्वविद्यालय स्तर पर विज्ञान और गणित जैसे विषयों की पढ़ाई अंग्रेज़ी माध्यम में ही होती है और गणित से जुड़ी शब्दावली भी अंग्रेज़ी में होती है। माध्यम के परिवर्तन से इन्हें समस्या तो होगी ही। ऐसे विद्यार्थियों (जिनकी विद्यालय स्तर तक गणित की पढ़ाई हिन्दी माध्यम से हुई और इसके बाद

स्नातक स्तर पर गणित (ऑनर्स) की पढ़ाई कर रहे थे) के साथ शिक्षण और अधिगम में होने वाली समस्याओं को जानने के लिए लेखक ने दिल्ली विश्वविद्यालय के कुछ महाविद्यालयों में एक शोध-अध्ययन किया। यह शोध दिल्ली विश्वविद्यालय में लेखक की स्नातकोत्तर की पढ़ाई (स्नातकोत्तर स्तरीय शोध प्रबन्ध) का अभिन्न हिस्सा था। इस शोध से प्राप्त परिणामों ने विद्यार्थियों की समस्याओं को उजागर किया। पर्चे के भाग-1 में शोध प्रबन्ध से सम्बन्धित प्रमुख परिणाम को साझा किया गया है और इस पर चर्चा की गयी है। साथ ही शोध-प्रबन्ध और इससे सम्बन्धित एक शोधपत्र के परिणाम का उल्लेख भी किया गया है। भाग-2 में दिल्ली विश्वविद्यालय में स्नातकोत्तर स्तर पर किये गये एक छोटे से सर्वेक्षण का उल्लेख किया गया है। अन्त में दोनों भागों में हुई चर्चा के आधार पर कुछ सुझाव प्रस्तुत किये गये हैं। इस पर्चे में प्रस्तुत शोध और अनुभव दिल्ली विश्वविद्यालय पर आधारित हैं। इस शोध के परिणामों का सामान्यीकरण नहीं करना चाहिए। पर, प्रस्तुत परिणाम महत्त्वपूर्ण हैं, क्योंकि दिल्ली विश्वविद्यालय देश का एक प्रतिष्ठित विश्वविद्यालय है और देश के कोने-कोने से विद्यार्थी यहाँ प्रवेश के लिए आवेदन करते हैं।

इस पर्चे में 'हिन्दी माध्यम के विद्यार्थियों' से आशय ऐसे विद्यार्थियों से है, जिन्होंने विद्यालय स्तर तक गणित की पढ़ाई हिन्दी माध्यम से की है। अत: जहाँ कहीं भी 'हिन्दी माध्यम विद्यार्थी' का उल्लेख किया गया है, उसे स्नातक स्तर पर हिन्दी माध्यम में पढ़ाई करने वाले विद्यार्थी न समझा जाये। पर्चे में कक्षा (पुस्तक) की भाषा/माध्यम का आशय शिक्षण के माध्यम (Medium of Instruction) से है।

भाग-1

दिल्ली विश्वविद्यालय भारत का एक महत्त्वपूर्ण विश्वविद्यालय है। विद्यार्थियों की संख्या के सन्दर्भ में बात की जाये तो यहाँ देश के प्रत्येक राज्य और केन्द्रशासित प्रदेश से विद्यार्थी स्नातक और स्नातकोत्तर स्तर की पढ़ाई करने आते हैं। दिल्ली विश्वविद्यालय के वर्ष 2019 के आँकड़े के अनुसार विश्वविद्यालय में स्नातक स्तर पर नामांकन हेतु आवेदन इन शीर्ष 10 राज्यों से प्राप्त हुए- दिल्ली, उत्तर प्रदेश, हरियाणा, बिहार, राजस्थान, उत्तराखण्ड, मध्य प्रदेश, झारखण्ड, केरल और पश्चिम बंगाल। देखा जाये तो स्नातक और स्नातकोत्तर स्तर पर दिल्ली विश्वविद्यालय में हिन्दी पट्टी से आने वालों विद्यार्थियों की संख्या अच्छी-ख़ासी है। हाँ, पर यह ज़रूरी नहीं है कि हिन्दी पट्टी से आने वाले सारे विद्यार्थियों ने विद्यालय स्तर की पढ़ाई हिन्दी

माध्यम से ही पूरी की हो। अगर स्नातक स्तरीय गणित की बात की जाये तो ऐसे विद्यार्थियों का भी नामांकन होता है, जिन्होंने विद्यालय स्तर तक गणित की पढ़ाई हिन्दी माध्यम से की है। स्नातक स्तर पर दिल्ली विश्वविद्यालय में गणित (ऑनर्स) प्रोग्राम में प्रत्येक वर्ष औसतन ऐसे कितने हिन्दी माध्यम विद्यार्थी नामांकित होते हैं, इसकी कोई स्पष्ट संख्या तो उपलब्ध नहीं है। पर, इस शोध के दौरान विश्वविद्यालय के विभिन्न कॉलेजों से 61 ऐसे विद्यार्थियों को अध्ययन में शामिल किया जा सका जिन्होंने विद्यालय स्तर तक गणित की पढ़ाई हिन्दी माध्यम से पूरी की थी और सत्र 2015-16 में गणित (स्नातक ऑनर्स) की पढ़ाई कर रहे थे। इस शोध का मूल उद्देश्य विद्यार्थियों की समस्याओं (अगर, कोई समस्या है) से अवगत होना था।

चयन प्रक्रिया

इस शोध में विद्यार्थियों का चयन 'परपसिव सैम्पलिंग' और 'स्नोबॉल सैम्पलिंग' के तहत किया गया था। ये विद्यार्थी स्नातक प्रथम वर्ष (सत्र 2015-16) में द्वितीय सेमेस्टर की पढ़ाई कर रहे थे। शोध में प्रथम वर्ष के विद्यार्थियों को ही शामिल किया गया क्योंकि माध्यम परिवर्तन सम्बन्धित उनके अनुभव ताज़ा थे। विश्वविद्यालय के विभिन्न कॉलेजों में शोध से सम्बन्धित विद्यार्थियों की जानकारी जुटा कर ऐसे 61 विद्यार्थियों से सम्पर्क किया गया तथा एक प्रश्नावली के माध्यम से अध्ययन को आगे बढ़ाया गया। प्रश्नावली के सवाल विद्यार्थियों द्वारा उपयोग में लायी जा रही पाठ्यपुस्तकों, पाठ्यसामग्री और शिक्षण के माध्यम (भाषा) परिवर्तन से सम्बन्धित अनुभव पर आधारित थे। इसके अलावा शिक्षण के माध्यम (भाषा) से हुए बदलाव के कारण समस्याओं से भी सम्बन्धित सवाल थे।

गणित विषय सम्बन्धित परिणाम

गणित (प्रथम वर्ष) में विद्यार्थी कलन (Calculus), बीजगणित (Algebra), अवकल समीकरण (Differential Equation) और विश्लेषण (Analysis) की पढ़ाई करते हैं। एक प्रश्न में विद्यार्थियों से इन्हें सबसे आसान से लेकर सबसे मुश्किल विषय के मुताबिक क्रमबद्ध (रेट) करने को कहा गया। विद्यार्थियों के जवाब को कुछ इस प्रकार दर्शाया जा सकता है : (सबसे मुश्किल-1, सबसे आसान-4)

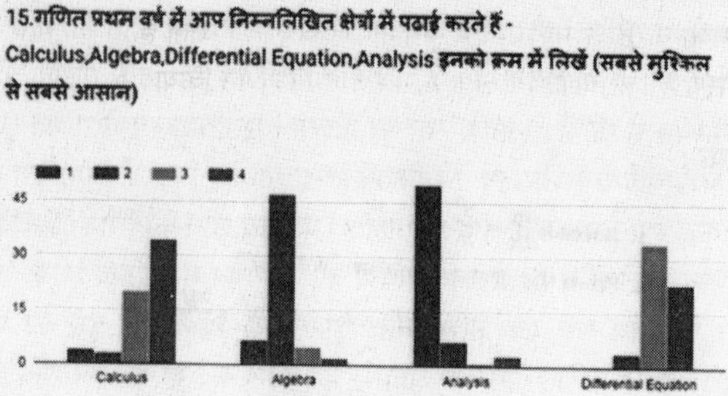

चित्र-1

गणित स्नातक प्रथम वर्ष (सत्र 2015-16, दिल्ली विश्वविद्यालय) में यही चार विषय विद्यार्थियों को पढ़ाये जाते हैं। यह प्रश्न भाषा के सन्दर्भ से इसलिए महत्त्वपूर्ण है क्योंकि जो विद्यार्थी स्कूल तक गणित की शब्दावली से हिन्दी में परिचित थे, उन्हें अब कॉलेज में गणित की शब्दावली को अंग्रेज़ी में पढ़ना-लिखना था। हालाँकि, इस सवाल में यह उल्लिखित नहीं था कि 'आपको भाषा के कारण सबसे मुश्किल कौन-सा विषय प्रतीत होता है?' विद्यार्थियों के अनुसार सबसे मुश्किल विषय, विश्लेषण, फिर बीजगणित, अवकल समीकरण और कलन (घटते क्रम में) थे। कुल 82% विद्यार्थियों ने विश्लेषण को सबसे मुश्किल विषय रेट किया (Mishra & Sharma, 2017)। शोध से इस तथ्य का पता चला कि विद्यार्थियों की अधिकांश समस्याएँ बीजगणित और विश्लेषण जैसी अवधारणाओं से सम्बन्धित थीं। हालाँकि इसका कारण सिर्फ़ माध्यम में परिवर्तन ही नहीं बल्कि विश्लेषण और बीजगणित विषय में शामिल गणितीय अवधारणाओं की जटिलता, अमूर्तता और लेखन शैली भी हो सकती है जो हिन्दी माध्यम के साथ-साथ अंग्रेज़ी माध्यम के विद्यार्थियों के लिए भी एक चुनौती है। विश्लेषण (Analysis) और बीजगणित (Algebra) की अवधारणाओं और प्रश्नों को समझना और हल करना, विद्यालय तक पढ़े हुए गणित से भिन्न होता है। विश्वविद्यालय स्तर पर अधिकांश मौक़ों पर इन विषयों में किसी प्रमेय या कथन को लिखकर दर्शाना भी होता है। माध्यम के हिन्दी से अंग्रेज़ी में परिवर्तित होने की वजह से यह लेखन कार्य विद्यार्थियों को अंग्रेज़ी में ही करना होता है। आमतौर पर कलन (Calculus) और अवकल समीकरण (Differential Equation) के प्रश्नों को बीजगणित और विश्लेषण की तुलना में कम शब्दों में या बिना लिखे भी हल किया जा सकता है। विश्वविद्यालय स्तर पर बीजगणित और विश्लेषण जैसे विषय में गणना से अधिक लेखन शैली और तर्क को व्यक्त करने पर ज़ोर होता है।

अतः व्यक्त करने के माध्यम की भूमिका महत्त्वपूर्ण हो जाती है और शायद यह भी एक कारण है कि विद्यार्थियों ने इन्हें सबसे मुश्किल रेट किया।

उदाहरण :

.1. Solve $x\frac{dy}{dx} + \frac{y^2}{x} = y.$

ln. From the given equation, we have

$$x\frac{dy}{dx} = \frac{xy - y^2}{x} \Rightarrow \frac{dy}{dx} = \frac{xy - y^2}{x^2}$$

Put $y = vx$ so that $\frac{dy}{dx} = v + x\frac{dv}{dx}.$

∴ (1) becomes

$$v + x\frac{dv}{dx} = \frac{vx^2 - v^2x^2}{x^2} = v - v^2$$

$$\Rightarrow \quad x\frac{dv}{dx} = -v^2 \Rightarrow \frac{dx}{x} = -\frac{dv}{v^2}$$

$$\Rightarrow \quad \int\frac{dx}{x} = -\int\frac{dv}{v^2} \Rightarrow \log x = \frac{1}{v} + k$$

$$\Rightarrow \quad \log x = \frac{x}{y} + \log c \Rightarrow \log\frac{x}{c} = \frac{x}{y}$$

$$\therefore \quad x = ce^{x/y}$$

which is the reqd. solution.

चित्र-2 : अवकल समीकरण से सम्बन्धित एक सवाल और इसका हल।

स्रोत : पृष्ठ 28, Differential Equation (Lalji Prasad] Paramount Publications)

Problem 7.5. *Show that a group of order 6 cannot have a subgroup of order 4.*

Solution: Let G be a group of order 6. Let, if possible, H be a subgroup of G of order 4. Let $H = \{e = h_1, h_2, h_3, h_4\}$, e being the identity element. Let $g \in G$ such that $g \notin H$ such an element g exists because $o(G) = 6$ and $o(H) = 4$. Consider the set $gH = \{gh_1, gh_2, gh_3, gh_4\}$. gH has at most 4 elements. We assert that all the elements of gH are distinct and different from elements of H. For if, $gh_i = gh_j$, $i \neq j$ $(1 \leq i, j \leq 4)$ then $h_i = h_j$ by cancellation law in G which is a contradiction. Hence all the elements of gH are distinct so that gH has exactly 4 elements. Also $H \cap gH = \phi$, for if $h \in gH \cap H$, then $h \in H, h \in gH$. $\therefore h = h_i$ for some h_i and $h = gh_j$ for some $h_j \in H$.
$\therefore gh_j = h_i$ so that $g = h_ih_j^{-1} \in H$ which contradicts the fact that $g \notin H$. Element of H and G account for 8 elements in a group of order 6 and this is not possible. Hence it is not possible for G to have a subgroup of order 4.

चित्र-3 : बीजगणित सम्बन्धित एक सवाल और इसका हल।

स्रोत : पृष्ठ 237, Algebra, (Rajendra Kumar Sharma, Sudesh Kumari Shah, Asha Gauri Shankar, Pearson)

अंग्रेज़ी में व्यक्त करने और लिखने की यह समस्या उनके परीक्षा परिणाम को भी प्रभावित करती है। आप कल्पना कर सकते हैं कि अगर कोई द्विशर्तीय कथन (बाइकन्डीसनल स्टेटमेंट) से सम्बन्धित प्रश्न ऐसे विद्यार्थियों के सामने आता है या उन्हें ही किसी गणितीय अवधारणा को विभिन्न प्रकार के कथनों के रूप में व्यक्त करना पड़े तो कितना मुश्किल होगा। विशेषज्ञों और शिक्षाविदों की मानें तो 'भाषा-परिवर्तन' से जुड़ी ये समस्याएँ अंग्रेज़ी के अलावा अन्य भाषाओं की पृष्ठभूमि वाले विद्यार्थियों के लिए दोगुनी मुश्किल हो जाती हैं। विद्यार्थी जब अपनी भाषा को छोड़कर किसी दूसरी भाषा में गणित सीखते हैं तो उन्हें गणित भी सीखना होता है और दूसरी भाषा भी, जो अधिगम की गुणवत्ता को प्रभावित कर सकता है (Bose & Choudhury 2010)। यह समस्याएँ हिन्दी माध्यम वालों के लिए दोगुनी हो जाती हैं- एक तो उन्हें स्नातक स्तर के गणित से परिचित होना पड़ता है, इसके रूप के अनुसार ढलना पड़ता है और दूसरे, उन्हें इसे अपनी भाषा (हिन्दी) में समझकर दूसरी भाषा (अंग्रेज़ी) में व्यक्त करना होता है। आमतौर पर गणित के प्रश्नपत्र अंग्रेज़ी माध्यम में ही रहते हैं, जब तक किसी विद्यार्थी द्वारा प्रश्नपत्र के माध्यम को लेकर कोई आधिकारिक अनुरोध न किया जाये। कई विद्यार्थियों ने परीक्षा में प्रश्न छोड़ने के अनुभव भी साझा किये (Mishra 2016)। उदाहरण के लिए, परीक्षा का एक प्रश्न (अंग्रेज़ी में) यह था—"Prove that the following relation is symmetric, reflexive and transitive [इस सम्बन्ध को सममित (सिमेट्रिक), स्वतुल्य (रिफ्लेक्सिव), संक्रामित (ट्रांसिटिव) सिद्ध करें) "]। एक विद्यार्थी ने बताया कि वह इस प्रश्न को नहीं हल कर सका क्योंकि उसे- Symmetric, Reflexive, Transitive, शब्दों का अर्थ समझ में नहीं आया। कुछ समय बाद उसे यह आभास हुआ कि ये तीनों शब्द वही हैं [सममिति (Symmetric), स्वतुल्य (Reflexive), संक्रामित (Transitive)], जिन्हें वह विद्यालय में भी पढ़ चुका था। उसके अनुसार वह यह प्रश्न हल कर सकता था पर भाषा/शब्दावली की अज्ञानता के कारण वह आगे न बढ़ सका (Mishra & Sharma, 2017)।

भाग-2

स्नातकोत्तर स्तर पर गणित की बात की जाये तो दिल्ली विश्वविद्यालय में लगभग 450 सीटें हैं। नामांकन की प्रक्रिया है- प्रवेश परीक्षा के आधार पर और दिल्ली विश्वविद्यालय के गणित स्नातक में प्राप्त अंकों के आधार पर। प्रवेश परीक्षा में

दिल्ली विश्वविद्यालय के अलावा देश के अन्य विश्वविद्यालयों से स्नातक पूरा कर चुके विद्यार्थी शामिल हो सकते हैं (Maths DU, 2020)। दिल्ली विश्वविद्यालय से गणित में स्नातकोत्तर कर रहे विद्यार्थियों के बीच 2017 में, लेखक द्वारा विद्यार्थियों के स्नातक स्तर और विद्यालय स्तर पर गणित अधिगम के माध्यम सम्बन्धित एक सर्वेक्षण किया गया। यह सर्वेक्षण किसी शोध-प्रबन्ध का हिस्सा नहीं था एवं स्वतन्त्र रूप से किया गया था। 283 विद्यार्थियों के बीच किये गये इस सर्वेक्षण से पता चला कि मात्र 1.4% विद्यार्थी ही ऐसे थे जिन्होंने स्नातक स्तर पर गणित की पढ़ाई हिन्दी माध्यम से की थी। 11% विद्यार्थी ऐसे थे, जिन्होंने अंग्रेज़ी के अलावा किसी दूसरी भारतीय भाषा में विद्यालय स्तर पर गणित पढ़ा था (Mishra, 2019)। 9.9% (लगभग 28) विद्यार्थी ऐसे थे, जिन्होंने विद्यालय स्तर पर गणित की पढ़ाई हिन्दी माध्यम में पूरी की थी। हालाँकि सिर्फ़ 283 विद्यार्थियों के बीच किये गये इस सर्वेक्षण के आँकड़े से इस नतीजे पर पहुँचना उचित नहीं है कि स्नातक स्तर पर हिन्दी माध्यम के विद्यार्थियों की समस्याएँ स्नातकोत्तर स्तर पर उनके नामांकन को प्रभावित करती हैं। पर, यह विचारणीय है और चिन्तन का विषय है कि कहीं माध्यम परिवर्तन की समस्या ऐसे विद्यार्थियों के लिए गणित के क्षेत्र में आगे बढ़ने के विकल्पों पर रोक तो नहीं लगा रही है? हिन्दी माध्यम के विद्यार्थी गणित में पीएच.डी. के दौरान भी ऐसी समस्या से जूझते नज़र आते हैं—जहाँ उन्हें अपने गणितीय कार्य को लेखन शैली के साथ व्यक्त करना पड़ता है। पीएच.डी. स्तर पर विद्यार्थियों से यह अपेक्षा रहती है कि वे अपने शोध कार्य के दौरान शोधपत्र ज़रूर प्रकाशित करवाएँ। अपने शोध के दौरान उन्हें कई शोध पत्र अंग्रेज़ी में भी पढ़ने होते हैं। उनके शोध का एक क़ीमती समय अंग्रेज़ी वाक्यों और अंग्रेज़ी की गणितीय शब्दावली से निपटने में भी व्यतीत होता है। यह सम्भव है कि उनकी गणितीय अवधारणाओं की समझ और शोध पर माध्यम के परिवर्तन का कोई ख़ास फ़र्क़ न पड़े पर उनकी लेखन शैली और शोध के प्रस्तुतीकरण शैली को यह प्रभावित कर सकता है। स्नातकोत्तर स्तर (गणित) पर नामांकित हिन्दी माध्यम के विद्यार्थियों की संख्या और स्नातक स्तर पर भाषा परिवर्तन के कारण हिन्दी माध्यम विद्यार्थियों द्वारा अनुभव की जाने वाली समस्याओं सम्बन्धित यह सर्वेक्षण (जिसका विवरण भाग-1 में दिया गया है) गणित के अलावा अन्य विभागों में नहीं किया गया, पर विश्वविद्यालय स्तर पर (ख़ासकर विज्ञान संकाय में) हिन्दी पट्टी के विद्यार्थियों को होने वाली चुनौतियाँ समय-समय पर प्रकाशित लेखों और समाचारों के माध्यम से सामने आती रहती हैं। आईआईटी और अन्य संस्थानों से इंजीनियरिंग कर रहे हिन्दी माध्यम के कई विद्यार्थियों के कोर्स

अवधि से पहले ही छोड़ने या कोर्स में असफल होने की ख़बरें अक्सर समाचारों का हिस्सा होती हैं। उदाहरण के लिए 'द इकोनोमिक टाइम्स' (2016) में प्रकाशित एक पर्चे में शिक्षण का माध्यम हिन्दी से अंग्रेज़ी होने पर ऐसे विद्यार्थियों को होने वाली समस्या और परिमाणों का उल्लेख किया गया है (Verma 2016)। 'इंडिया टुडे' (2012) में प्रकाशित एक खबर के अनुसार वर्ष 2012 में दिल्ली विश्वविद्यालय के राजनीतिशास्त्र विभाग से स्नातकोत्तर कर रहे हिन्दी माध्यम के लगभग आधे विद्यार्थी अपने सेमेस्टर की परीक्षा में अनुतीर्ण रहे थे (Pushkarna, 2012)। दिल्ली विश्वविद्यालय में पढ़ रहे हिन्दी माध्यम के विद्यार्थी हिन्दी में पाठ्यपुस्तक की सामग्री की कमी से भी जूझते नजर आते हैं (Adak,2012)।

चर्चा

ऐसा भी देखा जाता है कि विद्यालय में भी जहाँ शिक्षण का माध्यम अंग्रेज़ी होता है, वहाँ शिक्षक विद्यार्थियों को उनकी स्थानीय भाषा या हिन्दी में भी समझाने का प्रयास करते हैं। कभी-कभी शिक्षक पूरे वाक्य को स्थानीय भाषा में व्यक्त करते हैं तो कभी गणितीय शब्दावली को अंग्रेज़ी में ही रहने देते हैं और सिर्फ़ वाक्य का अनुवाद कर विद्यार्थियों को समझाते हैं। इस प्रकार के भाषा परिवर्तन सम्बन्धित शिक्षण और अधिगम पहलुओं को कई विशेषज्ञों और शिक्षाविदों ने 'कोड-स्विचिंग' और 'कोड-मिक्सिंग' का नाम दिया है। भारतीय कक्षा के सन्दर्भ में बोस और चौधरी (2010) ने भी अपने शोधपत्र में इस पहलू के कई उदाहरण पेश किये हैं और 'कोड-स्विचिंग' और 'कोड-मिक्सिंग' को विद्यार्थियों के अधिगम के लिए एक प्रकार से उपयोगी बतलाया है। शिक्षण और अधिगम का यह तरीक़ा कक्षा में कारगर हो सकता है, पर जब काग़ज़ पर किसी विद्यार्थी को विश्लेषण या बीजगणित के कोई सवाल हल करने हों या कोई प्रमेय सिद्ध करना पड़े तो उसके पास 'कोड-स्विचिंग' और 'कोड-मिक्सिंग' की यह आज़ादी नहीं होती है और शायद परीक्षा में वे ये अनौपचारिक तरीक़ा न अपनाएँ। एनसीईआरटी द्वारा जारी गणित शिक्षण के आधार पत्र (2006) में यह उल्लेख है कि जब गणित की पाठ्यपुस्तक में प्रयोग की गयी भाषा विद्यार्थियों की आम भाषा या कक्षा के बाहर की भाषा से बिलकुल भिन्न होती है, तब यह उनमें अलगाव या हीनता की भावना पैदा करती है। इस प्रकार आप कल्पना कर सकते हैं कि जब हिन्दी माध्यम के विद्यार्थी विश्वविद्यालय स्तर पर अचानक से ऐसी पाठ्यपुस्तक का सामना करते हैं जो किसी दूसरी भाषा (अंग्रेज़ी) में लिखी हुई हो और अगले ही क्षण से उन्हें गणितीय अवधारणाओं को इसी भाषा में व्यक्त करने को कहा जाये या निर्देशित किया जाये तो

उनकी क्या भावनाएँ होती होंगी और उनके समक्ष किस प्रकार की समस्याएँ आती होंगी? इसे यह मानकर नज़रअन्दाज़ नहीं किया जा सकता कि 'विश्वविद्यालय स्तर पर आये हुए विद्यार्थी अधिगम के मामले में परिपक्व हो चुके होते हैं और समय के साथ-साथ उनकी यह समस्या दूर हो जायेगी'। विश्वविद्यालय स्तर पर गणित का एक मुख्य हिस्सा तार्किक कथनों को लिखने की शैली पर आधारित है। ऐसी स्थिति में विश्वविद्यालय के शुरुआती पड़ाव में इस समस्या को हल्का-फुल्का मानकर आगे बढ़ने से हिन्दी माध्यम से गणित पढ़ने वाला अधिकांश विद्यार्थी वर्ग वंचित रह सकता है। विद्यालय स्तर पर हिन्दी माध्यम में गणित की पाठ्य-पुस्तकों की कोई कमी नहीं है, पर विश्वविद्यालय स्तर पर ऐसी पाठ्यसामग्री के साथ-साथ गणित को औपचारिक रूप से हिन्दी माध्यम में पठन-पाठन कराने वाले संस्थानों की भी कमी है। ऐसी स्थिति में हिन्दी माध्यम के विद्यार्थियों के लिए सीमित विकल्प ही बचते हैं और अधिकांश विद्यार्थियों का नामांकन ऐसे संस्थानों या विश्वविद्यालयों में ही होता है, जहाँ गणित सीखने-पढ़ाने का माध्यम अंग्रेज़ी है। समस्या और भी गम्भीर हो जाती है जब विश्वविद्यालयों में गणित पढ़ाने वाले शिक्षक भी विद्यार्थियों की इस समस्या से और गणितीय अवधारणाओं की हिन्दी शब्दावली से अनभिज्ञ रहते हैं। ऐसा शायद इसलिए भी है क्योंकि विश्वविद्यालय और कॉलेज में कार्यरत अधिकांश शिक्षकों की गणित की पढ़ाई अंग्रेज़ी माध्यम (विद्यालय और विश्वविद्यालय) में ही हुई हो। अत: इस समस्या को चक्रीय रूप में समझा जा सकता है।

कुछ सुझाव

विश्वविद्यालय स्तर पर माध्यम परिवर्तन सम्बन्धित ऐसी समस्याओं के प्रभाव को कम करने हेतु कुछ सुझाव प्रस्तुत हैं :

1. विश्वविद्यालय स्तर पर इस समस्या को औपचारिक रूप से देखना चाहिए। इसके निवारण के लिए 'ट्यूटोरियल' कक्षा एक अच्छा विकल्प साबित हो सकती है। विद्यार्थियों के साथ गणितीय शब्दावली और लेखन शैली विकसित करने पर शिक्षक मेहनत कर सकते हैं, जिसके लिए 'ट्यूटोरियल' कक्षा प्रभावी हो सकती है। उदाहरण के लिए अज़ीम प्रेमजी विश्वविद्यालय में स्नातक स्तर पर ऐसे विद्यार्थियों के लिए 'ट्यूटोरियल' कक्षा की सुविधा है, जिन्होंने अपने विद्यालय स्तर की पढ़ाई किसी स्थानीय भाषा में की है। यहाँ विद्यार्थियों के लिए ये ट्यूटोरियल कक्षा अधिगम सम्बन्धित अन्य समस्याओं के लिए भी औपचारिक रूप से होती हैं।

2. पुस्तकालय या कक्षा में गणित शब्दकोष की भी व्यवस्था रहनी चाहिए, ताकि समस्या होने पर विद्यार्थी स्वयं समाधान कर सकें।
3. भारत में मुख्य रूप से छत्तीसगढ़, मध्य प्रदेश और राजस्थान के कॉलेजों और विश्वविद्यालयों में स्नातक स्तर पर गणित की पढ़ाई हिन्दी माध्यम से होती है और यहाँ हिन्दी माध्यम में गणित की पुस्तकें भी उपलब्ध हैं। अन्य विश्वविद्यालयों द्वारा अपनी पाठ्यचर्चा और पाठ्यपुस्तक सम्बन्धित दस्तावेजों में गणित की इन हिन्दी माध्यम पुस्तकों का उल्लेख किया जा सकता है। ऐसा होने से विद्यार्थी हिन्दी माध्यम में उपलब्ध गणित की पुस्तकों से परिचित हो सकेंगे और ज़रूरत पड़ने पर अपनी सुविधानुसार ऐसी पुस्तकों का सदुपयोग अवधारणाओं को समझने और लेखन शैली को विकसित करने के लिए कर सकेंगे।
4. इन्दिरा गाँधी राष्ट्रीय मुक्त विश्वविद्यालय द्वारा गणित के स्नातक-स्नातकोत्तर स्तर की पाठ्यसामग्री का भी सदुपयोग विद्यार्थियों और शिक्षकों द्वारा किया जा सकता है।
5. इसके अलावा वैज्ञानिक तथा तकनीकी शब्दावली आयोग (सीएसटीटी) द्वारा प्रकाशित किये गये गणित के शब्दकोष भी विभिन्न रूपों में उपलब्ध हैं। जैसे गणित की मूलभूत शब्दावली और गणित का परिभाषा कोश।
6. वैज्ञानिक तथा तकनीकी शब्दावली आयोग की पत्रिका 'विज्ञान गरिमा सिन्धु' में समय-समय पर गणित के शोध पत्रों का हिन्दी रूपान्तर प्रकाशित किया जाता है। गणित की हिन्दी शब्दावली से परिचित होने और विश्वविद्यालय स्तरीय गणित के शोध को हिन्दी में पढ़ने के लिए विद्यार्थी और शिक्षक इस पत्रिका का सदुपयोग कर सकते हैं।
7. एनपीटीईएल (NPTEL) प्लेटफॉर्म पर विश्वविद्यालय स्तरीय गणित के विभिन्न विषयों से सम्बन्धित वीडियोज और पाठ्यसामग्री उपलब्ध है। इनमें से कई पाठ्यसामग्रियों का हिन्दी अनुवाद या हिन्दी रूपान्तर भी यहाँ उपलब्ध है। विद्यार्थी अपनी सुविधा अनुसार माध्यम (भाषा) का चुनाव कर अधिगम कर सकते हैं।
8. इन पाठ्यसामग्रियों के सदुपयोग के साथ गणित के लिए हिन्दी में अच्छी गुणवत्ता की पाठ्यसामग्री और पाठ्यपुस्तकें विकसित करने की ज़रूरत है।
9. विद्यार्थियों को सबसे अधिक समस्या कथनों से सम्बन्धित अवधारणाओं, विषय और प्रश्नों के हल की लेखन शैली से सम्बन्धित होती है। यह बेहतर

होगा कि शुरुआती दौर में विश्लेषण और बीजगणित सम्बन्धित अच्छी गुणवत्ता की पाठ्यपुस्तकें और पाठ्यसामग्री हिन्दी में विकसित की जाये।

10. गणित की हिन्दी शब्दावली, अनुवाद से सम्बन्धित समस्याओं और ऐसी समस्याओं के प्रति विश्वविद्यालय के गणित शिक्षकों को जागरूक करने के सन्दर्भ में शिक्षकों के लिए कार्यशाला का भी आयोजन किया जा सकता है।

निष्कर्ष

इस पर्चे में वर्णित परिणामों का सामान्यीकरण नहीं करना चाहिए पर उन्हें संज्ञान में ज़रूर रखना चाहिए। कुछ और सवाल भी सामने आते हैं, जैसे स्नातक या स्नातकोत्तर स्तर पर ऐसे कितने विद्यार्थी हैं, जिन्होंने विद्यालय स्तर पर गणित की पढ़ाई हिन्दी या किसी स्थानीय भाषा में की है? क्या विद्यालय स्तर तक हिन्दी या स्थानीय भाषा में गणित की पढ़ाई, उच्च स्तर पर गणित की पढ़ाई को प्रभावित करती है (जब माध्यम परिवर्तित हो अंग्रेज़ी हो जाता है)? क्या माध्यम का ऐसा परिवर्तन गणित के सन्दर्भ में उच्च शिक्षा के अवसरों को प्रभावित करता है? जिस अनुपात में हिन्दी माध्यम के विद्यार्थी स्नातक स्तर पर गणित की पढ़ाई करते हैं, क्या इसी अनुपात में ही ऐसे पृष्ठभूमि के विद्यार्थियों की उपस्थिति स्नातकोत्तर या पीएच.डी. स्तर पर होती है? ऐसे कुछ मुद्दे भविष्य के शोध के विषय हो सकते हैं। अन्त में, इस पर्चे का उद्देश्य इस मुद्दे पर ज़ोर देना है कि माध्यम परिवर्तन के कारण पनपी ऐसी समस्याओं को विश्वविद्यालय द्वारा औपचारिक रूप से स्वीकार करना चाहिए और विभिन्न संसाधनों की सहायता से विद्यार्थियों के अधिगम अनुभव को सहज बनाने की कोशिश करनी चाहिए। यह सिर्फ़ गणित के लिए ही नहीं अपितु विज्ञान संकाय से सम्बन्धित अन्य विषयों, जैसे भौतिकी और रसायनशास्त्र के लिए भी लागू होता है। ऐसी उम्मीद है कि अन्य भाषाओं तथा हिन्दी में 'गणित शिक्षण' पर हो रही इस प्रकार की संगोष्ठियों से इस समस्या की गम्भीरता सम्बन्धित शिक्षाविदों और नीति-निर्माताओं तक पहुँचेंगी और हालात बेहतर करने के प्रयास होंगे।

आभार

लेखक, इस शोध कार्य और सर्वेक्षण में भागीदारी करने वाले दिल्ली विश्वविद्यालय के विद्यार्थियों का धन्यवाद करते हैं; दिल्ली विश्वविद्यालय, क्लस्टर इनोवेशन सेन्टर और विश्वविद्यालय के अन्य कॉलेजों में सहयोग और सुझाव के लिए शिक्षकों के प्रति कृतज्ञता भी प्रकट करते हैं।

सन्दर्भ सूची

1. *UG Registration Information*. (2019, August 20). Retrieved from University of Delhi: www.du.ac.in/adm2019/#_admission-info-corner
2. *Department of Mathematics*. (2020). Retrieved from University of Delhi: http://maths.du.ac.in/Admission/MSc/MScadmission.html
3. Adak, B. (2012, October 16). *DU Hindi medium students miss books*. Retrieved from Deccan Herald: https://www.deccanherald.com/content/285580/du-hindi-medium-students-miss.html
4. Bose, A., & Choudhury, M. (2010). Language negotiation in a multilingual mathematics classroom: An analysis. In L. Sparrow, B. Kissane, & C. Hurst (Ed.), *Proceedings of the 33rd annual conference of the Mathematics Education Research Group of Australasia*. Mathematics Education Research Group of Australasia (MERGA).
5. Mishra, K. G. (2016). *Difficulties faced by hindi medium board students in first year of undergraduate mathematics*. (Unpublished master's thesis), University of Delhi, Cluster Innovation Centre, Delhi.
6. Mishra, K. G. (2019). The state of undergraduate mathematics: A student's perspective. In R. Ramanujam (Ed.). Mumbai: Mathematics Teachers' Association (India).
7. Mishra, K. G., & Sharma, J. (2017). An empirical study into difficulties faced by 'Hindi Medium Board Students' in India at undergraduate mathematics and its social implications. In A. Chronaki (Ed.), *9th International Conference of Mathematics Education and Society - MES9. 2*, pp. 699-708. Volos: University of Thessaly Press.
8. National Council of Educational Research and Training. (2006). *Position paper on teaching of mathematics*. Delhi: National Council of Educational Research and Training.
9. Pushkarna, N. (2012, September 22). *DU students not well-versed in English face problems with lectures*. Retrieved from India Today: https://www.indiatoday.in/india/north/story/delhi-university-students-hindi-medium-background-english-language-116691-2012-09-22
10. Verma, P. (2016, August 05). *How English is playing a spoilsport for students at engineering institutes like the IIT*. Retrieved from The Economic Times: https://economictimes.indiatimes.com/industry/services/education/how-english-is-playing-a-spoilsport-for-students-at-engineering-institutes-like-the-iit/articleshow/53549766.cms

❏❏❏